기출이 답이다

Answer

종자기사 필기

최빈출 기출 1000제 + 최근 기출복원문제 3개년

시대에듀

2026 기출이답이다
종자기사 필기 최빈출 기출 1000제 + 최근 기출복원문제 3개년

Always with you

사람이 길에서 우연하게 만나거나 함께 살아가는 것만이 인연은 아니라고 생각합니다.
책을 펴내는 출판사와 그 책을 읽는 독자의 만남도 소중한 인연입니다.
시대에듀는 항상 독자의 마음을 헤아리기 위해 노력하고 있습니다.
늘 독자와 함께하겠습니다.

끝까지 책임진다! 시대에듀!

QR코드를 통해 도서 출간 이후 발견된 오류나 개정법령, 변경된 시험 정보, 최신기출문제, 도서 업데이트 자료 등이 있는지 확인해
보세요! **시대에듀 합격 스마트 앱**을 통해서도 알려 드리고 있으니 구글 플레이나 앱 스토어에서 다운받아 사용하세요.
또한, 파본 도서인 경우에는 구입하신 곳에서 교환해 드립니다.

편집진행 윤진영 · 장윤경　|　**표지디자인** 권은경 · 길전홍선　|　**본문디자인** 정경일 · 조준영

농업생산성을 증가시키고 농가소득을 증대시키기 위한 정책적 배려에서 작물재배가 크게 장려되어 우수한 작물품종의 개발 및 보급이 요구되었다. 이에 전문적인 지식과 일정한 자격을 갖춘 사람으로 하여금 작물의 육종, 채종과 종자검사, 관리업무를 수행하도록 하기 위하여 종자기사 자격제도가 제정되었다.

종자기사는 작물, 원예시험장의 연구소나 작물재배농장에서 새로운 품종의 육성을 위해 품종 간 혹은 개체 간 교잡, 교배 등의 시험연구를 수행하여 각종 작물의 모수로부터 종자, 접수 및 대목 등을 채취하고, 토양, 기온 등의 적합한 재배조건을 시험 · 연구하여 품종개량을 검정하고, 개량된 우수한 종자와 묘목을 생산 · 번식시키며, 종자검사, 종자보증 등의 직무를 수행한다.

최근 종자기사 자격의 응시자와 합격자수가 증가하는 추세이며, 이에 관심을 가지고 학습하시길 원하는 분들을 위하여 기출이 답이다 종자기사 필기 [최빈출 기출 1000제 + 최근 기출복원문제 3개년]은 다음과 같이 구성하였다.

PART 01 핵심이론, PART 02 최빈출 기출 1000제, PART 03 최근 기출복원문제로 나누어 PART 01은 출제기준에 따라 각 단원별로 반드시 알아두어야 하는 핵심이론을 제시하고, PART 02는 최근 10년간 기출문제를 분석하여 빈번하게 출제되는 문제를 과목별로 자세한 해설과 함께 수록하였으며, PART 03에서는 최근 기출복원문제를 통해 PART 02에서 놓칠 수 있는 새로운 유형의 최신 문제에 대비할 수 있게 하였다.

본 도서를 통해 종자기사 시험을 준비하는 수험생 모두 합격의 기쁨을 누릴 수 있기를 기원한다.

편저자 씀

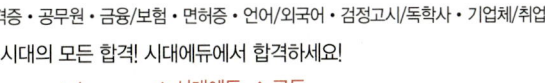

시험안내 INFORMATION

개요

농업생산성을 증가시키고 농가소득을 증대시키기 위한 정책적 배려에서 작물재배가 크게 장려되어 우수한 작물품종의 개발 및 보급이 요구되었다. 이에 전문적인 지식과 일정한 자격을 갖춘 사람으로 하여금 작물의 육종, 채종과 종자검사, 관리 업무를 수행하도록 하기 위하여 자격제도를 제정하였다.

진로 및 전망

❶ 국립종자원, 작물시험장, 원예시험장, 종자생산업체, 작물재배농장, 자영농, 종자거래상, 농촌진흥청 등의 관련 분야 공무원 또는 종자산업법에 따라 종자관리사로 진출할 수 있다.

❷ 종자는 증식용 또는 재배용으로 쓰이는 씨앗, 버섯종묘 또는 영양체를 말한다. 종자를 육성, 증식, 생산, 조제, 양도, 대여, 수출·수입 또는 전시하는 것을 업으로 영위하고자 하는 자는 종자관리사 1인 이상을 두어 종자 보증업무를 하도록 되어 있다.

시험일정

구분	필기원서접수 (인터넷)	필기시험	필기합격 (예정자)발표	실기원서접수	실기시험	최종 합격자 발표일
제1회	1월 중순	2월 초순	3월 중순	3월 하순	4월 중순	6월 중순
제2회	4월 중순	5월 초순	6월 중순	6월 하순	7월 중순	9월 중순
제3회	7월 하순	8월 초순	9월 초순	9월 하순	11월 초순	12월 하순

※ 상기 시험일정은 시행처의 사정에 따라 변경될 수 있으니, www.q-net.or.kr에서 확인하시기 바랍니다.

시험요강

❶ 시행처 : 한국산업인력공단

❷ 관련 학과 : 전문대학 및 대학의 농학, 원예 등의 관련 학과

❸ 시험과목
  ㉠ 필기 : 종자생산학, 식물육종학, 재배원론, 식물보호학, 종자 관련 법규
  ㉡ 실기 : 종자생산관리 실무

❹ 검정방법
  ㉠ 필기 : 객관식 4지 택일형, 과목당 20문항(2시간 30분)
  ㉡ 실기 : 필답형(2시간 30분)

❺ 합격기준
  ㉠ 필기 : 100점을 만점으로 하여 과목당 40점 이상, 전 과목 평균 60점 이상 득점자
  ㉡ 실기 : 100점을 만점으로 하여 60점 이상 득점자

검정현황

필기시험

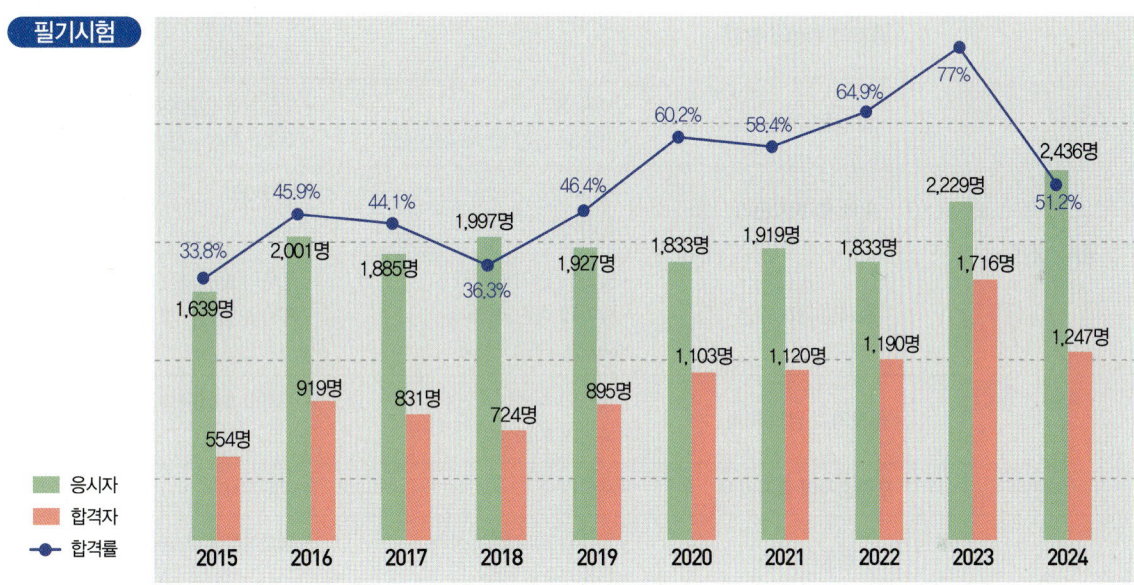

실기시험

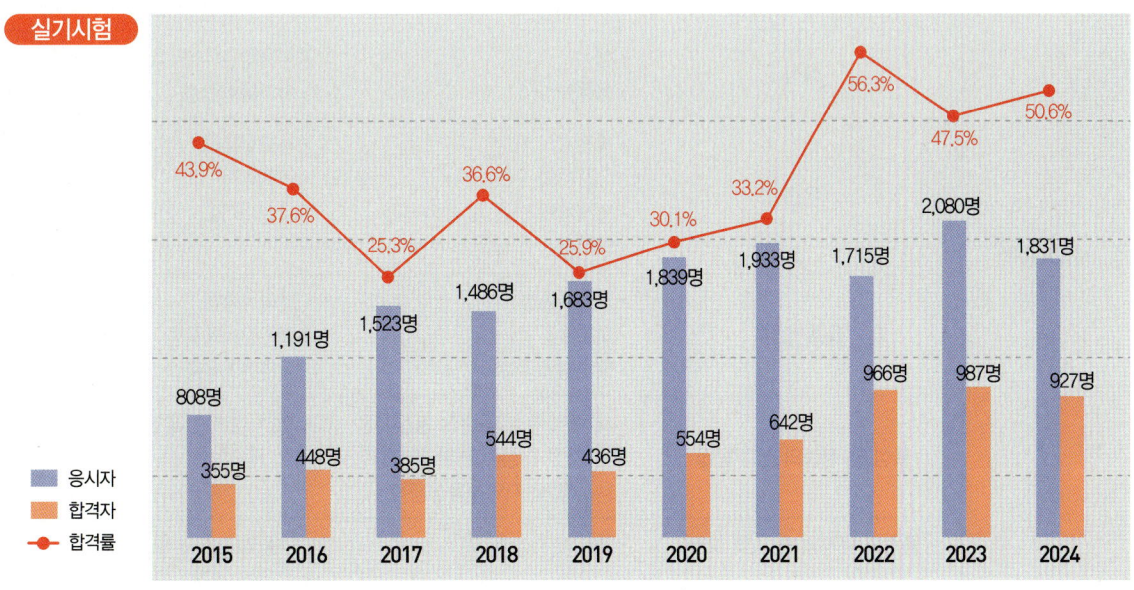

시험안내 INFORMATION

출제기준(필기)

필기과목명	주요항목	세부항목	
종자생산학	종자의 형성과 발달	• 종자의 형성 • 종자의 구조	• 종자의 발달 • 종자의 형태
	채종기술	• 채종 생리 • 채종지 선정 및 채종포 관리	• 교잡성과 인공수분 • 수확 · 정선 · 선별
	수확 후 종자관리	• 건조 • 종자저장	• 종자처리
	종자발아와 휴면	• 발아에 관여하는 요인 • 발아의 촉진과 억제 • 종자의 휴면	• 종자의 발아과정 • 종자의 발아능과 종자세
	종자의 수명과 퇴화	• 종자의 수명 • 종자의 퇴화원인	• 종자의 퇴화증상
	포장검사와 종자검사	• 포장검사	• 종자검사
식물육종학	육종의 기초	• 육종의 중요성과 성과 • 육종기술의 발달	• 재배식물의 기원과 도입
	변이	• 변이의 생성 원인 • 변이와 육종	• 변이의 종류와 감별 • 유전자원의 수집, 평가 및 보존
	생식	• 생식 • 웅성불임성	• 식물의 생식 방법 • 자가불화합성
	유전	• 유전자의 개념 • 유전자의 구조, 기능 • 염색체와 연관 및 교차유전 • 양적형질의 유전과 선발	• 세포질유전 • 멘델유전 • 유전자지도
	육종 방법	• 도입육종법 • 교잡육종법 • 배수성육종법	• 분리육종법 • 잡종강세육종법 • 돌연변이육종법
	특성 및 성능의 검정 방법	• 제1차적 특성에 관한 형질검정 • 제3차적 특성에 관한 형질검정 • 생산력 및 지역적응성검정	• 제2차적 특성에 관한 형질검정 • 조기검정법
	품종의 유지와 증식 및 보급	• 품종의 특성 유지	• 품종의 증식과 보급
	생명공학기술 이용	• 조직배양 • 형질전환기술	• 분자표지 • 생물공학적 식물육종의 전망

필기과목명	주요항목	세부항목		
재배원론	재배의 기원과 현황	• 재배작물의 기원과 세계 재배의 발달		
		• 작물의 분류	• 재배의 현황	
	재배환경	• 토양	• 수분	• 공기
		• 온도	• 광	• 상적발육과 환경
	작물의 내적균형과 식물호르몬 및 방사선 이용	• C/N율, T/R률, G-D균형	• 식물생장조절제	
		• 방사선 이용		
	재배기술	• 작부체계	• 영양번식	• 육묘
		• 정지	• 파종	• 이식
		• 생력재배	• 재배관리	• 병해충 방제
		• 환경친화형 재배		
	각종 재해	• 저온해와 냉해	• 습해, 수해 및 가뭄해	
		• 동해와 상해	• 도복과 풍해	
		• 기타 재해		
	수확, 건조 및 저장과 도정	• 수확	• 건조	• 탈곡 및 조제
		• 저장	• 도정	• 포장
		• 수량구성요소 및 수량사정		
식물보호학	작물보호의 개념	• 피해의 원인	• 작물의 피해 종류	
		• 병해충의 종합적 관리(IPM)		
	식물의 병해	• 병의 성립	• 병원의 종류	
		• 발생 및 생태	• 식물병의 진단	
		• 병원성과 저항성	• 식물병해의 방제법	
	식물해충	• 해충의 분포 및 분류	• 해충의 생리	
		• 해충의 생태	• 해충의 형태	
		• 해충피해의 종류	• 해충의 방제	
	잡초	• 잡초 일반	• 잡초의 생리생태	
		• 잡초 방제의 원리	• 잡초의 방제	
	농약(작물보호제)	• 농약의 정의와 중요성	• 농약의 분류	
		• 농약의 종류, 형태 및 특성	• 농약의 사용법	
		• 농약의 구비조건	• 농약의 독성 및 잔류와 안전사용	
종자 관련 법규	종자 관련 법규	• 종자산업 관련 법규	• 식물신품종보호 관련 법규	
		• 품종성능의 관리	• 종자보증	
		• 종자유통	• 벌칙 및 징수규칙	
		• 관리요강	• 검사요령	

목차 CONTENTS

PART 01

핵심이론

종자기사 [필기]

www.sdedu.co.kr

종자의 형성과 발달

■ 화아(花芽, 꽃눈)분화
식물의 생장점 또는 엽맥에 꽃으로 발달할 원기가 생겨나는 현상으로 영양생장에서 생식생장으로 전환을 의미한다.

■ 화아유도에 영향을 미치는 요인
- 내적 요인 : C/N율(식물의 영양상태), 식물호르몬(옥신, 지베렐린, 에틸렌 등)
- 외적 요인 : 온도(춘화처리), 일장(광조건)

■ 일장에 따른 개화 반응

단일식물	• 한계일장 이하의 일장에서 개화하는 식물 • 국화, 콩, 담배, 들깨, 도꼬마리, 코스모스, 목화, 만생종 벼, 나팔꽃 등
장일식물	• 한계일장 이상의 일장에서 개화하는 식물 • 맥류, 양귀비, 시금치, 양파, 상추, 아마, 티머시, 아주까리, 감자, 무 등
중성(중일성) 식물	• 일장에 관계없이 개화하는 식물 • 강낭콩, 고추, 토마토, 당근, 셀러리, 조생종 벼 등
중간(정일성) 식물	• 일정한 범위 내의 일장에서만 개화하는 식물 • 사탕수수 등

■ 생식세포분열(감수분열)
- 반수체 생식세포를 만드는 분열과정으로 연속적인 2회의 분열과정을 거친다.
- 제1감수분열은 염색체수가 반으로 줄어드는 감수분열이고, 제2감수분열은 염색분체가 분열하여 결과적으로 4개의 딸세포가 생성된다($2n \rightarrow n$).

제1감수분열	• 전기 : 세사기 → 대합기 → 태사기 → 이중기 → 이동기 • 중기 : 2가 염색체들의 적도판에 무작위로 배열된다. • 후기 : 2가 염색체의 두 상동염색체가 분리하여 양극으로 이동한다. • 말기 : 새로운 핵막이 형성되고, 반수체인 2개의 딸세포(n)가 생성된다.
제2감수분열	각 염색체에서 동원체를 종단하여 염색분체를 분리시키는 동형분열로, 체세포분열과정과 같다.

■ 화기(花器)구조

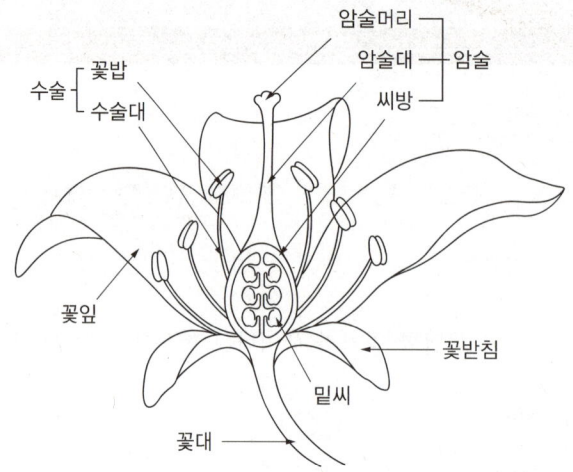

- 단성화 : 동일한 꽃에 암술과 수술 중 한 가지만 존재하는 꽃이다.
- 양성화 : 한 꽃에 암술, 수술이 모두 들어 있는 꽃이다.
  ※ 양성화 중에서도 자가불임성(클로버, 배추), 웅성불임성(양파, 고추)인 것은 타가수정이다.

■ 꽃가루 형성

- 화분(꽃가루) : 약(꽃밥) 속의 화분모세포는 소포자인 꽃가루가 된다.
- 정핵의 형성 : 꽃가루가 발아하면 화분관의 핵이 분열하여 2개의 정핵이 된다.

■ 배낭(胚囊, embryo sac)형성

- 속씨식물
  - 1개의 배낭모세포(2n) 감수분열 → 4개의 배낭세포(n) 형성 → 3개는 퇴화하고 1개만 남아서 3회 핵분열
    → 8개의 핵을 갖는 배낭(8n) 형성
  - 8개의 배낭핵 중 1개는 난세포로 성숙하여 주공쪽에 자리 잡고, 나머지는 조세포 2개, 반족세포 3개,
    극핵 2개가 됨
  - 2개의 극핵(2n)은 수분 후 배낭에 도달한 정핵(n)과 만나서 배유(3n)를 형성
- 겉씨식물
  - 1개의 배낭모세포(2n) 감수분열 → 배낭세포(n) 형성 → 핵분열 후 2개의 핵이 수정과정과 관계없이 배유(n)
    를 형성
  - 배유는 형성되나 곧 퇴화

■ 수분(受粉)

성숙한 화분이 주두(柱頭, 암술머리)에 떨어지는 현상

■ 자가수분과 타가수분

자가수분(자식성)	타가수분(타식성)
• 동일한 개체의 화분에 의해서 수분·수정이 되는 것 • 벼, 보리, 밀, 귀리, 강낭콩, 완두, 상추, 담배, 콩 등	• 성숙한 화분이 다른 개체의 주두로 옮겨가 수분·수정이 되는 것 • 호박, 무, 옥수수, 호밀, 오이, 수박 등

■ 폐화수분

꽃이 피기 전 봉오리가 진 상태에서 행하는 자가수분을 말한다. 예 벼, 밀 등

■ 뇌수분

자가불화합성인 채소의 원종을 유지하기 위해서 십자화과 식물에서 꽃봉오리 시기의 주두가 아주 짧을 때, 같은 개체에서 다른 꽃의 꽃가루를 채취하여 수분시키는 것

■ 타가수분 유발 원인

자가불화합성		• 꽃가루와 암술은 모두 정상이나 자가수분을 하면 수정이 되지 않는 현상 • 일시적 타파 : 뇌수분, 노화수분, 고온 처리, 전기자극, 고농도의 탄산가스(CO_2) 처리
자웅동주		수술만을 가진 수꽃과 암술만을 가진 암꽃이 같은 그루에 생기는 현상 예 오이, 수박, 호박 등 대부분의 박과 식물, 옥수수 등 • 웅예선숙 : 수술이 같은 꽃 안의 암술보다 앞서 성숙하는 경우 　예 양파, 당근, 사탕무, 국화, 나무딸기, 옥수수 등 • 자예선숙 : 암술이 같은 꽃 안의 수술보다 앞서 성숙하는 경우 　예 배추과 식물, 목련, 질경이, 호두, 목련 등
자웅이주		암꽃과 수꽃이 각각 다른 나무에 피는 것이다. 예 호프, 아스파라거스, 시금치, 삼, 뽕나무, 은행 등
화기의 구조적 원인	이형예현상	수술이나 암술의 길이가 꽃에 따라서 다른 현상 예 메밀, 아마, 앵초, 프리뮬러, 부채꽃 등
	장벽수정	암술과 수술의 위치가 자가수정을 할 수 없는 구조 예 붓꽃

■ 격리재배

자연교잡에 의한 품종퇴화를 막기 위해 실시하는 방법으로 차단격리법(봉지씌우기, 망실재배, 망상 이용), 거리격리법, 시간격리법 등이 있다.

■ 수정(受精, fertilization)

화분의 정핵과 배낭의 난핵이 융합하는 현상

겉씨(나자)식물의 수정	속씨(피자)식물의 중복수정
• 정핵(n) + 난핵(n) → 배(2n) • 배낭세포 → 배유(n)	• 정핵(n) + 난핵(n) → 배(2n) • 정핵(n) + 극핵(n, n) → 배유(3n)

■ **무수정생식[아포믹시스(apomixis)]**

암수 배우자가 수정하지 않고 종자를 형성하는 현상으로, 주심세포나 난세포 또는 정핵 등이 단독으로 발생과정을 거쳐서 배를 형성함으로써 종자를 생산한다.

예 처녀생식, 무배생식, 무포자생식, 무핵란생식, 복상포자생식, 부정배 형성, 주심배 형성, 위수정, 단위결과 등

■ **열매의 종류**

• 복과 : 많은 꽃의 자방들이 모여서 하나의 덩어리를 이루고 있는 것

　예 파인애플, 라즈베리

• 위과 : 성숙한 자방이 꽃이 아닌 다른 식물 부위나 변형된 포엽에 붙어 있는 것

　예 사과, 배

• 취과 : 1개의 꽃이 다수의 씨방으로 구성되어 있어 결실이 되면 꽃받기 부분에 작은 과실들이 몰려 하나의 과실로 되는 것

• 단과 : 1개의 씨방으로 된 꽃이 1개의 과실로 발달하는 것

• 수과 : 메밀이나 해바라기와 같이 종자가 과피의 어느 한 줄에 붙어 있어 열개하지 않는 것

• 건과 : 성숙기에 얇은 과피를 가지는 것

• 열과 : 성숙기에 열개하여 종자가 밖으로 나오는 것

　예 완두, 콩 등

■ **단위결과**

• 종자가 생성되지 않고 과일이 생기는 현상

• 단위결과가 가장 잘 되는 과수 : 오이, 감, 감귤, 바나나, 파인애플, 무화과

■ **단위결과 유기 방법**

• 씨 없는 수박 : 3배체나 상호전좌를 이용

• 씨 없는 토마토, 가지 : 생장조절제(착과제) 처리

• 포도 : 지베렐린 처리로 단위결과를 유도

■ **Soueges와 Johansen 배 발생의 법칙**

기원의 법칙, 수의 법칙, 절약의 법칙, 목적지불변의 법칙

■ 종자의 분류

- 식물학상 과실
  - 과실이 나출된 것 : 밀, 보리, 시금치, 상추, 호프
  - 과실이 이삭(영)에 싸여 있는 것 : 벼, 겉보리, 귀리
  - 과실이 내과피에 싸여있는 것 : 복숭아, 자두, 앵두
- 식물학상 종자 : 두류, 유채, 담배, 아마, 목화, 참깨, 당근

■ 종자의 구조

- 종피(껍질) : 배주를 감싼 주피가 변형된 것으로 모체의 일부이다.
- 배 : 난핵(n)과 정핵(n)이 만나 생긴 부분으로 지상부의 줄기나 잎을 형성하게 된다.
- 저장조직 : 배유, 외배유, 자엽 등으로 구성되며 탄수화물, 지방, 단백질, 핵산, 유기산 및 무기화합물 등을 저장하고 있다.

■ 배유의 유무에 따른 구분

배유종자	• 양분을 배유에 저장 • 화본과(벼, 보리, 옥수수, 밀), 가지과, 백합과, 대극과 등
무배유종자	• 양분을 자엽(떡잎)에 저장 • 콩과(콩, 팥, 완두), 국화과, 배추과, 박과 등

■ 크세니아(xenia)

중복수정에 의하여 종자의 배유에 화분의 형질(유전정보가)이 직접 발현하는 현상으로 벼, 옥수수 등에서 볼 수 있다.

■ 제(臍, hilum)의 위치

- 종자 끝 : 배추, 시금치
- 종자 기부 : 상추, 쑥갓
- 종자 뒷면 : 콩

■ 종자의 외형

타원형	벼, 밀, 팥, 콩	접시형	굴참나무
방추형	보리, 모시풀	난형	고추, 무, 레드클로버
구형	배추, 양배추	도란형	목화
방패형	파, 양파, 부추	난원형	은행나무
능각형	메밀, 삼	신장형	양귀비, 닭풀

| 채종기술

■ 웅성불임성

자연계에서 일어나는 일종의 돌연변이로 웅성기관, 즉 수술의 결함으로 수정능력이 있는 화분을 생산하지 못하는 현상이다.

■ 임성회복유전자의 유무에 따른 웅성불임성의 구분

- 세포질적 웅성불임성 : 임성회복유전자가 핵 내에 없는 경우
- 세포질-유전자적 웅성불임성 : 임성회복유전자가 핵 내에 있는 경우

■ 웅성불임 이용의 장단점

장점	단점
• 종자생산비를 대폭 낮출 수 있다. • 세포질 유전자적 웅성불임은 모계 전체가 웅성불임을 나타내기 때문에 교배시키기 전 가임 개체를 도태시키는 과정이 필요 없다.	• 종자값이 상당히 비싸다. • 웅성불임유지계를 따로 증식시켜야 하는 번거로움이 있다. • 부계로 사용하는 계통은 반드시 임성회복유전자를 가진 계통이어야 한다.

■ 번식

종자번식(유성생식)과 영양번식(무성생식)으로 나누며 채소 · 화훼 · 초화류는 종자번식, 과수 · 화목류 · 숙근류 · 구근류는 주로 영양번식을 한다.

■ 무성생식의 종류

암수의 구별이 없거나, 있어도 암수 생식세포의 결합이 없이 일어나는 생식 방법을 말한다.

분열법		• 2분법 예 세균, 아메바 등 • 다분법 예 말라리아병원충 등
출아법		모체의 일부가 자라서 새로운 개체로 되는 방법 예 모, 히드라, 말미잘
포자법		몸의 일부에서 만들어진 포자로부터 새로운 개체가 형성되는 방법 예 균류(곰팡이, 버섯 등), 조류(파래, 미역 등), 선태류, 양치류 등
영양생식	자연영양번식	고등식물의 영양기관인 뿌리, 줄기, 잎의 일부분에서 새로운 개체가 형성되는 방법 예 덩이줄기(대나무, 연, 감자, 토란), 기는줄기(양딸기), 비늘줄기, 뿌리(고구마, 거베라, 마)
	인공영양번식	• 유전적으로 이형접합의 우량 유전자형을 보존하고 증식시키는 데 유리한 방법이다. • 바이러스병의 전파와 저장 및 운송 시 손상을 입기 쉽다. 예 삽목(揷木), 접목(接木), 취목(取木), 분주(分株), 분구(分球)법 등

■ 인공수분

- 교배 전 제웅 필요 : 벼, 보리, 토마토, 가지, 귀리 등
- 교배 전 제웅이 필요없는 식물 : 오이, 호박, 수박 등
- 제웅 후 충매에 의한 자연교잡 : 토마토, 오이 등

■ 제웅 방법

기계적 제웅	• 제웅효과는 크지만 노동력이 많이 소요된다. • 절영법 : 영(穎) 선단부를 가위로 잘라내고 핀셋으로 수술을 제거하는 방법 • 화판인발법 : 꽃봉오리에서 꽃잎을 잡아당겨 꽃잎과 수술을 동시에 제거해 제웅하는 방법
화학적 제웅	• 꽃에 살정제 처리 → 감수분열 방해 → 꽃가루 형성 억제 • 제웅효과 크지 않음 • 에틸알코올, maleic hydrazide, 2-chlorisobutyrate
유전적 제웅	• 웅성불임 • 제웅효과가 크며 노동력이 적게 소요되지만 웅성불임유전자의 선발에 많은 시간이 필요하다.

■ F_1 종자생산체계

- 자가불화합성 이용 : 무, 배추, 양배추 등
- 웅성불임성 이용 : 양파, 고추, 당근, 상추, 옥수수, 벼, 밀 등
- 인공교배 이용 : 수박, 오이, 호박, 참외, 토마토, 가지, 보리 등

■ 개화기 조절 방법

- 일장처리 : 단일식물은 단일처리에 개화 촉진되고 장일처리하면 개화가 억제된다.
- 춘화처리(vernalization) : 개화를 유도하기 위해 생육기간 중 일정시기에 저온처리를 한다.
- 적심 : 무, 배추, 상추 등
- 그 외 파종 시기 조절, 생장조절제 처리, 환상박피, 분주, 접목 등

■ 오이 채종 꽃 착생 촉진 방법

- 암꽃 착생 촉진 : 저온·단일처리, 2,4-D·NAA·에틸렌 처리
- 수꽃 착생 촉진 : 고온·장일처리, 지베렐린(GA) 또는 질산은 처리

■ 종자생산체계

```
                                                보급종
                                              ↗ (국립종자원) ↘
기본식물   →   원원종    →   원종                              농가
(농촌진흥청)  (농업기술원)  (도 원종생산기관)                        ↗
                                              ↘ 증식종
                                                (지자체)
```

- 기본식물 : 농촌진흥청에서 개발된 신품종 종자로, 증식의 근원이 되는 종자
- 원원종 : 기본식물을 받아 도 농업기술원 원원종포장에서 생산된 종자
- 원종 : 원원종을 받아 도 농업자원관리원(원종장) 원종포장에서 생산된 종자
- 보급종 : 원종을 국립종자원에서 받아 농가에 보급하기 위해 생산된 종자
- 증식종 : 지방자치단체 등의 자체계획에 따라 원종을 증식한 종자

■ 채종

- 원원종포 : 보통재배의 50% 채종
- 원종포 : 보통재배의 80% 채종
- 채종포 : 보통재배의 경우와 같은 100% 채종

■ 채종지 선정조건

- 개화기에 건조하고 알맞은 온도가 필요하다.
- 비가 많이 오거나 온도가 높은 지역은 피한다.
- 병충해 발생이 심한 지역을 피한다(감자를 평야지대에서 재배하면 바이러스 감염이 쉬우므로 고랭지에서 씨감자를 재배한다).
- 토양의 비옥도, 수분, 잡초 유무 등도 고려한다.
- 유전적 퇴화를 방지하기 위해 격리가 가능한 지역
- 벼, 보리 등 화본과 작물은 과도한 비옥지는 피한다.

■ 작물별 격리거리

- 무, 배추, 양파, 당근, 시금치, 오이, 수박, 파 : 1,000m
- 고추 : 500m
- 토마토 : 300m

■ 해외 채종의 장단점

장점	단점
• 국내 채종비 상승으로 인한 채종비 절감 • 채종에 적합한 기후 환경 • 기계화가 잘된 선진국 채종이 유리	• 해외 병해충 반입 가능성 • 유전자원 유출 우려 • 채종기술 유출 우려

■ 종자의 채종 적기

곡류(화곡류, 두류)는 황숙기, 채소류(십자화과 등)는 갈숙기

■ 작물의 수확 및 탈곡 시 기계적 손상을 최소화할 수 있는 작물별 종자의 수분함량

- 옥수수 : 20~25%
- 귀리 : 19~21%
- 벼, 보리 : 17~23%
- 밀 : 16~19%
- 콩 : 14%
- 땅콩 : 10%

| 수확 후 종자관리

■ 수발아의 방지대책

- 품종 선택 : 조숙종이 만숙종보다 수발아 위험이 적다. 밀에서는 초자질립, 백립, 다부모종 등이 수발아가 심하다.
- 조기수확
- 맥종 선택 : 보리가 밀보다 성숙기가 빠르므로 성숙기에 비를 맞는 일이 적어 수발아 위험이 적다.
- 도복방지
- 발아 억제제 살포 : 출수 후 20일경 종피가 굳어지기 전 0.5~1.0%의 MH액 살포

■ 건열처리

70~75℃의 온도에서 3~5일간 처리하면 덩굴쪼김병균도 완전히 제거되고 바이러스도 불활성화된다.

■ 종자 훈증제의 구비조건

- 가격이 싸고, 침투성이 커서 작은 틈까지 약제가 도달해야 한다.
- 공기보다 무거워 종자 사이로 확산이 용이해야 한다.
- 종자의 활력에 영향을 주지 말아야 한다.
- 휘발성이 강해야 하고, 불연성이고 비폭발성이어야 한다.

■ 종자소독

화학적 방법	• 약액침지 : 약제를 물에 녹여 사용하는 것으로 종자를 30분 내지 1시간 침지하여, 종자 내부에 스며들어 표면에 균일하게 약제가 닿게 하는 방법 • 종피도말 : 도말 처리기를 이용하여 약 1%의 물에 약제를 녹인 현탁액을 종피에 완전히 두껍게 바르는 방법 • 종피분의 : 종자와 분제를 용기에 넣고 흔들어 종자의 표면에 분제가 부착되도록 하는 방법
물리적 방법	• 냉수온탕침법 : 20℃ 이하 냉수에 6~8시간 담가 두었다가 45~50℃ 온탕에 담그고 냉수에 식힌다. • 건열 처리 : 60~80℃ 열에 1~7일간 처리한다. • 그 외 발효법, 태양열, 자외선 등 열을 이용하는 소독법 등
생물적 방법	길항미생물을 이용하는 방법

■ 종자프라이밍(priming)

종자발아 시 수분을 가하여 발아에 필요한 생리적인 조건을 갖추게 함으로써 발아의 속도를 빠르게 하고 균일성을 높이려는 기술이다.

※ 프라이밍 처리 적온 : 호냉성 종자 10~20℃, 호온성 종자 25~30℃

■ 종자코팅의 목적

• 종자를 성형, 정립시켜 파종을 용이하게 해 준다.
• 농약 등으로 생육을 촉진
• 효과적인 병충해 방지
• 기계파종 시 기계적 손실을 적게 하기 위함

■ 종자코팅 방법

• 필름코팅 처리(film coating) : 수용성 중합체를 이용하며 색소나 살균제 등을 같이 처리하는 것이다.
• 단립 처리(pelleting) : 형태가 불균일한 종자에 물질을 덧붙여 기계파종을 용이하게 한다.

■ 주요 작물의 복토 깊이

복토 깊이	작물
종자가 보이지 않을 정도	소립목초종자, 파, 양파, 상추, 당근, 담배, 유채
0.5~1.0cm	순무, 배추, 양배추, 가지, 고추, 토마토, 오이, 차조기
1.5~2.0cm	조, 기장, 수수, 무, 시금치, 수박, 호박
2.5~3.0cm	보리, 밀, 호밀, 귀리, 아네모네
3.5~4.0cm	콩, 팥, 완두, 잠두, 강낭콩, 옥수수
5.0~9.0cm	감자, 토란, 생강, 글라디올러스, 크로커스
10cm 이상	나리, 튤립, 수선, 히아신스

- **종자저장**
  - 종자의 안전저장 요건 : 저온저습상태
  - 종자의 안전저장을 위한 수분함량
    - 배추 : 5.1%
    - 양배추 : 5.4%
    - 토마토 : 5.7%
    - 고추 : 6.8%
    - 시금치 : 7.8%
    - 벼 : 7.9%
    - 보리 : 8.4%
    - 옥수수 : 8.4%
    - 콩 : 11%

- **저장 중 종자가 발아력을 상실하는 주된 요인**

  원형질단백의 응고, 효소의 활력저하, 저장양분의 소모 등

- **종자저장 시 건조제**

  염화칼슘(염화석회), 실리카겔, 생석회, 황산, 질산 등

| 종자발아와 휴면

- **종자의 발아에 관여하는 외적 요인**

  수분, 온도, 산소, 광

- **지상발아와 지하발아**

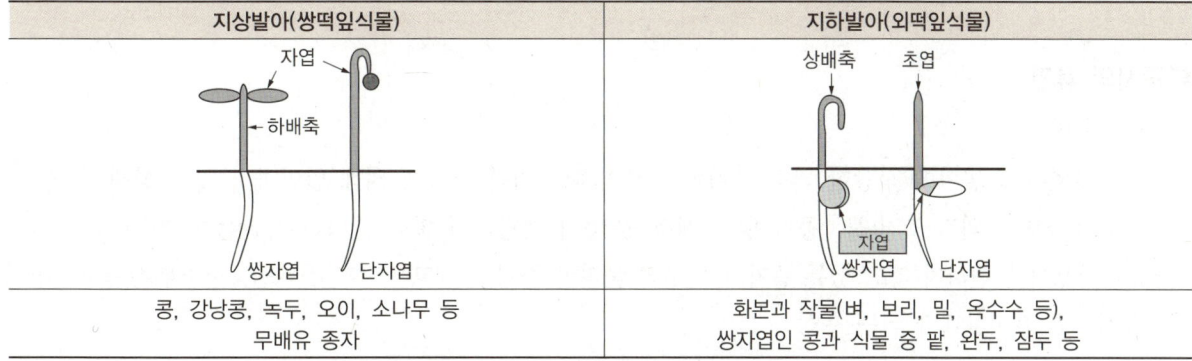

지상발아(쌍떡잎식물)	지하발아(외떡잎식물)
콩, 강낭콩, 녹두, 오이, 소나무 등 무배유 종자	화본과 작물(벼, 보리, 밀, 옥수수 등), 쌍자엽인 콩과 식물 중 팥, 완두, 잠두 등

■ 광(光)과 발아

- 호광성 종자 : 담배, 상추, 배추, 뽕나무, 셀러리, 우엉, 차조기, 금어초, 목초, 잡초종자 등
- 혐광성 종자 : 파, 양파, 토마토, 가지, 호박, 무, 오이, 대부분의 백합과 식물 등
- 광무관계 종자 : 화곡류, 두과 작물, 옥수수

■ 종자의 발아과정

수분의 흡수(침윤) → 저장양분 분해 → 배의 생장 개시 → 과피(종피)의 파열 → 유근 및 유아의 출현

■ 식물생장조절제

- 발아촉진물질 : 지베렐린, 시토키닌, 에틸렌, 질산칼륨, 티오요소, 과산화수소 등
- 발아억제물질 : 암모니아, 시안화수소, ABA(abscisic acid, 아브시스산), 알데하이드, 페놀산 등

■ 발아억제물질의 위치

- 상추 : 배유
- 벼, 보리, 도꼬마리 : 외피

■ 종자의 발아능(seed viability)

종자가 발아하여 정상적인 묘를 만들 수 있는 능력

■ 종자세의 평가 방법

- 저온검사법 : 옥수수나 콩에 보편적으로 이용되고 있다.
- 저온발아검사법 : 목화에 보편적으로 이용되고 있다.
- 노화촉진검사법 : 흡습시키지 않은 종자를 고온다습한 조건에 처리한 후 적합한 조건에서 발아시키는 방법이다.
- 삼투압검사법 : 삼투용액에서는 종자의 발아속도가 현저히 늦어지고 유아의 출현이 유근보다 더 영향을 받는다.

■ 종자의 휴면

- 1차 휴면
  - 자발휴면 : 발아에 적당한 외적 조건이 갖추어져도 내적 원인에 의해 발아하지 않는 상태
  - 타발휴면 : 외적 조건(물, 공기 및 기계적 원인)이 적당하지 않아 발아하지 않는 상태
- 2차 휴면 : 휴면하지 않고 있는 종자가 외부의 불리한 환경조건(고온, 저온, 다습, 산소부족 등)에 장기간 유지되면 휴면상태가 되는 현상

■ **휴면의 원인**

- 종피의 불투수성·불투기성
- 종피의 산소흡수 저해
- 종피의 기계적 저항
- 배·배유의 미숙
- 발아억제물질의 존재
- 발아촉진물질의 부족

■ **휴면타파 방법**

- 종피파상 : 기계적으로 종피에 상처를 입히는 방법
- 온도처리(저온 및 고온처리)
- 온탕처리 : 70~80℃의 온탕에서 불리는 방법 〔예〕 장미, 상추, 알팔파
- 충적저장 : 모래와 섞어 묻어 두는 방법
- 수세 및 침지 : 물에 씻거나 담그는 방법 〔예〕 당근, 우엉 등
- 화학물질 처리
- 발아촉진물질(지베렐린, 시토키닌, 에틸렌, 질산칼륨) 처리

■ **화곡류의 휴면타파와 발아촉진**

- 수도 종자 : 30~40℃에 3주일 정도 보존하면 발아억제물질을 불활성화시킨다.
- 맥류 종자 : 0.5~1%의 과산화 수소 용액에 24시간 정도 침지하고 5~10℃의 저온에 보관한다.
- 감자의 휴면타파
  - 화학적 방법 : 지베렐린 처리, 에틸렌-클로로하이드린 처리 등
  - 물리적 방법 : 박피절단, 저온 및 열처리, 지베렐린과 에스렐(ethrel)을 혼합 처리

| 종자의 수명과 퇴화

■ **종자의 수명**

구분	농작물류	채소류	화훼류
단명종자(1~2년)	땅콩, 콩, 메밀, 기장, 해바라기 등	양파, 파, 고추, 당근, 상추 등	베고니아, 팬지 등
상명종자(3~5년)	벼, 밀, 보리, 귀리, 수수, 옥수수, 목화 등	무, 배추, 양배추, 시금치 등	카네이션, 페튜니아 등
장명종자(5년 이상)	알팔파, 클로버, 사탕무, 베치 등	수박, 오이, 무, 가지, 토마토 등	나팔꽃, 데이지 등

■ 종자의 퇴화 원인

- 전적 퇴화 : 세대가 경과함에 따라 자연교잡, 새로운 유전자형 분리, 돌연변이, 이형종자의 기계적 혼입
- 생리적 퇴화 : 생산지의 환경, 재배, 저장조건이 불량하면 종자가 생리적으로 퇴화한다.
- 병리적 퇴화 : 종자로 전염하는 병해, 특히 종자소독으로도 방제할 수 없는 바이러스병 등이 만연하면 종자는 병리적으로 퇴화하게 된다.

■ 종자퇴화 증상

- 종자의 확실한 퇴화는 발아 중 또는 유묘가 성장할 때 알 수 있다.
- 성장과정 중 호흡의 감소, 지방산의 증가, 발아율 저하, 성장 및 발육의 저하, 저항성이 감소되고 종자침출물이 증가되며 효소활동도 감소된다.
- 포장 내 비정상적인 묘가 출현되며 발아가 균일하지 못하고 수량이 감소되며 변색되거나 죽게 된다.

■ 종자수명에 관여하는 요인

저장고의 상대습도와 온도, 종자의 성숙도, 저장고의 공기조성, 종자의 내부요인, 종자의 수분함량, 유전성, 기계적 손상 등

| 포장검사와 종자검사

■ 벼 포장검사 - 포장격리(종자관리요강 [별표 6])

원원종포, 원종포는 이품종으로부터 3m 이상 격리되어야 하고 채종포는 이품종으로부터 1m 이상 격리되어야 한다. 다만, 각 포장과 이품종이 논둑 등으로 구획되어 있는 경우에는 그러하지 아니하다.

■ 품종순도

재배작물 중 이형주(변형주), 이품종주, 이종종자주를 제외한 해당품종 고유의 특성을 나타내고 있는 개체의 비율을 말한다.

■ 종자검사 항목

순도분석, 이종 종자입수의 검사, 수분검사, 발아검사, 천립중검사, 품종검증, 종자건전도검사(병해검사)

■ 종자의 순도분석

채취한 종자시료에 대하여 정립(순종자, 순결종자), 이종종자, 협잡물(이물)의 중량 구성비를 검정하는 일이다.

■ 이물(inert matter)

이물은 정립과 이종종자(잡초종자 포함)로 구분되지 않은 종자구조를 가졌거나 모든 다른 물질로서 다음의 것을 포함한다.

- 진실종자가 아닌 종자
- 볏과 종자에서 내영 길이의 1/3 미만인 영과가 있는 소화(라이그래스, 페스큐, 개밀)
- 임실소화에 붙은 불임소화는 다음 명시된 속을 제외하고는 떼어내어 이물로 처리한다(귀리, 오처드그라스, 페스큐, 브롬그래스, 수수, 수단그라스, 라이그래스).
- 원래 크기의 절반 미만인 쇄립 또는 피해립
- 부속물은 정립종자 정의에서 종립종자로 구분되지 않은 것. 정립종자 정의에서 언급되지 않은 부속물은 떼어 내어 이물에 포함한다.
- 종피가 완전히 벗겨진 콩과, 십자화과의 종자
- 콩과에서 분리된 자엽
- 회백색 또는 회갈색으로 변한 새삼과 종자
- 배아가 없는 잡초종자
- 떨어진 불임소화, 쭉정이, 줄기, 바깥껍질(外穎), 안 껍질(內穎), 포(苞), 줄기, 잎, 솔방울, 인편, 날개, 줄기껍질, 꽃, 선충충영과, 맥각, 공막, 깜부기 같은 균체, 흙, 모래, 돌 등 종자가 아닌 모든 물질

■ 정립(pure seed)

- 미숙립, 발아립, 주름진립, 소립
- 원래 크기의 1/2 이상인 종자 쇄립
- 병해립(맥각병해립, 균핵병해립, 깜부기병해립 및 선충에 의한 충영립은 제외)

■ 정상묘

완전묘, 경결함묘, 2차 감염묘

■ 발아시험 시 재시험을 해야 할 경우

- 휴면으로 여겨질 때(신선종자)
- 시험결과가 독물질이나 진균, 세균의 번식으로 신빙성이 없을 때
- 상당수의 묘에 대해 정확한 평가를 하기 어려울 때
- 시험조건, 묘평가, 계산에 확실한 잘못이 있을 때
- 100립씩 반복 간 차이가 규정된 최대허용오차를 넘을 때

■ 종이배지의 일반요건

- 구성 : 종이의 섬유는 화성목재, 면 또는 기타 정제한 채소섬유로 제조된 것이어야 하며, 진균, 세균, 독물질이 없어 묘의 발달과 평가를 방해하지 않아야 한다.
- 조직 : 종이는 다공성 재질이어야 하나 묘 뿌리가 종이 속으로 들어가지 않고 위에서 자라야 한다.
- 강도 : 시험 조작 중 찢어짐에 견디도록 충분한 강도를 가져야 한다.
- 보수력 : 종이는 전 기간을 통하여 종자에 계속적으로 수분을 공급할 수 있는 충분한 수분 보유력을 가져야 한다.
- pH : 범위는 6.0~7.5이어야 한다. 또는 이 범위 밖의 pH가 발아시험 결과에 어떠한 영향도 미치지 않았음을 증명할 수 있어야 한다.
- 저장 : 가능하면 관계 습도가 낮은 저온실에 보관하며, 저장 기간 중 피해와 더러워짐에 보호될 수 있는 알맞은 포장이어야 한다.
- 살균소독 : 저장 중 번식하는 균류를 제거하기 위해 종이의 소독이 필요할 수도 있다.

■ 발아세

일정한 시일 내의 발아율로서 발아에 관계되는 종자의 활력

■ 발아시험

- 생화학적 검사 : TTC, 착색법, 효소활성측정법, ferric chloride, indoxy acetate
- 물리적 검사 : 전기전도율검사, 배절제법, X선검사법

■ 테트라졸륨검사(TTC 검사)

배 조직 탈수효소(dehydrogenase)의 활동으로 방출된 수소이온이 테트라졸륨(tetrazolium) 용액과 반응하여 불용성인 붉은색 포르마잔(formazan)이 형성되는데, 착색의 정도와 형태 등에 따라 종자의 발아능력을 검사하는 방법이다.

■ 와사검사

Hiltner검사라고도 하며, 처음에는 곡류에 종자전염하는 *Fusarium*의 감염 여부를 알고자 고안한 방법이지만, 후에 종자의 불량묘검사에 이용되었다.

■ ferric chloride법

종자를 20%의 $FeCl_3$ 용액에 15분간 처리하면 손상을 입은 종자가 검은색으로 변한다. 종자를 정선·조제하는 과정에서 시험할 수 있어 기계적 손상이 발생할 때 즉각 기계장치를 조정하여 이를 줄일 수 있다.

■ indoxyl acetate법

콩이나 종피의 색이 엷은 콩과 작물의 종자에서 종피의 손상을 쉽게 알 수 있는 방법으로서 저장 중인 종자의 활력평가에 효과적인 방법이며, 상처를 입은 종자의 종피가 녹자색으로 변하지만 정상의 종자는 자엽이 황백색으로 보이기 때문에 판별하기가 쉽다.

■ 종자전염성병의 검정 방법

• 배양법 : 한천배지검정, 여과지 배양검정
• 생물검정법 : 유묘병징조사, 병원성 검사, 생물학적 검정
• 혈청학적 검정 : 면역이중확산법, 형광항체법, 효소결합항체법
• 직접검사 : 지표식물에 의한 진단, 괴경지표법에 의한 씨감자 바이러스병 진단

■ 국제종자검정협회(ISTA ; International Seed Testing Association)

국제적으로 유통되는 종자의 검사규정을 입안하고, 국제 종자분석 증명서를 발급하는 기관

■ 국제종자검사협회(ISTA)의 국제종자표지 규정 중 증명서의 종류

증명서는 시료채취 및 검정을 수행하는 주체에 따라 3종류로 구분
• 등황색증명서(orange certificate) : 종자소집단이 위치한 국가의 공인검정기관이 시료채취부터 검정까지의 전 과정을 수행하였을 때 발행되는 증명서
• 녹색증명서(green certificate) : 시료채취와 검정이 각기 다른 나라에서 이루어졌을 때 발급되는 증명서로서 종자소집단이 위치한 국가의 공인검사기관이 시료를 채취하고 검정은 다른 국가의 공인검정기관이 수행하였을 경우 발행되는 증명서
• 청색증명서(blue certificate) : 공인검정기관에 접수된 시료의 해당항목에 대하여 검정이 이루어졌을 때 발급되는 증명서로서 증명기관은 제출된 시료의 검정항목에 대해서만 책임이 있는 증명서

식물육종학

| 육종의 기초

■ 작물의 육종과정

육종목표 설정 → 육종재료 및 육종방법 결정 → 변이작성 → 우량계통 육성 → 생산성 검정 → 지역적응성 검정 → 신품종 결정 및 등록 → 종자증식 → 신품종 보급

■ 작물의 재배화 과정에서 일어나는 형태적 · 유전적 변화

야생식물이 재배화되면서 종자의 발아가 빠르게 균일해졌으며 종자의 휴면성 · 탈립성 · 종자산포 능력이 약해졌고 식물의 방어적 구조가 퇴화하거나 소실되었다.

■ 식물육종의 성과

긍정적 성과	부정적 성과
• 생산성 향상 • 품질 향상 • 저항성 증진 • 재배한계의 확대	• 재래종의 감소 및 소멸 • 품종의 획일화로 인한 유전적 취약성 초래 • 종자공급의 독과점 • 가격불안정

■ 바빌로프(Vavilov)의 유전자중심설

• 발생 중심지에는 많은 변이가 축적되어 있으며, 유전적으로 우성형질을 가진 형이 많다.

• 열성형질은 발상지로부터 멀리 떨어진 곳에 위치한다.

• 2차 중심지에는 열성형질을 가진 형이 많다.

• 작물의 재배기원 중심지를 8개 지역으로 나눈다.

   ※ 바빌로프의 재배기원 중심지(8개 지역) : 중국지구, 인도 · 동남아지구, 중앙아시아지구, 근동지구, 지중해 연안지구, 에티오피아지구, 중앙 아메리카지구, 남아메리카지구

■ 재래종

도입이나 육성품종이 아닌 그 지방의 기후 풍토에 잘 적응된 토착 품종으로 다수의 유전자형이 혼입되어 있다.

■ 멘델의 유전법칙

인공교배에 의한 교잡육종기술을 크게 발전시키는 데 이론적 근거를 제공해 준 이론이다.

■ **1대잡종(F₁) 품종**

- 수량 등 생산성이 높고, 균일한 생산물을 얻을 수 있으며, 우성유전자를 이용하기가 용이하다.
- F_1에서 수확한 종자의 잡종강세현상은 당대에 한하고 F_2 세대에 가서는 유전적으로 분리되므로 변이가 심하게 일어나 품질과 균일성이 떨어진다.

■ **계통육종에서의 선발**

- F_2 세대에서 내병성·단간 등 소수의 유전자가 관여하거나 육안감별이 쉬운 질적형질 또는 유전력이 높은 양적형질은 개체선발이 효과적이다.
- F_3 세대부터는 계통군선발 → 계통선발 → 개체선발 순으로 진행한다.

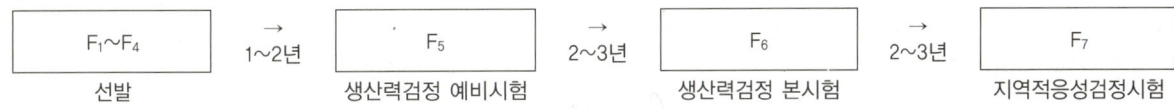

$F_1 \sim F_4$	→ 1～2년	F_5	→ 2～3년	F_6	→ 2～3년	F_7
선발		생산력검정 예비시험		생산력검정 본시험		지역적응성검정시험

■ **합성품종**

- 조합능력이 우수한 근교계들을 혼합재배하여 채종한 품종이다.
- 잡종강세가 여러 세대 유지된다.
- 환경변동에 대한 안정성이 높다.
- 목초류에서 많이 이용되고 있다.

| 변이

■ **기상요인과 토양요인에 의한 재해 저항성**

- 기상요인 : 내풍성, 내냉성, 내서성
- 토양요인 : 내염성, 내산성, 내습성

■ **변이의 구분**

형질의 특성에 따라	형태적 변이	줄기의 길이, 잎의 색, 꽃의 형태 등의 변이
	생리적 변이	특정 병에 대한 저항성, 가뭄에 견디는 성질 등의 변이
변이의 양상에 따라	연속변이	양적형질(수량, 품질, 키, 함유성분 등)의 변이, 연속변이, 방황변이
	불연속변이	질적형질(꽃색, 종자색 등)의 변이, 대립변이
유전성의 유무에 따라	유전변이(유전적 변이)	돌연변이(동형접합, 아조변이), 교잡변이, 불연속변이(질적, 대립), 일반변이
	환경변이(비유전적 변이)	방황변이(개체변이), 장소변이, 유도변이, 연속변이(양적)

■ 변이의 감별

- 후대검정 : 검정개체를 자식하여 양적형질의 유전적 변이 감별에 이용한다.
- 특성검정 : 이상환경을 만들어 생리적 형질에 대한 변이의 정도를 비교하는 데 이용한다.
- 변이의 상관 : 환경상관과 유전상관을 비교한다.
  - 환경상관 : 환경조건에 기인하는 상관
  - 유전상관 : 환경조건의 변동을 없앴을 때의 상관

■ 유전적 침식

상업품종의 급속한 보급에 의해 재래종 유전자원이 소실되는 현상

■ 유전자원 저장조건

- 베이스컬렉션(장기보존 종자) : 종자의 수분 5~7%, −18℃의 저온에서 저장한다.
- 액티브컬렉션(중기보존 종자) : 종자의 수분 5±1%, 온도 4℃에서 저장한다.

■ 유전자형이 AaBbCcDd인 개체의 유전자형 종류

$2^4 = 16$종

| 생식

■ 아포믹시스(apomixis, 무수정생식)

무배생식(apogamy)	배낭에서 난세포 이외의 조세포나 반족세포의 핵이 단독으로 발육하여 배를 형성하는 생식
무포자생식(apospory)	배낭을 만들지만 배낭의 조직세포가 배를 형성한다.
무핵란생식	핵을 잃은 난세포의 세포질에서 웅핵 단독으로 배를 형성하는 생식
부정배 형성	• 배낭을 만들지 않고 포자체의 조직세포가 직접 배를 형성한다. • 밀감의 주심배가 대표적이다.
주심배 형성	체세포에 속하는 주심세포가 배낭 속으로 침입하여 부정아적으로 주심배를 형성하는 생식
위수정생식	• 수분의 자극을 받아 난세포가 배로 발달한다. • 담배, 목화, 벼, 밀, 보리 등
웅성단위생식	• 정세포 단독으로 분열하여 배를 만든다. • 달맞이꽃, 진달래 등
복상포자생식	• 배낭모세포가 감수분열을 못 하거나 비정상적인 분열을 하여 배를 만든다.

■ 웅성불임성의 종류

- 유전자적 웅성불임 : 핵 내 유전자에 의해서 발생하는 불임
  예 고추, 토마토, 보리 등
- 세포질적 웅성불임 : 세포질(미토콘드리아)유전자에 의해서 발생하는 불임
  예 옥수수 등
- 세포질-유전자적 웅성불임 : 핵 내 유전자와 세포질유전자의 상호작용으로 나타나는 불임
  예 파, 양파, 당근, 사탕무, 무 등

■ 자가불화합성의 생리적 원인

- 화분관의 신장에 필요한 물질의 결여
- 화분관의 호흡에 필요한 호흡기질의 결여
- 화분의 발아·신장을 억제하는 억제물질의 존재
- 화분과 암술머리 사이의 삼투압의 차이
- 화분과 암술머리조직의 단백질 간의 불친화성 등

■ 자가불화합성의 기구

- 배우체형 자가불화합성 : 화분(n)의 유전자가 화합·불화합을 결정한다.
- 포자체형 자가불화합성 : 화분을 생산한 개체(2n)의 유전자형에 의해 화합·불화합이 달라진다.

■ 통일벼

반왜성유전자를 가진 식물체로, 작은 키에 이파리가 곧게 서고 경사진 초형으로 광합성이 효율이 높으며 이러한 단간직립초형을 다수성 초형이라고 한다.

| 유전

■ 유전자의 구성

- DNA를 구성하는 뉴클레오타이드 : 디옥시리보오스 + 인산 + 염기[아데닌(adenine), 구아닌(guanine), 사이토신(cytosine), 타이민(thymine)]
- RNA를 구성하는 뉴클레오타이드 : 디옥시리보오스 + 인산 + 염기[아데닌(adenine), 구아닌(guanine), 사이토신(cytosine), 우라실(uracil)]

■ 유전자은행 작성과정 순서

- 식물조직에서 mRNA 추출
- 역전사효소에 의한 cDNA 합성
- mRNA 제거
- DNA 중합효소에 의한 두 가닥 cDNA 합성
- 플라스미드에 재조합
- 박테리아에 형질전환

■ 멘델의 유전법칙

우성의 법칙	• AA×aa → Aa(표현형=A) • F_1에서 우성만 나타난다.
분리의 법칙	• Aa 자가수분 → (AA : Aa) : aa = (1 : 2) : 1 즉, 표현형은 3 : 1 • F_2에서 열성이 분리되어 나온다. • 검정교배로 확인 가능하다.
독립의 법칙	• AaBb 자가수분 → A_B_ : A_bb : aaB_ : aabb = 9 : 3 : 3 : 1 • 두 가지의 대립형질이 동시에 유전하는 경우에도 다른 형질에 관계없이 서로 독립적으로 유전한다. • A_ : aa = 3 : 1, B_ : bb = 3 : 1

■ 세포질 유전의 특징

- 멘델법칙이 적용되지 않는다.
- 핵치환을 하여도 똑같은 형질이 나타난다.
- 색소체와 미토콘드리아의 핵외유전자에 의해 지배된다.
- 정역교배의 결과가 일치하지 않는다.

■ 대립유전자 상호작용

불완전우성	F_1이 중간형질을 나타낸다. 예 코렌스(Correns)는 붉은 분꽃과 흰 분꽃을 교배하여 분홍 분꽃을 얻었다.
공동우성	두 형질이 모두 나타난다. 예 사람의 ABO식 혈액형
복대립유전자	하나의 유전자좌에 대립형질이 세 개 이상이다. 예 사람의 ABO식 혈액형, 식물의 자가불화합성, 나팔꽃의 엽형, 화이트클로버의 엽무늬 등

■ 비대립유전자 상호작용

보족유전자	• 2종의 우성유전자가 함께 작용해서 전혀 다른 한 형질을 발현시키는 유전자 • F$_2$의 분리비 : 9 : 7
조건유전자(열성상위)	• 물질을 생성하는 유전자 A와 그 물질에 작용하여 새로운 물질을 만드는 유전자 B가 있을 때, B를 조건유전자라 한다. • 열성상위 F$_2$의 분리비 : 9 : 3 : 4
피복유전자(우성상위)	• 두 유전자 간에 한 유전자가 다른 유전자의 발현을 억제하고 자신의 표현형만을 발현하는 유전자 • F$_2$의 분리비 : 12 : 3 : 1
중복유전자	• 두 유전자가 형질발현에 있어 같은 방향으로 작용하면서 누적효과를 나타내지 않고 표현형이 같은 유전자 • F$_2$의 분리비 : 15 : 1
복수유전자	• 같은 형질에 관여하는 비대립유전자들이 누적효과를 가지게 하는 유전자로 여러 경로에서 생성하는 물질량이 상가적으로 증가한다. • F$_2$의 분리비 : 9 : 6 : 1
억제유전자	• 두 쌍의 비대립유전자 간에 자신은 아무런 형질도 발현하지 못하고 다른 우성유전자의 작용을 억제시키기만 하는 유전자 • F$_2$의 분리비 : 13 : 3
변경유전자	단독으로는 형질발현에 아무런 작용을 하지 못하지만 주동유전자와 공존 시 작용을 변경시키는 유전자
치사유전자	생물 발육의 어느 시기에 배우체 또는 접합체를 죽게 하는 유전자

■ 유전자의 상가적 및 비상가적 효과

• 상가적 효과 : 유전자의 작용이나 유전자들의 상호 간 작용에 영향을 주는 것
• 비상가적 효과
  – 우성효과 : 대립유전자 간 발생한다.
  – 상위성효과 : 비대립유전자 간 우열관계를 나타낸다.

■ 다면발현

한 개의 유전자가 여러 가지 형질의 발현에 관여하는 현상

■ 염색체 이상

• 염색체수 이상 : 배수성, 이수성
• 구조적 이상 : 결실, 중복, 전좌, 역위

■ 물리지도

재조합 빈도에 의존하지 않고 염색체를 구성하는 DNA단편을 연결하여 만들어진다.

■ 염색체 배가 방법

콜히친처리법, 아세나프텐 처리법, 절단법, 온도 처리법

■ 동질배수체의 특징

- 저항성 증대 : 내한성·내건성·내병성 증대
- 형태적 특성 : 핵과 세포의 거대성, 영양기관의 발육 증진
- 임성저하
- 발육지연 : 생육·개화·결실 등의 지연
- 함유성분의 변화

■ 복2배체(=이질배수체)

- 식물의 진화과정상 새로운 작물의 형성에 가장 큰 원인이 된 배수체
- 게놈이 서로 다른 양친을 교잡한 F_1의 염색체를 배가하여 작성한다.

■ 이수체

- 2n-2 : 0염색체
- 2n-1 : 1염색체
- 2n+1 : 3염색체
- 2n+2 : 4염색체
- 2n+1+1 : 중복 3염색체
- 2n+1-1 : 중복 1염색체

■ 유전형질

양적형질	질적형질
연속변이(방황변이)	불연속변이(대립변이)
복수 미동유전자나 폴리진계에 의해 지배	소수 주동유전자에 의해 지배
유전력이 작다.	유전력이 크다.
환경의 영향을 많이 받는다.	환경의 영향을 적게 받는다.
후기 선발 및 집단육종법 유리	초기 선발 및 계통육종법 유리
수량, 길이, 넓이, 무게, 함량, 초장(cm)	꽃의 색, 내병성, 숙기, 초장(장·단간)

■ 유전력

- 표현형 분산 = 유전분산 + 환경분산

- 좁은 의미의 유전력 = $\dfrac{\text{상가적 유전분산}}{\text{전체분산(표현형 분산)}}$

- 넓은 의미의 유전력 = $\dfrac{\text{상가적 유전분산 + 우성분산 + 상위성분산}}{\text{전체분산(표현형 분산)}}$

■ 선발의 효과

유전변이가 크고, 환경변이가 작을 때 선발의 효과가 가장 크게 기대된다.

■ 유전상관

- 유전상관은 유전자의 연관, 다면발현, 상위성, 생리적 필연성, 선발효과 등에 의하여 결정된다.
- 유전상관의 값은 두 형질 간의 유전공분산/두 형질 각각의 유전분산 곱의 제곱근으로 구한다.
- 한 형질의 우량특성과 다른 형질의 불량특성 간에 상관이 있을 경우에는 동시선발이 어려워 육종이 곤란을 겪게 된다. 환경상관의 값은 변동이 심하다.
- 일반적으로 유전상관의 값은 표현형상관보다 그 값이 높은 것이 보통이고, 이들 상관의 값도 세대에 따라 또는 재배조건에 따라 변동한다.

| 육종 방법

■ 도입육종법

- 다른 나라로부터 새로운 품종을 도입하여 실제로 재배에 쓰거나 또는 육종의 재료로 쓰는 방식이다.
- 외국 품종을 도입할 때는 생태조건이 비슷한 지방으로부터 도입해야 적응성이 좋다.
- 새로운 병균이 묻어 들어오지 않도록 도입식물과 품종에 대한 병해충검사를 실시한다.

■ 요한센(Johannsen)의 순계설

자식성 작물의 순계도태에 의한 품종개량에 이바지하였다.

■ 순계

완전히 자가수정하는 동형접합체의 1개체로부터 불어난 자손의 총칭

■ 분리육종법(선발육종법)

순계분리법	• 기본집단에서 우수한 개체를 선발하여 우량한 순계를 가려내는 방법이다. • 주로 자식성 작물에 적용되지만 근교약세를 나타내지 않는 타식성 작물에도 적용될 수 있다.
계통분리법	• 주로 타식성 작물에 적용하며 개체 또는 계통의 집단을 대상으로 선발을 거듭하는 방법이다. • 1수1렬법과 같이 옥수수의 계통분리에 사용된다. • 집단선발법, 성군집단선발법, 계통집단선발법 등이 있다.
영양계분리법	• 영양체로 번식하는 작물들의 자연집단이나 재래품종에서 우수한 아조변이를 선발·증식시켜 품종화하는 방법이다. • 재래집단이나 자연집단에는 많은 변이체를 가지고 있다. • 과수류나 뽕나무 같은 영년생 식물이나 양딸기의 자연집단에서 우량한 영양체를 분리하는 데 이용한다.

■ 교잡육종법의 이론적 근거

우량형질을 한 개체에 조합하는 조합육종과 양친보다 우수한 특성이 나타나는 초월육종이다.

■ 교잡육종법

• 계통육종법 : $F_1 \rightarrow F_2$ 개체선발 $\rightarrow F_3$부터 계통육종

• 집단육종법 : F_1 집단재배 $\rightarrow F_2 \sim F_6$ 계통육종 $\rightarrow F_6$, F_7 이후 선발

• 여교잡육종법 : $(A \times B) \times A$ 또는 $(A \times B) \times B \rightarrow [(A \times B) \times A] \times A$

• 파생계통육종법 : $F_2 \sim F_3$ 질적형질, 계통육종 $\rightarrow F_4 \sim F_5$ 집단선발 $\rightarrow F_6$ 양적형질, 계통육종

■ 여교잡 세대에 따른 반복친의 유전자 비율

세대	반복친(%)	세대	반복친(%)
F_1	50	BC_3F_1	93.75
BC_1F_1	75	BC_4F_1	96.875
BC_2F_1	87.5	BC_5F_1	98.4375

■ 교잡육종 시 교배친의 선정(모본의 선정) 방법

• 주요 품종의 선택(각 지방의 주요 품종을 양친으로 이용)

• 조합능력의 검정

• 특성조사의 성적(특성 검정 시험)

• 유전자 분석의 결과를 검토한 후 교배친을 결정한다.

• 과거 실적을 검토

• 근연계수의 이용

• 선발효과의 비교에 의한 방법

■ 두 개의 다른 품종을 인공교배하기 위해 가장 우선적으로 고려해야 할 사항

교배친의 개화시기

■ 잡종강세를 이용하는 데 필요한 조건

- 한 번의 교잡으로 많은 종자를 생산할 수 있어야 한다.
- 교잡조작이 쉬워야 한다.
- 단위면적당 재배에 요구되는 종자량이 적어야 한다.
- F_1 종자를 생산하는 데 필요한 노임을 보상하고도 남음이 있어야 한다.

■ 잡종강세의 특징

- 품질이 균일하고 발아력이 우수
- 강건성, 내병성, 풍토적응성
- 양친의 장점이 발달되어 생활력이 왕성
- 증수효과
- 생리작용, 세포분화활동 촉진, 양분 흡수량 증대, 원형질의 증대

■ 잡종강세기구

- 핵 내 유전자의 상호작용
  - 비대립유전자 간의 작용 : 우성유전자 연관설, 유전자 간의 상승적 작용
  - 대립유전자 간의 작용 : 초우성설, 복대립유전자설, 헤테로설
- 세포질 + 핵내유전자 : 세포질설, 생리적 작용성

■ 잡종종자 생산을 위한 우량 조합

- 단교잡 : $A \times B$ 또는 $B \times A$
- 복교잡 : $(A \times B) \times (C \times D)$
- 3원교잡 : $(A \times B) \times C$
- 다계교잡 : $[(A \times B) \times (C \times D) \times (E \times F) \cdots]$

■ 잡종강세육종에서 조합능력 검정 방법

- 단교배 검정법 : 특정조합능력 검정
- 톱교배 검정법 : 일반조합능력 검정
- 다교배 검정법 : 영양번식의 일반조합능력 검정
- 이면교배 검정법 : 일반조합능력, 특정조합능력 동시 검정

■ 교배조합수

- 완전이면교배 : $n(n-1)$
- 부분이면교배 : $n(n-1)/2$

■ 하디-바인베르크 법칙의 전제조건

- 유전적 부동이 없어야 한다.
- 무작위교배가 이루어져야 한다.
- 서로 다른 집단 사이에 이주가 없어야 한다.
- 자연선택이 없어야 한다.
- 집단 내에 돌연변이가 없어야 한다.

■ 돌연변이육종법

- 돌연변이 종류 : 유전자돌연변이, 염색체돌연변이, 체세포돌연변이(아조변이), 색소체돌연변이(키메라)
- 인위적 돌연변이 유발원 : 방사성물질(γ선, X선, α선, β선, 중성자, 양성자 등), 화학물질(염기유사체, 대부분 발암물질, 콜히친 등)

■ 돌연변이육종법의 특징

- 품종 내에서 특성의 조화를 파괴하지 않고 1개의 특성만을 용이하게 치환할 수 있다.
- 이형접합(hetero)으로 되어 있는 영양번식식물에서 변이를 작성하기가 용이하다.
- 염색체 단편을 치환시킬 수 있다.
- 동질배수체의 임성을 향상시킬 수 있다.
- 자가불화합, 교잡불화합을 극복할 수 있어 육종범위의 확대가 가능하다.
- 새로운 유전변이를 창출할 수 있다.

■ 돌연변이육종 체계도

- M_0 종자(세대) : 돌연변이원 처리 전 종자
- M_1 종자 : 돌연변이원 처리 종자
- M_1 세대 : 돌연변이원 처리 종자를 생육시킨 것(수정란 처리 식물체)으로 방사선 감수성 조사, 임성, 키메라 등 조사에 사용한다.
- M_2 종자 : M_1 세대에서 수확한 종자
- M_2 세대 : M_2 종자를 생육시킨 것으로 본격적인 변이체 선발시기이다.

■ 복귀돌연변이

돌연변이를 일으킨 세포나 개체가 같은 곳에 돌연변이를 일으켜 다시 원래의 정상 또는 야생형으로 되돌아오는 경우이다.

■ 점돌연변이(유전자돌연변이)

하나의 유전자 작용에 영향을 미치는 돌연변이이다.

| 특성 및 성능의 검정 방법

■ 생산력 검정
- 완전임의배치법 : 실험단위가 동질적인 경우에 효과적이며, 다루기가 쉽고, 처리에 제약이 없으며 계산이 용이하다.
- 난괴법 : 오차의 자유도 = (품종수 − 1) × (반복수 − 1) × 장소개수

■ 양적저항성과 질적저항성

양적저항성	여러 레이스에 대해 저항성을 가지므로 비특이적 저항성이라 한다.	포장저항성, 수평저항성, 미동유전자 저항성
질적저항성	특정한 레이스에 대해서만 저항성을 나타내는 경우로, 질적저항성 품종은 특이적 저항성을 가졌다고 말한다.	진정저항성, 수직저항성, 주동유전자 저항성

이러한 저항성 구분은 어떤 조건이 전제된 것이므로 절대적인 것은 아니다.

| 품종의 유지와 증식 및 보급

■ 품종퇴화의 원인
- 유전적 퇴화 : 종자증식에서 발생하는 돌연변이, 자연교잡, 새로운 유전자의 분리, 기회적 부동, 자식(근교)약세, 종자의 기계적 혼입 등
- 생리적 퇴화 : 재배환경(토양, 기상, 생물환경 등), 재배·저장조건의 불량 등
- 병리적 퇴화 : 영양번식 작물의 바이러스 및 병원균의 감염 등

■ 신품종의 구비조건(DUS)
- 구별성(distinctness)은 신품종의 한 가지 이상의 특성이 기존의 알려진 품종과 뚜렷이 구별되는 것이다.
- 균일성(uniformity)은 신품종의 특성이 재배·이용상 지장이 없도록 균일한 것을 말한다.
- 안정성(stability)은 세대를 반복해서 재배하여도 신품종의 특성이 변하지 않는 것이다.

■ **신품종의 유전적 퇴화 원인**

돌연변이, 자연교잡, 자식약세(근교약세), 미동유전자(이형유전자)의 분리, 역도태, 기회적 변동, 기계적 혼입

■ **신품종 특성 유지 방법**

영양번식, 격리재배, 원원종 재배로 종자갱신, 종자 저온저장

■ **우리나라 식량작물의 종자생산체계**

기본식물포	→	원원종포	→	원종포	→	채종포
기본식물 (농업진흥청)		원원종 (농업기술원)		원종 (원종생산기관)		보급종 (종자공급소)

│ 생명공학기술 이용

■ **조직배양**

식물육종에 광범위하게 이용되며, 생장점배양에 의한 영양번식식물의 무병주 생산, 조직배양에 의한 씨감자 생산, 약배양을 통한 식물육종기간 단축 등이 있다.

■ **분자표지의 작물육종 활용**

- 품종판별(유전자 검사로 신속·정확한 품종판별, 유전자원 및 품종의 분류)
- 종자 순도검정(유전자 기반 종자품질 검정)
- 분자표지 육종(분자표지 분석으로 우수 계통 조기 선발)
- 형질예측(병저항성, 매운맛 등 작물 특성 조기 예측)
- 여교배육종 시 세대 단축
- 유전자 연관지도의 구축 등

■ **인위적인 변이 유발 방법**

- 교배육종 : 재래종, 수집종 간에 인위교배
- 돌연변이 : 아조변이, X선, 화학물질
- 배수체육종 : 콜히친 처리
- 유전공학 이용 : 세포융합, DNA재조합

■ **포마토**

감자와 토마토로 육성된 포마토는 원형질체융합기술을 이용하였다.

■ **형질전환기술**

재조합 DNA를 생식과정을 거치지 않고 식물세포로 도입하여 새로운 형질을 나타나게 하는 기술

■ **Ti-plasmid**

쌍자엽식물의 형질전환에 가장 널리 이용하고 있는 유전자 운반체

| 재배의 기원과 현황

■ 농경의 발상지

- De Candolle : 큰 강 유역이 주기적인 강의 범람으로 비옥해져 농사짓기에 유리하므로 원시 농경의 발상지라고 추정하였다.
- Vavilov : 기후가 온화한 산간부 중 관개수를 쉽게 얻을 수 있는 곳이 농경이 쉽고 안전하므로 발상지라고 추정하였다.
- P. Dettweiler : 기후가 온난하고 토지가 비옥하며, 토양수분도 넉넉한 해안지대를 원시 농경의 발상지로 보았다.

■ 재배의 관념

- G. Allen은 과거 묘소에 공물(供物)로 뿌려진 야생식물의 열매가 자연히 싹이 터서 자라는 것을 보고 인류가 '재배'라는 개념을 배우고 농경의 시작으로 이어졌다고 설명하였다.
- De Candolle은 산야에서 채취한 과실을 먹고 던져둔 종자에서 똑같은 식물이 자라는 것을 보고 '파종'이라는 관념을, 야생식물을 집 근처에 옮겨 심으면 편리하다는 생각에 '이식'의 개념을 배웠을 것으로 추정하였다.

■ Vavilov의 작물의 기원지

- 중국 : 6조 보리, 조, 피, 메밀, 콩, 팥, 파, 인삼, 배추, 자운영, 동양배, 감, 복숭아 등
- 인도·동남아시아 : 벼, 참깨, 사탕수수, 모시풀, 왕골, 오이, 박, 가지, 생강 등
- 중앙아시아 : 귀리, 기장, 완두, 삼, 당근, 양파, 무화과 등
- 코카서스·중동 : 2조 보리, 보통 밀, 호밀, 유채, 아마, 마늘, 시금치, 사과, 서양배, 포도 등
- 지중해 연안 : 완두, 유채, 사탕무, 양귀비, 화이트클로버, 티머시, 오처드그라스, 무, 순무, 우엉, 양배추, 상추 등
- 중앙아프리카 : 진주조, 수수, 강두(광저기), 수박, 참외 등
- 멕시코·중앙아메리카 : 옥수수, 강낭콩, 고구마, 해바라기, 호박 등
- 남아메리카 : 감자, 땅콩, 담배, 토마토, 고추 등

■ 한국이 원산지인 작물 : 팥, 감(한국, 중국), 인삼(한국)

■ 야생벼와 재배벼의 차이

형질	야생벼	재배벼
종자의 탈립성	쉽게 떨어진다.	쉽게 떨어지지 않는다.
종자의 휴면성	매우 강하다.	없거나 약하다.
종자의 수명	길다.	짧다.
꽃가루 수	많다.	적다.
종자의 크기	작다.	크다.
내비성(耐肥性)	강하다.	약하다.

■ 작물의 분화과정 : 유전적 변이(자연교잡, 돌연변이) → 도태 → 적응(순화) → 고립(격절)

■ 드브리스(De Vries)
- 식물 유전의 돌연변이설을 주장
- 환경에 의한 변이는 유전하지 않으나 원인불명이지만 유전하는 변이도 있는데 이것을 돌연변이라 함

■ 작물의 분류
- 중경작물 : 작물로서 잡초 억제효과와 토양을 부드럽게 하는 작물
  예 옥수수, 수수 등
- 휴한작물 : 휴한 대신 지력이 유지되도록 윤작에 포함시키는 작물
  예 비트, 클로버 등
- 윤작작물 : 중경작물이나 휴한작물처럼 잡초 억제효과와 지력유지에 이롭기 때문에 재배하는 작물
- 동반작물 : 서로 도움이 되는 특성을 지닌 두 가지 작물
  예 토마토와 바질, 콩과 옥수수, 파와 오이
- 대파작물 : 일기불순 등으로 주작물 파종이 어려워 대파하는 작물
  예 메밀, 조, 팥, 감자 등
- 구황작물 : 기후가 불순하여 흉년이 들 때 안전한 수확을 얻을 수 있어 도움이 되는 재배작물
  예 조, 기장, 피 등
- 흡비작물 : 다른 작물이 잘 흡수·이용하지 못하는 미량의 비료 성분도 잘 흡수하여 체내에 간직함으로써 비료분의 유실을 줄일 수 있는 작물
  예 옥수수, 알팔파, 스위트클로버
- 보호작물 : 주작물과 파종하여 생육 초기에 냉풍 등 환경조건에서 주작물을 보호하는 작물

■ 학명

- 벼 : *Oryza sativa* L
- 인삼 : *Panax ginseng* C.A.Meyer
- 밀 : *Triticum aestivum* L.
- 토마토 : *Lycopersicon esculentum* Mill.
- 담배 : *Nicotiana tabacum* L.

■ 용도에 따른 작물의 분류

식용(식량)작물	미곡	논벼, 밭벼 등
	맥류	보리, 밀, 귀리, 라이보리 등
	잡곡	조, 기장, 피, 수수, 율무, 옥수수, 메밀 등
	두류	콩, 팥, 까치콩, 완두, 잠두, 땅콩, 녹두 등
	서류	고구마, 감자, 카사바, 토란 등
특용(공예)작물	유료작물	참깨, 땅콩, 유채, 해바라기 등
	섬유작물	목화, 아마, 삼, 왕골, 모시풀, 수세미, 닥나무 등
	당료작물	사탕무, 사탕수수 등
	전분작물	옥수수, 감자, 고구마 등
사료작물		• 볏과 : 옥수수, 호밀, 티머시, 오처드그라스 등 • 콩과 : 알팔파, 클로버 등
비료(녹비)작물		• 콩과 작물 : 자운영, 클로버(토끼풀), 베치, 알팔파(자주개자리), 풋베기콩, 풋베기완두, 루핀 등 • 유채, 풋베기귀리, 풋베기옥수수, 풋베기쌀보리, 메밀, 호밀 등
약용작물		제충국, 박하, 호프 등
기호작물		차, 담배 등
원예작물	채소류	• 과채류 : 오이, 호박, 고추, 토마토, 딸기, 수박 등 • 협채류 : 완두, 강낭콩, 동부 등 • 근채류 : 무, 순무, 당근, 고구마, 감자, 토란, 마 등 • 경엽채류 : 배추, 양배추, 셀러리, 파, 양파, 마늘 등
	과수류	• 인과류 : 배, 사과, 비파 등 • 핵과류 : 복숭아, 자두, 살구, 앵두 등 • 장과류 : 포도, 딸기, 무화과 등 • 견과류 : 밤, 호두 등 • 준인과류 : 감, 귤 등
	화훼류	장미, 국화, 코스모스, 다알리아, 난초, 철쭉, 동백 등

■ 생존연한(재배기간)에 따른 작물의 분류

1년생	• 봄에 파종하여 그해 안에 성숙하는 작물 • 벼, 콩, 옥수수, 수수, 조 등
월년생	• 가을에 파종하여 그 다음 해 초여름에 성숙하는 작물 • 가을밀, 가을보리 등
2년생	• 봄에 파종하여 그 다음 해에 성숙하는 작물 • 무, 사탕무, 양배추, 양파 등
영년생 (다년생)	• 생존연한과 경제적 이용연한이 여러 해인 작물 • 아스파라거스, 목초류, 호프 등

■ 주형작물 : 개개의 식물체가 각각 포기를 형성하는 작물 벼 예 맥류(麥類), 오처드그라스 등

■ 작물의 내습성

- 작물 : 골풀, 미나리, 벼 > 밭벼, 옥수수, 율무 > 토란 > 고구마 > 보리, 밀 > 감자, 고추 > 토마토, 메밀 > 파, 양파, 당근, 자운영
- 채소 : 양배추, 양상추, 토마토, 가지, 오이 > 시금치, 우엉, 무 > 당근, 꽃양배추, 멜론, 피망
- 과수 : 올리브 > 포도 > 밀감 > 감, 배 > 밤, 복숭아, 무화과

■ 작물의 내염성

- 내염성 정도가 강한 작물 : 유채, 목화, 순무, 사탕무, 양배추, 라이그래스
- 내염성 정도가 약한 작물 : 완두, 녹두, 감자, 고구마, 베치, 가지, 셀러리, 사과, 배, 복숭아, 살구

■ 종묘로 이용되는 영양기관의 분류

- 눈 : 마, 포도나무, 꽃의 아삽 등
- 잎 : 베고니아 등
- 줄기
  - 덩이줄기(괴경) : 감자, 토란, 돼지감자 등
  - 알줄기(구경) : 글라디올러스, 프리지아 등
  - 비늘줄기(인경) : 나리(백합), 마늘, 양파 등
  - 땅속줄기(뿌리줄기, 지하경) : 생강, 연, 박하, 호프 등
  - 흡지(吸枝) : 박하, 모시풀 등
- 뿌리(덩이뿌리, 괴근) : 다알리아, 고구마, 마 등

■ 우리나라 작물 재배의 특색

- 토양비옥도(지력)가 낮은 편이다.
- 기상재해가 큰 편이다.
- 경영규모가 영세하고 다비 농업이며, 전업농가가 대부분이다.
- 농산품의 국제경쟁력이 약하다.
- 쌀의 비중이 커서 미곡(米穀)농업이라 할 수 있다.
- 작부체계와 초지농법이 미발달(농가 소득 증대에 도움이 되는 작물만을 집약적으로 재배해왔기 때문)
- 식량자급률이 낮고 양곡도입량이 많음

| 재배환경

■ 작물의 수량을 최대화하기 위한 재배이론의 3요인

종자의 우수한 유전성, 양호한 재배환경, 재배기술의 종합적 확립

■ 토양의 3상과 비율

고상 50(무기물 45% + 유기물 5%)%, 액상 25%, 기상 25%

■ 토성의 분류 기준 : 모래, 미사, 점토의 함유비율

명칭	사토	사양토	양토	식양토	식토
점토함량(%)	<12.5	12.5~25	25~37.5	37.5~50	>50

■ 토양의 구조

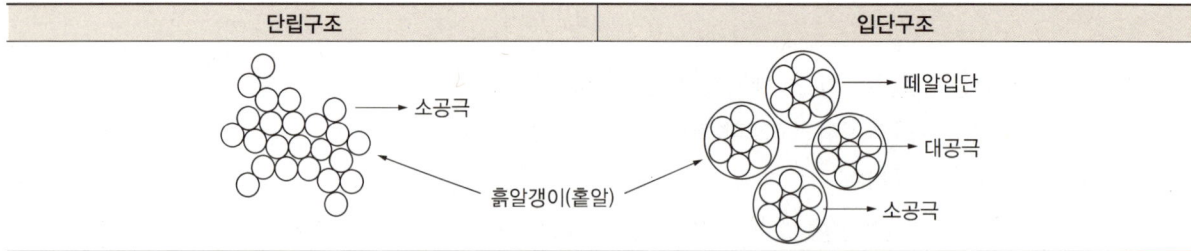

단립구조	입단구조
• 토양입자가 서로 결합하지 않고 독립적으로 모여있는 구조이다.	• 단일입자가 결합한 2차 입자가 모여 입단을 구성하고 있다.
• 대공극이 많고 소공극이 적어서 통기성·투수성은 우수하지만 양분과 수분 보유력이 낮다.	• 대공극과 소공극이 고르게 분포한다.
• 해안의 사구지에서 볼 수 있다.	• 통기성·투수성이 양호하고 양분과 수분의 유지 및 보유력이 우수하여 작물의 생육에 적당하다.

■ **토양의 입단화**

입단의 조성	입단의 파괴
• 유기물, 석회 시용 • 토양의 피복 • 콩과 작물 재배 • 아크릴소일, 크릴륨 등 토양 개량제 시용	• 경운(토양입자의 부식 분해 촉진) • 입단의 팽창과 수축의 반복 • Na^+의 작용(점토의 결합 분산) • 비와 바람의 작용

■ **토양유기물의 주된 기능**

• 암석의 분해 촉진, 무기양분의 공급

• 대기 중의 이산화탄소 공급, 생장 촉진물질의 생성 : 호르몬, 핵산물질 등

• 입단의 형성, 통기, 보수·보비력 증대

• 완충능력 증대, 미생물의 번식 촉진

• 토양보호, 지온 상승

■ **필수원소**

다량원소	탄소(C), 수소(H), 산소(O), 질소(N), 황(S), 칼륨(K), 인(P), 칼슘(Ca), 마그네슘(Mg)
미량원소	철(Fe), 망간(Mn), 아연(Zn), 구리(Cu), 몰리브덴(Mo), 붕소(B), 염소(Cl)

■ **칼륨(K)**

• 체내 구성물질은 아니나, 세포의 팽압을 유지한다.

• 토양공기 중에 CO_2 농도가 높고 O_2가 부족할 때 작물이 흡수하기 가장 곤란하다.

• 결핍 : 황화현상, 생장점 고사, 하엽의 탈락 등

■ **칼슘(Ca)**

• 세포막 중 중간막의 주성분으로, 잎에 많이 존재하며 체내의 이동이 어렵다.

• 단백질의 합성과 물질전류에 관여하고, 질소의 흡수 이용을 촉진한다.

• 결핍 : 뿌리나 눈의 생장점이 붉게 변하여 죽게 되고, 토마토 배꼽썩음병도 나타난다.

• 과잉 : Mg, Fe, Zn, Co, B 등의 흡수를 억제한다(길항작용).

■ **붕소(B)**

결핍 시 분열조직에 괴사가 일어나고, 사탕무의 속썩음병, 셀러리의 줄기쪼김병, 알팔파의 황색병, 사과의 축과병, 담배의 끝마름병과 같은 병해를 일으키며 수정·결실이 나빠진다.

■ 규소(Si)

• 화곡류 잎의 표피 조직에 침전되어 병에 대한 저항성을 증진시킨다.

• 벼가 많이 흡수하면 잎을 직립하게 하여 수광상태가 좋게 되어 동화량을 증대시키는 효과가 있다.

■ 기타 원소

• 식물체 내 이동성이 낮아 결핍증상이 어린잎에 나타나는 원소 : 칼슘(Ca), 망간(Mn), 황(S), 철(Fe), 붕소(B) 등

• 몰리브덴(Mo) : 질산환원효소의 구성성분으로 질소대사에 중요한 역할을 한다.

• 염소(Cl) : 광합성에서 산소발생을 수반하는 광화학반응에 촉매작용을 한다.

■ 포장용수량(최소용수량, minimum water-capacity)

• 지하수위가 낮고 투수성인 포장에서 강우 또는 관개 2~3일 뒤의 수분상태로 수분당량과 거의 일치한다.

• pF 2.5~2.7(1/3~1/2bar) 정도이다.

■ 토양수분의 표현

pF값은 $\log H$($\because$ H : 수주의 높이)로 $\log 1,000 = \log 10^3 = pF$ 3이고, 1기압이다.

■ 토양수분의 종류

• 결합수(pF 7.0 이상) : 점토광물에 결합되어 있어 분리시킬 수 없는 수분으로 작물이 이용하지 못한다.

• 흡습수(pF 4.5~7.0) : 분자 간 인력에 의해서 토양입자 표면에 피막상으로 응축한 수분으로 작물이 이용하지 못한다.

• 모관수(pF 2.7~4.5) : 작물이 주로 이용하는 수분으로 표면장력에 의하여 토양공극 내에 유지된다. 지하수가 모세관현상에 의하여 모관공극을 따라 상승하여 공급된다.

• 중력수(pF 0~2.7) : 중력에 의해서 비모관공극에 스며 흘러내리는 수분이다.

• 지하수 : 지하에 정체하여 모관수의 근원이 되는 물이다.

■ 작물이 정상적으로 생육하는 토양의 유효수분 범위

포장용수량과 영구위조점(pF 2.5~4.2) 사이의 토양수분

■ 토양수분장력과 토양수분 함유량의 함수관계

수분이 많으면 수분장력은 작아지고, 수분이 적으면 수분장력이 커진다.

■ 중금속이 인체에 미치는 영향

- 수은(Hg) : 토양의 중금속 오염으로 미나마타병을 유발한다.
- 카드뮴(Cd) : 이타이이타이병을 유발한다.
- 납(Pb) : 빈혈을 수반하고 조혈기관 및 소화기, 중추신경계 장애를 유발한다.
- 크롬(Cr)
  - 인체에 유해한 것은 6가 크롬을 포함하고 있는 크롬산이나 중크롬산이다.
  - 만성피해로는 만성카타르성 비염, 폐기종, 폐부종, 만성기관지암이 있고, 급성피해는 폐충혈, 기관지염, 폐암 등이 있다.
- 구리(Cu) : 침을 흘리며 위장 카타르성 혈변, 혈뇨 등이 발생한다.
- 비소(As) : 위궤양, 손, 발바닥의 각화, 비중격천공, 빈혈, 용혈성 작용, 중추신경계 자극증상이 있으며, 뇌증상으로 두통, 권태감, 정신 증상 등이 있다.

■ 염류집적 해결법

- 담수처리로 염류농도를 낮추는 방법
- 제염작물 재식(벼, 옥수수, 보리, 호밀)
- 미분해성 유기물 사용(볏짚, 산야초, 낙엽)
- 환토, 객토, 깊이갈이(심경)
- 합리적 시비(토양검증에 의한 시비) 등

■ 식물양분의 가급도와 pH와의 관계

- 작물양분의 가급도 : 중성~미산성에서 가장 높음
- 강산성
  - P, Ca, Mg, B, Mo 등의 가급도가 감소 → 필수원소 부족으로 작물생육 불리
  - Al, Cu, Zn, Mn 등의 용해도가 증가 → 독성으로 작물생육 불리
- 강알칼리성 : B, Mn, Fe 등의 용해도 감소 → 생육 불리

■ 산성토양 적응성

- 극히 강한 것 : 벼, 밭벼, 귀리, 기장, 땅콩, 아마, 감자, 호밀, 토란
- 강한 것 : 메밀, 당근, 옥수수, 고구마, 오이, 호박, 토마토, 조, 딸기, 베치, 담배
- 약한 것 : 고추, 보리, 클로버, 완두, 가지, 삼, 겨자
- 가장 약한 것 : 알팔파, 자운영, 콩, 팥, 시금치, 사탕무, 셀러리, 부추, 양파

■ **작물의 내염재배법**

- 논물을 말리지 않으며 자주 환수한다.
- 황산암모니아가 함유된 비료를 피한다.
- 내염성 품종(사탕무, 유채, 목화, 양배추 등)을 선택한다.
- 조기재배·휴립재배를 한다.
- 비료는 여러 차례 나누어 시비한다.

■ **논토양과 밭토양의 특징**

구분	논토양	밭토양
양분 존재 형태	• N_2, NH_4^+ • Mn^{2+} • Fe^{2+} • S^{2-} 또는 H_2S	• NO_3 • Mn^{4+}, Mn^{3+} • Fe^{3+} • SO_4^{2-}
색깔	청회색, 회색	황갈색, 적갈색
산화–환원상태	• 담수상태의 논은 산소의 공급이 매우 적다. • 유기물을 분해하는 미생물이 산소를 소비하여 환원상태가 더욱 조장된다. • 환원물(N_2, H_2S)이 존재하며 NO_3는 흡착되지 않고 하부 환원층으로 용탈되어 탈질작용을 일으킨다.	• 표면이 항상 대기와 접촉하고 있는 산화상태이다. • 산화물(NO_3, SO_4)이 존재한다.
양분 유실과 천연공급	관개수로 인한 천연공급이 많다.	빗물로 인한 양분의 유실이 많다.
토양 pH	담수 후 대부분 중성으로 변한다.	대개 산성을 나타낸다.
산화–환원전위(Eh)	산화–환원전위가 낮다.	논보다 높다.

■ **심층시비의 효과** : 암모니아태 질소비료를 논토양의 환원층에 주어 탈질을 막는다.

■ **초생재배법의 장단점**

장점	단점
• 토양의 입단화 • 토양침식 방지 • 제초 노력 경감 • 지력 증진 • 미생물 증식 • 수분 증발 억제 • 지온 상승 억제 • 선충피해 방지 • 내병성 향상 • 지렁이 등 익충의 보금자리 • 과목 뿌리신장 및 수명연장	• 양분·수분의 쟁탈 • 병해충의 은신처 제공

■ 대상재배

경사지에서 수식성 작물을 재배할 때 등고선으로 3~10cm 정도의 일정한 간격을 두고 적당한 폭의 목초대를 두면 토양침식이 크게 경감한다.

■ 토양미생물의 생육조건

- 유용한 토양미생물의 활동조건
  - 토양 내에 유기물이 많고, 통기가 좋아야 한다.
  - 토양반응은 중성~미산성, 토양습도는 과습하거나 과건하지 않아야 한다.
  - 토양온도는 20~30℃일 때 생육이 왕성하다.
- 유해한 토양미생물은 윤작, 담수 또는 배수, 토양소독 등에 의해서 생육활동을 억제 및 경감시킬 수 있다.
- 심토로 갈수록 미생물 수는 감소한다.

■ 수분퍼텐셜(water potential)

- 식물체 내에서 수분을 이동시키는 원동력이다.
- 수분퍼텐셜 = 압력퍼텐셜(팽압) + 삼투퍼텐셜(삼투압) + 매트릭퍼텐셜 + 중력
- 삼투퍼텐셜과 압력퍼텐셜이 같으면 팽만상태가 된다.
- 식물체의 세포와 조직 내의 수분퍼텐셜은 거의 항상 0보다 작은 음의 값을 가진다.
- 토양의 수분퍼텐셜보다 낮기 때문에 토양 속의 물이 식물의 뿌리를 통해 이동하게 된다.
- 수분퍼텐셜을 측정하는 방법 : 가압상법, Chardakov 방법, 노점식 방법(증기압측정법)

■ 팽압

삼투현상으로 세포의 수분이 늘면 세포의 크기를 증대시키려는 압력으로, 팽압에 의해 식물체제가 유지된다.

■ 요수량

- 작물의 건물 1g을 생산하는 데 소비된 수분량(g)
- 건물생산의 속도가 낮은 생육초기의 요수량이 크다.
- 토양수분의 과다 및 과소, 척박한 토양 등의 환경조건은 요수량을 크게 한다.
- 광 부족, 많은 바람, 공기습도의 저하, 저온과 고온은 요수량을 크게 한다.
- 요수량의 크기(g) : 호박(834) > 클로버(799) > 완두(788) > 보리(534) > 밀(513) > 옥수수(368) > 수수(322) > 기장(310)

■ **논에서의 담수 관개효과**
- 생리적으로 필요한 수분 공급
- 온도조절작용
- 비료성분 공급
- 관개수에 의해 염분 및 유해물질을 제거
- 잡초의 발생이 적어지며, 제초작업 용이
- 해충의 만연이 적어지고 토양선충이나 토양전염의 병원균이 소멸, 경감
- 이앙, 중경, 제초 등의 작업이 용이
- 벼의 생육을 조절 및 개선 가능

■ **지표관개** : 지표면에 물을 흘려 대는 방법
- 전면관개 : 지표면 전면에 물을 대는 관개법이다.
  - 일류관개 : 등고선에 따라 수로를 내고, 임의의 장소로부터 월류하도록 하는 방법
  - 보더관개 : 완경사의 상단의 수로로부터 전체 표면에 물을 흘려 대는 방법
  - 수반관개 : 포장을 수평으로 구획하고 관개
- 휴간관개 : 이랑을 세우고, 이랑 사이에 물을 대는 관개법

■ **대기의 조성**
질소 79%, 산소 21%, 이산화탄소 0.03%

■ **이산화탄소 보상점과 이산화탄소 포화점**
광이 약할 때에는 보상점이 높아지고 포화점은 낮아진다.

■ **아황산가스(SO_2)에 대한 작물의 저항력**
- 약한 작물 : 알팔파, 메밀, 보리, 목화, 시금치, 담배 등
- 강한 작물 : 양배추, 셀러리, 오이, 감자, 양파, 옥수수 등

■ **PAN**
탄화수소, 오존, 이산화질소가 화합해서 생성되는 대기오염물질

■ **오존을 생성하는 것**
탄화수소(HC)와 이산화질소(NO_2) 등

■ 작물의 주요 온도

구분	최저온도(℃)	최적온도(℃)	최고온도(℃)
보리	3~45	20	28~30
밀	3~45	25	30~32
호밀	1~2	25	30
귀리	4~5	25	30
사탕무	4~5	25	28~30
담배	13~14	28	35
완두	1~2	30	35
옥수수	8~10	30~32	40~44
벼	10~12	30~32	36~38
오이	12	33~34	40
삼	1~2	35	45
멜론	12~15	35	40

- 최저온도 : 작물의 생육이 가능한 가장 낮은 온도
- 최고온도 : 작물의 생육이 가능한 가장 높은 온도
- 최적온도 : 작물의 생육이 가장 왕성한 온도

■ 적산온도

- 작물의 발아부터 성숙까지의 생육기간 중 0℃ 이상의 일평균기온을 합산한 온도
- 여름작물 : 메밀 1,000~1,200℃, 벼 3,500~4,500℃, 담배 3,200~3,600℃, 목화 4,500~5,500℃
- 겨울작물 : 추파맥류 1,700~2,300℃
- 봄작물 : 감자 1,300~3,000℃, 완두 2,100~2,800℃

■ 변온이 작물생육에 미치는 영향

- 발아 촉진
- 동화물질의 축적
- 괴경 및 괴근의 발달
- 출수 및 개화의 촉진
- 결실을 조장

■ 열해가 발생하는 주요 원인

- 유기물의 과잉 소모 및 당분의 감소
- 질소대사의 이상(단백질의 합성 저해 및 암모니아의 축적)
- 철분의 침전으로 황백화현상 발생
- 증산 과다로 위조유발

■ 작물의 내열성

- 작물이 열해에 견디는 성질로 내건성이 큰 작물이 내열성도 크다.
- 세포 내 수분함량, 세포질의 점성, 염류농도, 당・지방・단백질함량이 증가하면 내열성은 증가한다.
- 주피・완피, 완성엽의 내열성이 가장 크고 눈(芽)・유엽은 비교적 강하며 미성엽・중심주는 가장 약하다.
- 작물의 연령이 높아지면 내열성이 커진다.
- 고온건조다조한 환경에서 오랜 기간을 생육해 온 작물은 온도변화조건에 경화되어 있어 내열성이 크다.

■ 하고현상

내한성이 강한 다년생 북방형(한지형) 목초가 여름철 고온, 건조, 장일, 병충해, 잡초 등에 의해 성장이 쇠퇴・정지하고 심하면 황화 후 고사하여 목초의 생산량이 급격히 떨어지는 현상을 말한다.

■ 작물 재배의 광합성 촉진 환경

- 미풍은 증산작용을 증가시키고, 이산화탄소를 공급하는 효과가 있다.
- 공기습도가 높지 않고 적당히 건조해야 광합성이 촉진된다.
- 최적온도에 이르기까지는 온도의 상승에 따라서 광합성이 촉진된다.
- 광합성 증대의 이산화탄소 포화점은 대기중 농도의 약 7~10배(0.21~0.3%)이다.
- 알팔파에 광이 조사되면 기공을 열게 하여 증산이 왕성해진다.
- 고립상태 작물의 광포화점은 전광의 30~60% 범위이다.
- 남북이랑은 동서이랑에 비하여 수광량이 많다.
- 밀식 시 줄 사이(列間)를 넓히고 포기 사이(株間)를 좁히면 군락 하부로의 투광률이 좋아진다.

■ 광과 작물의 생리

- 청색광(440~480nm) : 광합성 촉진, 엽록소 형성, 굴광현상 유도, 과실의 착색, 유전자 발현 조절, 기공의 열림 촉진
- 적색광(600~700nm) : 광합성 촉진, 엽록소 형성, 일장효과, 야간조파에 효과, 장일식물 개화 촉진, 발아 촉진, 줄기의 신장 촉진, 휴면타파, 화아유도
- 자외선(자색광) : 줄기의 신장 억제, 안토시안 생성 촉진

■ C3 식물, C4 식물, CAM 식물

- C_3 식물 : 벼, 밀, 보리, 콩, 해바라기 등
- C_4 식물 : 사탕수수, 옥수수, 수수, 피, 기장, 버뮤다그래스 등
  - 광합성 적정온도는 30~47℃이다.
  - 광포화점과 광합성 효율이 높다.

– 광보상점과 광호흡률이 낮다.

– 유관속초세포가 발달되어 있다.

• CAM 식물 : 선인장, 파인애플, 용설란 등

■ 작물의 광 입지

• 광부족에 적응하지 못하는 작물 : 벼, 목화, 조, 기장, 감자, 알팔파 등

• 광부족에 민감하지 않은 작물 : 강낭콩, 딸기, 목초, 당근, 비트 등

■ 고립상태에서의 광포화점

• 감자, 담배, 강낭콩, 보리, 귀리 : 30%

• 옥수수 : 80~100%

■ 콩의 초형에서 수광태세가 좋아지고 밀식 적응성이 커지는 조건

• 키가 크고 도복이 안 되며, 가지는 짧고 적게 치는 것이 좋다.

• 꼬투리가 원줄기에 많이 달리고 밑까지 착생하는 것이 좋다.

• 잎이 작고 가늘며, 잎자루(葉柄)가 짧고 직립하는 것이 좋다.

■ 포장광합성 등

• 포장동화능력(포장광합성) = 총엽면적 × 수광능률 × 평균동화능력

• 건물생산능력 = 엽면적지수 × 순동화율(NAR. 건조중량의 증가속도를 잎면적으로 나눈 값)

• 최적엽면적 : 군락상태에서 건물생산을 최대로 할 수 있는 엽면적

■ 3.3m^{2}당 모의 포기수 = 3.3 ÷ (줄사이 × 포기사이)

■ 벼의 생육단계 중 한해(旱害)에 가장 강한 시기

• 감수분열기(수잉기) > 이삭패기개화기 > 유수형성기 > 분얼기

• 무효분얼기에는 그 피해가 가장 적다.

■ 버널리제이션의 특징

• 식물의 생육기간 중 개화를 유도·촉진하기 위해 일정 시기에 인위적으로 온도처리를 하는 것이다.

• 버널리제이션에 감응하는 부위는 생장점이다.

• 산소의 공급은 필수적이며, 처리 중 건조되면 효과가 감소한다.

• 버널리제이션에 관여하는 조건 : 최아, 온도와 처리기간, 산소, 수분, 광(고온처리 시), 탄수화물 등

■ 주요작물의 춘화처리

- 추파맥류 : 최아종자를 0~3℃에서 약 45일
- 벼 : 37℃에서 10~20일
- 옥수수 : 20~30℃에서 5~10일 정도

■ 춘화형 식물

- 녹체춘화형 식물 : 양배추, 양파, 당근, 우엉, 국화, 사리풀 등
- 종자춘화형 식물 : 무, 배추, 완두, 잠두, 봄무, 추파맥류 등

■ 식물의 일장형

- 단일성 식물 : 벼, 옥수수, 콩, 고구마, 담배, 들깨, 딸기, 목화, 코스모스, 국화, 나팔꽃 등
- 중일성 식물 : 토마토, 고추, 사탕수수, 가지, 오이, 호박, 장미, 팬지, 제라늄, 튤립 등
- 장일성 식물 : 보리, 밀, 귀리, 완두, 시금치, 상추, 사탕무, 무, 당근, 양파, 감자, 티머시, 아마, 유채, 양귀비, 무궁화, 클로버 등

■ 기상생태형의 구성

- 기본영양생장성
  - 작물의 출수 및 개화에 알맞은 온도와 일장에서도 일정의 기본영양생장이 덜 되면 출수, 개화에 이르지 못하는 성질을 말한다.
  - 기본영양생장 기간의 길고 짧음에 따라 크다(B)와 작다(b)로 표시한다.
- 감온성
  - 작물이 높은 온도에 의해서 출수 및 개화가 촉진되는 성질을 말한다.
  - 감온성이 크다(T)와 작다(t)로 표시한다.
- 감광성
  - 작물이 일장에 의해 출수·개화가 촉진되는 성질을 말한다.
  - 감광성이 크다(L)와 작다(l)로 표시한다.

■ 우리나라 주요 작물의 기상생태형

작물	감온형(bIT)	감광형(bLt)
벼	조생종	만생종
콩	올콩	그루콩
조	봄조	그루조
메밀	여름메밀	가을메밀

- 감온형 품종은 조생종, 감광형 품종은 만생종, 기본영양생장형은 어느 작물에서도 존재하기 힘들다.

- 우리나라는 북부 쪽으로 갈수록 감온형인 조생종, 남쪽으로 갈수록 감광성의 만생종이 재배된다.
- 감온형은 조기파종으로 조기수확, 감광형은 윤작 관계상 늦게 파종된다.
- 저위도 지대에서 가장 다수성을 가져올 수 있는 기상생태형 : 기본영양생장형(Blt형)
- 중위도 지대 : 위도가 높은 곳에서는 감온형(조생종)이 재배되며 남쪽에서는 감광형(만생종)이 재배
- 고위도 지대에 가장 알맞은 벼의 기상생태형 : 감온형(blT형)

| 작물의 내적 균형과 식물호르몬 및 방사선 이용

■ C/N율
- 식물체 내에 흡수된 탄소(C)와 질소(N)의 비율로 식물의 종류와 부위에 따라 다르다.
- C/N율이 높을 경우 개화가 유도되고, C/N율이 낮을 경우 영양생장이 계속된다.
- 환상박피한 윗부분은 유관속이 절단되므로 C/N율이 높아져 개화·결실이 조장된다.
- 나팔꽃 대목에 고구마 순을 접목하면 덩이뿌리 형성을 위한 탄수화물의 전류가 촉진되고 경엽의 C/N율이 높아져 개화가 촉진된다.

■ T/R률
- 지상부(top)와 지하부(root)의 비율로 생육상태의 지표가 된다.
- 일사량 부족, 토양통기 불량, 석회부족, 수분함량 과다, 질소 과다, 파종기 및 이식기의 지연 시 T/R률이 증가하고 토양수분 부족, 적화 및 적과 시 T/R률이 감소한다.
- 감자나 고구마의 파종기나 이식기가 늦어지면 지하부의 중량감소가 지상부의 중량감소보다 커지기 때문에 T/R률이 증가한다.

■ G-D 균형
- 식물의 생육이나 성숙을 생장(growth)과 분화(differentiation)의 두 측면으로 보는 지표이다.
- 생장 : 작물의 생육에 있어서 여러 가지 기관이 양적으로 증대하는 것
- 발육(development) : 작물이 아생(芽生), 분얼(分蘖), 화성(花成), 등숙 등의 과정을 거치면서 체내의 질적인 재조정작용이 일어나는 과정

■ 식물호르몬의 일반적인 특징
- 식물의 체내에서 생성된다.
- 생성 부위와 작용 부위가 다르다.
- 극미량으로도 결정적인 작용을 한다.
- 형태적·생리적인 특수한 변화를 일으키는 화학물질이다.

■ **옥신(auxin, 생장호르몬)**

- 가장 먼저 발견된 식물호르몬이다.
- 세포벽의 가소성을 증대시켜 세포의 신장을 촉진한다.
- 줄기의 선단이나 어린잎에서 생합성된다.
- 접목 시 활착 촉진, 발근 촉진, 가지의 굴곡 유도, 과실의 비대와 성숙의 촉진, 적화 및 적과, 개화 촉진, 단위결과 유도, 증수효과, 제초제(2,4-D), 낙과 방지 등
- 옥신의 종류
  - 천연옥신 : IAA, PAA, IAN
  - 합성옥신 : NAA, IBA, 2,4-D, 2,4,5-T, 4-CPA, BNOA

■ **지베렐린(gibberellin, 도장호르몬)**

- 벼의 키다리병 병원균에서 발견된 식물호르몬이다.
- 휴면타파(발아 촉진), 화성의 유도 및 촉진, 경엽의 신장 촉진, 단위결과의 유기, 성분의 변화 및 수량 증대 등
- 감자 및 목초의 휴면타파와 발아 촉진에 가장 효과적이다.
- 화성유도 시 저온장일이 필요한 식물의 저온이나 장일을 대신한다.
- 포도(델라웨어)의 무핵과를 만들기 위해 지베렐린을 만개 전 14일 및 만개 후 10일경에 각각 100ppm 처리한다.

■ **시토키닌(cytokinin, 세포분열호르몬)**

- 뿌리에서 합성되어 여러 가지 생리작용에 관여한다.
- 잎의 생장 촉진, 호흡 억제, 엽록소와 단백질의 분해 억제, 노화 방지 및 저장 중의 신선도 증진 등
- 시토키닌의 종류
  - 천연시토키닌 : 제아틴, IPA
  - 합성시토키닌 : 키네틴, BA

■ **아브시스산(ABA ; abscisic acid, 생장억제호르몬)**

- 잎의 노화와 낙엽을 촉진하고 휴면을 유도한다.
- 종자의 휴면을 연장하여 발아를 억제한다.
- 단일식물에서 장일하의 화성을 유도하는 효과가 있다.
- 건조 스트레스를 받으면 ABA 함량이 증가하여 기공이 닫히고 증산량이 감소하여 내건성이 커진다.

■ **에틸렌(ethylene, 성숙·스트레스호르몬)**

• 발아·성숙 촉진, 정아우세 타파, 생장 억제, 잎과 꽃의 노화 촉진, 적과효과, 성 표현의 조절 등

• 상온에서는 무색의 기체상태로 공기보다 가볍고 물에 약간 용해된다.

• 액상인 에테폰(ethephon)을 식물에 살포하면 pH 4 이상에서 에틸렌 가스가 발생된다.

• 옥수수, 당근, 양파 등 작물생육 억제효과가 있다.

• 오이, 호박 등에서 암꽃의 착생수를 증대시킨다.

• 사과, 자두 등의 과수에서 적과의 효과가 있다.

• 파인애플과 식물들은 개화가 촉진되지만, 대부분의 화훼류에서는 개화가 억제된다.

■ **생장억제제의 종류**

• BOH : 파인애플의 줄기 신장을 억제하고 개화를 유도한다.

• CCC(cycocel) : 식물의 생장을 억제하고 개화를 촉진한다.

• B-9(daminozide) : 과채류의 신초생장(웃자람)을 억제한다.

• phosphon-D : 국화, 포인세티아의 줄기 신장을 억제한다.

• AMO-1618 : 포인세티아, 해바라기의 줄기 신장을 억제하고 잎이 더욱 녹색을 띠게 한다.

• MH-30 : 마늘, 양파의 맹아를 억제한다.

• Rh-531 : 맥류의 간장을 감소시키고 볏모의 신장을 억제한다.

• 모르팍틴(morphactin) : 굴광·굴지성을 억제하고, 벼의 분얼수 증가 및 줄기가 가늘어진다.

■ **방사성 동위원소의 재배적 이용**

• 작물의 생리연구 : ^{32}P, ^{42}K, ^{45}Ca

• 광합성의 연구 : ^{11}C, ^{14}C

• 농업분야 토목에 이용 : ^{24}Na

• 영양기관의 장기 저장 : ^{60}Co, ^{137}Cs에 의한 γ선

■ **방사선의 육종적 이용**

• 목적하는 단일유전자나 몇 개의 유전자를 바꿀 수 있다.

• 연관군 내의 유전자를 분리할 수 있다.

• 불화합성을 화합성으로 변화시킬 수 있다.

• 주로 γ선과 X선을 조사하여 새로운 유전자를 창조한다.

■ 작부방식의 변천과정

이동경작(화전 및 대전법) → 휴한농법(3포식 농법) → 콩과 작물의 순환농법(개량3포식 및 윤작) → 자유경작(순환농법, 자유작)

■ 기지에 따른 휴작이 필요한 작물

• 연작의 해가 적은 것 : 벼, 맥류, 조, 수수, 옥수수, 고구마, 담배, 무, 당근, 양파, 양배추, 미나리 등

• 1년 : 쪽파, 시금치, 콩, 파, 생강 등

• 2년 : 마, 감자, 잠두, 오이, 땅콩 등

• 3년 : 쑥갓, 토란, 참외, 강낭콩 등

• 5~7년 : 수박, 가지, 완두, 우엉, 고추, 토마토 등

• 10년 이상 : 아마, 인삼 등

■ 연작에 의해서 나타나는 기지현상의 원인

토양비료분의 소모, 염류의 집적, 토양물리성의 악화, 토양전염병의 해, 토양선충의 번성, 유독물질의 축적, 잡초의 번성 등

■ 윤작의 특징

• 서구 중세에 발달한 작부방식이다.

• 지력유지를 위하여 콩과 작물을 반드시 포함한다.

• 병충해 경감 효과가 있다.

• 경지이용률을 높일 수 있다.

■ 개량3포식 농법(콩과 작물의 순환농법)

경작지 전체를 3등분하여 2/3에는 추파 또는 춘파의 곡류를 심고 1/3은 휴한하는 3포식 농법에서 개량된 농법으로 휴한지에 클로버와 같은 콩과 목초를 재배하여 사료작물을 얻고 지력 증진을 도모하는 방법이다.

■ 답전윤환

• 논을 담수한 논 상태와 배수한 밭 상태로 돌려가면서 이용하는 방법

• 효과 : 지력 증진, 잡초 발생 억제, 기지의 회피, 수량 증가, 노력의 절감

■ 토양통기의 촉진책

배수 촉진, 토양 입단조성, 심경, 객토, 답전윤환 재배, 중·습답에서는 휴립재배, 파종할 때 미숙퇴비를 종자위에 두껍게 덮지 않음 등

■ 영양번식의 종류

- 꺾꽂이(삽목) : 잎꽂이(엽삽), 줄기꽂이(녹지삽, 숙지삽), 뿌리꽂이(근삽)
- 접붙이기(접목) : 절접, 합접, 할접, 아접 등
- 묻어떼기(취목) : 휘묻이, 높이떼기(고취법, 성토법)
- 알뿌리번식 : 비늘줄기(인경), 알줄기(구경), 뿌리줄기(근경), 덩이줄기(괴경)와 덩이뿌리(괴근) 번식

■ 영양번식의 이점

- 쉽게 다양한 형태의 변이형을 육성할 수 있다.
- 종자번식이 어려울 때 이용된다. 예 고구마, 마늘
- 우량한 상태의 유전질을 쉽게 영속적으로 유지시킨다. 예 감자
- 암수의 한쪽 그루만을 재배할 때 이용된다. 예 호프
- 병해충의 저항성을 높인다.
- 개화 · 결과를 촉진시킨다.

■ 조직배양의 특징

- 영양번식작물에서 바이러스 무병 개체를 육성할 수 있다.
- 분화한 식물세포가 정상적인 식물체로 재분화를 할 수 있는 능력을 전체형성능력이라 한다.
- 번식이 힘든 관상식물을 단시일에 대량으로 번식시킬 수 있다.
- 조직배양의 재료로 영양기관과 생식기관을 모두 사용할 수 있다.

■ 조직배양의 이용

- 1개의 세포로부터 유전 형질이 같은 개체를 무수히 많이 얻을 수 있어 번식력이 약한 생물이나 멸종 위기에 있는 희귀 동식물의 복원에 이용
- 채소류나 화초류의 대량 증식에 이용
- 종묘 생산, 작물 종자생산 등 유용한 식물의 대량 생산에 이용
- 질병의 발견과 염색체를 발견하는 데 도움을 주며, 의약품과 백신 개발에도 기여
- 시험관 아기 시술, 호르몬생산, 태아의 유전 질환 확인, 이식자와 피이식자 간의 이식 적합성 검사 등에 응용되고 있다.
- 배주배양은 종간, 속간교잡 후 수정은 되었으나 종자발달 초기에 배주(밑씨)조직이 붕괴되면서 배가 퇴화되어 잡종 종자를 얻기 어려운 경우에 이용된다.
- 생장점배양 : 영양번식작물의 무병주 생산에 가장 좋은 조직배양법
- 약배양 : 인위적으로 반수체 식물을 만드는 조직배양

■ 공정육묘 장단점

장점	단점
집중 관리 용이, 시설면적(토지) 이용도 증가, 육묘기간 단축, 기계정식 용이, 취급 및 운반 용이, 정식 후 활착이 빠름, 관리의 자동화가 가능	고가의 시설이 필요, 관리가 까다로움, 건묘지속 기간이 짧음, 양질의 상토 필요

■ 육묘의 방식

- 온상육묘(溫床, hot bed) : 양열, 전열, 온수보일러 등
- 보온육묘(냉상, cold bed) : 가온 없이 태양열만을 이용
- 노지육묘 : 기온이 높을 때 육묘
- 특수육묘 : 양액육묘, 접목육묘

■ 채소류 육묘 시 우량묘의 조건

- 키가 너무 크지 않고, 마디 사이 간격, 잎의 크기 등이 적당하며, 벼해충의 피해를 받지 않은 것을 물론 뿌리군이 잘 발달해야 함
- 잎은 가능하면 두텁고 동화능력이 큰 것이 좋으며, 지상부와 뿌리의 비율(T/R률)이 균형을 이루어야 함
- 품종 고유의 특성을 갖추고, 균일도가 높아야 함
- 고온이나 저온, 수분 등의 스트레스를 받지 않아야 함

■ 박과 채소류 접목육묘

장점	단점
• 토양전염병 발생이 적어진다. • 불량환경에 대한 내성이 증대된다. • 흡비력이 강해진다. • 과습에 잘 견딘다. • 과실 품질이 우수해진다.	• 질소 과다 흡수 우려가 있다. • 기형과 발생이 많다. • 당도가 떨어진다. • 흰가루병에 약하다.

■ 육묘용 상토가 갖추어야 할 조건

- 작물의 지지력이 커야 한다.
- 필요한 수분을 적절히 유지하여야 한다.
- 작물생육에 필요한 양분을 보유하여야 한다.
- 상토는 퇴비와 흙을 섞어 충분한 기간 동안 숙성된 숙성퇴비가 좋다.

- 상토는 보수력, 보비력, 통기성, 배수성이 좋아야 한다.
- 물리적·화학적 특성이 적절하고 안정적으로 유지되어야 한다(pH는 6.0~6.5 정도가 적당하며 전기전도도는 포화점토법으로 분석 시 2.0~4.0dS/m 범위).
- 병해충, 중금속, 잡초종자 등에 오염되지 않아야 한다.
- 품질이 안정되고, 장기적으로 안정되게 공급될 수 있어야 한다.
- 취급이 용이해야 한다.
- 기상률은 15% 이상, 유효수분은 20% 이상, 전공극 75% 이상, 물빠짐 속도는 10분 이하, 육묘 후 일정 높이에서 떨어뜨릴 경우 붕괴율이 25% 이하가 되는 것이 좋다.

■ 상토의 기능

양분·수분의 보유 및 유지 기능, 바람트기 및 물빠짐의 보장, 식물체의 지지 및 보호기능

■ 파종시기

- 추파맥류에서 추파성 정도가 높은 품종은 조파하고, 추파성 정도가 낮은 품종은 만파하는 것이 좋다.
- 동일 품종의 감자라도 평지에서는 이른 봄에 파종하나, 고랭지는 늦봄에 파종한다.

■ 파종 양식

산파(흩어뿌림)	• 포장 전면에 종자를 흩어 뿌리는 방식 • 파종 시 노력은 가장 적게 들지만 종자가 많이 들고 균일하게 파종하기 어렵다. • 재배과정에서 통풍·통광이 나쁘고 도복이 쉬우며 제초 등 관리작업이 불편하다.
조파(줄뿌림)	• 일정한 거리로 뿌림골을 만들고 그곳에 줄지어 종자를 뿌리는 방식 • 재배과정에서 수분과 양분의 공급이 좋고, 통풍·통광이 좋으며 관리 작업도 편리하다.
점파(점뿌림)	• 일정한 간격을 두고 하나 내지 수 개의 종자를 띄엄띄엄 파종하는 방식 • 두류, 감자 등과 같이 개체가 평면 공간으로 상당히 퍼지는 작물 • 재배과정에서 통풍·통광이 좋고, 작물 개체 간의 거리 간격이 조정되어 생육이 좋다.
적파	• 일정한 간격을 두고 여러 개의 종자를 한 곳에 파종하는 것, 점파의 변형 • 파종 시 점파, 산파보다는 노력이 많이 들지만 재배과정에서 수분, 비료분, 수광, 통풍이 좋다.

■ 파종량 및 절차

- 파종량 : 산파(흩어뿌림) > 조파(줄뿌림) > 적파(포기당 4~5립) > 점파(포기당 1~2립)
- 파종절차 : 작조(골타기) → 시비 → 간토(비료 섞기) → 파종 → 복토 → 진압 → 관수

■ 주요 작물의 복토 깊이

복토깊이	작물
종자가 보이지 않을 정도	소립목초종자, 파, 양파, 상추, 당근, 담배, 유채
0.5~1.0cm	순무, 배추, 양배추, 가지, 고추, 토마토, 오이, 차조기
1.5~2.0cm	조, 기장, 수수, 무, 시금치, 수박, 호박
2.5~3.0cm	보리, 밀, 호밀, 귀리, 아네모네
3.5~4.0cm	콩, 팥, 완두, 잠두, 강낭콩, 옥수수
5.0~9.0cm	감자, 토란, 생강, 글라디올러스, 크로커스
10cm 이상	나리, 튤립, 수선, 히아신스

■ 생력재배의 효과

• 농업노력비의 절감 : 대형기계화와 능률적인 농업기계 도입으로 농업노동력과 인건비를 줄일 수 있다.

• 단위수량의 증대 : 지력의 증진, 적기적 작업, 재배 방식 개선(제초제나 기계력을 이용한 재배) 등으로 단위면적당 수량을 증대시킨다.

• 토지이용도의 증대 : 작부체계의 개선과 재배면적의 증대로 토지이용도가 증대된다.

• 농업경영의 개선 : 농업경영 구조를 개선할 수 있다.

■ 생력화를 위한 조건

경지정리, 넓은 면적을 공동 관리에 의한 집단재배, 제초제 이용, 적응재배 체계 확립(기계화에 맞고 제초제 피해가 적은 품종으로 교체)

■ 생리적 반응에 따른 비료 분류

• 생리적 산성비료 : 황산암모늄, 황산칼륨, 염화칼륨

• 생리적 중성비료 : 질산암모늄, 요소, 과인산석회, 중과인산석회

• 생리적 염기성비료 : 석회질소, 용성인비, 재, 칠레초석

■ 시비의 주요사항

• 용성인비의 인산성분은 17~21%이다.

• 질산태 질소는 수용성이며 속효성이나 질산이온은 토양입자에 흡착이 잘 되지 않으므로 물에 씻겨 내려가기 쉽고 논에서는 탈질작용에 의해 질소의 손실이 나타나므로 전작물에 추비로 쓰는 것이 좋다.

• 엽채류와 같이 잎을 수확하는 작물은 질소질 비료를 늦게까지 웃거름으로 준다.

• K는 기공개폐나 효소활성 등의 생리적 역할에 크게 관여한다.

■ 석회질 비료

- 합성석회 : 생석회, 소석회
- 천연석회 : 석회고토, 석회석, 패분, 달걀 껍데기, 패화석, 게 껍데기, 석회소다 염화물

■ 리비히(J. V. Liebig, 1842)

독일의 식물영양학자 리비히는 생산량은 가장 소량으로 존재하는 무기성분에 의해 지배받는다는 '최소양분율'과 식물이 빨아먹는 것은 부식이 아니라 부식이 분해되어서 나온 무기영양소를 먹는다는 '무기양분설'을 주장했다.

■ 작물별 N, P, K의 흡수 비율(N : P : K)

- 벼 : 5 : 2 : 4
- 맥류 : 5 : 2 : 3
- 옥수수 : 4 : 2 : 3
- 콩 : 5 : 1 : 1.5
- 고구마 : 4 : 1.5 : 5
- 감자 : 3 : 1 : 4

■ 엽면시비

비료를 용액의 상태로 잎에 뿌려주는 것으로 미량요소의 공급 및 급속한 영양 회복, 비료분의 유실 방지, 품질향상 효과가 있어 뿌리의 흡수력이 약하거나 토양시비가 어려울 때 효과적이다.

■ 탄산시비

CO_2의 농도를 인위적으로 높여 작물의 증수와 광합성, 개화를 위한 시비법으로 수확량 증대, 개화 수 증가 등의 효과가 있다.

■ 중경

작물이 생육 중에 있는 포장의 표토를 갈거나 쪼아서 부드럽게 하는 일로 토양 중 산소투입, 유해가스 방출, 잡초 방제, 지면 증발 억제 등의 효과가 있다.

■ 멀칭(mulching)

토양표면을 덮어 재배에 적합한 지온의 조성, 토양수분 유지, 토양보호 및 침식 방지, 잡초 발생 억제 등의 효과가 있다.

■ 멀칭필름의 종류와 효과

- 투명필름 : 지온 상승 효과가 가장 크며 저온기에 재배하는 작물에 효과가 좋지만, 잡초가 많이 발생하는 단점이 있어 겨울에 많이 사용된다.
- 흑색필름 : 지온 상승 효과가 투명필름보다는 적고, 잡초발생을 억제하는 데 효과적이며, 여름에 많이 사용된다.
- 녹색필름 : 지온 상승 효과가 투명필름보다는 적고 흑색필름보다는 많으며, 잡초방제 효과도 있다.

■ 배토

작물의 생육기간 중 흙을 포기 밑으로 모아주는 작업으로 도복 방지, 무효분얼 억제와 증수, 품질 향상 등의 효과가 있다.

■ 답압시기

- 생육이 왕성할 때만 하고, 땅이 질거나 이슬 맺혔을 때는 하지 않는다.
- 유수가 생긴 이후에는 꽃눈이 다 떨어지기 때문에 피한다.
- 월동하기 전에 답압을 하는데, C/N율이 낮아져야만 개화가 되지 않는다.
- 월동 중간에 답압하면 서릿발 서는 것을 억제한다.
- 월동 끝난 후에 답압하면 건조해를 억제한다.

■ 과수의 결실 습성

- 1년생 가지에 결실하는 과수 : 포도, 감, 밤, 무화과, 호두, 참다래, 감귤 등
- 2년생 가지에 결실하는 과수 : 복숭아, 자두, 살구, 매실, 양앵두 등
- 3년생 가지에 결실하는 과수 : 사과, 배 등

■ 과실의 낙과방지 방법

- 옥신(auxin)을 살포한다.
- 질소비료의 과다 및 과소를 피한다.
- 관개, 멀칭 등으로 토양 건조를 방지한다.
- 주품종과 친화성이 있는 수분수를 20~30% 혼식한다.
- NAA 및 IAA 등의 호르몬 처리를 한다.

■ 병원체에 따른 작물 병

병명	병의 종류
곰팡이	벼 도열병, 모잘록병, 흰가루병, 녹병, 깜부기병, 잿빛곰팡이병, 역병, 탄저병
세균	벼 흰마름병, 풋마름병, 무름병, 둘레썩음병, 궤양병, 반점세균병, 뿌리혹병
바이러스	모자이크병, 오갈병
선충	뿌리썩이선충병, 시스트선충병, 뿌리혹선충병
기생충	새삼, 겨우살이

■ 매개곤충별 병해

병명	곤충명
벼 오갈병	끝동매미충, 번개매미충 등
뽕나무 오갈병	마름무늬매미충
벼 줄무늬잎마름병	애멸구
콩 모자이크병	콩진딧물, 목화진딧물, 복숭아혹진딧물 등
감자 모자이크병	목화진딧물, 복숭아혹진딧물 등
오이 모자이크병	목화진딧물, 복숭아혹진딧물 등
복숭아 잎말림병	복숭아혹진딧물

■ 천적의 종류와 대상 해충

대상 해충	도입 대상 천적(적합한 환경)	이용작물
점박이응애	칠레이리응애(저온)	딸기, 오이, 화훼 등
	긴이리응애(고온)	수박, 오이, 참외, 화훼 등
	갤리포니아커스이리응애(고온)	수박, 오이, 참외, 화훼 등
	팔리시스이리응애(야외)	사과, 배, 감귤 등
온실가루이	온실가루이좀벌(저온)	토마토, 오이, 화훼 등
	황온좀벌(고온)	토마토, 오이, 멜론 등
진딧물	콜레마니진딧벌	엽채류, 과채류 등
총채벌레	애꽃노린재류(큰 총채벌레 포식)	과채류, 엽채류, 화훼 등
	오이이리응애(작은 총채벌레 포식)	과채류, 엽채류, 화훼 등
나방류, 잎굴파리	명충알벌	고추, 피망 등
	굴파리좀벌(큰 잎굴파리유충)	토마토, 오이, 화훼 등
	굴파리고치벌(작은 유충)	토마토, 오이, 화훼 등

※ 천적을 이용한 병해충 방제는 환경친화적인 방제로 농산물의 안전성을 향상시킬 수 있다.

■ 2,4-D

식물생장호르몬인 옥신(auxin)의 일종으로, 세계 최초로 개발된 유기합성 제초제이다. 만들기 쉽고 저렴하여 현재까지도 세계에서 가장 많이 사용되는 제초제 중 하나이다.

■ 병충해 방제의 유형

- 경종적 방제 : 토지 선정, 품종 선택, 종자 선택, 윤작, 재배양식의 변경, 혼식, 생육시기의 조절, 시비법의 개선, 정결한 관리, 수확물의 건조, 중간기주식물 제거
- 물리적 방제 : 담수, 포살, 유살, 채란, 소각, 흙태우기, 차단, 온도 처리 등
- 화학적 방제 : 살균제, 살충제, 유인제, 기피제, 화학불임제
- 생물학적 방제 : 기생성 곤충, 포식성 곤충, 병원미생물, 길항미생물 등
- 법적 방제 : 식물 검역
- 종합적 방제 : 다양한 방제법을 유기적으로 조화시키며, 환경도 보호하는 방제

■ 환경친화형 재배

- 친환경농업 : 농업과 환경을 조화시켜 농업생산을 지속 가능하게 하는 농업형태로서 경제성 확보, 환경보존 및 농산물의 안전성을 동시에 추구하는 농업
  - 유기농업 : 화학비료, 유기합성농약 등 합성된 화학자재를 일체 사용하지 않고 유기물, 미생물 등 천연자원을 사용하여 안전한 농산물 생산과 농업생태계를 유지·보전하는 농업
  - 무농약농업 : 유기합성농약은 사용하지 않고, 화학비료는 권장량의 3분의 1 이내로 사용해 재배하는 농업 방식
- 자연농업 : 자연의 순환 원리에 따라, 인위적 개입과 화학 자재(비료, 농약 등)를 최소화하고 토착 미생물과 천연 자재를 활용하는 농업방식
- 생태농업 : 생태학적 원리(양분 순환, 토양 재생 등)를 적용해, 자연 생태계와 조화를 이루며 지속 가능한 농업을 실현하는 방식
- 정밀농업 : 정보통신기술(ICT) 등을 활용하여 각 위치마다 작물의 생육환경을 정밀하게 관리하고 생산성을 높이는 농업방식이다.

| 각종 재해

■ 작물의 냉해 생리

- 냉해 : 작물이 여름철에 0℃ 이상의 저온을 만나서 입는 피해
- 뿌리에서 수분흡수는 저해되고 증산은 과다해져 위조(萎凋)를 유발한다.
- 질소, 인산, 칼륨, 규산, 마그네슘 등의 양분흡수가 저해된다.
- 물질의 동화와 전류가 저해된다.
- 질소동화가 저해되어 암모니아의 축적이 많아진다.
- 호흡이 감퇴되어 모든 대사기능이 저해된다.

■ **냉해의 구분**

- 지연형 냉해 : 생육 초기부터 출수기에 걸쳐서 여러 시기에 냉온을 만나서 출수가 지연되고, 이에 따라 등숙이 지연되어 후기의 저온으로 인하여 등숙 불량을 초래한다.
- 장해형 냉해 : 유수형성기부터 개화기까지, 특히 생식세포의 감수분열기에 냉온으로 불임현상이 나타나며, 융단조직(tapete)이 비대하고 화분이 불충실하여 불임이 발생한다.
- 병해형 냉해 : 냉온하에서 증산작용이 감퇴하여 규산흡수가 저하되며 표피세포의 규질화가 불량하여 병원균 침입이 용이해지고, 광합성이 감퇴하여 당분 생성이 적어져 암모니아로부터의 단백질 합성이 저해되어 체내 가용성 질소화합물의 축적이 증대된다.
- 혼합형 냉해 : 지연형·장해형·병해형 냉해가 복합적으로 발생하여 수량이 급하한다.

■ **냉해의 대책**

- 내냉성 품종 선택 : 조생종, 도열병저항성 등 냉해 회피성 품종을 선택한다.
- 입지조건 개선 : 지력배양·방풍림 설치, 객토·밑다짐 등으로 누수답 개량, 암거배수 등으로 습답 개량을 한다.
- 육묘법 개선 : 보온육묘로 못자리 냉해의 방지와 질소과잉을 피한다.
- 재배법 개선 : 조기 및 조식재배, 냉온기 심수(15~20cm)관개, 관개 수온 상승(온수 저류지 설치) 등으로 작물체온의 저하를 방지한다.

■ **작물의 내습성에 관여하는 요인**

- 뿌리의 피층세포가 사열로 되어 있는 것은 직렬로 되어 있는 것보다 내습성이 약하다.
- 목화한 것은 환원성 유해물질의 침입을 막아서 내습성이 강하다.
- 부정근의 발생력이 큰 작물은 내습성이 강하다.
- 뿌리가 황화수소 등에 대하여 저항성이 큰 것은 내습성이 강하다.
- 춘·하계 습해는 토양산소 부족뿐만 아니라 환원성 유해물질의 생성에 의해 피해가 더욱 크다.

■ **습해의 대책**

- 배수시설을 개선하거나 이랑을 높게 만들어 토양수분의 배출을 원활하게 한다.
- 세사를 객토하거나 토양개양제를 사용하여 토양구조를 개선한다.
- 밭에서는 휴립휴파, 논에서는 휴립재배한다.
- 미숙유기물과 황산근 비료 사용은 피하고, 과산화석회(CaO_2)를 사용한다.
- 내습성 작물 및 품종을 선택한다.

■ 작물에 대한 수해의 특징

- 화본과 목초, 피, 수수, 기장, 옥수수 등이 침수에 강하다.
- 벼 수잉기, 출수개화기에는 침수에 약하다.
- 수온이 높은 것이 낮은 것에 비하여 피해가 심하다.
- 정체수가 유수보다 산소도 적고 수온도 높기 때문에 침수해가 심하다.
- 질소질 비료를 많이 준 웃자란 식물체는 관수될 경우 피해가 크다.

■ 벼의 생육단계별 특징

- 벼에서 장해형 냉해를 가장 받기 쉬운 생육시기 : 감수분열기, 수잉기
- 침수에 의한 피해가 가장 큰 벼의 생육단계 : 수잉기
- 벼의 생육단계 중 한해에 가장 강한 시기 : 분얼기
- 벼의 생육 중 냉해에 의한 출수가 가장 지연되는 생육단계 : 유수형성기
- 벼의 이삭거름의 시용 : 유수형성기(이삭 알이 생기는 때)
- ※ 벼 내도열병의 특성 : 탄소/질소율이 높은 품종이 강하다.

■ 가뭄해(한해)에 대한 대책

- 관개 : 근본적인 한해 대책은 충분한 관수이다.
- 내건성인 작물과 품종 선택
- 토양수분의 보유력 증대와 증발 억제 조치 : 드라이파밍, 피복(비닐멀칭 등), 중경제초, 증발 억제제(OED 등)

■ 내건성이 강한 작물의 형태적

- 표면적에 대한 체적의 비가 작고 왜소하며 잎이 작다.
- 지상부에 비해 뿌리가 잘 발달되어 있고 길다.
- 저수능력이 크고, 다육화 경향이 있다.
- 기동세포가 발달하여 탈수되면 잎이 말려 표면적이 작아진다.
- 잎조직이 치밀하고 울타리 조직이 발달되어 있다.
- 표피에 각피(角皮)가 잘 발달하였으며, 기공이 작고 수효가 많다.
- 세포가 작고, 세포의 삼투압과 원형질의 점성이 높으며, 원형지막의 수분투과성이 크다.

■ 작물의 내동성에 관여하는 생리적 요인

- 세포 내의 수분(자유수)함량이 많으면 내동성이 감소한다.
- 세포 내의 가용성 당분함량이 높으면 세포의 삼투압이 커지고, 내동성이 증가한다.
- 지방함량이 많으면 내동성이 증가한다.
- 원형질에 전분함량이 많으면 내동성이 감소한다.
- 원형질에 친수성 콜로이드가 많으면 내동성이 증가한다.
- 원형질의 점도가 낮은 것이 내동성이 크다.
- 원형질의 수분투과성이 크면 내동성이 증대된다.

■ 동상해의 대책

- 입지조건 개선 : 방풍림 조성, 방풍울타리 설치
- 토질 개선 : 인산·칼리질 비료 증시
- 품종 선정 : 내동성 작물과 품종(추파맥류, 목초류)을 선택
- 보온재배, 뿌림골 깊게 파종, 월동 전 답압을 통한 내동성 증대
- 파종량을 늘리고 작부체계를 조절하여 적기 파종
- 응급대책 : 관개법, 송풍법, 피복법, 발연법, 연소법, 살수결빙법

■ 도복의 특징

- 키가 크고 대가 약한 품종일수록 도복이 심하다.
- 병해충이 많이 발생할 경우 도복이 심해진다.
- 밀식, 질소의 다용, 칼륨 및 규산의 부족 등은 도복을 유발한다.
- 도복의 위험기에 비가 많이 오거나 바람이 강하게 부는 경우에 도복이 유발된다.
- 화곡류는 등숙후기에 도복에 가장 약하다.
- 두류에서 도복의 위험이 가장 큰 시기는 개화기부터 약 10일간이다.
- 맥류의 경우 이식재배를 한 것은 지파재배한 것보다 도복을 경감시킨다.
- 도복에 의하여 광합성이 감퇴되고 수량이 감소한다.
- 도복에 대한 저항성의 정도는 품종에 따라 차이가 있다.

■ 도복의 방지대책

- 키가 작고 대가 튼튼한 품종, 질소 내비성 품종을 선택한다.
- 질소 과용을 피하고 칼리, 인산, 규산, 석회 등을 충분히 시용한다.
- 재식밀도가 과도하지 않게 파종량을 조절해야 한다.
- 맥류는 복토를 다소 깊게 하고, 직파재배보다 이식재배를 한다.
- 벼의 마지막 김매기 때 배토하고, 맥류는 답압·토입·진압 등은 하며, 콩은 생육 전기에 배토를 한다.
- 병충해를 방제한다.
- 벼에서 유효 분얼종지기에 2,4-D, PCP 등의 생장조절제 처리를 한다.

■ 풍해의 특징

- 풍해가 발생하는 풍속은 4~6km/hr이다.
- 벼에서 목도열병이 발생한다.
- 상처가 나면 광산화반응을 일으킨다.
- 기계적 장해 : 방화곤충의 활동제약 등에 의한 수분·수정저해, 낙과, 가지의 손상 등
- 생리적 장해 : 상처부위의 과다 호흡에 의한 체내양분의 소모, 증산 과다에 의한 건조피해 발생, 광합성의 감퇴, 작물체온의 저항에 의한 냉해 유발 등

| 수확, 건조 및 저장과 도정

■ 성숙과정

- 화곡류 : 유숙 – 호숙 – 황숙 – 완숙 – 고숙
- 십자화과 : 백숙 – 녹숙 – 갈숙 – 고숙

■ 벼의 수확 적기

출수 후 조생종은 50일, 중생종은 54일, 중만생종은 58일 내외이다.

■ 건조

- 천일건조 : 일반농가에서 가장 일반적으로 쓰이는 방법으로, 낫으로 수확한 벼를 단으로 묶어 세우거나 펼쳐서 햇볕으로 건조하는 방법이다.
- 상온통풍건조 : 상온의 공기 또는 약간의 가열한 공기를 곡물층에 통풍하여 건조하는 방법이다.
- 열풍건조 : 열풍건조기를 이용하여 건조시키는 방법으로 우기나 일기상태가 나쁠 때 유리한 건조법이다.
- 실리카겔건조 : 실리카겔은 다공질 구조로 내부 표면적이 크기 때문에 뛰어난 제습 능력을 갖고 있다.

■ 저장특성

- 곡물을 가해하는 미생물은 수분함량이 15% 이상에서는 급속히 번식하나, 13%에서는 번식이 억제되고, 11% 이하에서는 사멸한다.
- 과실의 장기저장법으로 CA저장기술이 실용화되어 있다.
- 쌀 저장성은 현미가 백미보다 높다.
- 굴저장하는 고구마는 통기하는 것이 밀폐되는 것보다 좋다.
- 고구마는 예랭이 필요하지만 과일은 예랭하면 저장 중 부패가 적다.
- 종자의 저장양분 중 전분의 분해와 합성에 관련된 효소는 포스포릴라아제(amylase-phosphorylase) 등이 있다.

■ 작물별 안전저장 조건(온도, 상대습도)

- 과실 0~4℃(바나나 13℃ 이상), 80~85%
- 식용감자 3~4℃, 85~90%
- 가공용 감자 7~10℃, 85~90%
- 고구마 13~15℃, 85~90%
- 엽채류 0~4℃, 90~95%
- 쌀 15℃, 약 70%(수분함량 15%)

■ 도정(搗精)

- 벼에서 쌀(백미)을 얻기 위해 왕겨와 쌀겨층을 제거하는 가공과정을 말한다.
- 제현 : 벼에서 왕겨(과피)를 벗겨 현미를 만드는 과정이다.
- 현백(정백) : 현미에서 쌀겨층(미강층)을 벗겨 백미를 만드는 과정이다.

■ 작물별 수량구성요소

- 벼 : 단위면적당 수수×1수영화수×등숙비율×1립중
- 화곡류 : 단위면적당 수수×1수영화수×등숙비율×1립중
- 과실 : 나무당 과실수×과실의 크기(무게)
- 고구마·감자 : 단위면적당 식물체수×식물체당 덩이뿌리수×덩이뿌리의 무게
- 사탕무 : 단위면적당 식물체수×덩이뿌리의 무게×성분함량

■ 벼의 수량구성요소 중 연차변이계수

단위면적당 수수(이삭수) > 1수 영화수 > 등숙비율 > 천립중

※ 연차변이계수 : 연도별(연차별) 변이 정도, 즉 연차변이계수가 클수록 수량에 영향을 크게 미치는 요소

식물보호학

작물보호의 개념

■ 작물피해의 종류

직접피해	양적피해	• 병해충에 의한 수확량 감소 • 저장 중 발생한 생산물의 손실
	질적피해	• 병충해에 의한 생산물의 품질 저하 • 저장 중 병충해에 의한 상품가치의 하락
간접피해		수확물 분류, 건조 및 가공비용 증가
후속피해		2차적 병원체에 대한 식물의 감수성 증가

■ 작물피해의 주요 원인

• 생물요소 : 미생물들이 일으키는 여러 가지 병과 작물에 피해를 주는 곤충과 그 밖의 동물들이 주는 피해
• 비생물요소 : 가뭄, 홍수, 고온·저온, 습도, 강풍 등으로 인한 기상재해, 작물양분의 과부족에 의한 생리장해, 물속의 기체 및 화학물질 등

■ 해충종합관리(IPM)

농약의 무분별한 사용을 줄여 해충 방제의 부작용을 최소한으로 하고 경종적·물리적·화학적·생물적 방제를 조화롭게 활용하여 해충밀도를 경제적 피해허용수준 이하로 유지하는 것을 목표로 한다.

식물의 병해

■ 식물병의 원인

• 생물성 병원 : 진균, 세균, 선충, 바이러스, 파이토플라스마, 원생생물 등
• 비생물성 병원 : 생육 온도, 습도, 빛, 대기, 토양 온·습도, 기계적 상처 등

■ 식물병 삼각형

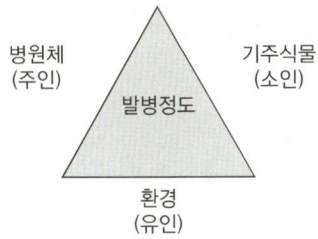

병원체
(주인)

기주식물
(소인)

발병정도

환경
(유인)

■ 병원체 변이 발생기작

- 일반적인 유전적 기작 : 돌연변이, 재조합, 유전자 확산, 생식
- 특수 기작 : 이핵, 준유성 생식, 균사융합, 이수성, 접합, 형질전환, 형질도입

■ 기주와 감수성

- 감수성 : 식물이 병에 걸리기 쉬운 성질
- 회피성 : 적극적, 소극적 병원체의 활동기를 피하여 병에 걸리지 않는 성질
- 면역성 : 식물이 전혀 어떤 병에 걸리지 않는 성질
- 내병성 : 감염되어도 실질적으로 피해를 적게 받는 성질
- 저항성 : 식물이 병원체의 작용을 억제하는 성질

■ 이종기생하는 녹병균

병명	녹병포자·녹포자 세대(기주식물)	여름포자·겨울포자 세대(중간 기주)
소나무 혹병균	소나무	졸참나무, 신갈나무
소나무 잎녹병균	소나무	참취
잣나무 털녹병균	잣나무	송이풀, 까치밥나무
배나무 붉은별무늬병균	배나무, 모과나무	향나무(여름포자세대 없음)
사과나무 붉은별무늬병균	사과나무	향나무
밀 붉은녹병균	좀꿩의다리	밀
맥류 줄기녹병균	매자나무	맥류

■ 병원체의 기생성

순활물기생균 (절대기생체)	• 살아있는 조직 내에서만 생활할 수 있는 병원균 • 녹병균, 흰가루병균, 노균병균, 바이러스
반활물기생균 (임의부생체)	• 기생을 원칙으로 하나 죽은 유기물에서도 영양을 취하는 병원균 • 깜부기병균, 감자 역병균, 배나무 검은별무늬병균
순사물기생균 (절대부생체)	• 죽은 유기물에서만 영양을 섭취하는 병원 • 심재썩음병균
반사물기생균 (임의기생체)	• 부생을 원칙으로 하나 노쇠 또는 변질된 산 조직을 침해하기도 한다. • 고구마의 무름병균, 잿빛곰팡이병균, 각종 식물의 모잘록병균

■ 포자

- 유성포자 : 난포자, 접합포자, 자낭포자, 담자포자
- 무성포자 : 포자낭포자, 분생포자, 분절포자, 출아포자, 후막포자

■ 벼 도열병 발생 원인

- 질소비료 과다 시용
- 일조량 부족
- 온도가 낮고 비가 오는 날이 많을 때

■ 침입의 형태

- 진균 : 직접침입(각피 침입), 자연개구(기공, 수공, 피목, 밀선), 상처
- 세균 : 상처
- 바이러스, 파이토플라스마 : 매개체에 의해 만들어지는 상처
- 선충 : 직접 관통
- 기타 : 부착기나 침입균사

■ 수매(水媒) 전염 : 벼의 잎집무늬마름병, 흰잎마름병

■ 파이토플라스마(phytoplasma)

- 식물병이 전신 감염성이어서 영양체에 의해 연속적으로 전염된다.
- 주로 매미충류와 기타 식물의 체관부에서 즙액을 빨아먹는 소수의 노린재, 나무이 등에 의해 매개 전염된다.
- 테트라사이클린에 감수성이다.
- 병 : 점무늬병, 뽕나무 오갈병, 빗자루병(대추나무, 오동나무)

■ 병원체의 크기

선충 > 진균 > 세균 > 파이토플라스마 > 바이러스 > 바이로이드

■ 교차보호

약독계통의 바이러스를 기주에 미리 접종하여 같은 종류의 강독계통 바이러스의 감염을 예방하거나 피해를 줄인다.

■ 식물병 진단법의 종류

눈에 의한 진단	• 병징 : 모잘록병, 시들음병, 빗자루병 등 • 표징 : 균핵병, 그을음병, 노균병 등 • 습실 처리 : 진균병 진단
해부학적 진단	• 현미경 관찰 : 참깨 시들음병의 유관속 갈변 또는 폐쇄 • 봉입체(X-body)의 형태를 이용해 바이러스종을 동정 • 그람염색법 : 감자 둘레썩음병 등 그람양성병원균 진단 • 침지법(DN) : 바이러스에 감염된 잎을 슬라이드글라스 위에 올려놓고 염색하여 관찰 • 초박절편법(TEM) : 전자현미경으로 관찰 • 면역전자현미경법(ISEM) : 혈청반응을 전자현미경으로 관찰
병원적 진단(Koch의 원칙)	병든 부위에서 미생물을 분리 → 배양 → 인공접종 → 재분리하여 확인 : 소나무 잎녹병, *Fusarium* 등
물리·화학적 진단	황산구리법 : 감자바이러스병에 감염된 씨감자 진단
생물학적 진단	• 지표식물법 : 감자 X 바이러스(천일홍), 뿌리혹선충(토마토, 봉선화), 과수 자주빛날개병(고구마), 과수 근두암종병(밤나무, 감나무, 벗나무, 사과나무), 바이러스병(명아주, 독말풀, 땅꽈리, 잠두, 천일홍, 동부 등) • 즙액접종법 : 오이 노균병, 세균성점무늬병 • 충체 내 주사법 : 즙액접종이 불가능한 매개전염 바이러스에 대하여 매개충의 체내에 검사하려는 즙액을 주사하여 방사 후 시험작물 내 바이러스 여부를 진단 • 최아법(괴경지표법) : 싹을 틔워서 병징을 발현시켜 진단, 감자 바이러스병 • 박테리오파지법 : 벼 흰잎마름병
혈청학적 진단	• 한천겔면역확산법(AGID) • 형광항체법 • 적혈구응집반응법 • 효소결합항체법(ELISA) : 항체에 효소를 결합시켜 바이러스와 반응했을 때 노란색이 나타나는 정도로 바이러스 감염여부를 확인
분자생물학적 진단	• 역전사중합효소연쇄반응법(RT-PCR) • PAGE 분석법

■ 병징의 종류

• 세균병의 병징 : 무름, 궤양, 점무늬, 잎마름, 시들음, 혹(암종), 가지마름 등
• 바이러스병의 병징(전신병징)
  – 외부병징 : 모자이크, 색소체 이상(변색), 위축, 괴저, 기형, 왜화, 잎말림(오갈병), 암종, 돌기 등
  – 내부병징 : 엽록체의 수 및 크기 감소, 식물 내부 조직 괴사 등
  – 병징은폐 : 바이러스에 감염이 되어도 병징이 나타나지 않는 현상
• 파이토플라스마병의 병징 : 위축(빗자루병, 오갈병), 황화, 총생 등
• 바이로이드병의 병징 : 위축 등

- **표징(sign)**
  - 가루(紛) : 흰가루병, 녹병, 흰녹가루병, 깜부기병, 떡병 등
  - 곰팡이 : 솜털모양(벼 모썩음병, 가지 솜털역병, 고구마 무름병, 잔디 면부병), 깃털모양(과수류 날개무늬병), 잔털모양(감자 겹둥근무늬병, 수박 덩굴쪼김병, 강낭콩 모무늬병), 서릿발모양(오이류 노균병, 감자 역병, 배나무 검은별무늬병)
  - 균핵 : 벼·채소·과수의 균핵병
  - 냄새 : 밀 비린깜부기병(비린내), 고구마 검은무늬병(쓴맛), 감자 무름병(나쁜냄새), 사과나무 부란병(알코올냄새)
  - 돌기 : 배나무 붉은별무늬병(녹포자기), 고구마 검은무늬병(자낭각 돌기)
  - 버섯 : 과수·수목 등의 뿌리썩음병, 채소류의 균핵병(자낭반)
  - 끈끈한 물질 : 포자누출, 세균누출
  - 흑색소립점 : 병자각(사과나무 부란병, 배나무 줄기마름병), 자낭각(보리 붉은곰팡이병, 배나무 뒷면흰가루병), 포자퇴(밀 줄기녹병), 자좌(밤나무 줄기마름병, 사과나무 부란병)

- **레이스(race)**

  병원균이 특정 품종의 기주식물을 침해할 뿐, 다른 품종은 침해하지 못하는 집단

- **보균식물과 보독식물**
  - 보균식물 : 병원균을 지니고 있으면서 외관상 병의 징후를 나타내지 않는 식물
  - 보독식물 : 병원 바이러스를 체내에 가지고 있으면서 장기간 또는 결코 병징을 나타내지 않는 식물

- **생물적 방제**

장점	단점
• 인축에 해가 거의 없고 작물에 피해를 주는 사례가 거의 없다. • 환경에 대한 안정성이 높고, 저항성 해충의 출현 가능성이 없다. • 병충해에 선택적으로 작용하여 유용생물에 악영향을 거의 주지 않는다. • 병충해가 내성을 갖기 어렵다. • 화학농약으로 방제가 어려운 병충해를 해결할 수 있다.	• 화학농약보다 효과가 서서히 나타나는 경우가 많다. • 사용적기가 있으며 시기를 놓치면 효과가 낮아지기 쉽다. • 재배환경 등 환경요소에 영향 받기 쉽다. • 화학농약과의 혼용여부를 반드시 살펴 사용하여야 효과적이다. • 보관 및 유통기한이 짧고 가격이 다소 고가인 경우가 있다. • 해충을 유효하게 제어하는 데는 여러 요인이 관여한다. • 일반적으로 화학합성농약보다 변성이 잘된다.

■ 곤충의 일반적인 특징

- 몸은 머리, 가슴, 배의 3부분으로, 대개 좌우 대칭이다.
- 머리에 1쌍의 더듬이와 보통 2개의 겹눈이 있다.
- 가슴은 2쌍의 날개와 3쌍의 다리를 가지며, 다리는 5마디이다.
- 배는 보통 11절로 구성된다.
- 호흡계는 아가미, 기관 또는 기문을 통해 호흡한다.
- 외골격으로 이루어져 있고, 내부에는 외골격에 근육이 부착된다.
- 소화기관은 전장, 중장, 후장으로 이루어졌다.
- 대부분 암수가 분리되어 있다(자웅이체).

■ 곤충의 소화기관

- 전장 : 먹이의 여과와 저장
- 중장 : 소화와 흡수
- 후장 : 배설과 체내 무기염과 물의 농도 조절

■ 곤충의 생식기관

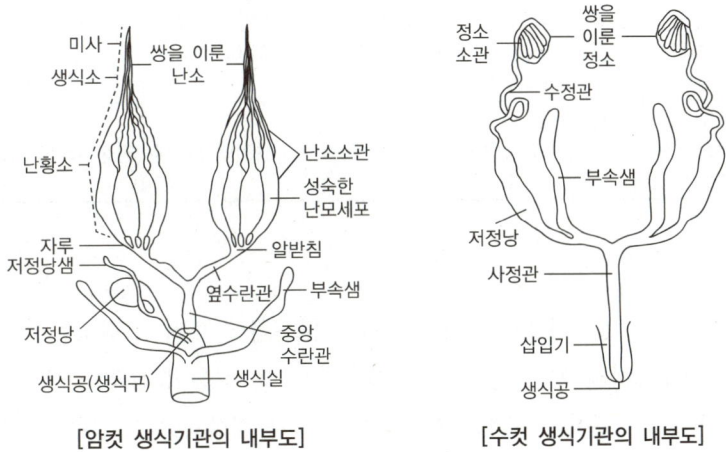

[암컷 생식기관의 내부도]   [수컷 생식기관의 내부도]

■ 호르몬 이용법

곤충의 알라타체에서 분비하는 물질을 이용하여 해충을 방제하는 방법

■ 곤충의 피부

곤충은 외골격이라는 단단한 피부로 쌓여 있으며 가장 바깥쪽 부분부터 표피, 진피, 기저막으로 구성되어 있다.

■ 영기

- 1령충 : 부화→1회 탈피할 때까지
- 2령충 : 1회 탈피를 마친 것
- 3령충 : 2회 탈피를 마친 것
- 4령충 : 3회 탈피를 마치고 번데기가 될 때까지

■ 곤충의 변태

완전변태		알→유충→번데기→성충	딱정벌레목(솔수염하늘소, 버들잎벌레), 부채벌레목, 풀잠자리목, 밑들이목, 벼룩목, 파리목, 날도래목, 나비목(복숭아명나방), 벌목
불완전변태	반변태	• 알→약충→성충 • 약충과 성충의 모양이 현저히 다르다.	잠자리목, 하루살이목
	점변태	• 알→약충→성충 • 약충과 성충의 모양이 비교적 비슷하다.	메뚜기목, 총채벌레목, 노린재목
	증절변태	• 알→약충→성충 • 탈피를 거듭할수록 복부의 배마디가 증가한다.	낫발이목
	무변태	• 날개가 없는 원시적인 곤충들에서 볼 수 있고 탈피만 일어난다. • 무시아강(無翅亞綱) 곤충들은 자라면서 형태적으로 거의 변화가 없다. • 애벌레와 어른벌레의 크기가 다르고 애벌레는 생식기관이 미비하다는 점을 제외하고는 그 모양이 거의 같다.	무시아강 • 내구류 : 톡토기목, 낫발이목, 좀붙이목 • 외구류 : 돌좀목, 좀목, 모누라목
과변태		• 알→약충→의용→용→성충 • 유충과 번데기 사이에 의용의 시기가 있고, 유충기의 초기와 후기에 변화가 있다.	딱정벌레목 가뢰과, 벌목 기생봉

■ 번데기의 형태

- 피용 : 나비목에서 볼 수 있으며 날개, 다리, 촉각 등이 몸에 밀착 고정되어 있다.
- 나용 : 벌목, 딱정벌레목에서 볼 수 있으며 날개, 다리, 촉각 등이 몸의 겉에서 분리되어 있다.
- 위용 : 파리목의 번데기로 유충이 번데기가 된 후 피부가 경화되고 그 속에 나용이 형성된 형태이다.
- 대용 : 호랑나비, 배추흰나비 등의 번데기로 1줄의 실로 가슴을 띠 모양으로 다른 물건에 매어 두는 형태이다.
- 수용 : 네발나비과의 번데기로 배 끝이 딴 물건에 붙어 거꾸로 매달려 있다.

■ 기주특이적 독소

- victorin : 귀리마름병균의 독소
- AK-독소 중 alterine : 배나무 검은무늬병균
- T-독소 : 옥수수 깨씨무늬병균
- HC 독소 : 옥수수 그을음무늬병균
- PC 독소 : 수수 milo병균
- AM-독소 : 사과나무 점무늬낙엽병균
- AL 독소 : 토마토 줄기마름병균

■ 선충

토양 속에서 활동하며 주로 식물체의 뿌리를 침해하여 혹을 만들거나 토양전염성 병원체와 협력하여 식물병을 일으킨다.

■ 곤충의 탈피와 큐티클 형성과정

표피세포 변화 → 탈피액 분비 → 표피층의 분비 → 탈피액 활성화 → 기존 큐티클의 소화된 잔여물 흡수 → 새로운 원큐티클의 분비 개시 → 새로운 큐티클의 탈피 및 팽창 → 경화 → 왁스분비 개시

■ 가해 형태에 따른 해충의 분류

가해 형태	해충의 종류
흡즙성	진딧물류, 깍지벌레류, 노린재류, 응애류, 이류, 총채벌레류, 방패벌레류, 멸구류
천공성	소나무좀, 박쥐나방, 복숭아유리나방, 하늘소류(향나무하늘소, 측백하늘소), 바구미류, 좀벌레류
식엽성	벼잎벌레(성충·유충), 흑명나방(유충), 벼애나방(유충), 멸강나방(유충), 벼물바구미(성충), 벼메뚜기, 보리잎벌, 콩은무늬밤나방, 애풍뎅이, 왕됫박벌레붙이, 무·배추흰나비, 도둑나방, 배추좀나방, 배추벼룩잎벌레, 명주달팽이, 담배거세미나방, 감자나방, 오이잎벌레, 아메리카잎굴파리, 파총채벌레, 파좀나방, 파굴파리, 솔나방, 매미나방, 미국흰불나방, 천막벌레나방, 오리나무잎벌레
잠엽성(leaf-miners)	벼굴파리(유충), 벼애잎굴파리(유충), 보리굴파리, 감자나방, 사과굴나방, 복숭아굴나방
권엽성(leaf-rolling)	콩잎말이명나방, 사과잎말이나방, 사과순나방
충영(벌레혹)형성	솔잎혹파리(잎), 밤나무혹벌(눈), 아까시잎혹파리, 면충류
바이러스 매개	애멸구, 끝동매미충, 진딧물류, 응애류, 온실가루이 등

■ 벼 해충

해충명	가해 형태	특징
멸강나방	식엽성	비래해충, 유충이 잎을 폭식하는 다식성 해충
혹명나방	권엽성	유충이 벼 잎을 한 개씩 세로로 말고 그 속에서 엽육을 식해
이화명나방	줄기	연 2회 발생, 제2회 발생기 벼는 백수현상이 나타남
벼멸구	흡즙성, 바이러스 매개	• 노린재목 매미아목 멸구과 • 우리나라에서는 월동이 어려운 비래해충 • 약충·성충 모두 벼 포기의 아랫부분에 서식함
흰등멸구	흡즙성	연 수회 발생, 성충과 약충이 모두 벼 아랫부분을 흡즙
애멸구	흡즙성, 바이러스 매개	• 연 5회 발생 • 벼 줄무늬잎마름병, 벼 검은줄오갈병, 보리 북지모자이크병 등의 매개
벼잎벌레	식엽성	연 1회 발생, 저온성 해충
벼물바구미	잎(성충), 뿌리(유충)	• 연 1회 발생, 성충으로 월동 • 성충은 잎을 가해하고 유충은 뿌리를 가해, 어린 모에서 피해가 심함
벼줄기굴파리	잠엽성	• 연 3회 발생, 유충의 형태로 월동
벼잎굴파리	잠엽성	• 연 7~8회 발생, 번데기로 월동 • 유충이 늘어진 잎에 기생하여 굴을 파고 가해
끝동매미충	흡즙성, 바이러스 매개	• 연 4~5회 발생, 그을음병 유발, 오갈병의 매개

■ 채소류 해충

해충명	가해 형태	특징
복숭아혹진딧물	흡즙성, 바이러스 매개	• 무시충과 유시충이 있음, 알로 월동 • 천적으로 꽃등에류·풀잠자리류·기생벌류 등이 있음
목화진딧물	흡즙성, 바이러스 매개	• 무시충과 유시충이 있음
온실가루이	흡즙성, 바이러스 매개	• 시설 내에서 연 10회 이상 발생, 노지에서는 월동불가 • 약충과 성충이 기주식물의 잎뒷면에서 흡즙, 잎과 새순의 생장을 저해, 배설물에 의해 그을음병 유발
담배가루이	흡즙성, 바이러스 매개	• 외래해충, 노지에서 연 3~4회, 시설에서 연 10회 이상 발생 • 배설물에 의해 그을음병 유발 • 온실에서 재배하는 토마토에 바이러스병 매개
거세미나방	어린 모	• 연 2회 발생, 유충의 형태로 땅속에서 월동 • 유충이 각종 채소류의 어린모를 지표면 가까이에서 자르고 일부를 땅속으로 끌어들여 식해
파밤나방	과실	• 연 4~5회 발생, 중부지방에서 월동 불가 • 8월 이후 고온에서 발생량이 많은 잡식성 해충 • 부화유충이 기주의 표피를 갉아먹거나 과실에 구멍을 뚫고 불규칙하게 폭식
고자리파리	뿌리·줄기	• 연 3회 발생, 번데기 형태로 땅속에서 월동 • 유충이 가해한 부분은 토양 내의 병원균이 침입해 부패

■ 과수류 해충

해충명	가해 형태	특징
사과응애	흡즙성(잎)	• 연 7~8회 발생, 알로 월동 • 실을 토하며 바람에 날려 이동
복숭아심식나방	과실	• 연 2회 발생 • 주로 사과, 배 등의 인과류와 핵과류의 과실 내부를 가해 • 유충이 과실 내부로 뚫고 들어가 여러 곳을 가해
복숭아명나방	과실	• 연 2회 발생, 노숙 유충의 형태로 고치 속에서 월동 • 유충이 기주식물의 과실을 가해, 침입한 큰 구멍으로 적갈색의 굵은 똥과 즙액을 배출

■ 식물병의 1차 전염원

병든 식물의 잔재물, 종자, 토양, 잡초 및 곤충(매개충)

■ 전염원의 잠복처

• 전년도 병든 식물의 잔사

• 휴면상태의 나무가지

• 병든 종자와 괴경 및 구근

• 토양

• 잡초 및 기타 식물

• 곤충

■ 물리적 소독

• 냉수온탕침법 : 맥류 겉깜부기병, 선충심고병(벼)

• 온탕침법 : 맥류 겉깜부기병, 검은무늬병(고구마)

• 건열 처리

• 기피제의 처리

■ 배추 · 무 사마귀병

뿌리혹병은 토양전염성병이기 때문에 연작할수록 발생밀도가 높아지며, 토양습도 80% 이상, pH 6.0 이하의 산성토양 및 지온과 기온이 18~25℃ 내외에서 가장 많이 발생된다.

| 잡초

■ 잡초로 인한 피해

농경지		• 경합해 : 수량과 품질의 저하(작물과 축산물) • allelopathy(상호대립 억제작용, 타감작용) : 식물의 생체 및 고사체의 추출물이 다른 식물의 발아와 생육에 영향 • 기생 : 실모양의 흡기조직으로 기주식물의 줄기나 뿌리에 침입 • 병해충의 매개 : 병균과 해충의 중간기주 및 전파가 용이 • 농작업 환경의 악화 : 농작물의 관리와 수확이 불편하고 경지의 이용효율 감소 • 사료에의 잡초해 : 도꼬마리, 고사리(알칼로이드 중독) • 침입 및 부착해 : 품질손상, 작업방해, 잡초전파 등
기타 지역	물 관리	• 급수 및 관·배수의 방해 • 유속 감소와 지하 침투로 물 손실의 증가 • 용존산소 농도의 감소, 수온의 저하 등
	조경 관리	정원, 운동장, 관광지, 잔디밭 등
	도로나 시설지역	도로, 산업에서 군사시설 등

■ 잡초의 유용성

- 지면을 덮어서 토양침식을 막아줌
- 토양에 유기물 제공 : 토양물리환경 개선
- 곤충의 먹이와 서식처를 제공
- 야생동물, 조류 및 미생물의 먹이와 서식처로 이용
- 같은 종속의 작물에 유전자은행으로 이용 : 병해충의 저항성 작물 육성
- 구황식물로 이용
- 무공해 채소 : 달래, 냉이, 쑥, 취 등
- 공해제거 능력 : 물옥잠, 부레옥잠 등
- 약료, 염료, 향료, 향신료 등의 원료 : 반하, 쪽, 꼭두서니, 쑥 등
- 미적인 즐거움
- 조경식물 : 벌개미취, 미국쑥부쟁이, 술패랭이꽃 등
- 대부분 가축의 사료로 이용됨

■ 생장형에 따른 잡초의 분류

- 직립형 : 명아주, 가막사리, 쑥부쟁이
- 분지형 : 광대나물, 애기땅빈대, 석류풀
- 총생형 : 억새, 뚝새풀
- 만경형 : 거지덩굴, 메꽃, 환삼덩굴

- 포복형 : 선피막이, 미나리, 병풀
- 로제트형 : 민들레, 질경이
- 위로제트형 : 개망초
- 위로제트 + 포복형 : 꽃마리, 꽃바지
- 로제트 + 포복형 : 좀씀바귀
- 분지경 + 포복형 : 올미

■ 발생 시기에 따른 잡초의 분류
- 여름잡초 : 바랭이, 여뀌, 명아주, 피, 강아지풀, 방동사지, 비름, 쇠비름, 미국개기장
- 겨울잡초 : 뚝새풀, 속속이풀, 냉이, 벼룩나물, 벼룩이자리, 점나도나물, 개양개비

■ 생활형에 따른 잡초의 분류

구분		논	밭
1년생	화본과	강피, 물피, 돌피, 뚝새풀	강아지풀, 개기장, 바랭이, 피, 메귀리
	방동사니과	알방동사니, 참방동사니, 바람하늘지기, 바늘골	바람하늘지기, 참방동사니
	광엽잡초	물달개비, 물옥잠, 사마귀풀, 여뀌, 여뀌바늘, 마디꽃, 등애풀, 생이가래, 자귀풀, 중대가리풀	개비름, 까마중, 명아주, 쇠비름, 여뀌, 자귀풀, 환삼덩굴, 도꼬마리, 망초
다년생	화본과	나도겨풀	참새피, 띠
	방동사니과	너도방동사니, 매자기, 올방개, 쇠털골, 올챙이고랭이	향부자
	광엽잡초	가래, 벗풀, 올미, 개구리밥, 네가래, 수염가래꽃, 미나리	반하, 쇠뜨기, 쑥, 토끼풀, 메꽃

■ 저항성 잡초 발생 예방대책
- 재배양식의 전환으로 제초제 선택의 폭을 넓힌다.
- 동일 성분 제초제의 연용을 피한다.
- 여러 잡초를 동시에 방제할 수 있는 혼합제보다 다양한 단제를 개발하여 필요한 약제를 선정하여 사용할 수 있도록 유도한다.
- 제초제를 처리했음에도 불구하고 특정 잡초가 발생했을 때는 저항성 잡초로 간주하여 빠른 시일 내에(특히 종자가 맺기 전) 방제한다.

■ 잡초 군락의 천이에 관여하는 요인
- 재배작물 및 작부체계의 변화 : 조숙품종의 도입, 재배 시기의 변동, 조기이식 및 답리작의 감소 등
- 경종 조건의 변화 : 경운, 정지법의 변화에 따른 추경 및 춘경의 감소 등
- 제초 방법의 변화 : 손 제초 및 기계적 잡초 방제의 감소, 선택성 제초제의 사용 증가, 제초 방법 개선 등

■ 잡초의 생육과 번식

- 작물과의 경합력이 강하여 작물의 수량 감소를 초래한다.
- 잡초는 광합성 효율이 높은 C_4 식물이고, 주요작물들은 C_3 식물이므로 고온·고광도·수분제한 조건에서 초기 생육에 큰 차이를 나타낸다.
- 종자를 많이 생산하고 종자의 크기가 작아 발아가 빠르다.
- 이유기가 빨라 독립생장을 통한 초기의 생장속도가 빠르다.
- 불량환경에 잘 적응하고 휴면을 통해 불량환경을 극복한다.
- 지하기관을 통한 영양번식과 종자번식 등 번식기관이 다양하고 번식력도 비교적 강하다.
- 잡초의 유연성 : 밀도의 변화에 대응하여 생체량을 유연하게 변동시키므로, 단위면적당 생장량은 거의 일정하다.

■ 잡초와 작물의 경쟁요인

양분, 수분, 광, 상호대립 억제작용

■ 잡초경합 한계기간

- 작물이 잡초와의 경합에 의해 생육 및 수량이 가장 크게 영향을 받는 기간이다.
- 작물이 초관을 형성한 이후부터 생식생장으로 전환하기 이전의 시기이다.
- 대체로 작물의 전체 생육기간의 첫 1/3~1/2 혹은 첫 1/4~1/3 기간에 해당된다.

■ 생태적 잡초 방제 방법

경합특성 이용법	• 작부체계 : 윤작, 답전윤환재배, 이모작 • 육묘이식재배 : 육묘이식 및 이앙으로 작물이 공간 선점 • 재식밀도 : 재식밀도를 높여 초관형성 촉진 • 품종선정 : 분지성, 엽면적, 출엽속도, 초장 등 경합력이 큰 작물 선정 • 피복작물 : 토양침식 및 잡초 발생 억제 • 재파종 및 대파 : 1년생 잡초 발생 억제
환경제어법	• 춘경, 추경 및 경운, 정지 : 작물의 초기생장 촉진 • 병해충 및 선충 방제 : 적기방제로 피해지의 잡초발생 억제 • 시비 관리, 토양산도, 관배수 조절, 제한 경운법, 특정설비 이용 등

■ 생물적 방제용 천적(외래의 생물)의 전제조건

- 가급적 철저하게 먹이를 섭식하는 성질을 지니고 있어서 평형상태에 도달할 경우도 문제 잡초의 발생량이 경제적 허용범위 이내로 제한될 수 있어야 한다.
- 먹이(잡초)가 없어져서 천적의 자연감소가 불가피하게 된 경우라 하더라도 결코 문제 잡초 이외의 어떤 유용 식물을 가해하지 않아야 한다.
- 널리 불규칙적으로 산재해 있는 문제 잡초를 선별적으로 찾아다니며 가해할 수 있는 천부적인 이동성을 지니고 있어야 한다.
- 천적의 천적이 없어야 하고, 새로운 지역에서의 환경과 다른 생물에 대한 적응성·공존성 및 저항성이 있어야 한다.
- 문제 잡초보다 신축성 있게 빠른 번식특성을 지니고 있어서 상호집합체의 불균형에 대한 대응능력을 나타낼 수 있어야 한다.

| 농약(작물보호제)

■ 사용목적에 따른 농약의 분류

- 살균제 : 보호살균제, 직접살균제, 종자소독제, 토양살균제
- 살충제 : 식독제(소화중독제), 접촉제, 침투성 살충제, 훈증제, 훈연제, 유인제, 기피제, 불임제, 점착제, 생물농약
- 제초제 : 선택성 제초제, 비선택성 제초제
- 살선충제
- 살비제
- 식물생장조절제
- 보조제 : 전착제, 증량제, 용제, 유화제, 협력제

■ 살포액의 성질

- 침투성 : 식물체나 해충체 내에 스며드는 것
- 습전성 : 작물 또는 해충의 표면을 잘 적시고 퍼지는 것
- 수화성 : 수화제와 물과의 친화도를 나타내는 성질
- 유화성 : 유제를 물에 가한 경우 입자가 균일하게 분산하여 유탁액이 되는 것
- 현수성 : 현탁액 고체입자가 균일하게 분산 부유하는 것

■ 사용형태(제형)에 따른 농약의 분류

희석 살포제		분제(가루형태)	수용제, 수화제, 수화성미분제
	입제	모래 형태	입상수용제(수용성입제), 입상수화제
		바둑알~장기알 형태	정제상수화제
	액제(액체형태)		미탁제, 분산성액제, 액상수화제, 액제, 오일제, 유제, 유상수화제, 유탁제, 유현탁제, 캡슐현탁제
	미생물제제용 제형		고상제, 액상제, 액상현탁제, 유상현탁제
직접 살포제		분제(가루형태)	미립제, 미분제, 분의제, 분제, DL분제(저비산분제), 종자처리수화제
	입제	모래형태	세립제, 입제
		바둑알~장기알 형태	대립제, 수면부상성입제, 직접살포정제, 캡슐제
	액제(액체형태)		수면전개제, 종자처리액상수화제, 직접살포액제
특수형태(특수제형)			과립훈연제, 도포제, 마이크로캡슐훈증제, 비닐멀칭제, 연무제, 판상줄제, 훈연제, 훈증제

■ 농약의 물리적 성질

• 액제의 물리적 성질 : 유화성, 습전성, 표면장력, 접촉각, 수화성, 현수성, 부착성 및 고착성, 침투성 등
• 분제의 물리적 성질 : 분말도, 입도, 용적비중, 응집력(각 입자가 집단을 만드는 힘), 토분성, 분산성, 비산성, 부착성 및 고착성, 안전성, 경도, 수중붕괴성

■ 수화제(WP)

수용성이 아닌 원제를 아주 작은 입자로 미분화시킨 분말로 물에 분산시켜 사용한다.

■ 입제(GR ; Granule)

• 사용이 간편하다.
• 입자가 크기 때문에 분제와 같이 표류·비산에 의한 근접 오염의 우려가 없다.
• 사용자에 대한 안전성이 다른 제형에 비하여 우수하다.
• 다른 제형에 비하여 원제의 투여량이 많아 방제 비용이 높다.
• 토양오염의 우려가 있다.

■ 유제(EC)

원제의 성질이 지용성으로 물에 잘 녹지 않을 때 유기용매에 녹여 유화제를 첨가한 용액으로 사용할 때 많은 양의 물에 희석하여 액체 상태로 분무한다.

■ 농약관리법에 정의된 잔류성에 따른 농약의 구분

• 의미 : 농약의 주성분이 농작물, 토양, 수질에 잔류되거나 이를 오염시키는 농약
• 구분 : 작물잔류성농약, 토양잔류성농약, 수질오염성농약

■ 보호살균제

만코제브, maneb, 석회보르도액 등

■ 살충제에 대한 해충의 저항성이 발달되는 요인

같은 약제를 계속해서 뿌리기 때문에

■ 제초제의 선택성

• 생리적 선택성 : 제초제 성분이 식물 체내에 흡수·이행되는 정도의 차이
• 생화학적 선택성 : 식물의 종류에 따라 다른 감수성을 나타내는 현상
• 형태적 선택성 : 생장점의 노출 여부에 따라 나타나는 선택성 차이
• 생태적 선택성 : 생육 시기가 서로 다르기 때문에 나타나는 제초제에 대한 감수성의 차이

■ 제초제의 살초기작

생장 억제, 광합성 억제, 대사작용 억제

■ 다중저항성

제초제 저항성 생태형이 2개 이상의 분명한 저항성 메커니즘을 가진 현상을 의미한다.

■ 제초제의 작용기작

• 광합성 저해 : 벤조티아디아졸계, 트리아진계, 요소(urea)계, 아마이드계, 비피리딜리움계, 우라실계, 나이트
  릴계 등
• 호흡작용 및 산화적 인산화 저해 : 카바메이트계, 유기염소계
• 호르몬 작용 교란 : 페녹시계, 벤조산계
• 단백질 합성 저해 : 아마이드계, 유기인계
• 세포분열 저해 : 디나이트로아닐린계, 카바메이트계
• 아미노산 생합성 저해 : 설포닐우레아계(chlorsulfuron), 이미다졸리논계, 유기인계

■ 접촉형 제초제

• 약제가 부착된 곳의 생세포 조직에만 직접 작용해서 그 부분을 파괴한다.
• PCP, DNBP, 염소산소다, 청산소다

■ 살비제의 구비조건

- 잔효력이 있을 것
- 적용 범위가 넓을 것
- 약제 저항성의 발달이 지연되거나 안 될 것
- 성충과 유충뿐만 아니라 알에 대해서도 효과가 있을 것

■ 계면활성제의 사용 용도

세제, 유화제, 분산제, 습윤제, 가용화제, 기포제, 소포제, 정련제, 침투제, 광택제, 평활제, 유연제, 전착제, 균염제, 완염제, 발염제, 방수제, 내화제, 대전방지제, 부유선광제, 방청제, 방식제, 살균제, 탈묵제, 미끄럼방지제 등

■ 증량제의 구비 조건

- 분말도, 가비중, 분산성, 비산성, 고착성 또는 부착성, 안정성
- 수분 및 흡습성, 액성(PH) 가급적 중성의 것을 선택
- 혼합성 증량제의 비중 형상 고려

■ 농약의 살포 방법

분무법, 미스트법, 스프링클러법, 폼스프레이법

■ 1ppm 용액

- 1ppm = 1mg/kg = 1mg/1,000mL = 1mg/L
- 물 1,000mL에 용질이 1mg 녹아 있는 용액

■ 희석할 물의 양 계산

$$희석할\ 물의\ 양 = 원액의\ 용량 \times \left(\frac{원액의\ 농도}{희석할\ 농도} - 1 \right) \times 원액의\ 비중$$

■ 소요약량 계산

$$소요약량 = \frac{단위면적당\ 사용량}{희석배수}$$

■ 1일섭취허용량(ADI)

일일섭취허용량은 사람이 평생 동안 매일 먹어도 부작용을 일으키지 않는 하루 섭취 한도량을 말하며 유해한 영향이 관찰되지 않는 화학물질의 최대섭취량(NOEL)을 안전계수(SF, 1/100)로 나누어 계산한다.

■ 농약을 사용하면서 발생하는 약해

- 섞어 쓰기로 인한 약해
- 근접 살포에 의한 약해
- 동시 사용으로 인한 약해
- 기타 : 상자육묘의 벼에 입제, 토양 처리하는 경우, 벼의 잎에 물이 묻어 있으면 잎에 약제가 부착되어 약해를 일으킨 사례가 있다.

■ 약제저항성

- 교차저항성 : 어떤 약제에 의해 저항성이 생긴 해충이 작용기가 비슷한 다른 약제에 저항성을 보이는 것
- 복합저항성 : 해충이 살충작용이 다른 2종 이상의 약제에 대하여 동시에 저항성을 나타내는 현상

■ 농약 과용의 부작용

- 자연계의 평형파괴
- 약제저항성 해충의 출현
- 잠재적 곤충의 해충화
- 동물상의 단순화
- 잔류독성

■ 농약의 종류별 포장지 색깔

용도 구분	살균제	살충제	제초제	비선택성 제초제	생장조정제	기타 약제	혼합제 및 동시 방제용 농약
색깔	분홍색	녹색	황색	적색	청색	백색	각각 용도 구분별 색깔 중 한 가지 적용

■ 농약 등의 안전사용기준

- 적용 대상 농작물에만 사용할 것
- 적용 대상 병해충에만 사용할 것
- 적용 대상 농작물과 병해충별로 정해진 사용 방법·사용량을 지켜 사용할 것
- 적용 대상 농작물에 대하여 사용시기 및 사용가능횟수가 정해진 농약 등은 사용시기 및 사용가능횟수를 지켜 사용할 것
- 사용 대상자가 정하여진 농약등은 사용 대상자 외에는 사용하지 말 것
- 사용지역이 제한되는 농약은 사용제한지역에서 사용하지 말 것

■ 농약의 구비조건

- 적은 양으로 약효가 확실할 것
- 농작물에 대한 약해가 없을 것
- 인축에 대한 독성이 낮을 것
- 어류에 대한 독성이 낮을 것
- 다른 약제와의 혼용 범위가 넓을 것
- 천적 및 유해 곤충에 대하여 독성이 낮거나 선택적일 것
- 값이 쌀 것
- 사용 방법이 편리할 것
- 대량 생산이 가능할 것
- 물리적 성질이 양호할 것
- 농촌진흥청에 등록되어 있을 것

CHAPTER 05 종자 관련 법규

| 종자산업 관련 법규

■ 목적(종자산업법 제1조)

종자산업법은 종자와 묘의 생산·보증 및 유통, 종자산업의 육성 및 지원 등에 관한 사항을 규정함으로써 종자산업의 발전을 도모하고 농업 및 임업 생산의 안정에 이바지함을 목적으로 한다.

■ 정의(종자산업법 제2조)

- '종자'란 증식용 또는 재배용으로 쓰이는 씨앗, 버섯 종균(種菌), 묘목(苗木), 포자(胞子) 또는 영양체(營養體)인 잎·줄기·뿌리 등을 말한다.
- '종자산업'이란 종자와 묘를 연구개발·육성·증식·생산·가공·유통·수출·수입 또는 전시 등을 하거나 이와 관련된 산업을 말한다.
- '작물'이란 농산물 또는 임산물의 생산을 위하여 재배되는 모든 식물을 말한다.
- '보증종자'란 종자산업법에 따라 해당 품종의 진위성(眞僞性)과 해당 품종 종자의 품질이 보증된 채종(採種) 단계별 종자를 말한다.
- '종자업'이란 종자를 생산·가공 또는 다시 포장(包裝)하여 판매하는 행위를 업(業)으로 하는 것을 말한다.

■ 종합계획 등(종자산업법 제3조 제1항)

농림축산식품부장관은 종자산업의 육성 및 지원을 위하여 5년마다 농림종자산업의 육성 및 지원에 관한 종합계획을 수립·시행하여야 한다.

■ 종자산업의 기반 조성(종자산업법 제2장)

- 전문인력의 양성(법 제6조)
- 종자산업 관련 기술 개발의 촉진(법 제7조)
- 국제협력 및 대외시장 진출의 촉진(법 제8조)
- 지방자치단체의 종자산업 사업수행(법 제9조)
- 재정 및 금융 지원 등(법 제10조)
- 중소 종자업자 및 중소 육묘업자에 대한 지원(법 제11조)
- 종자산업진흥센터의 지정 등(법 제12조)
- 종자 기술연구단지의 조성 등(법 제13조)
- 단체의 설립(법 제14조)

■ 전문인력의 양성(종자산업법 제6조 제4항)

국가와 지방자치단체는 지정된 전문인력 양성기관이 다음의 어느 하나에 해당하는 경우에는 대통령령으로 정하는 바에 따라 그 지정을 취소하거나 3개월 이내의 기간을 정하여 업무의 전부 또는 일부 정지를 명할 수 있다. 다만, 제1호에 해당하는 경우에는 그 지정을 취소하여야 한다.

1. 거짓이나 그 밖의 부정한 방법으로 지정받은 경우
2. 전문인력 양성기관의 지정기준에 적합하지 아니하게 된 경우
3. 정당한 사유 없이 전문인력 양성을 거부하거나 지연한 경우
4. 정당한 사유 없이 1년 이상 계속하여 전문인력 양성업무를 하지 아니한 경우

■ 지방자치단체의 종자산업 사업수행(종자산업법 제9조 제1항)

농림축산식품부장관은 종자산업의 안정적인 정착에 필요한 기술보급을 위하여 지방자치단체의 장에게 다음의 사업을 수행하게 할 수 있다.

1. 종자 및 묘 생산과 관련된 기술의 보급에 필요한 정보 수집 및 교육
2. 지역특화 농산물 품목 육성을 위한 품종개발
3. 지역특화 육종연구단지의 조성 및 지원
4. 종자생산 농가에 대한 채종 관련 기반시설의 지원
5. 그 밖에 농림축산식품부장관이 필요하다고 인정하는 사업

■ 종자산업진흥센터의 지정 등(종자산업법 제12조 제1항, 제4항)

• 농림축산식품부장관은 종자산업의 효율적인 육성 및 지원을 위하여 종자산업 관련 기관·단체 또는 법인 등 적절한 인력과 시설을 갖춘 기관을 종자산업진흥센터로 지정할 수 있다.

• 농림축산식품부장관은 진흥센터가 다음의 어느 하나에 해당하는 경우에는 대통령령으로 정하는 바에 따라 그 지정을 취소하거나 3개월 이내의 기간을 정하여 업무의 정지를 명할 수 있다. 다만, 제1호에 해당하는 경우에는 그 지정을 취소하여야 한다.

1. 거짓이나 그 밖의 부정한 방법으로 지정받은 경우
2. 진흥센터 지정기준에 적합하지 아니하게 된 경우
3. 정당한 사유 없이 제2항에 따른 업무를 거부하거나 지연한 경우
4. 정당한 사유 없이 1년 이상 계속하여 제2항에 따른 업무를 하지 아니한 경우

■ 국가품종목록의 등재 대상(종자산업법 제15조 제2항)

품종목록에 등재할 수 있는 대상작물은 벼, 보리, 콩, 옥수수, 감자와 그 밖에 대통령령으로 정하는 작물로 한다. 다만, 사료용은 제외한다.

■ **국가품종목록 등재 신청 시 절차**
- 품종목록의 등재 신청(종자산업법 제16조)
- 품종목록 등재 신청 품종의 심사 등(종자산업법 제17조)
- 품종목록 등재품종의 공고(종자산업법 제18조)

■ **품종성능의 심사기준(종자산업법 시행규칙 제6조)**

품종성능의 심사는 다음의 사항별로 산림청장 또는 국립종자원장이 정하는 기준에 따라 실시한다.
1. 심사의 종류
2. 재배시험기간
3. 재배시험지역
4. 표준품종
5. 평가형질
6. 평가기준

■ **품종목록 등재의 유효기간(종자산업법 제19조 제1항, 제5항)**
- 품종목록 등재의 유효기간은 등재한 날이 속한 해의 다음 해부터 10년까지로 한다.
- 농림축산식품부장관은 품종목록 등재의 유효기간이 끝나는 날의 1년 전까지 품종목록 등재신청인에게 연장 절차와 품종목록 등재의 유효기간 연장신청 기간 내에 연장신청을 하지 아니하면 연장을 받을 수 없다는 사실을 미리 통지하여야 한다.

■ **품종목록 등재의 취소(종자산업법 제20조 제1항)**

농림축산식품부장관은 다음의 어느 하나에 해당하는 경우에는 해당 품종의 품종목록 등재를 취소할 수 있다. 다만, 제4호와 제5호의 경우에는 그 품종목록 등재를 취소하여야 한다.
1. 품종성능이 품종성능의 심사기준에 미치지 못하게 될 경우
2. 해당 품종의 재배로 인하여 환경에 위해(危害)가 발생하였거나 발생할 염려가 있을 경우
3. 식물신품종보호법의 어느 하나에 해당하여 등록된 품종명칭이 취소된 경우
4. 거짓이나 그 밖의 부정한 방법으로 품종목록 등재를 받은 경우
5. 같은 품종이 둘 이상의 품종명칭으로 중복하여 등재된 경우(가장 먼저 등재된 품종은 제외)

■ **품종목록 등재서류의 보존(종자산업법 제21조)**

농림축산식품부장관은 품종목록에 등재한 각 품종과 관련된 서류를 해당 품종의 품종목록 등재 유효기간 동안 보존하여야 한다.

■ **종자생산의 대행자격(종자산업법 시행규칙 제12조)**

농림축산식품부령으로 정하는 종자업자 또는 농어업경영체 육성 및 지원에 관한 법률에 따른 '농업경영체'란 다음의 어느 하나에 해당하는 자를 말한다.

1. 법에 따라 등록된 종자업자
2. 해당 작물 재배에 3년 이상의 경험이 있는 농업인 또는 농업법인으로서 농림축산식품부장관이 정하여 고시하는 확인 절차에 따라 특별자치시장·특별자치도지사·시장·군수 또는 자치구의 구청장)이나 관할 국립종자원 지원장의 확인을 받은 자

■ **종자의 보증(종자산업법 제24조 제1항)**

고품질 종자 유통·보급을 통한 농림업의 생산성 향상 등을 위하여 농림축산식품부장관과 종자관리사는 종자의 보증을 할 수 있다.

■ **국제종자검정기관(종자산업법 시행령 제11조)**

대통령령으로 정하는 국제종자검정기관이란 다음의 기관을 말한다.

1. 국제종자검정협회(ISTA)의 회원기관
2. 국제종자검정가협회(AOSA)의 회원기관
3. 그 밖에 농림축산식품부장관이 정하여 고시하는 외국의 종자검정기관

■ **국가보증의 대상(종자산업법 제25조 제1항)**

다음의 어느 하나에 해당하는 경우에는 국가보증의 대상으로 한다.

1. 농림축산식품부장관이 종자를 생산하거나 법에 따라 그 업무를 대행하게 한 경우
2. 시·도지사, 시장·군수·구청장, 농업단체 등 또는 종자업자가 품종목록 등재 대상작물의 종자를 생산하거나 수출하기 위하여 국가보증을 받으려는 경우

■ **자체보증의 대상(종자산업법 제26조)**

다음의 어느 하나에 해당하는 경우에는 자체보증의 대상으로 한다.

1. 시·도지사, 시장·군수·구청장, 농업단체등 또는 종자업자가 품종목록 등재 대상작물의 종자를 생산하는 경우
2. 시·도지사, 시장·군수·구청장, 농업단체등 또는 종자업자가 품종목록 등재 대상작물 외의 작물의 종자를 생산·판매하기 위하여 자체보증을 받으려는 경우

■ **종자관리사의 자격기준 등(종자산업법 제27조 제4항)**

농림축산식품부장관은 종자관리사가 이 법에서 정하는 직무를 게을리하거나 중대한 과오(過誤)를 저질렀을 때에는 그 등록을 취소하거나 1년 이내의 기간을 정하여 그 업무를 정지시킬 수 있다.

■ **종자관리사의 자격기준(종자산업법 시행령 제12조)**

종자관리사는 다음의 어느 하나에 해당하는 사람으로 한다.

1. 국가기술자격법에 따른 종자기술사 자격을 취득한 사람

2. 국가기술자격법에 따른 종자기사 자격을 취득한 사람으로서 자격 취득 전후의 기간을 포함하여 종자업무 또는 이와 유사한 업무에 1년 이상 종사한 사람

3. 국가기술자격법에 따른 종자산업기사 자격을 취득한 사람으로서 자격 취득 전후의 기간을 포함하여 종자업무 또는 이와 유사한 업무에 2년 이상 종사한 사람

3의2. 국가기술자격법에 따른 버섯산업기사 자격을 취득한 사람으로서 자격 취득 전후의 기간을 포함하여 버섯종균업무 또는 이와 유사한 업무에 2년 이상 종사한 사람(버섯종균을 보증하는 경우만 해당)

4. 국가기술자격법에 따른 종자기능사 자격을 취득한 사람으로서 자격 취득 전후의 기간을 포함하여 종자업무 또는 이와 유사한 업무에 3년 이상 종사한 사람

5. 국가기술자격법에 따른 버섯종균기능사 자격을 취득한 사람으로서 자격 취득 전후의 기간을 포함하여 버섯 종균업무 또는 이와 유사한 업무에 3년 이상 종사한 사람(버섯 종균을 보증하는 경우만 해당)

■ **종자관리사의 자격기준 등(종자산업법 제27조 제5항)**

종자관리사 등록이 취소된 사람은 등록이 취소된 날부터 2년이 지나지 아니하면 종자관리사로 다시 등록할 수 없다.

■ **종자관리사에 대한 행정처분의 세부 기준(종자산업법 시행규칙 [별표 2])**

1. 일반기준

   가. 위반행위가 둘 이상인 경우로서 그에 해당하는 각각의 처분기준이 다른 경우에는 그 중 무거운 처분기준을 적용한다.

   나. 위반행위의 동기, 위반의 정도, 그 밖에 정상을 참작할 만한 사유가 있는 경우에는 제2호에 따른 업무정지 기간의 2분의 1 범위에서 감경하여 처분할 수 있다

2. 개별기준

위반행위	행정처분의 기준
가. 종자보증과 관련하여 형을 선고받은 경우 나. 종자관리사 자격과 관련하여 최근 2년간 이중취업을 2회 이상 한 경우 다. 업무정지처분기간 종료 후 3년 이내에 업무정지처분에 해당하는 행위를 한 경우 라. 업무정지처분을 받은 후 그 업무정지처분기간에 등록증을 사용한 경우	등록취소
마. 종자관리사 자격과 관련하여 이중취업을 1회 한 경우	업무정지 1년
바. 종자보증과 관련하여 고의 또는 중대한 과실로 타인에게 손해를 입힌 경우	업무정지 6개월
사. 종자관리사 정기교육을 이수하지 않은 경우	업무정지 2개월

■ **포장검사(종자산업법 제28조 제1항)**

국가보증이나 자체보증을 받은 종자를 생산하려는 자는 농림축산식품부장관 또는 종자관리사로부터 채종 단계별로 1회 이상 포장(圃場)검사를 받아야 한다.

■ **보증표시 등(종자산업법 제31조 제2항)**

보증종자를 판매하거나 보급하려는 자는 종자의 보증과 관련된 검사서류를 작성일부터 3년(묘목에 관련된 검사서류는 5년) 동안 보관하여야 한다.

■ **보증의 유효기간(종자산업법 시행규칙 제21조)**

작물별 보증의 유효기간은 다음과 같고, 그 기산일(起算日)은 각 보증종자를 포장(包裝)한 날로 한다. 다만, 농림축산식품부장관이 따로 정하여 고시하거나 종자관리사가 따로 정하는 경우에는 그에 따른다.

1. 채소 : 2년
2. 버섯 : 1개월
3. 감자·고구마 : 2개월
4. 맥류·콩 : 6개월
5. 그 밖의 작물 : 1년

■ **사후관리시험(종자산업법 시행규칙 제23조)**

사후관리시험은 다음의 사항별로 검사기관의 장이 정하는 기준과 방법에 따라 실시한다.

1. 검사항목
2. 검사시기
3. 검사횟수
4. 검사방법

■ **보증의 실효(종자산업법 제34조)**

보증종자가 다음의 어느 하나에 해당할 때에는 종자의 보증효력을 잃은 것으로 본다.

1. 보증표시를 하지 아니하거나 보증표시를 위조 또는 변조하였을 때
2. 보증의 유효기간이 지났을 때
3. 포장한 보증종자의 포장을 뜯거나 열었을 때. 다만, 해당 종자를 보증한 보증기관이나 종자관리사의 감독에 따라 분포장(分包裝)하는 경우는 제외한다.
4. 거짓이나 그 밖의 부정한 방법으로 보증을 받았을 때

■ 보증종자의 판매 등(종자산업법 제36조 제1항)

품종목록 등재 대상작물의 종자 또는 농림축산식품부장관이 고시한 품종의 종자를 판매하거나 보급하려는 자는 종자의 보증을 받아야 한다. 다만, 종자가 다음의 어느 하나에 해당하는 경우에는 그러하지 아니하다.

1. 1대잡종의 친(親) 또는 합성품종의 친으로만 쓰이는 경우
2. 증식 목적으로 판매하여 생산된 종자를 판매자가 다시 전량 매입하는 경우
3. 시험이나 연구 목적으로 쓰이는 경우
4. 생산된 종자를 전량 수출하는 경우
5. 직무상 육성한 품종의 종자를 증식용으로 사용하도록 하기 위하여 육성자가 직접 분양하거나 양도하는 경우
6. 그 밖에 종자용 외의 목적으로 사용하는 경우

■ 종자업의 등록 등(종자산업법 제37조)

① 종자업을 하려는 자는 대통령령으로 정하는 시설을 갖추어 시장·군수·구청장에게 등록하여야 한다. 이 경우 종자의 생산 이력을 기록·보관하여야 하는 자의 등록 사항에는 종자의 생산장소(과수 묘목의 경우 접수 및 대목의 생산장소를 포함)가 포함되어야 한다.

② 종자업을 하려는 자는 종자관리사를 1명 이상 두어야 한다. 다만, 대통령령으로 정하는 작물의 종자를 생산·판매하려는 자의 경우에는 그러하지 아니하다.

■ 종자관리사 보유의 예외(종자산업법 시행령 제15조)

'대통령령으로 정하는 작물'이란 다음의 작물을 말한다.

1. 화훼
2. 사료작물(사료용 벼·보리·콩·옥수수 및 감자를 포함)
3. 목초작물
4. 특용작물
5. 뽕
6. 임목(林木)
7. 식량작물(벼·보리·콩·옥수수 및 감자는 제외)
8. 과수(사과·배·복숭아·포도·단감·자두·매실·참다래 및 감귤은 제외)
9. 채소류(무·배추·양배추·고추·토마토·오이·참외·수박·호박·파·양파·당근·상추 및 시금치는 제외)
10. 버섯류(양송이·느타리버섯·뽕나무버섯·영지버섯·만가닥버섯·잎새버섯·목이버섯·팽이버섯·복령·버들송이 및 표고버섯은 제외)

■ 종자업의 등록 등(종자산업법 시행령 제14조 제3항).

종자업자는 종자업의 등록한 사항이 변경된 경우에는 그 사유가 발생한 날부터 30일 이내에 시장·군수·구청장에게 그 변경사항을 통지하여야 한다.

■ 육묘업 등록의 취소 등(종자산업법 제39조의2 제1항)

시장·군수·구청장은 육묘업자가 다음의 어느 하나에 해당하는 경우에는 육묘업 등록을 취소하거나 6개월 이내의 기간을 정하여 영업의 전부 또는 일부의 정지를 명할 수 있다. 다만, 제1호에 해당하는 경우에는 그 등록을 취소하여야 한다.

1. 거짓이나 그 밖의 부정한 방법으로 육묘업 등록을 한 경우
2. 육묘업 등록을 한 날부터 1년 이내에 사업을 시작하지 아니하거나 정당한 사유 없이 1년 이상 계속하여 휴업한 경우
3. 육묘업자가 육묘업 등록을 한 후 법에 따른 시설기준에 미치지 못하게 된 경우
4. 품질표시를 하지 아니하거나 거짓으로 표시한 묘를 판매하거나 보급한 경우
5. 묘 등의 조사나 묘의 수거를 거부·방해 또는 기피한 경우
6. 생산이나 판매가 중지된 묘를 생산하거나 판매한 경우

■ 수출입 종자의 국내유통 제한(종자산업법 시행령 제16조 제1항)

종자의 수출·수입을 제한하거나 수입된 종자의 국내 유통을 제한할 수 있는 경우는 다음과 같다.

1. 수입된 종자에 유해한 잡초종자가 농림축산식품부장관이 정하여 고시하는 기준 이상으로 포함되어 있는 경우
2. 수입된 종자의 증식이나 교잡에 의한 유전자변형 등으로 인하여 농작물 생태계 등 기존의 국내 생태계를 심각하게 파괴할 우려가 있는 경우
3. 수입된 종자의 재배로 인하여 특정 병해충이 확산될 우려가 있는 경우
4. 수입된 종자로부터 생산된 농산물의 특수성분으로 인하여 국민건강에 나쁜 영향을 미칠 우려가 있는 경우
5. 재래종 종자 또는 국내의 희소한 기본종자의 무분별한 수출 등으로 인하여 국내 유전자원(遺傳資源) 보존에 심각한 지장을 초래할 우려가 있는 경우

■ 유통종자 및 묘의 품질표시(종자산업법 제43조 제1항)

국가보증 대상이 아닌 종자나 자체보증을 받지 아니한 종자 또는 무병화인증을 받지 아니한 종자를 판매하거나 보급하려는 자는 종자의 용기나 포장에 다음의 사항이 모두 포함된 품질표시를 하여야 한다.

1. 종자(묘목은 제외)의 생산 연도 또는 포장 연월
2. 종자의 발아(發芽) 보증시한(발아율을 표시할 수 없는 종자는 제외)
3. 등록 및 신고에 관한 사항 등 그 밖에 농림축산식품부령으로 정하는 사항

■ **유통종자의 품질표시(종자산업법 시행규칙 제34조 제1항 제1호)**

가. 품종의 명칭

나. 종자의 발아율[버섯종균의 경우에는 종균 접종일(接種日)]

다. 종자의 포장당 무게 또는 낱알 개수

라. 수입 연월 및 수입자명[수입종자의 경우로 한정하며, 국내에서 육성된 품종의 종자를 해외에서 채종(採種) 하여 수입하는 경우는 제외]

마. 재배 시 특히 주의할 사항

바. 종자업 등록번호(종자업자의 경우로 한정)

사. 품종보호 출원공개번호(식물신품종보호법에 따라 출원공개된 품종의 경우로 한정) 또는 품종보호 등록번 호(식물신품종보호법에 따른 보호품종으로서 품종보호권의 존속기간이 남아 있는 경우로 한정)

아. 품종 생산·수입 판매 신고번호(법에 따른 생산·수입 판매 신고 품종의 경우로 한정)

자. 유전자변형종자 표시(유전자변형종자의 경우로 한정, 표시방법은 유전자변형생물체의 국가간 이동 등에 관한 법률 시행령에 따른다)

■ **종자시료의 보관(종자산업법 제46조)**

농림축산식품부장관은 다음의 어느 하나에 해당하는 종자는 일정량의 시료를 보관· 관리하여야 한다. 이 경우 종자시료가 영양체인 경우에는 그 제출 시기·방법 등은 농림축산식품부령으로 정한다.

1. 품종목록에 등재된 품종의 종자

2. 신고한 품종의 종자

■ **벌칙(종자산업법 제54조 제2항)**

다음의 자는 2년 이하의 징역 또는 2천만원 이하의 벌금에 처한다.

1. 식물신품종보호법에 따른 보호품종 외의 품종에 대하여 등재되거나 신고된 품종명칭을 도용하여 종자를 판매·보급·수출하거나 수입한 자

2. 고유한 품종명칭 외의 다른 명칭을 사용하거나 등재 또는 신고되지 아니한 품종명칭을 사용하여 종자를 판매·보급·수출하거나 수입한 자

3. 등록하지 아니하고 종자업을 한 자

4. 신고하지 아니하고 종자를 생산하거나 수입하여 판매한 자 또는 거짓으로 신고한 자

5. 고유한 품종명칭 외의 다른 명칭을 사용하여 품종의 생산·수입 판매 신고를 한 자

■ 벌칙(종자산업법 제54조 제3항)

다음의 자는 1년 이하의 징역 또는 1천만원 이하의 벌금에 처한다.

1. 등록을 하지 아니하고 종자관리사 업무를 수행한 자
2. 보증서를 거짓으로 발급한 종자관리사
3. 보증을 받지 아니하고 종자를 판매하거나 보급한 자
4. 무병화인증의 취소에 따른 명령에 따르지 아니한 자
5. 무병화인증기관의 지정을 받거나 그 지정의 갱신을 하지 아니하고 무병화인증 업무를 한 자
6. 무병화인증기관의 지정취소 또는 업무정지 처분을 받고도 무병화인증 업무를 한 자
7. 제36조의7 제1호를 위반하여 거짓이나 그 밖의 부정한 방법으로 무병화인증을 받거나 갱신한 자
8. 거짓이나 그 밖의 부정한 방법으로 무병화인증기관의 지정을 받거나 갱신한 자
9. 무병화인증을 받지 아니한 종자의 용기나 포장에 무병화인증의 표시 또는 이와 유사한 표시를 한 자
10. 무병화인증을 받은 종자의 용기나 포장에 무병화인증을 받은 내용과 다르게 표시한 자
11. 무병화인증을 받지 아니한 종자를 무병화인증을 받은 종자로 광고하거나 무병화인증을 받은 종자로 오인할 수 있도록 광고한 자
12. 무병화인증을 받은 종자를 무병화인증을 받은 내용과 다르게 광고한 자
13. 등록하지 아니하고 육묘업을 한 자
14. 등록이 취소된 종자업 또는 육묘업을 계속 하거나 영업정지를 받고도 종자업 또는 육묘업을 계속 한 자
15. 제40조(종자의 수출・수입 및 유통제한)를 위반하여 종자를 수출 또는 수입하거나 수입된 종자를 유통시킨 자
16. 수입적응성시험을 받지 아니하고 종자를 수입한 자
17. 거짓이나 그 밖에 부정한 방법으로 검정을 받은 자
18. 검정결과에 대하여 거짓광고나 과대광고를 한 자
19. 생산 또는 판매 중지를 명한 종자 또는 묘를 생산하거나 판매한 자
20. 시료채취를 거부・방해 또는 기피한 자

■ 과태료(종자산업법 제56조 제1항)

다음의 자에게는 1천만원 이하의 과태료를 부과한다.

1. 종자의 보증과 관련된 검사서류를 보관하지 아니한 자
2. 정당한 사유 없이 보고·자료제출·점검 또는 조사를 거부·방해하거나 기피한 자
3. 종자의 생산 이력을 기록·보관하지 아니하거나 거짓으로 기록한 자
4. 종자의 판매 이력을 기록·보관하지 아니하거나 거짓으로 기록한 종자업자
5. 정당한 사유 없이 자료제출을 거부하거나 방해한 자
6. 유통종자 또는 묘의 품질표시를 하지 아니하거나 거짓으로 표시하여 종자 또는 묘를 판매하거나 보급한 자
7. 출입, 조사·검사 또는 수거를 거부·방해 또는 기피한 자
8. 구입한 종자에 대한 정보와 투입된 자재의 사용 명세, 자재구입 증명자료 등을 보관하지 아니한 자

| 식물신품종보호 관련 법규

■ 정의(식물신품종보호법 제2조)

• '국유품종보호권'이란 식물신품종 보호법에 따라 국가 명의로 등록된 품종보호권을 말한다.
• '실시'란 보호품종의 종자를 증식·생산·조제(調製)·양도·대여·수출 또는 수입하거나 양도 또는 대여의 청약(양도 또는 대여를 위한 전시를 포함)을 하는 행위를 말한다.
• '육성자'란 품종을 육성한 자나 이를 발견하여 개발한 자를 말한다.
• '직무육성품종'이란 공무원이 육성하거나 발견하여 개발한 품종으로서 그 성질상 국가 또는 지방자치단체의 업무범위에 속하고, 그 품종을 육성하게 된 행위가 공무원의 현재 또는 과거의 직무에 속하는 것을 말한다.
• '품종'이란 식물학에서 통용되는 최저분류 단위의 식물군으로서 제16조에 따른 품종보호 요건을 갖추었는지와 관계없이 유전적으로 나타나는 특성 중 한 가지 이상의 특성이 다른 식물군과 구별되고 변함없이 증식될 수 있는 것을 말한다.
• '품종보호권'이란 이 법에 따라 품종보호를 받을 수 있는 권리를 가진 자에게 주는 권리를 말한다.

■ 전용실시권 등의 실시기간(식물신품종보호법 시행령 제13조)

국유품종보호권에 대한 전용실시권을 설정하거나 통상실시권을 허락하는 경우 그 실시기간은 해당 전용실시권의 설정 또는 통상실시권의 허락에 관한 계약일부터 7년 이내로 한다.

■ **품종보호 요건(식물신품종보호법 제16조)**

다음의 요건을 갖춘 품종은 이 법에 따른 품종보호를 받을 수 있다.

1. 신규성
2. 구별성
3. 균일성
4. 안정성
5. 제106조 제1항에 따른 품종명칭

■ **신규성(식물신품종보호법 제17조 제1항)**

품종보호 출원일 이전에 대한민국에서는 1년 이상, 그 밖의 국가에서는 4년[과수(果樹) 및 임목(林木)인 경우에는 6년] 이상 해당 종자나 그 수확물이 이용을 목적으로 양도되지 아니한 경우에는 그 품종은 신규성을 갖춘 것으로 본다.

■ **구별성(식물신품종보호법 제18조 제2항)**

일반인에게 알려져 있는 품종이란 다음의 어느 하나에 해당하는 품종을 말한다. 다만, 품종보호를 받을 수 있는 권리를 가진 자의 의사에 반하여 일반인에게 알려져 있는 품종은 제외한다.

1. 유통되고 있는 품종
2. 보호품종
3. 품종목록에 등재되어 있는 품종
4. 공동부령으로 정하는 종자산업과 관련된 협회에 등록되어 있는 품종

■ **품종보호를 받을 수 있는 권리의 이전 등(식물신품종보호법 제26조)**

① 품종보호를 받을 수 있는 권리는 이전할 수 있다.
② 품종보호를 받을 수 있는 권리는 질권의 목적으로 할 수 없다.
③ 품종보호를 받을 수 있는 권리가 공유인 경우에는 각 공유자는 다른 공유자의 동의를 받지 아니하면 그 지분을 양도할 수 없다.

■ **우선권의 주장(식물신품종보호법 제31조 제2항)**

품종보호출원에 대한 우선권을 주장하려는 자는 최초의 품종보호 출원일 다음날부터 1년 이내에 품종보호출원을 하치 아니하면 우선권을 주장할 수 없다

■ **출원공개(식물신품종보호법 시행규칙 제45조)**

출원공개를 할 때에는 다음의 사항을 공보에 게재하여야 한다.

1. 품종보호 출원번호 및 품종보호 출원연월일
2. 출원품종의 명칭
3. 품종보호 출원인의 성명 및 주소(법인의 경우에는 그 명칭, 대표자의 성명 및 영업소의 소재지를 말한다)
4. 품종보호 출원인의 대리인 성명 및 주소 또는 영업소의 소재지(대리인의 경우만 해당한다)
5. 육성자의 성명 및 주소
6. 출원품종이 속하는 작물의 학명 및 일반명
7. 우선권 주장의 여부
8. 출원품종의 특성
9. 담당 심사관
10. 출원공개번호 및 출원공개연월일

■ **품종보호료(식물신품종 보호법에 따른 품종보호료 및 수수료 징수규칙 제2조)**

식물신품종 보호법에 따른 품종보호료는 품종보호권 설정등록일부터의 연수(年數)별로 다음의 구분에 따른다.

1. 제1년부터 제5년까지 : 매년 3만원
2. 제6년부터 제10년까지 : 매년 7만5천원
3. 제11년부터 제15년까지 : 매년 22만5천원
4. 제16년부터 제20년까지 : 매년 50만원
5. 제21년부터 제25년까지 : 매년 1백만원

■ **품종보호료의 면제(식물신품종보호법 제50조)**

다음의 어느 하나에 해당하는 경우에는 품종보호료를 면제한다.

1. 국가나 지방자치단체가 품종보호권의 설정등록을 받기 위하여 품종보호료를 납부하여야 하는 경우
2. 국가나 지방자치단체가 품종보호권의 존속기간 중에 품종보호료를 납부하여야 하는 경우
3. 국민기초생활 보장법에 따른 수급권자가 품종보호권의 설정등록을 받기 위하여 품종보호료를 납부하여야 하는 경우
4. 그 밖에 공동부령으로 정하는 경우

■ **품종보호권의 존속기간(식물신품종보호법 제55조)**

품종보호권의 존속기간은 품종보호권이 설정등록된 날부터 20년으로 한다. 다만, 과수와 임목의 경우에는 25년으로 한다.

■ **품종보호권의 효력이 미치지 아니하는 범위(식물신품종보호법 제57조 제1항)**

다음의 어느 하나에 해당하는 경우에는 품종보호권의 효력이 미치지 아니한다.

1. 영리 외의 목적으로 자가소비(自家消費)를 하기 위한 보호품종의 실시
2. 실험이나 연구를 하기 위한 보호품종의 실시
3. 다른 품종을 육성하기 위한 보호품종의 실시

■ **품종보호권의 이전 등(식물신품종보호법 제60조)**

① 품종보호권은 이전할 수 있다.

② 품종보호권이 공유인 경우 각 공유자는 다른 공유자의 동의를 받지 아니하면 다음의 행위를 할 수 없다.

    1. 공유지분을 양도하거나 공유지분을 목적으로 하는 질권의 설정
    2. 해당 품종보호권에 대한 전용실시권의 설정 또는 통상실시권의 허락

③ 품종보호권이 공유인 경우 각 공유자는 계약으로 특별히 정한 경우를 제외하고는 다른 공유자의 동의를 받지 아니하고 해당 보호품종을 자신이 실시할 수 있다.

■ **품종보호권을 침해한 자에 대하여 품종보호권자 또는 전용실시권자가 취할 수 있는 법적 수단**

침해금지 청구(법 제83조 제1항), 손해배상 청구(법 제85조 제1항), 신용회복 청구(법 제87조)

■ **품종보호심판위원회(식물신품종보호법 제90조 제2항)**

심판위원회는 위원장 1명을 포함한 8명 이내의 품종보호심판위원으로 구성하되, 위원장이 아닌 심판위원 중 1명은 상임(常任)으로 한다.

■ **심판의 합의체(식물신품종보호법 제96조 제1항)**

심판은 3명의 심판위원으로 구성되는 합의체에서 한다.

■ **품종명칭(식물신품종보호법 제106조 제1항)**

품종보호를 받기 위하여 출원하는 품종은 1개의 고유한 품종명칭을 가져야 한다.

■ **종자위원회(식물신품종보호법 제118조 제2항)**

위원장 1명과 심판위원회 상임심판위원 1명을 포함한 10명 이상 15명 이하의 위원으로 구성한다.

■ **서류의 보관 등(식물신품종보호법 제128조 제1항)**

농림축산식품부장관 또는 해양수산부장관은 품종보호출원의 포기, 무효, 취하 또는 거절결정이 있거나 품종보호권이 소멸한 날부터 5년간 해당 품종보호출원 또는 품종보호권에 관한 서류를 보관하여야 한다.

■ 침해죄 등(식물신품종보호법 제131조 제1항)

다음의 어느 하나에 해당하는 자는 7년 이하의 징역 또는 1억원 이하의 벌금에 처한다.

1. 품종보호권 또는 전용실시권을 침해한 자
2. 제38조 제1항(임시보호의 권리)에 따른 권리를 침해한 자. 다만, 해당 품종보호권의 설정등록이 되어 있는 경우만 해당한다.
3. 거짓이나 그 밖의 부정한 방법으로 품종보호결정 또는 심결을 받은 자

■ 위증죄(식물신품종보호법 제132조)

① 제98조에 따라 준용되는 특허법에 따라 선서한 증인, 감정인 또는 통역인이 심판위원회에 대하여 거짓으로 진술, 감정 또는 통역을 하였을 때에는 5년 이하의 징역 또는 5천만원 이하의 벌금에 처한다.
② 위증죄를 지은 사람이 그 사건의 결정 또는 심결 확정 전에 자수하였을 때에는 그 형을 감경하거나 면제할 수 있다.

■ 거짓표시의 죄(법 제133조)

제89조(거짓표시의 금지)를 위반한 자는 3년 이하의 징역 또는 3천만원 이하의 벌금에 처한다

■ 양벌규정(식물신품종보호법 제135조)

법인의 대표자나 법인 또는 개인의 대리인, 사용인, 그 밖의 종업원이 그 법인 또는 개인의 업무에 관하여 제131조 제1항(침해죄) 또는 제133조(거짓표시의 죄)의 위반행위를 하면 그 행위자를 벌하는 외에 그 법인 또는 개인에게도 해당 조문의 벌금형을 과(科)한다. 다만, 법인 또는 개인이 그 위반행위를 방지하기 위하여 해당 업무에 관하여 상당한 주의와 감독을 게을리하지 아니한 경우에는 그러하지 아니하다.

■ 과태료(식물신품종보호법 제137조 제1항)

다음의 어느 하나에 해당하는 자에게는 50만원 이하의 과태료를 부과한다.

1. 품종보호권·전용실시권 또는 질권의 상속이나 그 밖의 일반승계의 취지를 신고하지 아니한 자
2. 실시 보고 명령에 따르지 아니한 자
3. 민사소송법에 따라 선서한 증인, 감정인 및 통역인이 아닌 사람으로서 심판위원회에 대하여 거짓 진술을 한 사람
4. 특허법에 따라 심판위원회로부터 증거조사나 증거보전에 관하여 서류나 그 밖의 물건의 제출 또는 제시 명령을 받은 사람으로서 정당한 사유 없이 그 명령에 따르지 아니한 사람
5. 특허법에 따라 심판위원회로부터 증인, 감정인 또는 통역인으로 소환된 사람으로서 정당한 사유 없이 소환을 따르지 아니하거나 선서, 진술, 증언, 감정 또는 통역을 거부한 사람

| 종자관리요강

■ **사진의 제출규격(종자관리요강 [별표 2])**

사진의 크기 : 4″×5″의 크기여야 하며, 실물을 식별할 수 있어야 한다.

■ **포장검사 및 종자검사의 검사기준(종자관리요강 [별표 6])**

정립 : 이종종자, 잡초종자 및 이물을 제외한 종자를 말하며 다음의 것을 포함한다.

1) 미숙립, 발아립, 주름진립, 소립

2) 원래크기의 1/2 이상인 종자쇄립

3) 병해립(맥각병해립, 균핵병해립, 깜부기병해립 및 선충에 의한 충영립을 제외)

4) 목초나 화곡류의 영화가 배유를 가진 것

■ **벼 – 포장검사의 검사규격(종자관리요강 [별표 6])**

항목 채종단계		최저한도(%) 품종순도	최고한도(%)					작황
			이종종자주	잡초		병주		
				특정해초	기타해초	특정병	기타병	
원원종포		99.9	무	무	–	0.01	10.00	균일
원종포		99.9	무	0.00	–	0.01	15.00	균일
채종포	1세대	99.7	무	0.01	–	0.02	20.00	균일
	2세대	99.0						

■ **겉보리, 쌀보리 및 맥주보리 – 포장검사의 검사시기 및 회수(종자관리요강 [별표 6])**

유숙기로부터 황숙기 사이에 1회 실시한다.

■ **사후관리시험의 기준 및 방법(종자관리요강 [별표 8])**

1. 검사항목 : 품종의 순도, 품종의 진위성, 종자전염병

2. 검사시기 : 성숙기

3. 검사횟수 : 1회 이상

4. 검사방법

  가. 품종의 순도

   1) 포장검사 : 작물별 사후 관리시험 방법에 따라 품종의 특성조사를 바탕으로 이형주수를 조사하여 품종의 순도기준에 적합한지를 검사

   2) 실내검사 : 포장검사로 명확하게 판단할 수 없는 경우 유묘검사 및 전기 영동을 통한 정밀검사로 품종의 순도를 검사

나. 품종의 진위성 : 품종의 특성조사의 결과에 따라 품종고유의 특성이 발현되고 있는지를 확인

다. 종자전염병 : 포장상태에서 식물체의 병해를 조사하여 종자에 의한 전염병 감염여부를 조사

■ 수입적응성시험의 대상작물 및 실시기관(종자관리요강 [별표 11])

구분	대상작물	실시기관
식량작물(13)	벼, 보리, 콩, 옥수수, 감자, 밀, 호밀, 조, 수수, 메밀, 팥, 녹두, 고구마	한국종자협회
채소(18)	무, 배추, 양배추, 고추, 토마토, 오이, 참외, 수박, 호박, 파, 양파, 당근, 상추, 시금치, 딸기, 마늘, 생강, 브로콜리	한국종자협회
버섯(11)	양송이, 느타리, 영지, 팽이, 잎새, 버들송이, 만가닥버섯, 상황버섯	한국종균생산협회
	표고, 목이, 복령	국립산림품종 관리센터
약용작물 (22)	곽향, 당귀, 맥문동, 반하, 방풍, 산약, 작약, 지황, 택사, 향부자, 황금, 황기, 전칠, 파극, 우슬	한국생약협회
	백출, 사삼, 시호, 오가피, 창출, 천궁, 하수오	국립산림품종 관리센터
목초·사료 및 녹비작물(29)	오처드그라스, 톨페스큐, 티머시, 페레니얼라이그래스, 켄터키블루그래스, 레드톱, 리드카나리그래스, 알팔파, 화이트클로버, 레드클로버, 버즈풋트레포일, 메도우페스큐, 브롬그래스, 사료용 벼, 사료용 보리, 사료용 콩, 사료용 감자, 사료용 옥수수, 수수·수단그라스 교잡종(Sorghum × Sudangrass Hybrid), 수수 교잡종(Sorghum × Sorghum Hybrid), 호밀, 귀리, 사료용 유채, 이탈리안라이그래스, 헤어리베치, 콤먼베치, 자운영, 크림슨클로버, 수단그라스 교잡종(Sudan-grass × Sudangrass Hybrid),	농업협동조합중앙회
인삼(1)	인삼	한국생약협회

■ 규격묘의 규격기준 – 과수묘목(종자관리요강 [별표 14])

작물	묘목의 길이(cm)	묘목의 직경(mm)	주요 병해충 최고한도
사과			
이중접목묘	120 이상	12 이상	근두암종병(뿌리혹병) : 무
왜성대목자근접목묘	140 이상	12 이상	
배	120 이상	12 이상	근두암종병(뿌리혹병) : 무
복숭아	100 이상	10 이상	근두암종병(뿌리혹병) : 무
포도			
접목묘	50 이상	6 이상	근두암종병(뿌리혹병) : 무
삽목묘	25 이상	6 이상	
감	100 이상	12 이상	근두암종병(뿌리혹병) : 무
감귤류	80 이상	7 이상	궤양병 : 무
자두	80 이상	7 이상	
매실	80 이상	7 이상	
참다래	80 이상	7 이상	역병 : 무

1) 묘목의 길이 : 지제부에서 묘목선단까지의 길이

2) 묘목의 직경 : 접목부위 상위 10cm 부위 접수의 줄기 직경. 단, 포도 접목묘는 접목부위 상하위 10cm 부위 접수 및 대목 각각의 줄기 직경, 포도 삽목묘 및 참다래는 신초분기점 상위 10cm 부위의 줄기직경

3) 대목의 길이 : 사과 자근대목 40cm 이상, 포도 대목 25cm 이상, 기타 과종 30cm 이상

4) 사과 왜성대목자근접목대묘측지수 : 지제부 60cm 이상에서 발생한 15cm 길이의 곁가지 5개 이상

5) 배 잎눈 개수 : 접목부위에서 상단 30cm 사이에 잎눈 5개 이상

6) 주요 병해충 판정기준 : 증상이 육안으로 나타난 주

■ 종자산업진흥센터 시설기준(종자관리요강 [별표 17])

시설구분		규모(m^2)	장비 구비 조건	
분자표지분석실	필수	60 이상	• 시료분쇄장비 • 유전자증폭장비	• DNA추출장비 • 유전자판독장비
성분분석실	선택	60 이상	• 시료분쇄장비 • 성분분석장비	• 성분추출장비 • 질량분석장비
병리검정실	선택	60 이상	• 균주배양장비 • 병원균감염확인장비	• 병원균접종장비 • 병리검정온실(33m^2 이상, 도설치 가능)

※ 선택시설(성분분석실, 병리검정실) 중 1개 이상의 시설을 갖출 것

| 종자검사요령

■ 포장검사 병주 판정기준(종자검사요령 [별표 1])

작물	구분	병명
벼	특정병	키다리병, 벼잎선충병
	기타병	이삭도열병, 잎도열병, 기타도열병, 깨씨무늬병, 이삭누룩병, 잎집무늬마름병, 흰잎마름병, 오갈병, 줄무늬잎마름병, 세균벼알마름병
감자	특정병	바이러스병, 둘레썩음병, 갈쭉병, 풋마름병
	기타병	검은무늬썩음병, 시들음병, 역병, 겹둥근무늬병, 기타병

■ 소집단과 시료의 중량(종자검사요령 [별표 2])

작물	소집단의 최대중량	시료의 최소중량			
		제출시료	순도검사	이종계수용	수분검정용
고추	10톤	150g	15g	150g	50g
귀리	30톤	1,000g	120g	1,000g	100g
녹두	30톤	1,000g	120g	1,000g	50g
당근	10톤	30g	3g	30g	50g
무	10톤	300g	30g	300g	50g
배추	10톤	70g	7g	70g	50g
벼	30톤	700g	70g	700g	100g
수수	30톤	900g	90g	900g	100g
참외	10톤	150g	70g	–	50g
호박	30톤	350g	180g	–	50g

■ 수분의 측정(종자검사요령 [별표 3])

- 저온 항온건조기법을 사용하게 되는 종 : 마늘, 파, 부추, 콩, 땅콩, 배추씨, 유채, 고추, 목화, 피마자, 참깨, 아마, 겨자, 무

- 고온 항온건조기법을 사용하게 되는 종 : 근대, 당근, 멜론, 버뮤다그래스, 벌노랑이, 상추, 시금치, 아스파라거스, 알팔파, 오이, 오처드그래스, 이탈리안라이그래스, 페레니얼라이그래스, 조, 참외, 치커리, 켄터키블루그래스, 클로버, 크리핑레드페스큐, 톨페스큐, 토마토, 티머시, 호박, 수박, 강낭콩, 완두, 잠두, 녹두, 팥(1시간), 기장, 벼, 귀리, 메밀, 보리, 호밀, 수수, 수단그래스(2시간), 옥수수(4시간)

■ 수분의 측정 – 장비(종자검사요령 [별표 3])

- 분석용 저울 : 0.001g 단위까지 신속히 측정할 수 있어야 한다.

- 절단 기구 : 수목종자나 경실 수목 종자와 같은 대립종자는 절단을 위하여 외과용 메스 또는 날의 길이가 최소 4cm 되는 전지가위 등을 사용해야 한다.

■ 순도분석(종자검사요령 제18조 제2항 제3호)

이물은 정립과 이종종자(잡초종자 포함)로 구분되지 않은 종자구조를 가졌거나 모든 다른 물질로서 다음의 것을 포함한다.

가. 진실종자가 아닌 종자

나. 볏과 종자에서 내영 길이의 1/3 미만인 영과가 있는 소화(라이그래스, 페스큐, 개밀)

다. 임실소화에 붙은 불임소화는 다음 명시된 속을 제외하고는 떼어내어 이물로 처리한다.
   ※ 귀리, 오처드그래스, 페스큐, 브롬그래스, 수수, 수단그래스, 라이그래스

라. 원래크기의 절반 미만인 쇄립 또는 피해립

마. 부속물은 정립종자 정의에서 정립종자로 구분되지 않은 것. 정립종자 정의에서 언급되지 않은 부속물은 떼어내어 이물에 포함한다.

바. 종피가 완전히 벗겨진 콩과, 십자화과의 종자

사. 콩과에서 분리된 자엽

아. 회백색 또는 회갈색으로 변한 새삼과 종자

자. 배아가 없는 잡초종자

차. 떨어진 불임소화, 쭉정이, 줄기, 바깥껍질(外穎), 안 껍질(內穎), 포(苞), 줄기, 잎, 솔방울, 인편, 날개, 줄기껍질, 꽃, 선충충영과, 맥각, 공막, 깜부기 같은 균체, 흙, 모래, 돌 등 종자가 아닌 모든 물질

■ **순도분석 – 용어(종자검사요령 [별표 4])**

- 씨혹(caruncle) : 주공(珠孔, micropylar) 부분의 조그마한 돌기
- 영과(穎果, caryopsis) : 외종피가 과피와 합쳐진 벼과 식물의 나출과
- 화방(花房, cluster) : 빽빽히 군집한 화서 또는 근대 속에서는 화서의 일부
- 석과(石果·核果實, drupe) : 단단한 내과피(endocarp)와 다육질의 외층을 가진 비열개성의 단립종자를 가진 과실

■ **발아검정 – 정의(종자검사요령 [별표 5])**

감염(感染, infection) : 살아 있는 것(예 묘의 기관)에 병원체가 침입, 전파하는 것으로 대개 병징과 부패가 일어난다.

- 1차 감염(primary infection) : 종자 자체에 병원체가 있고 활성을 가지는 것
- 2차 감염(secondary infection) : 병원체가 다른 종자나 묘에서 전파된 것

■ **벼 키다리병 – 배지검정(종자검사요령 [별표 7])**

검사시료 : 100립(10립×10반복)

종자기사 [필기]

PART

02

최빈출 기출
1000제

001

작물의 화아분화를 촉진하는 데 가장 영향력이 큰 것은?

① 온도, 수분   ② 수분, 질소
③ 일장, 수분   ④ 온도, 일장

해설

화아분화는 온도와 일장의 영향을 크게 받으며, 온도(저온)에 의해 화아분화가 유도되는 현상을 춘화현상이라 하고 일장에 의해 화아분화가 유도되는 현상은 광주성(일장효과)이라 한다.

002

작물이 영양생장에서 생식생장으로 전환되는 시점은?

① 종자발아기   ② 화아분화기
③ 유모기   ④ 결실기

해설

화아분화

식물의 생장점 또는 엽맥에 꽃으로 발달할 원기가 생겨나는 현상으로 영양생장에서 생식생장으로 전환을 의미한다.

003

식물의 화아가 유도되는 생리적 변화에 영향을 미치는 요인으로 가장 거리가 먼 것은?

① 춘화처리   ② 일장효과
③ 토양수분   ④ C/N율

해설

화아유도에 영향을 미치는 요인
• 내적 요인 : C/N율(식물의 영양상태), 식물호르몬(옥신, 지베렐린, 에틸렌 등)
• 외적 요인 : 온도(춘화처리), 일장(광조건)

004

파이토크롬(phytochrome)을 가장 잘 설명한 것은?

① 개화를 촉진하는 호르몬이다.
② 광을 수용하는 색소단백질이다.
③ 광합성에 관여하는 색소 중의 하나이다.
④ 호흡조절에 관여하는 단백질이다.

해설

파이토크롬(phytochrome)
• 식물체 내에서 빛을 흡수하는 색소단백질로 모든 식물에 들어있다.
• 조사되는 빛의 파장에 따라 적색광 흡수형(P_r형)과 근적외광 흡수형(P_{fr}형)으로 상호 전환되어 식물의 생리학적 기능을 조절한다.
  – 적색광 흡수형(P_r형, red를 강하게 흡수) : 지베렐린의 합성에 관여한다.
  – 근적외광 흡수형(P_{fr}형, far red를 강하게 흡수) : 특수한 유전자에 있어 선택적 활동을 하며 막투과성을 바꾼다.

005

화아유도에 필요한 조건으로 가장 적절하지 않은 것은?

① 저온
② MH
③ 밤 시간의 길이
④ 식물의 영양상태

해설

② MH는 생장억제물질이다.

006

배추과 채소 중 기본 염색체수가 다른 것은?

① B. chinensis

② B. pekinensis

③ B. campestris

④ B. oleracea

④ B. oleracea(양배추) : n = 9

①·②·③ B. chinensis(청채), B. pekinensis(배추), B. campestris
(순무) : n = 10

007

넓은 뜻의 종자를 식물학적으로 구분 시 포자를 이용하는
것에 해당하는 것은?

① 벼

② 겉보리

③ 고사리

④ 귀리

포자는 고사리 같은 양치류 식물, 이끼류 식물, 조류(藻類) 또는 버섯
이나 곰팡이 같은 균류가 만들어 내는 생식세포를 말한다.

008

배낭모세포의 염색체는 몇 배체 인가?

① 반수체(1n)

② 2배체(2n)

③ 4배체(4n)

④ 6배체(6n)

009

배낭모세포의 감수분열 결과 생긴 4개의 배낭세포 중 몇
개가 정상적인 세포로 남게 되는가?

① 1개

② 2개

③ 3개

④ 4개

속씨식물의 배낭 형성과정

배낭모세포의 감수분열(2n) → 4개의 배낭세포 형성(n) → 한 개만 남
아 3회 핵분열(n) → 8개의 핵을 갖는 배낭 형성(8n)

010

식물의 성숙한 배낭 1개가 갖고 있는 핵의 종류와 수는?

① 난핵 1개, 극핵 3개, 반족세포핵 4개

② 난핵 2개, 조세포핵 3개, 극핵 3개

③ 난핵 1개, 극핵 2개, 조세포핵 3개, 반족세포핵 3개

④ 난핵 1개, 극핵 2개, 조세포핵 2개, 반족세포핵 3개

배낭모세포가 감수분열하여 형성한 대포자 중 살아남은 배낭세포는
8개의 핵을 갖는다. 8개의 핵 중 1개는 난세포로 성숙하여 주공쪽에
자리 잡고, 나머지는 조세포 2개, 반족세포 3개, 극핵 2개가 된다.

011

암술을 구성하고 있는 각 명칭의 나열로 알맞은 것은?

① 자방, 화주, 주두

② 자방, 화주, 약

③ 자방, 화사, 주두

④ 자방, 화사, 약

해설

• 암술 : 주두(암술머리), 화주(암술대), 자방(씨방)
• 수술 : 약(꽃밥), 화사(수술대)

012

식물의 암배우자, 수배우자를 순서대로 옳게 나열한 것은?

① 주피, 대포자

② 배낭, 화분립

③ 소포자, 주심

④ 반족세포, 꽃밥

해설

배낭은 암배우자이고, 화분(꽃가루)이 만들어지는 화분립이 수배우자이다.

013

'주피에 있는 구멍으로서 그 구멍을 통하여 자란 화분관이 난세포와 결합한다'에 해당하는 것은?

① 알레로파시   ② 주심

③ 주공   ④ 주병

해설

① 알레로파시(타감작용) : 식물체 내의 생성, 분해물질이 인접식물의 생육에 부정적인 영향을 끼치는 현상이다.
② 주심 : 자방조직에서 유래하며 포원세포가 발달하는 곳으로, 포원세포로부터 자성배우체가 되는 기원이 된다.
④ 주병 : 제(臍, 배꼽)의 기원이 되는 것으로 종자가 성숙하면 배 주위에 남아있는 흔적이 제가 된다.

014

꽃가루가 암술머리에 떨어지는 현상은?

① 수정   ② 교배

③ 수분   ④ 교잡

해설

성숙한 수술의 꽃가루가 암술머리(주두, 柱頭)에 떨어지는 현상을 수분이라 한다.

015

옥수수의 화기구조 및 수분양식과 관련하여 옳은 것은?

① 충매수분

② 양성화

③ 자웅이주

④ 자웅동주이화

해설

자웅동주이화 : 옥수수, 오이, 참외, 수박, 호박 등

016

다음 중 암꽃의 수정능력 보유기간이 가장 긴 작물은?

① 호박　　　　　　② 수박
③ 양배추　　　　　④ 가지

해설

③ 양배추 : 5일 이상
①·② 호박·수박 : 개화 익일
④ 가지 : 개화 후 3일까지

017

다음 중 형태적 결함에 의한 불임성의 원인으로 가장 거리
가 먼 것은?

① 이형예현상　　　② 뇌수분
③ 자웅이숙　　　　④ 장벽수정

해설

생식기관의 형태적 결함에 의한 불임성

• 이형예현상 : 암술과 수술의 길이가 서로 다른 결함
• 자웅이숙 : 암술과 수술이 성숙하는 시기가 달리 나타남
• 장벽수정 : 암술과 수술의 위치가 자가수정을 할 수 없는 구조

018

다음 중 (　　) 안에 알맞은 내용은?

> 자가수정은 꽃이 피지 않고도 내부에서 수분과 수정이 완료
> 되는 (　　)이 많이 일어난다.

① 폐화수정　　　　② 자예선숙
③ 이형예현상　　　④ 웅예선숙

해설

폐화수정은 꽃이 피지 않고도 내부에서 수분과 수정이 완료되는 것으
로 자가수분의 가능성을 높일 수 있다.

019

다음 중 자가수정만 하는 작물로만 나열된 것은?

① 호박, 무
② 강낭콩, 완두
③ 옥수수, 호밀
④ 오이, 수박

해설

자가수정식물과 타가수정식물

• 자가수정 : 강낭콩, 완두, 상추, 벼, 보리, 콩 등
• 타가수정 : 호박, 무, 옥수수, 호밀, 오이, 수박 등

020

자연교잡률이 5~25% 정도인 식물은?

① 자가수정식물
② 타가수정식물
③ 부분타식성 식물
④ 내혼계 식물

해설

부분타식성 식물 : 타식과 자식을 겸하는 작물로 타식률이 4% 이상인
수수, 목화, 알팔파 등을 들 수 있다.

021

타식성 작물 채종 시 격리재배를 강조하는 가장 큰 이유는?

① 양분경합에 의한 생리적 퇴화 방지
② 자연교잡에 의한 유전적 퇴화 방지
③ 돌연변이에 의한 유전적 퇴화 방지
④ 근교약세에 의한 생리적 퇴화 방지

해설

격리재배는 자연교잡에 의한 품종퇴화를 막기 위해 실시하는 방법으로 차단격리법, 거리격리법, 시간격리법 등이 있다.

022

배의 발생과 발달에 관하여 Soueges와 Johansen은 4가지 법칙을 주장하였는데, '필요 이상의 세포는 만들어지지 않는다'에 해당하는 것은?

① 기원의 법칙
② 절약의 법칙
③ 목적지불변의 법칙
④ 수의 법칙

해설

① 기원의 법칙 : 배(胚) 세포의 형성에서 어떤 세포의 기원은 이전의 세포에 의하여 결정된다.
③ 목적지불변의 법칙 : 배(胚)의 정상적인 발달과정에서 세포들은 미리 정해진 방향에 따라 분열하고 기능에 따라 일정한 위치를 점한다.
④ 수의 법칙 : 배(胚)의 발생에서 세포의 수는 식물의 종에 따라 다르며 동일한 세대에 있는 세포들에 있어서도 세포분열 속도에 따라 다르다.

023

중복수정에서 배유(胚乳)가 형성되는 것은?

① 정핵과 극핵
② 정핵과 난핵
③ 화분관핵과 정핵
④ 극핵과 화분관핵

해설

속씨식물의 중복수정

속씨식물은 두 번 수정하여 종자를 형성한다.
• 1개의 정핵(n) + 1개의 난세포(n) → 배(2n)
• 1개의 정핵(n) + 2개의 극핵(n + n) → 배유(3n)

024

피자식물 종자의 핵형구성이 옳은 것은?

① 배유 = 2n, 배 = 2n, 종피 = 2n
② 배유 = 2n, 배 = 3n, 종피 = n
③ 배유 = 3n, 배 = 2n, 종피 = n
④ 배유 = 3n, 배 = 2n, 종피 = 2n

해설

종자의 핵상

• 속씨(피자)식물 : 배유 3n, 배 2n, 종피 2n
• 겉씨(나자)식물 : 배유 1n, 배 2n, 종피 2n

025

다음 중 피자식물의 중복수정에서 배의 염색체수로 가장 옳은 것은?

① 2n   ② 3n
③ 4n   ④ 5n

해설

속씨(피자)식물의 중복수정 후 배는 2n(n+n), 배유는 3n(2n+n)의 염색체 조성을 가진다.

026

자가불화합성을 타파하는 방법이 아닌 것은?

① 뇌수분   ② 개화수분

③ 인공수분   ④ CO_2 처리

해설

자가불화합성을 타파하는 방법

뇌수분, 노화수분, 지연수분(말기수분), 고온 처리, 전기자극, 이산화탄소 처리 등의 방법

027

다음 중 뇌수분을 이용하여 채종하는 작물은?

① 완두   ② 배추

③ 당근   ④ 아스파라거스

해설

십자화과(무, 배추, 양배추, 갓 순무) 채소에서는 뇌수분, 지연수분(말기수분)에 의하여 자식시킬 수 있으므로 자가불화합성의 계통을 유지할 수 있다.

028

무수정생식에 해당하지 않는 것은?

① 부정배생식   ② 위수정생식

③ 포자생식   ④ 웅성단위생식

해설

무수정생식(apomixis) 종류

• 부정배생식(주심배생식) : 배낭을 만들지 않고 포자체의 조직세포가 직접 배를 형성하며, 밀감의 주심배가 대표적이다.

• 위수정생식 : 수분의 자극을 받아 난세포가 배로 발달하는 것으로, 담배, 목화, 벼, 밀, 보리 등에서 나타난다.

• 무포자생식(무배생식) : 배낭을 만들지만 배낭의 조직세포가 배를 형성하며, 부추, 파 등에서 발견되었다.

• 웅성단위생식(무핵란생식, 동정생식) : 정세포 단독으로 분열하여 배를 만들며 달맞이꽃, 진달래 등에서 발견되었다.

• 복상포자생식 : 배낭모세포가 감수분열을 못 하거나 비정상적인 분열을 하여 배를 만들며, 볏과, 국화과에서 나타난다.

029

수분의 자극을 받아 난세포가 배로 발달하는 것에 해당하는 것으로만 나열된 것은?

① 밀감, 부추

② 파, 달맞이꽃

③ 목화, 벼

④ 진달래, 국화

해설

위수정생식

수분의 자극을 받아 난세포가 배로 발달하는 것으로 담배, 목화, 벼, 밀, 보리 등에서 나타난다.

030

다음 설명에 해당하는 것은?

> 많은 꽃의 자방들이 모여서 하나의 덩어리를 이루고 있는 것으로 파인애플, 라즈베리가 해당한다.

① 복과   ② 위과

③ 취과   ④ 단과

해설

② 위과 : 성숙한 자방이 꽃이 아닌 다른 식물 부위나 변형된 포엽에 붙어 있는 것

   예 사과, 배

③ 취과 : 1개의 꽃이 다수의 씨방으로 구성되어 있어 결실이 되면 꽃받기 부분에 작은 과실들이 몰려 하나의 과실로 되는 것

④ 단과 : 1개의 씨방으로 된 꽃이 1개의 과실로 발달되는 것

031

종자의 생성 없이 과실이 자라는 현상은?

① 단위결과   ② 단위생식

③ 무배생식   ④ 영양결과

해설

단위결과란 종자가 생기지 않아도 과일이 비대하는 경우를 말한다.

032

단위결과를 유기하는 방법인 것은?

① 뇌수분   ② 여교잡

③ 인공수분   ④ 착과제 처리

해설

단위결과 유기 방법

• 씨 없는 수박 : 3배체나 상호전좌를 이용

• 씨 없는 토마토, 가지 : 생장조절제(착과제) 처리

• 포도 : 지베렐린 처리로 단위결과를 유도

033

다음 중 자연적으로 씨 없는 과실이 형성되는 작물로 거리가 먼 것은?

① 포도   ② 감귤류

③ 바나나   ④ 수박

해설

수박은 3배체나 상호전좌를 이용해 씨 없는 수박을 만든다.

034

과실이 영(穎)에 싸여 있는 것은?

① 시금치   ② 밀

③ 옥수수   ④ 귀리

해설

종자의 분류

• 식물학상 과실

  – 과실이 나출된 것 : 밀, 보리, 시금치, 상추, 호프, 옥수수 등

  – 과실이 이삭(영)에 싸여 있는 것 : 벼, 겉보리, 귀리 등

  – 과실이 내과피에 싸여 있는 것 : 복숭아, 자두, 앵두 등

• 식물학상 종자 : 두류, 유채, 담배, 아마, 목화, 참깨, 당근 등

035

식물의 종자를 구성하고 있는 기관은?

① 전분, 단백질, 배유

② 배, 전분, 초엽

③ 종피, 배유, 배

④ 단백질, 종피, 초엽

해설

종자는 일반적으로 배(胚, embryo), 배유(胚乳, endosperm), 종피(種皮, seed coat) 세 부분으로 나누어지며 배는 다시 유아(乳芽, plimula), 유근(乳根, Radicle), 자엽(子葉, cotyledon)으로 나누어진다. 배유는 배가 발아하여 활동할 때 양분으로 이용된다.

036

다음 종자 기관 중 종피가 되는 부분은?

① 주심   ② 주피
③ 주병   ④ 배낭

해설

배주는 종자로 되며 내외주피는 단단해져 종피가 된다.

037

벼과(畵本科) 종자의 초엽이 가진 기능을 바르게 나타낸
것은?

① 양분의 저장
② 발아 시 배(胚)에 양분 전달
③ 발아 시 어린 잎의 보호
④ 발아 시 종자근 보호

해설

초엽은 발아 시 안쪽의 정아를 보호하는 역할을 한다.

038

다음 중 종피의 특수기관인 제(臍, hilum)가 종자 뒷면에
있는 것으로 가장 옳은 것은?

① 상추   ② 배추
③ 콩   ④ 쑥갓

해설

제(臍, hilum)의 위치
• 종자 끝 : 배추, 시금치
• 종자 기부 : 상추, 쑥갓
• 종자 뒷면 : 콩

039

찰벼와 메벼를 교잡하여 얻은 교잡종자의 배유가 투명한
메벼의 성질을 나타내는 현상으로 가장 옳은 것은?

① 크세니아
② 메타크세니아
③ 위잡종
④ 단위결과

해설

크세니아(xenia)
중복수정에 의하여 종자의 배유에 화분의 형질(유전정보)이 직접 발현
하는 현상으로 벼, 옥수수 등에서 볼 수 있다.

040

다음 중 무배유종자에 해당하는 것은?

① 보리   ② 상추
③ 밀   ④ 옥수수

해설

배유의 유무에 따라
• 배유종자 : 벼, 보리, 옥수수(화곡류)
• 무배유종자 : 콩과, 상추, 오이

041

고추, 무, 레드클로버 종자의 형상은?

① 난형 ② 도란형
③ 방추형 ④ 구형

종자의 외형

타원형	벼, 밀, 팥, 콩	접시형	굴참나무
방추형	보리, 모시풀	난형	고추, 무, 레드클로버
구형	배추, 양배추	도란형	목화
방패형	파, 양파, 부추	난원형	은행나무
능각형	메밀, 삼	신장형	양귀비, 닭풀

042

배추과 작물의 채종에 대한 설명으로 옳지 않은 것은?

① 배추과 채소는 주로 인공교배를 실시한다.
② 배추과 채소의 보급품종 대부분은 1대잡종이다.
③ 등숙기로부터 수확기까지는 비가 적게 내리는 지역이 좋다.
④ 자연교잡을 내리는 방지하기 위한 격리재배가 필요하다.

배추과 채소는 자가불화합성 때문에 여러 개체의 배추를 심어 곤충의 힘을 빌려 타가수분을 시켜 채종해야 한다.

043

다음 중 배추과 작물의 채종재배 시 꼭 필요로 하는 미량요소는?

① 철 ② 망간
③ 붕소 ④ 몰리브덴

붕소(B)는 배추과 작물(무, 배추, 양배추 등)의 채종재배 시 정상 종자의 비율 및 발아율에 가장 큰 영향을 미치는 미량요소로, 결핍되면 화주(花柱)가 돌출되거나 개화가 불균일하게 된다.

044

찰벼를 화분친으로 하고 메벼를 자방친으로 하여 교배한 F_1 종자의 배와 배유의 유전자형은?(단, 메벼는 WxWx, 찰벼는 wxwx이다)

① 배 Wxwx, 배유 wxwxWx
② 배 Wxwx, 배유 WxWxwx
③ 배 WxWxwx, 배유 Wxwx
④ 배 wxwxWx, 배유 Wxwx

찰벼(wxwx)를 화분친으로 하고 메벼(WxWx)를 자방친으로 교배 시 F_1 종자

- 배의 유전자형은 Wxwx이다(∵ 배(2n) = 1난세포 × 1정핵).
- 배유의 유전자형은 WxWxwx이다(∵ 배유(3n) = 2극핵 × 1정핵).
- 배유의 크세니아 현상을 볼 수 있다.
- 찰성유전자(wx)는 열성이므로 화분친의 우성유전자(Wx)가 직접 발현하여 현미는 메벼가 된다.

045

다음에서 설명하는 것은?

> 종자가 자방벽에 붙어 있는 경우로서 대개 종자는 심피가 서로 연결된 측면에 붙어 있다.

① 측막태좌 ② 중축태좌
③ 중앙태좌 ④ 이형태좌

종자가 자방의 자실속에 붙어 있는 상태를 태반형성(placentation)이라고 하는데, 다음과 같은 3가지 형태가 있다.
- 측막태좌 : 종자가 자방벽에 붙어 있는 경우로 대개 종자는 심피가 서로 연결된 측면에 붙어 있다.
- 중축태좌 : 종자가 여러 개의 격벽으로 만들어진 자방 안에 있는 중축에 부착되어 있는 경우이다.
- 중앙태좌 : 격벽이 없는 자방에서 종자가 자방 내 중앙에 붙어 있는 경우이다.

046

채종재배 시 웅성불임(雄性不姙)을 이용하는 주된 이유는?

① 종자의 품질이 개선
② 품종의 내병성이 증가
③ 제웅(除雄)이 불필요하고 수분조작이 용이
④ 종자순도유지가 용이

047

웅성불임성에 대한 설명으로 틀린 것은?

① 웅성불임성은 유전자적 웅성불임성, 세포질적 웅성불임성, 세포질 · 유전자적 웅성불임성으로 구분한다.
② 임성회복유전자에는 배우체형과 포자체형이 있다.
③ 세포질적 웅성불임성은 불임요인이 세포질에 있기 때문에 자방친이 불임이면 화분친의 유전자 구성에 관계없이 불임이다.
④ 대체로 세포질적 웅성불임성이 유전자적 웅성불임성보다 잘 생긴다.

048

세포질적 · 유전자적 웅성불임을 이용하여 F_1 종자를 생산할 경우 임성을 가진 F_1 종자를 얻게 되는 것은?

① 웅성불임의 종자친(자방친)과 웅성불임 화분친을 교잡할 때
② 웅성가임의 종자친(자방친)과 웅성불임 화분친을 교잡할 때
③ 웅성가임의 종자친(자방친)과 임성회복 화분친을 교잡할 때
④ 웅성불임의 종자친(자방친)과 임성회복 화분친을 교잡할 때

049

F_1 종자를 생산하기 위하여 주로 자가불화합성을 이용하는 작물은?

① 옥수수   ② 배추
③ 토마토   ④ 보리

050

다음 중 제웅 방법이 아닌 것은?

① 유전적 제웅
② 화학적 제웅
③ 기계적 제웅
④ 병리적 제웅

해설

제웅 방법

기계적 제웅	• 제웅효과 크지만 노동력 많이 소요된다. • 절영법, 화판인발법
화학적 제웅	• 제웅효과 크지 않음 • 에틸알코올, maleic hydrazide, 2-chlorisobutyrate
유전적 제웅	• 제웅효과가 크며 노동력이 적게 든다. • 웅성불임 유전자의 선발에 많은 시간 소요된다.

051

교배에 앞서 제웅이 필요 없는 작물로만 나열된 것은?

① 벼, 보리
② 토마토, 가지
③ 오이, 호박
④ 귀리, 멜론

해설

인공교배

• 교배 전 제웅 필요 : 벼, 보리, 토마토, 가지, 귀리 등
• 교배 전 제웅이 필요 없는 식물 : 오이, 호박, 수박 등
• 제웅 후 충매에 의한 자연교잡 : 토마토, 오이 등

052

다음에서 설명하는 것은?

> 콩에서 꽃봉오리 끝을 손으로 눌러 잡아당겨 꽃잎과 꽃밥을 제거한다.

① 클립핑법
② 전영법
③ 절영법
④ 화판인발법

053

특정한 양친의 일정 수만을 심어 그들 간에 교배만 이어나 도록 하는 것은?

① 합성종
② 혼성종
③ 복합종
④ 혼합종

해설

합성품종

생산성이 우수한 품종 육성의 일환으로 일반조합능력이 높은 몇 계통을 육성하여 이들 간에 자연방임수분을 실시하면 그 후대에서 비교적 높은 잡종강세를 지속적으로 유지할 수 있다. 이와 같은 방법으로 육성된 것이 합성품종이다. 즉 한번 합성품종을 만들어 두면 지속적으로 동일한 수준의 잡종강세와 수량을 기대할 수 있다.

054

벼 돌연변이육종에서 종자에 돌연변이 물질을 처리하였을 때, 이 처리 당대를 무엇이라 하는가?

① P_0
② G_3
③ Q_2
④ M_1

해설

M_1은 돌연변이 유발원을 처리한 당대이다.

055

다음 중 영양번식과 가장 관련이 있는 것은?

① 유성생식　　　　　② 무성생식
③ 감수분열　　　　　④ 타가수정

무성생식의 종류

- 분열법 : 2분법(세균, 아메바 등), 다분법(말라리아병원충 등)
- 출아법 : 모체의 일부가 자라서 새로운 개체로 되는 방법
  예 모, 히드라, 말미잘
- 포자법 : 몸의 일부에서 만들어진 포자로부터 새로운 개체가 형성되는 방법
  예 균류(곰팡이, 버섯 등), 조류(파래, 미역 등), 선태류, 양치류 등
- 영양번식 : 고등식물의 영양기관인 뿌리·줄기·잎의 일부분에서 새로운 개체가 형성되는 방법
  예 덩이줄기(감자), 뿌리(고구마), 기는줄기(양딸기)

056

영양기관을 이용한 영양번식법을 실시하는 이유로 가장 옳은 것은?

① 일시에 번식이 가능하기 때문에
② 파종 또는 이식작업이 편리하여 노동력이 절약되기 때문에
③ 우량한 유전질의 영속적인 유지를 위하여
④ 종자가 크게 절약되기 때문에

영양번식은 유전적으로 이형접합의 우량 유전자형을 보존하고 증식시키는 데 유리한 생식방법이다.

057

4계성 딸기에 대한 설명으로 틀린 것은?

① 우리나라에서는 주로 여름철 재배에 이용된다.
② 주년(周年) 개화·착과 되는 특성을 갖는다.
③ 저위도 지방의 원산지에서 유래한 것이다.
④ 종자번식이 용이하다.

④ 영양번식이 용이하다.

058

유한화서이면서, 작살나무처럼 2차지경 위에 꽃이 피는 것을 무엇이라 하는가?

① 두상화서　　　　　② 유이화서
③ 원추화서　　　　　④ 복집산화서

화서

유한화서	• 꽃이 줄기의 맨 끝에 착생하는 것 • 단정화서, 단집산화서, 복집산화서, 권산화서(전갈모양꽃차례)
무한화서	• 꽃이 측아에 착생되며 계속 신장되면서 성장하는 것 • 총상화서, 원추화서, 수상화서, 유이화서, 육수화서, 산방화서, 산형화서, 두상화서

059

무한화서이며 긴 화경에 여러 개의 작은 화경이 붙어 개화하는 것은?

① 단집산화서   ② 복집산화서

③ 안목상취화서   ④ 총상화서

해설

① 단집산화서 : 가운데 꽃이 맨 먼저 피고 다음으로 측지 또는 소화경에서 꽃이 피는 꽃차례
② 복집산화서 : 한 가지 위에서 난 2차 지경마다 집산화서방식으로 꽃이 피어가는 꽃차례
③ 안목상취화서 : 원줄기나 가지가 모인 데에 꽃떨기가 붙어 있는 화서에서 절간장 또는 화서 자체에 변형이 일어나 측아의 꽃들이 정아의 꽃 때문에 구부러져 제대로 개화하지 못해 구부러지는 꽃차례

060

산형화서의 형상으로 종자가 발달하는 작물이 아닌 것은?

① 양파   ② 부추

③ 보리   ④ 파

해설

③ 보리 : 수상화서
※ 산형화서 : 산방화서와 같으나 작은 화경이 동일한 위치에 붙어 있는 것

061

화훼류 중에서 구근류, 숙근류 및 화목류는 종자번식보다는 영양번식을 주로 하는데 그 이유는?

① 대량번식이 가능하기 때문에

② 신품종을 얻을 수 있기 때문에

③ 생산비가 저렴하기 때문에

④ 잡종성이 강하기 때문에

해설

번식은 종자번식(유성번식)과 영양번식(무성번식)으로 나뉘며 채소, 화훼류 중 초화류는 종자번식, 과수와 화훼류 중 화목류, 숙근류, 구근류는 영양번식을 주로 한다.

062

두 작물 간 교잡이 가장 잘되는 것은?

① 참외 × 멜론   ② 오이 × 참외

③ 멜론 × 오이   ④ 양파 × 파

해설

참외와 멜론은 교잡이 잘된다. 참외와 멜론을 교잡한 품종으로 금홍, 금향 등이 있다.

063

봉지씌우기를 필요로 하지 않는 경우는?

① 교배육종

② 원원종 채종

③ 여교배육종

④ 자가불화합성을 이용한 F_1 채종

해설

봉지씌우기를 필요로 하지 않는 경우
• 시판을 위한 고정종 채종
• 웅성불임성을 이용한 F_1 채종
• 자가불화합성을 이용한 F_1 채종

064

인공수분 시 개화전날 화분친으로 쓰일 수꽃에도 봉지를 씌우는 이유는?

① 개화기 조절을 위해

② 화분오염을 방지하기 위해

③ 활력 높은 신선한 화분을 얻기 위해

④ 화분이 마르기 때문에

해설

수꽃용 품종은 다른 화분의 혼입이 없도록 개화 전 봉지를 씌운다.

065

여교배 중에서 F_1을 양친 중 열성친과 교배하는 경우를 말하며, 주로 유전자분석을 목적으로 하는 것은?

① 검정교배

② 복교배

③ 다계교배

④ 3계교배

해설

검정교배

F_1을 그 형질에 대하여 열성인 개체와 교배하는 것으로서 어떤 개체의 유전자형과 배우자의 분리비를 알 수 있다.

066

교잡 시 개화기 조절을 위하여 적심을 하는 작물은?

① 양파

② 상추

③ 참외

④ 토마토

해설

교잡 시 개화기 조절을 위하여 적심을 하는 작물 : 무, 배추, 상추 등

67

다음 중 춘화처리를 실시하는 가장 큰 이유는?

① 발아 억제

② 생장 억제

③ 화성유도

④ 휴면타파

해설

춘화처리

작물의 개화를 유도하기 위해서 생육의 일정한 시기에 저온처리를 하는 것

068

저온과 장일조건에 감응하여 꽃눈이 분화·발달되는 채소는?

① 배추

② 오이

③ 토마토

④ 고추

해설

종자춘화형 식물

식물체가 어릴 때부터 저온에 감응하여 추대하게 되는 배추, 무, 순무 등은 저온감응의 제1상과 장일, 고온의 제2상이 완결해야 정상적인 추대, 개화가 되는 것이다.

069

고구마의 개화 유도 및 촉진 방법으로 틀린 것은?

① 나팔꽃의 대목에 고구마 순을 접목한다.

② 14시간 이상의 단일처리를 한다.

③ 고구마덩굴의 기부에 환상박피를 한다.

④ 고구마덩굴의 기부에 절상을 낸다.

해설

② 9~10시간 단일처리를 한다.

070

다음 중 오이의 암꽃 발달에 가장 유리한 조건은?

① 13℃ 정도의 야간저온과 8시간 정도의 단일조건

② 18℃ 정도의 야간저온과 10시간 정도의 단일조건

③ 27℃ 정도의 주간온도와 14시간 정도의 장일조건

④ 32℃ 정도의 주간온도와 15시간 정도의 장일조건

해설

13℃ 정도의 야간저온과 7~8시간의 단일조건에서 암꽃 분화가 촉진된다.

071

다음 중 (   )에 알맞은 내용은?

> 오이에 (   )을/를 살포하면 암꽃 분화가 억제되고 수꽃마디가 증가하며, 대부분 50~100ppm 이상의 처리로 감응한다.

① NAA

② ABA

③ GA

④ B-9

해설

오이 착생 촉진 방법

• 암꽃 착생 촉진법 : 저온·단일처리, 2,4-D·NAA·에틸렌 처리

• 수꽃 착생 촉진법 : 고온·단일처리, 지베렐린(GA) 또는 질산은 처리

072

채소류의 채종지 환경에 대한 설명으로 가장 옳은 것은?

① 고온에서 꽃가루가 충실하고 종자의 발육이 좋아져서 채종량이 많아진다.

② 등숙기로부터 수확기까지의 시기에 강우가 많아야 충실한 종자를 얻을 수 있다.

③ 후기에는 일시에 다량의 종자를 성숙시키므로 비효가 오래 지속되는 토양이 좋다.

④ 수분 매개충의 활동은 온도의 영향을 받지 않는다.

해설

① 고온에서는 결실이 불량해져 채종량이 감소한다.

② 개화기부터 등숙기까지 건조한 곳이 적당하다.

④ 온도가 높아지면 수분(화분) 매개충의 산란활동이 둔화되어 수가 부족하거나 활동이 저조해진다.

073

채종재배 시 채종포로서 적당하지 못한 곳은?

① 등숙기에 강우량이 많고 습도가 높은 지역
② 토양이 비옥하고 배수가 양호하며 보수력이 좋은 토양
③ 겨울 기온이 온화하고 등숙기에 기온의 교차가 큰 곳
④ 교잡을 방지하기 위하여 다른 품종과 격리된 지역

해설

① 비가 많이 오는 지역은 병충해 발생이 심하고 수확도 어려우므로 채종포로서 적당하지 않다.

075

품종의 유전적 순도를 높일 수 있는 방법으로 거리가 먼 것은?

① 인공수분
② 격리재배
③ 개화 전의 이형주 제거
④ 염수선에 의한 종자의 정선

해설

염수선

종자선별법 중 비중에 의한 선별로 알맞은 비중의 용액에 종자를 담가 가라앉는 것만 가려내는 방법으로 보통 비중액으로 염수를 쓴다.

074

채종포에서 가장 중요한 관리 사항은?

① 잡초 방제
② 병충해 방제
③ 도복 방지
④ 자연교잡 및 이품종(異品種)의 혼입 방지

해설

유전적 퇴화 방지책
• 격리재배 : 자연교잡 방지
• 이형종자 혼입 방지 : 낙수(落穗)의 제거, 채종포 변경, 종자수확과 조제 시 주의, 완숙퇴비시용, 이형주의 철저한 도태

076

해외 채종의 유리한 점이라 볼 수 없는 것은?

① 저렴한 인건비
② 유리한 기상조건
③ 수확종자에 생태적응성 부여
④ 저렴한 지가 및 면적 확보 용이

해설

해외 채종의 장단점
• 장점 : 생산비 절감, 채종환경 양호, 품질양호
• 단점 : 해외 병해충의 반입 가능성, 유전자원의 유출 우려, 채종기술 유출 우려

077

시금치의 개화성과 채종에 대한 설명으로 옳은 것은?

① F₁ 채종의 원종은 뇌수분으로 채종한다.

② 자가불화합성을 이용하여 F₁ 채종을 한다.

③ 자웅이주(雌雄異株)로서 암꽃과 수꽃이 각각 따로 있다.

④ 장일성 식물로서 유묘기 때 저온처리를 하면 개화가 억제된다.

> **해설**
>
> ① F₁ 채종의 원종은 타가수분으로 채종한다.
> ② 자웅이주성을 이용하여 F₁ 채종을 한다.
> ④ 시금치의 개화 촉진에 대한 온도의 영향은 유묘기 생육온도가 낮을수록 추대가 빨라지고, 가장 빠른 것은 초기에 저온을 조우한 후 온난조건하에서 생육한 것이 가장 빠르다.
> ※ 뇌수분 : 자가불화합성 타파를 위하여 꽃봉오리 때 수분해 주는 방법

078

양파의 채종과 관련된 특성으로 틀린 것은?

① 녹식물 저온 감응성 식물

② 화분생명이 수분에 극히 약함

③ 모구(母球) 이용 채종

④ 영양번식이 거의 안 됨

> **해설**
>
> ④ 자식약세가 나타나기도 하므로 모본의 유지를 영양번식으로 하기도 한다.

079

종자생산에서 수확 적기의 판단 기준으로 옳은 것은?

① 식물체 외양과 종자의 수분함량에 따라 결정한다.

② 초기에 개화 성숙한 종자 상태에 따라 결정한다.

③ 생리적 성숙기에 도달한 때가 수확 적기이다.

④ 개화기에 따라 종자활력을 검정하여 성숙한 종자 상태에 따라 결정한다.

> **해설**
>
> 종자의 무게와 수분함량이 수확 적기의 종자 활력을 판단하는 데 가장 중요한 기준이 된다.

080

종자의 표면으로부터 수분 증산속도를 결정하는 가장 중요한 요소는?

① 종자의 수분함량, 온도

② 온도, 공기의 상대습도

③ 공기의 상대습도, 종자 중량

④ 종자 중량, 종자의 수분함량

> **해설**
>
> **증산작용**
>
> 수분이 식물체의 표면에서 수증기가 되어 배출되는 현상으로 증산속도는 내외적 조건에 따라 영향을 받는다. 외적 조건에는 빛, 온도, 습도, 바람, 이산화탄소 등의 변화가 있다.

081

보리 종자의 단백질함량에 미치는 환경의 영향을 옳게 설명한 것은?

① 종자의 단백질함량은 종자 발달의 초기에 주로 축적된다.
② 종자의 단백질함량은 종자 발달의 후기에 주로 축적된다.
③ 종실의 발달기간에 환경조건이 좋으면 단백질 농도가 증가한다.
④ 종실의 발달기간에 환경조건이 나쁘면 단백질 농도가 증가한다.

해설

종자 내의 화학조성에 영향을 끼치는 환경요인
• 생육조건이 좋으면 전분의 축적이 촉진되어 수량은 증가하지만 상대적으로 단백질함량은 감소한다.
• 질소시용에 따라 종자의 단백질함량이 증가하고 수량도 증가한다.
• 단백질함량 증가는 글루텔린함량의 증가에 기인하며 프롤라민의 함량도 증가한다.
• 요소 엽면시비를 했을 경우 글루텔린이 종자 단백질함량의 92%를 차지할 정도로 증가한다.
• 콩과 식물에서는 뿌리혹박테리아에서 고정되는 질소공급에 의해서 유전적인 한계만큼의 단백질을 생성한다.
• 부식함량이 많거나 냉한지역이 사질양토이거나 고온지역에 비하여 종자의 단백질함량이 많다.

082

다음 중 (가), (나)에 알맞은 내용은?

> • 화곡류의 채종 적기는 (가)이다.
> • 채소류의 채종 적기는 (나)이다.

① 가 : 황숙기, 나 : 황숙기
② 가 : 황숙기, 나 : 갈숙기
③ 가 : 갈숙기, 나 : 황숙기
④ 가 : 갈숙기, 나 : 갈숙기

해설

종자의 채종 적기
• 곡류(화곡류, 두류 등) : 황숙기
• 채소류(십자화과 등) : 갈숙기

083

수확 적기로 벼의 수확 및 탈곡 시에 기계적 손상을 최소화할 수 있는 종자 수분함량은?

① 14% 이하
② 17~23%
③ 30~35%
④ 50% 이상

해설

작물의 수확 및 탈곡 시 기계적 손상을 최소화할 수 있는 작물별 종자의 수분함량
• 옥수수 : 20~25%
• 벼, 보리 : 17~23%
• 밀 : 16~19%
• 콩 : 14%

084

보리의 수발아를 방지하기 위한 방법으로 가장 거리가 먼 것은?

① 품종의 선택
② 조기수확
③ 기계수확
④ 도복방지

해설

수발아의 방지대책
• 품종 선택 : 조숙종이 만숙종보다 수발아 위험이 적다. 밀에서는 초자질립, 백립, 다부모종 등이 수발아가 심하다.
• 조기수확
• 맥종 선택 : 보리가 밀보다 성숙기가 빠르므로 성숙기에 비를 맞는 일이 적어 수발아 위험이 적다.
• 도복방지
• 발아 억제제 살포 : 출수 후 20일경 종피가 굳어지기 전 0.5~1.0%의 MH액 살포

085

오이 종자의 성숙일수는 교배 후 40일 내외이다. 완숙하여 수확한 오이의 종과는 며칠 정도 후숙시키는 것이 적절한가?

① 1~4일 ② 4~7일
③ 7~10일 ④ 10~3일

해설

완숙하여 수확한 종과는 실내나 그늘진 곳에서 7~10일 동안 후숙시킨다.

086

다음 중 채종종자의 안전건조온도가 가장 낮은 것은?

① 벼 ② 콩
③ 옥수수 ④ 양파

해설

종자의 수분함량이 많을수록 낮은 온도로 건조해야 한다.

087

종자 처리 방법 중 건열처리의 주목적은?

① 어린 식물체의 양분흡수 촉진
② 종자전염 바이러스 제거
③ 종자의 수분흡수 증대
④ 종자발아에 필요한 대사과정 촉진

해설

종자 내의 바이러스 불활성을 위한 건열처리
70~75℃에서 3~5일간 처리하면 덩굴쪼김병균도 완전히 제거되고 바이러스도 불활성화된다.

088

다음 중 종자소독 방법에 속하지 않는 것은?

① 약제소독
② 열소독
③ 발효법
④ KNO_3 처리법

해설

④ 발아검사 시 종자의 휴면을 타파하기 위해 예랭하거나 질산칼륨(KNO_3) 등으로 처리한다.

종자소독 방법
• 물리적 소독 : 냉수온탕침법, 건열소독법, 열소독법
• 화학적 소독 : 약제를 이용한 침지 또는 분의소독

089

한천배지검정에서 sodium hypochlorite(NaOCl)를 이용한 종자의 표면 소독 시 적정농도와 침지시간으로 가장 적당한 것은?

① 1%, 1분
② 10%, 10분
③ 20%, 30분
④ 40%, 50분

해설

검정하고자 하는 종자는 차아염소산나트륨(NaOCl) 1% 용액에 1분 동안 침지하여 표면을 소독한다.

090

종자 훈증제의 구비조건이 되지 못하는 것은?

① 공기보다 가벼워야 한다.

② 불연성이고 비폭발성이어야 한다.

③ 종자의 활력에 영향을 주지 말아야 한다.

④ 가격이 싸고 사용할 때 증발이 쉬워야 한다.

해설

종자 훈증제의 구비조건

• 가격이 싸고, 침투성이 커서 작은 틈까지 약제가 도달해야 한다.
• 공기보다 무거워 종자 사이로 확산이 용이해야 한다.
• 종자의 활력에 영향을 주지 말아야 한다.
• 휘발성이 강해야 하고, 불연성이고 비폭발성이어야 한다.

091

종자 전염병 방제를 위한 종자 처리 방법 중 물리적 방법이 아닌 것은?

① 냉수침법

② 자외선, 적외선 조사법

③ 온탕침법

④ 도말법

해설

④ 도말법 : 종자를 화학적 방법으로 소독하기 위해 분제나 수화제로 건조한 종자에 입혀 살균·살충하는 방법

092

종자소독 약제의 처리 방법으로 적절하지 않은 것은?

① 약액침지

② 종피분의

③ 종피도말

④ 종피 내 주입

해설

① 약액침지 : 약제를 물에 녹여 사용하는 것으로 종자를 30분 내지 1시간 침지하여, 종자내부에 스며들어 표면에 균일하게 약제가 닿게 하는 방법

② 종피분의 : 종자와 분제를 용기에 넣고 흔들어 종자의 표면에 분제가 부착되도록 하는 방법

③ 종피도말 : 도말 처리기를 이용하여 약 1%의 물에 약제를 녹인 현탁액을 종피에 완전히 두껍게 바르는 방법

093

종자프라이밍의 주목적으로 옳은 것은?

① 종피에 함유된 발아억제물질의 제거

② 종자전염 병원균 및 바이러스 방제

③ 유묘의 양분흡수 촉진

④ 종자발아에 필요한 생리적인 준비를 통한 발아 속도와 균일성 촉진

해설

종자프라이밍(priming)

종자발아 시 수분을 가하여 발아에 필요한 생리적인 조건을 갖추게 함으로써 발아의 속도를 빠르게 하고 균일성을 높이려는 기술이다.

094

종자코팅의 목적과 거리가 먼 것은?

① 종자의 휴면타파를 위함이다.
② 기계 파종 시 취급이 유리하다.
③ 종자소독이 가능하다.
④ 종자의 품위를 향상시킬 수 있다.

해설

종자코팅의 목적
• 종자를 성형, 정립시켜 파종을 용이하게 함
• 농약 등으로 생육을 촉진
• 효과적인 병충해 방지
• 기계 파종 시 기계적 손실을 적게 하기 위함

095

종자코팅 방법 중 필름코팅 처리와 종자단립(seed pelle-ting) 처리에 대한 설명으로 옳은 것은?

① 필름코팅 : 종자에 여러 가지 물질을 두껍게 덧붙임
    종자단립 : 삼투압용액에 종자를 3일정도 침지함
② 필름코팅 : 삼투압용액에 종자를 일정기간 침지함
    종자단립 : 고형물질을 종피에 침투시켜 줌
③ 필름코팅 : 수용성 중합체를 종피 표면에 얇게 덧씌움
    종자단립 : 종자에 여러 가지 물질을 두껍게 덧붙임
④ 필름코팅 : 고형물질을 종피에 침투시켜 줌
    종자단립 : 삼투압용액에 종자를 일정기간 침지함

해설

종자코팅 방법
• 필름코팅(film coating) : 수용성 중합체를 이용하며 색소나 살균제 등을 같이 처리하는 것이다.
• 단립(pelleting) : 형태가 불균일한 종자에 물질을 덧붙여 기계파종을 용이하게 한다.

096

(   )에 알맞은 내용은?

> 종이나 그 밖의 분해되는 재료로 만든 폭이 좁은 대상(帶狀)의 물질에 종자를 불규칙적 또는 규칙적으로 붙여 배열한 것을 (   )라고 한다.

① 장환종자   ② 피막처리종자
③ 테이프종자   ④ 펠릿종자

해설

① 장환종자 : 아주 미세한 종자를 종자코팅 물질과 혼합하여 반죽을 만들고 이를 일정한 크기의 구멍으로 압축하여 원통형 일정 크기로 잘라 건조처리한 종자
② 피막처리종자 : 형태는 원형에 가깝게 유지하고 중량이 약간 변할 정도로 피막 속에 살충, 살균, 염료, 기타 첨가물을 포함시킨 종자
④ 펠릿종자 : 크기와 모양이 불균일한 종자를 대상으로 종자의 모양과 크기를 불활성 물질로 성형한 종자

097

종자퇴화의 직접적인 원인으로 가장 거리가 먼 것은?

① 저장양분의 고갈
② 저장단백질의 과다
③ 유해물질의 축적
④ 지질의 자동산화

해설

종자의 퇴화 원인
원형질단백의 응고, 효소의 활력저하, 저장양분의 소모, 유해물질의 축적, 발아 유도기구의 분해, 리보솜 분리의 저해, 효소의 분해와 불활성, 지질의 자동산화, 가수분해효소의 형성과 활성, 균의 침입, 기능상 구조변화 등

098

종자의 발아 촉진 및 유묘 생육의 균일화를 기하기 위한 방법으로 사용하고 있는 삼투프라이밍 재료로 가장 많이 이용되고 있는 것은?

① PEG
② H_2SO_4
③ KH_2PO_4
④ NaCl

해설

종자프라이밍의 삼투용액

폴리에틸렌글리콜(PEG), 만니톨, 솔비톨, 글리세롤 및 무기염류($NaCl$, KCl, KNO_3, K_3PO_4, KH 등) 용액을 이용하며, PEG가 불활성이고 물에 잘 용해되므로 가장 많이 사용한다.

099

최아한 종자를 점성이 있는 액상의 젤과 혼합하여 기계로 파종하는 방법은?

① 고체프라이밍파종
② 액체프라이밍파종
③ 액상파종
④ 드럼프라이밍파종

해설

① 고체프라이밍 : 고체 미세분말, 물, 종자를 일정비율로 혼합하여 종자의 수분흡수를 조절하여 발아력을 향상시키는 방법
② 액체프라이밍(삼투용액프라이밍) : 처리용액의 삼투퍼텐셜을 이용하여 처리한 다음 종자를 건조시킨 후 파종하는 방법
④ 드럼프라이밍 : 종자와 물을 드럼에 넣고 계속 회전시킴으로써 종자를 수확시키는 방법

100

다음 중 파종 시 복토 깊이가 0.5~1.0cm에 해당하지 않는 작물은?

① 순무
② 가지
③ 오이
④ 생강

해설

주요 작물의 복토 깊이
- 종자가 보이지 않을 정도 : 소립목초종자, 파, 양파, 상추, 당근, 담배, 유채
- 0.5~1.0cm : 순무, 배추, 양배추, 가지, 고추, 토마토, 오이, 차조기
- 1.5~2.0cm : 조, 기장, 수수, 무, 시금치, 수박, 호박
- 2.5~3.0cm : 보리, 밀, 호밀, 귀리, 아네모네
- 3.5~4.0cm : 콩, 팥, 완두, 잠두, 강낭콩, 옥수수
- 5.0~9.0cm : 감자, 토란, 생강, 글라디올러스, 크로커스

101

일반적인 종자의 저장 조건으로 가장 적절한 것은?

① 고온다습
② 고온건조
③ 저온다습
④ 저온건조

해설

종자보존은 저온저습 저장 조건에서 유전자원의 종자를 저장·보존하는 방법이다.

102

종자 수확 후 저장을 위한 조치로서 가장 유의해야 할 사항은?

① 종자의 건조
② 종자의 소독
③ 종자의 정선
④ 종자의 포장

해설

종자의 저장은 건조한 종자를 저온, 저습, 밀폐 상태로 저장하면 수명이 매우 오래 지속된다.

103

저장 중 종자가 발아력을 상실하는 원인으로 가장 거리가 먼 것은?

① 효소의 활력 저하
② 원형질단백의 응고
③ 수분함량의 감소
④ 저장양분의 소모

해설

저장 중에 종자가 발아력을 상실하는 주된 요인은 원형질단백의 응고, 효소의 활력저하, 저장양분의 소모 등이다.

104

종자의 생리적 성숙기로서 종자가 질적으로 최고의 상태에 달하는 시기는?

① 주병이 퇴화하고 종자가 모식물에서 분리되는 시기
② 종자가 완전히 성숙하여 건조되고 저장상태에 들어간 시기
③ 세포분열이 일어나 배의 생장이 80% 정도 이루어지는 시기
④ 배주조직의 괴사가 진행되면서 탈수기간이 이루어지는 시기

해설

종자가 모식물에서 분리되는 단계는 종자의 건물중이 최대에 달하며, 이때를 생리적 성숙기라고 한다.

105

밀봉용기 내에 종자와 같이 넣어 저장하면 종자의 수명을 연장시킬 수 있는 것은?

① 지베렐린
② 염화석회
③ 질산칼륨
④ 황산마그네슘

해설

종자 저장 시 건조제 : 염화칼슘(염화석회), 실리카겔, 생석회, 황산, 질산 등

106

다음 중 안전저장을 위한 종자의 최대수분함량의 한계가 가장 높은 것은?

① 고추
② 양배추
③ 시금치
④ 겨자

해설

종자의 안전저장을 위한 수분함량

- 배추 : 5.1%
- 양배추 : 5.4%
- 토마토 : 5.7%
- 고추 : 6.8%
- 시금치 : 7.8%
- 벼 : 7.9%
- 보리 : 8.4%
- 옥수수 : 8.4%
- 콩 : 11%

107

종자의 발아에 관여하는 외적 조건은?

① 유전자형, 수분
② 수분, 온도
③ 온도, 종자 성숙도
④ 종자 성숙도, 염색체수

해설

발아의 외적 조건 : 수분, 온도, 산소, 광

108

종자의 발아를 촉진시키는 데 가장 효과적인 광은?

① 녹색광　　　　　　② 적색광

③ 청색광　　　　　　④ 초적색광

해설

• 적색광(600~700nm) : 발아 촉진

• 500nm 이하, 700nm 이상 : 발아 억제

109

광합성 산물이 종자로 전류되는 이동형태는?

① amylose　　　　　② stachyose

③ sucrose　　　　　④ raffinose

해설

대부분의 식물에서 동화물질의 전류형태는 자당(설탕, sucrose)이다.

110

광과 종자발아에 대한 설명으로 틀린 것은?

① 종자발아가 억제되는 광 파장은 700~750nm 정도이다.

② 종자발아의 광가역성에 관여하는 물질은 cytochrome이다.

③ 광이 없어야 발아가 촉진되는 종자도 있다.

④ 광은 종자발아와 아무런 관계가 없는 경우도 있다.

해설

② 종자발아의 광가역성에 관여하는 물질은 phytochrome이다.

111

다음 중 호광성 종자인 것은?

① 토마토　　　　　　② 가지

③ 상추　　　　　　　④ 호박

해설

광(光)과 발아

• 호광성 종자(광발아종자) : 담배, 상추, 배추, 뽕나무, 셀러리, 우엉, 차조기, 금어초, 목초, 잡초종자 등

• 혐광성 종자(암발아종자) : 파, 양파, 토마토, 가지, 호박, 무, 오이, 대부분의 백합과 식물 등

• 광무관계종자 : 화곡류, 두과 작물, 옥수수

112

다음 중 혐광성 종자는?

① 상추　　　　　　　② 우엉

③ 차조기　　　　　　④ 무

113

다음 중 암발아성 종자에 해당하는 것으로만 나열된 것은?

① 양파, 오이

② 베고니아, 갓

③ 명아주, 담배

④ 차조기, 우엉

해설

암발아성 종자 : 파, 양파, 토마토, 가지, 호박, 무, 오이, 대부분의 백합과 식물 등

108 ② 109 ③ 110 ② 111 ③ 112 ④ 113 ①　**정답**

114

다음 중 종자발아에 필요한 수분흡수량이 가장 많은 것은?

① 옥수수   ② 벼
③ 콩   ④ 밀

콩의 발아 시 필요 수분흡수량은 종자중량의 100%이다(벼 23%, 옥수수 70%, 밀 30%).

115

다음 종자 중 물속에서 발아가 가장 잘되는 것은?

① 가지   ② 상추
③ 멜론   ④ 담배

수중에서 발아를 잘하는 종자 : 상추, 당근, 셀러리, 티머시, 벼 등

116

발아 시 자엽이나 또는 자엽처럼 양분을 저장하고 있는 기관을 지하에 남아 있게 하는 식물이 아닌 것은?

① 완두   ② 콩
③ 옥수수   ④ 벼

지상발아와 지하발아
• 지상발아(쌍떡잎식물) : 콩, 소나무
• 지하발아(외떡잎식물) : 쌍자엽인 콩과 식물 중 팥, 완두, 잠두, 화본과 작물(벼, 보리, 밀, 옥수수 등)

117

종자의 지하발아에 관한 내용 중 옳은 것은?

① 대부분의 화본과 식물은 지하발아 종자이다.
② 콩은 지하발아 종자이다.
③ 보통 유근보다 유아가 먼저 나온다.
④ 하배축이 급속도로 신장한다.

종자의 지하발아
• 양분을 저장하고 있는 기관은 지하에 남아 있고 유아는 지상으로 나온다.
• 보통 유근이 유아보다 먼저 나온다.
• 상배축이 신장한다.
• 팥, 완두, 잠두, 대부분의 화본과 작물은 지하발아 종자이다.

118

종자의 발아과정을 바르게 나열한 것은?

① 저장양분 분해 → 수분 흡수 → 과피의 파열 → 배의 생장 개시
② 수분 흡수 → 저장양분 분해 → 과피의 파열 → 배의 생장 개시
③ 수분 흡수 → 저장양분 분해 → 배의 생장 개시 → 과피의 파열
④ 저장양분 분해 → 과피의 파열 → 수분 흡수 → 배의 생장 개시

종자의 발아과정
수분의 흡수 → 저장양분 분해 → 배의 생장 개시 → 과피(종피)의 파열 → 유묘의 출아

119

발아 중인 종자에서 단백질은 가수분해하여 어떠한 가용성 물질로 변화하는가?

① 지방산
② 맥아당
③ 아미노산
④ 만노스

해설

단백질을 완전히 가수분해하면 암모니아와 유리아미노산이 생성된다. 아미노산은 모든 생명현상을 관장하고 있는 단백질의 기본 구성단위이다.

120

단자엽식물 종자가 발아할 때에 가수분해효소의 방출이 이루어지는 곳은?

① 호분층   ② 배
③ 배유   ④ 배축

해설

호분층(糊粉層, aleurone layer)
단자엽식물의 종자 발아기간 동안 가수분해효소(amylase 등)를 합성 · 방출하여 배유 내의 저장물질을 가용화시켜 배에 공급하는 기능을 한다.

121

경실종자의 발아 촉진법으로 가장 거리가 먼 것은?

① 침지(담금)
② 기계적인 상처내기
③ 산으로 상처내기
④ 지베렐린 처리

해설

경실종자(껍질이 단단한 종자)의 발아 촉진은 물리적 방법이 가장 적당하고 생장조절제를 이용한 방법은 적당하지 않다.

발아 촉진(휴면타파) 방법

화학적 방법	• 약품 처리 : 털이 있거나 껍질이 단단한 경우 진한 황산 처리 • 생장조절제 처리 : 시토키닌, 에스렐 수용액, 지베렐린 예 양상추, 담배 등
물리적 방법	• 기계적 처리 : 단단한 껍질을 깨뜨리는 방법 예 호두 등의 핵과류 • 온탕 처리 : 70~80℃의 온탕에서 불리는 방법 예 장미, 상추, 알팔파 등 • 수세 및 침지 : 물에 씻거나 담그는 방법 예 당근, 우엉 등
기타	• 저온처리법 : 일정기간 저온에 두는 방법 • 층적저장법 : 모래와 섞어 묻어 두는 방법

122

층적저장과 가장 가까운 의미를 갖는 것은?

① 발아 억제를 위한 건조처리
② 휴면타파를 위한 저온처리
③ 발아율 향상을 위한 후숙처리
④ 발아촉진을 위한 생장조절제 처리

해설

층적저장의 목적 : 발아력 저하 방지 및 휴면타파

123

다음 중 발아 촉진에 효과가 가장 큰 물질은?

① gibberellin

② abscisic acid

③ parasorbic acid

④ momilactone

해설

식물생장조절제

- 발아촉진물질 : 지베렐린, 시토키닌, 에틸렌, 질산칼륨, 티오요소, 과산화수소 등
- 발아억제물질 : 암모니아, 시안화수소, ABA, 알데하이드, 페놀산 등

124

다음 중 일반적으로 종자의 발아촉진물질이 아닌 것은?

① gibberellin   ② ABA

③ cytokinin   ④ auxin

해설

② ABA(abscisic acid)는 발아억제물질이다.

125

종피휴면을 하는 식물에서 억제물질의 존재 부위가 배유에 해당하는 것은?

① 상추   ② 벼

③ 보리   ④ 도꼬마리

해설

① 상추 : 배유

②·③·④ 벼, 보리, 도꼬마리 : 외피

126

종자세(seed vigour)와 발아능(seed viability)의 관계 설명으로 옳지 않은 것은?

① 발아능은 묘의 출현 속도와 균일성에 대한 능력이다.

② 종자의 퇴화가 진행되면 종자세의 저하는 발아능의 저하보다도 앞서 진행한다.

③ 종자의 퇴화정도는 종자세와 발아능의 차이라고 할 수 있다.

④ 종자세는 퇴화과정 중에 일어나는 측정 가능 요소를 정량적으로 도출하여 검사한다.

해설

① 종자의 발아능은 종자가 발아하여 정상적인 묘를 만들 수 있는 능력이다.

127

종자세의 평가 방법에 대한 설명으로 틀린 것은?

① 저온검사법은 옥수수나 콩에 보편적으로 이용되고 있다.

② 저온발아검사법은 목화에 보편적으로 이용되고 있다.

③ 노화촉진검사법은 흡습시키지 않은 종자를 고온다습한 조건에 처리한 후 적합한 조건에서 발아시키는 방법이다.

④ 삼투압검사법은 높은 삼투용액에서는 발아속도가 빨라지고 유근보다 유아가 더 빠르게 출현하는 것을 이용한다.

해설

삼투압검사법

삼투용액에서는 종자의 발아속도가 현저히 늦어지고 유아의 출현이 유근보다 더 영향을 받는다. 종자세가 높은 종자는 삼투압에 대한 저항이 크기 때문에 이 방법이 종자세 검사방법으로 이용되는데, 삼투압이 온도에 따라 현저하게 변동하는 등의 문제가 있다.

128

종자휴면의 진정한 의미는?

① 양수분의 흡수불능으로 생육의 쇠퇴현상이다.

② 발아에 적당한 조건이 갖추어져도 발아하지 않는 상태이다.

③ 일사량 부족으로 인한 휴식현상이다.

④ 차세대의 번식을 위한 양분저장을 위한 휴식현상이다.

해설

종자의 휴면

• 1차 휴면
  – 자발휴면 : 발아에 적당한 외적 조건이 갖추어져도 내적 원인에 의해 발아하지 않는 상태
  – 타발휴면 : 외적 조건(온도, 수분, 산소 및 기계적 원인)이 적당하지 않아 발아하지 않는 상태
• 2차 휴면 : 휴면하지 않고 있는 종자가 외부의 불리한 환경조건(고온, 저온, 다습, 산소부족 등)에 장기간 유지되면 휴면상태가 되는 현상

129

다음 중 종자휴면의 형태에 대한 설명으로 가장 거리가 먼 것은?

① 종피에 발아억제물질을 많이 함유하여 휴면하는 것은 자발휴면의 예이다.

② 배휴면과 배의 미숙으로 인한 휴면은 모두 배 자체의 생리적 원인에 기인한다.

③ 주로 물, 공기 및 기계적 원인에 기인하여 발생한 휴면을 타발휴면이라 한다.

④ 상추 종자에서처럼 발아최고온도 이상에서 휴면하는 것은 2차 휴면이라 한다.

해설

• 배휴면 : 배 자체의 생리적 원인에 의한 휴면으로 생리적 휴면이라고도 하며, 종자가 형태상으로 완전히 발달하였으나 발아에 적당한 외적 조건이 주어져도 발아하지 않는 경우이다.
• 배의 미숙으로 인한 휴면 : 배가 형태적으로 미발달배(미숙배, under-developed embryo)의 상태에 있어 휴면이 진행되는 경우 이 기간을 후숙이라고 한다.

130

물의 투과성 저해로 인하여 종자가 휴면하는 것은?

① 나팔꽃

② 미나리아재비과 식물

③ 보리

④ 사과나무

해설

종피의 불투수성으로 휴면하는 작물

• 두과 작물 : 토끼풀(화이트클로버), 붉은토끼풀, 개자리, 콩, 팥, 광저기 등
• 화본과 목초 : 달라스그라스, 바히아그라스 등
• 감자, 오크라, 화마, 나팔꽃, 연 등

131

종자의 휴면을 조절하는 요인으로 가장 거리가 먼 것은?

① 광

② 종피파상

③ 온도

④ 이산화탄소

해설

종자휴면의 원인

• 종피의 상태, 배의 미성숙
• 식물호르몬의 불균형
• 온도, 습도, 광, 산소의 부족

132

생장조절제에 의한 일반적인 휴면타파 방법에 관한 설명으로 틀린 것은?

① 휴면타파에 이용되는 생장조절제 종류로는 gibberellin, cytokinin, kinetin이 있다.
② 야생귀리 종자에 효과적 gibberellin의 농도는 10^{-5}~10^{-3}M이다.
③ gibberellin과 ABA의 혼합 처리는 휴면타파효과를 증진시킨다.
④ gibberellin은 휴면타파에 효과가 있으며, 휴면하지 않는 종자에서도 발아 촉진효과가 있다.

해설
③ 지베렐린은 수목의 발아를 촉진하는 대표적인 물질이고, ABA은 발아를 억제하는 물질이다.

133

종피파상법으로 휴면타파를 해야 하는 경우는?

① 종피가 두꺼운 종자
② 암상태에서 발아하지 않는 종자
③ 생장조절제를 생성하지 못하는 종자
④ 저온조건에서 발아하지 않는 종자

해설
경실종자(씨껍질이 단단한 종자)의 휴면은 종피의 불투수성과 불투기성이 원인이 되는 경우가 가장 많아 종피에 기계적 상처를 내는 종피파상법이 많이 이용된다.

134

경실종자의 휴면타파 방법으로 효과가 가장 낮은 것은?

① 질산칼륨 처리
② 끓는 물에 담금
③ 산으로 상처내기
④ 종피에 기계적 상처내기

해설
경실종자의 휴면타파
• 종피파상법 : 기계적으로 종피에 상처를 입힌다.
• 온도 처리 : 얼렸다 녹였다 한다.
• 농황산 처리법 : 희석한 황산 또는 에탄올에 침지한다.
• 물의 주사 : 화아의 기부에 주사한다.
• 과산화수소 침지 : 0.5~1% H_2O_2 용액에 24시간 침지한다.

135

다음 중 감자의 휴면타파법으로 가장 적절한 것은?

① GA 처리
② MH 처리
③ α선 처리
④ 저온저장(0~6℃)

해설
감자의 휴면타파 방법
• 화학적 방법 : 지베렐린 처리, 에틸렌-클로로하이드린 처리 등
• 물리적 방법 : 박피절단, 저온 및 열 처리 등

136

종자의 휴면 및 발아의 호르몬 기구와 관련된 상호관계에서 휴면인 경우는?

① 지베렐린 : 유, 시토키닌 : 유, 억제물질(ABA) : 무
② 지베렐린 : 유, 시토키닌 : 유, 억제물질(ABA) : 유
③ 지베렐린 : 무, 시토키닌 : 무, 억제물질(ABA) : 유
④ 지베렐린 : 유, 시토키닌 : 무, 억제물질(ABA) : 무

해설

- 지베렐린 : 종자의 휴면타파로 발아가 촉진되고 호광성 종자의 발아를 촉진하는 효과가 있다.
- 시토키닌 : 세포분열을 촉진하고, 발아를 촉진하는 역할을 한다.
- 억제물질(ABA) : 잎의 노화 및 낙엽을 촉진하고, 휴면을 유도한다.

137

종자휴면에 대한 설명으로 틀린 것은?

① 배휴면을 하는 종자의 휴면타파를 위하여 저온처리할 때 0~6℃의 온도가 적당하다.
② gibberellin은 cytokinin과 ABA를 함께 사용했을 때 ABA의 억제작용을 상쇄하는 제3의 호르몬 역할을 한다.
③ 수확 전 종자의 발달과 성숙기간 동안의 환경요인들은 배의 휴면기간에 영향을 끼친다.
④ 경실종자는 자연조건과 유사한 휴면타파 방법으로서 고온처리법과 변온처리법이 있다.

해설

② 시토키닌은 지베렐린과 ABA를 함께 사용했을 때 ABA의 억제물질을 중화시키는 역할을 한다.

138

후숙에 의한 휴면타파 시 휴면상태가 종피휴면이고, 후숙처리 방법이 고온에 해당하는 것은?

① 야생귀리   ② 상추
③ 자작나무   ④ 벼

해설

화곡류 종자는 30~40℃에 수일간 건조상태로 두어서 후숙처리가 된다.

139

종자의 저장 방법 중에서 과수류나 정원수목에 많이 쓰이며 모래나 톱밥을 층층이 쌓아 저장하는 방법은?

① 밀봉저장   ② 토중저장
③ 냉건저장   ④ 층적저장

해설

① 밀봉저장 : 용기 내에는 질소가스로 충전하여 함수율 5~8% 정도를 유지하며 판매용 종자의 저장에 많이 쓰인다.
② 토중저장 : 적당한 용기 등에 종자를 넣어 땅에 묻는 방법으로 80~90%의 습도를 유지하여 저장한다.
③ 냉건저장 : 0~10℃를 유지하고 장기저장 시 0℃ 이하, 관계습도 30% 내외를 유지한다.

140

배휴면을 하는 종자의 경우 물리적 휴면타파법으로 가장 효과적인 것은?

① 저온습윤 처리
② 고온습윤 처리
③ 저온건조 처리
④ 고온건조 처리

해설

배휴면의 타파
후숙이 잘 되도록 저온습윤 처리 또는 에틸렌 등의 발아촉진물질을 처리한다.

141

다음 중 배휴면의 경우 저온습윤 처리의 방법으로 휴면이 타파되었을 때 종자 내의 변화로 틀린 것은?

① 불용성 물질이 분해되어 가용성 물질로 변화됨으로 써 삼투압이 낮아져 배의 물질이동이 쉬워진다.
② lipase의 효소활력이 증가한다.
③ peroxidase의 효소활력이 증가한다.
④ 새로운 조직의 형성에 많이 쓰이는 당류, 아미노산 등과 같은 간단한 유기물질이 나타난다.

해설

① 불용성 물질이 분해되어 가용성 물질로 변하고 삼투압이 증가한다.

142

다음 중 종자의 수명이 가장 긴 종자는?

① 토마토　　　　　② 상추
③ 당근　　　　　　④ 고추

해설

종자의 수명
• 단명종자 : 땅콩, 콩, 메밀, 기장, 해바라기, 양파, 파, 고추, 당근, 상추, 베고니아, 팬지 등
• 상명종자 : 벼, 밀, 보리, 귀리, 수수, 옥수수, 목화, 무, 배추, 양배추, 시금치, 카네이션, 페튜니아 등
• 장명종자 : 알팔파, 클로버, 사탕무, 베치, 수박, 오이, 무, 가지, 토마토, 나팔꽃, 데이지 등

143

자연조건에서 종자의 수명이 가장 짧은 작물로 나열된 것은?

① 양파, 벼　　　　② 땅콩, 수박
③ 벼, 수박　　　　④ 양파, 상추

144

후작용(after effect)에 의한 품종퇴화의 설명으로 옳은 것은?

① 콩을 동일 장소에서 재배, 채종을 계속하면 자실(子實)이 소립(小粒)이 되고, 차대식물의 생육도 떨어 진다.
② 가을 뿌림 양배추를 여름 뿌림으로 채종을 계속하여 나가면 조기 추대 종자로 변하기 쉽다.
③ 백합에서 목자(木子) 대신 실생으로 번식하면 생육이 좋아진다.
④ 타식성 작물에서 채종 개체수가 너무 적을 때는 차대의 유전자형에 편향이 생겨 품종퇴화를 초래할 수 있다.

해설

콩을 동일한 장소에서 계속해서 재배하고 채종을 계속하면 세대가 경과함에 따라 유전적 퇴화와 생리적 퇴화가 나타나면서 종자의 활력이 약해지고 생산량도 감소하게 된다.

145

퇴화하는 종자의 특성으로 옳지 않은 것은?

① 발아율 저하　　　② 종자침출물 감소
③ 저항성 감소　　　④ 유리지방산 증가

해설

종자퇴화증상
• 저항성 감소
• 효소활성 감소
• 호흡의 감소
• 종자침출물 증가
• 유리지방산 증가
• 성장 및 발육의 저하
• 발아율 저하
• 비정상묘 증가

146

다음 중 종자수명에 관여하는 요인으로 가장 거리가 먼 것은?

① 저장고의 상대습도와 온도

② 종자의 성숙도

③ 저장고 내의 공기조성

④ 저장고 내의 광의 세기

해설

종자수명에 관여하는 요인

저장고의 상대습도와 온도, 저장고의 공기조성, 종자의 내부요인, 종자의 수분함량·성숙도, 유전성·기계적 손상 등

147

종자를 상온저장할 경우 종자수명은 저장지역에 따라서 어떻게 변하는가?

① 위도가 낮을수록 수명이 길어진다.

② 위도가 높을수록 수명이 짧아진다.

③ 위도가 높을수록 수명이 길어진다.

④ 위도에 상관없이 수명이 길어진다.

해설

위도가 낮은 지역에서 종자를 상온에 저장하게 되면 종자수명이 짧아진다.

148

타식성 작물의 채종포에 있어서 포장검사 시 반드시 조사해야 할 사항은?

① 총 건물생산량

② 종실의 지방함량

③ 타 품종과의 격리거리

④ 개화기와 성숙기

해설

포장검사에 앞서 포장확인을 해야 할 사항

• 포장의 위치 및 재배면적이 신청서와 동일한지 확인한다.

• 포장 격리거리를 확인하고, 주변의 오염수분의 요인이 될 수 있는 자생식물이나 잡초와 격리되어 있는지를 확인한다.

149

무의 채종재배를 위한 포장의 격리거리는 얼마인가?

① 100m 이상

② 250m 이상

③ 500m 이상

④ 1,000m 이상

해설

채종재배를 위한 포장의 격리거리

• 무, 배추, 양파, 당근, 시금치, 오이, 수박, 파 : 1,000m

• 고추 : 500m

• 토마토 : 300m

150

벼의 포장검사 규격에 대한 설명으로 옳지 않은 것은?

① 유숙기로부터 호숙기 사이에 1회 검사한다.

② 채종포에서 이품종으로부터의 격리거리는 0.5m 이상 되어야 한다.

③ 전작물에 대한 조건은 없다.

④ 파종된 종자는 1/3 이상이 도복되어서는 안 된다.

해설

벼 포장검사 – 포장격리(종자관리요강 [별표 6])

원원종포, 원종포는 이품종으로부터 3m 이상 격리되어야 하고 채종포는 이품종으로부터 1m 이상 격리되어야 한다. 다만, 각 포장과 이품종이 논둑 등으로 구획되어 있는 경우에는 그러하지 아니하다.

151

유채의 포장검사 시 포장격리에서 산림 등 보호물이 있을 때를 제외하고 원종, 보급종은 이품종으로부터 몇 m 이상 격리되어야 하는가?

① 300
② 500
③ 800
④ 1,000

해설

유채 포장검사의 포장격리(종자관리요강 [별표 6])
• 원원종은 망실재배를 원칙으로 하며, 이때 격리거리는 필요없다.
• 원종, 보급종은 이품종으로부터 1,000m 이상 격리되어야 한다. 다만, 산림 등 보호물이 있을 때에는 500m까지 단축할 수 있다.

153

감자의 포장검사에서 검사시기 및 횟수에 대한 내용이다. (가)에 알맞은 내용은?

> 춘작 : 유묘가 (가) 정도 자랐을 때 및 개화기부터 낙화기 사이에 각각 1회 실시한다.

① 8cm
② 15cm
③ 23cm
④ 30cm

해설

감자 포장검사의 검사시기 및 횟수(종자관리요강 [별표 6])
• 춘작 : 유묘가 15cm 정도 자랐을 때 및 개화기부터 낙화기 사이에 각각 1회 실시한다.
• 추작 : 유묘가 15cm 정도 자랐을 때 및 제1기 검사 후 15일경에 각각 1회 실시한다.

152

다음 중 우량품종의 유전적 퇴화를 방지하기 위하여 포장 격리거리를 가장 멀리해야 하는 작물은?

① 옥수수
② 감자
③ 들깨
④ 유채

해설

포장격리거리(종자관리요강 [별표 6])
유채(1,000m 이상) > 옥수수(200~300m 이상) > 감자(1~50m 이상) > 들깨(5m 이상)

154

감자 포장검사 시 검사기준으로 옳지 않은 것은?

① 1차 검사는 유묘가 15cm 정도 자랐을 때 실시한다.
② 채종포는 비채종포장으로부터 5m 이상 격리되어야 한다.
③ 연작피해 방지대책을 강구한 경우에는 연작할 수 있다.
④ 갈쭉병 발생 포장은 2년간 감자를 재배하여서는 안 된다.

해설

④ 갈쭉병 발생포장은 5년간 감자 및 가지과 작물을 재배하여서는 아니 된다(종자관리요강 [별표 6]).

155

다음 중 (가), (나)에 알맞은 내용은?

> 벼 포장검사 시 포장조건에서 파종된 종자는 종자원이 명확하여야 하고 포장검사 시 (가) 이상이 도복(생육 및 결실에 지장이 없을 정도의 도복은 제외) 되어서는 아니 되며, 적절한 조사를 할 수 없을 정도로 발생되었거나 작물이 왜화·훼손 되어서는 아니 된다.
> 벼 포장검사 시 검사시기 및 횟수는 유숙기로부터 호숙기 사이에 (나)회 검사한다. 다만, 특정병에 한하여 검사횟수 및 시기를 조정하여 실시할 수 있다.

① 가 : 1/6, 나 : 4
② 가 : 1/5, 나 : 3
③ 가 : 1/4, 나 : 2
④ 가 : 1/3, 나 : 1

해설

벼 포장검사의 포장조건, 검사시기 및 횟수(종자관리요강 [별표 6])

156

종자증식 시 포장검사를 실시하기에 가장 알맞은 시기는?

① 발아기
② 생육초기
③ 개화기
④ 수확기

해설

포장검사 시기는 작물의 품종별 고유 특성이 가장 잘 나타나는 개화기를 중심으로 실시한다.

157

채종포에서 실시하는 포장검사의 주된 목적은?

① 포장의 청결도
② 품종의 유전적 순도
③ 잡초 발생 정도
④ 작물생육 상태

해설

포장검사

종자보증 검사를 신청한 종자에 대하여 생산포장에서 유전적인 특성 등을 검사하는 것

158

우리나라 주요 농작물의 종자증식을 위한 기본체계는?

① 기본식물 → 원원종 → 원종 → 보급종
② 기본식물 → 원종 → 원원종 → 보급종
③ 보급종 → 기본식물 → 원원종 → 원종
④ 보급종 → 기본식물 → 원종 → 원원종

해설

종자생산체계

```
기본식물        원원종          원종                   보급종
(농촌진흥청) →  (농업기술원) →  (원종생산기관)   ↗ (국립종자원) ↘
                                                              농가
                                                 ↘ 증식종    ↗
                                                   (지자체)
```

159

벼 원원종 생산을 담당하는 기관으로 가장 적절한 곳은?

① 도 농업기술원
② 국립농업과학원
③ 농산물원종장
④ 종자공급소

해설

원원종

기본식물종자를 분양받아 원원종포에서 재배, 증식한 종자로 품종 고유의 특성을 보유하고 있으며, 원종 및 보급종 종자를 생산하는 데 기본이 된다. 식량 작물의 원원종은 각 도의 농업기술원에서 생산한다.

160

기본식물에서 유래된 종자를 무엇이라 하는가?

① 원종　　　　　　② 원원종
③ 보급종　　　　　④ 장려품종

종자생산체계
• 기본식물 : 농촌진흥청에서 개발된 신품종 종자로, 증식의 근원이
　되는 종자
• 원원종 : 기본식물을 받아 도 농업기술원 원원종포장에서 생산된
　종자
• 원종 : 원원종을 받아 도 농업자원 관리원(원종장) 원종포장에서 생
　산된 종자
• 보급종 : 원종을 국립종자원에서 받아 농가에 보급하기 위해 생산된
　종자
• 증식종 : 지방자치단체 등의 자체계획에 따라 원종을 증식한 종자

161

종자보급체계에서 보급종이란?

① 육성자가 유지하고 있는 종자
② 기본식물에서 1세대 증식된 종자
③ 원원종에서 1세대 증식된 종자
④ 원종에서 1세대 증식된 종자

162

보급종 채종량은 일반재배의 몇 %로 하는가?

① 50%　　　　　　② 70%
③ 80%　　　　　　④ 100%

채종
체계적인 채종재배에서는 각 채종단계(원원종, 원종, 보급종)별 채종
량을 고려한다.
• 원원종포 : 보통재배의 50% 채종
• 원종포 : 보통재배의 80% 채종
• 채종포 : 보통재배의 경우와 같은 100% 채종

163

포장검사에서 품종순도를 산출할 때에 직접 조사하지 않
는 것은?

① 이병주　　　　　② 이종종자주
③ 이품종　　　　　④ 이형주

품종순도 : 재배작물 중 이형주(변형주), 이품종주, 이종종자주를 제외
한 해당품종 고유의 특성을 나타내고 있는 개체의 비율을 말한다.

164

종자생산포장의 포장검사 방법에 대한 설명으로 틀린
것은?

① 포장검사는 달관검사와 표본검사 및 재 관리검사로
　구분하여 실시한다.
② 표본검사는 달관검사 결과 불합격 범위에 속하는 포
　장에 대하여 실시한다.
③ 재 관리검사는 표본검사 결과 규격미달 포장이라도
　재 관리하면 합격이 가능한 포장에 대하여 실시한다.
④ 검사단위는 필지별로 하되, 동일인이 동급이상의
　동일품종을 인접 경계 필지에 재배할 때에는 동일
　필지 포장으로 간주할 수 있다.

② 달관검사 결과 검사규격이 합격 또는 불합격 범위에 속하는 포장에
　대하여는 표본검사를 생략할 수 있으며, 달관검사로 판정이 어려
　운 포장에 대하여는 표본검사를 실시한다.

165

종자검사의 주요 내용이 아닌 것은?

① 발아검사
② 순도검사
③ 병해검사
④ 단백질함량검사

종자검사항목

순도분석, 이종 종자입수의 검사, 수분검사, 발아검사, 천립중검사, 품종검증, 종자건전도검사

166

종자검사시료의 추출 방법으로 적합하지 않은 것은?

① 균분기 이용
② 표본 방법
③ 무작위 컵 방법
④ 균분격자 방법

검사실 내에서의 시료 추출

균분기 방법, 무작위 컵 방법, 수정된 이등분법(균분격자 방법), 스푼 방법

167

종자검사 시 표본추출에 대한 설명으로 가장 옳지 않은 것은?

① 포장검사, 종자검사는 전수 또는 표본 추출 검사 방법에 의한다.
② 표본 추출은 채종 전 과정에서 골고루 채취한다.
③ 기계적인 채취 시에는 일정량을 한 번만 채취하면 된다.
④ 가마니, 포대 등에 들어 있을 때는 손을 넣어 휘저어 여러 번 채취한다.

③ 기계적인 채취 시에는 일정시간마다 일정량의 종자를 채취한다.

168

종자검사용 표본을 추출하는 원칙으로 가장 적절한 것은?

① 전체를 대표할 수 있도록 하되 무작위로 추출한다.
② 비교적 불량한 부분이 많이 포함되도록 채취한다.
③ 비교적 양호한 부분이 많이 포함되도록 채취한다.
④ 표본추출 대상이 되는 부분을 사전에 지정한 후 채취한다.

추출대상 포장물의 선택은 전체 소집단에서 무작위로 하며, 가능한 포장(용기)의 상중하 각 부위에서 채취한다. 단, 과수의 경우는 예외로 한다(종자검사요령 제16조 제3호).

169

다음 중 (가)에 알맞은 내용은?

<종자검사요령상 손으로 시료 추출 시>
- 어떤 종 특히 부석부석한 잘 떨어지지 않는 종은 손으로 시료를 추출하는 것이 때로는 가장 알맞은 방법이 된다.
- 이 방법으로는 약 (가)mm 이상 깊은 곳의 시료 추출은 어렵다.
- 이는 포대나 빈(산물)에서 하층의 시료를 추출하는 것이 불가능하다는 의미이다.
- 이 경우 추출자는 시료의 채취를 용이하게 하기 위하여 몇 개의 자루 또는 빈을 비우게 하거나 부분적으로 비웠다가 다시 채우게 하는 등의 특별한 사전 조치를 취하게 할 수 있다.

① 100   ② 200
③ 300   ④ 400

해설

어떤 종 특히 부석부석한 잘 떨어지지 않는 종은 손으로 시료를 추출하는 것이 때로는 가장 알맞은 방법이 된다. 이 방법으로는 약 400mm 이상 깊은 곳의 시료 추출은 어렵다(종자검사요령 [별표 2]).

170

종자 순도분석을 위한 시료의 구성요소에 해당하지 않는 것은?

① 정립   ② 수분함량
③ 이종종자   ④ 이물

해설

순도분석의 목적은 시료의 구성요소(정립, 이종종자, 이물)를 중량백분율로 산출하여 소집단 전체의 구성요소를 추정하고, 품종의 동일성과 종자에 섞여 있는 이물질을 확인하는 데 있다(종자검사요령 제18조 제1항).

171

종자 순도검사를 위한 검사시료 60g 중 정립 56.4g, 이종종자 2.7g, 이물 0.9g일 때의 정립비율(순종자율)은?

① 56.4%   ② 59.1%
③ 90.0%   ④ 94.0%

해설

$$순종자율 = \frac{56.4}{60} \times 100 = 94\%$$

172

순도분석에서 이물(inert matter)에 속하는 것은?

① 미숙립
② 병해립(맥가병해립, 균핵병해립, 깜부기병해립 및 선충에 의한 충영립은 제외)
③ 종피가 완전히 벗겨진 콩과
④ 원래 크기의 1/2 이상인 종자 쇄립

해설

이물(inert matter)(종자검사요령 제18조 제2항 제3호)
이물은 정립과 이종종자(잡초종자 포함)로 구분되지 않은 종자구조를 가졌거나 모든 다른 물질로서 다음의 것을 포함한다.
- 진실종자가 아닌 종자
- 볏과 종자에서 내영 길이의 1/3 미만인 영과가 있는 소화(라이그래스, 페스큐, 개밀)
- 임실소화에 붙은 불임소화는 귀리, 오처드그라스, 페스큐, 브롬그래스, 수수, 수단그라스, 라이그래스 속을 제외하고는 떼어내어 이물로 처리한다.
- 원래크기의 절반 미만인 쇄립 또는 피해립
- 부속물은 정립종자 정의에서 정립종자로 구분되지 않은 것. 정립종자 정의에서 언급되지 않은 부속물은 떼어내어 이물에 포함한다.
- 종피가 완전히 벗겨진 콩과, 십자화과의 종자
- 콩과에서 분리된 자엽
- 회백색 또는 회갈색으로 변한 새삼과 종자
- 배아가 없는 잡초종자
- 떨어진 불임소화, 쭉정이, 줄기, 바깥껍질(外穎), 안 껍질(內穎), 포(苞), 줄기, 잎, 솔방울, 인편, 날개, 줄기껍질, 꽃, 선충충영과, 맥각, 공막, 깜부기 같은 균체, 흙, 모래, 돌 등 종자가 아닌 모든 물질

173

종자 순도분석의 결과를 옳게 나타내는 것은?

① 구성요소의 무게를 소수점 아래 한 자리까지
② 구성요소의 무게를 소수점 아래 두 자리까지
③ 구성요소의 무게를 백분율로 소수점 아래 한 자리까지
④ 구성요소의 무게를 백분율로 소수점 아래 두 자리까지

해설

순도분석의 결과는 소수점 이하 한자리로 하고 모든 항목의 합은 100.0이어야 하며 구성이 0.05% 미만일 때는 '흔적 또는 TR(trace)'로 기록한다(종자검사요령 제18조 제6항).

174

순도검사의 시료에 종자 크기가 반절 이상인 발아립(發芽粒)이 섞여있다면 이는 어느 범주에 속하는가?

① 이물
② 이종종자
③ 잡초종자
④ 정립

해설

정립(pure seed)(종자검사요령 제18조 제2항 제1호)
정립은 검사(검정)신청자가 신청서에 명시한 대상작물로, 해당종의 모든 식물학적 변종과 품종이 포함되며 다음의 것을 포함한다.
• 미숙립, 발아립, 주름진립, 소립
• 원래 크기의 1/2 이상인 종자 쇄립
• 병해립(맥각병해립, 균핵병해립, 깜부기병해립 및 선충에 의한 충영립은 제외)

175

채소작물 종자검사 시 검사규격에 대한 내용이다. (   )에 알맞은 내용은?

작물명		최고한도(%)		
		수분	이종종자	잡초종자
무	원종	9.0	0.05	( )

① 0.05
② 0.15
③ 0.2
④ 0.25

해설

채소작물 종자검사의 검사규격 최고한도 – 무(종자관리요강 [별표 6])

작물명	최고한도(%)					병해립	
	수분	이종종자	잡초종자	이물	손상립	특정병	기타병
원종	9.0	0.05	0.05	1.0	7.0	–	6.0
보급종	9.0	0.20	0.10	4.0	7.0	–	6.0

176

종자의 발아검사 방법으로 옳지 않은 것은?

① 반복은 종자의 크기에 따라 50립씩 반복을 두어 검사할 수 있다.
② 정립종자 중 무작위로 100립씩 400립을 추출한다.
③ 검사시료당 400립을 2~3반복으로 나누어 검사할 수 있다.
④ 복수발아종자는 분리하지 않으며 단일종자로 취급한다.

해설

발아검사 재료
• 100립씩 4반복을 무작위로 추출한다.
• 종자테이프로부터의 검사시료는 최소한 100립을 포함하는 테이프 토막을 4반복으로 무작위 추출한다.

177

정상묘로만 나열된 것은?

① 부패묘, 경결함묘
② 경결함묘, 2차 감염묘
③ 완전묘, 기형묘
④ 기형묘, 부패묘

해설

정상묘 : 완전묘, 경결함묘, 2차 감염묘

178

종자의 발아시험에 쓰이지 않는 온도 조건은?

① 25℃ 항온
② 35℃ 항온
③ 15~25℃의 변온
④ 20~30℃의 변온

해설

종자의 발아시험에 쓰이는 온도(종자검사요령)
• 항온 : 10℃, 15℃, 20℃, 25℃
• 변온 : 15~25℃, 20~30℃

179

발아검사 결과 재시험을 해야 할 경우에 해당하지 않는 것은?

① 4반복의 반복 간 차이가 최대 허용범위를 벗어났을 때
② 휴면종자가 많았을 때
③ 발아세가 낮았을 때
④ 발아상(床)에 1차 감염이 심했을 때

해설

발아시험 시 재시험을 해야 할 경우
• 휴면으로 여겨질 때(신선종자)
• 시험결과가 독물질이나 진균, 세균의 번식으로 신빙성이 없을 때
• 상당수의 묘에 대해 정확한 평가를 하기 어려울 때
• 시험조건, 묘평가, 계산에 확실한 잘못이 있을 때
• 100립씩 반복 간 차이가 규정된 최대허용오차를 넘을 때

180

발아검사를 할 때 종이배지의 조건으로 틀린 것은?

① 시험 조작 중 찢어짐에 견디도록 충분한 강도를 가져야 한다.
② 종이는 전 기간을 통하여 종자에 계속적으로 수분을 공급할 수 있는 충분한 수분 보유력을 가져야 한다.
③ pH의 범위는 6.0~7.5이어야 한다.
④ 뿌리가 뚫고 들어가기 쉬워야 한다.

해설

종이배지의 일반요건
• 구성 : 종이의 섬유는 화성목재, 면 또는 기타 정제한 채소섬유로 제조된 것이어야 하며, 진균, 세균, 독물질이 없어 묘의 발달과 평가를 방해하지 않아야 한다.
• 조직 : 종이는 다공성 재질이어야 하나 묘 뿌리가 종이 속으로 들어가지 않고 위에서 자라야 한다.
• 강도 : 시험 조작 중 찢어짐에 견디도록 충분한 강도를 가져야 한다.
• 보수력 : 종이는 전 기간을 통하여 종자에 계속적으로 수분을 공급할 수 있는 충분한 수분 보유력을 가져야 한다.
• pH : 범위는 6.0~7.5이어야 한다. 또는 이 범위 밖의 pH가 발아시험 결과에 어떠한 영향도 미치지 않았음을 증명할 수 있어야 한다.
• 저장 : 가능하면 관계 습도가 낮은 저온실에 보관하며, 저장 기간 중 피해와 더러워짐에 보호될 수 있는 알맞은 포장이어야 한다.
• 살균소독 : 저장 중 번식하는 균류를 제거하기 위해 종이의 소독이 필요할 수도 있다.

181

종자의 발아시험기간이 끝난 후에도 발아되지 않는 신선 종자에 대한 설명으로 옳지 않은 것은?

① 생리적 휴면종자이다.
② 무배(無胚) 종자도 여기에 속한다.
③ 주어진 조건에서 발아하지 못하였으나 깨끗하고 건실한 종자이다.
④ 규정된 한 가지 방법으로 처리 후 재시험한다.

해설

신선종자
경실이 아닌 종자로 주어진 조건에서 발아하지는 못하였으나 깨끗하고 건실하여 확실히 활력이 있는 종자

182

다음 중 발아세의 정의로 가장 적절한 것은?

① 파종된 총 종자 개체수에 대한 발아종자 개체수의
   비율
② 파종기부터 발아기까지의 일수
③ 종자의 대부분이 발아한 날
④ 치상 후 일정기간까지의 발아율

해설

일정한 시일 내의 발아율로서 발아에 관계되는 종자의 활력을 발아세라 한다.

183

발아세를 높이는 방법으로 옳지 않은 것은?

① 프라이밍 처리
② 테트라졸륨액 처리
③ 저온처리
④ 지베렐린액 처리

해설

발아세를 높이는 방법 : 프라이밍 처리, 일광 건조, 저온처리, 생장조절제(시토키닌, 지베렐린 등) 처리 등

184

옥수수 종자는 수정 후 며칠쯤이 되면 발아율이 최대에 달하는가?

① 약 13일   ② 약 21일
③ 약 31일   ④ 약 43일

해설

옥수수 종자는 수정 후 31일이 되면 발아율이 최대에 달한다.

185

종자의 생화학적 검사 방법으로 옳지 않은 것은?

① 착색법
② 전기전도율검사
③ 효소활성측정법
④ ferric chloride법

해설

발아시험
• 생화학적 검사 : TTC, 착색법, 효소활성측정법, ferric chloride, indoxy acetate
• 물리적 검사 : 전기전도율검사, 배절제법, X선검사법

186

다음 중 종자활력과 관계가 가장 깊은 것은?

① DNA 수준
② aldehyde 수준
③ m-RNA 수준
④ ATP 함량

해설

종자발아과정 중 에너지 흡수반응, 생합성의 조절 또는 단백질의 합성에 에너지를 공급하는데 ATP(아데노신3인산)가 필요하다.

187

종자의 테트라졸륨(tetrazolium)검사에서 종자에 나타나는 붉은색 물질은 무엇인가?

① bromide ② carmine
③ formazan ④ methylbromide

해설

테트라졸륨검사(TTC 검사)
배 조직 탈수효소(dehydrogenase)의 활동으로 방출된 수소이온이 테트라졸륨(tetrazolium) 용액과 반응하여 불용성인 붉은색 포르마잔(formazan)이 형성된다.

188

직접 발아시험을 하지 않고 배의 환원력으로 종자발아력을 검사하는 방법은?

① X선검사법
② 전기전도도검사법
③ 테트라졸륨검사법
④ 수분함량 측정법

해설

테트라졸륨검사
배 조직의 호흡 효소가 테트라졸륨 용액과 반응하여 형성된 배 부위의 착색 형태와 정도로 종자발아력을 검정하는 방법이다.

189

밀 종자의 테트라졸륨(tetrazolium)검사에서 발아능이 가장 좋은 종자의 상태는?

① 배가 착색되지 않은 종자
② 배가 청색으로 착색된 종자
③ 배가 붉은색으로 착색된 종자
④ 배가 엷은 분홍색으로 착색된 종자

해설

③ 배의 붉은색 착색 정도가 진할수록 발아능이 좋다.

190

종자의 발아능 검사를 위한 tetrazolium검사 시 처리 농도(%) 범위로 가장 적합한 것은?

① 0.1~1.0
② 1.0~2.0
③ 2.0~3.0
④ 3.0~4.0

해설

물에 담갔던 종자를 꺼내어 0.1~1%액의 테트라졸륨 용액에 종자를 넣어 35℃의 항온기 내에서 착색되도록 한다.

191

다음 중 (   ) 안에 알맞은 내용은?

> (   )은 콩이나 종피의 색이 엷은 콩과 작물의 종자에서 종피의 손상을 쉽게 알 수 있는 방법으로서 저장 중인 종자의 활력평가에 효과적인 방법이며, 상처를 입은 종자의 종피가 녹자색으로 변하지만 정상의 종자는 자엽이 황백색으로 보이기 때문에 판별하기가 쉽다.

① indoxyl acetate법
② ferric chloride법
③ malachite법
④ selenite법

해설

② ferric chloride법 : 20% $FeCl_3$용액에 15분간 처리하면 손상을 입은 종자는 검은색으로 변한다.
③ malachite법 : 종자를 청색의 말라카이트 용액에 담갔다가 꺼내어 흡습지에 펴 놓으면 세포의 탈수소효소에 의하여 탈색되는 원리를 이용하여 종자세를 검정한다.
④ selenite법 : 종자의 발아능을 추정하는 한 방법으로 무색의 selenite염이 살아있는 종자의 세포에서 탈수소효소의 활성으로 적색의 셀레늄으로 환원되는 원리를 이용한 것이다.

192

다음에서 설명하는 것은?

> • 기계적 상처를 입은 콩과 작물의 종자를 20%의 $FeCl_3$용 액에 15분간 처리하면 손상을 입은 종자가 검은색으로 변한다.
> • 종자를 정선 · 조제하는 과정 중에도 시험할 수 있다.

① 산화효소법
② ferric chloride법
③ 과산화효소법
④ 셀레나이트법

해설

① 산화효소법 : 종자발아능의 추정에 종자가 가지고 있는 catalase 의 활성을 이용하는 방법
③ 과산화효소법 : 종자의 과산화효소 활력을 측정하여 종자세를 측 정하는 방법으로 guaiacol과 과산화수소(H_2O_2)가 반응하면 청색 의 tetraguaicoquinone이 되는 정색반응(呈色反應)이 나타나는 원리를 이용한 것
④ 셀레나이트법 : 종자의 발아능을 추정하는 한 방법으로 무색의 selenite염이 살아있는 종자의 세포에서 탈수소효소의 활성으로 적색의 selenium으로 환원되는 원리를 이용한 것

193

다음 중 바이러스에 의해 발병하는 것은?

① 콩 오갈병
② 보리 겉깜부기병
③ 벼 흰빛잎마름병
④ 벼 이삭누룩병

해설

바이러스에 의한 병해 : 오갈병, 줄무늬잎마름병, 모자이크병
② 보리 겉깜부기병 : 진균(담자균류)
③ 벼 흰빛잎마름병 : 세균
④ 벼 이삭누룩병 : 진균(자낭균류)

194

종자전염성 식물병으로 병원이 바이러스인 것은?

① 옥수수 맥각병
② 옥수수 노균병
③ 콩 회색줄기마름병
④ 오이 녹반모자이크병

해설

오이 녹반모자이크바이러스(CGMMV)
전염력이 강한 바이러스로 종자, 접촉, 토양전염 등 여러 가지 방법으로 전염될 수 있으므로 병든 포기에서 쉽게 전염될 수 있다.
① 옥수수 맥각병 : 진균(자낭균류)
② 옥수수 노균병 : 곰팡이
③ 콩 회색줄기마름병 : 진균

195

종자에 의하여 전염되기 쉬운 병해는?

① 흰가루병
② 모잘록병
③ 배꼽썩음병
④ 잿빛곰팡이병

해설

모잘록병을 일으키는 라이족토니아균(*Rhizoctonia*)은 전형적인 토양 전염성병원균으로 병든 식물의 잔해나 토양 속에서 장기간 생존했다 가 십자화과 식물인 무, 배추, 양배추와 완두 등을 침해하기도 한다.

196

종자전염성병의 검정 방법 중 혈청학적 검정법에 속하는 것은?

① 면역이중확산법
② 여과지배양검정법
③ 유묘병징조사법
④ 한천배지검정법

해설

종자전염병의 검정 방법
• 배양법 : 한천배지검정, 여과지배양검정
• 무배양검정 : 수세검정, 유묘병징조사, 독성검사, 생육검사, 생물학 적 검정
• 박테리오파지에 의한 검정
• 혈청학적 검정 : 면역이중확산법, 형광항체법, 효소결합항체법
• 직접검사 : 식물주사검사, 지표식물접종법, 종자전염성선충검사

197

다음 중 종자의 저장능력과 관계되는 성질을 검사하는 것은?

① 발아검사   ② 병해검사

③ 수분검사   ④ 순도검사

해설

저장 종자의 발아능력에 가장 큰 영향을 끼치는 두 가지 요인은 종자의 수분함량과 저장온도이다. 수분검사는 수분측정기를 이용하여 종자표본의 수분함량과 직접적인 관계가 있는 물리적 성질을 측정한다.

198

다음에서 설명하는 것은?

> 일명 Hiltner검사라고도 하며, 처음에는 곡류에 종자전염하는 *Fusarium*의 감염 여부를 알고자 고안한 방법이지만, 후에 종자의 불량묘 검사에 이용되었다.

① 삼투압검사   ② ATP검사

③ GADA검사   ④ 와사검사

해설

① 삼투압검사 : 가뭄에 견디는 힘을 알아보기 위하여 주로 쓰인다. 삼투압을 조절한 용액에서 종자를 발아시켜 발아속도, 특히 유아의 출현 상태를 보아 종자세를 판정한다.
② ATP검사 : ATP가 발아과정의 세포 내 대사, 생합성의 조절 또는 단백질 합성 등에 필요한 에너지원으로 이용된다는 점을 근거로 ATP의 함량을 검사하여 종자세의 척도로 삼는다.
③ GADA검사 : 종자의 글루탐산 탈탄산효소(GADA)의 활력을 측정하여 종자세를 검정하는 방법으로 종자 내 glutamic acid는 decarboxylase의 기질로 이용되어 CO_2를 발생시키며 CO_2 발생이 많으면 효소의 활성이 크고 종자활력도 크다고 판단한다.

199

국제적으로 유통되는 종자의 검사규정을 입안하고, 국제종자분석증명서를 발급하는 기관은?

① FAO   ② UPOV

③ ISTA   ④ ISO

해설

ISTA(국제종자검정협회 ; International Seed Testing Association) 국제적으로뿐만 아니라 국내에서 종자의 유통을 위해 종자의 검사방법을 연구하고 기준을 정하는 기관

200

국제종자검사협회(ISTA)의 국제종자표지 규정 중에서 시료채취와 검사가 다른 공인검정기관 사이에 이루어지는 경우에 발행하는 증명서는?

① 녹색증명서
② 청색증명서
③ 등황색증명서
④ 적색증명서

해설

증명서의 종류

증명서는 시료채취 및 검정을 수행하는 주체에 따라 3종류로 구분한다.
- 등황색증명서(orange certificate) : 종자소집단이 위치한 국가의 공인검정기관이 시료채취부터 검정까지의 전 과정을 수행하였을 때 발행되는 증명서
- 녹색증명서(green certificate) : 시료채취와 검정이 각기 다른 나라에서 이루어졌을 때 발급되는 증명서로서 종자소집단이 위치한 국가의 공인검사기관이 시료를 채취하고 검정은 다른 국가의 공인검정기관이 수행하였을 경우 발행되는 증명서
- 청색증명서(blue certificate) : 공인검정기관에 접수된 시료의 해당 항목에 대하여 검정이 이루어졌을 때 발급되는 증명서로서 증명기관은 제출된 시료의 검정항목에 대해서만 책임이 있는 증명서

001
식물육종의 성과로서 부정적인 것은?

① 생산성 증가
② 품질 향상
③ 환경적응성 증대
④ 재래종 감소

해설
육종의 부정적 성과
• 재래종의 감소 및 소멸
• 품종의 획일화로 인한 유전적 취약성 초래
• 종자공급의 독과점 및 가격불안정

002
야생식물이 재배화되면서 순화한 특성은?

① 종자산포 능력 강화
② 식물의 방어적 구조 강화
③ 종자발아의 균일성 약화
④ 종자의 휴면성 약화

해설
야생식물이 재배화되면서 종자의 발아가 빠르게 균일해졌으며 종자의 휴면성·탈립성·종자산포 능력이 약해졌고 식물의 방어적 구조가 퇴화하거나 소실되었다.

003
작물육종에 있어서 새로운 유용 유전자를 탐색 수집하여 활용하고자 할 때 가장 관계되는 학설은?

① 순계설
② 게놈설
③ 유전자중심설
④ 돌연변이설

해설
바빌로프(Vavilov)의 유전자중심설
• 발생 중심지에는 많은 변이가 축적되어 있으며, 유전적으로 우성형질을 가진 형이 많다.
• 열성형질은 발상지로부터 멀리 떨어진 곳에 위치한다.
• 2차 중심지에는 열성형질을 가진 형이 많다.
• 작물의 재배기원 중심지를 8개 지역으로 나눈다.
※ 바빌로프의 재배기원 중심지(8개 지역) : 중국지구, 인도·동남아지구, 중앙아시아지구, 근동지구, 지중해 연안지구, 에티오피아지, 중앙 아메리카지구, 남아메리카지구

004
재래종 또는 지방종에 대한 설명으로 옳지 않은 것은?

① 하나의 품종으로 보아도 좋다.
② 작물의 원산지에서 오랜 기간 자생 또는 재배되어 온 것이어야만 한다.
③ 대부분의 재래종은 일종의 고정종에 속하는 것이다.
④ 한 지역에서 예로부터 재배되어 내려온 것을 흔히 일컫는다.

해설
재래종은 한 지방에서 예로부터 재배해 온 품종으로 오랜 기간에 걸쳐 재배해 오는 동안에 도태가 가해져 형성된 것이다.

1 ④ 2 ④ 3 ③ 4 ② **정답**

005

재래종이 육종재료로 활용될 수 있는 가장 중요한 이유에 해당하는 것은?

① 개량종에 비하여 품질이 우수하다.
② 유전적 기원이 뚜렷하다.
③ 내비성이 높다.
④ 유전적인 다양성이 잘 유지되어 있다.

해설

재래종 : 도입이나 육성품종이 아닌 그 지방의 기후 풍토에 잘 적응된 토착 품종으로 다수의 유전자형이 혼입되어 있다.

006

인공교배에 의한 교잡육종기술을 크게 발전시키는 데 이론적 근거를 제공해 준 이론은?

① 몰간의 염색체설
② 멘델의 유전법칙
③ 다윈의 진화론
④ 뮐러의 돌연변이설

해설

멘델의 유전법칙

멘델이 완두 교배실험를 통하여 유전의 기본원리를 발견. 현대 유전학의 시초가 되었다.

007

다음 중 멘델의 유전법칙에 대한 설명으로 틀린 것은?

① 우성과 열성의 대립유전자가 함께 있을 때 우성형질이 나타난다.
② F_2에서 우성과 열성형질이 일정한 비율로 나타난다.
③ 유전자들이 섞여 있어도 순수성이 유지된다.
④ 두 쌍의 대립형질이 서로 연관되어 유전분리한다.

해설

멘델의 유전법칙

• 우열의 법칙 : 서로 대립하는 두 형질이 있을 때 F_1은 우성형질만 나타난다.
• 분리의 법칙 : F_2에서 우성과 열성이 분리되어 나온다.
• 독립의 법칙 : 서로 다른 두 개의 형질은 각각 독립적으로 유전된다.

008

영양번식 작물의 교배육종 시 선발은 어느 때 하는 것이 가장 좋은가?

① F_1 세대
② 어느 세대든 관계가 없다.
③ F_4 세대
④ F_6 세대

해설

영양계끼리 교배한 F_1은 다양한 유전자형이 생기며, 이 F_1에서 선발된 영양계는 F_1의 유전자형을 유지한 채 영양번식에 의하여 증식되므로 잡종강세를 나타낸다.

009

교배친 각각이 순계일 때 유전적 균일성이 가장 높은 세대는?

① 교배친
② F_1
③ F_2
④ F_{10}

해설

F_1의 특성 : 다수성, 품질균일성, 강한 내병성, 강건성 등

010

1대잡종에 의한 육종을 설명한 것 중 옳지 않은 것은?

① 단위면적당 재배에 소요되는 종자량이 적은 것이 유리하다.

② 잡종강세현상을 F_5, F_6대에도 계속 이용한다.

③ 한 번의 교잡으로 많은 종자를 생산할 수 있어야 한다.

④ 잡종강세 식물은 개화기와 성숙기가 촉진될 수 있다.

해설

② F_1에서 수확한 종자의 잡종강세현상은 당대에 한한다. F_2 세대에서는 유전적으로 분리되므로 변이가 심하게 일어나 품질과 균일성이 떨어진다.

011

다음 중 자식성 작물에서 유전력이 높은 형질의 개량에 가장 많이 쓰이는 육종방법은?

① 계통육종법

② 집단육종법

③ 잡종강세육종법

④ 배수성육종법

해설

계통육종법은 질적형질의 선발에 효과적이다.

012

계통육종에서의 선발에 대한 설명으로 틀린 것은?

① F_2 세대에서는 유전력이 낮은 형질들을 대상으로 강선발을 실시하는 것이 효과적이다.

② F_3 세대에서는 계통선발을 한 후 선발계통 내의 개체들을 선발한다.

③ 계통재배 세대수가 증가할수록 양적형질의 유전력이 증가하므로 선발이 용이하다.

④ F_4 세대부터는 계통군선발 → 계통선발 → 개체선발 순으로 선발을 진행한다.

해설

F_2 세대의 개체선발

• 내병성 · 단간 등 소수의 유전자가 관여하거나 육안감별이 쉬운 질적형질 또는 유전력이 높은 양적형질은 개체선발이 효과적이다.

• F_2에서는 폴리진이 관여하며, 환경의 영향이 크기 때문에 생산성에 대한 개체선발은 의미가 없다.

• 가능한 많은 개체를 전개하는 것이 좋다.

013

F_3 이후의 계통선발에 대한 설명으로 가장 옳은 것은?

① 계통군을 선발한 다음 계통을 선발한다.

② 계통을 선발한 다음 계통군을 선발한다.

③ 유전력이 작은 양적형질은 $F_3 \sim F_4$ 세대에 고정계통을 선발한다.

④ 유전력이 큰 질적형질은 $F_7 \sim F_8$ 세대에 개체선발을 시작한다.

해설

F_3 세대부터는 계통군선발 → 계통선발 → 개체선발 순으로 진행한다.

014

목표로 하는 전체 형질에 대하여 동시에 선발할 때 각 형질에 대한 중요도에 따라 점수를 주어 총득점수가 많은 것부터 선발할 때 이용되는 것은?

① 선발지수　　　　② 유전력
③ 회귀계수　　　　④ 상관계수

선발지수
- 형질의 중요도에 따라 선발할 필요가 있을 때에 종합판단을 하기 위하여 산출하며 해당 형질의 측정치를 대입하여 선발초점이 큰 계통을 선발한다.
- 선발지수는 목표로 하는 전체 형질을 선발함에 있어서 형질의 중요도에 따라 점수를 주어 총득점수가 많은 것부터 선발하는 득점법이다.

015

목초류에서 가장 널리 이용되는 1대잡종 계통육종법은?

① 단교잡　　　　② 3원교잡
③ 합성품종　　　　④ 복교잡

합성품종
다수의 자식계통을 방임수분시키는 것으로, 다계교잡의 후대를 그대로 품종으로 이용하는 방법이며, 목초류에서 가장 널리 이용되고 있다.

016

사료작물에 이용되는 합성품종의 장점은?

① 유전구성이 단순하다.
② 열성유전자가 발현한다.
③ 소수의 우량계통을 사용한다.
④ 환경변화에 대한 안전성이 높다.

합성품종 : 잡종 제1대의 이용에 비하여 육종조작이 용이하고 반영구적으로 이용할 수 있으며 환경변동에 대한 안전성이 높은 편이라 변이성이 풍부하고 넓은 지역에 적응할 수 있는 등의 이점이 있어서 기술이 발달하지 않은 지역에서도 이용한다.

017

염색체 배가에 가장 효과적인 방법은?

① 콜히친 처리　　　　② NAA 처리
③ 저온처리　　　　④ 고온처리

염색체 배가 방법 : 콜히친 처리, 아세나프텐 처리, 절단법, 온도처리

018

배수체육종에 의해 기관이 거대화하는 주된 이유는 무엇인가?

① 유전물질의 증가에 따라 세포용적이 증대되기 때문이다.
② 환경에 영향을 받지 않기 때문이다.
③ 생리적으로 불안정한 상태이기 때문이다.
④ 염색체의 개수와 상관없이 세포질이 증대되기 때문이다.

염색체의 배수화로 인한 영양기관 증대의 원인
내용물질의 함량이 증대되어 핵과 세포의 증대와 더불어 거대화(세포용적의 증가)를 초래한다.

019

콜히친 처리에 의한 염색체 배가의 원인은?

① 염색체 길이의 증가
② 세포분열 시 방추사 형성의 억제
③ 세포분열 시 상동염색체 접합의 억제
④ 염색체 내 핵의 크기 증가

해설

콜히친 처리는 방추사 형성을 저해하여 딸염색체들이 양극으로 이동하지 못함으로써 염색체수를 배가하는 효과를 나타낸다.

020

배수체 작성에 쓰이는 약품 중 콜히친의 분자구조를 기초로 하여 발견된 것은?

① 아세나프텐   ② 지베렐린
③ 멘톨   ④ 헤테로옥신

해설

아세나프텐은 콜히친의 분자구조를 기초로 하여 발견되었다.

021

동질배수체의 일반적인 특징에 대한 설명으로 옳지 않은 것은?

① 저항성이 증대된다.
② 핵과 세포가 커진다.
③ 착과수가 많아진다.
④ 영양기관의 생육이 증진된다.

해설

동질배수체의 특징
• 저항성 증대 : 내한성, 내건성, 내병성 증대
• 형태적 특성 : 핵과 세포의 거대성, 영양기관의 발육 증진
• 임성저하
• 발육지연 : 생육·개화·결실이 늦어지는 경향
• 함유성분의 변화

022

동질배수체를 육종에 이용할 때 가장 불리한 점은?

① 종자의 크기
② 내병성
③ 생육상태
④ 임성

해설

동질배수체는 감수분열 시 염색체가 불균등분리를 하기 때문에 임성이 낮아 종자의 형성이 잘 안된다.

023

이질배수체를 작성하는 방법으로 가장 알맞은 것은?

① 특정한 게놈을 가진 품종의 식물체에 콜히친을 처리한다.
② 서로 다른 게놈을 가진 식물체끼리 교잡을 시킨 후 그 잡종에 콜히친을 처리한다.
③ 동일한 게놈을 가진 품종끼리 교잡을 시킨 후 그 잡종에 콜히친을 처리한다.
④ 인위적으로 만들 수 없고 자연계에서 만들어지기를 기다린다.

해설

콜히친 처리로 복2배체 육성 방법
• 서로 다른 게놈을 가진 두 2배체를 교배한 F_1의 염색체를 배가시켜 복2배체를 만든다.
• 이종 게놈의 두 2배체를 각각 동질 4배체로 만들고 이를 교배해서 복2배체를 만든다.
※ 이질배수체 : 복2배체

024

다음 중 트리티케일(triticale)의 기원은?

① 밀×호밀　　　　② 밀×보리
③ 호밀×보리　　　④ 보리×귀리

해설

트리티케일은 농촌진흥청이 밀(AABBDD)과 호밀(RR)을 교잡시켜 육성한 사료작물이다.

025

체세포의 염색체 구성이 2n+1일 때 이를 무엇이라 하는가?

① 일염색체(monosomic)
② 삼염색체(trisomic)
③ 이질배수체
④ 동질배수체

해설

이수체

- $2n-2$: 0염색체
- $2n-1$: 1염색체
- $2n+1$: 3염색체
- $2n+2$: 4염색체
- $2n+1+1$: 중복 3염색체
- $2n+1-1$: 중복 1염색체

026

식물의 진화과정상 새로운 작물의 형성에 가장 큰 원인이 된 배수체는?

① 복2배체　　　　② 동질4배체
③ 동질3배체　　　④ 이질3배체

해설

복2배체는 이질배수체를 인위적으로 만들기 위하여 육종에서 주로 이용하는 방법으로 임성이 높으며, 환경적응력이 크고, 양친의 유용한 형질을 조합하는 이점이 있다.

027

복2배체의 작성 방법은?

① 게놈이 같은 양친을 교잡한 F_1의 염색체를 배가하여 작성한다.
② 게놈이 서로 다른 양친을 교잡한 F_1의 염색체를 배가하여 작성한다.
③ 2배체에 콜히친을 처리하여 4배체로 한 다음 여기에 3배체를 교잡하여 작성한다.
④ 3배체와 2배체를 교잡하여 만든다.

028

체세포 염색체수가 20인 2배체 식물의 연관군수는?

① 20　　　　② 12
③ 10　　　　④ 2

해설

$2n = 20$

$\therefore n = 10$

※ 연관군 : 동일 염색체 위에 있는 유전자의 일군이며 생물에는 반수염색체(n)와 같은 수의 연관군이 있다.

029

씨 없는 수박의 육종과정이 바른 것은?

① 3배체 작성 → 3배체 선발 → 3배체(♀)×2배체(♂)
② 3배체 작성 → 3배체 선발 → 3배체(♀)×3배체(♂)
③ 4배체 작성 → 4배체 선발 → 4배체(♀)×2배체(♂)
④ 4배체 작성 → 4배체 선발 → 4배체(♀)×4배체(♂)

해설

씨 없는 수박

2배체 수박(2n = 22)을 4배체로 배가 후 4배체 암술에 2배체 수술을 수분하여 3배체 수박을 만든다.

030

동질4배체의 F_1(AAaa)을 자가수정하여 만들어진 F_2의 표현형 분리비로 옳은 것은?(단, A는 a에 우성이다)

① 우성 : 열성 = 1 : 1
② 우성 : 열성 = 3 : 1
③ 우성 : 열성 = 15 : 1
④ 우성 : 열성 = 35 : 1

해설

• 동질4배체의 F_1(AAaa)이 형성하는 배우자형은 AA : Aa : aa = 1 : 4 : 1이다.
• F_1을 자가수정하여 만들어진 F_2에서 표현형 분리비는 35 : 1이 된다.

031

다음 중 임성이 가장 높은 것은?

① AABBDD
② ABDD
③ AADDD
④ ABD

해설

이질6배체

3종류의 게놈인 AABBDD는 AA, BB, DD와 같이 각 게놈별 2개씩의 염색체가 있으므로 감수분열 시 짝을 지어 정상적인 임성을 가진다.

032

농작물 육종과정 중 세대 촉진 및 생육기간 단축을 위하여 쓰이는 방법으로 가장 알맞은 것은?

① 접목, 일장처리
② 일장처리, 자연도태
③ 자연도태, 검정교잡
④ 검정교잡, 접목

해설

접목과 일장처리는 세대 촉진, 생육기간 단축, 결실조절 등을 가능하게 한다.

033

변이 중 유전하지 않는 변이는?

① 장소변이
② 아조변이
③ 교배변이
④ 돌연변이

해설

유전성의 유무에 따른 변이의 종류

• 유전변이(유전적 변이) : 돌연변이(동형접합, 아조변이), 교잡변이, 불연속변이(질적, 대립), 일반변이
• 환경변이(비유전적 변이) : 방황변이(개체변이), 장소변이, 유도변이, 연속변이(양적)

034

다음 변이의 종류 중 양적변이가 아닌 것은?

① 종실 수량　　　　② 곡물의 찰성
③ 단백질함량　　　　④ 건물중

해설

양적변이
수량, 키, 함유성분 등과 같은 양에 관한 변이

035

후대로 유전하지 않는 변이는?

① 돌연변이　　　　② 유전자변이
③ 방황변이　　　　④ 교잡변이

해설

방황변이(彷徨變異, gluctuation)
같은 종류의 생물 개체들 사이에서 외부조건(환경, 연령 등)의 차이에
의해 발생하는 변이로 개체변이라고도 한다. 유전자 구성에 의한 것이
아니기 때문에 다음 세대로 유전되지 않으며, 한 세대에서만 나타난다.

036

변이를 일으키는 원인에 따라서 3가지로 구분할 때 가장
옳은 것은?

① 방황변이, 개체변이, 일반변이
② 장소변이, 돌연변이, 교배변이
③ 돌연변이, 유전변이, 비유전변이
④ 대립변이, 양적변이, 정부변이

해설

변이를 일으키는 원인에 따른 변이의 종류
• 장소변이, 일시적 변이 : 비유전적 변이이다.
• 유전자적 변이 : 유전적 변이이다.
　– 돌연변이 : 어떤 원인에 의해 유전물질 자체에 나타난다.
　– 교배변이 : 교배결과 잡종자손에 나타난다.

037

후대검정의 설명으로 가장 관련이 없는 것은?

① 선발된 우량형이 유전적인 변이인가를 알아본다.
② 표현형에 의하여 감별된 우량형을 검정한다.
③ 선발된 개체가 방황변이인가를 알아본다.
④ 질적형질의 유전적 변이 감별에 주로 이용된다.

해설

④ 후대검정은 양적형질의 유전적 변이 감별에 주로 이용된다.

038

두 유전자가 연관되었는지를 알아보기 위하여 주로 쓰는
방법은?

① 타가수정　　　　② 원형질융합
③ 속간교배　　　　④ 검정교배

해설

검정교배(Aa × aa)
이형접합체를 열성동형접합체와 교배하는 것을 말한다. 검정교배를
하면 이형접합체의 유전자형을 알 수 있다.

039

식물육종의 핵심 기술에 해당하는 것으로만 나열된 것은?

① 우수한 유전자형의 선발, 종자프라이밍 처리
② 종자프라이밍 처리, 유전자운반체 개발
③ 유전자운반체 개발, 유전변이의 작성
④ 유전변이의 작성, 우수한 유전자형의 선발

040

벼 유전자원을 수집하는 국제기관은?

① ILRI
② CIP
③ IRRI
④ CIMMYT

해설

IRRI(국제미작연구소)
필리핀의 마닐라에 있는 국제농업연구협의단 산하의 농업연구기관으로 국제쌀연구소라고도 불리는 아시아에서 가장 큰 국제농업연구소이다.
① ILRI : 국제생물자원연구소
② CIP : 국제감자연구센터
④ CIMMYT : 국제 밀, 옥수수 연구소

041

다음 중 유전자원을 수집·보전해야 할 이유로 가장 옳은 것은?

① 멘델 유전법칙을 확인하기 위함
② 다양한 육종 소재로 활용하기 위함
③ 야생종을 도태시키기 위함
④ 개량종의 보급을 확대시키기 위함

042

다음 (   ) 안에 가장 적합한 용어는?

> 유전자원의 특성을 평가할 때 (   )은(는) 환경변이가 크기 때문에 3차적 특성으로 취급한다.

① 개화기
② 수량성
③ 종자색깔
④ 병해충저항성

해설

• 양적형질[수량, 품질, 키, 함유(기름, 단백질)성분 등]은 변이가 연속적이고 환경에 의한 영향이 크며 유전력이 낮은 형질이다.
• 질적형질(종자색, 병해충저항성 등)은 유전력이 100%이다.

043

F_2에서 개체의 수량성에 대한 선발효과가 없는 이유는?

① 수량성에는 주동유전자가 관여하며 환경영향이 거의 없기 때문이다.
② 수량성에는 주동유전자가 관여하며 환경영향이 크기 때문이다.
③ 수량성에는 폴리진이 관여하며 환경영향이 거의 없기 때문이다.
④ 수량성에는 폴리진이 관여하며 환경영향이 크기 때문이다.

해설

F_2에서 수량성에는 폴리진이 관여하고 환경의 영향이 크기 때문에 개체선발이 의미없으므로 개체의 수량성에 대한 선발은 계통선발에 중점을 둔다.

044

상업품종의 급속한 보급에 의해 재래종 유전자원이 소실되는 현상을 무엇이라 하는가?

① 유전적 침식
② 유전자 결실
③ 유전적 부동
④ 유전적 취약성

해설

유전적 침식
재래종에서와 같이 생산성은 낮지만 소규모로 다양하게 재배되어 오던 품종이 우수한 신품종의 출현과 새로운 재배법의 개발로 차츰 소멸되는 현상을 말한다. 유전적 침식이 계속해서 진행되면 우수한 신품종 육종의 재료가 되는 유전자원이 고갈되는 것으로 육종적 측면에서 큰 손실을 의미한다.

045

품종의 유전적 취약성의 가장 큰 원인은?

① 재배품종의 유전적 배경이 다양화되었기 때문
② 재배품종의 유전적 배경이 단순화되었기 때문
③ 농약사용이 많아지기 때문
④ 잡종강세를 이용한 F_1 품종이 많아졌기 때문

해설

유전적 취약성(genetic vulnerability)
품종의 단순화에 의해 작물 재배가 환경 스트레스에 견디지 못하는 성질

046

유전자원의 액티브컬렉션(active collection) 저장조건으로 옳은 것은?

① 종자수분을 15%로 한 다음 −18℃에 저장
② 종자수분을 5±1%로 한 다음 4℃에 저장
③ 종자수분을 15%로 한 다음 4℃에 저장
④ 종자수분을 15±1%로 한 다음 −18℃에 저장

해설

유전자원 저장조건
• 베이스컬렉션(장기보존 종자) : 종자의 수분 5~7%, −18℃의 저온에서 저장한다.
• 액티브컬렉션(중기보존 종자) : 종자의 수분 5±1%, 온도 4℃에서 저장한다.

047

유전자형이 Aa인 이형접합체를 지속적으로 자가수정 하였을 때 후대집단의 유전자형 변화는?

① Aa 유전자형 빈도가 늘어난다.
② 동형접합체와 이형접합체 빈도의 비율이 1 : 1이 된다.
③ Aa 유전자형 빈도가 변하지 않는다.
④ 동형접합체 빈도가 계속 증가한다.

해설

세대가 넘어가면 넘어갈수록 자식성 식물집단은 동형접합성이 높아지고, 타식성 식물집단은 이형접합성이 높아진다.

048

F_1의 유전자 구성이 AaBbCcDd인 잡종인 자식 후대에서 고정된 유전자형의 종류는 몇 가지인가?(단, 모든 유전자는 독립유전한다)

① 4
② 12
③ 16
④ 30

해설

유전자형이 AaBbCcDd인 개체의 생식세포의 종류는 2^4, 즉 16종류가 된다.

049

3성잡종의 F_2에 분리되는 표현형의 종류수는?(단, 3 유전자 모두 완전우열성이다)

① 2
② 4
③ 8
④ 16

해설

- 3성잡종교배(trihybrid cross)는 3가지 단성잡종교배가 동시에 이루어지는 것으로서 WW×ww, GG×gg 및 CC×cc의 각 교배는 WWGGCC×wwggcc와 같은 교배조합으로 나타난다.
- 독립적인 n쌍의 대립유전자는 2^n가지 배우자를 형성하여 4^n개의 배우자 조합을 만듦으로써 3^n가지 유전자형이 생겨서 2^n가지 표현형으로 나타난다.

050

장벽수정(hercogamy)의 대표적 식물은?

① 양파
② 복숭아
③ 붓꽃
④ 국화

해설

장벽수정(墻壁受精, hercogamy) : 암술과 수술의 위치가 자가수정을 할 수 없는 구조로 붓꽃과 식물에 흔히 나타난다.

051

타식성 식물에 대한 설명으로 옳은 것은?

① 유전자형이 동형접합(homozyogosity)이다.
② 단성화와 자가불임의 양성화뿐이다.
③ 자연계에서 서로 다른 개체 간 수정되는 비율이 높은 식물이다.
④ 자웅이숙 식물만이 순수한 타식성 식물이다.

해설

타식성 작물의 유전적 특성
- 타가수분을 하므로 대부분 이형접합이다.
- 자가불화합성, 자웅이주, 이형예현상 등이 있다.
- 자연교잡률이 높다.
- 인위적으로 자식시키면 근교약세가 나타난다.

052

다음 중 타식성 작물의 특성으로만 나열된 것은?

① 완전화(完全花), 이형예현상
② 이형예현상, 자웅이주
③ 자웅이주, 폐화수분
④ 폐화수분, 완전화(完全花)

해설

타식성 작물은 자가불화합성, 자웅이주, 이형예현상, 자연교잡률이 높다.

053

작물의 타가수정률을 높이는 기작이 아닌 것은?

① 폐화수정　　　　　② 웅성불임성
③ 자가불화합성　　　④ 자웅이숙

해설

폐화수정은 꽃이 피지 않고도 내부에서 수분과 수정이 완료되는 것으로 자가수분의 가능성을 매우 높일 수 있는 기작이다.

054

다음 중 양성화 웅예선숙에 해당하는 것으로 가장 적절한 것은?

① 목련　　　　　② 양파
③ 질경이　　　　④ 배추

해설

양파는 웅예선숙이며 곤충에 의한 타가수분을 많이 한다.

055

작은 섬이나 산골짜기가 타식성 작물의 채종장소로 많이 이용되고 있는 이유로 가장 적절한 것은?

① 여러 가지 품종과의 자연교잡을 자유롭게 막을 수 있기 때문이다.
② 여러 가지 품종과의 자연교잡이 막을 수 있기 때문이다.
③ 습도가 알맞기 때문이다.
④ 온도가 알맞기 때문이다.

해설

타가수정작물의 교잡방지로 생식질 보존을 위한 지리적 격리(외딴섬, 산간지 선정) 채종을 실시한다.

056

피자식물에서 볼 수 있는 중복수정의 기구는?

① 난핵 × 정핵, 극핵 × 생식핵
② 난핵 × 생식핵, 극핵 × 영양핵
③ 난핵 × 정핵, 극핵 × 정핵
④ 난핵 × 정핵, 극핵 × 영양핵

해설

속씨(피자)식물의 중복수정
• 1개의 정핵(n) + 1개의 난세포(n) → 배(2n)
• 1개의 정핵(n) + 2개의 극핵(n + n) → 배유(3n)

057

콩과 식물의 제웅에 가장 적당한 방법은?

① 화판인발법(花瓣引拔法)
② 집단제정법(集團除精法)
③ 절영법(切穎法)
④ 수세법(水洗法)

해설

제웅 : 완전화인 경우 자가수정을 방지하고자 개화 전 꽃밥을 제거하는 것
• 화판인발법 : 콩, 자운영 등에서 꽃봉오리에서 꽃잎을 잡아당겨 꽃잎과 수술을 동시에 제거해 제웅하는 방법
• 집단제정법 : 꽃밥을 제거하지 않고 꽃밥을 죽게 하거나 꽃밥 밖으로 꽃가루가 나오지 못하게 하는 방법
• 절영법 : 벼, 보리, 밀 등의 영(穎) 선단부를 가위로 잘라내고 핀셋으로 수술을 제거하는 방법
• 수세법 : 국화과 식물에 적용하는 방법
• 개열법 : 감자, 고구마 등의 꽃봉오리 꽃잎을 헤치고 수술을 떼어내는 방법

058

아포믹시스(apomixis)에 대한 설명이 바른 것은?

① 웅성불임에 의해 종자가 만들어진다.
② 수정과정을 거치지 않고 배가 만들어져 종자를 형성한다.
③ 자가불화합성에 의해 유전분리가 심하게 일어난다.
④ 세포질불임에 의해 종자가 만들어진다.

해설

아포믹시스(무수정생식)

수정과정을 거치지 않고 배가 만들어져 종자를 형성하는 현상으로 아포믹시스에 의하여 생긴 유전자형은 다음 세대에서 유전분리가 되지 않으므로 이형접합상태의 우량 유전자형의 유지·증식에 매우 유리하다.

059

다음에서 설명하는 것은?

> • 배낭을 만들지 않고 포자체의 조직세포가 직접 배를 형성한다.
> • 밀감의 주심배가 대표적이다.

① 무포자생색
② 복상포자생식
③ 부정배형성
④ 위수정생식

해설

아포믹시스(apomixis) 종류

• 부정배형성(adventitious embryony) : 배낭을 만들지 않고 포자체의 조직세포가 직접 배를 형성하며, 밀감의 주심배가 대표적이다.
• 웅성단위생식(male parthenogenesis) : 정세포 단독으로 분열하여 배를 만들며 달맞이꽃, 진달래 등에서 발견되었다.
• 무포자생식(apospory) : 배낭을 만들지만 배낭의 조직세포가 배를 형성하며, 부추, 파 등에서 발견되었다.
• 위수정생식(pseudogamy) : 수분의 자극을 받아 난세포가 배로 발달하는 것으로, 담배, 목화, 벼, 밀, 보리 등에서 나타난다.
• 복상포자생식(diplospory) : 배낭모세포가 감수분열을 못하거나 비정상적인 분열을 하여 배를 만들며, 볏과, 국화과에서 나타난다.

060

웅성불임성의 발현에 해당하는 것은?

① 무배생식
② 위수정
③ 수술의 발생 억제
④ 배낭모세포의 감수분열 이상

해설

웅성불임성의 발현

웅성기관, 즉 수술의 발달에 관여하는 유전자에 돌연변이가 발생하여 수정능력이 있는 화분을 생산하지 못하고 자가수분으로 열매를 맺지 못하는 웅성불임성이 나타난다.

061

웅성불임성을 이용하여 F_1 종자 채종을 하는 작물로만 나열한 것은?

① 시금치, 호박, 완두
② 배추, 상추, 오이
③ 양파, 고추, 당근
④ 토마토, 강낭콩, 참외

해설

F_1 종자생산체계

• 자가불화합성 이용 : 무, 배추, 양배추 등
• 웅성불임성 이용 : 양파, 고추, 당근, 상추, 옥수수, 벼, 밀 등
• 인공교배 이용 : 수박, 오이, 호박, 참외, 토마토, 가지, 보리 등

062

다음 중 ( )에 알맞은 것은?

> 토마토의 유전자 웅성불임성 중에는 ( )을 살포하면 수술
> 이 정상적으로 발육하여 자식종자를 채종할 수 있다고 알려
> 져 있다.

① 에틸렌　　　　　② 시토키닌
③ 옥신　　　　　　④ 지베렐린

해설

유전자적 웅성불임성 중에는 온도, 일장, 지베렐린 등에 의해 임성을
회복하는 환경감응형 유전자적 웅성불임성이 있다.

063

세포질적 웅성불임성에 해당하는 것은?

① 보리　　　　　　② 옥수수
③ 토마토　　　　　④ 사탕무

해설

웅성불임성의 종류
- 유전자적 웅성불임 : 핵 내 유전자에 의해서 발생하는 불임
  예 고추, 토마토, 보리 등
- 세포질적 웅성불임 : 세포질(미토콘드리아)유전자에 의해서 발생하
  는 불임
  예 옥수수 등
- 세포질-유전자적 웅성불임 : 핵 내 유전자와 세포질유전자의 상호작
  용으로 나타나는 불임
  예 파, 양파, 당근, 사탕무, 무 등

064

임성회복유전자가 존재하는 웅성불임성은?

① 집단웅성불임성
② 개체웅성불임성
③ 이수체웅성불임성
④ 세포질-유전자웅성불임성

해설

임성회복유전자의 유무에 따른 웅성불임성의 구분
- 세포질적 웅성불임성 : 임성회복유전자가 핵 내에 없는 경우
- 세포질-유전자적 웅성불임성 : 임성회복유전자가 핵 내에 있는 경우

065

세포질-유전자적 웅성불임성에 있어서 불임주의 유지친
이 갖추어야 할 유전적 조건으로 옳은 것은?

① 핵 내의 불임유전자 조성이 웅성불임친과 동일해야
　한다.
② 웅성불임친과 교배 시에 강한 잡종강세현상이 일어
　나야 한다.
③ 핵 내의 모든 유전자 조성이 웅성불임친과 동일하지
　않아야 한다.
④ 웅성불임친에는 없는 내병성 유전인자를 가져야
　한다.

해설

세포질 – 유전자적 웅성불임성
잡종강세를 이용하기 위해서는 웅성불임친과 웅성불임성을 유지해주
는 불임유지친, 웅성불임친의 임성을 회복시켜 주는 임성회복친(회복
인자친-반드시 부계)이 있어야 한다.

066

다음 중 자가불화합성을 나타내지 않기 때문에 자식률이 매우 높은 것은?

① 양성화 ② 자웅이주
③ 자가불화합성 ④ 웅예선숙

해설

자식성 작물은 모두 양성화로서 자웅동숙이며 자가불화합성을 나타내지 않기 때문에 자식률이 매우 높다.

067

다음 중 배추의 자가불화합성 개체에서 자식종자를 얻을 수 있는 방법으로 가장 옳은 것은?

① 타가수분 ② 개화수분
③ 뇌수분 ④ 폐화수분

해설

자가불화합성의 정도는 온도와 습도 등의 환경조건에 따라 변화되기도 하고 십자화과 식물 등에서는 뇌수분, 말기수분 혹은 지연수분에 의해서 자가화합되어 결실한다.

068

자가불화합성을 지닌 작물에 있어서 불화합성을 타파하여 자식종자를 생산할 수 있는 방법으로 가장 적절하지 않은 것은?

① 뇌수분 ② 일장처리
③ 탄산가스 처리 ④ 고온처리

해설

자가불화합성의 타파 : 봉오리수분(뇌수분), 노화수분, 고온처리, 전기자극, 고농도의 탄산가스(CO_2) 처리

069

자가불화합성의 생리적 원인에 대한 설명으로 옳지 않은 것은?

① 꽃가루관의 신장에 필요한 물질의 결여
② 꽃가루와 암술머리조직의 단백질 간 친화성이 높음
③ 꽃가루관의 호흡에 필요한 호흡기질의 결여
④ 꽃가루의 발아·신장을 억제하는 물질의 존재

해설

자가불화합성의 생리적 원인
• 화분관의 신장에 필요한 물질의 결여
• 화분관의 호흡에 필요한 호흡기질의 결여
• 화분의 발아·신장을 억제하는 억제물질의 존재
• 화분과 암술머리 사이의 삼투압 차이
• 화분과 암술머리조직의 단백질 간 불친화성 등

070

다음 중 (가), (나)에 알맞은 것은?

(가)에서는 화분(n)의 유전자가 화합·불화합을 결정하며, (나)에서는 화분을 생산한 개체(2n)의 유전자형에 의해 화합·불화합이 달라진다.

① (가) : 포자체형 자가불화합성
   (나) : 배우체형 자가불화합성
② (가) : 배우체형 자가불화합성
   (나) : 포자체형 자가불화합성
③ (가) : 유전자적 웅성불임성
   (나) : 세포질적 웅성불임성
④ (가) : 세포질적 웅성불임성
   (나) : 유전자적 웅성불임성

해설

자가불화합성의 기구
• 배우체형 : 화분의 불화합성발현이 반수체인 화분의 유전자형에 의해 지배되고 2핵 화분식물에 많다.
  예 냉이, 페튜니아
• 포자체형 : 화분이 생산된 포자체(2n)의 유전자형에 의해 지배되는데 이는 3핵 화분식물에 많다.
  예 무, 배추, 양배추, 유채

071

녹색혁명(green revolution)에 관한 설명 중 옳지 않은 것은?

① 작물 중 밀과 벼에서 최초로 시작되었다.
② 작물의 다수성 품종을 보급하여 획기적으로 생산성이 증대된 것이다.
③ 과거 품종보다 키가 커지면서 수량이 증가하게 되었다.
④ 다수성 품종들은 높은 생산성을 올리기 위해서 과거 품종보다 더 많은 화학제를 필요로 하게 되었다.

해설
녹색혁명
1953년 노만 보라우(Norman Borlaugh)에 의한 창의적인 혁신의 결과로서, 여러 가지의 밀과 쌀의 고수확을 말한다. 그때까지의 비료, 농약의 사용과 또 다른 중요한 농업적 기법은 보통 더 많은 곡물을 수확하기보다는 식물을 더 크게 자라게 하는 것이었다. 바람과 비로 이 식물들은 쓰러졌고 생산성이 감소되었다. 보라우는 병충해에 강한 식물로 키가 작은 유전인자를 키웠다. 키를 크게 자라게 하는 대신에, 비료를 주었을 때 식물이 더 큰 곡물알갱이로 성장하여 100%나 수확이 증대되었다.

072

다음 중 (   )에 알맞은 내용은?

> 통일벼는 반왜성유전자를 가졌다. 반왜성유전자를 가진 식물체는 (   )에 이파리가 곧게 서고 경사진 초형으로 광합성이 효율이 높으며 이러한 (   )초형을 (   )이라고 한다.

① 작은 키, 단간직립, 다수성 초형
② 작은 키, 장간직립, 다수성 초형
③ 큰 키, 단간직립, 다수성 초형
④ 큰 키, 장간직립, 다수성 초형

해설
녹색혁명의 주역인 다수성 품종 Sonora 64, IR8, 그리고 통일벼는 모두 반왜성단간품종이며 반왜성유전자(semi-dwarf)를 가졌다. 반왜성유전자를 가진 식물체는 작은 키에 이파리가 곧게 서고 경사진 초형으로 광합성 효율이 높으며, 이러한 단간직립초형을 '다수성 초형'이라고 한다. 밀과 벼의 반왜성유전자는 아시아뿐만 아니라 아프리카와 미대륙에서 식량증산을 주도하였다.

73

76개의 purine염기와 36개의 thymine을 포함하는 2중나선 DNA 절편에는 몇 개의 cytosine이 포함되어 있는가?

① 36개   ② 40개
③ 76개   ④ 112개

해설
샤가트의 법칙
염기인 아데닌(A)과 타이민(T)의 함량이 항상 같고, 구아닌(G)과 사이토신(C)의 함량이 항상 같다는 사실이다. 따라서, A + G = C + T라는 관계가 성립되고, DNA에서는 퓨린 염기[아데닌(adenine), 구아닌(guanine)]와 피리미딘 염기[사이토신(cytosine), 타이민(thymine)]가 등량으로 존재한다.

$76 = 36 + x$
$\therefore \ x = 40$

074

식물세포에서 단백질 합성 장소는?

① 리보솜   ② 엽록체
③ 미토콘드리아   ④ 액포

해설
리보솜 : 세포소기관 중 단백질을 합성하는 장소

075

DNA를 구성하고 있는 염기로만 나열된 것은?

① 사이토신, 폴라타닌, 아데닌, 우라실
② 사이토신, 타이민, 아데닌, 구아닌
③ 사이토신, 우라실, 아데닌, 알리신
④ 사이토신, 타이민, 우라실, 리놀레신

해설
DNA를 구성하는 뉴클레오타이드 : 디옥시리보오스 + 인산 + 염기[아데닌(adenine), 구아닌(guanine), 사이토신(cytosine), 타이민(thymine)]

076

다음 중 유전자은행 작성과정을 순서대로 바르게 나열한 것은?

---
① mRNA 제거
② 식물조직에서 mRNA 추출
③ 역전사효소에 의한 cDNA 합성
④ 플라스미드에 재조합
⑤ 박테리아에 형질전환
⑥ DNA 중합효소에 의한 두 가닥 cDNA 합성
---

① ② → ③ → ① → ⑥ → ④ → ⑤
② ② → ⑥ → ① → ③ → ④ → ⑤
③ ② → ⑥ → ③ → ① → ⑤ → ④
④ ② → ① → ③ → ⑥ → ④ → ⑤

해설
유전자은행 작성과정
• 식물조직에서 mRNA 추출
• 역전사효소에 의한 cDNA 합성
• mRNA 제거
• DNA 중합효소에 의한 두 가닥 cDNA 합성
• 플라스미드에 재조합
• 박테리아에 형질전환

077

세포질 유전에 대한 설명으로 틀린 것은?

① 멘델의 유전법칙을 따르지 않는다.
② 핵 내 염색체에 있는 유전자의 지배를 받는다.
③ 색소체에 존재하는 유전자(핵의 유전자)의 지배를 받는다.
④ 자방친의 특성을 그대로 닮은 모계유전을 한다.

해설
세포질 유전의 특징
• 멘델의 유전법칙이 적용되지 않는다.
• 핵치환을 하여도 똑같은 형질이 나타난다.
• 색소체와 미토콘드리아의 핵외 유전자에 의해 지배된다.
• 정역교배의 결과가 일치하지 않는다.

078

다음 중 유전자 간 상호작용의 성질이 다른 것은?

① 억제유전자
② 보족유전자
③ 복대립유전자
④ 중복유전자

해설
유전자 상호작용
• 대립유전자 상호작용 : 불완전 우성, 공동우성, 우열전환, 복대립유전자
• 비대립유전자 상호작용 : 보족유전자, 조건유전자, 피복유전자, 중복유전자, 억제유전자, 복수유전자

079

유전자의 상가적 효과(相加的效果)를 옳게 설명한 것은?

① 이형접합상태에 있는 대립유전자 간 상호작용에 의해서 초우성의 형태로 나타난다.
② 세대가 진전되면서 그 값이 바뀌는 성질이 있다.
③ 비대립유전자 간 상호작용에 의해서 동일한 유전자의 작용이 바뀐다.
④ 형질발현에 관여하는 유전자 각각의 고유효과로 세대가 바뀌어도 변하지 않는다.

해설
상가적 효과(additive effect, 相加的效果)
하나의 형질발현에 몇 쌍의 동의유전자가 관계하고 있어서 각각의 우성대립유전자가 열성대립유전자에 대하여 우성도가 어느 경우에서나 불완전할 때 나타나는 현상으로서 우성대립 유전자의 수에 비례하여 여러 가지 정도의 중간형 형질이 발현되는 것

76 ① 77 ② 78 ③ 79 ④ 　정답

080

비대립유전자 간 상호작용으로 한 유전자의 작용효과가 다른 자리에 위치한 유전자형의 영향을 받아서 변하는 효과는?

① 상위성 효과
② 초우성 효과
③ 부분우성 효과
④ 상가적 효과

유전자의 상가적 및 비상가적 효과
• 상가적 효과 : 유전자의 작용이나 유전자들의 상호 간 작용에 영향을 주는 것
• 비상가적 효과
  – 우성효과 : 대립유전자 간 발생한다.
  – 상위성 효과 : 비대립유전자 간 우열관계를 나타낸다.

081

( )에 알맞은 내용은?

> • 같은 형질에 관여하는 여러 유전자들이 누적효과를 가질 때 ( )라 한다.
> • ( )의 경우는 여러 경로에서 생성하는 물질량이 상가적으로 증가한다.

① 우성상위
② 복수유전자
③ 보족유전자
④ 치사유전자

복수유전자
여러 개의 유전자가 한 가지 양적형질에 관여하고, 표현형에 미치는 효과는 누적적(또는 상가적)이다.

082

다음 중 열성상위의 F_2의 분리비는?

① 9 : 7
② 15 : 1
③ 9 : 3 : 4
④ 9 : 6 : 1

비대립유전자 간 상호작용 F_2의 분리비

보족유전자	9 : 7
조건유전자(열성상위)	9 : 3 : 4
피복유전자(우성상위)	12 : 3 : 1
중복유전자	15 : 1
억제유전자	13 : 3
복수유전자	9 : 6 : 1

083

다음 중 우성상위 F_2의 분리비로 가장 옳은 것은?

① 12 : 3 : 1
② 9 : 6 : 1
③ 15 : 1
④ 9 : 3 : 4

양성잡종(AaBb)에서 유전자 상호작용이 우성상위일 때 F_2 표현형의 분리비는 12 : 3 : 1이다.

084

2개의 유전자가 독립유전하는 양성잡종의 F_2 분리비는?

① 9 : 3 : 1 : 1
② 9 : 3 : 3 : 1
③ 3 : 1 : 1
④ 9 : 1 : 1

독립의 법칙이 성립하는 양성잡종의 경우 F_2에서 표현형의 분리비는 9 : 3 : 3 : 1이며, 각각의 대립형질에서 우성과 열성의 분리비는 각각 3 : 1이다.

085

한 개의 유전자가 여러 가지 형질의 발현에 관여하는 현상을 무엇이라고 하는가?

① 반응규격　　　　　② 호메오스타시스
③ 다면발현　　　　　④ 가변성

해설

③ 다면발현 : 하나의 유전자가 두 개 이상의 형질발현에 작용하는 것
② 호메오스타시스 : 항상성

086

독립유전하는 양성잡종 AaBb 유전자형의 개체를 자식시켰을 때 동형접합 개체의 비율은?

① 100%　　　　　② 50%
③ 25%　　　　　④ 12.5%

해설

양성잡종 교배 실험

배우자	AB	Ab	aB	ab
AB	AABB	AABb	AaBB	AaBb
Ab	AABb	AAbb	AaBb	Aabb
aB	AaBB	AaBb	aaBB	aaBb
ab	AaBb	Aabb	aaBb	aabb

F_2의 표현형은 $9:3:3:1$로 16개이고 동형접합은 AABB, AAbb, aaBB, aabb로 4개이므로, $\frac{4}{16} \times 100 = 25\%$이다.

087

TTGG×ttgg 사이의 F_1을 얻었을 때 이 F_1으로부터 형성되는 배우자형은 몇 종류인가?

① 1종류　　　　　② 2종류
③ 3종류　　　　　④ 4종류

해설

배우자형 : TT, GG, tt, gg
F_1의 배우자 종류수는 F_2의 표현형 수와 같다. 대립유전자가 2쌍(n)이므로 F_2의 표현형은 2^2(n)으로 4개이다.

088

유전자지도와 물리지도에 대하여 바르게 설명한 것은?

① 유전자지도는 표현형으로 나타나는 유전자표지 및 분자표지 간에 재조합 빈도에 기초하여 만들어지며 지도단위는 bp로 나타낸다.
② 물리지도는 재조합 빈도에 의존하지 않고 염색체를 구성하는 DNA단편을 연결하여 만들어진다.
③ 유전자지도 작성에 사용되는 분자표지는 물리지도 작성에 활용되기 어렵다.
④ 유전자지도의 거리와 물리지도의 거리는 항상 일치하며, 유전적 거리를 알면 물리적 거리를 예측할 수 있다.

해설

① 유전자지도에서 지도단위는 cM(centi Morgan)로 재조합 빈도(%) 즉, 100개의 배우자 중에서 재조합형 1개가 나올 수 있는 유전자 간 거리를 말한다.
③ 최근에는 분자표지를 활용하여 물리지도를 작성하며 나아가 염기서열지도에 활용된다.
④ 유전자지도의 거리와 물리지도 간에 관계는 있지만 거리가 항상 일치하는 것은 아니며, 유전적 거리를 알면 물리적 거리를 예측할 수 있지만 항상 정확하지는 않다.

089

다음 중 폴리진에 대한 설명으로 가장 옳지 않은 것은?

① 양적형질 유전에 관여한다.
② 각각의 유전자가 주동적으로 작용한다.
③ 환경의 영향에 민감하게 반응한다.
④ 누적적 효과로 형질이 발현된다.

해설

유전자 개개의 지배가 매우 작고, 유전자별로 다를 수 있다.

090

양적형질의 유전에 대한 설명으로 옳은 것은?

① 양적형질의 유전에는 폴리진이 관여하는 경우가 많다.
② 양적형질의 유전분산은 항상 환경분산보다 크다.
③ 양적형질은 불연속변이를 보이므로 유전분석이 용이하다.
④ 양적형질의 표현형은 주동유전자의 작용에 의해서만 결정된다.

해설

복수유전자(폴리진)는 여러 개의 유전자가 한 가지 양적형질에 관여하고, 표현형에 미치는 효과는 누적적(또는 상가적)이다.

091

양적형질이 아닌 것은?

① 토마토의 수확량
② 완두콩의 종피색
③ 딸기의 개화기
④ 벼의 초장

해설

유전형질

양적형질	질적형질
연속변이(방황변이)	불연속변이(대립변이)
복수 미동유전자나 폴리진계에 의해 지배	소수 주동유전자에 의해 지배
유전력이 작다.	유전력이 크다.
환경의 영향을 많이 받는다.	환경의 영향을 적게 받는다.
후기 선발 및 집단 육종법 유리	초기 선발 및 계통육종법 유리
수량, 길이, 넓이, 무게, 함량, 초장(cm)	꽃의 색, 내병성, 숙기, 초장(장·단간)

092

다음 중 육종집단의 변이 크기를 나타내는 통계치는?

① 평균치
② 최소치와 평균치의 차이
③ 분산
④ 중앙치

해설

어느 집단의 변이 크기를 나타내는 데에는 범위, 분산, 표준편차 등을 이용할 수 있다. 범위는 가장 큰 값과 가장 작은 값의 차이를 말한다. 그중 변이를 측정하는 데 가장 널리 쓰이는 것은 분산 또는 평균제곱으로, 각 측정치와 집단 평균 간의 차이를 제곱한 값의 평균치이다.

093

다음 중 유전적으로 고정될 수 있는 분산으로 가장 적절한 것은?

① 상가적 효과에 의한 분산
② 환경의 작용에 의한 분산
③ 우성효과에 의한 분산
④ 비대립유전자 상호작용에 의한 분산

해설

유전분산의 분산성분 중 상가적 분산만이 고정되며, 우성적 분산과 상위성 분산은 세대진전과 더불어 사라진다.

094

어느 F_1의 화분의 유전자 조성이 4AB : 1Ab : 1aB : 4ab라고 한다면, 이때의 조환가는?(단, 양친의 유전자형은 AABB, aabb임)

① 5%
② 10%
③ 20%
④ 30%

해설

4AB : 1Ab : 1aB : 4ab = 4 : 1 : 1 : 4

$$\therefore 조환가 = \frac{1}{4+1} \times 100 = 20\%$$

095

분산값이 16, 개체수가 4일 때 표준오차는?

① 3 　　　　　　　　 ② 2
③ 4 　　　　　　　　 ④ 1

해설

• 표준편차 = $\sqrt{분산값}$ = $\sqrt{16}$ = 4
• 표준오차 = 표준편차/$\sqrt{개체수}$
　　　　　 = $4/\sqrt{4}$ = 2

096

표현형 분산(V_P) 100, 유전자의 상가적 효과에 의한 분산(V_A) 50, 유전자의 우성효과에 의한 분산(V_H) 10, 환경변이에 의한 분산(V_B) 40인 경우 넓은 뜻의 유전력은?

① 30% 　　　　　　 ② 40%
③ 50% 　　　　　　 ④ 60%

해설

유전력

• 표현형 분산 = 유전분산 + 환경분산

• 좁은 의미의 유전력 = $\dfrac{상가적\ 유전분산}{전체분산(표현형\ 분산)}$

• 넓은 의미의 유전력 = $\dfrac{상가적\ 유전분산 + 우성분산 + 상위성분산}{전체분산(표현형\ 분산)}$

　　　　　　　 = $\dfrac{50 + 10}{100} \times 100 = 60\%$

097

협의의 유전력이란?

① 표현형 분산에 대한 상가적 분산의 비율
② 표현형 분산에 대한 우성효과분산의 비율
③ 유전분산에 대한 상가적 분산의 비율
④ 유전분산에 대한 우성효과분산의 비율

해설

좁은 의미의 유전력 = $\dfrac{상가적\ 유전분산}{전체분산(표현형\ 분산)}$

098

자식성 작물의 변이 집단에서 개체선발 효과를 알기 위한 척도가 되는 것은?

① 유전력
② 표현형 지배가
③ 잡종강세 현상
④ 자식약세 현상

해설

유전력이 높다는 것은 선발의 효율이 그만큼 크다는 뜻이다.

099

잡종집단에서 선발차가 50이고, 유전획득량이 25일 때의 유전력(%)은?

① 0.2 　　　　　　 ② 0.5
③ 20 　　　　　　　 ④ 50

해설

유전력 = $\dfrac{유전획득량}{선발차} \times 100$

　　　 = $\dfrac{25}{50} \times 100 = 50\%$

100

다음 중 선발의 효과가 가장 크게 기대되는 경우는?

① 유전변이가 작고, 환경변이가 클 때
② 유전변이가 크고, 환경변이가 작을 때
③ 유전변이가 크고, 환경변이가 클 때
④ 유전변이가 작고, 환경변이도 작을 때

해설

선발효과는 환경변이의 증가량보다 유전변이의 증가량을 더 크게 해주면 유전력은 어느 정도 증가하게 되어 선발효과가 크게 된다.

※ 선발효과를 크게 하는 방법
  • 개량하고자 하는 형질에 대한 유전력을 크게 : 개량하고자 하는 형질의 유전력이 높을수록 개량효과는 높아진다.
  • 선발차를 크게 : 선발차를 크게 하여 선발강도를 높이면 선발효과는 커질 것이다.
  • 평균 세대간격을 짧게 : 선발된 개체들에게서 태어난 후대가 다시 후대를 생산하는 기간이 짧을수록 선발효과는 커질 것이다.

101

형질의 유전력은 선발효과와 깊은 관계가 있다. 선발효과가 가장 확실한 경우는?(h_B^2는 넓은 의미의 유전력임)

① $h_B^2 = 0.34$ ② $h_B^2 = 0.13$
③ $h_B^2 = 0.92$ ④ $h_B^2 = 0.50$

해설

유전력이 낮다는 것은 환경의 영향을 많이 받았다는 것이고, 유전력이 높다는 것은 선발의 효율이 그만큼 크다는 뜻이다.

102

다음 중 조기검정법을 적용하여 목표 형질을 선발할 수 있는 경우는?

① 나팔꽃은 떡잎의 폭이 넓으면 꽃이 크다.
② 배추는 결구가 되어야 수확한다.
③ 오이는 수꽃이 많아야 암꽃도 많다.
④ 고추는 서리가 올 때까지 수확하여야 수량성을 알게 된다.

해설

작물의 초기 세대에 형질을 검정하는 것을 조기검정법이라고 한다.

103

다음 중 유전상관에 대한 설명으로 옳은 것은?

① 유전상관의 값은 두 형질의 유전공분산과 환경분산을 이용해 구한다.
② 유전상관은 유전자 간의 연관과 다면발현성에 기인한다.
③ 유전상관의 값은 변동이 심하여 육종상 이용이 불가능하다.
④ 일반적으로 유전상관의 값은 표현형 상관보다 낮으며 세대에 따라 달라진다.

해설

② 유전상관은 유전자의 연관, 다면발현, 상위성, 생리적 필연성, 선발 효과 등에 의하여 결정된다.
① 유전상관의 값은 두 형질 간의 유전공분산/두 형질 각각의 유전분산 곱의 제곱근으로 구한다.
③ 한 형질의 우량특성과 다른 형질의 불량특성 간에 상관이 있을 경우에는 동시선발이 어려워 육종이 곤란을 겪게 된다. 환경상관의 값은 변동이 심하다.
④ 일반적으로 유전상관의 값은 표현형상관보다 그 값이 높은 것이 보통이고, 이들 상관의 값도 세대에 따라 또는 재배조건에 따라 변동한다.

104

도입육종의 활용에 대한 설명으로 가장 거리가 먼 것은?

① 먼 곳에서 도입된 것은 순화시키는 데 힘써야 한다.
② 유전질을 가져와 육종재료로 이용한다.
③ 돌연변이의 재료로 품종을 도입한다.
④ 도입품종을 그대로 실용재배에 제공한다.

해설

도입육종법
• 다른 나라로부터 새로운 품종을 도입하여 실제로 재배에 쓰거나 또는 육종의 재료로 쓰는 방식이다.
• 외국 품종을 도입할 때는 생태조건이 비슷한 지방으로부터 도입해야 적응성이 좋다.
• 새로운 병균이 묻어 들어오지 않도록 도입식물과 품종에 대한 병해충검사를 실시한다.

105

요한센(Johannsen)의 순계설에 관한 설명으로 틀린 것은?

① 동일한 유전자형으로 구성된 집단을 순계라 한다.
② 순계 내에서의 선발은 효과가 없다.
③ 육종적 입장에서만 선발은 유전변이가 포함되어 있는 경우에만 유효하다.
④ 순계설은 교잡육종법의 이론적 근거가 된다.

해설

요한센(Johannsen)의 순계설(pure line theory)
재래종은 많은 순계가 혼합된 것이며 순계 내에서 선택은 무효라고 주장하였다. 강낭콩으로 순계 내의 선택이 무효임을 증명하여 분리육종법의 이론적 근거가 되었다.

106

완전히 자가수정하는 동형접합체의 1개체로부터 불어난 자손의 총칭은?

① 유전자원
② 유전변이체
③ 순계
④ 동질배수체

해설

순계(pure line) : 자식 후대에서 유전적 분리가 없는, 즉 거의 모든 유전자가 동형접합인 계통

107

타식성 식물에서 순계선발을 이용한 육종을 하지 않는 이유는?

① 자식이 불가능하기 때문이다.
② 순계선발을 하면 우성유전자들이 소실되기 때문이다.
③ 근교약세가 심하게 나타나기 때문이다.
④ 유전자재조합을 방지하여 유전형질을 안정화하기 위해서이다.

해설

타식성 식물은 근계교배에 의하여 동형성이 증가하면 근교약세가 나타나고 반대로 타식에 의하여 이형성이 회복되면 잡종강세를 띄게 된다.

108

자가수정을 계속함으로써 일어나는 자식약세 현상은?

① 타가수정 작물에서 더 많이 일어난다.
② 자가수정 작물에서 더 많이 일어난다.
③ 어느 것이나 구별 없이 심하게 일어난다.
④ 원칙적으로 자가수정 작물에만 국한되어 있는 현상이다.

해설

자식약세(inbreeding depression, 근교약세)
타가수정을 하는 동식물에 있어 자가수분이나 근친교배를 수행하면, 다음 대 개체들의 생존력이 현저히 감퇴되는 현상이다.

109

( )에 가장 알맞은 내용은?

> 자식 또는 근친교배로 인한 근교약세가 더이상 진행되지
> 않은 수준을 ( )(이)라 한다.

① 선발   ② 초우성
③ 잡종강세   ④ 자식극한

110

혼형집단의 재래종을 수집하고, 이 집단에서 우수한 개체
를 선발·고정시키는 육종법은?

① 세포융합육종
② 돌연변이육종
③ 순계분리육종
④ 배수체육종

해설

순계분리법
• 기본집단에서 우수한 개체를 선발하여 우량한 순계를 가려내는 방
법이다.
• 주로 자식성 작물에 적용되지만 근교약세를 나타내지 않는 타식성
작물에도 적용될 수 있다.

111

집단육종법에 관한 설명 중 옳지 않은 것은?

① F_6 이후는 잡종강세 개체를 선발할 위험이 적다.
② 실용적으로 고정되었을 후기 세대에서 선발한다.
③ 대부분의 개체가 고정될 때까지 선발하지 않는다.
④ 질적형질을 선발할 때에 주로 이용된다.

해설

④ 집단육종법은 폴리진이 관여하는 양적형질의 개량에 유리하다.

112

집단육종법과 파생계통육종법의 차이점은?

① 집단육종법은 F_2 세대에서 선발을 거친다.
② 파생계통육종법은 F_2 세대에서 선발을 거친다.
③ 파생계통육종법은 모든 세대에서 선발이 이루어
진다.
④ 후기 세대의 육종과정이 약간 다르다.

해설

파생계통육종법은 $F_2 \sim F_3$ 세대에서 질적형질을 선발하므로 계통육종
법을 따르고, $F_4 \sim F_5$ 세대는 집단 재배하기 때문에 집단육종법을 따
른다.

113

주로 타가수정 작물에 적용하는 육종 방법으로 개체 또는
계통의 집단을 대상으로 선발을 거듭하는 방법은?

① 계통분리법
② 인공교배법
③ 도입육종법
④ 단위생식 이용법

해설

계통분리법
• 주로 타식성 작물에 적용하며 개체 또는 계통의 집단을 대상으로
선발을 거듭하는 방법이다.
• 1수1렬법과 같이 옥수수의 계통분리에 사용된다.

114

다음 중 계통분리법에 해당하지 않는 육종법은?

① 집단육종법
② 성군집단선발법
③ 모계선발법
④ 가계선발법

계통분리법 : 집단선발법, 성군집단선발법, 계통집단선발법 등

115

집단선발법에 대한 설명으로 옳지 않은 것은?

① 집단 속에서 선발한 우량개체 간에 타식시킨다.
② 집단 속에서 선발한 우량개체를 자식시켜 나간다.
③ 어느 정도 이형접합성을 유지해 나가도록 할 필요가 있다.
④ 선발한 우량개체를 방임상태로 수분시켜 채종한다.

집단선발법 : 선발된 개체의 다음 세대를 개체별로 계통화하지 않고 집단으로 양성하는 방법이다.

116

영양계분리법과 가장 관련이 없는 것은?

① 과수류나 뽕나무 같은 영년생 식물에 이용한다.
② 양딸기의 자연집단에서 우량한 영양체를 분리하는 데 이용한다.
③ 영양이 좋은 종자를 선발·분리하는 방법이다.
④ 재래집단이나 자연집단에는 많은 변이체를 가지고 있다.

영양계분리법
영양체로 번식하는 작물들의 자연집단이나 재래품종에서 우수한 아조변이를 선발·증식시켜 품종화하는 방법이다.

117

두 품종이 가지고 있는 우량한 특성을 1개체 속에 새로이 조합시키기 위하여 적용할 수 있는 가장 효율적인 육종법은?

① 교잡육종법
② 돌연변이육종법
③ 분리육종법
④ 배수성육종법

② 돌연변이육종법 : 인위적으로 유전자, 염색체, 세포질 등에 돌연변이를 유발시켜 새로운 품종으로 육성하는 방법이다.
③ 분리육종법 : 인공교배 없이 기존 변이집단을 대상으로 특정한 형질을 분리·고정시켜 새로운 품종을 육성하는 방법이다.
④ 배수성육종법 : 약품이나 교배를 통해 염색체수를 배수화하여 우수한 품종을 육성하는 방법으로 작물의 육종에 사용한다.

118

육종목표를 효율적으로 달성하기 위한 육종 방법을 결정할 때 고려해야 할 사항은?

① 미래의 수요예측
② 농가의 경영규모
③ 목표형질의 유전양식
④ 품종보호신청 여부

육종 방법을 결정할 때는 육종목표(형질의 유전양식), 면적, 시설, 인력, 경비, 육종연한 및 육종가의 능력 등을 충분히 고려해야 한다.

119

2개의 형질을 동시에 육종목표로 할 경우 선발이 쉬운 조건은?

① 경로계수의 값이 낮다.
② 선발 총점이 높다.
③ 두 형질 간 상관계수의 값이 높다.
④ 타식률이 높다.

해설

2개의 형질을 동시에 육종목표로 하였을 경우에는 양형질 간에 높은 상관관계가 있으면 그 선발도 쉬우며, 양자가 완전히 독립적인 경우라도 육종은 쉽지만 만일 부의 상관관계가 있으면 목적달성이 곤란하고 때로는 불가능하다.

120

교잡육종을 위해 교배친을 선정하는 데 고려할 사항이 아닌 것은?

① 특성조사성적
② 춘화처리 능력
③ 과거 실적검토
④ 근연계수 이용

해설

교잡육종 시 교배친의 선정(모본의 선정) 방법
• 주요 품종의 선택(각 지방의 주요 품종을 양친으로 이용)
• 조합능력의 검정
• 특성조사의 성적(특성검정시험)
• 유전자 분석의 결과를 검토한 후 교배친을 결정한다.
• 과거 실적을 검토
• 근연계수의 이용
• 선발효과의 비교에 의한 방법
※ 근연계수 : 두 개체 안에 한쪽 개체가 갖는 상동유전자중 임의의 한 개와 다른 개체가 갖는 임의의 한 개가 공통의 선조로부터 유래하는 확률

121

다음 중 두 개의 다른 품종을 인공교배하기 위해 가장 우선적으로 고려해야 할 사항은?

① 개화시기
② 수량성
③ 종자탈립성
④ 도복저항성

해설

인공교배 시 교배친의 개화시기와 개화시각을 일치시키는 것이 중요하며, 식물에 따라 제웅과 수분의 시기와 방법 등이 다르다.

122

벼의 조생종과 만생종을 교배시키려고 한다. 가장 알맞은 방법은?

① 조생종을 단일처리한다.
② 만생종을 단일처리한다.
③ 조생종을 단일처리한다.
④ 만생종을 저온처리한다.

해설

만생종에 단일처리하여 개화기를 촉진한다.

123

인공교배 육종 시 춘화처리를 하는 주된 목적은?

① 결실률의 향상
② 수정의 촉진
③ 개화기의 조절
④ 교배립의 등숙기간 단축

해설

춘화처리
작물의 개화를 유도하기 위해서 생육의 일정한 시기에 저온처리를 하는 것

124

3원교잡의 개념을 표현한 것으로 옳은 것은?

① (A×B)×C

② (A×B)×(C×D)

③ A×B×C×D×E

④ [(A×B)×(C×D)]×E

잡종종자생산을 위한 우량 조합
- 단교잡 : A×B 또는 B×A
- 복교잡 : (A×B)×(C×D)
- 3원교잡 : (A×B)×C
- 다계교잡 : [(A×B)×(C×D)×(E×F)…]

125

다음 교배 방법 중 가장 큰 잡종강세를 기대할 수 있는 것은?

① 단교배

② 복교배

③ 삼원교배

④ 합성품종

단교배
1대잡종 품종의 육성에서 잡종강세현상이 가장 뚜렷하고 형질이 균일하며 불량형질이 적게 나타나는 교배 방법이다.

126

3계교잡종의 일반적인 설명으로 옳은 것은?

① 단교잡종에 비하여 종자생산량이 적다.

② 복교잡종에 비하여 균일성이 적다.

③ 단교잡종에 비하여 종자가격이 비싸다.

④ 복교잡종에 비하여 종자생산성이 낮다.

3계교잡종은 단교잡종에 비하여 채종량이 많다.

127

내병성 품종의 육성이나 유전자 분리 및 연관관계를 밝히는 방법으로 흔히 쓰이는 것은?

① 단교잡법

② 복교잡법

③ 여교잡법

④ 삼원교잡법

여교잡법
- 내병성품종의 육성, 우량형질을 가진 품종을 다른 품종에 도입하려 할 때 2품종에 나누어진 형질을 종합하여 새로운 품종을 만들려 할 때 사용한다.
- 우수한 특성을 지닌 비실용품종을 1회친으로 우수한 특성을 지니고 있지 않은 실용품종을 반복친으로 하여 교배한다.
- 육종환경에 구애받지 않고, 육종의 효과를 예측할 수 있으며 재현성이 높으나, 계통육종법이나 집단육종법과 같이 여러 형질의 동시개량은 기대 어렵다.

128

여교배 방법에 의해 도입하기가 가장 어려운 것은?

① 병저항성

② 웅성불임성

③ 꽃색

④ 고수량성

여교배육종의 적용
- 하나의 주동유전자가 지배하는 형질 – 내병성 등
- 여러 품종에 분산되어 있는 우수한 형질들을 점진적으로 한 품종에 모을 때
- 잡종강세를 이용하는 하이브리드 육종에서 자식계통의 능력을 개량할 때
- F_1 종자생산을 위해 세포질 웅성불임계통을 육성할 때 여교배로 핵 치환을 한다.
- 게놈이 다른 종속의 유용유전자를 재배식물에 도입하는데 유리

129

여교배육종 시 반복친을 2회 여교배한 BC_2F_1 식물체들에서 반복친 유전구성(genetic background)의 평균적인 회복 정도는?

① 50% ② 75%

③ 87.5% ④ 93.75%

해설

반복친 유전구성의 평균회복 정도

$$1-\left(\frac{1}{2}\right)^{m+1} = \left[1-\left(\frac{1}{2}\right)^{2+1}\right] \times 100$$
$$= 87.5\%$$

여기서, m : 여교배 횟수

130

다음 중 여교배 세대에 따라 반복친을 나타낼 때 BC_4F_1에 해당하는 반복친은 약 몇 %인가?

① 75.0 ② 87.5

③ 93.8 ④ 96.9

해설

여교잡 세대에 따른 반복친의 유전자 비율

세대	반복친(%)	세대	반복친(%)
F_1	50	BC_3F_1	93.75
BC_1F_1	75	BC_4F_1	96.875
BC_2F_1	87.5	BC_5F_1	98.4375

131

A/B/C 교배의 순서는?

① A와 B와 C를 함께 방임수분 함

② A와 B를 교배하여 나온 F_1과 C를 교배 함

③ A와 B를 모본으로 하고, C를 부본으로 하여 함께 교배 함

④ B와 C를 모본으로 하고, A를 부본으로 하여 함께 교배 함

해설

A/B/C나 A/B/C/D와 같은 교배를 할 때 처음 교잡 F_1을 바로 교배에 사용하는 경우도 있지만 어느 정도 선발을 하고 나서 다음 교배를 하는 경우도 있다.

132

종속 간 교잡육종법의 장점은?

① 교잡을 하기 쉽다.

② 종자의 임실율이 높아진다.

③ 변이의 폭을 확대할 수 있다.

④ 적은 수의 유전자를 집적하는 방법이다.

해설

종속 간 교잡은 종간 또는 속간 등 원연의 교배 후대에서 나타나는 폭넓은 변이 중에서 유용한 변이를 선택하여 신품종 또는 신종을 창성하는 것이다. 교잡이 어렵고 불임성이 높으며 잡종의 발아가 곤란한 경우 많은 단점이 있다.

133

잡종강세를 이용하는 데 구비해야 할 조건으로 옳지 않은 것은?

① 한 번의 교잡으로 많은 종자를 생산할 수 있어야 한다.
② 교잡조작이 쉬워야 한다.
③ 단위면적당 재배에 요구되는 종자량이 많아야 한다.
④ F₁ 종자를 생산하는 데 필요한 노임을 보상하고도 남음이 있어야 한다.

해설
③ 단위면적당 재배에 요구되는 종자량이 적어야 한다.

134

벼와 같은 자식성 식물에서 잡종강세에 대한 설명으로 옳은 것은?

① 자식성 식물이므로 잡종강세가 일어나지 않는다.
② 교배조합에 따라 잡종강세가 일어날 수 있다.
③ 모든 교배조합에서 잡종강세가 크게 나타난다.
④ 자식성 식물에서는 잡종강세를 조사하지 않는다.

해설
잡종강세육종법은 자식 또는 근계교배에 의하여 조합능력이 높은 유전자형을 가진 근교계를 만들어 그들 간의 교잡에 의하여 F₁을 만들어 잡종강세효과를 이용한 방법이다.

135

잡종강세를 이용한 F₁ 품종들의 장점으로 가장 거리가 먼 것은?

① 증수효과가 크다.
② 품질이 균일하다.
③ 내병충성이 양친보다 강하다.
④ 종자의 대량 생산이 용이하다.

해설
F₁에서 수확한 종자의 잡종강세현상은 당대에 한하고 F₂에서는 유전적으로 분리되므로 변이가 심하게 일어나 품질과 균일성이 떨어진다.

136

다음 중 유전적 변이를 감별하는 방법으로 가장 알맞은 것은?

① 유의성검정
② 후대검정
③ 질소이용률검정
④ 전체형성능(totipotency)검정

해설
변이의 감별
• 후대검정 : 검정개체를 자식하여 양적형질의 유전적 변이 감별에 이용한다.
• 특성검정 : 이상환경을 만들어 생리적 형질에 대한 변이의 정도를 비교하는 데 이용한다.
• 변이의 상관 : 환경상관과 유전상관을 비교한다.
 – 환경상관 : 환경조건에 기인하는 상관
 – 유전상관 : 환경조건의 변동을 없앴을 때의 상관

137

인위적인 교잡에 의해서 양친이 가지고 있는 유전적인 장점만을 취하여 육종하는 것은?

① 초월육종
② 조합육종
③ 반수체육종
④ 이수체육종

해설

조합육종 : 양친의 우수한 특성을 한 개체 속으로 조합시킨다는 의미이다.

138

잡종강세이용 육종법에서 조합능력의 종류에는 어떤 것들이 있는가?

① 톱교배 조합능력, 일반조합능력
② 일반조합능력, 특정조합능력
③ 특정조합능력, 단교배 조합능력
④ 단교배 조합능력, 복교배 조합능력

해설

조합능력

• 일반조합능력 : 자식계통별로 구하며 어떤 자식계통을 임의의 자식계통들과 교배한 F_1 평균능력의 정도
• 특정조합능력 : F_1 조합별로 구하며 어떤 조합이 다른 조합들에 비해 우수한정도

139

잡종강세육종에서 일반조합능력과 특정조합능력을 함께 검정할 수 있는 것은?

① 단교배
② 톱교배
③ 이면교배
④ 3원교배

해설

잡종강세육종에서 조합능력 검정 방법

• 단교배 검정법 : 특정조합능력 검정
• 톱교배 검정법 : 일반조합능력 검정
• 다교배 검정법 : 영양번식의 일반조합능력 검정
• 이면교배 검정법 : 일반조합능력, 특정조합능력 동시 검정

140

몇 개의 검정품종(계통)에 새로 육성한 계통을 교잡시켜 얻은 F_1의 생산력에 근거하여 일반조합능력을 검정하는 방법은?

① 톱교잡 검정법
② 다교잡 검정법
③ 단교잡 검정법
④ 이면교잡 검정법

141

6개의 품종으로 완전 2면 교배조합을 만들고자 할 때 F_1의 교배조합수는?

① 15
② 26
③ 30
④ 42

해설

교배조합수

• 완전이면교배 : $n(n-1)$
• 부분이면교배 : $n(n-1)/2$
∴ $6(6-1) = 30$

142

체세포로부터 식물체가 재생되는 현상을 적절하게 설명한 것은?

① 식물의 세포분화능을 이용하는 것이다.
② 세포의 탈분화능을 이용하는 것이다.
③ 식물의 생물농축형성능을 이용하는 것이다.
④ 세포의 전체형성능을 이용하는 것이다.

해설

식물체는 종류에 따라 정도 차이는 있지만 전체형성능이라는 재생능력을 갖고 있다. 일반 체세포 조직의 한 세포도 적당한 조건이 주어지면 모체와 똑같은 유전형질을 갖는 식물체로 자랄 수 있다.
※ 전체형성능 : 세포나 조직이 세포 전체의 형태를 형성하거나 식물체를 재생하는 능력

143

육성과정에서 새로운 변이의 창성 방법으로서 쓰일 수 없는 것은?

① 인위돌연변이
② 인공교배
③ 배수체
④ 단위결과

해설

창성육종(변이 창성) : 교배, 비교배(배수체, 인위돌연변이)

144

다음 중 하디-바인베르크 법칙의 전제조건으로 옳지 않은 것은?

① 집단 내에 유전적 부동이 있어야 한다.
② 다른 집단과 유전자 교류가 없어야 한다.
③ 집단 내에서 자연적 선택이 일어나지 않아야 한다.
④ 집단 내에 돌연변이가 일어나지 않아야 한다.

해설

하디-바인베르크 법칙의 전제조건
• 유전적 부동이 없어야 한다.
• 무작위교배가 이루어져야 한다.
• 서로 다른 집단 사이에 이주가 없어야 한다.
• 자연선택이 없어야 한다.
• 집단 내에 돌연변이가 없어야 한다.

145

유전적 평형집단에서 A 유전자의 빈도율 0.7, a 유전자의 빈도를 0.3이라고 했을 때 집단 내에서 Aa, Aa, aa의 유전자형의 빈도는?

① AA : 0.7, Aa : 0.21, aa : 0.3
② AA : 0.49, Aa : 0.42, aa : 0.09
③ AA : 0.09, Aa : 0.42, a a : 0.49
④ AA : 0.7, Aa : 0, aa : 0.3

해설

• AA : $0.7 \times 0.7 = 0.49$
• Aa : $2 \times 0.7 \times 0.3 = 0.42$
• aa : $0.3 \times 0.3 = 0.09$

하디-바인베르크 법칙
어떤 한 집단에서 한 유전자가 A와 a라는 두 개의 대립유전자로 분리되고 A의 빈도를 p, a의 빈도를 q라고 하면($p + q = 1$) AA, Aa, aa의 유전자형 빈도는 각각 p^2, $2pq$, q^2가 된다($p^2 + 2pq + q^2 = 1$).

146

돌연변이육종법의 특징이 아닌 것은?

① 품종 내 조화를 파괴하지 않고 1개의 특성만 용이하게 치환할 수 있다.

② 이형접합체 영양번식 식물에서 변이를 작성하기가 용이하다.

③ 동질배수체의 임성을 저하시킬 수 있다.

④ 상동이나 비상동 염색체 사이에 염색체 단편을 치환시키기가 용이하다.

③ 결실, 역위, 전좌 등과 같은 구조적 이상을 이용하여 임성을 향상시킬 수 있다.

※ 돌연변이육종법의 특징
- 품종 내에서 특성의 조화를 파괴하지 않고 1개의 특성만을 용이하게 치환할 수 있다.
- 이형접합(hetero)으로 되어 있는 영양번식식물에서 변이를 작성하기가 용이하다.
- 염색체 단편을 치환시킬 수 있다.
- 동질배수체의 임성을 향상시킬 수 있다.
- 자가불화합, 교잡불화합을 극복할 수 있어 육종범위의 확대가 가능하다.
- 새로운 유전변이를 창출할 수 있다.

147

다음 중 염색체의 부분적 이상이 아닌 것은?

① 결실   ② 중복

③ 전좌   ④ 배수

염색체 이상
- 염색체수 이상 : 배수성, 이수성
- 구조적 이상 : 결실, 중복, 전좌, 역위

148

염색체의 부분적 이상 중 역위는 무엇인가?

① 염색체의 일부가 과잉상태로 되어 있는 경우

② 기존의 유전자 배열순서가 바뀌어서 배열하는 현상

③ 염색체의 일부가 절단되어 결실이 생기는 경우

④ 절단된 염색체의 일부가 다른 염색체에 부착되는 경우

① 중복, ③ 결실, ④ 전좌

149

돌연변이육종과 관련이 가장 적은 것은?

① 감마선   ② 열성변이

③ 성염색체   ④ 염색체 이상

돌연변이육종
- 돌연변이 종류 : 유전자 돌연변이, 염색체 돌연변이, 체세포 돌연변이(아조변이), 색소체 돌연변이(키메라)
- 인위적 돌연변이 유발원 : 방사성물질(γ선, X선, α선, β선, 중성자, 양성자 등), 화학물질(염기유사체, 대부분 발암물질, 콜히친 등)

150

돌연변이 유발원으로 γ선과 X선을 주로 사용하는 이유는?

① 잔류방사능이 있지만 돌연변이가 많이 나오기 때문이다.

② 처리가 까다롭지만 돌연변이 빈도가 높기 때문이다.

③ 처리가 쉽고 잔류방사능이 없기 때문이다.

④ 처리가 쉽고 에너지가 낮기 때문이다.

방사선의 재배적 이용
- γ선은 에너지가 커서 생물적 효과를 일으켜 돌연변이를 발생시킬 가능성이 높다.
- 식물이나 개체에 쬐는 방사선은 잔류되지 않으며 유용한 돌연변이의 경우 미래 식량문제를 해결할 대안으로 부각되고 있다.

151

방사선 돌연변이육종에 있어서 방사선의 적정강도를 결정하는 데 치사율을 고려한다. 가장 적정한 치사율은?

① 0% ② 25%
③ 50% ④ 75%

해설

방사선 돌연변이육종에서 적정한 치사율은 50%이다. 피폭선량 3~5Gy에서 치사율 50%란 최소한의 가료를 기준으로 한 것이다. 여기서 3~5Gy의 피폭은 60일 내에 피폭자의 50%가 사망할 수 있는 선량이라는 뜻으로 흔히 $LD_{50/60}$으로 표현된다. LD(Lethal Dose)란 치사선량을 뜻하며 50은 '50%'를, 60은 '60일 이내'를 뜻한다. 즉, $LD_{50/60}$은 반치사선량의 의미이다.

152

돌연변이체의 선발시기는?

① M_1 세대 이후
② M_2 세대 이후
③ M_4 세대 이후
④ M_6 세대 이후

해설

돌연변이육종 체계도
• M_0 종자(세대) : 돌연변이원 처리 전 종자
• M_1 종자 : 돌연변이원 처리 종자
• M_1 세대 : 돌연변이원 처리 종자를 생육시킨 것(수정란 처리 식물체)으로 방사선 감수성 조사, 임성, 키메라 등 조사에 사용한다.
• M_2 종자 : M_1 세대에서 수확한 종자
• M_2 세대 : M_2 종자를 생육시킨 것으로 본격적인 변이체 선발시기이다.

153

자식성 작물에서 돌연변이 유발원을 처리한 후 표현형 조사에 의해 열성돌연변이를 선발할 수 있는 최초 세대는? (단, M_1은 돌연변이 유발원을 처리한 당대이다)

① M_1 ② M_2
③ M_3 ④ M_4

해설

우성에서 열성으로 변이되는 것을 열성돌연변이라 하며 M_2 세대에서 확인할 수 있다.

154

화본과 식물의 돌연변이육종에서 M_1 세대의 채종은?

① 식물 개체 단위로 채종
② 임성이 낮은 개체에서 채종
③ 개체 내 이삭 단위로 채종
④ 계통 단위로 채종

해설

돌연변이육종법의 특징
• 자식성 식물 : 화본과 식물의 변이 섹터는 이삭단위, 콩과 식물에서는 가지단위, 토마토는 과방단위로 나타난다. 따라서 M_1 식물체의 이삭이나 가지 또는 과방단위로 채종하고 M_2 계통으로 재배하고 돌연변이체를 선발한다.
• 타식성 식물 : 타식성 식물은 형매교배로 집단의 근교를 높이며, 형매교배를 위하여 이삭별 계통을 주구에 재배한다.
• 영양번식 식물 : 체세포 돌연변이 이용, 서류는 휴면하는 괴경에 유묘에 돌연변이 유발원을 처리하고 서류의 변이섹터를 크게 하기 위해서 처음 나온 눈을 제거하고 다음 눈을 대상으로 돌연변이를 선발한다. 감수분열을 거치지 않고 세대를 이어나간다.

155

유전자 재조합과 관계없이 어떤 원인에 의하여 유전물질 자체에 변화가 일어나 발생되는 변이는?

① 양적변이　　　　　② 교배변이

③ 방황변이　　　　　④ 돌연변이

해설

유전자의 염기 수나 순서에 이상이 생기면 돌연변이가 일어난다.

156

다음 중 ( )에 알맞은 내용은?

> 엽이가 있는 보리에서 염기치환으로 돌연변이된 무엽이 계통에 돌연변이 유발원을 처리하면 다시 염기치환이 일어나 아주 낮은 빈도지만 엽이를 가진 개체가 나타나는데 이것을 ( )라 한다.

① 점돌연변이

② 복귀돌연변이

③ 트랜스포존

④ 염색체 돌연변이

해설

돌연변이를 일으킨 세포나 개체가 같은 곳에 돌연변이를 일으켜 다시 원래의 정상 또는 야생형으로 되돌아오는 경우를 복귀돌연변이(復歸突然變異, 역돌연변이)라고 한다.

① 점돌연변이(유전자 돌연변이) : 하나의 유전자 작용에 영향을 미치는 돌연변이

③ 트랜스포존 : DNA 분자의 한 곳에서 다른 곳으로 옮겨 다닐 수 있는 DNA 조각

④ 염색체 돌연변이(염색체 이상) : 유전자가 존재하는 염색체의 구조나 수의 변화로 발생하는 돌연변이

157

다음 중 ( )에 알맞은 것은?

> 유전자 수준에서 가장 작은 변화는 ( )로, DNA 염기서열 중 한 쌍만이 변화하여 원래 DNA에 코드된 아미노산과 다른 아미노산을 지정함으로써 돌연변이가 일어나는 경우이다.

① 다수성돌연변이

② 층치환돌연변이

③ 복귀돌연변이

④ 점돌연변이

158

돌연변이육종에 고려해야 할 사항으로 가장 적절하지 않은 것은?

① 현실적인 육종규모를 설정한다.

② 주로 양적형질을 육종목표로 설정한다.

③ 효과적인 돌연변이 유발원을 선택한다.

④ M_1 및 그 이후 세대의 효율적 육종 방법을 설정한다.

해설

돌연변이육종은 자연계 돌연변이체와 인위 돌연변이체 중에서 육종목표에 적합한 것을 선발하여 유전적 고정을 통해 새로운 품종을 육성하며, 그 중 양적형질보다는 질적형질에 영향을 미치는 경우가 많다.

159

생식세포 돌연변이와 체세포 돌연변이의 예로 가장 옳은 것은?

① 생식세포 돌연변이 : 염색체의 상호전좌
　체세포 돌연변이 : 아조변이
② 생식세포 돌연변이 : 아조변이
　체세포 돌연변이 : 열성돌연변이
③ 생식세포 돌연변이 : 열성돌연변이
　체세포 돌연변이 : 우성돌연변이
④ 생식세포 돌연변이 : 우성돌연변이
　체세포 돌연변이 : 염색체의 상호전좌

해설

생식세포 돌연변이는 유전하기 때문에 다음 세대에는 식물전체에서 볼 수 있으나, 체세포 돌연변이는 대부분 키메라의 형태로 돌연변이 부위에서만 볼 수 있다.

160

작물의 진화과정에서 새로운 유전질의 변이가 생성되는 기적이 아닌 것은?

① 교배
② 배수체
③ 돌연변이
④ 환경변이

해설

변이는 환경에 의한 변이(환경변이)와 유전적 변이(교배, 배수체, 돌연변이)가 있다.

161

육종 대상 집단에서 유전양식이 비교적 간단하고 선발이 쉬운 변이는?

① 불연속변이
② 방황변이
③ 연속변이
④ 양적변이

해설

변이의 양상에 따른 구분
• 연속변이(양적 변이) : 키가 큰 것으로부터 작은 것까지 여러 가지 계급의 것을 포함하여 계급 간 구분이 불분명한 경우가 있는 변이
　예 길이, 무게 등
• 불연속변이(대립변이) : 꽃이 희고 붉은 것과 같은 두 변이 사이에 구별이 뚜렷하고 중간 계급의 것이 없는 변이
　예 색깔, 모양, 까락의 유무

162

돌연변이에 대한 설명으로 틀린 것은?

① 유전자의 일부 염기서열이 변화하여 생성되는 단백질에 영향을 받아 돌연변이 특성이 나타난다.
② 트랜스포존은 이동하는 특성을 가진 돌연변이 유발 유전자이다.
③ 염색체 구조적 돌연변이는 콜히친을 처리하여 대량 확보할 수 있다.
④ 아조변이는 이형접합성이 높은 영양번식 식물에서 주로 발생한다.

해설

콜히친을 처리하면 염색체수가 배가하여 염색체 수적 돌연변이가 생긴다.
※ 염색체 구조적 돌연변이는 염색체 수는 정상이지만 염색체의 구조가 정상과 다른 돌연변이이다.

163

아조변이(芽條變異)에 관한 설명으로 옳은 것은?

① 과수에서만 국한되어 나타나는 특성이다.

② 대체로 가지 전체의 세포에 돌연변이가 급격히 전염된 현상이다.

③ 접목을 하여도 변이의 실용상 주요형질은 크게 변화하지 않는다.

④ 잎의 형태나 꽃의 색깔 등에 영향을 미치고 과실에는 영향이 없는 것이 특징이다.

해설

아조변이

생장중의 가지 및 줄기의 생장점의 유전자에 돌연변이가 일어나 두셋의 형질이 다른 가지나 줄기가 생기는 변이이다. 변이한 부분만을 접붙이기나 꺾꽂이 등으로 번식시키면 모주와는 형질이 다른 개체를 얻을 수 있다.

164

생리생육성(生理生育性) 형질에 속하는 것은?

① 발아 및 휴면성

② 종피색

③ 식미

④ 함유성분

해설

생육성 형질 : 발아 및 휴면성, 출수 및 개화성, 성숙 및 조만성

165

미동유전자의 영향을 받는 비특이적 저항성은?

① 질적저항성

② 진정저항성

③ 포장저항성

④ 수직저항성

해설

양적저항성과 질적저항성

양적 저항성	여러 레이스에 대해 저항성을 가지므로 비특이적 저항성이라 한다.	포장저항성, 수평저항성, 미동유전자 저항성
질적 저항성	특정한 레이스에 대해서만 저항성을 나타내는 경우로, 질적저항성 품종은 특이적 저항성을 가졌다고 말한다.	진정저항성, 수직저항성, 주동유전자 저항성

이러한 저항성 구분은 어떤 조건이 전제된 것이므로 절대적인 것은 아니다.

166

다음 중 식물병에 대한 진정저항성과 동일한 뜻을 가진 저항성은?

① 질적저항성

② 양적저항성

③ 포장저항성

④ 수평저항성

167

식물병에 대한 저항성에는 진정저항성과 포장저항성이 있다. 이 두 가지 저항성의 차이를 가장 옳게 설명한 것은?

① 진정저항성이나 포장저항성은 병감염율이 상대적으로 낮으나 병균을 접종하면 모두 병이 많이 발생한다.
② 진정저항성을 수평저항성이라고 하며, 포장저항성은 수직저항성이라고도 한다.
③ 진정저항성이나 포장저항성 모두 병 발생이 거의 없으나, 포장저항성은 포장에서 병 발생이 없다.
④ 진정저항성은 병이 거의 발생하지 않으나, 포장저항성은 여러 균계에 대하여 병 발생율이 상대적으로 낮다.

해설

저항성에 관여하는 유전적 차이
• 진정저항성(수직저항성) : 소수의 주동유전자에 의해 발현되기 때문에 병이 거의 발생하지 않는다.
• 포장저항성(수평저항성) : 여러 레이스에 따라 저항성의 차이가 크지 않다.

168

불량토양환경에 대한 농작물의 저항성으로만 나열된 것은?

① 내서성, 내산성
② 내염성, 내냉성
③ 내산성, 내염성
④ 내서성, 내냉성

해설

재해저항성
• 병저항성 : 내병성
• 해충저항성 : 내충성, 내선충성
• 불량기상환경 : 내풍성, 내냉성, 내서성
• 불량토양환경 : 내염성, 내산성, 내습성

169

내병성 품종의 육종을 효과적으로 수행하기 위한 필요조치로서 적합하지 않은 것은?

① 가장 병에 약한 계통을 일정한 간격으로 섞어 심는다.
② 문제되는 병이 가장 많이 발생하는 계절에 선발해야 한다.
③ 병원균을 인공접종한다.
④ 살균제를 정기적으로 살포해 준다.

해설

내병성 육종은 병원균에 대한 내성을 지니는 품종을 육종하는 것이다.

170

내충성 품종의 특성으로 옳은 것은?

① 새로운 생태형이 나타날 수 있다.
② 필수아미노산 함유가 많다.
③ 단백질함유가 많다.
④ 흡비력이 강하다.

해설

내충성 품종은 해충의 침입에 대하여 견디는 성질이 큰 품종으로 새로운 생태형이 나타날 수 있다.

171

생산력 검정에 관한 설명 중 틀린 것은?

① 검정포장은 토양의 균일성을 유지하도록 노력한다.
② 계측, 계량을 잘못하면 포장시험에 따르는 오차가 커진다.
③ 시험구의 크기가 클수록 시험구당 수량 변동이 커진다.
④ 시험구의 반복횟수의 증가로 오차를 줄일 수 있다.

해설

생산력 검정을 위한 포장시험에서 오차를 줄이기 위해 시험구 1구의 면적을 작게 하고 반복수를 늘린다.

167 ④ 168 ③ 169 ④ 170 ① 171 ③ **정답**

172

생산력 검정을 위한 포장시험(plot technique)을 할 때 주의사항으로 틀린 것은?

① 기상환경은 작물생육에 이상적인 조건이 되도록 조절한다.
② 토양의 균일성을 유지한다.
③ 반복구를 두고 신뢰도를 높이도록 한다.
④ 시험·재료의 균일성을 기하도록 한다.

해설

① 실험포장의 토양이나 기상조건은 일반농가의 포장요건과 비슷하게 한다.

173

기본적인 육종과정이 가장 바르게 나열된 것은?

① 재료집단수집 → 선발 및 고정 → 지역적응시험 → 생산력 검정 → 품종등록 → 증식 및 보급
② 재료집단수집 → 생산력 검정 → 선발 및 고정 → 지역적응시험 → 품종등록 → 증식 및 보급
③ 재료집단수집 → 지역적응시험 → 선발 및 고정 → 생산력 검정 → 품종등록 → 증식 및 보급
④ 재료집단수집 → 선발 및 고정 → 생산력 검정 → 지역적응시험 → 품종등록 → 증식 및 보급

해설

작물의 육종과정

육종목표 설정 → 육종재료 및 육종 방법 결정 → 변이작성 → 우량계통 육성 → 생산성 검정 → 지역적응성 검정 → 신품종 결정 및 등록 → 종자증식 → 신품종 보급

174

신품종의 3대 구비조건인 DUS는 각각 무엇을 나타내는가?

① D : 신규성, U : 균일성, S : 광지역성
② D : 신규성, U : 안정성, S : 광지역성
③ D : 구별성, U : 균일성, S : 경제성
④ D : 구별성, U : 균일성, S : 안정성

해설

신품종의 구비조건(DUS)
• 구별성(distinctness)은 신품종의 한 가지 이상의 특성이 기존의 알려진 품종과 뚜렷이 구별되는 것이다.
• 균일성(uniformity)은 신품종의 특성이 재배·이용상 지장이 없도록 균일한 것을 말한다.
• 안정성(stability)은 세대를 반복해서 재배하여도 신품종의 특성이 변하지 않는 것이다.

175

품종의 생리적 퇴화의 원인이 되는 것은?

① 돌연변이
② 자연교잡
③ 토양적인 퇴화
④ 이형유전자형의 분리

해설

품종퇴화의 원인
• 유전적 퇴화 : 종자증식에서 발생하는 돌연변이, 자연교잡, 새로운 유전자의 분리, 기회적 부동, 자식(근교)약세, 종자의 기계적 혼입 등
• 생리적 퇴화 : 재배환경(토양, 기상, 생물환경 등), 재배·저장조건의 불량 등
• 병리적 퇴화 : 영양번식 작물의 바이러스 및 병원균의 감염 등
※ 병리적 퇴화 방지 대책 : 무병지 채종, 종자소독, 병해의 발생 방제, 약제살포, 이병주도태, 씨감자검정 등

176

신품종의 유전적 퇴화 원인으로만 옳게 나열한 것은?

① 자연교잡, 잡종강세
② 잡종강세, 바이러스병 감염
③ 바이러스병 감염, 돌연변이
④ 돌연변이, 자연교잡

해설
신품종의 유전적 퇴화 원인
돌연변이, 자연교잡, 자식약세(근교약세), 미동유전자(이형유전자)의 분리, 역도태, 기회적 변동, 기계적 혼입

177

신품종의 특성을 유지하는 데 있어서 품종의 퇴화가 큰 문제가 되고 있는데, 품종의 퇴화 원인을 설명한 것으로 틀린 것은?

① 근교약세에 의한 퇴화
② 기계적 혼입에 의한 퇴화
③ 주동유전자의 분리에 의한 퇴화
④ 기회적 변동에 의한 퇴화

해설
품종퇴화의 원인
• 유전적 퇴화 : 돌연변이에 의한 퇴화, 자연교잡에 의한 퇴화, 자식약세(근교약세)에 의한 퇴화, 미동유전자(이형유전자)의 분리에 의한 퇴화, 역도태에 의한 퇴화, 기회적 부동에 의한 퇴화, 기계적 혼입에 의한 퇴화
• 비유전적 퇴화 : 생리적 퇴화, 병리적 퇴화
  – 생리적 퇴화 : 토양적인 퇴화 등
  – 병리적 퇴화 : 바이러스 등

178

자연교잡에 의한 배추과(십자화과) 채소품종의 퇴화를 막기 위하여 채종재배 시 사용할 수 있는 방법으로 가장 적당한 것으로만 나열된 것은?

① 옥신 처리, 수경재배
② 에틸렌 처리, 외딴섬재배
③ 외딴섬재배, 망실재배
④ 수경재배, B-9 처리

해설
격리재배 방법
• 차단격리법 : 봉지씌우기, 망실 이용
• 거리격리법 : 섬이나 산속 같은 장소에서 화분오염원과 거리를 두고 재배
• 시간격리법 : 춘화처리, 일장처리, 생장조절제 처리, 파종기 변경 등

179

다음 중 자가불화합성 식물을 자식시키기 위한 방법으로 가장 적절하지 않은 것은?

① 봉지씌우기
② 고온처리
③ 이산화탄소 처리
④ 뇌수분

해설
자가불화합성의 일시적 타파 방법에는 뇌수분, 노화수분, 고온처리, 전기자극, 고농도의 탄산가스(CO_2) 처리 등이 있다.

180

신품종의 특성을 유지하기 위하여 취해야 할 조치가 아닌 것은?

① 원원종 재배
② 영양번식에 의한 보존재배
③ 격리재배
④ 개화기 조절

해설

신품종 특성 유지방법 : 영양번식, 격리재배, 원원종 재배로 종자갱신, 종자 저온저장

181

감자 등과 같은 영양번식성 작물이 바이러스병에 의해 퇴화하는 것을 방지하는 방법은?

① 추파성 소거
② 고랭지 채종
③ 조기재배
④ 기계적 혼입 방지

해설

감자를 평야지대에서 재배하면 바이러스 감염이 쉬우므로 고랭지에서 씨감자를 재배한다.

182

품종퇴화를 방지하고 품종의 특성을 유지하는 방법으로 틀린 것은?

① 개체집단선발법
② 계통집단선발법
③ 방임수분
④ 격리재배

해설

품종의 특성을 유지하는 방법에는 개체집단선발법(원종, 보급종), 계통집단선발법(원원종), 주보존법(영양번식), 격리재배 등이 있다.

183

채종재배에 의하여 조속히 종자를 증식해야 할 때 적절한 방법은?

① 밀파(密播)하여 작은 묘를 기른다.
② 다비밀식(多肥密植)재배를 한다.
③ 조기 재배를 한다.
④ 박파(博播)를 하여 큰 묘를 기른다.

해설

종자증식을 위한 채종재배는 유전적으로 순수하고 충실한 종자를 얻는 것이 목적이므로 재배지의 입지선정에 유의하고 박파(간격을 많이 두고 파종하는 것), 다비, 소비재배 등 효율적인 증식방법으로 증식률을 높이며 수확 적기에 채종해야 한다.

184

신품종 증식을 위한 채종재배 시 지켜야 할 사항으로만 바르게 나열된 것은?

① 불량주 도태, 단일처리
② 단일처리, 우량모본의 양성
③ 우량모본의 양성, 열성중성자 처리
④ 불량주 도태, 우량모본의 양성

해설

신품종 증식을 위한 채종재배 시 지켜야 할 사항
• 재배지의 선정 : 우량모본의 양성
• 종자선택 및 종자 처리 : 원종포 등에서 생산된 믿을 수 있는 우수한 종자. 선종, 종자소독 등의 처리가 필요
• 재배법과 비배 관리 : 밀식 삼가, 질소비료 과용삼가, 도복·병해를 막고, 균일하고 건실한 결실을 유도, 제초를 철저히 하는 한편 이형주 도태
• 수확 및 조제 : 수확은 보통의 경우보다 약간 이르게 하고 이형립이나 협잡물이 섞이지 않도록 탈곡, 조제
• 건조·저장 : 잘 건조하여 습하지 않은 곳에 저장하고 저장 중의 병충해, 쥐의 피해 등을 방지

185

우리나라에서 주요 식량작물의 종자증식체계의 단계로 옳은 것은?

① 원원종포 → 기본식물포 → 원종포 → 채종포
② 기본식물포 → 원원종포 → 원종포 → 채종포
③ 원원종포 → 원종포 → 채종포 → 기본식물포
④ 원원종포 → 원종포 → 기본식물포 → 채종포

해설

채종체계

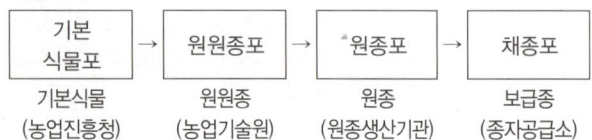

기본 식물		원원종		원종		보급종
(농업진흥청)		(농업기술원)		(원종생산기관)		(종자공급소)

186

새로 육성한 우량품종의 순도를 유지하기 위하여 육종가 또는 육종기관이 유지·관리하고 있는 종자는?

① 보급종 종자
② 원종 종자
③ 원원종 종자
④ 기본식물 종자

해설

④ 기본식물 종자 : 품종육성기관에서 육성한 원래의 종자
① 보급종 종자 : 원종 또는 원원종에서 1세대 증식하여 농가에 보급되는 종자
② 원종 종자 : 원원종에서 1세대 증식된 종자
③ 원원종 종자 : 품종고유의 특성을 보유하고 종자의 증식에 기본이 되는 종자

187

다음 중 ( )에 알맞은 내용을 왼쪽부터 순서대로 가장 옳게 쓴 것은?

> 조직배양기술은 식물육종에 광범위하게 이용되며, ( )에 의한 영양번식식물의 무병주 생산, ( )에 의한 씨감자 생산, ( )을/를 통한 식물육종기간 단축 등이 있다.

① 약배양, 조직배양, 생장점배양
② 생장점배양, 조직배양, 약배양
③ 생장점배양, 약배양, 조직배양
④ 약배양, 생장점배양, 조직배양

해설

조직배양기술

• 생장점배양을 하면 바이러스가 감염되지 않은 무병주 개체를 만들 수가 있다.
• 조직배양은 생물의 세포조직 또는 기관을 당분, 무기영양, 비타민, 아미노산, 호르몬 등이 함유된 배지에서 무균적으로 배양하는 것이다(감자, 마늘 등).
• 약배양은 잡종식물에서 반수체를 유도하고 염색체를 배가시키면 당대에 유전적으로 고정된 2배체(2n) 식물을 얻을 수 있고, 육종연한을 단축시킬 수 있다.

188

다음에서 설명하는 것은?

> 상동게놈이 한 개뿐이므로 열성형질의 선발이 쉽고, 염색체를 배가하면 곧바로 동형접합체(순계)를 얻을 수 있다.

① 반수체
② 동질3배체
③ 동질4배체
④ 복2배체

해설

반수체

• 생육이 불량하고 완전불임으로 실용성이 없다.
• 반수체의 염색체를 배가하면 곧바로 동형접합체를 얻을 수 있으므로 육종연한을 대폭 줄일 수 있다.
• 상동게놈이 1개뿐이므로 열성형질을 선발하기 쉽다.

189

다음 중 반수체육종의 가장 큰 장점은?

① 이형집단 발생이 쉬우며 다양한 형질을 가지고 있다.
② 돌연변이가 많이 나온다.
③ 유전자 재조합이 많이 일어난다.
④ 육종연한을 단축한다.

해설

반수체육종의 장단점

장점	• 육종연한 단축 • 선발효율 증대 • 열성유전자 선발 용이
단점	• 유전자재조합 기회가 적음 • 형질변이와 검정기간이 필요 • 염색체 배가계통의 변이 • 세대 단축효과가 미미

190

반수체 식물의 생식능력을 임실률로 나타낸 것은?

① 0%   ② 25%
③ 50%   ④ 100%

해설

반수체에서는 화분이 형성되지 않거나 또는 수정능력이 없는 화분만 형성된다.
※ 임실률(稔實率 : 수분 성공비율)

191

인위적으로 반수체 식물을 만들기 위해 주로 사용하는 조직배양 방법은?

① 배배양
② 약배양
③ 생장점배양
④ 원형질체배양

해설

약배양

잡종식물에서 반수체를 유도하여 염색체를 배가시키면 당대에 유전적으로 고정된 2배체(2n) 식물을 얻을 수 있고, 육종연한을 단축시킬 수 있다.

192

약배양기술을 육종에 이용하는 이유로 가장 알맞은 것은?

① 양적형질의 개량에 효과적이다.
② 대부분의 작물에서 식물체 분화가 잘 되어 널리 이용되고 있다.
③ 반수체만 출현하지만 정상적인 식물체가 되어 개화한다.
④ 육종연한을 단축할 수 있다.

해설

약배양기술을 활용한 반수체를 이용한 육종법은 짧은 기간에 순수 계통을 만들 수 있는 장점이 있다.

193

식물 조직배양기술 중 배주(胚珠)배양이나 배(胚)배양은 주로 어떤 경우에 적용하는가?

① 품질이 우수한 품종을 육성코자 할 때
② 여교배에 의하여 동질 유전자계통을 육성코자 할 때
③ 종속 간 교배에 의한 유용 유전자 도입을 목표로 할 때
④ 수량이 많은 합성품종을 육성하고자 할 때

해설

종간잡종이나 속간잡종을 만들어 내기 위하여 배배양이나 배주배양, 자방배양이 이용되고 있다.

194

분자표지를 이용하는 육종을 설명한 것으로 틀린 것은?

① 분자표지는 다양한 품종 간 DNA 염기서열의 차이를 이용해서 제작할 수 있다.
② 분자표지의 유전분리는 일반 유전자와 같은 분리방식을 따른다.
③ DNA 분자표지는 환경에 영향을 받지 않기 때문에 선발 시 안정적으로 사용할 수 있다.
④ 품종 간에 근연일수록 분자표지의 다형성이 높아서 이용하기 쉽다.

해설

분자표지를 이용하면 유전현상의 본질인 DNA의 염기서열 차이를 대상으로 하기 때문에 그 수적 제한성이 적으며, 식물의 발육단계와 관계없이 안정되고, 모든 조직에서 탐지할 수 있으며, 환경에 영향을 받지 않고, 유전자 간의 상위 작용이나 다면 발현에 의한 영향을 받지 않을 뿐 아니라 공우성 또는 우성표지를 선택하여 사용할 수 있다는 장점을 가지고 있다.

195

육종단계에서 분자표지의 활용도가 매우 낮은 것은?

① 종자 순도검정
② 여교배육종 시 세대 단축
③ 생산성검정
④ 유전자원 및 품종의 분류

해설

분자표지의 작물육종 활용
• 품종판별 : 유전자 검사로 신속·정확한 품종판별, 유전자원 및 품종의 분류
• 종자 순도검정 : 유전자 기반 종자품질 검정
• 분자표지육종 : 분자표지 분석으로 우수 계통 조기 선발
• 형질예측 : 병저항성, 매운맛 등 작물 특성 조기 예측
• 여교배육종 시 세대 단축
• 유전자 연관지도의 구축 등

196

잡종집단에서 선발효율을 높이고자 할 때 이용할 수 있는 분자표지는?

① 캘러스 형성 여부
② 히스톤단백질함량
③ RFLP 표지
④ 폴리펩티드 신장

해설

1대잡종을 비롯한 종자의 순도를 검정하는 지표로서 RFLP, SSR, RAPD 등의 분자표지를 사용한다.

197

변이 생성 방법으로 적절하지 않은 것은?

① 원형질융합
② 형질전환
③ 영양번식
④ 방사선 처리

해설

③ 영양번식 : 모체와 유전적으로 완전히 동일한 개체를 얻을 수 있다.

인위적인 변이 유발 방법

• 교배육종 : 재래종·수집종 간 인위교배
• 돌연변이 : 아조변이, X선, 화학물질
• 배수체 육종 : 콜히친 처리
• 유전공학 이용 : 세포융합, DNA재조합

198

재조합 DNA를 생식과정을 거치지 않고 식물세포로 도입하여 새로운 형질을 나타나게 하는 기술은?

① 세포융합기술
② 원형체융합기술
③ 형질전환기술
④ 약배양기술

해설

형질전환기술은 유전자변형 품종을 육성하는 데 꼭 필요한 기술이다.

199

감자와 토마토로 육성된 포마토는 어떠한 육종 방법을 이용하였는가?

① 배배양
② 약배양
③ 원형질체융합
④ 염색체배양

해설

원형질체융합

원연종 간의 유전질 조합방법으로 체세포를 이용하는 세포융합기술의 하나이다.

• 동물세포융합 : 매우 빠른 속도로 증식하는 암세포와 특정한 항체를 생산할 수 있는 형질을 지닌 정상세포를 융합시키면 암세포와 같이 단시간 내 많이 증식되며 또한 목적하는 항체를 대량으로 생산할 수 있는 세포를 얻을 수 있다.
• 식물세포융합 : 토마토와 감자세포를 융합시켜 토마토와 감자가 한 식물체에서 동시에 생산되는 포마토가 개발되었다.

200

쌍자엽식물의 형질전환에 가장 널리 이용하고 있는 유전자 운반체는?

① E. coli
② 바이러스의 외투단백질
③ Ti-plasmid
④ 제한효소

해설

형질전환

특정 세포에서 분리해 낸 유전자를 삽입하여 형질을 바꾸는 방법으로 Ti-plasmid나 매개체를 이용해 숙주 원형질체에 삽입한다.

CHAPTER
03 재배원론

001

농경의 발상지를 비옥한 해안지대라고 추정한 사람은?

① De Candolle ② G. Allen

③ Vavilov ④ P. Dettweiler

해설

② G. Allen : 과거 묘소에 공물로 뿌려진 야생식물의 열매가 자연히 싹이 터서 자라는 것을 보고 재배라는 개념을 배웠다.

농경의 발상지

• P. Dettweiler : 기후가 온난하고 토지가 비옥하며, 토양수분도 넉넉한 해안지대를 원시 농경의 발상지로 보았다.

• De Candolle : 큰 강 유역이 주기적인 강의 범람으로 비옥해져 농사짓기에 유리하므로 원시 농경의 발상지라고 추정하였다.

• Vavilov : 기후가 온화한 산간부 중 관개수를 쉽게 얻을 수 있는 곳이 농경이 쉽고 안전하므로 발상지라고 추정하였다.

002

다음 중 원산지가 한국으로 추정되는 작물로만 나열된 것은?

① 콩, 포도 ② 인삼, 감

③ 생강, 토란 ④ 벼, 동부

해설

원산지가 한국인 작물 : 팥, 감(한국, 중국), 인삼(한국)

※ Vavilov의 작물의 기원지

• 중국 : 6조 보리, 조, 피, 메밀, 콩, 팥, 파, 인삼, 배추, 자운영, 동양배, 감, 복숭아 등

• 인도 · 동남아시아 : 벼, 참깨, 사탕수수, 모시풀, 왕골, 오이, 박, 가지, 생강 등

• 중앙아시아 : 귀리, 기장, 완두, 삼, 당근, 양파, 무화과 등

• 코카서스 · 중동 : 2조 보리, 보통 밀, 호밀, 유채, 아마, 마늘, 시금치, 사과, 서양배, 포도 등

• 지중해 연안 : 완두, 유채, 사탕무, 양귀비, 화이트클로버, 티머시, 오처드그라스, 무, 순무, 우엉, 양배추, 상추 등

• 중앙아프리카 : 진주조, 수수, 강두(광저기), 수박, 참외 등

• 멕시코 · 중앙아메리카 : 옥수수, 강낭콩, 고구마, 해바라기, 호박 등

• 남아메리카 : 감자, 땅콩, 담배, 토마토, 고추 등

003

재배종과 야생종의 특징을 바르게 설명한 것은?

① 야생종은 휴면성이 약하다.

② 재배종은 대립종자로 발전하였다.

③ 재배종은 단백질함량이 높아지고 탄수화물함량이 낮아지는 방향으로 발달하였다.

④ 성숙 시 종자의 탈립성은 재배종이 크다.

해설

• 재배종은 수확 즉시 저장하고 이듬해 봄에 파종할 때에는 일제히 발아해야 하므로 강한 휴면성이 필요하지 않다.

• 재배종은 출아 후 잎이 3, 4매 전개될 때까지 불량환경이나 병충해 극복을 위하여 강한 활력이 요구되므로 생장에너지가 많이 저장된 대립종자로 발전하였다.

• 재배종은 종자 중의 단백질함량이 낮아지고 탄수화물함량이 증가하는 방향으로 발달하였다.

• 재배종은 성숙 시 종자의 탈립성은 작은 방향으로, 수량은 많은 방향으로 발달하였다.

004

작물의 분화과정에서 첫 번째 단계는?

① 도태와 적응을 통한 순화의 단계

② 유전적 변이의 발생 단계

③ 유전적인 안정상태를 유지하는 고립 단계

④ 어떤 생태조건에서 잘 적응하는 단계

해설

작물의 분화과정

유전적 변이(자연교잡, 돌연변이) → 도태 → 적응(순화) → 고립(격절)

005

교잡에 의한 작물개량의 가능성을 최초로 제시한 사람은?

① Camerarius

② Koelreuter

③ Mendel

④ De Vries

해설

② Koelreuter : 서로 다른 종 간에는 교잡이 잘되지 않고 동일 종 내 근연 간에는 교잡이 잘 일어날 수 있다는 사실을 입증하였다.

① Camerarius : 1961년 식물에도 자웅성별이 있음을 밝혔으며 시금치, 삼, 호프, 옥수수 등의 성에 관해 기술하였다.

③ Mendel : 우열의 법칙, 분리의 법칙, 독립의 법칙이라고 불리는 유전의 기본법칙을 발견했다.

④ De Vries : 환경에 의한 변이는 유전하지 않으나 원인불명이지만 유전하는 변이도 있는데 이것을 돌연변이라고 주장하였다.

006

Oryza sativa L.은 어떤 작물의 학명인가?

① 밀   ② 토마토

③ 벼   ④ 담배

해설

① 밀 : *Triticum aestivum* L.

② 토마토 : *Lycopersicon esculentum* Mill.

④ 담배 : *Nicotiana tabacum* L.

007

용도에 의한 작물의 분류에서 잡곡에 해당하지 않는 것은?

① 조   ② 기장

③ 귀리   ④ 옥수수

해설

식용(식량)작물

• 미곡 : 논벼, 밭벼 등

• 맥류 : 보리, 밀, 귀리, 라이보리 등

• 잡곡 : 조, 기장, 피, 수수, 율무, 옥수수, 메밀 등

• 두류 : 콩, 팥, 까치콩, 완두, 잠두, 땅콩, 녹두 등

• 서류 : 고구마, 감자, 카사바, 토란 등

008

용도에 따른 분류에서 공예작물이며, 전분작물로만 나열된 것은?

① 고구마, 감자

② 사탕무, 유채

③ 사탕수수, 왕골

④ 삼, 닥나무

해설

특용(공예)작물

• 유료작물 : 참깨, 땅콩, 유채, 해바라기 등

• 섬유작물 : 목화, 아마, 삼, 왕골, 모시풀, 수세미, 닥나무 등

• 당료작물 : 사탕무, 사탕수수 등

• 전분작물 : 옥수수, 감자, 고구마 등

009

용도에 따른 작물의 분류에서 포도와 무화과는 어느 것에 속하는가?

① 장과류　　　　② 인과류
③ 핵과류　　　　④ 곡과류

과실의 구조에 따른 분류
- 인과류 : 배, 사과, 비파 등
- 핵과류 : 복숭아, 자두, 살구, 앵두 등
- 장과류 : 포도, 딸기, 무화과 등
- 견과류 : 밤, 호두 등
- 준인과류 : 감, 귤 등

010

다음 중 생존연한에 따른 분류상 2년생 작물에 해당되는 것은?

① 보리　　　　② 사탕무
③ 호프　　　　④ 벼

생존연한에 따른 분류

1년생	• 봄에 파종하여 그해 안에 성숙하는 작물 • 벼, 콩, 옥수수, 수수, 조 등
월년생	• 가을에 파종하여 그 다음 해 초여름에 성숙하는 작물 • 가을밀, 가을보리 등
2년생	• 봄에 파종하여 그 다음 해에 성숙하는 작물 • 무, 사탕무, 양배추, 양파 등
영년생 (다년생)	• 생존연한과 경제적 이용연한이 여러 해인 작물 • 아스파라거스, 목초류, 호프 등

011

내습성이 강한 작물의 특징으로 맞지 않는 것은?

① 황화수소 등 환원성 유해물질에 대한 저항성이 큰 것이 내습성이 강하다.
② 근계가 얕게 발달하거나 부정근의 발생력이 큰 것이 내습성을 강하게 한다.
③ 채소류에서는 양상추, 양배추, 토마토, 가지, 오이 등이 내습성이 강하다.
④ 복숭아, 무화과, 밤 등이 올리브, 포도 등에 비해 내습성이 강하다.

작물의 내습성
- 작물의 내습성 : 골풀, 미나리, 벼 > 밭벼, 옥수수, 율무 > 토란 > 고구마 > 보리, 밀 > 감자, 고추 > 토마토, 메밀 > 파, 양파, 당근, 자운영
- 채소 : 양배추, 양상추, 토마토, 가지, 오이 > 시금치, 우엉, 무 > 당근, 꽃양배추, 멜론, 피망
- 과수 : 올리브 > 포도 > 밀감 > 감, 배 > 밤, 복숭아, 무화과

012

내염성 정도가 강한 작물로만 짝지어진 것은?

① 완두, 셀러리
② 배, 살구
③ 고구마, 감자
④ 유채, 양배추

작물의 내염성
- 내염성이 강한 작물 : 유채, 목화, 순무, 사탕무, 양배추, 라이그래스
- 내염성이 약한 작물 : 완두, 녹두, 감자, 고구마, 베치, 가지, 셀러리, 사과, 배, 복숭아, 살구

013

기후가 불순하여 흉년이 들 때에 조, 기장, 피 등과 같이 안전한 수확을 얻을 수 있어 도움이 되는 재배작물을 무엇이라고 불렀는가?

① 보호작물　　　　② 대용작물
③ 구황작물　　　　④ 포착작물

해설

① 보호작물 : 주작물을 보호하기 위하여 함께 심는 작물을 말한다.
　　예 가을밀에 봄밀종자를 혼파
② 대용작물 : 주작물이 재배되지 못할 시 약간의 수확을 위해서라도 대신 파종하는 작물로 채소와 벼, 보리, 수수를 제외한 곡물들이 속한다.
　　예 조, 메밀, 팥, 감자, 채소류 등
④ 포착작물 : 목적의 작물이 불량조건 때문에 중도에 실패하였을 때 다른 작물을 대파하여 유실된 비료분을 잘 이용하는 효과를 가진 작물을 말한다.

014

다음 중 땅속줄기(지하경)로 번식하는 작물은?

① 감자　　　　② 토란
③ 마늘　　　　④ 생강

해설

종묘로 이용되는 영양기관의 분류

눈	마, 포도나무, 꽃의 아삽 등
잎	베고니아 등
줄기	• 덩이줄기(괴경) : 감자, 토란, 돼지감자 등 • 알줄기(구경) : 글라디올러스, 프리지아 등 • 비늘줄기(인경) : 나리(백합), 마늘, 양파 등 • 땅속줄기(뿌리줄기, 지하경) : 생강, 연, 박하, 호프 등 • 흡지(吸枝) : 박하, 모시풀 등
뿌리	덩이뿌리(괴근) : 다알리아, 고구마, 마 등

015

우리나라의 작물 재배 특색을 가장 잘 나타낸 것은?

① 고소득 작물의 도입 등 작부체계가 발달하였다.
② 최근 질소질 비료의 감축 등으로 친환경농업이 크게 발달하였다.
③ 쌀의 비중이 커서 미곡(米穀)농업이라 할 수 있다.
④ 치산치수가 잘되어 기상재해가 적은 편이다.

해설

우리나라 작물 재배의 특징

• 작부체계와 초지농업이 발달하지 않았다.
• 경영의 규모가 영세하다.
• 쌀 위주의 집약농업이다.
• 기상재해가 많은 편이다.
• 토양비옥도가 낮은 편이다.
• 농산물의 국제경쟁력이 약하다.
• 식량자급률이 낮고 양곡도입량이 많다.

016

작물 수량 삼각형에서 수량 증대 극대화를 위한 요인으로 가장 거리가 먼 것은?

① 유전성
② 재배기술
③ 환경조건
④ 원산지

해설

작물 수량 삼각형에서 작물의 생산성을 극대화시킬 수 있는 3요소는 유전성, 재배기술, 재배환경이다.

017

일반 토양의 3상에 대하여 올바르게 기술한 것은?

① 기상의 분포 비율이 가장 크다.

② 고상의 분포는 50% 정도이다.

③ 액상은 가장 낮은 비중을 차지한다.

④ 고상은 액체와 기체로 구성된다.

토양의 3상과 비율

고상 50%(무기물 45% + 유기물 5%), 액상 25%, 기상 25%

018

토양의 양이온치환용량(CEC)에 대한 설명으로 맞는 것은?

① CEC는 토양 교질 입자가 많으면 작아진다.

② CEC는 토양 화학성을 나타내는 의미 면에서 염기치환용량과 전혀 다른 개념이다.

③ CEC는 커지면 비효가 오래 지속된다.

④ CEC가 커지면 토양의 완충능력이 작아진다.

양이온치환용량(CEC)

• 토양이 비료성분을 저장할 수 있는 힘(보비력)을 말한다.

• 양이온교환용량이 크다는 것은 NH_4^+, K^+, Ca^{2+}, Mg^{2+} 등의 비료성분을 흡착하는 힘이 크다는 것을 의미한다.

• 비료를 많이 주어도 일시적 과잉흡수가 억제된다.

• 비료의 용탈이 적어서 비효가 오래 지속된다.

• 토양의 완충능력(토양반응의 변동에 저항하는 힘)이 커진다.

019

우리나라 밭토양의 양이온치환용량은 10.5이고 K^+은 0.4, Ca^{2+}은 3.5, Mg^{2+}은 1.4me/100이었다. 우리나라 밭토양의 평균염기포화도는?

① 5.7%   ② 15.8%

③ 50.5%   ④ 53.0%

$$염기포화도 = \frac{치환성염기의\ 합}{양이온교환용량} \times 100$$

$$= \frac{0.4 + 3.5 + 1.4}{10.5} \times 100$$

$$= 50.5\%$$

020

토양구조에 관한 설명으로 옳은 것은?

① 식물이 가장 잘 자라는 구조는 이상구조이다.

② 단립구조는 점토질 토양에서 많이 볼 수 있다.

③ 수분과 양분의 보유력이 가장 큰 구조는 입단구조이다.

④ 이상구조는 대공극이 많고 소공극이 적다.

① 식물이 가장 잘 자라는 구조는 입단구조이다.

② 사토의 경우 단립구조가 우세한 반면 점토를 많이 포함하는 토양은 다양한 구조를 가진다.

④ 이상구조는 대공극이 적고 소공극이 많다.

021

다음 중 토양의 입단구조를 파괴하는 요인으로서 가장 옳지 않은 것은?

① 경운
② 입단의 팽창과 수축의 반복
③ 나트륨 이온의 첨가
④ 토양의 피복

해설

입단구조의 파괴
- 경운(토양입자의 부식 분해 촉진)
- 입단의 팽창과 수축의 반복
- Na^+의 작용(점토의 결합 분산)
- 비와 바람의 작용

022

세포의 팽압을 유지하며, 다량원소에 해당하는 것은?

① Mo
② K
③ Cu
④ Zn

해설

필수원소
- 다량원소 : 탄소(C), 수소(H), 산소(O), 질소(N), 황(S), 칼륨(K), 인(P), 칼슘(Ca), 마그네슘(Mg)
- 미량원소 : 철(Fe), 망간(Mn), 아연(Zn), 구리(Cu), 몰리브덴(Mo), 붕소(B), 염소(Cl)

023

질산환원효소의 구성성분으로 콩과 작물의 질소고정에 필요한 무기성분은?

① 몰리브덴
② 철
③ 마그네슘
④ 규소

해설

몰리브덴(Mo)은 질산환원효소의 구성성분으로 질소대사에 중요한 역할을 하는 원소이다.

024

식물의 필수원소 중의 하나인 붕소가 결핍되었을 때 식물에 나타나는 특징적인 증상은?

① 분열조직에 괴사가 일어나고 사과의 축과병과 같은 병해를 일으키며 수정·결실이 나빠진다.
② 생장점이 말라죽고 줄기가 약해지며 잎의 끝이나 둘레가 황화되고, 심하면 아랫잎이 떨어진다.
③ 생육초기에 뿌리의 발육이 나빠지고 잎이 암녹색이 되어 둘레에 점이 생기며, 심하게 결핍되면 잎이 황색으로 변한다.
④ 황백화현상이 일어나고 줄기나 뿌리에 있는 생장점의 발육이 나빠지며 식물체 내의 탄수화물이 감소하며 종자의 성숙이 나빠진다.

해설

② 칼륨 결핍, ③ 인산 결핍, ④ 마그네슘 결핍

붕소(B) 결핍
- 토양 중 석회의 과다, 토양의 산성화가 주원인이다.
- 분열조직에 괴사가 일어나고 수정·결실이 나빠진다.
- 콩과 작물의 근류형성과 질소고정이 저해된다.
- 사탕무 속썩음병, 순무 갈색속썩음병, 셀러리 줄기쪼김병, 담배 끝마름병, 사과 축과병, 알팔파 황색병 등이 발생한다.

025

토양 내 석회가 과다하면 흡수가 저해되는 성분은?

① 마그네슘, 철
② 질소, 칼륨
③ 황, 망간
④ 인산, 구리

해설

토양 중에 석회가 과다하면 마그네슘, 철, 아연, 코발트, 붕소 등의 흡수가 억제된다.
※ 작물체 내 이동성이 낮은 황(S), 칼슘(Ca), 망간(Mn), 아연(Zn), 구리(Cu), 붕소(B)는 어린잎부터 결핍증상이 나타나고, 이동성이 높은 질소(N), 인(P), 칼륨(K), 마그네슘(Mg)은 오래된 잎부터 나타난다.

026

화곡류 잎의 표피 조직에 침전되어 병에 대한 저항성을 증진시키고 잎을 곧게 지지하는 역할을 하는 원소는?

① 칼륨　　　　　　② 인
③ 칼슘　　　　　　④ 규소

해설
규소(Si)
• 작물의 필수원소에 포함되지 않는다.
• 화곡류 잎의 표피 조직에 침전되어 병에 대한 저항성을 증진시킨다.
• 벼가 많이 흡수하면 잎을 직립하게 하여 수광상태가 좋게 되어 동화량을 증대시키는 효과가 있다.

027

토양수분항수로 볼 때 강우 또는 충분한 관개 후 2~3일 뒤의 수분상태를 무엇이라 하는가?

① 최대용수량
② 초기위조점
③ 포장용수량
④ 영구위조점

해설
포장용수량(최소용수량, minimum water-capacity)
수분으로 포화된 토양으로부터 증발을 방지하면서 중력수를 완전히 배제하고 남은 수분상태로, 지하수위가 낮고 투수성인 포장에서 강우 또는 관개 2~3일 후의 수분상태 수분당량과 거의 일치한다.

028

토양수분과 작물생육과의 관계를 옳게 설명한 것은?

① 포장용수량의 pF는 2.5~2.7 정도이다.
② 작물생육에 적합한 수분함량은 pF 3.0~4.7 정도이다.
③ 작물이 주로 이용하는 수분은 중력수와 토양입자 흡습수이다.
④ 초기위조점에 달한 식물은 수분을 공급해도 살아나기 어렵다.

해설
② 작물생육에 적합한 수분함량은 pF 1.8~4.5 정도이다.
③ 작물이 주로 이용하는 수분은 모관수이다.
④ 초기위조점에 달한 식물은 수분을 공급하면 작물이 되살아난다.

029

식물이 주로 이용하는 토양의 수분 형태는?

① 결합수　　　　　② 중력수
③ 흡습수　　　　　④ 모관수

해설
토양수분의 종류
• 결합수(pF 7.0 이상) : 점토광물에 결합되어 있어 분리시킬 수 없는 수분으로 작물이 이용하지 못한다.
• 흡습수(pF 4.5~7.0) : 분자 간 인력에 의해서 토양입자 표면에 피막상으로 응축한 수분으로 작물이 이용하지 못한다.
• 모관수(pF 2.7~4.5) : 작물이 주로 이용하는 수분으로 표면장력에 의하여 토양공극 내에 유지된다. 지하수가 모세관현상에 의하여 모관공극을 따라 상승하여 공급된다.
• 중력수(pF 0~2.7) : 중력에 의해서 비모관공극에 스며 흘러내리는 수분이다.
• 지하수 : 지하에 정체하여 모관수의 근원이 되는 물이다.

030

토양수분의 수주 높이가 1,000cm일 때 pF값과 기압은 각각 얼마인가?

① pF 0, 0.001기압 ② pF 1, 0.01기압
③ pF 2, 0.1기압 ④ pF 3, 1기압

해설

pF값은 $\log H$ (∵ H : 수주의 높이)이므로 $\log 1{,}000 = \log 10^3 = $ pF 3 이고, 1기압이다.

031

토양의 중금속 오염으로 먹이연쇄에 따라 인체에 축적되면 미나마타병을 유발하는 것은?

① 비소 ② 수은
③ 구리 ④ 카드뮴

해설

중금속이 인체에 미치는 영향

수은(Hg)	치아의 이완, 치은염, 천공성 궤양, 미나마타병, 신경 손상 등이 나타난다.
카드뮴(Cd)	• 이타이이타이병과 같은 중독병을 유발한다. • 뼈의 관절부 이상을 초래, 신경, 간장 호흡기, 순환기 계통 질환을 일으킨다.
납(Pb)	• 빈혈을 수반하고 조혈기관 및 소화기, 중추신경계 장애를 일으킨다. • 0.3ppm 이상이면 만성중독, 0.7ppm 이상이면 급성중독증상이 나타난다. • 뇌손상, 손이 늘어지는 것이 특징이고 행동장애를 보인다.
크롬(Cr)	• 인체에 유해한 것은 6가 크롬을 포함하고 있는 크롬산이나 중크롬산이다. • 호흡기, 피부를 통해 유입되어 간장, 신장, 골수에 축적되며, 신장, 대변을 통해 배출된다. • 만성피해로 만성카타르성 비염, 폐기종, 폐부종, 만성기관지염이 있고, 급성피해는 폐충혈, 기관지염, 폐암 등이 있다.
구리(Cu)	침을 흘리며 위장 카타르성 혈변, 혈뇨 등이 생긴다.
비소(As)	• 피부와 입, 기도의 점막을 통해 체내에 유입된다. • 위궤양, 손, 발바닥의 각화, 비중격천공, 빈혈, 용혈성 작용, 중추신경계 자극증상이 있으며, 뇌증상으로 두통, 권태감, 정신 증상이 있다.

032

염류집적의 피해 대책으로 틀린 것은?

① 객토 ② 심경
③ 피복재배 ④ 담수처리

해설

염류집적 해결법
• 담수처리로 염류농도를 낮추는 방법
• 제염작물 재식(벼, 옥수수, 보리, 호밀)
• 미분해성 유기물 사용(볏짚, 산야초, 낙엽)
• 환토, 객토, 깊이갈이(심경)
• 합리적 시비(토양검증에 의한 시비) 등

033

토양의 pH가 1단위 감소하면 수소이온의 농도는 몇 % 증가하는가?

① 1% ② 10%
③ 100% ④ 1,000%

해설

• pH 1은 10^{-1}이고 수소이온 농도가 1/10이라는 뜻이다.
• pH 2는 10^{-2}이고 수소이온 농도가 1/100이라는 뜻이다.
• 토양의 pH가 1단위 감소하면 수소이온의 농도는 10배(1,000%)씩 증가한다.

034

토양이 pH 5 이하로 변할 경우 가급도가 감소되는 원소로만 나열된 것은?

① P, Mg
② Zn, Al
③ Cu, Mn
④ H, Mn

해설

토양 pH와 식물양분의 가급도의 관계

가급도는 식물이 양분을 흡수·이용할 수 있는 유효도로 중성~미산성에서 가장 높다.

강산성	• P, Ca, Mg, B, Mo : 가급도가 감소하여 작물생육에 불리하다.
	• Al, Cu, Zn, Mn : 용해도가 증가하여 독성이 증가하므로 작물생육에 불리하다.
강알칼리성	• B, Mn, Fe : 용해도가 감소하여 작물생육에 불리하다.
	※ B는 pH 8.5 이상에서 용해도가 커진다.

035

다음 중 산성토양에 적응성이 가장 강한 것은?

① 부추
② 시금치
③ 콩
④ 감자

해설

산성토양 적응성

• 극히 강한 것 : 벼, 밭벼, 귀리, 땅콩, 감자, 호밀
• 강한 것 : 메밀, 당근, 옥수수, 고구마, 오이, 호박, 토마토, 딸기
• 약한 것 : 고추, 보리, 클로버, 완두, 가지
• 가장 약한 것 : 알팔파, 자운영, 콩, 팥, 시금치, 사탕무, 셀러리, 부추, 양파

036

내염재배(耐鹽栽培)에 해당하지 않는 것은?

① 환수(換水)
② 황산근 비료 사용
③ 내염성 품종의 선택
④ 조기재배, 휴립재배

해설

작물의 내염재배법

• 논물을 말리지 않으며 자주 환수한다.
• 황산암모늄이 함유된 비료를 피한다.
• 내염성 품종(사탕무, 유채, 목화, 양배추 등)의 선택
• 조기재배·휴립재배를 한다.
• 비료는 여러 차례 나누어 분시한다.

037

논토양의 특징으로 틀린 것은?

① 탈질작용이 일어난다.
② 산화환원전위가 낮다.
③ 환원물(N_2, H_2S)이 존재한다.
④ 토양색은 황갈색이나 적갈색을 띤다.

해설

④ 밭토양은 산화상태에서 황갈색이나 적갈색을 띠지만 논토양의 산화층은 적갈색, 환원층은 청회색을 띤다.

논토양의 특징

• 산화-환원전위가 낮다.
• 환원물(N_2, H_2S)이 존재한다.
• 산화층은 적갈색, 환원층은 청회색을 띤다.
• 암모니아태 질소를 산화층에 주면 질화작용으로 탈질현상이 일어난다.

038

과수원에서 초생재배를 실시하는 이유로 틀린 것은?

① 토양침식 방지　　　② 제초 노력 경감
③ 지력 증진　　　　　④ 토양온도 상승

초생법의 장단점

장점	• 토양의 입단화 • 토양침식 방지 • 제초 노력 경감 • 지력 증진 • 미생물 증식 • 수분 증발 억제 • 지온 상승 억제 • 선충피해 방지 • 내병성 향상 • 지렁이 등 익충의 보금자리 • 과목 뿌리신장 및 수명연장
단점	• 양분 · 수분의 쟁탈 • 병해충의 은신처 제공

039

다음에서 설명하는 것은?

경사지에서 수식성 작물을 재배할 때 등고선으로 일정한 간격을 두고 적당한 폭의 목초대를 두면 토양침식이 크게 경감된다.

① 등고선 경작 재배　　　② 초생재배
③ 단구식 재배　　　　　④ 대상재배

해설
① 등고선 경작 재배 : 경사지에서 빗물에 의한 토양의 유실을 막기 위해 등고선을 따라 논이나 밭의 이랑과 고랑을 만들어 작물을 경작하는 방식이다.
② 초생재배 : 풀로 토양표면을 덮고 작물이나 과수 등을 재배하는 방법이다.
③ 단구식(계단식) 재배 : 경사가 심한 경우 계단을 만들어 토사가 흘러내리지 않게 하는 방법이다.

040

식물체 내의 수분퍼텐셜을 올바르게 설명한 것은?

① 삼투퍼텐셜, 압력퍼텐셜, 매트릭퍼텐셜, 토양수분 보류력으로 구성된다.
② 매트릭퍼텐셜과 압력퍼텐셜이 같으면 팽만상태가 된다.
③ 수분퍼텐셜과 삼투퍼텐셜이 같으면 팽만상태가 된다.
④ 삼투퍼텐셜과 압력퍼텐셜이 같으면 팽만상태가 된다.

해설
수분퍼텐셜(water potential)
• 식물체에서 수분을 이동시키는 원동력이다.
• 수분퍼텐셜 = 압력퍼텐셜(팽압) + 삼투퍼텐셜(삼투압) + 매트릭퍼텐셜 + 중력
• 삼투퍼텐셜과 압력퍼텐셜이 같으면 팽만상태가 된다.
• 식물체의 세포와 조직 내의 수분퍼텐셜은 거의 항상 0보다 작은 음의 값을 가진다.
• 토양의 수분퍼텐셜보다 낮기 때문에 토양 속의 물이 식물의 뿌리를 통해 이동하게 된다.
• 수분퍼텐셜을 측정하는 방법 : 가압상법, Chardakov 방법, 노점식 방법(증기압측정법)

041

다음 중 식물 세포의 크기를 증대시키는 데 직접적으로 관여하는 것으로 가장 옳은 것은?

① 팽압　　　　　　　② 막압
③ 벽압　　　　　　　④ 수분퍼텐셜

해설
팽압
삼투현상으로 세포의 수분이 늘면 세포의 크기를 증대시키려는 압력이 생기는데 이를 팽압이라 하며, 팽압에 의해 식물체제가 유지된다.

042

요수량에 대한 설명으로 틀린 것은?

① 건물생산의 속도가 낮은 생육 초기의 요수량이 크다.

② 토양수분의 과다 및 과소, 척박한 토양 등의 환경조건은 요수량을 크게 한다.

③ 수수·기장·옥수수 등이 크고, 알팔파·클로버 등이 작다.

④ 광 부족, 많은 바람, 공기습도의 저하, 저온과 고온은 요수량을 크게 한다.

해설

③ 수수·기장·옥수수 등이 작고, 알팔파·클로버 등이 크다.

※ 요수량 : 작물의 건물 1g을 생산하는 데 소비된 수분량(g)

043

다음 중 요수량이 가장 큰 것은?

① 보리　　　　　② 옥수수

③ 완두　　　　　④ 기장

해설

요수량의 크기(g)

호박(834) > 클로버(799) > 완두(788) > 보리(534) > 밀(513) > 옥수수(368) > 수수(322) > 기장(310)

044

등고선에 따라 수로를 내고, 임의의 장소로부터 월류하도록 하는 방법은?

① 보더관개

② 수반관개

③ 일류관개

④ 고랑관개

해설

① 보더관개 : 완경사의 포장을 알맞게 구획하고, 상단의 수로로부터 전체 표면에 물을 흘려 펼쳐서 대는 방법

② 수반관개 : 밭의 둘레에 두둑을 만들고 그 안에 물을 가두어 두는 저류법(貯溜法).

④ 고랑관개 : 포장에 이랑을 세우고 고랑에 물을 흘려서 대는 방법

045

대기의 조성에서 질소가스는 약 몇 %인가?

① 21%　　　　　② 79%

③ 0.03%　　　　④ 50%

해설

대기의 조성

질소 79%, 산소 21%, 이산화탄소 0.03%

046

식물의 광합성 속도에는 이산화탄소의 농도뿐 아니라 광의 강도도 관여를 하는데, 다음 중 광이 약할 때 일어나는 일반적인 현상은?

① 이산화탄소 보상점과 포화점이 다 같이 낮아진다.
② 이산화탄소 보상점과 포화점이 다 같이 높아진다.
③ 이산화탄소 보상점이 높아지고 이산화탄소 포화점은 낮아진다.
④ 이산화탄소 보상점은 낮아지고 이산화탄소 포화점은 높아진다.

해설

이산화탄소 보상점과 포화점
- 보상점 : 광합성량과 호흡량이 같아지는 이산화탄소 농도
- 포화점 : 이산화탄소 농도가 어느 정도까지 높아지면 그 이상 높아져도 광합성은 증대하지 않는 한계농도
- 광이 약할 때 이산화탄소 보상점이 높아지고 이산화탄소 포화점은 낮아진다.

047

탄산시비의 효과가 아닌 것은?

① 수량 증대
② 품질 향상
③ 착과율 감소
④ 모 소질 향상

해설

탄산시비의 효과
- 시설 내 탄산시비는 생육의 촉진으로 수량증대와 품질을 향상시킨다.
- 열매채소에서 수량증대가 두드러지며 잎채소와 뿌리채소에서도 상당한 효과가 있다.
- 절화에서도 품질향상과 수명 연장의 효과가 있다.
- 육묘 중 탄산시비는 모종의 소질 향상과 정식 후에도 사용의 효과가 계속 유지된다.

048

연풍(軟風)의 이점이 아닌 것은?

① 수발아의 조장
② 광합성의 조장
③ 수정·결실의 조장
④ 병해의 경감

해설

연풍의 장단점

장점	• 증산 및 양분흡수의 조장 • 병해의 경감 • 광합성의 조장 • 수정·결실의 조장 • 부중의 기온·지온을 낮준다. • 봄·가을에는 서리를 막고 수확물의 건조를 촉진한다.
단점	• 잡초씨나 병균을 전파한다. • 건조할 경우 더욱 건조를 조장한다. • 냉풍은 냉해를 유발하기 쉽다.

049

작물생육의 유해가스인 아황산가스의 피해에 상대적으로 저항성이 높은 작물은?

① 오이　　　　　② 시금치
③ 담배　　　　　④ 고추

해설

아황산가스(SO_2)에 대한 작물의 저항력
- 약한 작물 : 알팔파, 메밀, 보리, 목화, 시금치, 담배 등
- 강한 작물 : 양배추, 셀러리, 오이, 감자, 양파, 옥수수 등
특히 알팔파와 메밀은 SO_2에 예민하여 지표식물이 된다.

050

다음에서 설명하는 것은?

> - 펄프 공장에서 배출
> - 감수성이 높은 작물인 무는 0.1ppm에서 1시간이면 피해를 받음
> - 미세한 회백색의 반점이 잎 표면에 무수히 나타남
> - 피해 대책으로 석회물질을 시용

① 아황산가스　　　　② 불화수소가스
③ 염소계 가스　　　　④ 오존가스

해설

염소계 가스
- 염산 및 가성소다 제조공장, 펄프 공장 등 화학공장에서 배출된다.
- 세포 내 엽록소를 파괴하여 미세한 회백색의 반점이 잎 표면에 무수히 나타나고, 가스접촉 시 햇볕이 강하면 피해가 크다.
- 감수성이 높은 무와 알팔파는 0.1ppm에서 1시간이면 피해가 발생한다.
- 피해를 막기 위해 저항성 작물 및 품종을 선택하고, 석회물질을 시용한다.

051

다음에서 설명하는 것은?

> - 배출원은 질소질 비료의 과다시용이다.
> - 잎 표면에 흑색 반점이 생긴다.
> - 잎 전체가 백색 또는 황색으로 변한다.

① 아황산가스　　　　② 불화수소가스
③ 암모니아가스　　　　④ 염소계 가스

해설

암모니아가스가 식물체 잎에 접촉되면 잎 표면에 흑색의 반점이 나타나거나 잎맥 사이가 백색, 회백색 혹은 황색으로 변한다. 뿌리에 접촉되면 뿌리가 흑색으로 변하며 줄기가 입고병 증상과 같은 잘록현상이 생긴다.

052

다음 중 작물의 주요 온도에서 최적온도가 가장 낮은 작물은?

① 보리　　　　② 완두
③ 옥수수　　　　④ 벼

해설

작물의 주요 온도

구분	최저온도(℃)	최적온도(℃)	최고온도(℃)
보리	3~45	20	28~30
밀	3~45	25	30~32
호밀	1~2	25	30
귀리	4~5	25	30
사탕무	4~5	25	28~30
담배	13~14	28	35
완두	1~2	30	35
옥수수	8~10	30~32	40~44
벼	10~12	30~32	36~38
오이	12	33~34	40
삼	1~2	35	45
멜론	12~15	35	40

053

다음 중 작물의 주요 온도에서 최저온도가 가장 낮은 것은?

① 귀리　　　　② 옥수수
③ 호밀　　　　④ 담배

해설

③ 호밀 : 1~2℃
① 귀리 : 4~5℃
② 옥수수 : 8~10℃
④ 담배 : 13~14℃
※ 최저온도 : 작물의 생육이 가능한 가장 낮은 온도

054

다음 중 적산온도가 가장 낮은 것은?

① 메밀

② 벼

③ 담배

④ 조

해설

적산온도

여름작물 중에서 생육기간이 긴 벼의 적산온도는 3,500~4,500℃이고 담배는 3,200~3,600℃, 생육기간이 짧은 메밀은 1,000~1,200℃, 조는 1,800~3,000℃이다.

055

작물과 온도와의 관계가 바르지 않은 것은?

① 고등식물의 생육 최적온도는 10~35℃의 범위이다.

② 밤이나 그늘의 작물체온은 기온보다 높아지기 쉽다.

③ 고구마는 29~20℃의 변온에서 덩이뿌리(괴근)의 발달이 조장된다.

④ 혹서기에 토양온도는 기온보다 10℃ 이상 높아질 수 있다.

해설

② 밤이나 그늘의 작물체온은 기온보다 낮다.

056

하루 중의 기온변화, 즉 기온의 일변화(변온)와 식물의 동화물질 축적과의 관계를 바르게 설명한 것은?

① 낮의 기온이 높으면 광합성과 합성물질의 전류가 늦어진다.

② 기온의 일변화가 어느 정도 커지면 동화물질의 축적이 많아진다.

③ 낮과 밤의 기온이 함께 상승할 때 동화물질의 축적이 최대가 된다.

④ 낮과 밤의 기온차가 적을수록 합성물질의 전류는 촉진되고 호흡 소모는 적어진다.

해설

동화물질의 축적

• 낮의 기온이 높으면 광합성과 합성물질의 전류가 촉진된다.

• 밤의 기온은 비교적 낮은 것이 호흡 소모가 적다. 따라서 변온이 어느 정도 큰 것이 동화물질의 축적이 많아진다. 그러나 밤의 기온이 과도하게 내려가도 장해가 발생한다.

057

변온이 작물생육에 미치는 영향이 아닌 것은?

① 발아 촉진

② 동화물질의 축적

③ 덩이뿌리의 발달

④ 출수 및 개화의 지연

해설

변온이 작물생육에 미치는 영향

• 발아 촉진

• 동화물질의 축적

• 괴경 및 괴근의 발달

• 출수 및 개화의 촉진

• 결실을 조장

058

다음 중 고온에 의한 작물생육 저해의 원인이 아닌 것은?

① 유기물의 과잉 소모
② 암모니아의 소모
③ 철분의 침전
④ 증산 과다

해설

작물의 열해 생리
• 유기물의 과잉 소모 및 당분의 감소 : 고온에서는 광합성보다 호흡작용이 우세해지며, 고온이 오래 지속되면 유기물의 소모가 많아지고 당분이 감소한다.
• 질소대사의 이상 : 고온에서는 단백질의 합성이 저해되고 암모니아의 축적이 많아져 유해물질이 작용한다.
• 철분의 침전 : 고온에 의해 철분이 침전되어 황백화현상이 일어난다.
• 증산 과다 : 수분흡수보다 증산이 과다하여 위조(萎凋)를 유발한다.

059

작물의 내열성을 올바르게 설명한 것은?

① 세포 내의 유리수가 많으면 내열성이 증대된다.
② 어린잎 보다 늙은 잎이 내열성이 크다.
③ 세포의 유지함량이 증가하면 내열성이 감소한다.
④ 세포의 단백질함량이 증가하면 내열성이 감소한다.

해설

작물의 내열성 : 작물이 열해에 견디는 성질
• 내열성 관여요인 : 세포 내 수분함량, 세포질의 점성, 염류농도, 당·지방·단백질함량이 증가하면 내열성은 증가한다.
• 내열성 관여 조건
  – 기관 : 주피·완피, 완성엽의 내열성이 가장 크고 눈(芽)·유엽은 비교적 강하며 미성엽·중심주는 가장 약하다.
  – 연령 : 작물의 연령이 높아지면 내열성이 커진다.
  – 환경조건 : 고온건조다조한 환경에서 오랜 기간을 생육해 온 작물은 온도변화조건에 경화되어 있어 내열성이 크다.

060

목초의 하고현상(夏枯現象)에 대한 설명으로 옳은 것은?

① 일년생 남방형 목초가 여름철에 많이 발생한다.
② 다년생 북방형 목초가 여름철에 많이 발생한다.
③ 여름철의 고온, 다습한 조건에서 많이 발생한다.
④ 월동목초가 단일(短日) 조건에서 많이 발생한다.

해설

하고현상(夏枯現象)
내한성이 강한 다년생 북방형(한지형) 목초가 여름철 고온, 건조, 장일, 병충해, 잡초 등에 의해 성장이 쇠퇴·정지하고 심하면 황화 후 고사하여 목초의 생산량이 급격히 떨어지는 현상을 말한다.

061

하고현상이 심한 목초로만 나열된 것은?

① 화이트클로버, 수수
② 오처드그라스, 수단그라스
③ 페레니얼라이그래스, 수단그라스
④ 티머시, 레드클로버

해설

티머시, 알팔파, 레드클로버 등 다년생 북방형(한지형) 목초에서 나타난다.

062

작물 재배의 광합성 촉진 환경으로 거리가 먼 것은?

① 공기의 흐름이 높을수록 광합성이 촉진된다.
② 공기습도가 높지 않고 적당히 건조해야 광합성이 촉진된다.
③ 최적온도에 이르기까지는 온도의 상승에 따라서 광합성이 촉진된다.
④ 광합성 증대의 이산화탄소 포화점은 대기 중 농도의 약 7~10배(0.21~0.3%)이다.

해설

① 공기의 흐름이 지나치게 높을 경우 증산작용이 과도하게 활성화되어 잎의 수분 손실이 증가한다. 이는 기공이 닫히는 결과를 초래하여 이산화탄소 흡수가 감소하고 광합성을 저해한다.

063

광과 작물의 생리작용에 대하여 올바르게 기술한 것은?

① 광합성이 유리한 광파장은 황색과 주황색이다.
② 굴광현상을 유도하는 광은 청색광이다.
③ 벼의 광호흡은 옥수수보다 작다.
④ 알팔파에 광이 조사되면 기공을 닫게 하여 증산을 억제한다.

해설

① 광합성이 유리한 광파장은 675nm 중심의 적색광과 450nm를 중심으로 한 청색광이다.
③ 벼(C_3 식물)는 옥수수(C_4 식물)에 비해 최대 광합성 속도는 반 정도이나 광호흡 능력이 높다.
④ 알팔파에 광이 조사되면 기공을 열게 하여 증산이 왕성해진다.

064

광이 작물생육에 미치는 영향에 대한 설명으로 옳지 않은 것은?

① 광합성은 청색광과 적색광이 효과적이다.
② 광합성은 청색광이 가장 효과적이다.
③ 과실의 착색은 적색광이 효과적이다.
④ 줄기의 신장 억제는 자외선이 효과적이다.

해설

③ 과실의 착색은 청색광이 효과적이다.

광과 작물의 생리

• 청색광(440~480nm) : 광합성 촉진, 엽록소 형성, 굴광현상 유도, 과실의 착색, 유전자 발현 조절, 기공의 열림 촉진
• 적색광(600~700nm) : 광합성 촉진, 엽록소 형성, 일장효과, 야간조파에 효과, 장일식물 개화 촉진, 발아 촉진nm, 줄기의 신장 촉진, 휴면타파, 화아유도
• 자외선(자색광) : 줄기의 신장 억제, 안토시안 생성 촉진

065

유전자 발현을 조절하고 기공의 열림을 촉진하는 광파장은?

① 적색광   ② 청색광
③ 녹색광   ④ 자외선

해설

청색광 반응(blue-light response)

• 고등식물, 조류, 양치류, 곰팡이, 원핵생물에서 나타난다.
• 굴광성, 조류의 음이온 흡수, 유식물 줄기의 신장 저해, 엽록소와 카로티노이드 합성 촉진, 유전자 발현의 활성화, 기공운동, 호흡 증진 등이 포함된다.

066

포도 등의 착색에 관계하는 안토시안의 생성을 가장 조장하는 광파장은?

① 적외선　　　　　　② 녹색광

③ 자외선　　　　　　④ 적색광

해설

안토시안(anthocyan, 화청소)은 사과, 포도, 딸기 등의 착색에 관여하며 비교적 저온에서 자외선이나 자색광에 의해 생성이 촉진된다.

067

광부족에 적응하지 못하는 작물로만 나열된 것은?

① 벼, 조

② 당근, 비트

③ 목화, 목초

④ 감자, 강낭콩

해설

작물의 광입지

• 광부족에 적응하지 못하는 작물 : 벼, 목화, 조, 기장, 감자, 알팔파 등

• 광부족에 민감하지 않은 작물 : 강낭콩, 딸기, 목초, 당근, 비트 등

068

C_4 작물에 대한 설명으로 가장 거리가 먼 것은?

① 광포화점이 높다.

② 광호흡률이 높다.

③ 광보상점이 낮다.

④ 광합성 효율이 높다.

해설

C_4 식물

광호흡이 없고 이산화탄소 시비 효과가 적으며 C_3 식물에 비하여 광포화점이 높고 CO_2 보상점은 낮다.

069

광합성 양식에 있어서 C_4 식물에 대한 설명으로 가장 거리가 먼 것은?

① 광호흡을 하지 않거나 극히 적게 한다.

② 유관속초세포가 발달되어 있다.

③ CO_2보상점은 낮으나 포화점이 높다.

④ 벼, 콩 및 보리가 C_4 식물에 해당된다.

해설

C_3 식물과 C_4 식물

• C_3 식물 : 벼, 밀, 보리, 콩, 해바라기 등

• C_4 식물 : 사탕수수, 옥수수, 수수, 피, 기장, 버뮤다그래스 등

070

광합성에 대한 설명으로 틀린 것은?

① 고립상태 작물의 광포화점은 전광의 30~60% 범위이다.

② 남북이랑은 동서이랑에 비하여 수광량이 많다.

③ 진정광합성속도가 0이 되는 광도를 광보상점이라한다.

④ 밀식 시 줄 사이(列間)를 넓히고 포기 사이(株間)를 좁히면 군락 하부로의 투광률이 좋아진다.

해설

광보상점

식물에 의한 이산화탄소의 흡수량과 방출량이 같아져서 식물체가 외부 공기 중에서 실질적으로 흡수하는 이산화탄소의 양이 0이 되는 광의 강도

071

음지식물의 특성으로 옳은 것은?

① 광보상점이 높다.
② 광을 강하게 받을수록 생장이 좋다.
③ 수목 밑에서는 생장이 좋지 않다.
④ 광포화점이 낮다.

해설

음지식물
- 광포화점이 낮기 때문에 햇빛이 많은 곳에서는 광합성 효율이 양수 보다 낮다.
- 그늘에서는 광합성을 효율적으로 실시함과 동시에 광보상점이 낮고 호흡량이 적기 때문에 그늘에서 경쟁력이 양수보다 높다.

072

고립상태일 때 광포화점이 가장 높은 것은?

① 감자   ② 옥수수
③ 강낭콩   ④ 귀리

해설

고립상태에서의 광포화점
- 감자, 담배, 강낭콩, 보리, 귀리 : 30% 정도
- 옥수수 : 80~100%

073

작물생장속도를 구하는 공식으로 옳은 것은?

① 엽면적 × 순동화율
② 엽면적률 × 상대생장률
③ 엽면적지수 × 순동화율
④ 비엽면적 × 상대생장률

해설

개체군 생장속도(CGR ; Crop Growth Rate)
일정기간에 단위 포장면적당 군락의 건물생산 능력
= 엽면적지수 × 순동화율(NAR. 건조중량의 증가속도를 잎면적으로 나눈 값)

074

건물생산이 최대로 되는 단위면적당 군락엽면적을 뜻하는 용어는?

① 최적엽면적
② 비엽면적
③ 엽면적지수
④ 총엽면적

해설

최적엽면적
- 군락상태에서 건물생산을 최대로 할 수 있는 엽면적이다.
- 군락의 최적엽면적은 생육시기, 일사량, 수광태세 등에 따라 다르다.
- 최적엽면적지수를 크게 하는 것은 군락의 건물 생산능력을 크게 하여 수량을 증대시킨다.

075

군락의 수광태세가 좋아지고 밀식 적응성이 큰 콩의 초형이 아닌 것은?

① 꼬투리가 원줄기에 적게 달린 것
② 키가 크고 도복이 안 되는 것
③ 가지를 적게 치고 마디가 짧은 것
④ 잎이 작고 가는 것

해설

① 꼬투리가 원줄기에 많이 달리고 밑에까지 착생한다.

076

다음 벼의 생육단계 중 한해(旱害)에 가장 강한 시기는?

① 분얼기　　　　　② 수잉기
③ 출수기　　　　　④ 유숙기

해설

주요 생육시기별 한발해
• 감수분열기(수잉기) > 이삭패기개화기 > 유수형성기 > 분얼기
• 무효분얼기에는 그 피해가 가장 적다.

077

추파성 맥류의 상적발육설을 주창한 사람은?

① 다윈　　　　　② 우장춘
③ 바빌로프　　　　　④ 리센코

해설

리센코(Lysenko)의 상적발육설
• 작물의 생장과 발육은 다르다. 생장은 여러 기관의 양적 증가를 의미하지만 발육은 체내의 순차적인 질적 재조정 작용을 의미한다.
• 1년생 종자식물의 발육상은 개개의 단계, 즉 상(phase, 단계 또는 위상 또는 상)으로 구성되어 있다.
• 개개의 발육상은 서로 접속해서 성립되어 있으므로 앞의 발육상을 경과하여야 다음 발육상으로 이행을 할 수 있다.
• 1개의 식물체가 개개의 발육상을 경과하려면 발육상에 따라 서로 다른 특정한 환경조건이 필요하다.

078

작물이 영양 발육 단계로부터 생식 발육 단계로 이행하여 화성을 유도하는 주요 요인이 아닌 것은?

① C/N율　　　　　② T/R률
③ 일장조건　　　　　④ 온도조건

해설

화성유도의 주요 요인
• 내적 요인 : C/N율(식물의 영양상태), 식물호르몬(옥신, 지베렐린, 에틸렌 등)
• 외적 요인 : 온도(춘화처리), 일장(광조건)

079

작물에서 화성을 유도하는 데 필요한 중요 요인으로 가장 거리가 먼 것은?

① 체내 동화생산물의 양적 균형
② 체내의 cytokine과 ABA의 균형
③ 온도조건
④ 일장조건

해설

화성유도의 주요 요인
• 내적 요인 : C/N율(식물의 영양상태), 식물호르몬(옥신, 지베렐린, 에틸렌 등)
• 외적 요인 : 온도(춘화처리), 일장(광조건)

080

C/N율과 작물의 생육, 화성, 결실과의 관계를 잘못 설명한 것은?

① 작물의 양분이 풍부해도 탄수화물의 공급이 불충분할 경우 생장이 미약하고 화성 및 결실도 불량하다.
② 탄수화물의 공급이 풍부하고, 무기양분 중 특히 질소의 공급이 풍부하면 생육이 왕성할 뿐만 아니라 화성 및 결실도 양호하고 빨라진다.
③ 탄수화물의 공급이 질소공급보다 풍부하면 생육은 다소 감퇴하나 화성 및 결실은 양호하다.
④ 탄수화물의 증대를 저해하지는 않으나, 질소의 공급이 더욱 감소될 경우 생육 감퇴 및 화아 형성도 불량해진다.

해설

C/N율이 높을 경우에는 화성이 유도되고, C/N율이 낮을 경우에는 생장(생육)이 유도된다.

081

오이의 화아분화에 대한 설명으로 틀린 것은?

① 본엽이 1~2매 전개될 무렵 화아분화가 일어나며 성(性)의 분화는 환경의 영향을 받는다.

② 대개 자웅동주로 성(性)의 결정은 유전적 특성이지만 환경의 영향을 크게 받아 저온과 단일 조건은 암꽃의 착생마디를 낮추고 암꽃의 수를 증가시킨다.

③ 저온과 단일 조건에서는 지베렐린의 생성이 증가하여 암꽃이 증가한다.

④ 저온과 단일에 대한 감응은 자엽 때부터 가능하나 본엽이 1~4매 전개되었을 때 화아분화되고 성(性)이 결정된다.

해설

오이 착생 촉진 방법
• 암꽃 착생 촉진법 : 저온·단일처리, 2,4-D·NAA·에틸렌 처리
• 수꽃 착생 촉진법 : 고온·단일처리, 지베렐린(GA) 또는 질산은 처리

082

다음 중 추파맥류의 춘화처리에 가장 적당한 온도와 기간은?

① 0~3℃, 약 45일

② 6~10℃, 약 60일

③ 0~3℃, 약 5일

④ 6~10℃, 약 15일

해설

주요 작물의 춘화처리
• 추파맥류 : 최아종자를 0~3℃에서 약 45일
• 벼 : 37℃에서 10~20일
• 옥수수 : 20~30℃에서 5~10일 정도

083

버널리제이션에 대하여 옳게 설명한 것은?

① 산소의 공급은 절대로 필요하다.

② 최아종자의 저온처리에는 암흑상태가 꼭 필요하다.

③ 추파맥류는 고온처리를 해야 화성유도의 효과가 크다.

④ 춘화처리 중에 건조시키면 효과가 상승한다.

해설

② 저온춘화의 경우는 광선이 불필요하고, 고온춘화는 암광이 필요하다
③ 추파맥류는 저온처리를 해야 화성유도의 효과가 크다.
④ 춘화처리 중에 건조시키면 효과가 감소한다.

084

녹체춘화형 식물로만 짝지어진 것은?

① 완두, 잠두

② 봄무, 잠두

③ 양배추, 사리풀

④ 추파맥류, 완두

해설

춘화형 식물
• 녹체춘화형 식물 : 양배추, 양파, 당근, 우엉, 국화, 사리풀 등
• 종자춘화형 식물 : 무, 배추, 완두, 잠두, 봄무, 추파맥류 등

085

식물호르몬의 일반적인 특징이 아닌 것은?

① 식물의 체내에서 생성된다.

② 생성부위와 작용부위가 같다.

③ 극미량으로도 결정적인 작용을 한다.

④ 형태적·생리적인 특수한 변화를 일으키는 화학물질이다.

해설

② 일반적으로 생성부위와 작용부위가 다르다.

086

다음 중 중일성 식물은?

① 코스모스　　　　② 토마토
③ 나팔꽃　　　　　④ 시금치

식물의 일장형
- 단일성 식물 : 벼, 옥수수, 콩, 고구마, 담배, 들깨, 딸기, 목화, 코스모스, 국화, 나팔꽃 등
- 중일성 식물 : 토마토, 고추, 사탕수수, 가지, 오이, 호박, 장미, 팬지, 제라늄, 튤립 등
- 장일성 식물 : 보리, 밀, 귀리, 완두, 시금치, 상추, 사탕무, 무, 당근, 양파, 감자, 티머시, 아마, 유채, 양귀비, 무궁화, 클로버 등

087

다음 중 고추의 일장감응형은?

① LL형　　　　　② II형
③ SS형　　　　　④ LS형

식물의 일장감응형

일장형	종래의 일장형	최적일장		작물
		꽃눈분화	개화	
SL	단일식물	단일	장일	양딸기, 시네라리아
SS	단일식물	단일	단일	콩(만생종), 코스모스, 나팔꽃
SI	단일식물	단일	중성	벼(만생종), 도꼬마리
LL	장일식물	장일	장일	시금치, 봄보리
LS	–	장일	단일	*Physostegia*
LI	장일식물	장일	중성	사탕무
IL	장일식물	중성	장일	밀(춘파형)
IS	단일식물	중성	단일	*Chrysanthenum arcticum*
II	중성식물	중성	중성	벼(조생), 메밀, 토마토, 고추

※ L(장일성), I(중일성), S(단일성)

088

품종의 기상생태형에 관한 설명으로 올바른 것은?

① 묘대일수감응도는 감온형인 품종이 감광형인 품종보다 높다.
② 파종과 모내기를 일찍 할 때 만생종은 감온형이다.
③ 조기수확을 목적으로 조파조식 할 때에는 감광형 품종이 적합하다.
④ 만식적응성은 감온형이 감광형보다 크다.

② 파종 및 이앙을 일찍이 할 때 감온형은 조생종이 되며, 기본영양생장형, 감광형은 만생종이다.
③ 조기수확을 목적으로 조파조식 할 때에는 감온형이 알맞다.
④ 만식적응성은 감광형이 묘대일수감응도가 낮고 만식해도 출수의 지연도가 적어서 만식적응성이 크다.

089

다음 중 감온형에 해당하는 것은?

① 그루콩　　　　　② 그루조
③ 가을메밀　　　　④ 올콩

우리나라 주요 작물의 기상생태형

작물	감온형(bIT)	감광형(bLt)
벼	조생종	만생종
콩	올콩	그루콩
조	봄조	그루조
메밀	여름메밀	가을메밀
특징	조기 파종해 조기 수확	수확이 늦고 늦게 파종해도 되므로 윤작 관계상 늦게 파종

090

나팔꽃 대목에 고구마 순을 접목시켜 재배하는 목적은?

① 개화 촉진
② 경엽의 수량 증대
③ 내건성 증대
④ 왜화재배

나팔꽃 대목에 고구마 순을 접목하면 덩이뿌리 형성을 위한 탄수화물의 전류가 촉진되고 경엽의 C/N율이 높아져 개화가 촉진된다.

091

나팔꽃 대목에 고구마순을 접목하여 개화를 유도하는 이론적 근거로 가장 적합한 것은?

① C/N율   ② G-D균형
③ L/W율   ④ T/R률

C/N율
식물체 내에 흡수된 탄소(C)와 질소(N)의 비율로 C/N율이 높을 경우 개화가 유도되고, C/N율이 낮을 경우 영양생장이 계속된다.

092

다음 중 T/R률에 관한 설명으로 틀린 것은?

① 감자나 고구마의 경우 파종기나 이식기가 늦어질수록 T/R률이 커진다.
② 일사가 적거나 토양공기가 불량하면 T/R률이 커진다.
③ 질소를 다량 시용하면 T/R률이 작아진다.
④ 토양함수량이 감소하면 T/R률이 감소한다.

토양 내에 수분이 많거나 질소 과다시용, 일조 부족과 석회시용 부족 등의 경우는 지상부에 비해 지하부의 생육이 나빠져 T/R률이 높아지게 된다.

093

작물체 내에서의 생리적 또는 형태적인 균형이나 비율이 작물생육의 지표로 사용되는 것과 거리가 가장 먼 것은?

① C/N율
② T/R률
③ G-D 균형
④ 광합성-호흡

작물생육의 지표
• C/N율 : 식물체 내에 흡수된 탄소(C)와 질소(N)의 비율로 식물의 종류와 부위에 따라 다르다.
• T/R률 : 지상부(top)와 지하부(root)의 비율로 생육상태의 지표가 된다.
• G-D 균형 : 식물의 생육이나 성숙을 생장(growth)과 분화(differentiation)의 두 측면으로 보는 지표이다.

094

작물의 생육에 있어서 여러 가지 기관이 양적으로 증대하는 것을 무엇이라 하는가?

① 발아(germination)
② 신장(elongation)
③ 생장(growth)
④ 발육(development)

① 발아(germination) : 식물의 종자·포자·화분 및 가지나 뿌리 등에 생긴 싹이 발생 또는 생장을 개시하는 현상이다.
② 신장(elongation) : 작물의 키가 자라는 생장이다.
④ 발육(development) : 작물이 아생(芽生), 분얼(分蘖), 화성(花成), 등숙 등의 과정을 거치면서 체내의 질적인 재조정작용이 일어나는 과정을 말한다.

095

식물생장조절물질의 역할에 대한 설명으로 옳은 것은?

① 2,4-DNC는 강낭콩의 키를 작게 한다.
② BOH는 파인애플의 줄기 신장을 촉진한다.
③ Rh-531은 볏모의 신장을 촉진한다.
④ CCC는 절간신장을 촉진한다.

해설

생장억제제
• ABA : 발아 억제, 가을낙엽에 관여한다.
• BOH : 파인애플의 줄기 신장을 억제하고 개화를 유도한다.
• CCC(cycocel) : 식물의 생장을 억제하고 개화를 촉진한다.
• B-9(daminozide) : 과채류의 신초생장(웃자람)을 억제한다.
• AMO-1618 : 포인세티아, 해바라기의 키를 작게 하고 잎이 더욱 녹색을 띠게 한다.
• MH-30 : 마늘, 양파의 맹아를 억제한다.
• Rh-531 : 맥류의 간장을 감소시키고 볏모의 신장을 억제한다.
• 모르팍틴(morphactin) : 굴광·굴지성을 억제하고, 벼의 분얼수 증가 및 줄기가 가늘어진다.

096

과실의 성숙을 촉진하는 주요 합성 식물생장조절제는?

① IAA
② ABA
③ 페놀
④ 에테폰

해설

에테폰(ethephone, 에스렐)
1965년 '에스렐(Ethrel)'이란 이름으로 개발된 합성 식물생장조절제이다. 식물에 살포하면 식물생장호르몬인 에틸렌(ethylene) 가스를 생성하며, 주로 과실의 숙기 및 착색 촉진을 위해 사용한다.
① IAA(옥신류) : 과실의 비대
②·③ ABA, 페놀 : 생장 억제

097

삽수의 발근 촉진에 주로 이용되는 생장조절제는?

① ethylene
② ABA
③ IBA
④ BA

해설

옥신(auxin, 생장호르몬)
• 가장 먼저 발견된 식물호르몬이다.
• 세포벽의 가소성을 증대시켜 세포의 신장을 촉진한다.
• 줄기의 선단이나 어린잎에서 생합성된다.
• 접목 시 활착 촉진, 발근 촉진, 가지의 굴곡 유도, 과실의 비대와 성숙의 촉진, 적화 및 적과, 개화 촉진, 단위결과 유도, 증수효과, 제초제(2,4-D), 낙과 방지 등
• 옥신의 종류
  - 천연옥신 : IAA, PAA, IAN
  - 합성옥신 : NAA, IBA, 2,4-D, 2,4,5-T, 4-CPA, BNOA

098

옥신의 사용 설명으로 틀린 것은?

① 국화 삽목 시 발근을 촉진한다.
② 앵두나무 접목 시 접수와 대목의 활착을 촉진한다.
③ 파인애플의 화아분화를 촉진한다.
④ 사과나무의 과경 이층(離層)형성을 촉진한다.

해설

④ 옥신을 처리하면 이층 형성이 지연되거나 안 되는 등 낙엽을 억제하는 효과가 있다.

099

다음 중 합성옥신 제초제로 이용되는 것은?

① IAA
② IAN
③ 2,4-D
④ PAA

해설

옥신의 종류
• 천연옥신 : IAA, PAA, IAN
• 합성옥신 : NAA, IBA, 2,4-D, 2,4,5-T, 4-CPA, BNOA

100

화성유도 시 저온장일이 필요한 식물의 저온이나 장일을 대신하는 가장 효과적인 식물호르몬은?

① 에틸렌　　　　　　② 지베렐린
③ 시토키닌　　　　　④ ABA

해설

지베렐린(gibberellin, 도장호르몬)
• 벼의 키다리병 병원균에서 발견된 식물호르몬이다.
• 휴면타파(발아 촉진), 화성의 유도 및 촉진, 경엽의 신장 촉진, 단위결과의 유기, 성분의 변화 및 수량 증대 등
• 감자 및 목초의 휴면타파와 발아 촉진에 가장 효과적이다.
• 화성유도 시 저온장일이 필요한 식물의 저온이나 장일을 대신한다.
• 포도(델라웨어)의 무핵과를 만들기 위해 지베렐린을 만개 전 14일 및 만개 후 10일경에 각각 100ppm 처리한다.

101

세포분열을 촉진하는 물질로서 잎의 생장 촉진, 호흡 억제, 엽록소와 단백질의 분해 억제, 노화 방지 및 저장 중의 신선도 증진 등의 효과가 있는 물질은?

① ABA　　　　　　　② auxin
③ cytokinin　　　　　④ NAA

해설

시토키닌(cytokinin, 세포분열호르몬)
• 뿌리에서 합성되어 여러 가지 생리작용에 관여한다.
• 잎의 생장 촉진, 호흡 억제, 엽록소와 단백질의 분해 억제, 노화 방지 및 저장 중의 신선도 증진 등
① ABA : 잎의 노화, 낙엽 촉진, 휴면 유도
② auxin : 접목 시 활착 촉진, 발근 촉진, 가지의 굴곡 유도, 과실의 비대와 성숙의 촉진, 적화 및 적과, 개화 촉진, 단위결과 유도, 증수 효과, 낙과 방지
④ NAA : 꺾꽂이 발근조절, 알뿌리 비대, 꽃눈분화

102

다음 중 ABA의 특징으로 옳지 않은 것은?

① 단풍나무의 휴면을 유도, 위조저항성, 한해저항성, 휴면아 형성 등과 관련 있다.
② ookuma는 목화의 어린 식물로부터 이층의 형성을 촉진하여 낙엽을 촉진하는 물질로서 ABA를 순수분리하였다.
③ 체내의 수분이 부족하면 기공이 닫히고 수분부족이 오랫동안 지속되면 낙엽이 일어난다.
④ ABA(absisic acid)는 종자의 발아를 촉진하고 휴면과 관련 있는 물질이다.

해설

④ ABA는 종자의 휴면을 연장하여 발아를 억제한다.

103

식물체에서 기관의 탈락을 촉진하는 식물생장조절제는?

① 옥신　　　　　　　② 지베렐린
③ 시토키닌　　　　　④ ABA

해설

ABA(abseisic acid)
• 잎의 노화와 낙엽을 촉진하고 휴면을 유도한다.
• 종자의 휴면을 연장하여 발아를 억제한다.
　예 감자, 장미, 양상추
• 단일식물에서 장일하의 화성을 유도하는 효과가 있다.
　예 나팔꽃, 딸기
• 기공이 닫혀서 위조저항성이 커진다.
　예 토마토

104

에틸렌의 주요 생리작용이 아닌 것은?

① 성숙 촉진　　　　② 낙엽 촉진
③ 생장 억제　　　　④ 개화 억제

해설

에틸렌(ethylene)의 주요 생리작용 : 발아·성숙 촉진, 정아우세 타파, 생장 억제, 잎과 꽃의 노화 촉진, 적과효과, 성 표현의 조절 등
※ 에틸렌의 전구물질 : 메티오닌(methionine)

105

식물생장조절제 에틸렌(ethylene)의 농업적 이용이 아닌 것은?

① 옥수수, 당근, 양파 등 작물생육 억제 효과가 있다.
② 오이, 호박 등에서 암꽃의 착생수를 증대시킨다.
③ 사과, 자두 등의 과수에서 적과의 효과가 있다.
④ 양상추, 땅콩 종자의 휴면을 연장하여 발아를 억제한다.

해설

에틸렌의 재배적 이용

발아 촉진, 정아우세 타파, 성 표현·발현 조절(박과 채소의 암꽃 착생수 증대), 작물 생육억제효과, 적과의 효과, 과실의 성숙과 착색 촉진, 잎의 노화를 촉진시켜 조기 수확을 유도

106

다음 중 생장억제물질이 아닌 것은?

① AMO-1618　　　② CCC
③ GA_2　　　　　　④ B-9

해설

③ 지베렐린(GA_2)은 식물생장촉진물질이다.
※ 생장억제물질 : ABA, BOH, CCC(cycocel), B-9(daminozide), phosphon-D, AMO-1618, MH-30, Rh-531, 모르팍틴(morphactin) 등

107

지하수의 탐색 및 제방의 누수개소 발견을 위하여 흔히 사용하는 방사성 동위원소는?

① ^{14}C　　　　　② ^{32}P
③ ^{24}Na　　　　④ ^{60}Co

해설

방사성 동위원소의 재배적 이용
• 작물의 생리연구 : ^{32}P, ^{42}K, ^{45}Ca
• 광합성의 연구 : ^{11}C, ^{14}C
• 농업분야 토목에 이용 : ^{24}Na
• 영양기관의 장기 저장 : ^{60}Co, ^{137}Cs에 의한 γ선

108

다음 중 방사선량의 단위로 사용되지 않는 것은?

① cpm　　　　　② rhm
③ rad　　　　　④ rep

해설

방사선량의 단위
• R(뢴트겐, roentgen) : X선 또는 γ선을 측정하는 단위
• rad(radiation absorbed dose) : 1935년 코펜하겐에서 개최된 국제 방사선 단위 위원회(ICRU)에서 채용된 흡수 선량의 단위. 1R은 1rad와 같다.
• rep(roentgen equivalent physical) : X선 또는 γ선 이외의 이온화 방사선의 흡수량의 단위
• rem(roentgen equivalent man) : 1rem은 어떤 종류의 방사선에 대해서도 1rad의 X선 또는 γ선과 동등한 생물학적 위험도를 나타내는 방사선량이다(1mrem = 10^{-3}rem).
• rhm : 방사선원의 강도를 나타내는 단위로 방사선원으로부터 1m의 거리에서 1r/hr의 선량이 나타날 때, 그 선원의 세기를 1람이라고 한다.

109

다음 중 방사선을 육종적으로 이용할 때에 대한 설명으로 옳지 않은 것은?

① 주로 α선을 조사하여 새로운 유전자를 창조한다.
② 목적하는 단일유전자나 몇 개의 유전자를 바꿀 수 있다.
③ 연관군 내의 유전자를 분리할 수 있다.
④ 불화합성을 화합성으로 변화시킬 수 있다.

해설

① 주로 γ선과 X선을 이용하는데 특히, γ선은 에너지가 커서 생물적 효과를 일으켜 돌연변이를 발생시킬 가능성이 높다.

110

작부방식의 변천과정으로 가장 적절한 것은?

① 이동경작 → 3포식 농법 → 개량3포식 농법 → 자유작
② 자유작 → 이동경작 → 휴한농법 → 개량3포식 농법
③ 이동경작 → 개량3포식 농법 → 자유작 → 3포식 농법
④ 자유작 → 휴한농법 → 개량3포식 농법 → 이동경작

해설

작부방식의 변천과정
이동경작(화전 및 대전법) → 휴한농법(3포식 농법) → 콩과 작물의 순환농법(개량3포식 및 윤작) → 자유경작(순환농법, 자유작)

111

개량삼포식 농법에서 휴한기에 재배하는 작물은?

① 화곡류 작물
② 화본과 목초
③ 콩과 목초
④ 채소류 작물

해설

개량3포식 농법(콩과 작물의 순환농법)
경작지 전체를 3등분하여 2/3에는 추파 또는 춘파곡류를 심고 1/3은 휴한하는 3포식 농법에서 개량된 농법으로 휴한지에 클로버와 같은 콩과 목초를 재배하여 사료작물을 얻고 지력 증진을 도모하는 방법이다.

112

답전윤환의 효과로 가장 거리가 먼 것은?

① 지력 증강
② 공간의 효율적 이용
③ 잡초의 감소
④ 기지의 회피

해설

답전윤환
• 논을 담수한 논 상태와 배수한 밭 상태로 돌려가면서 이용(최적연수 : 2~3년)하는 방법
• 효과 : 지력 증진, 잡초 발생 억제, 기지의 회피, 수량 증가, 노력의 절감

113

다음 중 연작장해가 가장 심한 작물은?

① 당근　　　　　② 시금치
③ 수박　　　　　④ 파

해설

기지에 따른 휴작이 필요한 작물
• 연작의 피해가 적은 작물 : 벼, 맥류, 조, 수수, 옥수수, 고구마, 담배, 무, 당근, 양파, 미나리, 양배추 등
• 1년 : 시금치, 콩, 파, 생강, 쪽파 등
• 2년 : 마, 감자, 잠두, 오이, 땅콩 등
• 3년 : 쑥갓, 토란, 참외, 강낭콩 등
• 5~7년 : 수박, 가지, 완두, 우엉, 고추, 토마토 등
• 10년 이상 휴작 : 아마, 인삼 등

114

다음 중 연작에 의해서 나타나는 기지현상의 원인으로 옳지 않은 것은?

① 토양 비료분의 소모
② 염류의 감소
③ 토양선충의 번성
④ 잡초의 번성

해설

연작에 의해서 나타나는 기지현상의 원인
토양 비료분의 소모, 염류의 집적, 토양물리성의 악화, 토양전염병의 해, 토양선충의 번성, 유독물질의 축적, 잡초의 번성 등

115

기지의 원인이 되는 토양전염병이 아닌 것은?

① 완두 모잘록병
② 인삼 뿌리썩음병
③ 사과 적진병
④ 토마토 풋마름병

해설

기지의 원인이 되는 토양전염병
• 잘록병 : 아마, 완두, 목화
• 풋마름병 : 토마토, 가지
• 근부병, 갈반병 : 사탕무
• 뿌리썩음병 : 인삼
• 탄저병 : 강낭콩
• 덩굴쪼김병 : 수박(박에 접목 시 감소)

116

토양통기의 촉진책으로 틀린 것은?

① 배수 촉진
② 토양입단 조성
③ 식질토를 이용한 객토
④ 심경

해설

자갈이나 모래가 많은 역질계나 사질계 토양은 통기성은 좋으나 보수력과 보비력이 낮아 작물생육에 불리하고 반대로 점토함량이 많은 식질토양은 보수력과 보비력은 좋으나 통기성이 불량하여 작물생육에 적합하지 않다.

※ 토양통기 촉진책

토양 처리	재배적 조치
• 배수 • 토양입단조성 • 심경 • 객토	• 답전윤환 재배를 한다. • 답리작 · 답전작을 한다. • 습답에서는 휴립재배(이랑재배)를 한다. • 물못자리에서는 못자리그누기[芽乾]를 한다. • 중경을 한다. • 파종할 때 미숙퇴비를 종자 위에 두껍게 덮지 않는다.

117

혼파의 장점에 해당하지 않는 것은?

① 영양상의 이점

② 파종작업의 편리

③ 공간의 효율적 이용

④ 질소질 비료의 절약

해설

혼파의 장단점

장점	• 가축영양상 유리 • 공간의 효율적 이용 • 비료성분의 효율적 이용 • 질소질 비료의 절약 • 잡초의 경감 • 재해 위험성 감소 • 산초량의 평준화 • 건초 제조 용이
단점	• 채종작업이 곤란 • 비배 관리(시비, 관개, 병해충 방제) 어려움 • 수확기 불일치로 수확 관리가 어려움 • 축력이용, 기계화가 곤란

118

작물의 영양번식에 대한 설명으로 옳은 것은?

① 종자 채종을 하여 번식시킨다.

② 우량한 유전질을 영속적으로 유지할 수 있다.

③ 잡종 1세대 이후 분리집단이 형성된다.

④ 1대잡종 벼는 영양번식으로 채종한다.

해설

영양번식의 이점

• 쉽게 다양한 형태의 변이형을 육성할 수 있다.
• 종자번식이 어려울 때 이용된다. 예 고구마, 마늘
• 우량한 상태의 유전질을 쉽게 영속적으로 유지시킨다. 예 감자
• 암수의 한쪽 그루만을 재배할 때 이용된다. 예 호프
• 병해충의 저항성을 높인다.
• 개화 · 결과를 촉진시킨다.

119

고무나무와 같은 관상수목을 높은 곳에서 발근시켜 취목하는 영양번식 방법은?

① 분주   ② 고취법

③ 삽목   ④ 성토법

해설

② 고취법(高取法) : 관상수목에서 가지를 땅속에 휘어 묻을 수 없는 경우에 높은 곳에서 발근시켜 취목

① 분주 : 어미나무 줄기의 지표면 가까이에서 발생하는 새싹(흡지)을 뿌리와 함께 잘라내어 새로운 개체로 만드는 방법
  예 나무딸기, 앵두나무, 대추나무

③ 삽목 : 모체에서 분리한 영양체의 일부를 적당한 곳에 심어서 발근시켜 독립 개체로 번식시키는 방법

④ 성토법 : 나무그루 밑동에 흙을 긁어모아 발근시키는 방법
  예 뽕나무, 사과나무, 양앵두, 자두

120

다음 영양번식의 설명으로 틀린 것은?

① 성토법, 휘묻이, 고취법은 영양번식의 취목에 해당한다.

② 분주(포기나누기)는 모주에서 발생한 흡지를 분리하여 번식시키는 방법이다.

③ 베고니아는 번식을 시키기 위해 잎을(엽삽) 이용한다.

④ 프라이밍은 영양번식을 하는 데 발근 및 활착을 촉진하는 처리이다.

해설

④ 영양번식을 하는 데 발근 및 활착을 촉진하는 처리는 황화 처리, 환상박피, 옥신류 처리 등이 있다. 프라이밍 처리는 불량환경에서 종자의 발아율과 발아의 균일성을 높일 목적으로 실시한다.

121

접목육묘 시 활착률을 높이기 위해 필요한 검토사항으로 적절하지 않은 것은?

① 접목 시 가능한 상처 면적을 줄이기 위해 절단면을 작게 한다.
② 대목과 접수의 접목 친화성이 낮으면 대승현상이나 대부현상 등이 발생하여 생육이 왕성한 시기에 접목 부위를 통한 양수분의 이동이 적어져 말라 죽는다.
③ 접목 시기는 대부분 겨울철로 저온과 낮은 상대습도로 인해 활착이 늦어지고 활착률이 떨어지므로 접목상 내는 저온이 되지 않도록 하고, 가습장치를 이용하여 상대습도가 지나치게 낮지 않도록 해야 한다.
④ 이병주 접목에 따른 연쇄적인 병 발생 방지를 위해 접목도구의 소독 문제를 고려해야 한다.

해설

접목 시 절단면이 가능한 많이 접촉될 수 있도록 대목이나 접수를 길게 조제하는 것이 좋고, 절단면에서 새로운 세포조직이 빨리 생성되어 양조직이 빠른 시간 내에 연결될 수 있도록 접목상 내의 온도와 습도 등 환경 관리를 적절하게 해야 한다.

122

다음 중 자연교잡률이 가장 낮은 것은?

① 아마   ② 밀
③ 보리   ④ 수수

해설

주요 작물의 자연교잡률

• 보리 : 0.0~0.15%
• 콩, 귀리 : 0.05~1.4%
• 조 : 0.2~0.6%
• 벼 : 0.2~1.0%
• 가지 : 0.2~1.2%
• 밀 : 0.3~0.6%
• 아마 : 0.6~1.0%
• 수수 : 5.0%

123

박과 채소류 접목의 특징으로 가장 거리가 먼 것은?

① 당도가 증가한다.
② 기형과가 많이 발생한다.
③ 흰가루병에 약하다.
④ 흡비력이 강해진다.

해설

박과 채소류 접목육묘

장점	• 토양전염병 발생이 적어진다. • 불량환경에 대한 내성이 증대된다. • 흡비력이 강해진다. • 과습에 잘 견딘다. • 과실 품질이 우수해진다.
단점	• 질소 과다 흡수 우려가 있다. • 기형과 발생이 많다. • 당도가 떨어진다. • 흰가루병에 약하다.

124

두 가지 식물의 영양체인 대목과 접수를 접목할 경우 접목 부위가 옳은 것은?

① 대목의 목질부 + 접수의 목질부
② 대목의 목질부 + 접수의 형성층
③ 대목의 형성층 + 접수의 목질부
④ 대목의 형성층 + 접수의 형성층

해설

접목

번식시키려는 식물 대목의 형성층과 접수의 형성층이 서로 맞물리도록 접합하여 밀착시킨 후 유합조직이 형성되어 양분과 수분이 이동할 수 있도록 한다.

125

다음 중 육묘의 장점으로 틀린 것은?

① 증수 도모
② 종자소비량 증대
③ 조기 수확 가능
④ 토지 이용도 증대

해설

플러그 육묘의 장점

육묘의 노력 절감, 증수와 조기 수확, 토지 이용도 증대, 재해 방지, 용수 절약, 추대 방지, 종자 절약

126

채소류 육묘 시 우량묘의 조건에 해당하지 않는 것은?

① 키가 너무 크지 않고, 마디 사이 간격, 잎의 크기 등이 적당하며, 벼해충의 피해를 받지 않은 것을 물론 뿌리군이 잘 발달해야 함
② 잎은 가능하면 두텁고 동화능력이 큰 것이 좋으며, 지상부와 뿌리의 비율(T/R률)이 균형을 이루어야 함
③ 품종 고유의 특성을 갖추고, 균일도가 높아야 함
④ 고온이나 저온, 수분 스트레스 등을 일정 기간 이상 받아 이식에 대한 저항성이 높아야 함

해설

④ 고온이나 저온, 수분 등의 스트레스를 받지 않은 모종이 좋은 모종이다.

육묘 시 우량묘의 조건

• 상처가 없고 뿌리가 노화되지 않은 활력이 좋은 묘
• 균일하고 품종 고유 특성을 구비한 묘
• 영양생장과 생식생장이 좋은 묘
• 양분 과다 및 결핍 등 생리장해를 받지 않은 묘
• 바이러스 등 병충해 피해를 받지 않은 묘
• 뿌리가 잘 발달한 묘(유백색의 뿌리털)
• 잎 두께, 줄기 상태 등이 과번무하지 않은 묘

127

채소류의 육묘 방법 중에서 공정육묘의 이점이 아닌 것은?

① 모의 대량생산
② 기계화에 의한 생산비 절감
③ 단위면적당 이용률 저하
③ 모 소질 개선 기능

해설

공정육묘의 장단점

장점	집중 관리 용이, 시설면적(토지) 이용도 증가, 육묘기간 단축, 기계정식 용이, 취급 및 운반 용이, 정식 후 활착이 빠름, 관리의 자동화가 가능
단점	고가의 시설이 필요, 관리가 까다로움, 건묘지속 기간이 짧음, 양질의 상토 필요

128

채소류 작물의 육묘기간에 대한 설명으로 틀린 것은?

① 육묘기간은 작물의 종류, 육묘방법, 재배방식 등에 따라 달라진다.
② 육묘일수가 길어 모종이 크면 수확은 늦어지지만 정식 후에 활착이 빠른 편이다.
③ 어린 묘는 발근력이 강하고 흡비 흡수가 왕성하여 정식 후 환경조건이 나쁘더라도 활착이 빠르다.
④ 저온에 감응하여 화아분화가 일어나는 양배추, 배추, 셀러리와 같은 것은 묘상에서 충분한 엽수를 확보하여 정식하는 것이 중요하다.

해설

② 육묘일수가 적은 어린모를 정식하면 활착은 빠르나 온도, 수분조건이 좋을 경우 과번무 하기 쉬워 암꽃분화가 늦어질 가능성이 있고, 육묘일수를 길게 하여 노화묘를 정식하면 활착하는 데 시간이 오래 걸리지만 수확은 빨라진다.

129

묘상을 갖추되 가온하지 않고 태양열만을 유효하게 이용하여 육묘하는 방법은?

① 온상　　　　　② 노지상
③ 냉상　　　　　④ 묘상

육묘의 방식
- 온상육묘(溫床, hot bed) : 양열, 전열, 온수보일러 등
- 보온육묘(냉상, cold bed) : 가온 없이 태양열만을 이용
- 노지육묘 : 기온이 높을 때 육묘
- 특수육묘 : 양액육묘, 접목육묘

130

채소 작물의 육묘 시 묘의 생육조절을 위한 방법이 아닌 것은?

① 상토 내 수분과 양분의 조절을 통한 방법
② 생장조절제를 이용한 방법
③ 높은 EC의 양액을 엽면살포하는 방법
④ 주야간의 온도조절(DIF)을 통한 방법

플러그묘 생육조절 방법
- 생장조절제를 이용한 생육조절
- 물리적 자극에 의한 생육조절
- 양·수분조절에 의한 생육조절
- 주야간 온도조절을 통한 생육조절(DIF)
- 광을 이용한 생육조절

131

인공상토의 기능으로 거리가 먼 것은?

① 농약사용 및 비료시용 빈도를 줄인다.
② 작물이 필요할 때 흡수 이용할 수 있는 물을 보유한다.
③ 뿌리와 배지 상부 공기와의 가스 교환이 이루어지도록 한다.
④ 작물을 지탱하는 기능을 한다.

인공상토의 기능
- 양분의 저장
- 물의 저장
- 가스 교환
- 작물 지지 및 보호기

132

인공상토의 구성재료에 대한 설명으로 틀린 것은?

① 펄라이트나 버미큘라이트는 중성~약알칼리성으로 pH에 미치는 영향이 적다.
② 코코피트는 코코넛 야자열매의 껍질섬유를 가공한 것이다.
③ 펄라이트는 양이온교환용량이 적고 완충능력이 낮다.
④ 피트모스는 중성이며 pH에 미치는 영향이 적다.

④ 피트모스는 산성이며 pH에 미치는 영향이 크다.
상토의 종류
- 공정육묘(플러그 육묘)용 상토는 피트모스, 코코피트, 버미큘라이트 등이 주재료이며 비료성분도 비교적 적게 함유하고 있다.
- 버미큘라이트는 중성~약알칼리성으로 pH에 미치는 영향이 작다.
- 펄라이트는 중성~약알칼리성으로 양이온교환용량이 적고 완충능력이 낮다.
- 코코피트는 코코넛 야자열매의 껍질섬유를 가공한 것으로 통기성, 보수력, 보비력이 좋아 뿌리 생장에 좋다.
- 피트모스는 pH 5.0 이하의 산성이므로 사용할 때는 석회를 가할 필요가 있다.

133

정지(整地)작업에 관한 내용으로 거리가 먼 것은?

① 복토　　　　　　② 작휴

③ 쇄토　　　　　　④ 진압

해설

정지작업에는 경운, 작휴, 쇄토, 진압 등이 있다.

134

경운(耕耘)의 효과에 대한 설명으로 옳은 것은?

① 건토효과는 밭보다 논에서 크게 나타나기 쉽다.

② 유기물 함량이 높은 점질토양은 추경(秋耕)을 하지 않는 것이 좋다.

③ 강수량이 많은 사질토양은 추경을 하는 것이 유리하다.

④ 자갈논에서는 천경(淺耕)보다 심경(深耕)하는 것이 좋다.

해설

① 흙을 충분히 건조시켰을 때 유기물의 분해로 작물에 대한 비료분의 공급이 증대되는 현상을 건토효과라 하며, 밭보다는 논에서 더 효과적이다.

② 토양이 습하고 유기물의 함량이 높은 토양을 추경하면 유기물 분해가 촉진되고 토양통기가 조장되는 등 유리해진다.

③ 사질토양이며 비가 많이 올 때 추경을 하면 토양비료 성분의 용탈 및 유실이 조장되어 불리해진다.

④ 누수가 심한 자갈논이나 벼의 만식재배와 같은 경우에는 심경을 하면 오히려 해롭다.

135

다음에서 설명하는 것은?

> • 이랑을 세우고 이랑에 파종하는 방식이다.
> • 배수와 토양통기가 좋게 된다.

① 휴립휴파법　　　　② 이랑재배

③ 평휴법　　　　　　④ 휴립구파법

해설

작휴법의 종류

구분		특징
평휴법		• 이랑을 평평하게 하여 이랑과 고랑의 높이를 같게 하는 방식 • 건조해, 습해가 동시 완화되며 채소, 밭벼에서 실시
휴립법	휴립 휴파법	• 이랑을 세우고 이랑에 파종하는 방식 • 조·콩, 고구마 재배, 배수와 토양통기 양호
	휴립 구파법	• 이랑을 세우고 낮은 골에 파종하는 방식 • 맥류의 한해·동해 방지, 감자의 발아촉진 및 배토
	이랑 재배	• 습답이나 간척지에서 이랑 위에 이앙하는 방식 • 지온 상승, 토양통기 개선, 환원성 유해물질 생성 경감
성휴법		• 이랑을 보통보다 넓고 크게 만드는 방식 • 중부지방에서 맥후작콩의 파종에 유리, 답리작 맥류재배 • 건조해, 장마철 습해 방지

136

한 가지 주작물이 생육하고 있는 조간(條間)에 다른 작물을 재배하는 방법은?

① 혼작　　　　　　② 간작

③ 점혼작　　　　　④ 교호작

해설

작부체계

• 간작(사이짓기) : 한 종류의 작물이 생육하고 있는 이랑 또는 포기 사이에 한정된 기간 동안 다른 작물을 재배하는 것 예 맥류의 줄 사이에 콩의 재배

• 혼작(섞어짓기) : 여러 가지 작물을 동시에 같은 땅에 섞어서 짓는 것

• 교호작(엇갈아짓기) : 두 종류 이상의 작물을 일정 이랑씩 교호로 배열하여 재배하는 방식 예 옥수수와 콩, 수수와 콩

• 주위작(둘레짓기) : 포장의 주위에 포장 내 작물과는 다른 작물을 재배하는 것 예 콩, 참외밭 주위에 옥수수로 방풍효과

137

파종 후 재배과정에서 상대적으로 노력이 가장 많이 요구되는 파종 방법은?

① 산파 ② 조파
③ 점파 ④ 적파

해설

• 산파(흩어뿌림)
  – 포장 전면에 종자를 흩어 뿌리는 방식
  – 파종 시 노력은 가장 적게 들지만 종자가 많이 들고 균일하게 파종하기 어렵다.
  – 재배과정에서 통풍·통광이 나쁘고 도복이 쉬우며 제초 등 관리 작업이 불편하다.
• 조파(줄뿌림)
  – 일정한 거리로 뿌림골을 만들고 그 곳에 줄지어 종자를 뿌리는 방식
  – 재배과정에서 수분과 양분의 공급이 좋고, 통풍·통광이 좋으며 관리 작업도 편리하다.
• 점파(점뿌림)
  – 일정한 간격을 두고 하나 내지 수 개의 종자를 띄엄띄엄 파종하는 방식
  – 두류, 감자 등과 같이 개체가 평면 공간으로 상당히 퍼지는 작물
  – 재배과정에서 통풍·통광이 좋고, 작물 개체 간의 거리 간격이 조정되어 생육이 좋다.
• 적파
  – 일정한 간격을 두고 여러 개의 종자를 한 곳에 파종하는 것, 점파의 변형
  – 파종 시 점파, 산파보다는 노력이 많이 들지만 재배과정에서 수분, 비료분, 수광, 통풍이 좋다.
※ 종자의 소요량 : 산파 > 조파 > 적파 > 점파

138

다음 중 파종량을 늘려야 하는 경우로 가장 적합한 것은?

① 단작을 할 때
② 발아력이 좋을 때
③ 따뜻한 지방에 파종할 때
④ 파종기가 늦어질 때

해설

파종량을 늘려야 하는 경우
• 품종의 생육이 왕성하지 않은 것
• 기후조건 : 한지 > 난지
• 땅이 척박하거나 시비량이 적을 때
• 발아력이 감퇴된 것 또는 경실을 많이 포함하고 있는 것
• 파종기가 늦어질 경우
• 토양이 건조한 경우
• 발아기 전후에 병충해 발생의 우려가 큰 경우

139

다음 중 작물의 복토 깊이가 가장 깊은 것은?

① 당근 ② 생강
③ 오이 ④ 파

해설

주요 작물의 복토 깊이
• 종자가 보이지 않을 정도 : 소립목초종자, 파, 양파, 상추, 당근, 담배, 유채
• 0.5~1.0cm : 순무, 배추, 양배추, 가지, 고추, 토마토, 오이, 차조기
• 1.5~2.0cm : 조, 기장, 수수, 무, 시금치, 수박, 호박
• 2.5~3.0cm : 보리, 밀, 호밀, 귀리, 아네모네
• 3.5~4.0cm : 콩, 팥, 완두, 잠두, 강낭콩, 옥수수
• 5.0~9.0cm : 감자, 토란, 생강, 글라디올러스, 크로커스
• 10cm 이상 : 나리, 튤립, 수선, 히아신스

140

우리나라의 벼농사는 대부분이 기계화되어 있는데, 이러한 기계화의 가장 큰 장점은?

① 유기농재배가 가능하다.
② 농업노동력과 인건비가 크게 절감된다.
③ 화학비료나 농약의 사용을 크게 줄일 수 있다.
④ 재배방식의 개선과 농자재 사용을 줄일 수 있어서 소득이 향상된다.

해설

생력재배의 효과
• 농업노력비의 절감 : 대형기계화와 능률적인 농업기계 도입으로 농업노동력과 인건비를 줄일 수 있다.
• 단위수량의 증대 : 지력의 증진, 적기적 작업, 재배 방식 개선(제초제나 기계력을 이용한 재배) 등으로 단위면적당 수량을 증대시킨다.
• 토지이용도의 증대 : 작부체계의 개선과 재배면적의 증대로 토지이용도가 증대된다.
• 농업경영의 개선 : 농업경영 구조를 개선할 수 있다.
※ 생력화를 위한 조건 : 경지정리, 넓은 면적을 공동 관리에 의한 집단재배, 제초제 이용, 적응재배 체계 확립(기계화에 맞고 제초제 피해가 적은 품종으로 교체)

141

속성비료이고 화학적 중성비료이며 생리적 산성비료의 조합은?

① 요소, 과인산석회
② 요소, 석회질소
③ 황산칼륨, 염화칼륨
④ 용성인비, 염화칼륨

해설

생리적 반응에 따른 비료 분류
• 생리적 산성비료 : 황산암모늄, 황산칼륨, 염화칼륨
• 생리적 중성비료 : 질산암모늄, 요소, 과인산석회, 중과인산석회
• 생리적 염기성비료 : 석회질소, 용성인비, 재, 칠레초석

142

비료 및 시비에 대한 설명으로 맞는 것은?

① 요소비료는 생리적 산성비료이다.
② 용성인비의 인산성분은 17~21%이다.
③ 질산태 질소는 시비 시 토양에 잘 흡착된다.
④ 뿌리를 수확하는 작물은 칼륨보다 질소질비료의 효과가 크다.

해설

① 요소비료는 생리적 중성비료이다.
③ 질산태 질소는 수용성이며 속효성이나 질산이온은 토양입자에 흡착이 잘 되지 않으므로 물에 씻겨 내려가기 쉽고 논에서는 탈질작용에 의해 질소의 손실이 나타나므로 전작물에 추비로 쓰는 것이 좋다.
④ 엽채류와 같이 잎을 수확하는 작물은 질소질 비료를 늦게까지 웃거름으로 준다.
※ 질소(N)는 건강한 잎과 줄기를 위한 비료, 인(P)은 꽃과 열매를 위한 비료, 칼륨(K)은 동화작용 산물을 원활히 이동시키는 줄기와 뿌리를 위한 비료이다.

143

다음 비료의 설명으로 옳지 않은 것은?

① 패분, 석회석, 석회소다 염화물 등은 유기재배 시 토양개량과 작물생육을 위하여 사용 가능한 물질이다.
② K는 기공개폐나 효소활성 등의 생리적 역할에 크게 관여한다.
③ 소석회, 석회고토는 천연석회이다.
④ Mg는 광합성, 인산대사에 관여하는 효소의 활성을 높인다.

해설

석회질 비료
• 합성석회 : 생석회, 소석회,
• 천연석회 : 석회고토, 석회석, 패분, 달걀 껍데기, 패화석, 게 껍데기, 석회소다 염화물

144

식물 생장에 대한 무기영양설(mineral theory)을 제창한 사람은?

① Liebig   ② Darwin

③ De Vries   ④ 우장춘

해설

리비히(J. V. Liebig, 1842)

독일의 식물영양학자 리비히는 생산량은 가장 소량으로 존재하는 무기성분에 의해 지배받는다는 '최소양분율'과 식물이 빨아먹는 것은 부식이 아니라 부식이 분해되어서 나온 무기영양소를 먹는다는 '무기양분설'을 주장했다.

145

비료의 흡수 비율 등의 설명으로 옳지 않은 것은?

① 벼의 비료 3요소 흡수 비율은 질소 5 : 인산 1 : 칼륨 1

② 고구마 비료의 3요소 흡수 비율 : 칼륨 > 질소 > 인 순서이다.

③ 비료의 엽면흡수는 잎의 호흡작용이 왕성할 때에 잘 흡수된다.

④ 비료를 엽면시비할 때 미산성용액을 살포하면 흡수가 잘된다.

해설

작물별 N, P, K의 흡수 비율(N : P : K)

• 벼 : 5 : 2 : 4
• 맥류 : 5 : 2 : 3
• 옥수수 : 4 : 2 : 3
• 콩 : 5 : 1 : 1.5
• 고구마 : 4 : 1.5 : 5
• 감자 : 3 : 1 : 4

146

질소 농도가 0.3%인 수용액 20L를 만들어서 엽면시비를 할 때 필요한 요소비료의 양은?(단, 요소비료의 질소함량은 46%이다)

① 약 28g   ② 약 60g

③ 약 77g   ④ 약 130g

해설

• $0.3\% = \dfrac{N}{20,000g}$ (∵ 20L = 20kg = 20,000g)

  ∴ N = 20,000g × 0.3% = 60g

• 요소비료 × 46% = 60g

  ∴ 요소비료 = 60g ÷ 0.46 = 약 130.43g

147

엽면시비의 장점으로 가장 거리가 먼 것은?

① 미량요소의 공급

② 점진적 영양 회복

③ 비료분의 유실 방지

④ 품질향상

해설

엽면시비

비료를 용액의 상태로 잎에 뿌려주는 것으로 미량요소의 공급 및 급속한 영양 회복, 비료분의 유실 방지, 품질향상 효과가 있어 뿌리의 흡수력이 약하거나 토양시비가 어려울 때 효과적이다.

148

비료의 엽면흡수에 영향을 미치는 요인 중 맞는 것은?

① 잎의 이면보다 표피에서 더 잘 흡수된다.
② 잎의 호흡작용이 왕성할 때에 잘 흡수된다.
③ 살포액의 pH는 알칼리인 것이 흡수가 잘 된다.
④ 엽면시비는 낮보다는 밤에 실시하는 것이 좋다.

해설

엽면시비 시 흡수에 영향을 미치는 요인
• 잎의 표면보다 얇은 이면에서 더 잘 흡수된다.
• 잎의 호흡작용이 왕성할 때 흡수가 더 잘되므로 줄기의 정부로부터 가까운 잎에서 흡수율이 높다.
• 노엽보다는 성엽이, 밤보다는 낮에 흡수가 더 잘된다.
• 살포액의 pH는 미산성인 것이 흡수가 잘된다.
• 살포액에 전착제를 가용하면 흡수가 잘된다.
• 작물에 피해가 나타나지 않는 범위 내에서 살포액의 농도가 높을 때 흡수가 빠르다.
• 석회의 시용은 흡수가 억제되고 고농도 살포의 해를 경감시킨다.
• 물의 생리작용이 왕성한 기상조건에서 흡수가 빠르다.

149

밭에 중경은 때에 따라 작물에 피해를 준다. 다음 중 중경에 대한 설명으로 가장 거리가 먼 것은?

① 중경은 뿌리의 일부를 단근시킨다.
② 중경은 표토의 일부를 풍식시킨다.
③ 중경은 토양수분의 증발을 증가시킨다.
④ 토양온열을 지표까지 상승을 억제, 동해를 조장한다.

해설

중경
작물이 생육 중에 있는 포장의 표토를 갈거나 쪼아서 부드럽게 하는 일로 토양 중 산소투입, 유해가스 방출, 잡초 방제, 지면 증발 억제 등의 효과가 있다.

150

잡초의 해로운 작용이 아닌 것은?

① 유해물질의 분비
② 병충해의 전파
③ 품질의 저하
④ 작물과 공생

해설

잡초의 효과

이로운 작용	해로운 작용
• 토양침식의 방지 • 잡초의 자원식물화(사료작물, 구황식물, 약료식물 등) • 내성식물 육성을 위한 유전자원 • 토양물리환경 개선	• 작물과의 경쟁 • 유해물질 분비 • 병충해 전파 • 품질 저하 • 가축피해 저하 • 미관 손상

151

다음 중 과실에 봉지를 씌워서 병해충을 방제하는 것은?

① 경종적 방제 ② 물리적 방제
③ 생태적 방제 ④ 생물적 방제

해설

해충의 방제법
• 법적 방제법 : 국가의 명령에 의한 강제성을 띤 방제법
  예 국제검역, 국내검역
• 생태적 방제법 : 해충의 생태를 고려하여 발생 및 가해를 경감시키기 위해 환경조건을 변경하거나 숙주자체가 내충성을 지니게 하는 방법
  예 윤작, 재배밀도 조절, 혼작, 미기상의 개변, 잠복소의 제공
• 물리적 방제법 : 포살, 등화유살, 온도·습도·광선, 기타 물리적 수단(예 봉지씌우기 등)을 이용한 방제법
• 화학적 방제법 : 약제를 이용한 방법
  예 살충제, 소화중독제, 접촉제, 훈증제, 기피제, 유인제, 불임제 등

152

우리나라의 논에 발생하는 주요 잡초이며 1년생 광엽잡초에 해당하는 것은?

① 나도겨풀
② 너도방동사니
③ 올방개
④ 물달개비

잡초의 생활형에 따른 분류

구분		논	밭
1년생	화본과	강피, 물피, 돌피, 뚝새풀	강아지풀, 개기장, 바랭이, 피, 메귀리
	방동사니과	알방동사니, 참방동사니, 바람하늘지기, 바늘골	바람하늘지기, 참방동사니
	광엽잡초	물달개비, 물옥잠, 사마귀풀, 여뀌, 여뀌바늘, 마디꽃, 등애풀, 생이가래, 자귀풀, 중대가리풀	개비름, 까마중, 명아주, 쇠비름, 여뀌, 자귀풀, 환삼덩굴, 도꼬마리, 망초
다년생	화본과	나도겨풀	참새피, 띠
	방동사니과	너도방동사니, 매자기, 올방개, 쇠털골, 올챙이고랭이	향부자
	광엽잡초	가래, 벗풀, 올미, 개구리밥, 네가래, 수염가래꽃, 미나리	반하, 쇠뜨기, 쑥, 토끼풀, 메꽃

153

다음 중 골 사이나 포기 사이의 흙을 포기 밑으로 긁어모아 주는 것을 뜻하는 용어로 옳은 것은?

① 멀칭   ② 답압
③ 배토   ④ 제경

배토
작물의 생육기간 중 흙을 포기 밑으로 모아주는 작업으로 도복 방지, 무효분얼 억제와 증수, 품질 향상 등의 효과가 있다.

154

다음 멀칭의 설명으로 옳지 않은 것은?

① 스터블멀칭은 앞 작물의 그루터기를 그대로 남겨서 풍식과 수식을 경감시킨다.
② 적외선이 잘 투과되는 필름은 지온의 상승 효과가 크다.
③ 투명플라스틱필름의 멀칭은 지온 상승, 잡초 발생 억제 효과가 있다.
④ 흑색필름 : 모든 광을 흡수하여 잡초의 발생은 적으나, 지온 상승 효과가 적다.

필름의 종류와 효과
• 투명필름 : 지온 상승 효과가 가장 크며, 저온기에 재배하는 작물에 효과가 좋지만 잡초가 많이 발생하는 단점이 있어 겨울에 많이 사용된다.
• 흑색필름 : 지온 상승 효과가 투명필름보다는 적고, 잡초발생을 억제하는 데 효과적이며, 여름에 많이 사용된다.
• 녹색필름 : 지온 상승 효과가 투명필름보다는 적고, 흑색필름보다는 많으며, 잡초 방제 효과도 있다.

155

답압을 해서는 안 되는 경우는?

① 월동 중 서릿발이 설 경우
② 월동 전 생육이 왕성할 경우
③ 유수가 생긴 이후일 경우
④ 분얼이 왕성해질 경우

답압시기
• 생육이 왕성할 때만 하고, 땅이 질거나 이슬 맺혔을 때는 하지 않는다.
• 유수가 생긴 이후에는 꽃눈이 다 떨어지기 때문에 피한다.
• 월동하기 전에 답압을 하는데, C/N율이 낮아져야만 개화가 되지 않는다.
• 월동 중간에 답압하면 서릿발 서는 것을 억제한다.
• 월동 끝난 후에 답압하면 건조해를 억제한다.

156

1년생 가지에서 결실하는 과수로만 나열된 것은?

① 복숭아 – 감
② 사과 – 밤
③ 감 – 밤
④ 복숭아 – 사과

해설

과수의 결실 습성

• 1년생 가지에 결실하는 과수 : 포도, 감, 밤, 무화과, 호두, 감귤 등
• 2년생 가지에 결실하는 과수 : 복숭아, 자두, 살구, 매실, 양앵두 등
• 3년생 가지에 결실하는 과수 : 사과, 배 등

157

과실의 낙과 방지 방법으로 틀린 것은?

① 옥신(auxin)을 살포한다.
② 질소질 비료를 다소 부족하게 사용한다.
③ 관개, 멀칭 등으로 토양 건조를 방지한다.
④ 주품종과 친화성이 있는 수분수를 20~30% 혼식한다.

해설

② 질소질 비료의 과다시용을 피한다.

※ 질소질 비료의 결핍 및 과잉 시 증상

결핍	과잉
• 잎의 황화	• 잎의 진녹색 도장
• 생육 저하	• 꽃눈형성 불량
• 분얼 감소	• 낙과 증가
• 과실 성장 불량	• 병해충 냉해 등
• 착색 불량	• 저장성 감소
• 숙기 지연	
• 뿌리 발달 불량	

158

천적을 이용한 병해충 방제의 가장 큰 장점은?

① 병해충 방제효율이 높아 수확량을 늘릴 수 있다.
② 병해충 방제에 드는 경비와 노동력을 줄일 수 있다.
③ 환경친화적인 방제로 농산물의 안전성을 향상시킬 수 있다.
④ 토양을 보호하고 농산물의 맛과 품질을 크게 개선시킬 수 있다.

해설

생물적 방제의 장단점

장점	• 생물계의 균형이 유지된다. • 방제효과가 반영구적 또는 영구적이다. • 화학적 문제가 없다.
단점	• 유력 천적의 선발과 도입 및 대량사육이 어렵다. • 해충밀도가 낮을 경우 효과가 미흡하다. • 시간과 경비가 많이 소요된다.

159

제초제로서 처음 사용한 약제는?

① MCP
② MH
③ 2,4-D
④ 2,4,5-T

해설

1940년 초 이사디(2,4-D)와 MCPA가 제초제로 개발되면서 이후 제초제가 사용되었다.

160

지력을 토대로 자연의 물질순환 원리에 따르는 농업은?

① 생태농업　　　　② 정밀농업
③ 자연농업　　　　④ 무농약농업

해설

③ 자연농업 : 자연의 순환 원리에 따라, 인위적 개입과 화학자재(비료, 농약 등)를 최소화하고 토착 미생물과 천연자재를 활용하는 농업방식이다.
① 생태농업 : 생태학적 원리(양분 순환, 토양 재생 등)를 적용해, 자연 생태계와 조화를 이루며 지속 가능한 농업을 실현하는 방식이다.
② 정밀농업 : 정보통신기술(ICT) 등을 활용하여 각 위치마다 작물의 생육환경을 정밀하게 관리하고 생산성을 높이는 농업방식이다.
④ 무농약농업 : 유기합성농약은 사용하지 않고, 화학비료는 권장량의 3분의 1 이내로 사용해 재배하는 농업 방식이다.

161

냉해에 대한 설명으로 옳지 않은 것은?

① 벼는 규산의 흡수가 적어지고, 조직의 규질화가 충분하지 못하여 도열병균 침입이 용이하다.
② 벼에서 유수형성기 때 냉온을 만나면 출수가 지연된다.
③ 저온으로 호흡은 감퇴하나 모든 대사기능은 정상적으로 이루어진다.
④ 질소동화가 저해되어 체내에 암모니아 축적이 많아진다.

해설

작물의 냉해 생리
• 뿌리에서 수분흡수는 저해되고 증산은 과다해져 위조(萎凋)를 유발한다.
• 질소, 인산, 칼륨 등의 양분흡수가 저해된다.
• 동화물질의 체내 전류가 저해된다.
• 질소동화가 저해되어 암모니아의 축적이 많아진다.
• 호흡이 감퇴하여 모든 대사 기능이 마비된다.

162

작물의 생육 중 냉온(冷溫)을 만나면 일어나는 현상으로 옳지 않은 것은?

① 질소, 인산, 칼륨, 규산, 마그네슘 등의 양분흡수가 저해된다.
② 물질의 동화와 전류가 저해된다.
③ 질소동화가 저해되어 암모니아 축적이 적어진다.
④ 호흡이 감퇴되어 원형질 유동이 감퇴·정지하여 모든 대사기능이 저해된다.

해설

③ 질소동화가 저해되어 암모니아의 축적이 많아져서 독소물질로 작용하게 된다.

163

작물의 냉해에 대한 설명으로 틀린 것은?

① 벼에서 냉해를 지연형과 장해형 냉해로 구분하는 가장 큰 이유는 냉해를 입는 벼의 생육시기와 피해양상 및 정도가 다르기 때문이다.
② 장해형 냉해는 융단조직이 비대해진다.
③ 작물이 여름철에 0℃ 이상의 저온을 만나서 입는 피해는 동해이다.
④ 벼 장해형 냉해에 가장 민감한 시기는 감수분열기이다.

해설

③ 작물이 여름철에 0℃ 이상의 저온을 만나서 입는 피해는 냉해이고, 동해는 기온이 동사점 이하로 내려가 조직이 동결되는 장해이다.

164

작물의 냉해에 대한 설명으로 틀린 것은?

① 병해형 냉해는 단백질의 합성이 증가되어 체내에 암모니아의 축적이 적어지는 형의 냉해이다.

② 혼합형 냉해는 지연형 냉해, 장해형 냉해, 병해형 냉해가 복합적으로 발생하여 수량이 급하하는 형의 냉해이다.

③ 장해형 냉해는 유수형성기부터 개화기까지, 특히 생식세포의 감수분열기에 냉온으로 불임현상이 나타나는 형의 냉해이다.

④ 지연형 냉해는 생육 초기부터 출수기에 걸쳐서 여러 시기에 냉온을 만나서 출수가 지연되고, 이에 따라 등숙이 지연되어 후기의 저온으로 인하여 등숙불량을 초래하는 형의 냉해이다.

해설

냉해의 구분

지연형 냉해	• 생육 초기부터 출수기에 걸쳐서 여러 시기에 냉온을 만나서 출수, 등숙이 지연된다. • 후기의 저온으로 인하여 등숙 불량을 초래한다.
장해형 냉해	• 유수형성기부터 출수개화기까지, 특히 생식세포의 감수분열기에 냉온으로 불임현상이 나타난다. • 융단조직(tapete)이 비대하고 화분이 불충실하여 불임이 발생한다.
병해형 냉해	• 냉온하에서 증산작용이 감퇴하여 규산흡수가 저하되며 표피세포의 규질화가 불량하여 병원균 침입이 용이해진다. • 광합성이 감퇴하여 당분 생성이 적어져 암모니아로부터의 단백질 합성이 저해되어 체내 가용성 질소화합물의 축적이 증대된다.
혼합형 냉해	지연형 · 장해형 · 병해형 냉해가 복합적으로 발생하여 수량이 급하한다.

165

벼 병해형 냉해의 증상으로 틀린 것은?

① 화분의 수정 장해
② 규산흡수의 저해
③ 광합성의 감퇴
④ 단백질 합성의 저하

해설

병해형 냉해의 증상

냉온에서 생육이 부진하여 규산의 흡수가 저해되고 광합성 및 질소대상의 이상(단백질 합성의 저하)으로 도열병의 침입 및 전파가 쉬워진다.

166

벼의 생육 중 냉해에 의한 출수가 가장 지연되는 생육 단계는?

① 유효분얼기
② 유수형성기
③ 유숙기
④ 황숙기

해설

장해형 냉해

유수형성기부터 출수개화기까지, 특히 생식세포의 감수분열기에 냉온의 영향을 받아 화분, 배낭 등 생식기관이 정상적으로 형성되지 못하거나 화분방출, 수정장해 등의 불임현상이 초래되는 유형의 냉해를 말한다.

167

냉해 대책의 입지조건 개선에 대한 내용으로 틀린 것은?

① 방풍림을 제거하여 공기를 순환시킨다.

② 객토 등으로 누수답을 개량한다.

③ 암거배수 등으로 습답을 개량한다.

④ 지력을 배양하여 건실한 생육을 꾀한다.

> **해설**
> ① 방풍림, 방풍울타리 등을 설치하여 냉풍을 막는다.

168

작물의 습해에 대한 설명으로 틀린 것은?

① 근계가 얕게 발달하거나, 부정근의 발생이 큰 것이 내습성을 강하게 한다.

② 뿌리의 피층세포가 직렬로 되어 있는 것은 사열로 되어 있는 것보다 내습성이 강하다.

③ 채소류에서 꽃양배추, 토마토, 피망 등은 양상추, 가지에 비하여 내습성이 강한 것으로 알려져 있다.

④ 춘·하계 습해는 토양산소 부족뿐만 아니라 환원성 유해물질 생성에 의해 피해가 더욱 크다.

> **해설**
> **채소의 내습성**
> 양배추, 양상추, 토마토, 가지, 오이 > 시금치, 우엉, 무 > 당근, 꽃양배추, 멜론, 피망

169

다음 중 내습성이 가장 큰 것은?

① 파　　　　　　② 양파

③ 옥수수　　　　④ 당근

> **해설**
> **작물의 내습성**
> 골풀, 미나리, 벼 > 밭벼, 옥수수, 율무 > 토란 > 유채, 고구마 > 보리, 밀 > 감자, 고추 > 토마토, 메밀 > 파, 양파, 당근, 자운영

170

습해의 대책으로 적합하지 않은 것은?

① 배수시설을 설치한다.

② 밭에서는 휴립휴파 재배를 한다.

③ 과산화석회(CaO_2)를 종자에 분의하여 파종한다.

④ 미숙유기물과 황산근 비료를 시용하여 입단형성을 촉진시킨다.

> **해설**
> **습해의 대책**
> • 저습지에서는 지반을 높이기 위하여 객토한다.
> • 저습지에서는 휴립휴파한다.
> • 저습지에서는 미숙유기물, 황산근 비료 시용은 피하고, 과산화석회(CaO_2)를 시용하고 파종한다.
> • 이랑과 고랑의 높이 차이가 많이 나게 한다.

171

작물의 내습성에 관여하는 요인을 잘못 설명한 것은?

① 뿌리의 피층세포가 사열로 되어 있는 것은 직렬로 되어 있는 것보다 내습성이 약하다.
② 목화한 것은 환원성 유해물질의 침입을 막아서 내습성이 강하다.
③ 부정근의 발생력이 큰 것은 내습성이 약하다.
④ 뿌리가 황화수소 등에 대하여 저항성이 큰 것은 내습성이 강하다.

해설
③ 부정근의 발생력이 큰 작물은 습해에 강하다.

172

작물에 대한 수해의 설명으로 옳은 것은?

① 화본과 목초, 옥수수는 침수에 약하다.
② 벼 분얼초기는 다른 생육단계보다 침수에 약하다.
③ 수온이 높은 것이 낮은 것에 비하여 피해가 심하다.
④ 유수가 정체수보다 피해가 심하다.

해설
① 화본과 목초, 피, 수수, 기장, 옥수수 등이 침수에 강하다.
② 벼 수잉기, 출수개화기에는 침수에 약하다.
④ 정체수, 탁수는 유수보다 산소가 부족하기 때문에 피해가 심하다.

173

침수에 의한 피해가 가장 큰 벼의 생육 단계는?

① 분얼성기   ② 최고분얼기
③ 수잉기   ④ 등숙기

해설
수해와 관계되는 조건
• 화본과 목초, 피, 수수, 기장, 옥수수 등이 침수에 강하다.
• 벼의 침수피해는 분얼초기에는 작고, 수잉기~출수개화기에는 커진다.
• 수온 : 청고(벼가 수온이 높은 정체탁수 중에서 급속히 죽게 될 때 푸른색을 띤 채로 죽는 현상), 적고(벼가 수온이 낮은 유동청수 중에서 단백질도 소모되고 갈색으로 변하여 죽는 현상)
• 수질 : 정체수가 유수보다 산소도 적고 수온도 높기 때문에 침수해가 심하다.
• 질소질 비료를 많이 준 웃자란 식물체는 관수될 경우 피해가 크다.

174

벼의 관수해(冠水害)에 대한 설명으로 가장 옳은 것은?

① 출수개화기에 약하다.
② 관수상태에서 벼의 잎은 도장이 억제될 수 있다.
③ 수온과 기온이 높으면 피해가 적다.
④ 청수보다 탁수에서 피해가 적다.

해설
② 관수 중의 벼 잎은 급히 도장하여 이상 신장을 유발하기도 한다.
③ 수온이 높을수록 호흡기질의 소모가 많아져 침수의 해가 더 커진다.
④ 탁수가 청수보다 산소함유량이 적고 유해물질이 많으므로 더 피해가 크다.

175

내건성이 강한 작물이 갖고 있는 형태적 특성은?

① 잎의 해면조직 발달
② 잎의 기동세포 발달
③ 잎의 기공이 크고 수가 적음
④ 표면적/체적의 비율이 큼

해설

내건성이 강한 작물의 형태적 특징

• 표면적에 대한 체적의 비가 작고 왜소하며 잎이 작다.
• 뿌리가 깊고 지상부에 비하여 근군의 발달이 좋다.
• 엽조직이 치밀하고, 엽맥과 울타리 조직이 발달하고, 표피에 각피(角皮)가 잘 발달하였으며, 기공이 작고 수효가 많다.
• 저수 능력이 크고, 다육화(多肉化)의 경향이 있다.
• 기동세포가 발달하여 탈수되면 잎이 말려서 표면적이 축소된다.

176

다음 중에서 중경제초의 이로운 점과 거리가 먼 것은?

① 토양수분의 증발을 경감시킨다.
② 비료의 효과를 증진시킬 수 있다.
③ 풍식과 동상해를 경감시킬 수 있다.
④ 종자의 발아와 토양통기가 조장된다.

해설

중경제초의 장점

• 토양수분의 증발 억제 : 토양을 얕게 중경하면 모세관이 절단되어 토양수분의 증발을 억제하여 한발기에 가뭄해(旱害)를 경감할 수 있다.
• 종자의 발아 조장 : 파종 후 비온 뒤 토양표면에 피막이 생겼을 때 중경하면 토양이 부드럽게 되어 발아가 조장된다.
• 토양통기 조장 : 대기와 토양의 가스교환이 활발해져 뿌리의 활력이 증진되고, 유기물의 분해가 촉진되며, 환원성 유해물질의 생성 및 축적이 감소된다.
• 비효 증진 : 논토양은 벼의 생육기간 중 항상 물에 잠겨있는 상태이므로 표층의 산화층과 그 밑의 환원층으로 토층이 분화되는데 암모니아태질소를 표층에 추비하고 중경하면 비료가 환원층으로 들어가 심층시비한 것과 같이 되므로 탈질작용이 억제되어 질소질 비료의 비효가 증진된다.

177

다음 중 작물의 내동성에 대한 설명으로 옳은 것은?

① 포복성인 작물이 직립성보다 약하다.
② 세포 내의 당함량이 높으면 내동성이 감소된다.
③ 작물의 종류와 품종에 따른 차이는 경미하다.
④ 원형질의 수분투과성이 크면 내동성이 증대된다.

해설

작물의 내동성에 관여하는 생리적 요인

• 세포 내의 수분(자유수)함량이 많으면 세포 내 결빙이 생기기 쉬우므로 내동성이 감소한다.
• 세포 내의 가용성 당분함량이 높으면 세포의 삼투압이 커지고, 원형질 단백의 변성을 막으므로 내동성도 증가한다.
• 세포액의 삼투압이 커지면 빙점이 낮아지고, 세포 내 결빙이 적어지며 세포 외 결빙에 의한 탈수 저항성이 커지므로 원형질이 기계적 변형을 덜 받게 되어 내동성이 증가한다.
• 원형질에 전분함량이 많으면 당분함량은 저하되며, 전분립은 원형질의 기계적 견인력에 의한 파괴를 크게 하므로 전분함량이 많으면 내동성은 감소한다.
• 원형질 친수성 콜로이드가 많으면 세포 내의 결합수가 많아지고 자유수는 적어져서 원형질의 탈수 저항성이 커지며 세포 외 결빙이 경감되므로 내동성이 커진다.
• 친수성 콜로이드가 많고 세포액의 농도가 높으면 조직즙의 굴절률을 높여 주므로 내동성이 증가한다.
• 원형질의 점도가 낮고 연도(軟度)가 크면, 세포 외 결빙에 의해서 세포가 탈수될 때나 융해시 세포가 물을 다시 흡수할 때 원형질의 변형이 적으므로 내동성이 크다.
• 세포 내의 무기성분[칼슘이온(Ca^{2+}), 마그네슘이온(Mg^{2+}) 등]은 세포 내 결빙을 억제하는 작용이 있다.

178

작물의 내동성에 관여하는 생리적 요인으로 옳은 것은?

① 원형질의 수분투과성이 작은 것이 세포 내 결빙을 적게 하여 내동성을 증대시킨다.

② 세포 내 수분함량이 높아서 자유수가 많아지면 내동성이 증대된다.

③ 세포 내 전분함량이 많으면 내동성이 증대된다.

④ 원형질의 친수성 콜로이드가 많으면 내동성이 증대된다.

해설
① 원형질의 수분투과성이 크면 세포 내 결빙을 적게 하여 내동성을 증대시킨다.
② 세포 내 수분함량이 높아서 자유수가 많아지면 내동성이 저하된다.
③ 세포 내 전분함량이 많으면 내동성이 저하된다.

179

동상해의 재배적 대책으로 옳지 않은 것은?

① 맥류는 답압을 한다.

② 채소와 화훼류는 보온재배를 한다.

③ 맥류 재배에서 이랑을 세워 뿌림골을 깊게 한다.

④ 맥류 재배에서 칼리질 비료를 줄이고, 퇴비를 종자 밑에 둔다.

해설
동상해의 재배적 대책
• 맥류는 월동 전에 답압 실시
• 보온재료를 이용한 보온재배
• 이랑을 세워 뿌림골을 깊게 하고 한랭지역에서는 파종량을 늘림
• 유기질비료와 인산 및 칼륨을 보충하여 작물체조직을 강하게 함
• 작부체계를 조절하여 적기파종

180

다음 중 동상해 대책으로 틀린 것은?

① 방풍시설 설치　　② 파종량 경감
③ 토질 개선　　④ 품종 선정

해설
동상해의 대책
• 방풍림 조성, 방풍울타리 설치
• 인산 · 칼리질 비료 증시
• 내동성 작물과 품종(추파맥류, 목초류)을 선택

181

다음 중 봄철 늦추위가 올 때 동상해의 방지책으로 옳지 않은 것은?

① 발연법　　② 송풍법
③ 연소법　　④ 냉수온탕법

해설
④ 냉수온탕법은 종자소독법에 속한다.
동상해의 방지책 : 관개법, 송풍법, 피복법, 발연법, 연소법, 살수빙 결법 등

182

작물 재배에서 도복을 유발시키는 재배조건으로 가장 적합한 것은?

① 밀식과 질소 다용

② 소식과 이식재배

③ 토입과 배토

④ 칼륨과 규산질 증시

해설
도복의 유발조건
• 유전적 조건 : 키가 크고 대가 약한 품종, 무거운 이삭, 빈약한 근계발달
• 재배조건 : 밀식, 질소 과용, 칼륨 및 규산의 부족
• 환경조건 : 도복의 위험기에 강우 · 강풍, 병충해의 발생(잎집무늬마름병(紋枯病), 가을멸구, 맥류 줄기녹병)

183

도복에 대한 설명으로 틀린 것은?

① 화곡류에서 도복에 가장 약한 시기는 최고분얼기이다.

② 병해충이 많이 발생할 경우 도복이 심해진다.

③ 도복에 의하여 광합성이 감퇴되고 수량이 감소한다.

④ 도복에 대한 저항성의 정도는 품종에 따라 차이가 있다.

해설

① 화곡류는 등숙 후기에 도복에 가장 약하다.

184

도복의 대책에 대한 설명으로 틀린 것은?

① 칼리, 인, 규소의 시용을 충분히 한다.

② 키가 작은 품종을 선택한다.

③ 벼의 유효분얼종지기에 옥신을 처리한다.

④ 맥류는 복토를 깊게 한다.

해설

도복의 방지대책

· 키가 작고 대가 튼튼한 품종, 질소 내비성 품종을 선택한다.
· 질소 과용을 피하고 칼리, 인산, 규산, 석회 등을 충분히 사용한다.
· 재식밀도가 과도하지 않게 파종량을 조절해야 한다.
· 맥류는 복토를 다소 깊게 하고, 직파재배보다 이식재배를 한다.
· 벼의 마지막 김매기 때 배토하고, 맥류는 답압·토입·진압 등은 하며, 콩은 생육 전기에 배토를 한다.
· 병충해를 방제한다.
· 벼에서 유효분얼종지기에 2,4-D, PCP 등의 생장조절제 처리를 한다.

185

수발아를 방지하기 위한 대책으로 옳은 것은?

① 수확을 지연시킨다.

② 지베렐린을 살포한다.

③ 만숙종보다 조숙종을 선택한다.

④ 휴면기간이 짧은 품종을 선택한다.

해설

수발아의 대책

· 조기수확
· 발아 억제제 살포 : 출수 후 20일경 종피가 굳어지기 전 0.5~1.0%의 MH액 살포
· 품종 선택 : 조숙종이 만숙종보다 수발아 위험이 적다. 밀에서는 초자질립, 백립, 다부모종 등이 수발아가 심하다.
· 맥종 선택 : 보리가 밀보다 성숙기가 빠르므로 성숙기에 비를 맞는 일이 적어 수발아 위험이 적다.
· 도복방지

186

작물의 풍해에 대한 설명으로 잘못된 것은?

① 벼에서 목도열병이 발생하고 수정이 저해된다.

② 상처가 나면 광산화반응을 일으킨다.

③ 풍속이 강해지면 광합성이 증대된다.

④ 풍해는 풍속 4~6km/hr 이상의 강풍으로 특히 태풍의 피해를 말한다.

해설

③ 풍속이 강해지면 이산화탄소의 흡수가 감소하므로 광합성이 감퇴한다.

187

풍해의 기계적 장해에 해당하는 것은?

① 벼에서 수분 및 수정이 저해되어 불임립이 발생한다.
② 상처가 나면 호흡이 증대되어 체내의 양분 소모가 증대된다.
③ 증산이 커져서 식물이 건조해진다.
④ 기공이 닫혀 광합성이 감퇴한다.

해설

풍해

• 기계적 장해 : 방화곤충의 활동제약 등에 의한 수분·수정 저해, 낙과, 가지의 손상 등
• 생리적 장해 : 상처부위의 과다 호흡에 의한 체내 양분의 소모, 증산 과다에 의한 건조피해 발생, 광합성의 감퇴, 작물 체온의 저항에 의한 냉해 유발 등

188

풍해를 받을 때 작물체에 나타나는 생리적 장해로 틀린 것은?

① 호흡의 증대
② 광합성의 감퇴
③ 작물체의 건조
④ 작물 체온의 증가

해설

풍해의 생리적 장해

• 상처가 나면 호흡이 증대하여 체내 양분의 소모가 증대하고 상처가 건조하면 고사한다.
• 풍속이 강해지면 이산화탄소의 흡수가 감소하므로 광합성이 감퇴한다.
• 풍속이 강하고 공기가 건조하면 증산이 커져 식물체가 건조한다.
• 냉풍은 작물 체온을 저하시키고 심하면 냉해를 유발한다.

189

십자화과 작물의 성숙과정으로 옳은 것은?

① 녹숙 → 백숙 → 갈숙 → 고숙
② 백숙 → 녹숙 → 갈숙 → 고숙
③ 녹숙 → 백숙 → 고숙 → 갈숙
④ 갈숙 → 백숙 → 녹숙 → 고숙

해설

십자화과 식물의 성숙과정

• 백숙 : 종자가 백색이고, 내용물이 물과 같은 상태이다.
• 녹숙 : 종자가 녹색이고, 내용물이 손톱으로 쉽게 입출된다.
• 갈숙 : 꼬투리가 녹색을 상실해 가며 종자는 고유의 성숙색이 되고 손톱으로 파괴하기 어렵다. 보통 갈숙에 도달하면 성숙했다고 본다.
• 고숙 : 고숙하면 종자는 더욱 굳어지고, 꼬투리는 담갈색이 되어 취약해진다.

190

벼 도정 시 정곡 환산율은 중량과 용량으로 각각 몇 %인가?

① 42%, 80%
② 52%, 70%
③ 62%, 60%
④ 72%, 50%

해설

도정에 의한 벼의 정곡 환산율

정곡 (식용 가능)		• 중량 72% • 용량 50%
제현(현미)		• 중량 74~80% • 용량 55%
정백	백미	• 중량 92~95% • 용량 92~96%
	7분도미	중량 94~95%
	5분도미	중량 96%

191

곡물의 저장에 영향을 주는 요인을 옳게 설명한 것은?

① 대부분 미생물의 왕성한 번식온도는 30~45℃이다.
② CA저장기술은 아직 실용화되고 있지 못하다.
③ 쌀의 저장성은 백미가 현미보다 높다.
④ 곡물을 가해하는 미생물은 대체로 곡물 수분함량 11% 이하에서 사멸한다.

해설
① 곡물을 가해하는 미생물은 수분함량이 15% 이상에서는 급속히 번식하나, 13%에서는 번식이 억제되고, 11% 이하에서는 사멸한다.
② 실제로 과실의 장기저장법으로 과실의 종류와 품종에 알맞게 이산화탄소와 산소의 농도를 조절하는 CA저장기술이 실용화되어 있다.
③ 쌀 저장성은 현미가 백미보다 높다.

192

저장 환경조건을 가장 바르게 설명한 것은?

① 곡류는 저장습도가 낮을수록 좋지만 과실이나 영양체는 저장습도가 낮은 것이 좋지 않다.
② 굴저장하는 고구마는 밀폐하는 것이 통기가 되는 것보다 좋다.
③ 고구마는 예랭이 필요하지만 과일은 예랭하면 저장 중 부패가 많다.
④ 식용감자는 온도가 12~15℃, 습도가 70~85%가 최적의 저장조건이다.

해설
② 굴저장하는 고구마는 통기하는 것이 밀폐되는 것보다 좋다.
③ 과일을 예랭하면 저장 · 수송 중 부패를 최소화할 수 있다.
④ 식용감자는 온도가 3~4℃, 습도가 80~85%가 최적의 저장조건이다.

193

종자의 저장양분 중 전분의 분해와 합성에 관련되는 효소는?

① amylase – phosphorylase
② phosphoryase – diastase
③ protease – amylase
④ lipase – diastase

해설
저장양분의 분해
배유의 불용성 전분은 효소 아밀레이스(amylase)와 포스포릴라아제(phosphorylase)에 의해 수용성 당류로 전환되어 배로 이동하고, 불용성 지질은 효소 라이페이스(lipase)에 의해 글리세롤(glycerol)과 지방산으로 분해되어 대부분은 당류로 전환되고, 일부는 인지질과 당질의 합성에 쓰인다.

194

수확물의 상처에 코르크층을 발달시켜 병균의 침입을 방지하는 조치를 나타내는 용어는?

① 큐어링   ② 예랭
③ CA저장   ④ 후숙

해설
큐어링 : 수확 당시의 상처와 병반부가 아물게 하고 당분을 증가시켜 저장하는 방법

195

다음 중 작물별 안전저장 조건에서 온도가 가장 높은 것은?

① 식용감자   ② 과실
③ 쌀   ④ 엽채류

해설
작물별 안전저장 조건(온도, 상대습도)
• 과실 0~4℃(바나나 13℃ 이상), 80~85%
• 식용감자 3~4℃, 85~90%
• 가공용 감자 7~10℃, 85~90%
• 고구마 13~15℃, 85~90%
• 엽채류 0~4℃, 90~95%
• 쌀 15℃, 약 70%(수분함량 15%)

196

(가)에 알맞은 내용은?

> 제현과 현백을 합하여 벼에서 백미를 만드는 전 과정을 (가)(이)라고 한다.

① 지대   ② 마대
③ 도정   ④ 수확

해설

도정(搗精)
- 벼에서 쌀(백미)을 얻기 위해 왕겨와 쌀겨층을 제거하는 가공과정을 말한다.
- 제현 : 벼에서 왕겨(과피)를 벗겨 현미를 만드는 과정이다.
- 현백(정백) : 현미에서 쌀겨층(종피 및 호분층)을 벗겨 백미를 만드는 과정이다.

197

감자(뿌리작물)의 수량계산 공식으로 옳은 것은?

① 식물체당 무게 × 단위면적당 식물체수
② 단위면적당 덩이줄기수 × 식물체당 무게
③ 단위면적당 식물체수 × 단위면적당 덩이줄기수
④ 단위면적당 식물체수 × 식물체당 덩이줄기수 × 덩이줄기의 무게

198

벼의 수량구성요소로 가장 옳은 것은?

① 단위면적당 수수 × 1수영화수 × 등숙비율 × 1립중
② 식물체 수 × 입모율 × 등숙비율 × 1립중
③ 감수분열기 기간 × 1수영화수 × 식물체 수 × 1립중
④ 1수영화수 × 등숙비율 × 식물체 수

해설

벼의 수량구성요소
= 단위면적당 수수(이삭수) × 1수영화수 × 등숙비율 × 1립중

199

작물의 수량을 최대화하기 위한 재배이론의 3요인으로 옳은 것은?

① 비옥한 토양, 우량종자, 충분한 일사량
② 비료 및 농약의 확보, 종자의 우수성, 양호한 환경
③ 자본의 확보, 생력화 기술, 비옥한 토양
④ 종자의 우수한 유전성, 양호한 환경, 재배기술의 종합적 확립

해설

작물의 최대수량을 얻기 위해서는 작물의 유전성과 재배기술, 환경조건이 맞아야 한다.

200

$1m^2$의 현미 무게가 1kg이고 이때 현미의 수분함량이 17%이다. 수분함량이 15%일 때 10a의 현미 수량은?

① 약 293kg   ② 약 488kg
③ 약 512kg   ④ 약 976kg

해설

수분함량 15%일 때 10a당 현미의 수량 $= 1kg \times \dfrac{100-17}{100-15} =$ 약 0.976kg

0.976kg × 1,000 = 약 976kg($\because$ 10a = 1,000m^2)

※ 벼의 수량 계산

예취, 탈곡한 현미(정조)의 수분함량을 x%라 할 때 14%로 환산 시 다음과 같이 계산한다.

14% 환산 10a당 현미의 수량 = 10a당 현미의 무게 $\times \dfrac{100-x}{100-14}$

001

작물의 피해 중 양적피해는?

① 수량 감소
② 수확한 생산물의 품질 저하
③ 상품가치 저하
④ 병충해에 의한 품질 저하

해설

작물피해의 종류

직접 피해	양적 피해	• 병해충에 의한 수확량 감소 • 저장 중 발생한 생산물의 손실
	질적 피해	• 병충해에 의한 생산물의 품질 저하 • 저장 중 병충해에 의한 상품가치의 하락
간접피해		수확물 분류, 건조 및 가공비용 증가
후속피해		2차적 병원체에 대한 식물의 감수성 증가

002

작물피해의 주요 원인 중 비생물적 요소인 것은?

① 잡초의 피해
② 진균류, 세균류 등에 의한 피해
③ 농약에 의한 피해
④ 파이토플라스마(phytoplasma)에 의한 피해

해설

작물피해의 주요 원인
• 생물요소 : 잡초의 피해, 미생물에 의한 병해, 곤충에 의한 충해 및 그 밖의 동물들이 주는 피해 등
• 비생물요소 : 가뭄, 홍수, 고온·저온, 습도, 강풍 등으로 인한 기상 재해, 작물양분 과부족에 의한 생리장해, 물속의 기체 및 화학물질 등

003

오존(O_3)에 의한 피해를 입은 식물체에 나타나는 증상이 아닌 것은?

① 황화
② 반점
③ 얼룩
④ 암종

해설

오존(O_3)의 식물체 피해증상 : 황화현상, 저반점, 얼룩, 표백, 양면 괴사

004

해충종합관리에 대한 설명으로 옳지 않은 것은?

① 이용할 수 있는 모든 방제 수단을 조화롭게 활용한다.
② 작물 재배지 내의 모든 해충을 박멸한다.
③ 해충밀도를 경제적 피해허용수준 이하로 유지한다.
④ 해충 방제의 부작용을 최소한으로 줄인다.

해설

해충종합관리(IPM)
농약의 무분별한 사용을 줄여 해충 방제의 부작용을 최소한으로 하고 경종적·물리적·화학적·생물적 방제를 조화롭게 활용하여 해충밀도를 경제적 피해허용수준 이하로 유지하는 것을 목표로 한다.

005

해충종합관리(IPM)의 설명으로 가장 옳은 것은?

① 한 지역에서 동시에 방제하는 것을 뜻한다.
② 농약의 항공방제를 말한다.
③ 여러 방제법을 조합하여 적용한다.
④ 한 방법으로 방제한다.

해충종합관리(IPM)
농약의 무분별한 사용을 줄여 해충 방제의 부작용을 최소한으로 하고 경종적·물리적·화학적·생물적 방제를 조화롭게 활용하여 해충밀도를 경제적 피해허용수준 이하로 유지하는 것을 목표로 한다.

006

해충의 발생을 예찰하는 실질적인 목적으로 알맞은 것은?

① 해충의 생활사를 알아보기 위하여
② 해충의 유아 등에 대한 반응을 알아보기 위하여
③ 해충의 발생주기를 알아보기 위하여
④ 가장 적절한 방제 대책을 마련하기 위하여

예찰이란 해충이 발생할 우려가 있거나 발생한 지역에 대하여 발생 여부, 발생정도, 피해 상황 등을 조사하거나 진단하는 것을 말한다.

007

병해충 발생 예찰을 위한 조사 방법 중 정점(定點)조사의 목적으로 옳지 않은 것은?

① 방제 적기 결정
② 방제 범위 결정
③ 방제 여부 결정
④ 연차 간 발생장소 비교

정점(定點)조사 : 일정한 장소에서 해충이 살고있는 상태나 환경을 조사하는 일

008

식물병을 일으키는 병 삼각형 중 일반적으로 주인인 것은?

① 식물체   ② 환경
③ 병원체   ④ 광선

식물병 삼각형

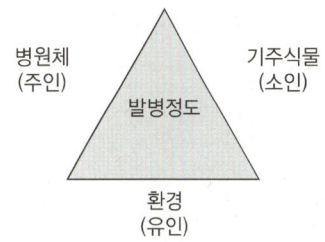

009

식물병을 일으키는 비기생성의 원인으로 가장 거리가 먼 것은?

① 양분 부족
② 유해 물질
③ 바이로이드
④ 산업폐기물

병원의 종류

비생물성 (비전염성) 병원	• 생육 온도, 습도, 빛, 대기, 토양 온·습도, 기계적 상처 등의 환경적 원인 • 대기오염, 양분 결핍, 산업폐기물, 토양중금속, 제초제 과용 등
생물성 (전염성) 병원	• 진균, 세균, 바이러스, 파이토플라스마, 기생성 고등식물, 선충, 조류, 종자식물, 선충 등 • 병원체의 크기 : 선충 > 진균(곰팡이) > 세균 > 바이러스 > 바이로이드

010

비생물성 원인에 의한 병의 특징은?

① 기생성　　　　　　② 비전염성

③ 표징 형성　　　　　④ 병원체 증식

011

식물병원체의 변이 기작이 아닌 것은?

① 이핵현상　　　　　② 일액현상

③ 준유성생식　　　　④ 이수체 형성

해설

병원체 변이 발생기작
- 일반적인 유전적 기작 : 돌연변이, 재조합, 유전자 확산, 생식
- 특수 기작 : 이핵, 준유성 생식, 균사융합, 이수성, 접합, 형질전환, 형질도입

012

식물병을 일으키는 요인 중 전염성 병원이 아닌 것은?

① 항생제

② 바이로이드

③ 스피로플라스마

④ 파이토플라스마

해설

항생제 : 미생물이 생성하는 화학 물질로서 다른 미생물의 발육 또는 대사 작용을 억제시키는 생리작용을 지닌 물질을 만든다.

013

Poston 등은 해충의 밀도와 작물수량 간의 관계를 세 가지 유형으로 구분하였다. 다음 중 그 유형이 아닌 것은?

① 감수성 반응　　　　② 저항성 반응

③ 보상적 반응　　　　④ 내성적 반응

해설

Poston et al.(1983)가 구분한 해충밀도와 작물수량 간의 관계
- 감수성 반응 : 밀도증가에 따라 수량이 서서히 감소하는 형태
- 내성적 반응 : 처음에는 수량감소가 없다가 밀도가 어느 정도 도달함에 따라 수량감소가 일어나는 경우
- 보상적 반응 : 낮은 밀도에서는 오히려 수량이 증가하다가 어느 밀도 이상이 되면 비로소 수량감소가 일어나는 경우

014

다음 설명에 해당하는 식물병원균은?

- 균사에는 격벽이 있고, 격벽에는 유연공이 있으며, 세포벽은 글루칸과 키틴으로 되어있다.
- 나무를 썩히는 목재썩음병 등 대부분의 목재 부후균에 해당된다.

① 난균　　　　　　　② 담자균

③ 접합균　　　　　　④ 고생균류

해설

균류의 종류

구분	난균문	담자균문	접합균문
세포벽	섬유소, 글루칸	키틴, 글루칸	키틴, 키토산
영양체	무격벽 균사	격벽 균사	무격벽 균사

015

병원균을 접종하여도 기주가 병에 전혀 걸리지 않는 것은?

① 면역성　　　　　② 내병성
③ 확대저항성　　　④ 감염저항성

해설

기주와 감수성
- 감수성 : 식물이 병에 걸리기 쉬운 성질
- 회피성 : 적극적, 소극적 병원체의 활동기를 피하여 병에 걸리지 않는 성질
- 면역성 : 식물이 전혀 어떤 병에 걸리지 않는 성질
- 내병성 : 감염되어도 실질적으로 피해를 적게 받는 성질
- 저항성 : 식물이 병원체의 작용을 억제하는 성질
  - 확대저항성 : 감염이 성립된 후 병원균의 증식과 병의 진전을 양적으로 억제하는 저항성
  - 감염저항성(침입저항성) : 병원균의 기주 침입과 감염을 저지하는 저항성

016

오이 노균병에 대한 설명으로 틀린 것은?

① 병무늬의 가장자리가 잎맥으로 포위되는 다각형의 담갈색 무늬를 나타낸다.
② 잎과 줄기에 발생한다.
③ 습기가 많으면 병무늬 뒷면에 가루모양의 회색 곰팡이가 생긴다.
④ 발병이 심하면 병환부가 말라죽고 잘 찢어진다.

해설

오이 노균병
- 잎에만 발생하는 병해로 처음에는 수침상의 점무늬가 생긴다.
- 병무늬 가장자리가 잎맥으로 포위되어 있는 부정형 다각형의 담갈색 무늬로 발전하며 심하면 잎이 위쪽으로 말린다.
- 습기가 많으면 병무늬 뒷면에 서리 같은 곰팡이가 생긴다.

017

병원체가 생성한 독소에 감염된 식물을 사람이나 동물이 섭취할 경우 독성을 유발할 수 있는 병은?

① 벼 도열병　　　　② 고추 탄저병
③ 채소류 노균병　　④ 맥류 붉은곰팡이병

해설

맥류 붉은곰팡이병(벼, 옥수수)
진균(자낭균류)에 의한 병으로 분생포자, 균사, 자낭포자의 형태로 병든 종자, 밀짚 등에서 월동하며 곰팡이 독소를 생산하므로 균에 감염된 식물을 사람이나 동물이 섭취할 경우 심한 중독증을 초래하여 큰 피해를 준다.

018

배나무 붉은별무늬병균의 중간기주는?

① 향나무　　　　　② 느티나무
③ 참나무　　　　　④ 강아지풀

해설

이종기생하는 녹병균

병명	녹병포자 · 녹포자 세대(기주식물)	여름포자 · 겨울포자 세대(중간 기주)
소나무 혹병균	소나무	졸참나무, 신갈나무
소나무 잎녹병균	소나무	참취
잣나무 털녹병균	잣나무	송이풀, 까치밥나무
배나무 붉은별무늬병균	배나무, 모과나무	향나무(여름포자세대 없음)
사과나무 붉은별무늬병균	사과나무	향나무
밀 붉은녹병균	좀꿩의다리	밀
맥류 줄기녹병균	매자나무	맥류

019

밀 줄기녹병균의 제1차 전염원이 되는 포자는?

① 소생자　　　　　② 겨울포자
③ 여름포자　　　　④ 녹병정자

해설

밀 줄기녹병균은 월동한 여름포자가 직접 제1차 전염원이 된다.

020

흰가루병균과 같이 살아있는 기주에 기생하여 기주의 대사산물을 섭취해서만 살아갈 수 있는 병원균은?

① 순사물기생균　　② 반사물기생균
③ 반활물기생균　　④ 순활물기생균

병원체의 기생성

순활물기생균 (절대기생체)	• 살아있는 조직 내에서만 생활할 수 있는 병원균 • 녹병균, 흰가루병균, 노균병균, 바이러스
반활물기생균 (임의부생체)	• 기생을 원칙으로 하나 죽은 유기물에서도 영양을 취하는 병원균 • 깜부기병균, 감자 역병균, 배나무의 검은별무늬병균
순사물기생균 (절대부생체)	• 죽은 유기물에서만 영양을 섭취하는 병원균 • 심재썩음병균
반사물기생균 (임의기생체)	• 부생을 원칙으로 하나 노쇠 또는 변질된 산 조직을 침해하기도 한다. • 고구마의 무름병균, 잿빛곰팡이병균, 각종 식물의 모잘록병균

021

자낭균이 형성하는 자낭각이 공과 같이 막혀 있어 부서지면서 자낭포자를 방출하는 형태의 것은?

① 자낭반　　② 자낭구
③ 자낭각　　④ 자낭자좌

② 자낭구 : 자낭각의 각이 공과 같이 완전히 막혀 있는 것을 말한다.
① 자낭반 : 자낭각과 비슷하나 그 모양이 접시 같을 때 자낭반이라 한다.
③ 자낭각 : 자낭이 구형의 기관 가운데 형성될 때 그 용기를 자낭각이라 하고 그 정부에 구멍이 있으면 이것을 각공(ostiole)이라 한다.
④ 자낭자좌 : 자낭균류 중에서 소방자낭균강의 자낭과(果)로, 자좌상 조직의 중부에 소실을 만들며 그 속에서 자낭이 형성되는 조직을 말한다.

022

무성포자에 해당하는 것은?

① 자낭포자　　② 분생포자
③ 담자포자　　④ 접합포자

포자
• 유성포자 : 난포자, 접합포자, 자낭포자, 담자포자
• 무성포자 : 포자낭포자, 분생포자, 분절포자, 출아포자, 후막포자

023

벼 도열병의 발병 원인으로 가장 적절한 것은?

① 고온건조 조건일 때
② 저온다습 조건일 때
③ 잡초 방제할 때
④ 질소 균형 시비할 때

벼 도열병의 발병 원인
• 질소비료 과다 사용
• 일조량 부족
• 온도가 낮고 비가 오는 날이 많을 때

024

벼 도열병균을 생장단계별로 볼 때에 약제에 대한 저항력이 가장 강한 시기는?

① 균사 시기
② 부착기 형성기
③ 분생포자 발아시기
④ 분생포자 형성기

식물병원균이 기주식물을 침입하기 위해서는 포자가 기주식물의 표피에 부착한 후 발아하고, 균사가 자라 식물체 내에 정착할 수 있어야 한다.

025

식물병원 세균의 특징으로 옳은 것은?

① 내생포자를 만든다.
② 균사가 있다.
③ 자연개구부와 상처를 통하여 침입한다.
④ 인공배양이 잘 되지 않는다.

해설

침입의 형태
• 진균 : 직접 침입, 자연개구부, 상처
• 세균 : 상처
• 바이러스, 파이토플라스마 : 매개체에 의해 만들어지는 상처
• 선충 : 직접 관통
• 기타 : 부착기나 침입균사

026

병원체가 기주 식물체 내로 들어가는 침입장소 중 자연개구부가 아닌 것은?

① 수공
② 피목
③ 밀선
④ 각피

해설

병원체의 침입
• 직접 침입 : 각피
• 자연개구부를 통한 침입 : 기공, 수공, 피목, 밀선
• 상처를 통한 침입

027

고구마 무름병균과 귤 푸른곰팡이병의 공통된 기주침입 방법은?

① 자연개구부를 통한 침입
② 상처를 통한 침입
③ 각피를 통한 침입
④ 특수기관을 통한 침입

해설

상처로 침입하는 병원균
• 균류 : 목재 썩음병균, 고구마 무름병균, 감귤 푸른곰팡이병균
• 세균 : 채소 무름병균, 과수 뿌리혹병균
• 모든 바이러스

028

파필라(papilla) 돌기물이 나타나 병원균 침입에 저항하는 형태는?

① 화학적 방어반응
② 형태적 방어반응
③ 물리적 방어반응
④ 유전적 방어반응

해설

형태적 방어반응
각피를 침입하는 병원균이 침입을 개시하면 기주의 침입을 방지하기 위하여 세포벽의 내측에 유두(乳頭) 모양의 파필라(papilla)가 생성되어 세포벽의 두께를 증가시키고 견고하게 하여 병원균의 침입을 저지하는 기주의 저항성 반응이 나타난다.

029

벼의 병해 중에서 병원균이 세균인 것은?

① 오갈병
② 흰잎마름병
③ 깨씨무늬병
④ 잎집무늬마름병

해설

② 벼 흰잎마름병은 세균성 도관병이다.
① 오갈병 : 바이러스
③ 깨씨무늬병 : 진균(자낭균류)
④ 잎집무늬마름병 : 진균(담자균류)

030

벼 흰잎마름병과 관련이 없는 것은?

① 풍매전반한다.
② 주로 잎 가장자리나 수공을 통해 침입한다.
③ 병원균은 잡초에서 월동한다.
④ 병원균은 세균이다.

해설

수매(水媒)전염 : 벼의 잎집무늬마름병, 흰잎마름병

031

다음 설명에 해당하는 식물병은?

> • 벼 수량에 간접적으로 영향을 준다.
> • 병원균은 균핵의 형태로 월동한 후 초여름부터 발생한다.
> • 발병 최성기는 고온다습한 8월 상순부터 9월 상순경이다.

① 벼 잎집얼룩병
② 벼 흰잎마름병
③ 벼 줄무늬잎마름병
④ 벼 검은줄무늬오갈병

해설

벼 잎집얼룩병은 벼에 발생하는 병 중에서 일반적으로 온도가 높고 통기가 불량할 때 많이 발생한다.

032

다음 설명에 해당하는 식물병원은?

> • 식물병이 전신 감염성이어서 영양체에 의해 연속적으로 전염된다.
> • 주로 매미충류와 기타 식물의 체관부에서 즙액을 빨아먹는 소수의 노린재, 나무이 등에 의해 매개전염된다.
> • 테트라사이클린에 감수성이다.

① 세균
② 진균
③ 바이러스
④ 파이토플라스마

해설

파이토플라스마는 바이러스와 세균의 중간 정도 위치한 미생물로 세포벽이 없는 원핵생물이다.

033

파이토플라스마에 의한 병으로 짝지어진 것은?

① 벼 오갈병, 대추나무 빗자루병
② 뽕나무 오갈병, 오동나무 빗자루병
③ 붉나무 빗자루병, 벚나무 빗자루병
④ 벚나무 빗자루병, 대추나무 빗자루병

해설

뽕나무 오갈병, 대추나무・오동나무 빗자루병은 파이토플라스마에 의한 병이다.

034

식물 바이러스에 대한 설명으로 옳지 않은 것은?

① 식물 세균보다 크기가 큰 병원체이다.
② 초현미경적 병원체이다.
③ 살아있는 세포에서만 증식이 가능하다.
④ 핵산의 주위를 외피단백질이 둘러싸고 있다.

해설

① 바이러스는 세균(박테리아)보다 1/100 이하로 작다.

035

다음 설명에 해당하는 것은?

> 약독계통의 바이러스를 기주에 미리 접종하여 같은 종류의 강독계통 바이러스의 감염을 예방하거나 피해를 줄인다.

① 파지
② 교차보호
③ 기주교대
④ 효소결합

해설

교차보호
병원성이 약화된 식물 바이러스가 침입한 기주에 병원성이 강한 바이러스에 의해 병의 확산이 억제되는 현상

036

다음 중 크기가 가장 작은 식물병원체는?

① 세균
② 진균
③ 바이러스
④ 바이로이드

해설

병원체의 크기
선충 > 진균 > 세균 > 파이토플라스마 > 바이러스 > 바이로이드

037

*Erwinia*속 무름병의 가장 대표적인 병징은?

① 기형
② 악취
③ 점무늬
④ 시들음

해설

무름병
병원성 세균인 *Erwinia*속에 의한 무름병은 조직의 급격한 무름과 썩음과 그에 따른 악취가 특징이다.

038

식물병원세균에 의한 병징 중에서 가장 흔하게 접하는 증상으로만 나열된 것은?

① 모자이크, 줄무늬
② 황화, 위축
③ 무름, 궤양
④ 흰가루, 빗자루

해설

병징의 종류
• 세균병의 병징 : 무름, 궤양, 점무늬, 잎마름, 시들음, 혹(암종), 가지마름 등
• 바이러스병의 병징(전신병징)
 – 외부병징 : 모자이크, 색소체 이상(변색), 위축, 괴저, 기형, 왜화, 잎말림(오갈병), 암종, 돌기 등
 – 내부병징 : 엽록체의 수 및 크기 감소, 식물 내부 조직 괴사 등
 – 병징은폐 : 바이러스에 감염이 되어도 병징이 나타나지 않는 현상
• 파이토플라스마병의 병징 : 위축(빗자루병, 오갈병), 황화, 총생 등
• 바이로이드병의 병징 : 위축 등

039

세균성 무름증상에 대한 설명으로 옳지 않은 것은?

① *Pesudomonas*속은 무름증상을 일으키지 않는다.
② *Erwinia*속은 무름병의 진전이 빠르고 악취가 난다.
③ 수분이 적은 조직에서는 부패현상이 나타나지 않는다.
④ 병원균은 펙틴분해효소를 생산하여 세포벽 내의 펙틴을 분해한다.

해설

① *Pesudomonas*속은 무름증상을 일으킨다.

040

식물 바이러스병의 외부병징으로 가장 거리가 먼 것은?

① 변색   ② 위축
③ 괴사   ④ 무름증상

해설

무름증상은 세균병의 병징이다.

041

다음 ( ) 안에 들어갈 내용으로 옳은 것은?

> 병징은 나타나지 않지만 식물 조직 속에
> • 병원균이 있는 것은 (ⓐ) 이다.
> • 바이러스에 의해 감염된 것은 (ⓑ)이다.

① ⓐ 기생식물, ⓑ 감염식물
② ⓐ 보균식물, ⓑ 보독식물
③ ⓐ 감염식물, ⓑ 잠재식물
④ ⓐ 은화식물, ⓑ 기주식물

해설

ⓐ 보균식물 : 병원균을 지니고 있으면서 외관상 병의 징후를 나타내지 않는 식물
ⓑ 보독식물 : 병원 바이러스를 체내에 가지고 있으면서 장기간 또는 결코 병징을 나타내지 않는 식물

042

다음 중 종자병의 진단법으로 가장 거리가 먼 것은?

① 습실 처리법   ② plantibody법
③ ELISA법   ④ PCR법

해설

plantibody

식물감염하는 병원체를 주사한 쥐의 혈청생산유전자를 형질전환시킨 식물체에서 생산되는 항체이다.

043

식물병 표징의 특징이 다른 하나는?

① 흰가루병   ② 녹병
③ 균핵병   ④ 흰녹가루병

해설

표징(sign)

• 가루(紛) : 흰가루병, 녹병, 흰녹가루병, 깜부기병, 떡병 등
• 곰팡이 : 솜털모양(벼 모썩음병, 가지 솜털역병, 고구마 무름병, 잔디면부병), 깃털모양(과수류 날개무늬병), 잔털모양(감자 겹둥근무늬병, 수박 덩굴쪼김병, 강낭콩 모무늬병), 서릿발모양(오이 노균병, 감자 역병, 배나무 검은별무늬병)
• 균핵 : 벼·채소·과수의 균핵병
• 냄새 : 밀 비린깜부기병(비린내), 고구마 검은무늬병(쓴맛), 감자 무름병(나쁜냄새), 사과나무 부란병(알코올 냄새)
• 돌기 : 배나무 붉은별무늬병(녹포자기), 고구마 검은무늬병(자낭각 돌기)
• 버섯 : 과수·수목 등의 뿌리썩음병, 채소류의 균핵병(자낭반)
• 끈끈한 물질 : 포자누출, 세균누출
• 흑색소립점 : 병자각(사과나무 부란병, 배나무 줄기마름병), 자낭각(보리 붉은곰팡이병, 배나무 뒷면흰가루병), 포자퇴(밀 줄기녹병), 자좌(밤나무 줄기마름병, 사과나무 부란병)

044

사과나무 부란병에 대한 설명으로 옳은 것은?

① 기주교대를 한다.
② 균사 형태로 전염된다.
③ 잡초에 병원체가 월동하며 토양으로 전염된다.
④ 주로 빗물에 의해 전파되며 발병부위에서 알코올 냄새가 난다.

해설

사과나무 부란병

자낭균류에 의한 병으로 병포자나 자낭포자의 형태로 병든 가지에서 월동한 후 전정 등의 상처 부위로 침입하며 병든 부위의 껍질을 벗기면 알코올 냄새가 나는 특징이 있다.

045

감자 바이러스병 진단에 사용되는 방법으로서 미리 싹을 틔워 병징을 발현시켜 발병 유무를 진단하는 법은?

① 병징음폐제거   ② 형촉반응법

③ 괴경지표법   ④ 지표식물법

해설

식물병 진단법의 종류

눈에 의한 진단	• 병징 : 모잘록병, 시들음병, 빗자루병 등 • 표징 : 균핵병, 그을음병, 노균병 등 • 습실 처리 : 진균병 진단
해부학적 진단	• 현미경 관찰 : 참깨 시들음병의 유관속 갈변 또는 폐쇄 • 봉입체(X-body)의 형태를 이용해 바이러스종을 동정 • 그람염색법 : 감자 둘레썩음병 등 그람양성병원균 진단 • 침지법(DN) : 바이러스에 감염된 잎을 슬라이드글라스 위에 올려놓고 염색하여 관찰 • 초박절편법(TEM) : 전자현미경으로 관찰 • 면역전자현미경법(ISEM) : 혈청반응을 전자현미경으로 관찰
병원적 진단 (Koch의 원칙)	병든 부위에서 미생물을 분리 → 배양 → 인공접종 → 재분리하여 확인 : 소나무 잎녹병, *Fusarium* 등
물리 · 화학적 진단	황산구리법 : 감자 바이러스병에 감염된 씨감자 진단
생물학적 진단	• 지표식물법 : 감자 X 바이러스(천일홍), 뿌리혹선충(토마토, 봉선화), 과수 자주빛날개병(고구마), 과수 근두암종병(밤나무, 감나무, 벚나무, 사과나무), 바이러스병(명아주, 독말풀, 땅꽈리, 잠두, 천일홍, 동부 등) • 즙액접종법 : 오이 노균병, 세균성점무늬병 • 충체 내 주사법 : 즙액접종이 불가능한 매개전염 바이러스에 대하여 매개충의 체내에 검사하려는 즙액을 주사하여 방사 후 시험작물 내 바이러스 여부를 진단 • 최아법(괴경지표법) : 싹을 틔워서 병징을 발현시켜 진단, 감자 바이러스병 • 박테리오파지법 : 벼 흰잎마름병
혈청학적 진단	• 한천겔면역확산법(AGID) • 형광항체법 • 적혈구응집반응법 • 효소결합항체법(ELISA) : 항체에 효소를 결합시켜 바이러스와 반응했을 때 노란색이 나타나는 정도로 바이러스 감염여부를 확인
분자생물학적 진단	• 역전사중합효소연쇄반응법(RT-PCR) • PAGE 분석법

046

식물병 진단 방법에 대한 설명으로 옳지 않은 것은?

① 충체 내 주사법은 주로 세균병 진단에 사용된다.

② 지표식물을 이용하여 일부 TMV를 진단할 수 있다.

③ 파지(phage)에 의한 일부 세균병 진단이 가능하다.

④ 혈청학적인 방법은 바이러스병 진단에 효과적이다.

해설

① 충체 내 주사법은 매개전염 바이러스병(예 벼 오갈병 바이러스 – 끝동매미충) 진단에 사용되는 생물학적 진단 방법이다.

047

다음 설명에 해당하는 것은?

> 병원체가 식물과 만나 기생자가 되어 침입력과 발병력에 의하여 식물을 침해하는 힘을 발휘하는 성질

① 회복   ② 감염

③ 감수체   ④ 병원성

해설

• 병원성 : 병원체가 기주식물에 병을 일으킬 수 있는 능력으로 기주식물의 몇 가지 필수적인 기능을 방해함으로써 병을 일으키는 기생체의 능력
• 침입력 : 병원체가 감수성 식물에 침입한 후 기주식물로부터 영양분을 취하거나 또는 그 내부에 정착하는 힘
• 발병력 : 정착한 병원체가 식물을 발병시키는 데 필요한 능력

048

병원균이 특정 품종의 기주식물을 침해할 뿐, 다른 품종은 침해하지 못하는 집단은?

① 클론   ② 품종
③ 레이스   ④ 스트레인

해설

레이스(race) : 형태는 같으나 특정한 품종에 대한 병원성이 서로 다르다(판별품종).

049

국제 간 교역량의 증가에 따라 침입 병해충을 사전에 예방하기 위한 조치는?

① 법적 방제법
② 생물적 방제법
③ 물리적 방제법
④ 화학적 방제법

해설

식물병해의 방제법
- 법적 방제 : 법령에 의해 식물에 해를 주는 병해충이 전파되는 것을 방지하기 위해 식물검역(국제검역, 국내검역)을 시행하는 방법
- 생물적 방제 : 천적, 미생물제 등을 이용한 방제법
- 경종적 방제 : 윤작, 토양수분 관리, 재배시기 조절, 저항성 품종 이용, 접목 등 작물의 재배 방법을 조절하는 방법
- 화학적 방제 : 약제(살충제 등)를 이용한 방법
- 물리적 방제 : 포살, 등화유살, 봉지 씌우기, 비가림 재배, 광처리 등을 이용한 방법

050

다음 중 해충에 대한 생물적 방제의 장점이 아닌 것은?

① 방제 효과가 즉시 나타난다.
② 반영구적 또는 영구적이다.
③ 해충에 대한 저항성이 생기지 않는다.
④ 인축에 독성이 없다.

해설

생물적 방제

장점	• 인축에 해가 거의 없고 작물에 피해를 주는 사례가 거의 없다. • 환경에 대한 안정성이 높고, 저항성 해충의 출현 가능성이 없다. • 병충해에 선택적으로 작용하여 유용생물에 악영향을 거의 주지 않는다. • 병충해가 내성을 갖기 어렵다. • 화학농약으로 방제가 어려운 병충해를 해결할 수 있다.
단점	• 화학농약보다 효과가 서서히 나타나는 경우가 많다. • 사용적기가 있으며 시기를 놓치면 효과가 낮아지기 쉽다. • 재배환경 등 환경요소에 영향 받기 쉽다. • 화학농약과의 혼용여부를 반드시 살펴 사용하여야 효과적이다. • 보관 및 유통기한이 짧고 가격이 다소 고가인 경우가 있다. • 해충을 유효하게 제어하는 데는 여러 요인이 관여한다. • 일반적으로 화학 합성농약보다 변성이 잘된다.

051

다음 중 국내에서 최초로 기록된 도입천적과 대상 해충이 바르게 연결된 것은?

① 루비붉은좀벌 – 루비깍지벌레
② 칠레이리응애 – 온실가루이
③ 베달리아무당벌레 – 이세리아깍지벌레
④ 애꽃노린재 – 오이총채벌레

해설

국내의 생물적 방제
- 1930년대 감귤나무 : 이세리아깍지벌레, 베달리아무당벌레
- 1934년 사과 : 사과면충, 사과면충좀벌
- 1970년대 제주 감귤 : 루비깍지벌레, 루비붉은좀벌
- 1990년대 : 온실가루이, 온실가루이좀벌, 칠레이리응애
- 1996~1998년 제주 : 총채벌레, 애꽃노린재
- 대부분 천적에 의존

052

다음 중 미국선녀벌레에 대한 설명으로 옳지 않은 것은?

① 2년에 1회 발생한다.
② 약충은 매미충의 형태로 백색에 가깝다.
③ 포도나무에 피해가 크다.
④ 왁스물질과 감로를 분비하며, 그을음병을 유발한다.

해설

① 미국선녀벌레는 돌발해충으로 우리나라에 연 1회 발생한다.

053

다음 중 곤충이 페로몬에 끌리는 현상은?

① 주광성   ② 주열성
③ 주지성   ④ 주화성

해설

주화성은 생물이 화학적으로 자극에 반응하는 성질로, 곤충이 종류에 따라서 특수한 식물에다 알을 낳고 유충이 특수한 식물만 먹는 것은 그 식물이 가지고 있는 화학물질(유인제, 기피제, 페로몬 등)에 유인되기 때문이다.

054

다음 중 곤충의 알라타체에서 분비하는 물질을 이용하여 해충을 방제하는 방법은?

① 페로몬 이용법
② 호르몬 이용법
③ 경종적 방법
④ 생태적 방법

해설

호르몬 이용법

곤충의 알라타체에서 분비되는 유약호르몬은 번데기로의 변태를 억제하는 것으로 알려져 있으며, 약에 의해 이 호르몬의 기능을 억제하여 해충의 성장을 방해함으로써 효과적인 해충 방제가 가능하다.

055

가장 바람직한 작물병의 방제 방법은?

① 화학약제의 충분한 사용
② 저항성 품종의 재배
③ 질소질 비료의 충분한 시비
④ 포장 청결

해설

저항성 품종을 이용하는 방법은 경비가 저렴하며 농약의 잔류독성 문제가 없어 안전하고 가장 이상적인 방제법이다.

056

나비목 해충이 알에서 부화한 후 3번 탈피하였을 때 유충의 영기는?

① 2령충   ② 3령충
③ 4령충   ④ 5령충

해설

영기

• 1령충 : 부화 → 1회 탈피할 때까지
• 2령충 : 1회 탈피를 마친 것
• 3령충 : 2회 탈피를 마친 것
• 4령충 : 3회 탈피를 마치고 번데기가 될 때까지

057

완전변태를 하는 목(目)은?

① 메뚜기목　　　　　② 나비목
③ 총채벌레목　　　　④ 노린재목

해설

곤충의 변태

- 완전변태 : 딱정벌레목, 부채벌레목, 풀잠자리목, 밑들이목, 벼룩목, 파리목, 날도래목, 나비목, 벌목
- 불완전변태 : 귀뚜라미붙이목, 민벌레목, 흰개미목, 사마귀목, 바퀴목, 흰개미붙이목, 강도래목, 집게벌레목, 대벌레목, 메뚜기목, 매미목, 노린재목, 총채벌레목, 다듬이벌레목, 이목, 새털이목

058

다음 중 완전변태를 하지 않는 것은?

① 솔수염하늘소
② 버들잎벌레
③ 진달래방패벌레
④ 복숭아명나방

해설

곤충의 변태

- 완전변태 : 딱정벌레목(솔수염하늘소, 버들잎벌레), 부채벌레목, 풀잠자리목, 밑들이목, 벼룩목, 파리목, 날도래목, 나비목(복숭아명나방), 벌목
- 불완전변태 : 귀뚜라미붙이목, 민벌레목, 흰개미목, 사마귀목, 바퀴목, 흰개미붙이목, 강도래목, 집게벌레목, 대벌레목, 메뚜기목, 매미목, 노린재목(진달래방패벌레), 총채벌레목, 다듬이벌레목, 이목, 새털이목

059

나비목에서 주로 볼 수 있으며 더듬이, 다리, 날개 등이 몸에 꼭 붙어있는 번데기의 형태는?

① 피용　　　　　② 나용
③ 위용　　　　　④ 전용

해설

번데기의 형태

- 피용 : 나비목에서 볼 수 있으며 날개, 다리, 촉각 등이 몸에 밀착 고정되어 있다.
- 나용 : 벌목, 딱정벌레목에서 볼 수 있으며 날개, 다리, 촉각 등이 몸의 겉에서 분리되어 있다.
- 위용 : 파리목의 번데기로 유충이 번데기가 된 후 피부가 경화되고 그 속에 나용이 형성된 형태이다.
- 대용 : 호랑나비, 배추흰나비 등의 번데기로 1줄의 실로 가슴을 띠 모양으로 다른 물건에 매어 두는 형태이다.
- 수용 : 네발나비과의 번데기로 배 끝이 딴 물건에 붙어 거꾸로 매달려 있다.

060

후배자 발육에 있어 날개가 없는 원시적인 곤충들에서 볼 수 있고 탈피만 일어나는 변태는?

① 완전변태　　　　② 불완전변태
③ 과변태　　　　　④ 무변태

해설

변태의 종류

- 완전변태 : 알 → 유충 → 번데기 → 성충
- 불완전변태 : 번데기 시기를 거치지 않는 변태를 말한다.
  - 반변태 : 알 → 약충 → 성충
  - 점변태 : 알 → 약충 → 성충
  - 증절변태 : 알 → 약충 → 성충
  - 무변태 : 자라면서 형태적으로 거의 변화가 없고 탈피만 일어난다.
- 과변태 : 알 → 약충 → 의용 → 용 → 성충

061

다음 중 무시류에 속하는 곤충목은?

① 파리목   ② 돌좀목

③ 사마귀목   ④ 집게벌레목

해설

무시류(무시아강, 무변태)
• 내구류 : 톡토기목, 낫발이목, 좀붙이목
• 외구류 : 돌좀목, 좀목, 모누라목

062

곤충의 특징이 아닌 것은?

① 머리에는 한 쌍의 촉각과 여러 모양으로 변형된 입
　 틀(구기)을 가지고 있다.
② 폐쇄 혈관계를 가지고 있다.
③ 호흡은 잘 발달된 기관계를 통해서 이루어진다.
④ 외골격으로 이루어져 있다.

해설

곤충의 일반적인 특징
• 몸은 머리, 가슴, 배의 3부분으로, 대개 좌우 대칭이다.
• 머리에 1쌍의 더듬이와 보통 2개의 겹눈, 입틀이 있다.
• 가슴은 2쌍의 날개와 3쌍의 다리를 가지며, 다리는 5마디이다.
• 배는 보통 11절로 구성된다.
• 호흡계는 아가미, 기관 또는 기문을 통해 호흡한다.
• 혈관계는 개방혈관계이다.
• 외골격으로 이루어져 있고, 내부에는 외골격에 근육이 부착된다.
• 소화기관은 전장, 중장, 후장으로 이루어졌다.
• 대부분 암수가 분리되어 있다(자웅이체).

063

곤충의 소화기관으로 음식물을 분해한 후 흡수하는 부분은?

① 전장   ② 중장

③ 후장   ④ 말피기관

해설

곤충의 소화기관
• 전장 : 먹이의 여과와 저장
• 중장 : 소화와 흡수
• 후장 : 배설과 체내 무기염과 물의 농도 조절

064

다음 중 기주특이적 독소와 이를 분비하는 병원균의 연결이 옳지 않은 것은?

① victorin : 벼 키다리병균

② T-독소 : 옥수수 깨씨무늬병균

③ AK-독소 : 배나무 검은무늬병균

④ AM-독소 : 사과나무 점무늬낙엽병균

해설

기주특이적 독소 : 기주식물에만 독성을 일으키며 병원성이 있는 균주만이 분비
• victorin : 귀리 마름병균의 독소
• AK-독소 중 alterine : 배나무 검은무늬병균
• T-독소 : 옥수수 깨씨무늬병균
• HC 독소 : 옥수수 그을음무늬병균
• PC 독소 : 수수 milo병균
• AM-독소 : 사과나무 점무늬낙엽병균
• AL 독소 : 토마토 줄기마름병균

065

다음 중 토양 속에서 활동하며 주로 식물체의 뿌리를 침해하여 혹을 만들거나 토양전염성 병원체와 협력하여 식물병을 일으키는 것은?

① 지렁이   ② 멸구

③ 선충   ④ 거미

066

비기생성 선충과 비교할 때 기생성 선충만 가지고 있는 것은?

① 근육　　　　　　② 신경
③ 구침　　　　　　④ 소화기관

해설

식물기생성 선충은 머리 부분에 주사침 모양의 구침(口針)을 가지고 있으며 근육에 의해 이 구침이 앞뒤로 움직이면서 식물의 조직을 뚫고 들어가 즙액을 빨아 먹는다. 그러나 자유생활을 하는 비기생성 선충에는 구침이 없다.

067

곤충의 순환계에 대한 설명으로 옳지 않은 것은?

① 온몸에 혈관이 있다.
② 혈액이 세포와 직접 닿는 것은 아니다.
③ 사람처럼 혈관을 따라 혈액이 흐르지 않는다.
④ 체강 내 체액과 함께 섞여 순환하는 개방순환계이다.

해설

곤충의 순환계
• 체강 내 체액과 함께 섞여 순환하는 개방순환계이다.
• 혈액은 혈장과 혈구세포로 구성되어 있다.
• 사람처럼 혈관을 따라 혈액이 흐르지 않는다.
• 혈액이 세포와 직접 닿는 것은 아니다.
• 혈액의 적절한 순환을 돕기 위해 펌프할 수 있는 구조로 되어 있다.

068

곤충의 가슴에 대한 설명으로 옳지 않은 것은?

① 두 쌍의 날개가 있는 경우, 앞가슴과 가운데가슴에 각각 한 쌍씩 있다.
② 앞가슴, 가운데가슴, 뒷가슴의 세부분으로 구성된다.
③ 파리목 곤충은 뒷날개가 퇴화되어 있다.
④ 각 마디마다 한 쌍씩의 다리가 있다.

해설

① 유시곤충의 날개는 대개 2쌍이며, 통상적으로 앞날개는 가운데가슴에, 뒷날개는 뒷가슴에 달려있다. 퇴화되어 한 쌍만 있는 것도 있다.

069

곤충의 신경 중 전대뇌에 연결되어 있는 것은?

① 전위　　　　　　② 시신경
③ 더듬이　　　　　④ 윗입술 신경

해설

곤충의 뇌(3쌍의 신경절)
• 전대뇌 : 가장 크고 복잡하고 시감각과 연관되어 있으며 중추신경계의 중심이다.
• 중대뇌 : 더듬이로부터 감각 및 운동 촉색을 받고 있는 촉각엽을 가지고 있다.
• 후대뇌 : 이마 신경절을 통해 뇌와 위장 신경계를 연결시킨다. 윗입술에서 나온 신경을 받고 있다.

070

곤충의 배설태인 요산을 합성하는 장소는?

① 지방체　　　　　② 알라타체
③ 편도세포　　　　④ 앞가슴샘

해설

① 지방체는 곤충의 배설작용을 돕는 일을 하는 조직이다.

071

다음 중 일반적으로 곤충의 암컷 생식기관이 아닌 것은?

① 수정관 ② 저정낭
③ 여포 ④ 수란관

해설

곤충의 생식기관

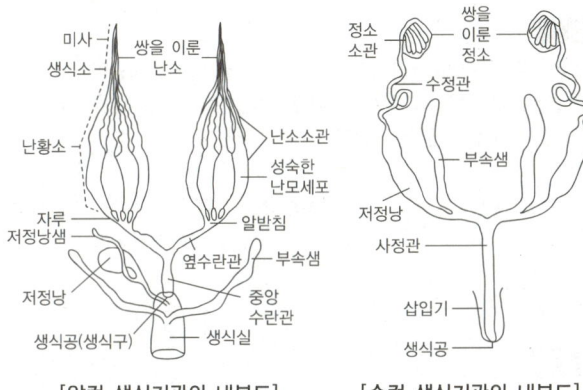

[암컷 생식기관의 내부도] [수컷 생식기관의 내부도]

072

곤충의 피부를 구성하는 부분이 아닌 것은?

① 큐티클 ② 기저막
③ 융기 ④ 표피세포

해설

곤충은 외골격이라는 단단한 피부로 쌓여 있으며 가장 바깥쪽 부분부터 표피, 진피, 기저막으로 구성되어 있다.

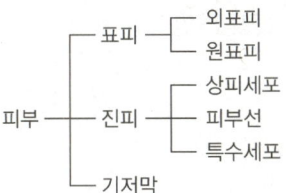

073

다음은 곤충의 탈피와 큐티클 형성과정을 나타낸 것이다. ( )에 알맞은 용어를 순서대로 나열한 것은?

> 표피세포 변화 → ( ) → 표피층의 분비 → ( ) → 기존 큐티클의 소화된 잔여물 흡수 → 새로운 원큐티클의 분비 개시 → 새로운 큐티클의 탈피 및 팽창 → ( ) → 왁스분비 개시

① 탈피액 분비, 경화, 탈피액 활성화
② 탈피액 분비, 탈피액 활성화, 경화
③ 경화, 탈피액 활성화, 탈피액 분비
④ 탈피액 활성화, 탈피액 분비, 경화

해설

곤충의 탈피와 큐티클 형성과정

표피세포 변화 → 탈피액 분비 → 표피층의 분비 → 탈피액 활성화 → 기존 큐티클의 소화된 잔여물 흡수 → 새로운 원큐티클의 분비 개시 → 새로운 큐티클의 탈피 및 팽창 → 경화 → 왁스분비 개시

074

벼잎벌레에 대한 설명으로 옳은 것은?

① 식엽성 해충이다.
② 유충만 가해한다.
③ 번데기로 월동한다.
④ 1년에 3회 발생한다.

해설

벼잎벌레

• 식엽성 해충으로 연 1회 발생한다.
• 성충과 유충이 모두 벼의 잎을 가해하는데 성충보다 유충의 섭식량이 많다.
• 5~6월 성충으로 월동하며 6~7월에 알을 모아 산란하고, 유충은 땅위나 땅속에서 백색고치를 만든다.
• 약제에 대한 감수성이 높아 단 한 번의 약제 처리만으로도 충분한 효과를 얻을 수 있다.

075

다음 설명에 해당하는 해충은?

- 성충은 잎의 엽육을 갉아먹어 벼 잎에 가는 흰색 선이 나타나며, 특히 어린 모에서 피해가 심하다.
- 유충은 뿌리를 갉아먹어 뿌리가 끊어지게 하고 피해를 받은 포기는 키가 크지 못하고 분얼이 되지 않는다.

① 벼밤나방　　　　　　② 벼혹나방
③ 벼물바구미　　　　　　④ 끝동매미충

> **해설**

벼 해충

해충명	가해 형태	특징
멸강나방	식엽성	비래해충, 유충이 잎을 폭식하는 다식성 해충
혹명나방	권엽성	유충이 벼 잎을 한 개씩 세로로 말고 그 속에서 엽육을 식해
이화명나방	줄기	연 2회 발생, 제2회 발생기 벼는 백수현상이 나타남
벼멸구	흡즙성, 바이러스 매개	노린재목 매미아목 멸구과, 우리나라에서는 월동이 어려운 비래해충, 약충·성충 모두 벼 포기의 아랫부분에 서식함
흰등멸구	흡즙성	연 수회 발생, 성충과 약충이 모두 벼 아랫부분을 흡즙
애멸구	흡즙성, 바이러스 매개	연 5회 발생, 벼 줄무늬잎마름병, 벼 검은줄오갈병, 보리 북지모자이크병 등의 매개
벼잎벌레	식엽성	연 1회 발생, 저온성 해충
벼물바구미	잎(성충), 뿌리(유충)	연 1회 발생, 성충으로 월동, 성충은 잎을 가해하고 유충은 뿌리를 가해, 어린 모에서 피해가 심함
벼줄기굴파리	잠엽성	연 3회 발생, 유충의 형태로 월동
벼잎굴파리	잠엽성	연 7~8회 발생, 번데기로 월동, 유충이 늘어진 잎에 기생하여 굴을 파고 가해
끝동매미충	흡즙성, 바이러스 매개	연 4~5회 발생, 그을음병 유발, 오갈병의 매개

076

유충기에 땅속에서 수목 뿌리나 부식물을 먹고 자라며, 성충이 되어 지상에 나와 밤나무 잎이나 농작물 새싹을 가해하는 해충은?

① 응애류　　　　　　② 매미류
③ 하늘소류　　　　　　④ 풍뎅이류

> **해설**

나방의 유충은 대부분이 실을 토해서 고치를 만들고, 풍뎅이류의 유충은 흙 속에서 흙을 다져서 고치를 만들며, 쐐기는 석회질을 분비하여 단단한 고치를 만들기도 한다.

077

주로 작물의 즙액을 빨아먹어 피해를 입히는 해충은?

① 풍뎅이류　　　　　　② 하늘소류
③ 혹파리류　　　　　　④ 방패벌레류

> **해설**

① 풍뎅이류 : 식엽성
② 하늘소류 : 천공성
③ 혹파리류 : 충영(벌레혹)성
※ 충영 : 곤충의 섭식에 의해 식물조직이 부풀어 오른 것

078

유충(또는 약충)과 성충이 모두 식물의 즙액을 빨아 먹어 피해를 주는 해충은?

① 멸구류　　　　　　② 나방류
③ 하늘소류　　　　　　④ 좀벌레류

> **해설**

① 멸구류 : 흡즙성
② 나방류 : 식엽성
③·④ 하늘소류, 좀벌레류 : 천공성

079

1월 평균기온이 12℃ 이상인 경우에만 월동이 가능하여 우리나라에서 월동하기 어려운 비래해충은?

① 애멸구 ② 벼멸구
③ 끝동매미충 ④ 이화명나방

해설

벼멸구는 남서해안이 주비래지역으로 내한성이 약하여 우리나라에서는 월동하기 어렵다.

※ 비래해충 : 월동을 하지 못하고 바람을 타고 유입되는 해충 예 벼멸구, 흰등멸구, 혹명나방

080

애멸구가 매개하는 벼의 병은?

① 줄무늬잎마름병, 검은줄무늬오갈병
② 오갈병, 줄무늬잎마름병
③ 도열병, 오갈병
④ 흰잎마름병, 도열병

해설

애멸구는 국내에서 벼에 줄무늬잎마름병, 검은줄오갈병, 옥수수에 검은줄오갈병, 보리에 북지모자이크병을 매개한다.

081

벌레혹(충영)을 만드는 해충으로 옳지 않은 것은?

① 솔잎혹파리 ② 밤나무혹벌
③ 아까시잎혹파리 ④ 복숭아혹진딧물

해설

④ 복숭아혹진딧물 : 흡즙성
①·②·③ 솔잎혹파리, 밤나무혹벌, 아까시잎혹파리 : 충영형성

082

복숭아혹진딧물에 대한 설명으로 옳지 않은 것은?

① 유충으로 월동한다.
② 무시충과 유시충이 있다.
③ 식물 바이러스병을 매개한다.
④ 천적으로는 꽃등에류, 풀잠자리류, 기생벌류 등이 있다.

해설

복숭아혹진딧물

• 흡즙성 해충으로 무시충과 유시충이 있다.
• 알로 월동하며 식물 바이러스를 매개한다.
• 가을철에는 양성생식으로 수정란을 낳고, 여름과 봄에는 단위생식을 한다.
• 천적으로는 꽃등에류, 풀잠자리류, 기생벌류 등이 있다.

083

활엽과수에서 문제가 되는 사과응애에 대한 설명으로 틀린 것은?

① 흡즙성 해충이다.
② 약충으로 월동한다.
③ 1년에 7~8회 발생한다.
④ 실을 토하며 바람에 날려 이동한다.

해설

② 알의 형태로 월동한다.

084

이화명나방에 대한 설명으로 옳은 것은?

① 연 1회 발생한다.

② 수십 개의 알을 따로따로 하나씩 낳는다.

③ 주로 볏짚 속에서 성충 형태로 월동한다.

④ 유충은 잎집을 가해한 후 줄기 속으로 먹어 들어간다.

해설

이화명나방

• 벼를 가해하는 해충으로 연 2회 발생한다.

• 주로 볏짚 속에서 애벌레 상태로 월동한다.

• 부화한 유충이 벼의 잎집을 파고 들어간다.

• 제2회 발생기에 피해를 받은 벼는 백수현상이 나타난다.

085

다음 설명에 해당되는 해충은?

> 성충은 보편적으로 암갈색 또는 황갈색이며, 앞날개는 회백색이고 검은 점무늬가 한 개 있다. 주로 사과, 배 등의 인과류와 핵과류의 과실 내부를 가해하며 노숙유충이 뚫고 나온 자리는 송곳으로 뚫은 듯이 보이고, 배설물을 배출하지 않는다.

① 사과무늬잎말이나방

② 미국흰불나방

③ 거세미나방

④ 복숭아심식나방

해설

복숭아심식나방

• 일반적으로 연 2회 발생한다.

• 노숙유충이 되면 땅속으로 들어가 고치를 만들고 월동하며 이른 봄에 번데기가 된다.

• 유충은 과실 내부에 침입하여 식해한다.

• 성충의 경우 앞날개가 회백색이다.

086

성충의 몸이 전체 흰색을 나타내며, 침 모양의 주둥이를 이용하여 기주를 흡즙하여 가해하는 해충은?

① 무잎벌   ② 온실가루이

③ 고자리파리   ④ 복숭아혹진딧물

해설

온실가루이

시설원예의 대표적인 해충으로 성충의 체 표면이 전체 흰색을 나타내며, 침 모양의 주둥이를 이용하여 흡즙하는 해충이다.

087

주로 땅속에서 작물의 뿌리를 가해하는 해충은?

① 도둑나방   ② 조명나방

③ 방아벌레   ④ 화랑곡나방

해설

저작성 해충의 종류

• 잎과 잎줄기 : 배추흰나방, 솔나방 등

• 생장점 : 배추순나방 등

• 줄기 : 이화명나방, 하늘소, 나무좀류 등

• 열매 : 심식나방, 밤나방, 밤바구미 등

• 뿌리 : 벼물바구미(유충), 거세미나방, 방아벌레, 고자리파리 등

088

주로 저장 곡식에 피해를 주는 해충은?

① 화랑곡나방

② 온실가루이

③ 꽃노랑총채벌레

④ 아메리카잎굴파리

해설

화랑곡나방

저장 중인 곡물이나 마른 잎 그리고 줄기를 가해하며, 건조한 식물질(植物質)에 기생할 수 있다.

089

솔잎혹파리의 월동태로 가장 적당한 것은?

① 알   ② 유충

③ 번데기   ④ 성충

해설

솔잎혹파리의 유충은 솔잎기부 혹 속에서 월동한다.

※ 유충으로 월동하는 해충 : 벼줄기굴파리, 조명나방, 거세미나방, 사과잎말이나방, 사과하늘소, 복숭아순나방, 복숭아명나방, 솔잎혹파리, 밤나무혹벌 등

090

식물병의 제1차 전염원 소재로 가장 거리가 먼 것은?

① 토양

② 잡초

③ 화분(꽃가루)

④ 병든 식물의 잔재물

해설

식물병의 1차 전염원 : 병든 식물의 잔재물, 종자와 괴경, 구근, 토양, 잡초 및 곤충(매개충)

091

다알리아, 튤립, 글라디올러스 등에 발생하는 바이러스병의 가장 중요한 1차 전염원은?

① 상토   ② 곤충

③ 양액   ④ 구근

해설

우리나라 화훼류 구근의 번식상 바이러스 감염이 가장 큰 문제이다.

092

다음 중 주로 온실에서 재배하는 토마토에 바이러스병을 매개하는 해충으로 가장 피해를 많이 주는 것은?

① 담배가루이   ② 목화진딧물

③ 갈색여치   ④ 외줄면충

해설

담배가루이

• 외래해충으로 배설물에 의해 그을음병이 유발되기도 하며, 바이러스병을 매개한다.

• 약충과 성충이 기주식물의 잎 뒷면에서 흡즙한다.

• 노지에서는 3~4회, 시설에서는 연 10회 이상 발생한다.

093

병이 반복하여 발생하는 과정 중 잠복기에 해당하는 기간은?

① 침입한 병원균이 기주에 감염되는 기간

② 전염원에서 병원균이 기주에 침입하는 기간

③ 병징이 나타나고 병원균이 생활하다 죽는 기간

④ 기주에 감염된 병원균이 병징이 나타나게 할 때까지의 기간

해설

잠복기 : 어떤 병원체가 식물체 내에 침입되어 병징이 나타나기까지의 기간

094

병원체의 주요 전염원의 잠복처로 가장 거리가 먼 것은?

① 식물의 잔사물　　② 농기구
③ 곤충　　　　　　 ④ 종자

해설

전염원의 잠복처
• 전년도 병든 식물의 잔사(찌꺼기)
• 휴면상태의 나뭇가지
• 병든 종자와 괴경 및 구근
• 토양
• 잡초 및 기타 식물
• 곤충

095

같은 작물을 동일한 포장에 계속 재배하였을 때 나타나는 연작장해 현상과 가장 관련이 깊은 병해는?

① 공기전염성 병해
② 종자전염성 병해
③ 토양전염성 병해
④ 충매전염성 병해

해설

작물이 연속적으로 재배될 경우에는 토양전염성 병원균을 비롯한 여러 가지 병해충이 축적될 뿐 아니라 발병이 늘어나게 된다.

096

벼 오갈병을 매개하는 가장 중요한 수단은?

① 곤충　　　　　　 ② 인축
③ 진균　　　　　　 ④ 세균

해설

바이러스병인 오갈병의 매개 : 끝동매미충, 번개매미충

097

프루텔고치벌이 기생하는 기주곤충은?

① 파밤나방　　　　 ② 담배나방
③ 배추좀나방　　　 ④ 담배거세미나방

해설

프루텔고치벌(*Cotesia plutellae*)은 배추좀나방의 유충을 주요 기주로 하는 내부기생성 고치벌이다.

098

다음 식물병 중 원인이 되는 병원체가 곤충에 의해 전반되는 것은?

① 벼 줄무늬잎마름병
② 밀 줄기녹병
③ 보리 줄무늬모자이크바이러스병
④ 벼 잎집무늬마름병

해설

① 벼 줄무늬잎마름병 : 애멸구
② 밀 줄기녹병 : 바람, 공기
③ 보리 줄무늬모자이크바이러스병 : 종자
④ 벼 잎집무늬마름병 : 물

099

다음 설명에 해당하는 식물병은?

> 병든 것으로 의심되는 토마토의 줄기를 잘라 물 속에 넣었더
> 니 우유빛 즙액이 선명하게 흘러 나왔다.

① 돌림병　　　　　② 오갈병
③ 시들음병　　　　④ 풋마름병

해설

점액물질에 의한 세균병의 간이 진단

세균병을 진단하는 방법으로 병에 걸린 식물의 단면을 잘라서 점액의
누출 여부로 토마토나 고추의 풋마름병 등을 진단할 수 있다.

100

다음 중 해충의 방제 여부를 결정할 수 있는 방법이 아닌
것은?

① 이항축차조사법　② 이항조사법
③ 축차조사법　　　④ 산란모형조사법

해설

방제 여부 의사결정기술

• 축차조사법
• 이항조사법과 이항축차조사법

101

일반적으로 벼 키다리병 방제를 위한 온탕침법의 가장 적
당한 온도와 시간은?

① 70~75℃, 25분　　② 60~65℃, 15분
③ 50~55℃, 5분　　　④ 40~45℃, 15분

해설

벼 키다리병 방제를 위한 온탕침법

60℃ 물에 10분 정도 담근 뒤 바로 냉수에 10분 이상 담가두면 약제
소독과 비슷한 효과를 낸다.

102

종자를 냉수온탕침법에 의해 처리함으로써 방제가 가능
한 병은?

① 맥류 속깜부기병
② 맥류 겉깜부기병
③ 맥류 줄기녹병
④ 옥수수 깜부기병

해설

물리적 소독

• 냉수온탕침법 : 맥류 겉깜부기병, 선충심고병(벼)
• 온탕침법 : 맥류 겉깜부기병, 검은무늬병(고구마)
• 건열처리
• 기피제 처리

103

병원균에 침해받은 부위가 비정상적으로 커지는 병은?

① 고구마 무름병
② 배추・무 사마귀병
③ 오이 덩굴쪼김병
④ 사과나무 점무늬병

해설

사마귀병

배추, 무, 양배추와 같은 십자화과 채소의 뿌리에 크고 작은 여러 개의
혹이 생기고 잎이 작아지면서 점점 시들어 죽게 되는 병으로 뿌리혹병
이라고도 한다.

104

배추·무 사마귀병균에 대한 설명으로 옳은 것은?

① 산성토양에서 많이 발생한다.

② 주로 건조한 토양에서 발생한다.

③ 전형적인 병징은 주로 꽃에서 발생한다.

④ 병원균을 인공배양하여 감염여부를 알 수 있다.

배추·무 사마귀병

• 토양전염성 병해로 근류균에 의해 발병한다.
• 연작, 토양의 산성화(pH 6.0 이하), 과습(80% 이상)에 의해 많이 발생한다.
• 뿌리의 세포가 비정상적으로 커지고 혹이 만들어진다.

105

뿌리혹선충 유무를 알기 위한 지표식물로 적절하지 못한 것은?

① 콩   ② 담배

③ 감자   ④ 토마토

뿌리혹선충 지표식물 : 토마토, 콩, 감자, 오이, 참외, 호박, 상추 등

106

배추의 사마귀병을 방제하는 방법으로 적당하지 않은 것은?

① 토양소독   ② 저항성 품종 재배

③ 양배추로의 윤작   ④ 토양산도의 교정

배추·무 사마귀병의 방제 방법

• 저항성 품종을 이용한다.
• 배추과 이외의 작물로 돌려짓기한다.
• 석회를 시용하여 pH 7.2 이상으로 교정한다.
• 토양이 과습하지 않도록 주의한다.
• 토양을 소독하고 약제 방제한다.

107

상처가 아물도록 처리하여 저장할 경우 방제효과가 가장 큰 병은?

① 사과 탄저병

② 고추 탄저병

③ 사과 겹무늬썩음병

④ 고구마 검은무늬병

수확 후에 큐어링 처리를 하면 고구마 검은무늬병의 예방에는 효과적이나 검은무늬병에 걸린 고구마의 치료효과는 없다.

108

작물에 대한 잡초의 피해 요인이 아닌 것은?

① 작물에 기생하여 직접적으로 영양분을 탈취한다.

② 작물이 필요한 영양분과 생육환경에 경쟁한다.

③ 작물에 발생하는 병해충의 중간기주로 작용한다.

④ 작물이 생육하는 데 중요한 토양습도를 상승시킨다.

잡초의 장단점

장점	• 토양침식의 방지 • 잡초의 자원식물화(사료작물, 구황식물, 약료식물 등) • 내성식물 육성을 위한 유전자원 • 토양 물리 환경 개선
단점	• 작물의 수량 감소 • 병·곤충의 서식처 역할 • 농작물의 품질 저하 • 농작업의 방해 • 관개수로 및 운하 등의 물 이용 저하 • 인축에 유해

109

잡초로 인한 피해의 형태가 아닌 것은?

① 작물의 수확량 감소

② 경지의 이용 효율 감소

③ 조류(鳥類)에 의한 피해 증가

④ 해충과 병의 방제에 드는 비용 증대

해설

잡초로 인한 피해

농경지	• 경합해 : 수량과 품질의 저하(작물과 축산물) • allelopathy(상호대립억제작용, 타감작용) : 식물의 생체 및 고사체의 추출물이 다른 식물의 발아와 생육에 영향 • 기생 : 실모양의 흡기조직으로 기주식물의 줄기나 뿌리에 침입 • 병충해의 매개 : 병균과 해충의 중간기주 및 전파 용이 • 농작업 환경의 악화 : 농작물의 관리와 수확이 불편하고 경지의 이용 효율 감소 • 사료에의 잡초해 : 도꼬마리, 고사리(알칼로이드 중독) • 침입 및 부착해 : 품질손상, 작업방해, 잡초전파 등
기타지역 / 물 관리	• 급수 및 관·배수의 방해 • 유속 감소와 지하 침투로 물 손실의 증가 • 용존산소 농도의 감소, 수온의 저하 등
기타지역 / 조경 관리	정원, 운동장, 관광지, 잔디밭 등
기타지역 / 도로나 시설지역	도로, 산업에서 군사시설 등

110

각종 피해 원인에 대한 작물의 피해를 직접피해, 간접피해 및 후속피해로 분류할 때 간접적인 피해에 해당하는 것은?

① 수확물의 질적 저하

② 수확물의 양적 감소

③ 수확물 분류, 건조 및 가공비용 증가

④ 2차적 병원체에 대한 식물의 감수성 증가

해설

작물피해의 종류

• 직접피해 : 수확물의 질적 저하, 양적 감소
• 간접피해 : 수확물 분류, 건조 및 가공비용 증가
• 후속피해 : 2차적 병원체에 대한 식물의 감수성 증가

111

잡초의 유용성에 대한 설명 중 맞지 않는 것은?

① 토양침식의 방지

② 잡초의 자원화

③ 토양물리환경의 개선

④ 농작물의 품질 향상

해설

잡초의 유용성

• 지면을 덮어서 토양침식을 막아줌
• 토양에 유기물 제공 : 토양물리환경의 개선
• 야생동물, 곤충, 조류 및 미생물의 먹이와 서식처로 이용
• 같은 종속의 작물에 유전자은행으로 이용 : 병해충의 저항성 작물 육성
• 구황식물로 이용
• 무공해 채소 : 달래, 냉이, 쑥, 취 등
• 공해 제거 능력 : 물옥잠, 부레옥잠 등
• 약료, 염료, 향료, 향신료 등의 원료 : 반하, 쪽, 꼭두서니, 쑥 등
• 미적인 즐거움
• 조경식물 : 벌개미취, 미국쑥부쟁이, 술패랭이꽃 등
• 대부분 가축의 사료로 이용됨

112

잡초의 생장형에 따른 분류에 있어 생장형과 잡초 종류가 올바르게 연결된 것은?

① 포복형 – 메꽃, 환삼덩굴
② 직립형 – 명아주, 뚝새풀
③ 로제트형 – 민들레, 질경이
④ 분지형 – 광대나물, 가막사리

해설

생장형에 따른 잡초의 분류
• 직립형 : 명아주, 가막사리, 쑥부쟁이
• 분지형 : 광대나물, 애기땅빈대, 석류풀
• 총생형 : 억새, 뚝새풀
• 만경형 : 거지덩굴, 메꽃, 환삼덩굴
• 포복형 : 선피막이, 미나리, 병풀
• 로제트형 : 민들레, 질경이
• 위로제트형 : 개망초
• 위로제트 + 포복형 : 꽃마리, 꽃바지
• 로제트 + 포복형 : 좀씀바귀
• 분지경 + 포복형 : 올미

113

잡초의 발생 시기에 따른 분류로 옳은 것은?

① 봄형 잡초
② 2년형 잡초
③ 여름형 잡초
④ 가을형 잡초

해설

잡초의 분류
• 식물학적 분류 : 쌍떡잎식물, 외떡잎식물
• 생활형에 따른 분류 : 1년생, 월년생, 다년생
• 형태적 특성에 따른 분류 : 화본과, 방동사니과, 광엽잡초
• 발생 시기에 따른 분류 : 여름형, 겨울형
• 발생지에 따른 분류 : 논잡초, 밭잡초, 과수원잡초 등
• 생장형에 따른 분류 : 직립형, 분지형, 총생형, 만경형, 포복형, 로제트형 등

114

겨울형 잡초에 해당하는 것은?

① 냉이
② 바랭이
③ 명아주
④ 강아지풀

해설

발생시기에 따른 잡초의 분류
• 여름잡초 : 바랭이, 여뀌, 명아주, 피, 강아지풀, 방동사니, 비름, 쇠비름, 미국개기장
• 겨울잡초 : 뚝새풀, 속속이풀, 냉이, 벼룩나물, 벼룩이자리, 점나도나물, 개양개비

115

잡초의 분류에 있어서 생활형에 따른 분류는?

① 일년생, 월년생, 다년생
② 여름형, 겨울형
③ 수생, 습생, 건생
④ 화본과, 방동사니과, 광엽류

해설

생활형에 따른 잡초의 분류
• 1년생 : 1년 이내에 한 세대의 생활사를 끝마치는 식물
• 월년생 : 1년 이상 생존하지만 2년 이상 생존하지 못함
• 다년생 : 2년 이상 또는 무한정 생존 가능한 식물

116

밭에서 문제가 되고 있는 광발아 잡초는?

① 바랭이
② 냉이
③ 광대나물
④ 별꽃

해설

광 조건에 따른 잡초의 분류
• 광발아 잡초 : 메귀리, 바랭이, 향부자, 개비름, 쇠비름, 소리쟁이, 참방동사니, 강피
• 암발아 잡초 : 별꽃, 냉이, 광대나물, 독말풀 등

117

주로 괴경으로 번식하는 잡초로만 나열된 것은?

① 메꽃, 사마귀풀

② 엉겅퀴, 물달개비

③ 향부자, 올방개

④ 물달개비, 알방동사니

해설

괴경 : 올방개, 매자기, 벗풀, 향부자, 너도방동사니, 올미 등

118

화본과에 속하는 잡초로만 올바르게 나열한 것은?

① 강피, 올방개

② 메귀리, 나도겨풀

③ 마디꽃, 참방동사니

④ 밭뚝외풀

해설

생활형에 따른 잡초의 분류

구분		논	밭
1년생	화본과	강피, 물피, 돌피, 뚝새풀	강아지풀, 개기장, 바랭이, 피, 메귀리
	방동사니과	알방동사니, 참방동사니, 바람하늘지기, 바늘골	바람하늘지기, 참방동사니
	광엽잡초	물달개비, 물옥잠, 사마귀풀, 여뀌, 여뀌바늘, 마디꽃, 등애풀, 생이가래, 자귀풀, 중대가리풀	개비름, 까마중, 명아주, 쇠비름, 여뀌, 자귀풀, 환삼덩굴, 도꼬마리, 망초
다년생	화본과	나도겨풀	참새피, 띠
	방동사니과	너도방동사니, 매자기, 올방개, 쇠털골, 올챙이고랭이	향부자
	광엽잡초	가래, 벗풀, 올미, 개구리밥, 네가래, 수염가래꽃, 미나리	반하, 쇠뜨기, 쑥, 토끼풀, 메꽃

119

다음 중 명아주에 해당하는 것으로만 나열된 것은?

① 다년생, 화본과 잡초

② 2년생, 방동사니과 잡초

③ 1년생, 광엽잡초

④ 다년생, 방동사니과 잡초

해설

명아주

주로 밭에서 발생하는 1년생 광엽잡초로 3~4월 발생하여 4~6월이 최성기인 여름형 잡초이다.

120

밭잡초 중 일년생 잡초로만 나열된 것은?

① 쑥, 망초   ② 메꽃, 쇠비름

③ 쇠뜨기, 까마중   ④ 명아주, 바랭이

해설

밭잡초의 종류

구분	종류	
	1년생	다년생
화본과	강아지풀, 개기장, 바랭이, 피, 메귀리	참새피, 띠
방동사니과	바람하늘지기, 참방동사니	향부자
광엽잡초	개비름, 까마중, 명아주, 쇠비름, 여뀌, 자귀풀, 환삼덩굴, 도꼬마리, 망초	반하, 쇠뜨기, 쑥, 토끼풀, 메꽃

121

주로 밭에서 발생하는 잡초는?

① 가래, 마디꽃

② 반하, 쇠비름

③ 억새, 개구리밥

④ 올방개, 너도방동사니

122

직파를 하거나 이앙기를 앞당길수록 발생량이 현저하게 늘어나는 다년생 논잡초는?

① 여뀌
② 뚝새풀
③ 자귀풀
④ 너도방동사니

해설

너도방동사니는 논에 발생하는 사초과 다년생 잡초로, 사질 누수 논이나 건답직파 논에서 많이 발생되고, 같은 논에서도 논둑 근처에 많이 발생한다.

123

잡초에 대한 설명으로 옳지 않은 것은?

① 번식력이 강하며 종자생산량이 많다.
② 생태학적 천이 과정이 극상에 이른 지역에서 많이 발생한다.
③ 생태계의 구성원으로서 각자 고유한 생태적 지위를 가지고 있다.
④ 한 지역에 발생하는 종의 수가 많아 다양한 유전적 특성을 지니고 있다.

해설

시간에 따른 군집 변화를 생태적 천이라 하며 극상은 이러한 생물상의 변화가 종극에서는 더이상 변화되지 않는 상태를 의미한다.

124

우리나라 논잡초의 군락형성에 있어서 다년생 잡초가 증가되는 가장 직접적인 요인은?

① 시비량의 증가 등에 의한 재배법의 변천
② 동일 제초제의 연용 처리에 의한 논잡초의 초종변화
③ 경운이나 정지법의 변화에 따른 추경 및 춘경의 감소
④ 조기이식 및 답리작의 감소, 조숙품종의 도입 등 재배 시기의 변동

해설

1년생 제초제를 연용하면 다년생 잡초가 우점하는 경향이 있다.

125

다년생 논잡초가 우점하는 군락형으로 천이가 일어나는 원인으로 가장 거리가 먼 것은?

① 손 제초 감소
② 잡초의 휴면성
③ 재배 시기 변동
④ 잡초 방제 방법 변화

해설

잡초 군락의 천이에 관여하는 요인
• 재배작물 및 작부체계의 변화 : 조숙품종의 도입, 재배 시기의 변동, 조기이식 및 답리작의 감소 등
• 경종 조건의 변화 : 경운, 정지법의 변화에 따른 추경 및 춘경의 감소 등
• 제초 방법의 변화 : 손 제초 및 기계적 잡초 방제의 감소, 선택성 제초제의 사용 증가, 제초 방법 개선 등

126

잡초 종자의 발아에 영향을 주는 주요 요소가 아닌 것은?

① 광
② 수분
③ 온도
④ 토양양분

해설

잡초 종자의 발아에 영향 주는 요소
물, 온도, 공기의 적당한 공급이 필요하며 광 조건이 맞아야 하고 휴면이 타파되어야 한다.

127

제초제 저항성 잡초의 출현에 대한 대책이 아닌 것은?

① 저항성 작물 개체군 개발
② 제초제 특성에 따른 순환적용
③ 효과가 탁월한 제초제의 반복 처리
④ 다양한 작물로의 윤작

해설

③ 계통이 다른 약제를 번갈아 사용해야 한다.

※ 저항성 잡초 발생 예방대책
 • 재배양식의 전환으로 제초제 선택의 폭을 넓힌다.
 • 동일 성분 제초제의 연용을 피한다.
 • 여러 잡초를 동시에 방제할 수 있는 혼합제보다 다양한 단제를 개발하고 필요한 약제를 선정하여 사용할 수 있도록 유도한다.
 • 제초제를 처리했음에도 불구하고 특정 잡초가 발생했을 때는 저항성 잡초로 간주하여 빠른 시일 내에(특히 종자가 맺기 전) 방제한다.

128

개체군에 대한 설명으로 옳은 것은?

① 개체군의 특성은 종의 특성과 일치한다.
② 개체군의 크기는 주로 개체군의 내재적 요인에 의해서 변동된다.
③ 개체군의 특성으로 유전적 구성, 연령 구성, 공간 분포 양식 등이 있다.
④ 개체군 변동에는 밀도 의존적 요인이 작용하지 않는다.

해설

① 개체군은 집단을 이루는 종의 크기나 환경조건 식성 등에 따라 각각 다른 특성을 갖는다.
② 개체군의 크기는 개체군의 내·외적 요인에 의해서 변동된다.
④ 개체군 변동에는 밀도 의존적 요인(출생률, 사망률, 이입률, 이출률)이 작용한다.

※ 개체군 크기의 조절영향인자
 • 내적요인 : 밀도에 대한 개체군 자체의 반응
  예 종내 경쟁, 이입과 이출
 • 외적요인 : 다른 군집 구성원과의 상호작용
  예 피식 및 포식, 기생충과 질병, 종간 경쟁 및 기타요인

129

잡초의 종자가 바람에 의하여 먼 거리까지 이동이 가능한 것은?

① 등대풀
② 바랭이
③ 민들레
④ 까마중

해설

잡초의 산포
 • 바람 : 민들레, 망초, 엉겅퀴, 박주가리
 • 물 : 소리쟁이, 벗풀
 • 동물
  – 털에 부착 : 가막사리, 도깨비바늘, 도꼬마리, 진득찰
  – 배설물이나 퇴구비의 이동 : 비름, 명아주
 • 사람 : 농기계, 농작업이나 농산물 유통(무역)

130

종자가 물에 떠서 운반되는 잡초는?

① 달개비
② 소리쟁이
③ 도꼬마리
④ 털진득찰

해설

소리쟁이나 벗풀과 같이 물에 의해 이동하는 부유형 종자들은 물에 잘 뜰 수 있도록 다공질의 날개인 부판이 있다.

131

우리나라 논의 대표적인 1년생 광엽잡초로서 주로 종자로 번식하는 것은?

① 벗풀
② 강피
③ 쇠털골
④ 물달개비

해설

① 벗풀 : 다년생 광엽잡초, 괴경번식
② 강피 : 1년생 화본과, 종자번식
③ 쇠털골 : 다년생 방동사니과, 근경번식

132

잡초의 생육 특성에 대한 설명으로 옳지 않은 것은?

① 잡초는 생육의 유연성이 크다.

② 대부분의 문제 잡초들은 C_4 식물이다.

③ 일반적으로 잡초는 종자 크기가 작아서 발아가 빠르다.

④ 일반적으로 잡초는 독립 생장은 늦지만 초기 생장은 빠른 편이다.

잡초의 생육과 번식
- 작물과의 경합력이 강하여 작물의 수량 감소를 초래한다.
- 잡초는 광합성 효율이 높은 C_4 식물이고, 주요 작물들은 C_3 식물이므로 고온·고광도·수분제한 조건에서 초기 생육에 큰 차이를 나타낸다.
- 종자를 많이 생산하고 종자의 크기가 작아 발아가 빠르다.
- 이유기가 빨라 독립생장을 통한 초기의 생장속도가 빠르다.
- 불량환경에 잘 적응하고 휴면을 통해 불량환경을 극복한다.
- 지하기관을 통한 영양번식과 종자번식 등 번식기관이 다양하고 번식력도 비교적 강하다.
- 잡초의 유연성 : 밀도의 변화에 대응하여 생체량을 유연하게 변동시키므로, 단위면적당 생장량은 거의 일정하다.

133

잡초와 작물과의 경합에서 잡초가 유리한 위치를 차지할 수 있는 특성으로 옳지 않은 것은?

① 잡초 종자는 일반적으로 크기가 작고 발아가 빠르다.

② 잡초는 작물에 비해 이유기가 빨리 와서 초기 생장 속도가 빠르다.

③ 대부분의 잡초는 C_3 식물로서 대부분이 C_4 식물인 작물에 비해 광합성 효율이 높다.

④ 대부분의 잡초는 생육 유연성을 갖고 있어 밀도 변화가 있더라도 생체량을 유연하게 변화시킨다.

③ 잡초는 광합성효율이 높은 C_4 식물이고 주요 작물들은 C_3 식물이므로 고온·고광도 및 수분 제한조건에서는 초기단계에서 생육에 큰 차이를 나타낸다.
- C_4 식물 : 사탕수수, 옥수수, 수수, 피, 왕바랭이 등
- C_3 식물 : 벼, 밀, 보리, 콩, 부레옥잠 등

134

잡초와 작물의 경쟁요인이 아닌 것은?

① 광선   ② 양분

③ 토양수분   ④ 토양산도

잡초와 작물의 경쟁요인 : 양분, 수분, 광, 상호대립억제작용

135

잡초에 대한 작물의 경합력을 높이는 방법은?

① 이식재배를 한다.

② 만생종을 재배한다.

③ 직파재배를 한다.

④ 재식밀도를 낮춘다.

잡초에 대한 작물의 경합력을 높이는 재배 방법
작물이 잡초와 경합하는 능력은 일반적으로
- 직파재배보다 이식재배가 좋다.
- 소식재배보다 밀식재배가 좋다.
- 박파재배보다 밀파재배가 좋다.
- 어린묘 이앙보다 기계이앙이 좋다.

136

잡초 방제는 작물별로 잡초경합 한계기간에 실시하는 것이 중요하다. 잡초경합 한계기간을 바르게 설명한 것은?

① 잡초와 경쟁하기 시작하는 초관형성기까지이다.
② 작물의 생식생장기부터 수확 시까지를 말한다.
③ 잡초와의 경쟁으로 작물의 피해가 비교적 적은 기간을 말한다.
④ 잡초와의 경합이 심한 시기로 초관형성기부터 생식생장기의 초기단계까지이다.

해설

잡초경합 한계기간
작물이 잡초와의 경합에 의해 생육 및 수량이 가장 크게 영향을 받는 기간으로, 작물이 초관을 형성한 이후부터 생식생장으로 전환하기 이전의 시기이다. 대체로 작물 전체 생육기간의 첫 1/3~1/2 기간 혹은 첫 1/4~1/3 기간에 해당된다.

137

각 작물에 있어서 수확량에 관계없는 잡초의 존재와 양을 가리키는 용어는?

① 잡초의 허용한계
② 잡초의 군락진단
③ 잡초의 진단기준
④ 잡초의 방제체계

138

잡초의 밀도가 증가하면 작물의 수량이 감소되는데, 어느 밀도 이상을 잡초가 존재하면 작물 수량이 현저하게 감소되는 수준까지의 밀도는?

① 잡초밀도
② 잡초경제한계밀도
③ 잡초허용한계밀도
④ 작물수량감소밀도

139

잡초로 인한 피해를 경감하기 위한 예방적 방제 방법으로 옳은 것은?

① 작물의 종자를 정선하여 관리한다.
② 가축의 분뇨가 발생하면 직접 경작지에 살포한다.
③ 작업이 완료된 농기구나 농기계는 별도 조치를 하지 않고 즉시 보관한다.
④ 관개수로의 잡초종자가 흐르게 하여 자연적으로 경작지 외부로 방출되도록 한다.

해설

② 가축의 분뇨와 기비를 완전히 부식시켜 이용한다.
③ 파종, 경운, 수확, 종자 조제 등에 사용한 농기기를 청결하게 유지한다.
④ 수생잡초, 부유잡초 및 잡초종자의 유입을 방지하기 위해 거름망을 설치한다.

140

잡초의 생태적 방제 방법 중 경합특성 이용법에 해당되지 않은 것은?

① 관배수 조절
② 재식밀도 조절
③ 육묘이식 재배
④ 품종 및 종자 선정

해설

생태적 잡초 방제 방법
• 경합특성 이용법 : 작부체계(답전윤환, 답리작, 윤작), 육묘이식, 재식밀도, 작목, 품종 및 종자선정, 재파종, 대파, 피복작물 이용 등
• 환경제어법
  – 작물에게는 유리한 환경, 잡초에게는 불리한 환경을 조성
  – 시비 관리, 토양산도, 관배수 조절, 제한 경운법, 특정설비 이용

141

생태적 잡초 방제 방법에 해당하는 것은?

① 피복작물을 이용하는 방법

② 열을 이용하여 소각, 소토하는 방법

③ 새로운 잡초중의 침입과 오염을 막는 방법

④ 곤충, 가축, 미생물 등의 생물을 이용하는 방법

해설

생태적 잡초 방제법의 종류

• 작부체계 : 윤작, 답전윤환재배, 이모작
• 육묘이식재배 : 육묘이식 및 이앙으로 작물이 공간 선점
• 재식밀도 : 재식밀도를 높여 초관 형성 촉진
• 품종선정 : 분지성, 엽면적, 출엽속도, 초장 등 경합력이 큰 작물 선정
• 피복작물 : 토양침식 및 잡초 발생 억제
• 재파종 및 대파 : 1년생 잡초 발생 억제
• 춘경·추경 및 경운·정지 : 작물의 초기 생장 촉진
• 병해충 및 선충 방제 : 적기방제로 피해지의 잡초 발생 억제

142

해충의 방제 방법 분류 중 성격이 다른 것은?

① 윤작   ② 혼작

③ 온도 처리   ④ 재배밀도 조절

해설

③ 온도처리는 물리적 방제 방법이다.

①·②·④ 윤작, 혼작, 재배밀도 조절은 생태적 방제 방법이다.

143

물리적 잡초 방제 방법에 속하지 않는 것은?

① 경운   ② 비닐 피복

③ 작물 윤작   ④ 침수 처리

해설

③ 윤작은 생태적 잡초 방제 방법에 속한다.

144

발아에 필요한 산소를 차단함으로써 잡초의 발아 또는 출아를 억제시키는 물리적 방제법으로 가장 적절한 것은?

① 담수   ② 예취

③ 소각   ④ 중경

해설

잡초는 담수상태에서 번식이 억제되고 담수는 들쥐의 피해 방지와 병충해 발생을 억제시킨다.

145

고추, 담배, 땅콩 등의 작물을 재배할 때 많이 사용되는 방법으로 잡초의 방제뿐만 아니라 수분을 유지시켜 주는 장점을 지닌 방법은?

① 추경   ② 중경

③ 담수   ④ 피복

해설

피복(멀칭)의 효과

• 지온을 상승시킨다.
• 수분 증발을 억제시킨다.
• 잡초의 발생을 줄여 준다.
• 토양 입자의 유실을 막아 준다.

146

화학적 잡초 방제법에 속하는 것은?

① 비산 종자의 관리
② 약제 방제
③ 피복 처리
④ 식물병원균의 이용

해설

화학적 잡초 방제법 : 제초제를 사용하여 잡초를 방제하는 것

147

생물적 잡초 방제 방법으로 옳지 않은 것은?

① 상호대립억제작용은 잡초 방제에 방해가 된다.
② 식물병원균은 수생 잡초의 방제에 효과적이다.
③ 잡초 방제에 이용되는 천적은 식해성 곤충일수록 좋다.
④ 어패류를 이용할 경우 초종 선택성이 없어 방류제한 성이 문제가 된다.

해설

① 상호대립억제작용이 있는 식물 등을 이용하여 생물학적 방제를 할 수 있다.

148

잡초 방제에 사용하는 생물의 조건으로 옳지 않은 것은?

① 잡초 외 유용식물은 가해하지 않아야 한다.
② 문제 시 되는 잡초보다 빠른 번식특성을 지녀야 한다.
③ 새로운 지역에서의 환경과 생물에 대한 적응성과 저항성이 있어야 한다.
④ 산재해 있는 문제 잡초를 선별적으로 찾아다니는 이동성이 적어야 한다.

해설

생물적 방제용 천적(외래의 생물) 전제조건
• 가급적 철저하게 먹이를 섭식하는 성질을 지니고 있어서 평형상태에 도달할 경우도 문제 잡초의 발생량이 경제적 허용범위 이내로 제한될 수 있어야 한다.
• 먹이(잡초)가 없어져서 천적의 자연감소가 불가피하게 된 경우라 하더라도 결코 문제 잡초 이외의 어떤 유용 식물을 가해하지 않아야 한다.
• 널리 불규칙적으로 산재해 있는 문제 잡초를 선별적으로 찾아다니며 가해할 수 있는 천부적인 이동성을 지니고 있어야 한다.
• 천적의 천적이 없어야 하고, 새로운 지역에서의 환경과 다른 생물에 대한 적응성·공존성 및 저항성이 있어야 한다.
• 문제 잡초보다 신축성 있게 빠른 번식특성을 지니고 있어서 상호집합체의 불균형에 대한 대응능력을 나타낼 수 있어야 한다.

149

사용목적에 따른 농약의 분류에서 종류가 다른 것은?

① 접촉독제   ② 유인제
③ 훈증제   ④ 종자소독제

해설

사용목적에 따른 농약의 분류
• 살균제 : 보호살균제, 직접살균제, 종자소독제, 토양살균제
• 살충제 : 소화중독제, 접촉제, 침투성 살충제, 훈증제, 훈연제, 유인제, 기피제, 불임제, 점착제, 생물농약
• 제초제 : 선택성 제초제, 비선택성 제초제
• 살선충제
• 살비제
• 식물생장조절제
• 보조제 : 전착제, 증량제, 용제, 유화제, 협력제

150

다음 중 종자소독제가 아닌 것은?

① 데부코나졸 유제

② 프로클로라즈 유제

③ 디노테퓨란 수화제

④ 베노밀·티람 수화제

해설
③ 디노테퓨란 수화제는 살충제이다.

151

농약 살포액의 성질에 대한 설명으로 옳지 않은 것은?

① 침투성 : 식물체나 해충체 내에 스며드는 것

② 습전성 : 작물 또는 해충의 표면을 잘 적시고 퍼지
는 것

③ 수화성 : 현탁액 고체입자가 균일하게 분산 부유하
는 것

④ 유화성 : 유제를 물에 가한 경우 입자가 균일하게
분산하여 유탁액이 되는 것

해설
• 수화성 : 수화제와 물의 친화도를 나타내는 성질
• 현수성 : 수화제 농약을 물에 희석하였을 때 고체상의 입자가 용액
중에 균일하게 분산되는 성질

152

분제가 갖추어야 할 물리적 성질과 거리가 먼 것은?

① 토분성   ② 현수성

③ 분산성   ④ 비산성

해설
농약의 물리적 성질
• 액제의 물리적 성질 : 유화성, 습전성, 표면장력, 접촉각, 수화성,
현수성, 부착성 및 고착성, 침투성 등
• 분제의 물리적 성질 : 분말도, 입도, 용적비중, 응집력, 토분성, 분산
성, 비산성, 부착성 및 고착성, 안전성, 경도, 수중붕괴성

153

수용성이 아닌 원제를 아주 작은 입자로 미분화시킨 분말
로 물에 분산시켜 사용하는 제초제의 제형은?

① 유제   ② 수화제

③ 보조제   ④ 수용제

해설
② 수화제 : 수용성이 아닌 원제를 증량제, 계면활성제와 혼합하여
분말 형태로 만든 것이다.
① 유제 : 원제의 성질이 지용성인 것을 유기용매에 녹여 유화제를
첨가한 액체 상태의 농약이다.
③ 보조제 : 약제의 효력을 충분히 발휘시킬 목적으로 사용하는 것을
말한다.
④ 수용제 : 수용성의 유효성분을 증량제로 희석하고 분상 또는 입상
의 고체로 만든 형태이다.

154

입제에 대한 설명으로 옳은 것은?

① 농약 값이 싸다.

② 사용이 간편하다.

③ 환경오염성이 높다.

④ 사용자에 대한 안정성이 낮다.

해설
입제(GR ; Granule)
• 사용이 간편하다.
• 입자가 크기 때문에 분제와 같이 표류·비산에 의한 근접 오염의
우려가 없다.
• 사용자에 대한 안전성이 다른 제형에 비하여 우수하다.
• 다른 제형에 비하여 원제의 투여량이 많아 방제 비용이 높다.
• 토양오염의 우려가 있다.

155

농약의 형태 중 입제의 입자 크기는 대체로 어느 정도인가?

① 8~60메시(mesh)

② 80~130메시(mesh)

③ 100~180메시(mesh)

④ 250메시(mesh) 이상

해설

입제는 8~60메시(0.5~2.5mm) 범위의 지름을 가진 입자이다.

156

다음 중 액상수화제에 대한 설명으로 옳은 것은?

① 농약 원제를 물 또는 메탄올에 녹이고 계면활성제나 동결방지제를 첨가하여 제제한 제형

② 수용성 고체 원제나 유안이나 망초, 설탕과 같이 수용성인 증량제를 혼합, 분쇄하여 만든 분말제제

③ 물과 유기용매에 난용성인 농약 원제를 액상의 형태로 조제한 것으로 수화제에서 분말의 비산 등의 단점을 보완한 제형

④ 농약 원제를 용제에 녹이고 계면활성제를 유화제로 첨가하여 제제한 제형

해설

① 액제, ② 수용제, ④ 유제

157

원제의 성질이 지용성으로 물에 잘 녹지 않을 때 유기용매에 녹여 유화제를 첨가한 용액으로 사용할 때 많은 양의 물에 희석하여 액체 상태로 분무하는 제형은?

① 액제   ② 입제

③ 분제   ④ 유제

해설

희석살포제

• 분제(가루형태) : 수용제, 수화제, 수화성미분제

• 입제(모래, 바둑알~장기알형태) : 입상수용제, 입상수화제, 정제상수화제

• 액제(액체형태) : 미탁제, 분산성액제, 액상수화제, 액제, 오일제, 유제, 유상수화제, 유탁제, 유현탁제, 캡슐현탁제

• 미생물제제용 제형 : 고상제, 액상제, 액상현탁제, 유상현탁제

158

농약제형 중 유제(乳劑)의 영문 표기는?

① SL(Soluble Concentrate)

② SP(Soluble Powder)

③ WP(Wettable Powder)

④ EC(Emulsifiable Concentrate)

해설

① 액제(液劑), ② 수용제(水溶劑), ③ 수화제(水和劑)

159

농약관리법에 정의된 잔류성에 의한 농약의 구분으로 옳지 않은 것은?

① 종자전염성 농약   ② 작물잔류성 농약

③ 토양잔류성 농약   ④ 수질오염성 농약

해설

잔류성 농약

• 의미 : 농약의 주성분이 농작물, 토양, 수질에 잔류되거나 이를 오염시키는 농약

• 구분 : 작물잔류성 농약, 토양잔류성 농약, 수질오염성 농약

160

농약 성분에 따른 살균제 사용 목적 분류로 옳은 것은?

① 베노밀 – 보호살균제
② 만코제브 – 보호살균제
③ 프로피네브 – 직접살균제
④ 석회보르도액 – 직접살균제

해설

살균제

살포용	보호살균제	만코제브, 석회보르도액, maneb 등
살균제	직접살균제	석회유황합제, 블라스티시딘, 디폴라탄 등
종자소독제		데부코나졸 유제, 프로클로라즈 유제, 베노밀·티람 수화제 등
토양살균제		클로로피크린, 밧사미드, 토양소독용 유기수은제 등
항생제		가스가마이신, 스트렙토마이신, 폴리옥신, 글리세오풀빈, 블라스티시딘 에스 등

161

곰팡이의 대사산물에서 분리된 항곰팡이성 항생물질은?

① 폴리옥신(polyoxin)
② 글리세오풀빈(griseofulvin)
③ 블라에스(bla-S)
④ 가스가마이신(kasugamin)

해설

① 폴리옥신(polyoxin) : 인축이나 물고기 등에 약해가 없고 현재 10여종의 동족체가 동정되어 각기 다른 활성을 나타내는 농업용항생제
③ 블라에스(bla-S) : 도열병약
④ 가스가마이신(kasugamin) : 탄저병약

162

항생제 계통의 살균제에 해당하는 것은?

① 만코제브 수화제
② 카벤다짐 수화제
③ 테부코나졸 유제
④ 스트렙토마이신 수화제

해설

④ 스트렙토마이신 수화제는 저독성 약제로 세균성병 방제에 사용된다.

163

살충제에 대한 해충의 저항성이 발달되는 요인은?

① 살균제와 살충제를 섞어 뿌리기 때문에
② 같은 약제를 계속해서 뿌리기 때문에
③ 약제를 농도가 진하게 만들어 조금 뿌리기 때문에
④ 약제의 계통이나 주성분이 다른 약제를 바꾸어 뿌리기 때문에

해설

한 가지 해충에 대하여 같은 약제를 계속 사용하면 그 해충의 후대로 갈수록 약제에 대한 감수성이 떨어져 살충효과가 없어지는 현상(약제 저항성)이 생긴다.

164

살충제 BT제의 작용점은?

① 대사과정
② 중장세포
③ 호르몬샘
④ 키틴합성회로

해설

BT(*Bacillus thuringiensis*)제
토양미생물을 이용한 생물학적 살충제로, 해충의 소화기관 내로 들어가 죽게 만드는 식독제(소화중독제)이다. 무공해 생물농약으로 인체에 해가 없고 일정기간이 지나면 저절로 분해돼 없어지기 때문에 환경공해를 일으키지 않는 것이 특징이다.

165

중추신경계의 에스테라제 억제작용을 하는 약제의 계통은?

① BT계
② DDT계
③ 유기인계
④ 피레스로이드계

유기인계는 아세틸콜린에스테라아제 효소를 억제하여 신경전달물질인 아세틸콜린을 독성 용량까지 축적시키는 작용으로 효과 및 독성을 나타낸다.

166

유기인계 살충제의 성질과 관계가 먼 것은?

① 신경독이다.
② 적용해충의 범위가 좁다.
③ 알칼리에 분해되기 쉽다.
④ 일반적으로 잔효성이 짧다.

유기인계 살충제는 살충력이 강하고 적용해충의 범위가 넓다.

167

다음 [보기]의 설명에 알맞은 용어는?

┌─ 보기 ─────────────────────────────
│ 살포한 약제가 해충의 피부에 접촉, 체내로 침투하여 살충
│ 력을 나타내는 약제의 총칭
└────────────────────────────────────

① 접촉독제
② 침투성 살충제
③ 소화중독제
④ 점착제

② 침투성 살충제 : 잎, 줄기 또는 뿌리부로 침투되어 흡즙성 해충에 효과
③ 소화중독제 : 살충제가 묻은 식물을 해충이 먹음으로써 체내로 들어가 소화기관으로 흡수되어 죽게 하는 살충제
④ 점착제 : 나무의 줄기나 가지에 발라 해충의 월동 전후 이동을 막기 위한 약제

168

작물 살충제로서 약제 처리지점과 해충 가해지점이 달라도 방제가 되는 살충제는?

① 접촉제
② 식독제
③ 침투성 살충제
④ 전착제

① 접촉독제 : 살포한 약제가 해충의 피부에 접촉, 체내로 침투하여 살충력을 나타내는 약제의 총칭
② 식독제 : 약제가 곤충의 입을 통해 소화관에 침입하여 독작용을 일으키는 살충제
④ 전착제 : 주성분을 병해충이나 식물체에 잘 전착시키기 위해 사용되는 약제

169

컨테이너로 수입된 농산물의 검역과정에서 해충이 발견되었다. 발견된 해충을 박멸하기 위해 사용하는 약제의 가장 적합한 종류는?

① 훈증제
② 접촉제
③ 유인제
④ 소화중독제

훈증제
유효성분을 가스형태로 해충을 방제하는 데 쓰이는 약제이다. 용기의 뚜껑을 열면 증기압이 높은 유효성분이 서서히 기체화되어 해충의 호흡기관을 통해 침입하여 해충을 죽게 만든다.

170

훈증제는 주로 해충의 어느 부분을 통하여 체내에 들어가서 해충을 죽게 하는가?

① 입   ② 피부
③ 날개   ④ 기문

살충제
• 접촉제 : 표피, 다리
• 중독제 : 입을 통한 소화관
• 훈증제 : 기문을 통한 호흡기

171

토양훈증제를 이용한 토양소독 방법에 대한 설명으로 옳지 않은 것은?

① 효과가 크다.
② 비용이 많이 든다.
③ 화학적 방제의 일종이다.
④ 식물병에 선택적으로 작용한다.

토양 내의 병원균만을 선택적 · 효과적으로 방제할 수 있는 농약의 개발이 가장 바람직하다. 그러나 아직 개발되어 있지 못하므로 현재까지는 비선택성 토양훈증제에 의한 토양훈증이 가장 확실한 방제수단으로 사용되고 있다.

172

제초제의 선택성 중 작물과 잡초 간의 연령 차이와 공간적 차이에 의해 잡초만을 방제하는 유형은?

① 생리적 선택성   ② 생화학적 선택성
③ 형태적 선택성   ④ 생태적 선택성

제초제의 선택성
• 생리적 선택성 : 제초제 성분이 식물 체내에 흡수 · 이행되는 정도의 차이
• 생화학적 선택성 : 식물의 종류에 따라 다른 감수성을 나타내는 현상
• 형태적 선택성 : 생장점의 노출 여부에 따라 나타나는 선택성 차이
• 생태적 선택성 : 생육 시기가 서로 다르기 때문에 나타나는 제초제에 대한 감수성의 차이

173

다음에 대한 설명으로 옳은 것은?

제초제 저항성 생태형이 2개 이상의 분명한 저항성 메커니즘을 가진 현상을 의미한다.

① 부정적교차저항성   ② 내성
③ 다중저항성   ④ 교차저항성

다중저항성
하나 이상의 제초제, 병해충 등에 대해 저항성을 가진 상태를 의미한다. 이는 특정 생물체가 다양한 작용 기작을 통해 여러 종류의 외부 자극이나 약물에 저항하는 능력을 갖추고 있음을 나타낸다. 제초제 다중저항성은 잡초가 서로 다른 작용기작을 가진 제초제에 대해 저항성을 발현하는 경우로, 동일 제초제를 연용하거나 잡초의 다중유전자 및 화분유전자 이동에 의해 발생하며, 제초제 관리의 어려움을 초래한다.

174

제초제의 살초기작과 관계가 없는 것은?

① 생장 억제
② 광합성 억제
③ 신경작용 억제
④ 대사작용 억제

해설

제초제의 살초기작 : 생장 억제, 광합성 억제, 대사작용 억제

175

제초제의 약해 유발 원인으로 틀린 것은?

① 고압분무기로 살포 시 주변 작물로 제초제가 비산되는 경우
② 비닐하우스 내에서나 피복 재배지에서의 부주의한 처리
③ 전착제 농도를 권장량보다 낮게 처리하는 경우
④ 제초제의 정확한 특성을 무시하고 적용 범위를 확대하는 경우

해설

③ 전착제는 약제를 식물에 잘 전착하기 위한 보조제로 권장량보다 낮게 처리한다고 하여 약해를 유발하지는 않는다.

176

논잡초 중 피 방제를 위한 선택성 제초제는?

① 디캄바 액제
② 글리포세이트 액제
③ 티오벤카브 입제
④ 글루포시네이트암모늄 액제

해설

① 디캄바 액제 : 광엽잡초에 사용되는 제초제
②·④ 글리포세이트 액제, 글루포시네이트암모늄 액제 : 비선택성 제초제

177

광합성 저해에 의하여 살초 작용하는 제초제가 아닌 것은?

① urea
② uracil
③ triazine
④ chlorsulfuron

해설

④ chlorsulfuron은 아미노산합성 저해 제초제이다.

※ 제초제의 작용기작
- 광합성 저해 : 벤조티아디아졸계, 트리아진(triazine)계, 요소(urea)계, 아마이드계, 비피리딜리움계, 우라실(uracil)계, 나이트릴계 등
- 호흡작용 및 산화적 인산화 저해 : 카바메이트계, 유기염소계
- 호르몬 작용 교란 : 페녹시계, 벤조산계
- 단백질 합성 저해 : 아마이드계, 유기인계
- 세포분열 저해 : 디나이트로아닐린계, 카바메이트계
- 아미노산 생합성 저해 : 설포닐우레아계(chlorsulfuron), 이미다졸리논계, 유기인계

178

접촉형 제초제에 대한 설명으로 옳지 않은 것은?

① 시마진, PCP 등이 있다.
② 효과가 곧바로 나타난다.
③ 주로 발아 후의 잡초를 제거하는 데 사용된다.
④ 약제가 부착된 곳의 살아있는 세포가 파괴된다.

해설

접촉형 제초제
약제가 부착된 곳의 살아있는 세포조직에만 직접 작용해서 그 부분을 파괴한다.
예 PCP, DNBP, 염소산소다, 청산소다 등
※ 시마진은 경엽 및 토양 처리형 제초제에서 트리아진계 제초제이다.

179

살비제의 구비조건이 아닌 것은?

① 잔효력이 있을 것

② 적용 범위가 넓을 것

③ 약제저항성의 발달이 지연되거나 안될 것

④ 성충과 유충(약충)에 대해서만 효과가 있을 것

해설

④ 성충과 유충뿐만 아니라 알에 대해서도 효과가 있을 것

180

보조제(補助劑, supplemental agent)가 아닌 것은?

① 접촉제　　　　　　② 유화제

③ 증량제　　　　　　④ 전착제

해설

① 접촉제는 해충체에 직접 약제를 부착시켜 죽이는 약제로 살충제에
해당한다.

※ 보조제에는 전착제, 증량제, 용제, 유화제, 협력제 등이 있다.

181

계면활성제의 사용 용도로 가장 부적합한 것은?

① 유탁제　　　　　　② 유화제

③ 분산제　　　　　　④ 전착제

해설

계면활성제의 사용 용도

세제, 유화제, 분산제, 습윤제, 가용화제, 기포제, 소포제, 정련제, 침
투제, 광택제, 평활제, 유연제, 전착제, 균염제, 완염제, 발염제, 방수
제, 내화제, 대전방지제, 부유선광제, 방청제, 방식제, 살균제, 탈묵제,
미끄럼방지제 등

182

분제에 있어서 주성분의 농도를 낮추기 위하여 쓰이는 보
조제는?

① 전착제　　　　　　② 감소제

③ 협력제　　　　　　④ 증량제

해설

보조제의 종류

• 증량제 : 분제에 있어서 주성분의 농도를 낮추기 위하여 쓰이는 보조제
• 용제 : 유제나 액제와 같이 액상의 농약을 제조할 때 원제를 녹이기
위하여 사용하는 용매
• 유화제 : 유제의 유화성을 높이기 위한 약제
• 협력제 : 제초제 주제(유효성분)의 효과를 높이는 데 이용되는 것
• 전착제 : 농약이 작물이나 병충해에 잘 달라붙어 효과를 발휘하도록
살포액에 섞어서 쓰는 약제
• 계면활성제 : 서로 섞이지 않는 유기물질층과 물층으로 이루어진 두
층계에 확전, 유화, 분산 등의 작용을 하는 물질

183

농약제조용 증량제에 대한 설명으로 옳지 않은 것은?

① 증량제의 강도가 너무 강하면 농약 살포 때 살분기
의 마모가 심하다

② 증량제 입자의 크기는 분제의 분산성, 비산성, 부착
성에 영향을 미친다.

③ 농약의 저장 중 증량제에 의해 유효성분이 분해되지
않고 안전성이 유지되어야 한다.

④ 증량제의 수분함량 및 흡습성이 높으면 살포된 농약
의 응집력이 증대되어 분산성이 향상된다.

해설

④ 수분함량이 낮고 입자의 흡습성이 낮은 증량제가 좋다.

※ 증량제의 구비조건

• 분말도, 가비중, 분산성, 비산성, 고착성 또는 부착성, 안정성
• 수분 및 흡습성, 액성(PH) 가급적 중성의 것을 선택
• 혼합성 중량제의 비중 형상 고려

184

희석살포용 제형 중에서 고형제제인 것은?

① 유제
② 액제
③ 수화제
④ 액상수화제

해설

사용형태(제형)에 따른 농약의 분류

희석 살포제	분제(가루형태)		수용제, 수화제, 수화성미분제
	입제	모래형태	입상수용제(수용성입제), 입상수화제
		바둑알~ 장기알 형태	정제상수화제
	액제 (액체형태)		미탁제, 분산성액제, 액상수화제, 액제, 오일제, 유제, 유상수화제, 유탁제, 유현탁제, 캡슐현탁제
	미생물제제용 제형		고상제, 액상제, 액상현탁제, 유상현탁제
직접 살포제	분제 (가루형태)		미립제, 미분제, 분의제, 분제, DL분제(저비산분제), 종자처리수화제
	입제	모래형태	세립제, 입제
		바둑알~ 장기알 형태	대립제, 수면부상성입제, 직접살포정제, 캡슐제
	액제 (액체형태)		수면전개제, 종자 처리액상수화제, 직접살포액제
특수형태			과립훈연제, 도포제, 마이크로캡슐훈증제, 비닐멀칭제, 연무제, 판상줄제, 훈연제, 훈증제

185

고형시용제 중 농약 살포도중에 비산이 적다는 의미의 제형은?

① 분제
② 수화제
③ DL분제
④ FD제

해설

DL분제(Diftless dust) : 저비산분제

※ 고형시용제(직접살포제) : 분제, 미분제, DL분제(저비산분제), 입제, 미립제, 캡슐제, 수면부상성 입제

186

1ppm 용액에 대한 설명으로 옳은 것은?

① 용액 1L 중에 용질이 10g 녹아 있는 용액
② 용액 1L 중에 용질이 100g 녹아 있는 용액
③ 용액 1,000mL 중에 용질이 1g 녹아 있는 용액
④ 용액 1,000mL 중에 용질이 1mg 녹아 있는 용액

해설

$1ppm = 1mg/L(\because 1L = 1,000mL)$

∴ 1ppm은 물 1L(1,000mL)중에 어떤 물질이 1mg 들어 있는 것과 같다.

187

프로피 수화제 20L에 약량 20g을 희석하고자 할 때 희석배수는?

① 100배
② 500배
③ 1,000배
④ 2,000배

해설

$20L = 20,000mL(\because 1L = 1,000mL)$

살포약제 20,000mL에 약이 20g 들어 있는 것이므로 희석배수는 20,000mL ÷ 20g = 1,000배이다.

188

25% 제초제 유제(비중 1.0)를 0.05%의 살포액 1L를 만드는 데 소요되는 물의 양은?

① 49.9L
② 499L
③ 499mL
④ 4,990mL

해설

희석할 물의 양

$$= 원액의 용량 \times \left(\frac{원액의 농도}{희석할 농도} - 1 \right) \times 원액의 비중$$

$$= 1,000 \times \left(\frac{25}{0.05} - 1 \right) \times 1.0$$

$$= 499,000mL = 499L$$

189

벼물바구미 성충 방제를 위하여 유제를 1,000배로 희석하여 10a당 140L를 살포하려고 한다. 논 전체 살포면적이 80a일 때 소요되는 약량(mL)은?

① 11.2mL
② 112mL
③ 1,120mL
④ 11,200mL

해설

$$소요약량 = \frac{단위면적당 \ 사용량}{희석배수}$$

· 10a당 소요약량 $= \frac{140L}{1,000배} = 0.14L = 140mL$

· 80a일 때 소요약량 $= 140mL \times 8 = 1,120mL$

190

유기인계 50% 유제를 1,000배로 희석해서 10a당 200L를 살포하여 해충을 방제하려고 할 때 소요되는 약량은?

① 10mL
② 20mL
③ 100mL
④ 200mL

해설

$$소요약량 = \frac{단위면적당 \ 사용량}{희석배수} = \frac{200,000mL}{1,000배} = 200mL$$

191

잡초 방제를 위한 제초제의 살포에 있어 살포액의 부착성이 뛰어나고 중복살포나 살포되지 않는 부분이 없도록 살포하기에 가장 적합한 살포 방법은?

① 스프링클러(sprinkler)법
② 미스트(mist spray)법
③ 폼스프레이(form spray)법
④ 분무(spray)법

해설

폼스프레이(form spray)법
살포 희석액에 기포제를 첨가하여 특수 제작된 노즐을 통해 공기와 함께 살포하는 방법이다. 폼 형태이므로 비산성이 낮고 부착성이 좋으며, 작물의 표면에 고르게 부착되어 효율성이 높아 약효를 극대화할 수 있다.

192

농약의 살포 방법 중 미스트법에 대한 설명으로 옳지 않은 것은?

① 살포 시간 및 인력 비용 등을 절감한다.
② 살포액의 농도를 낮게 하고 많은 양을 살포한다.
③ 살포액의 미립화로 목표물에 균일하게 부착시킨다.
④ 분사 형식은 노즐에 압축공기를 같이 주입하는 유기 분사 방식이다.

해설

미스트법 : 액제를 물에 희석하여 분무기로 살포할 때 물의 양을 적게 하고 진한 약액을 미립자로 해서 살포하는 방법

193

약제 살포 방법 중 분무법에 비해서 작업이 간편하고 노력이 적게 들며 용수가 필요치 않은 이점이 있으나, 단위면적에 대한 주제의 소요량이 많고 방제 효과가 비교적 떨어지는 약제 살포 방법은?

① 액체 살포법　　② 미스트법
③ 살분법　　　　④ 연무법

해설

농약 살포 방법

액체 살포법	• 분무법 : 분무기를 이용하여 살포액을 안개모양으로 살포하는 방법으로 비산에 의한 손실이 적고, 부착성 및 고착성이 좋다. • 미스트법 : 살포액의 미립화로 농도를 높게 하고 적은 양을 살포함으로써 목표물에 균일하게 부착할 수 있고, 살포 시간 및 인력, 비용 등을 절감할 수 있다. • 스프링클러법 : 스프링클러를 사용하여 살포하는 방법으로 노력을 절감시킬 수 있으나 잎 뒷면의 부착성이 떨어져 침투성 약제에 사용이 권장된다.
고형제 살포법	• 살분법 : 분제를 살분기로 살포하는 방법으로, 작업이 간편하고 노력이 적게 들며 용수가 필요하지 않으나, 약제가 많이 들고 효과가 낮으며 비산에 의한 주변 농작물이나 익충 피해가 우려가 있다. • 연무법 : 미스트보다 미립자인 주제를 연무질로 처리하는 방법으로 분무법이나 살분법보다 잘 부착하나 비산성이 커 주로 하우스 내에서 적용한다.

194

농약을 사용하면서 발생하는 약해가 아닌 것은?

① 섞어 쓰기로 인한 약해
② 근접 살포에 의한 약해
③ 동시 사용으로 인한 약해
④ 유효기간 경과로 인한 약해

해설

농약을 사용하면서 발생하는 약해

• 섞어 쓰기로 인한 약해
• 근접 살포에 의한 약해
• 동시 사용으로 인한 약해
• 기타 : 상자육묘의 벼에 입제, 토양 처리하는 경우, 벼의 잎에 물이 묻어 있으면 잎에 약제가 부착되어 약해를 일으킨 사례가 있다.

195

살충제의 교차저항성에 대한 설명으로 옳은 것은?

① 한 가지 약제를 사용 후 그 약제에만 저항성이 생기는 것
② 한 가지 약제를 사용 후 약리작용이 비슷한 다른 약제에 저항성이 생기는 것
③ 한 가지 약제를 사용 후 동일 계통의 다른 약제에는 저항성이 약해지는 것
④ 한 가지 약제를 사용 후 모든 다른 약제에 저항성이 생기는 것

해설

교차저항성

어떤 약제에 의해 저항성이 생긴 해충이 작용기가 비슷한 다른 약제에 저항성을 보이는 것

196

농약의 과용으로 생기는 부작용으로 관계없는 것은?

① 약제 저항성 해충의 출현
② 잔류독에 의한 환경오염
③ 생물상의 다양화
④ 자연계의 평형파괴

해설

농약 과용의 부작용

• 자연계의 평형파괴
• 약제저항성 해충의 출현
• 잠재적 곤충의 해충화
• 동물상의 단순화
• 잔류독성

197

다음 중 농약과 농약병 뚜껑 색깔이 바르게 연결되지 않는 것은?

① 제초제 – 노란색(황색)
② 살충제 – 녹색
③ 살균제 – 분홍색
④ 생장조절제 – 적색

④ 생장조절제 : 하늘색

농약의 종류별 포장지 색깔

농약의 종류	포장지 색깔	농약의 예
살균제	분홍색	도열병약, 탄저병약
살충제	초록색	멸구약, 진딧물약
제초제	노란색	논 제초제, 과수원제초제
생장조절제	하늘색	생장촉진제, 낙과 방지제
보조제	흰색	전착제, 증량제

198

농약의 구비조건이 아닌 것은?

① 약해가 없을 것
② 가격이 저렴할 것
③ 약효가 확실할 것
④ 타 약제와 혼용 시 물리적 작용이 일어날 것

농약의 구비조건
• 적은 양으로 약효가 확실할 것
• 농작물에 대한 약해가 없을 것
• 인축에 대한 독성이 낮을 것
• 어류에 대한 독성이 낮을 것
• 다른 약제와의 혼용 범위가 넓을 것
• 천적 및 유해 곤충에 대하여 독성이 낮거나 선택적일 것
• 값이 쌀 것
• 사용 방법이 편리할 것
• 대량 생산이 가능할 것
• 물리적 성질이 양호할 것
• 농촌진흥청에 등록되어 있을 것

199

농약이 인체 내로 들어와 흡입중독 시 응급처치 방법으로 옳지 않은 것은?

① 옷을 벗겨 체온을 낮춘다.
② 편안한 자세로 안정시킨다.
③ 공기가 신선한 곳으로 옮긴다.
④ 호흡이 약하면 인공호흡을 한다.

① 환자의 열이 심하거나 땀을 지나치게 많이 흘리면 찬물로 식혀주고 환자의 체온이 내려가면 담요나 시트로 덮어 주어 정상체온을 유지하도록 한다.

농약중독 시 응급처치 요령
• 농약을 삼켰을 때에는 다량의 물을 마시게 하고 환자의 목구멍 깊숙한 부분을 손가락으로 자극하여 토하게 한다. 환자가 의식이 없거나 경련을 일으킬 때는 토하게 하지 않는다.
• 농약을 흡입하였을 때에는 즉시 오염된 지역을 벗어나 신선한 공기를 마시도록 한다.
• 농약이 피부에 묻었을 때에는 농약이 오염된 옷, 장갑 등을 벗기고 흐르는 물에 약 10분간 씻은 후에 비누로 잘 닦는다.
• 농약이 눈에 들어갔을 때에는 즉시 흐르는 물로 눈을 씻은 후 깨끗한 물에 얼굴을 대고 눈을 떴다 감았다 한다.
• 환자가 경련을 일으킬 때는 솜이나 헝겊 등을 치아 사이에 끼워주어 자해행위를 방지하여야 한다. 이 경우 강압적으로 해서는 안 된다.

200

인체 1일 섭취허용량은 실험동물에서 전혀 건강에 영향이 없는 양(NOEL)에 보통 얼마의 안전계수를 곱하여 산출하는가?

① 0.1
② 0.3
③ 0.5
④ 0.01

1일 섭취허용량(ADI ; Acceptable Daily Intake)
1일 섭취허용량은 사람이 평생 동안 매일 먹어도 부작용을 일으키지 않는 하루 섭취 한도량을 말하며 유해한 영향이 관찰되지 않는 화학물질의 최대섭취량(NOEL)을 안전계수(SF)로 나누어 계산한다.

$$ADI = \frac{NOEL}{SF}$$

여기서 안전계수는 동물과 사람 간의 종간 차이를 고려해 허용량을 1/10로 줄이고 또한 사람과 사람 간의 개인 차이까지 고려해 다시 1/10로 줄인 1/100이다.

CHAPTER 05 종자 관련 법규

001

종자산업법의 제정 목적으로 맞지 않는 것은?

① 종자산업의 발전 도모
② 농업생산의 안정
③ 종자산업의 육성 및 지원
④ 종자산업 관련 법규의 규제 강화

해설

목적(종자산업법 제1조)
종자산업법은 종자와 묘의 생산·보증 및 유통, 종자산업의 육성 및 지원 등에 관한 사항을 규정함으로써 종자산업의 발전을 도모하고 농업 및 임업 생산의 안정에 이바지함을 목적으로 한다.

002

종자산업법이 다루고 있는 내용으로 옳지 않은 것은?

① 종자의 보증
② 종자의 유통 관리
③ 종자 기금의 관리
④ 종자산업의 육성 및 지원

해설

목적(종자산업법 제1조)

003

종자산업법에서 정의한 '종자'가 아닌 것은?

① 증식용 씨앗
② 산업용 화훼
③ 재배용 묘목
④ 양식용 영양체

해설

'종자'란 증식용 또는 재배용으로 쓰이는 씨앗, 버섯종균(種菌), 묘목(苗木), 포자(胞子) 또는 영양체(營養體)인 잎·줄기·뿌리 등을 말한다(종자산업법 제2조 제1호).

004

종자산업법에서 정의된 '종자'로 옳지 않은 것은?

① 재배용 볍씨
② 약제용 당귀 뿌리
③ 양식용 버섯의 종균
④ 증식용 튤립의 구근

005

'종자산업'의 범주에 속하지 않는 것은?

① 종자의 폐기
② 종자의 육성
③ 종자의 유통
④ 종자의 전시

해설

'종자산업'이란 종자와 묘를 연구개발·육성·증식·생산·가공·유통·수출·수입 또는 전시 등을 하거나 이와 관련된 산업을 말한다(종자산업법 제2조 제2호).

006

종자산업법상 작물의 정의로 옳은 것은?

① 농산물 또는 임산물의 생산을 위하여 재배되는 모든 식물을 말한다.
② 농산물 중 생산을 위하여 재배되는 일부 식용 식물을 말한다.
③ 농산물 중 생산을 위하여 재배되는 기형 식물을 말한다.
④ 임산물의 생산을 위하여 재배되는 돌연변이 식물을 제외한 식용 식물을 말한다.

해설

'작물'이란 농산물 또는 임산물의 생산을 위하여 재배되는 모든 식물을 말한다(종자산업법 제2조 제3호).

007

종자산업법상 보증종자의 정의로 옳은 것은?

① 해당 품종의 진위성과 해당 품종 종자의 품질이 보증된 채종 단계별 종자를 말한다.
② 해당 품종의 우수성과 해당 품종 종자의 품질이 보증된 채종 단계별 종자를 말한다.
③ 해당 품종의 신규성과 해당 품종 종자의 품질이 보증된 채종 단계별 종자를 말한다.
④ 해당 품종의 돌연변이성과 해당 품종 종자의 품질이 보증된 채종 단계별 종자를 말한다.

해설

'보증종자'란 종자산업법에 따라 해당 품종의 진위성(眞僞性)과 해당 품종 종자의 품질이 보증된 채종(採種) 단계별 종자를 말한다(종자산업법 제2조 제6호).

008

다음 중 종자업의 정의로 옳은 것은?

① 신품종 육성을 업으로 하는 것
② 종자의 성능평가를 업으로 하는 것
③ 유전자원의 수집 및 보존을 업으로 하는 것
④ 종자를 생산·가공 또는 다시 포장하여 판매하는 행위를 업으로 하는 것

해설

'종자업'이란 종자를 생산·가공 또는 다시 포장(包裝)하여 판매하는 행위를 업(業)으로 하는 것을 말한다(종자산업법 제2조 제8호).

009

( )안에 알맞은 내용은?

> 농림축산식품부장관은 종자산업의 육성 및 지원을 위하여 ( )마다 농림종자산업의 육성 및 지원에 관한 종합계획을 수립·시행하여야 한다.

① 1년   ② 2년
③ 3년   ④ 5년

해설

종합계획 등(종자산업법 제3조 제1항)
농림축산식품부장관은 종자산업의 육성 및 지원을 위하여 5년마다 농림종자산업의 육성 및 지원에 관한 종합계획을 수립·시행하여야 한다.

6 ① 7 ① 8 ④ 9 ④ **정답**

010

종자산업법에 대한 내용이다. (   )에 알맞은 내용은?

> (   )은 종자산업의 육성 및 지원에 필요한 시책을 마련할 때에는 중소 종자업자 및 중소 육묘업자에 대한 행정적·지원책을 마련하여야 한다.

① 농업실용화기술원장
② 농림축산식품부장관
③ 국립종자원장
④ 농촌진흥청장

해설

중소 종자업자 및 중소 육묘업자에 대한 지원(종자산업법 제11조)
농림축산식품부장관은 종자산업의 육성 및 지원에 필요한 시책을 마련할 때에는 중소 종자업자 및 중소 육묘업자에 대한 행정적·재정적 지원책을 마련하여야 한다.

011

종자산업법에서 종자산업 기반 조성을 위해 규정한 사항으로 옳지 않은 것은?

① 전문인력 양성
② 종자산업진흥센터의 지정
③ 종자산업 관련 기술 개발의 촉진
④ 종자수입 제한을 통한 국내 종자시장 보호

해설

종자산업의 기반 조성(종자산업법 제2장)
• 전문인력의 양성(법 제6조)
• 종자산업 관련 기술 개발의 촉진(법 제7조)
• 국제협력 및 대외시장 진출의 촉진(법 제8조)
• 지방자치단체의 종자산업 사업수행(법 제9조)
• 재정 및 금융 지원 등(법 제10조)
• 중소 종자업자 및 중소 육묘업자에 대한 지원(법 제11조)
• 종자산업진흥센터의 지정 등(법 제12조)
• 종자 기술연구단지의 조성 등(법 제13조)
• 단체의 설립(법 제14조)

012

(   ) 안에 알맞은 내용은?

> 종자산업의 기반 조성에서 국가와 지방자치단체는 지정된 전문인력 양성기관이 정당한 사유 없이 1년 이상 계속하여 전문인력 양성업무를 하지 아니한 경우에는 대통령령으로 정하는 바에 따라 그 지정을 취소하거나 (   )의 기간을 정하여 업무의 전부 또는 일부 정지를 명할 수 있다.

① 24개월 이내
② 12개월 이내
③ 6개월 이내
④ 3개월 이내

해설

전문인력의 양성(종자산업법 제6조 제4항)
국가와 지방자치단체는 지정된 전문인력 양성기관이 다음의 어느 하나에 해당하는 경우에는 대통령령으로 정하는 바에 따라 그 지정을 취소하거나 3개월 이내의 기간을 정하여 업무의 전부 또는 일부 정지를 명할 수 있다. 다만, 제1호에 해당하는 경우에는 그 지정을 취소하여야 한다.
1. 거짓이나 그 밖의 부정한 방법으로 지정받은 경우
2. 전문인력 양성기관의 지정기준에 적합하지 아니하게 된 경우
3. 정당한 사유 없이 전문인력 양성을 거부하거나 지연한 경우
4. 정당한 사유 없이 1년 이상 계속하여 전문인력 양성업무를 하지 아니한 경우

013

전문인력 양성기관의 지정취소 및 업무정지의 기준에서 정당한 사유 없이 전문인력 양성을 거부하거나 지연한 경우, 1회 위반 시 처분은?(단, 전문인력은 종자산업의 육성 및 지원에 필요한 전문인력을 의미함)

① 시정명령
② 업무정지 3개월
③ 업무정지 6개월
④ 지정취소

해설

전문인력 양성기관의 지정취소 및 업무정지의 기준(종자산업법 시행령 [별표 1])

위반행위	처분기준		
	1회 위반	2회 위반	3회 이상 위반
거짓이나 그 밖의 부정한 방법으로 지정받은 경우	지정취소	–	–
전문인력 양성기관의 지정기준에 적합하지 않게 된 경우	시정명령	업무정지 3개월	지정취소
정당한 사유 없이 전문인력 양성을 거부하거나 지연한 경우	시정명령	업무정지 3개월	지정취소
정당한 사유 없이 1년 이상 계속하여 전문인력 양성업무를 하지 않은 경우	시정명령	업무정지 3개월	지정취소

014

종자산업법상 지방자치단체의 종자산업 사업수행에 대한 내용이다. (   )에 알맞은 내용은?

> (   )은 종자산업의 안정적인 정착에 필요한 기술보급을 위하여 지방자치단체의 장에게 지역특화 농산물 품목 육성을 위한 품종개발사업을 수행하게 할 수 있다.

① 농림축산식품부장관
② 환경부장관
③ 농업기술실용화재단장
④ 농촌진흥청장

해설

지방자치단체의 종자산업 사업수행(종자산업법 제9조 제1항)
농림축산식품부장관은 종자산업의 안정적인 정착에 필요한 기술보급을 위하여 지방자치단체의 장에게 다음의 사업을 수행하게 할 수 있다.
1. 종자 및 묘 생산과 관련된 기술의 보급에 필요한 정보 수집 및 교육
2. 지역특화 농산물 품목 육성을 위한 품종개발
3. 지역특화 육종연구단지의 조성 및 지원
4. 종자생산 농가에 대한 채종 관련 기반시설의 지원
5. 그 밖에 농림축산식품부장관이 필요하다고 인정하는 사업

015

종자산업의 기반 조성에 대한 내용이다. (   )에 가장 적절한 내용은?

> 농림축산식품부장관은 종자산업의 안정적인 정착에 필요한 기술보급을 위하여 (   )에게 종자 및 묘 생산과 관련된 기술의 보급에 필요한 정보 수집 및 교육 사업을 수행하게 할 수 있다.

① 식품의약품안전처장
② 농촌진흥청장
③ 환경부장관
④ 지방자치단체의 장

해설

지방자치단체의 종자산업 사업수행(종자산업법 제9조 제1항)

016

종자산업진흥센터의 지정 등에 대한 내용이다. (   )에 알맞은 내용은?

> (   )은 종자산업의 효율적인 육성 및 지원을 위하여 종자산업 관련 기관·단체 또는 법인 등 적절한 인력과 시설을 갖춘 기관을 종자산업진흥센터로 지정할 수 있다.

① 농림축산식품부장관
② 농촌진흥청장
③ 미래산업공동위원장
④ 농산물품질관리원장

해설

종자산업진흥센터의 지정 등(종자산업법 제12조 제1항)
농림축산식품부장관은 종자산업의 효율적인 육성 및 지원을 위하여 종자산업 관련 기관·단체 또는 법인 등 적절한 인력과 시설을 갖춘 기관을 종자산업진흥센터로 지정할 수 있다.

017

(   )에 가장 적절한 내용은?

> 농림축산식품부장관은 종자산업의 효율적인 육성 및 지원을 위하여 종자산업 관련 기관·단체 또는 법인 등 적절한 인력과 시설을 갖춘 기관을 (   )로 지정할 수 있다.

① 농업재단산업센터
② 종자산업진흥센터
③ 기술보급자센터
④ 스마트농업센터

해설

종자산업진흥센터의 지정 등(종자산업법 제12조 제1항)

018

종자관련법상 진흥센터가 거짓이나 그 밖의 부정한 방법으로 지정받은 경우에 해당하는 것은?

① 업무정지 6개월   ② 업무정지 9개월
③ 업무정지 12개월   ④ 지정을 취소

해설

종자산업진흥센터의 지정 등(종자산업법 제12조 제4항)
농림축산식품부장관은 진흥센터가 다음의 어느 하나에 해당하는 경우에는 대통령령으로 정하는 바에 따라 그 지정을 취소하거나 3개월 이내의 기간을 정하여 업무의 정지를 명할 수 있다. 다만, 제1호에 해당하는 경우에는 그 지정을 취소하여야 한다.
1. 거짓이나 그 밖의 부정한 방법으로 지정받은 경우
2. 진흥센터 지정기준에 적합하지 아니하게 된 경우
3. 정당한 사유 없이 제2항에 따른 업무를 거부하거나 지연한 경우
4. 정당한 사유 없이 1년 이상 계속하여 제2항에 따른 업무를 하지 아니한 경우

019

종자산업법상 농림축산식품부장관은 진흥센터가 진흥센터 지정기준에 적합하지 아니하게 된 경우에는 대통령령으로 정하는 바에 따라 그 지정을 취소하거나 몇 개월 이내의 기간을 정하여 업무의 정지를 명할 수 있는가?

① 12개월   ② 7개월
③ 6개월   ④ 3개월

해설

종자산업진흥센터의 지정 등(종자산업법 제12조 제4항)

020

국가품종목록 등재 대상작물로 옳은 것은?

① 인삼   ② 보리
③ 고추   ④ 참깨

해설

국가품종목록의 등재 대상(종자산업법 제15조 제2항)
품종목록에 등재할 수 있는 대상작물은 벼, 보리, 콩, 옥수수, 감자와 그 밖에 대통령령으로 정하는 작물로 한다. 다만, 사료용은 제외한다.

021

국가품종목록의 등재 대상 중 품종목록에 등재할 수 있는 대상작물에 해당하지 않는 것은?

① 감자 ② 보리
③ 콩 ④ 사료용 벼

해설

국가품종목록의 등재 대상(종자산업법 제15조 제2항)
품종목록에 등재할 수 있는 대상작물은 벼, 보리, 콩, 옥수수, 감자와 그 밖에 대통령령으로 정하는 작물로 한다. 다만, 사료용은 제외한다.

022

국가품종목록의 등재 대상으로 옳지 않은 것은?

① 사료용 옥수수는 국가품종목록 등재 대상에서 제외한다.
② 대통령령으로 국가품종목록 등재 대상작물을 추가하여 정할 수 있다.
③ 국가품종목록에 등재할 대상작물은 벼, 보리, 콩, 옥수수, 감자이다.
④ 국가품종목록 등재는 작물의 품종성능 관리를 위하여 모든 작물에 실시한다.

해설

품종목록의 등재신청(종자산업법 제16조)

023

국가품종목록 등재 신청 시 절차로 옳은 것은?

① 신청 → 심사 → 등재 → 공고
② 신청 → 심사 → 공고 → 등재
③ 신청 → 공고 → 심사 → 등재
④ 신청 → 등재 → 심사 → 공고

해설

국가품종목록 등재 신청 시 절차
• 품종목록의 등재 신청(종자산업법 제16조)
• 품종목록 등재 신청 품종의 심사 등(종자산업법 제17조)
• 품종목록 등재품종의 공고(종자산업법 제18조)

024

종자관련법상 품종성능의 심사기준 항목에 해당되지 않는 것은?

① 표준품종
② 재배시험기간
③ 포장의 토양조건
④ 평가형질

해설

품종성능의 심사기준(종자산업법 시행규칙 제6조)
품종성능의 심사는 다음의 사항별로 산림청장 또는 국립종자원장이 정하는 기준에 따라 실시한다.
1. 심사의 종류
2. 재배시험기간
3. 재배시험지역
4. 표준품종
5. 평가형질
6. 평가기준

025

품종목록 등재의 유효기간은 등재한 날이 속한 해의 다음 해부터 몇 년까지로 하는가?

① 5 ② 10
③ 15 ④ 20

해설

품종목록 등재의 유효기간(종자산업법 제19조 제1항)
품종목록 등재의 유효기간은 등재한 날이 속한 해의 다음 해부터 10년까지로 한다.

026

종자관련법상 품종목록 등재의 유효기간 내용으로 옳은 것은?

① 품종목록 등재의 유효기간은 유효기간 연장신청에 의하여 계속 연장될 수 없다.

② 품종목록 등재의 유효기간은 등재한 날부터 5년까지로 한다.

③ 품종목록 등재의 유효기간은 등재한 날이 속한 해의 다음 해부터 10년까지로 한다.

④ 품종목록 등재의 유효기간은 등재한 날부터 15년까지로 한다.

① 품종목록 등재의 유효기간은 유효기간 연장신청에 의하여 계속 연장될 수 있다(종자산업법 제19조 제2항).

②·④ 품종목록 등재의 유효기간은 등재한 날이 속한 해의 다음 해부터 10년까지로 한다(종자산업법 제19조 제1항).

027

종자관련법상 품종목록 등재의 유효기간에 대한 내용이다. (가)에 알맞은 내용은?

> 농림축산식품부장관은 품종목록 등재의 유효기간이 끝나는 날의 (가) 전까지 품종목록 등재신청인에게 연장 절차와 품종목록 등재의 유효기간 연장신청 기간 내에 연장신청을 하지 아니하면 연장을 받을 수 없다는 사실을 미리 통지하여야 한다.

① 3개월　　　　② 6개월
③ 1년　　　　　④ 2년

품종목록 등재의 유효기간(종자산업법 제19조 제5항)
농림축산식품부장관은 품종목록 등재의 유효기간이 끝나는 날의 1년 전까지 품종목록 등재신청인에게 연장 절차와 제3항에 따른 기간 내에 연장신청을 하지 아니하면 연장을 받을 수 없다는 사실을 미리 통지하여야 한다.

028

품종목록 등재의 취소 사유로 옳지 않은 것은?

① 품종의 성능이 심사기준에 미치지 못하게 될 경우

② 거짓이나 그 밖의 부정한 방법으로 품종목록 등재를 받은 경우

③ 해당 품종의 재배로 인하여 환경에 위해가 발생하였을 경우

④ 같은 품종이 둘 이상의 품종명칭으로 중복하여 등재된 경우(해당 품종 모두 품종목록 등재 취소)

품종목록 등재의 취소(종자산업법 제20조 제1항)
농림축산식품부장관은 다음의 어느 하나에 해당하는 경우에는 해당 품종의 품종목록 등재를 취소할 수 있다. 다만, 제4호와 제5호의 경우에는 그 품종목록 등재를 취소하여야 한다.

1. 품종성능이 품종성능의 심사기준에 미치지 못하게 될 경우
2. 해당 품종의 재배로 인하여 환경에 위해(危害)가 발생하였거나 발생할 염려가 있을 경우
3. 식물신품종보호법의 어느 하나에 해당하여 등록된 품종명칭이 취소된 경우
4. 거짓이나 그 밖의 부정한 방법으로 품종목록 등재를 받은 경우
5. 같은 품종이 둘 이상의 품종명칭으로 중복하여 등재된 경우(가장 먼저 등재된 품종은 제외)

029

다음 중 국가 품종목록 등재서류의 보존기간은?

① 해당 품종의 품종목록 등재 유효기간 동안 보존

② 해당 품종의 품종목록 등재 유효기간이 경과 후 1년간 보존

③ 해당 품종의 품종목록 등재 유효기간이 경과 후 3년간 보존

④ 해당 품종의 품종목록 등재 유효기간이 등재한 날부터 5년간 보존

품종목록 등재서류의 보존(종자산업법 제21조)
농림축산식품부장관은 품종목록에 등재한 각 품종과 관련된 서류를 해당 품종의 품종목록 등재 유효기간 동안 보존하여야 한다.

030

품종목록 등재서류의 설명 중 (　) 안에 적합한 것은?

> 농림축산식품부장관은 품종목록에 등재한 각 품종과 관련된 서류를 관련법에 따른 해당 품종의 품종목록 등재 (　) 보존하여야 한다.

① 유효기간 동안
② 유효기간 만료 후 6개월까지
③ 유효기간 만료 후 1년까지
④ 유효기간 만료 후 3년까지

해설

품종목록 등재서류의 보존(종자산업법 제21조)

031

농림축산식품부장관이 국가목록 등재 품종의 종자를 생산하고자 할 때 그 생산을 대행하게 할 수 없는 자는?

① 산림청장
② 마포구청장
③ 서울특별시장
④ 해양항만청장

해설

품종목록 등재 품종 등의 종자생산(종자산업법 제22조)
농림축산식품부장관이 품종목록에 등재한 품종의 종자 또는 농산물의 안정적인 생산에 필요하여 고시한 품종의 종자를 생산할 경우에는 다음의 어느 하나에 해당하는 자에게 그 생산을 대행하게 할 수 있다. 이 경우 농림축산식품부장관은 종자생산을 대행하는 자에 대하여 종자의 생산·보급에 필요한 경비의 전부 또는 일부를 보조할 수 있다.
1. 농촌진흥청장 또는 산림청장
2. 특별시장·광역시장·특별자치시장·도지사 또는 특별자치도지사
3. 특별자치시장·특별자치도지사·시장·군수 또는 자치구의 구청장
4. 대통령령으로 정하는 농업단체 또는 임업단체
5. 농림축산식품부령으로 정하는 종자업자 또는 농어업경영체 육성 및 지원에 관한 법률에 따른 농업경영체

032

농림축산식품부장관이 국가품종목록에 등재된 품종의 종자를 생산하고자 할 때 대행시킬 수 있는 종자업자 또는 농업경영체의 필요한 해당 농작물 재배경험으로 옳은 것은?

① 1년 이상
② 2년 이상
③ 3년 이상
④ 4년 이상

해설

종자생산의 대행자격(종자산업법 시행규칙 제12조)
농림축산식품부령으로 정하는 종자업자 또는 농어업경영체 육성 및 지원에 관한 법률에 따른 농업경영체란 다음의 어느 하나에 해당하는 자를 말한다.
1. 법에 따라 등록된 종자업자
2. 해당 작물 재배에 3년 이상의 경험이 있는 농업인 또는 농업법인으로서 농림축산식품부장관이 정하여 고시하는 확인 절차에 따라 특별자치시장·특별자치도지사·시장·군수 또는 자치구의 구청장)이나 관할 국립종자원 지원장의 확인을 받은 자

033

(　)에 알맞은 내용은?

> 고품질 종자 유통·보급을 통한 농림법의 생산성 향상 등을 위하여 (　)은/는 종자의 보증을 할 수 있다.

① 환경부장관
② 종자관리사
③ 농촌진흥청장
④ 농산물품질관리원장

해설

종자의 보증(종자산업법 제24조 제1항)
고품질 종자 유통·보급을 통한 농림업의 생산성 향상 등을 위하여 농림축산식품부장관과 종자관리사는 종자의 보증을 할 수 있다.

034

종자산업법상 국가보증의 대상에 대한 내용이다. (   )에 옳지 않은 내용은?

> (   )가/이 품종목록 등재 대상작물의 종자를 생산하거나 수출하기 위하여 국가보증을 받으려는 경우 국가보증을 받으려는 경우 국가보증의 대상으로 한다.

① 군수
② 시장
③ 도지사
④ 각 지역 국립대학교 연구원

해설

국가보증의 대상(종자산업법 제25조 제1항)
다음의 어느 하나에 해당하는 경우에는 국가보증의 대상으로 한다.
1. 농림축산식품부장관이 종자를 생산하거나 법에 따라 그 업무를 대행하게 한 경우
2. 시·도지사, 시장·군수·구청장, 농업단체 등 또는 종자업자가 품종목록 등재 대상작물의 종자를 생산하거나 수출하기 위하여 국가보증을 받으려는 경우

035

다음 중 국가보증의 대상으로 맞지 않는 것은?

① 시·도지사가 생산한 콩 종자
② 농업단체가 수입한 사료용 옥수수 종자
③ 농림축산식품부장관을 대행하여 농민이 생산한 벼 종자
④ 농림축산식품부장관이 생산한 벼 종자

해설

국가보증의 대상(종자산업법 제25조 제1항)

036

종자의 보증과 관련하여 대통령령이 정하는 국제종자검정기관은?

① ISTA의 회원기관
② UPOV
③ APEC
④ ASEAN

해설

국제종자검정기관(종자산업법 시행령 제11조)
대통령령으로 정하는 국제종자검정기관이란 다음의 기관을 말한다.
1. 국제종자검정협회(ISTA)의 회원기관
2. 국제종자검정가협회(AOSA)의 회원기관
3. 그 밖에 농림축산식품부장관이 정하여 고시하는 외국의 종자검정기관

037

종자관련법상 자체보증의 대상에 대한 내용이다. (   ) 안에 해당하지 않은 것은?

> (   )이/가 품종목록 등재 대상작물의 종자를 생산하는 경우 자체보증의 대상으로 한다.

① 종자업자   ② 농업단체
③ 실험실 연구원   ④ 시장

해설

자체보증의 대상(종자산업법 제26조)
다음의 어느 하나에 해당하는 경우에는 자체보증의 대상으로 한다.
1. 시·도지사, 시장·군수·구청장, 농업단체 등 또는 종자업자가 품종목록 등재 대상작물의 종자를 생산하는 경우
2. 시·도지사, 시장·군수·구청장, 농업단체 등 또는 종자업자가 품종목록 등재 대상작물 외의 작물의 종자를 생산·판매하기 위하여 자체보증을 받으려는 경우

038

종자의 보증에서 자체보증의 대상에 해당하지 않은 것은?

① 도지사가 품종목록 등재 대상작물의 종자를 생산하는 경우
② 군수가 품종목록 등재 대상작물의 종자를 생산하는 경우
③ 구청장이 품종목록 등재 대상작물의 종자를 생산하는 경우
④ 국립대학교 연구원이 품종목록 등재 대상작물의 종자를 생산하는 경우

해설

자체보증의 대상(종자산업법 제26조)
다음의 어느 하나에 해당하는 경우에는 자체보증의 대상으로 한다.
1. 시·도지사, 시장·군수·구청장, 농업단체 등 또는 종자업자가 품종목록 등재 대상작물의 종자를 생산하는 경우
2. 시·도지사, 시장·군수·구청장, 농업단체 등 또는 종자업자가 품종목록 등재 대상작물 외의 작물의 종자를 생산·판매하기 위하여 자체보증을 받으려는 경우

039

농림축산식품부장관은 종자관리사가 종자산업법에서 정하는 직무를 게을리하거나 중대한 과오(過誤)를 저질렀을 때에는 그 등록을 취소하거나 몇 년 이내의 기간을 정하여 그 업무를 정지시킬 수 있는가?

① 1년   ② 2년
③ 3년   ④ 4년

해설

종자관리사의 자격기준 등(종자산업법 제27조 제4항)
농림축산식품부장관은 종자관리사가 종자산업법에서 정하는 직무를 게을리하거나 중대한 과오(過誤)를 저질렀을 때에는 그 등록을 취소하거나 1년 이내의 기간을 정하여 그 업무를 정지시킬 수 있다.

040

(   )에 알맞은 내용은?

> 종자관리사는 종자기사 자격을 취득한 사람으로서 자격 취득 전후의 기간을 포함하여 종자업무 또는 이와 유사한 업무에 (   ) 이상 종사한 사람

① 4년   ② 3년
③ 2년   ④ 1년

해설

종자관리사의 자격기준(종자산업법 시행령 제12조)
종자관리사는 다음의 어느 하나에 해당하는 사람으로 한다.
1. 국가기술자격법에 따른 종자기술사 자격을 취득한 사람
2. 국가기술자격법에 따른 종자기사 자격을 취득한 사람으로서 자격 취득 전후의 기간을 포함하여 종자업무 또는 이와 유사한 업무에 1년 이상 종사한 사람
3. 국가기술자격법에 따른 종자산업기사 자격을 취득한 사람으로서 자격 취득 전후의 기간을 포함하여 종자업무 또는 이와 유사한 업무에 2년 이상 종사한 사람
3의2. 국가기술자격법에 따른 버섯산업기사 자격을 취득한 사람으로서 자격 취득 전후의 기간을 포함하여 버섯종균업무 또는 이와 유사한 업무에 2년 이상 종사한 사람(버섯종균을 보증하는 경우만 해당)
4. 국가기술자격법에 따른 종자기능사 자격을 취득한 사람으로서 자격 취득 전후의 기간을 포함하여 종자업무 또는 이와 유사한 업무에 3년 이상 종사한 사람
5. 국가기술자격법에 따른 버섯종균기능사 자격을 취득한 사람으로서 자격 취득 전후의 기간을 포함하여 버섯종균업무 또는 이와 유사한 업무에 3년 이상 종사한 사람(버섯 종균을 보증하는 경우만 해당)

041

다음 중 종자관리사의 자격기준으로 틀린 것은?

① 종자기사 자격을 취득한 사람으로서 자격 취득 전후의 기간을 포함하여 종자업무에 1년 이상 종사한 사람

② 버섯종균기능사 자격을 취득한 사람으로서 자격 취득 전후의 기간을 포함하여 버섯 종균업무에 3년이상 종사한 사람(버섯 종균을 보증하는 경우만 해당한다)

③ 종자기술사 자격을 취득한 사람

④ 종자산업기사 자격을 취득한 사람으로서 자격 취득 전후의 기간을 포함하여 종자업무와 유사한 업무에 1년 이상 종사한 사람

해설
④ 국가기술자격법에 따른 종자산업기사 자격을 취득한 사람으로서 자격 취득 전후의 기간을 포함하여 종자업무 또는 이와 유사한 업무에 2년 이상 종사한 사람(종자산업법 시행령 제12조 제3항)

042

(   ) 안에 알맞은 내용은?

> 종자관리사 등록이 취소된 사람은 등록이 취소된 날부터
> (   )이 지나지 아니하면 종자관리사로 다시 등록할 수
> 없다.

① 6개월　　　　　② 1년
③ 2년　　　　　　④ 3년

해설
종자관리사의 자격기준 등(종자산업법 제27조 제5항)
종자관리사 등록이 취소된 사람은 등록이 취소된 날부터 2년이 지나지 아니하면 종자관리사로 다시 등록할 수 없다.

043

종자산업법규상 종자보증과 관련하여 형의 선고를 받은 종자관리사에 대한 행정처분의 기준으로 맞는 것은?

① 등록취소

② 업무정지 1년

③ 업무정지 6월

④ 업무정지 3월

해설
종자관리사에 대한 행정처분의 세부 기준 – 개별기준(종자산업법 시행규칙 [별표 2])

위반행위	행정처분의 기준
가. 종자보증과 관련하여 형을 선고받은 경우 나. 종자관리사 자격과 관련하여 최근 2년간 이중취업을 2회 이상 한 경우 다. 업무정지처분기간 종료 후 3년 이내에 업무정지처분에 해당하는 행위를 한 경우 라. 업무정지처분을 받은 후 그 업무정지처분기간에 등록증을 사용한 경우	등록취소
마. 종자관리사 자격과 관련하여 이중취업을 1회 한 경우	업무정지 1년
바. 종자보증과 관련하여 고의 또는 중대한 과실로 타인에게 손해를 입힌 경우	업무정지 6개월
사. 종자관리사 정기교육을 이수하지 않은 경우	업무정지 2개월

044

종자관리사 자격과 관련하여 최근 2년간 이중취업을 2회 이상 한 경우 행정처분 기준은?

① 등록취소

② 업무정지 1년

③ 업무정지 6개월

④ 업무정지 3개월

045

종자관리사에 대한 행정처분의 세부 개별기준에서 행정처분이 업무정지 6개월에 해당하는 것은?

① 종자보증과 관련하여 형을 선고받은 경우
② 업무정지처분기간 종료 3년 이내에 업무정지처분에 해당하는 행위를 한 경우
③ 종자보증과 관련하여 고의 또는 중대한 과실로 타인에게 손해를 입힌 경우
④ 업무정지처분을 받은 후 그 업무정지처분기간에 등록증을 사용한 경우

해설

종자관리사에 대한 행정처분의 세부 기준 – 개별기준(종자산업법 시행규칙 [별표 2])

046

종자관리사의 행정처분에 관하여 옳은 것은?

① 직무를 게을리한 경우 2년 이내의 기간을 정하여 자격을 정지시킬 수 있다.
② 직무를 게을리한 경우 3년 이내의 기간을 정하여 자격을 정지시킬 수 있다.
③ 위반행위에 대하여 정상참작 사유가 있는 경우 업무정지 기간의 3분의 1까지 경감하여 처분할 수 있다.
④ 위반행위가 둘 이상인 경우로서 그에 해당하는 각각의 처분기준이 다른 경우에는 그중 무거운 처분기준을 적용한다.

해설

종자관리사에 대한 행정처분의 세부 기준 – 일반기준(종자산업법 시행규칙 [별표 2])

가. 위반행위가 둘 이상인 경우로서 그에 해당하는 각각의 처분기준이 다른 경우에는 그 중 무거운 처분기준을 적용한다.
나. 위반행위의 동기, 위반의 정도, 그 밖에 정상을 참작할 만한 사유가 있는 경우에는 제2호에 따른 업무정지 기간의 2분의 1 범위에서 감경하여 처분할 수 있다

047

종자의 보증에서 국가보증이나 자체보증을 받은 종자를 생산하려는 자는 농림축산식품부장관으로부터 채종 단계별로 몇 회 이상 포장(圃場)검사를 받아야 하는가?

① 1회   ② 3회
③ 5회   ④ 7회

해설

포장검사(종자산업법 제28조 제1항)

국가보증이나 자체보증을 받은 종자를 생산하려는 자는 농림축산식품부장관 또는 종자관리사로부터 채종 단계별로 1회 이상 포장(圃場)검사를 받아야 한다.

048

포장검사 및 종자검사에 대한 설명으로 옳지 않은 것은?

① 포장검사에 따른 종자검사 방법은 전수조사로만 실시한다.
② 국가보증이나 자체보증 종자를 생산하려는 자는 종자검사의 결과에 대하여 이의가 있으면 재검사를 신청할 수 있다.
③ 국가보증이나 자체보증 종자를 생산하려는 자는 다른 품종 또는 다른 계통의 작물과 교잡되는 것을 방지하기 위한 농림축산식품부령으로 정하는 포장 조건을 준수하여야 한다.
④ 국가보증이나 자체보증을 받은 종자를 생산하려는 자는 농림축산식품부장관 또는 종자관리사로부터 채종단계별로 1회 이상 포장검사를 받아야 한다.

해설

① 검사는 전수(全數) 또는 표본추출 검사방법에 따른다(종자산업법 시행규칙 제17조 제2항).

049

포장검사 또는 종자검사를 받으려는 자는 별지 서식의 검사신청서를 누구에게 제출하여야 하는가?

① 국립종자원장
② 농촌진흥청장
③ 산림과학원장
④ 농림축산식품부장관

해설

검사신청 등(종자산업법 시행규칙 제18조 제1항)
포장검사 또는 종자검사를 받으려는 자는 별지 서식의 검사신청서를 산림청장·국립종자원장 또는 종자관리사에게 제출하여야 한다.

050

종자의 보증에서 재검사를 받으려는 자는 종자검사 결과를 통지받은 날부터 며칠 이내에 재검사신청서에 종자검사 결과 통지서를 첨부하여 검사기관의 장에게 제출하여야 하는가?

① 15일   ② 20일
③ 30일   ④ 35일

해설

재검사신청 등(종자산업법 시행규칙 제19조 제1항)
재검사를 받으려는 자는 종자검사 결과를 통지받은 날부터 15일 이내에 재검사신청서에 종자검사 결과통지서를 첨부하여 검사기관의 장 또는 종자관리사에게 제출하여야 한다.

051

종자검사를 받은 보증종자를 판매하거나 보급하려는 자는 해당 보증종자에 대하여 보증표시를 하여야 한다. 이에 따라 보증종자를 판매하거나 보급하려는 자는 종자의 보증과 관련된 검사서류를 작성일로부터 얼마 동안 보관하여야 하는가?(단, 묘목에 관련된 검사서류는 제외한다)

① 6개월   ② 1년
③ 2년   ④ 3년

해설

보증표시 등(종자산업법 제31조 제2항)
보증종자를 판매하거나 보급하려는 자는 종자의 보증과 관련된 검사서류를 작성일부터 3년(묘목에 관련된 검사서류는 5년) 동안 보관하여야 한다.

052

종자관련법상 해외수출용 종자의 보증표시 방법은?

① 바탕색은 흰색으로, 대각선은 보라색으로 글씨는 검은색으로 표시한다.
② 바탕색은 붉은색으로, 글씨는 검은색으로 표시한다.
③ 바탕색은 파란색으로, 글씨는 검은색으로 표시한다.
④ 바탕색은 보라색으로, 글씨는 검은색으로 표시한다.

해설

보증표시(종자산업법 시행규칙 [별표 3])
• 채종 단계별 구분이 필요한 종자
  – 원원종 : 바탕색은 흰색으로, 대각선은 보라색으로, 글씨는 검은색으로 표시한다.
  – 원종 : 바탕색은 흰색으로, 글씨는 검은색으로 표시한다.
  – 보급종(Ⅰ) : 바탕색은 흰색으로, 글씨는 검은색으로 표시한다.
  – 보급종(Ⅱ) : 바탕색은 붉은색으로, 글씨는 검은색으로 표시한다.
• 채종 단계별 구분이 필요하지 않은 종자, 묘목, 해외수출용 종자 : 바탕색은 파란색으로, 글씨는 검은색으로 표시한다.

053

보증종자 보증표시 사항으로 옳지 않은 것은?

① 생산지   ② 품종명
③ 발아율   ④ 이품종률

해설

보증표시 – 채종 단계별 구분이 필요한 종자(종자산업법 시행규칙 [별표 3])

```
┌─────────────────────────────┐
│        ┌──────────┐         │
│        │  보증종자  │         │
│        └──────────┘         │
│            원원종            │
│  분류번호 :                  │
│  종명(種名) :                │
│  품종명 :                    │
│  로트(Lot)번호 :             │
│  발아율(%) :                 │
│  이품종률(%) :               │
│  유효기간 :                  │
│  무게(g) 또는 낱알 개수(립) : │
│  포장일 :     년     월      │
│          보증기관(종자관리사) : │
└─────────────────────────────┘
```

054

종자관련법상 특별한 경우를 제외하고 작물별 보증의 유효기간으로 틀린 것은?

① 채소 : 2년
② 고구마 : 1개월
③ 버섯 : 1개월
④ 맥류 : 6개월

해설

보증의 유효기간(종자산업법 시행규칙 제21조)

작물별 보증의 유효기간은 다음과 같고, 그 기산일(起算日)은 각 보증종자를 포장(包裝)한 날로 한다. 다만, 농림축산식품부장관이 따로 정하여 고시하거나 종자관리사가 따로 정하는 경우에는 그에 따른다.
1. 채소 : 2년
2. 버섯 : 1개월
3. 감자・고구마 : 2개월
4. 맥류・콩 : 6개월
5. 그 밖의 작물 : 1년

055

종자관련법상 보증서 발급에 관한 설명 중 맞는 것은?

① 작물별 보증의 유효기간 기산일(起算日)은 보증서 발급일로 한다.
② 보증서는 발급신청인에 의해 국문으로만 작성할 수 있다.
③ 보증서를 허위로 발급한 종자관리사에게는 500만 원 이하의 과태료에 처한다.
④ 종자관리사는 보증표시를 한 보증종자에 대하여 검사를 받은 자가 보증서 발급을 요구하면 농림축산식품령으로 정하는 보증서를 발급하여야 한다.

해설

① 작물별 보증의 유효기간 기산일(起算日)은 각 보증종자를 포장(包裝)한 날로 한다(종자산업법 시행규칙 제21조).
② 모든 서류는 한글로 작성하여야 하며, 한자 및 외국문자로 적어야 할 경우에는 괄호 안에 표기하여야 한다(종자산업법 제49조).
③ 보증서를 거짓으로 발급한 종자관리사에게는 1년 이하의 징역 또는 1천만원 이하의 벌금에 처한다(종자산업법 제54조 제3항 제3호).

056

보증종자의 사후관리시험의 항목에 해당되지 않는 것은?

① 검사항목   ② 검사시기
③ 검사횟수   ④ 검사수량

해설

사후관리시험(종자산업법 시행규칙 제23조)

사후관리시험은 다음의 사항별로 검사기관의 장이 정하는 기준과 방법에 따라 실시한다.
1. 검사항목
2. 검사시기
3. 검사횟수
4. 검사방법

057

종자산업법상 종자의 보증효력을 잃은 경우는?

① 보증한 종자를 판매한 경우
② 보증한 종자를 다른 지역으로 이동한 경우
③ 보증의 유효기간이 하루 지난 종자의 경우
④ 당해 종자를 보증한 종자관리사의 감독하에 분포장
하는 경우

해설

보증의 실효(종자산업법 제34조)
보증종자가 다음의 어느 하나에 해당할 때에는 종자의 보증효력을 잃은 것으로 본다.
1. 보증표시를 하지 아니하거나 보증표시를 위조 또는 변조하였을 때
2. 보증의 유효기간이 지났을 때
3. 포장한 보증종자의 포장을 뜯거나 열었을 때. 다만, 해당 종자를 보증한 보증기관이나 종자관리사의 감독에 따라 분포장(分包裝)하는 경우는 제외한다.
4. 거짓이나 그 밖의 부정한 방법으로 보증을 받았을 때

058

종자관련법상 분포장 종자의 보증표시를 옳게 나타낸 것은?

① 포장한 보증종자의 포장을 뜯거나 열었을 때, 종자의 보증 효력을 잃은 것으로 본다. 다만, 해당 종자를 보증한 보증기관이나 종자관리사의 감독에 따라 분포장(分包裝)하는 경우는 제외한다는 단서에 따라 분포장한 종자의 보증표시는 분포장하기 전에 표시되었던 해당 품종의 보증표시와 다른 내용으로 하여야 한다.
② 포장한 보증종자의 포장을 뜯거나 열었을 때, 종자의 보증 효력을 잃은 것으로 본다. 다만, 해당 종자를 보증한 보증기관이나 종자관리사의 감독에 따라 분포장(分包裝)하는 경우는 제외한다는 단서에 따라 분포장한 종자의 보증표시는 분포장한 후에 표시되었던 해당 품종의 보증 표시와 같은 내용으로 하여야 한다.
③ 포장한 보증종자의 포장을 뜯거나 열었을 때, 종자의 보증 효력을 잃은 것으로 본다. 다만, 해당 종자를 보증한 보증기관이나 종자관리사의 감독에 따라 분포장(分包裝)하는 경우는 제외한다는 단서에 따라 분포장한 종자의 보증표시는 분포장하기 전에 표시되었던 해당 품종의 보증표시보다 더 자세한 내용으로 하여야 한다.
④ 포장한 보증종자의 포장을 뜯거나 열었을 때, 종자의 보증 효력을 잃은 것으로 본다. 다만, 해당 종자를 보증한 보증기관이나 종자관리사의 감독에 따라 분포장(分包裝)하는 경우는 제외한다는 단서에 따라 분포장한 종자의 보증표시는 분포장하기 전에 표시되었던 해당 품종의 보증표시와 같은 내용으로 하여야 한다.

해설

분포장 종자의 보증표시(종자산업법 제35조)
분포장한 종자의 보증표시는 분포장하기 전에 표시되었던 해당 품종의 보증표시와 같은 내용으로 하여야 한다.

059

품종목록 등재 대상작물을 생산 또는 보급하고자 할 때, 종자보증을 받지 않아도 되는 경우에 해당되지 않는 것은?

① 1대잡종의 친 또는 합성품종의 친으로만 쓰이는 경우
② 시험 또는 판매의 목적으로 쓰이는 경우
③ 증식 목적으로 판매한 후 생산된 종자를 판매자가 다시 전량 매입하는 경우
④ 생산된 종자를 전량 수출하는 경우

해설

보증종자의 판매 등(종자산업법 제36조 제1항)
품종목록 등재 대상작물의 종자 또는 농림축산식품부장관이 고시한 품종의 종자를 판매하거나 보급하려는 자는 종자의 보증을 받아야 한다. 다만, 종자가 다음의 어느 하나에 해당하는 경우에는 그러하지 아니하다.
1. 1대잡종의 친(親) 또는 합성품종의 친으로만 쓰이는 경우
2. 증식 목적으로 판매하여 생산된 종자를 판매자가 다시 전량 매입하는 경우
3. 시험이나 연구 목적으로 쓰이는 경우
4. 생산된 종자를 전량 수출하는 경우
5. 직무상 육성한 품종의 종자를 증식용으로 사용하도록 하기 위하여 육성자가 직접 분양하거나 양도하는 경우
6. 그 밖에 종자용 외의 목적으로 사용하는 경우

060

종자의 유통 관리에서 종자업의 등록에 대한 내용이다. ( ) 안에 해당하지 않는 것은?

> 종자업을 하려는 자는 대통령령으로 정하는 시설을 갖추어 ( )에게 등록하여야 한다.

① 농업기술센터장
② 시장
③ 군수
④ 구청장

해설

종자업의 등록 등(종자산업법 제37조 제1항)
종자업을 하려는 자는 대통령령으로 정하는 시설을 갖추어 시장·군수·구청장에게 등록하여야 한다. 이 경우 종자의 생산 이력을 기록·보관하여야 하는 자의 등록 사항에는 종자의 생산장소가 포함되어야 한다.

061

대통령령으로 정하는 작물의 종자를 생산·판매하려는 자의 경우를 제외하고, 종자업을 하려는 자는 종자관리사를 몇 명 이상 두어야 하는가?

① 1명
② 3명
③ 5명
④ 7명

해설

종자업의 등록 등(종자산업법 제37조 제2항)
종자업을 하려는 자는 종자관리사를 1명 이상 두어야 한다. 다만, 대통령령으로 정하는 작물의 종자를 생산·판매하려는 자의 경우에는 그러하지 아니하다.

062

다음 중 종자를 생산·판매하려는 자의 경우에 종자관리사를 두어야 하는 작물은?

① 장미
② 뽕
③ 무
④ 페튜니아

해설

종자관리사 보유의 예외(종자산업법 시행령 제15조)
1. 화훼
2. 사료작물(사료용 벼·보리·콩·옥수수 및 감자를 포함)
3. 목초작물
4. 특용작물
5. 뽕
6. 임목(林木)
7. 식량작물(벼·보리·콩·옥수수 및 감자는 제외한다)
8. 과수(사과·배·복숭아·포도·단감·자두·매실·참다래 및 감귤은 제외)
9. 채소류(무·배추·양배추·고추·토마토·오이·참외·수박·호박·파·양파·당근·상추 및 시금치는 제외)
10. 버섯류(양송이·느타리버섯·뽕나무버섯·영지버섯·만가닥버섯·잎새버섯·목이버섯·팽이버섯·복령·버들송이 및 표고버섯은 제외)

063

다음 중 상추종자를 생산하기 위하여 종자업 등록을 하고자 할 때 철재하우스가 갖추어야 할 종자업의 시설기준으로 맞는 것은?

① 100m² 이상

② 1,000m² 이상

③ 330m² 이상

④ 3,330m² 이상

해설

종자업의 시설기준 - 채소(종자산업법 시행령 [별표 5])

시설	1) 철재하우스 : 330m² 이상일 것 2) 육종포장(育種圃場) : 3,000m² 이상일 것
장비	정선기, 건조기, 포장기, 수분측정기 및 발아시험기 각 1대 이상일 것

064

다음 중 ( )에 알맞은 내용은?

> 종자 관련법상 종자업자는 종자업의 등록한 사항이 변경된 경우에는 그 사유가 발생한 날부터 ( ) 이내에 시장·군수·구청장에게 그 변경사항을 통지하여야 한다.

① 30일

② 50일

③ 80일

④ 100일

해설

종자업의 등록 등(종자산업법 시행령 제14조 제3항)

종자업자는 등록한 사항이 변경된 경우에는 그 사유가 발생한 날부터 30일 이내에 시장·군수·구청장에게 그 변경사항을 통지하여야 한다.

065

육묘업의 등록 등에 대한 내용이다. ( )에 적절하지 않은 내용은?

> 육묘업을 하려는 자는 대통령령으로 정하는 시설을 갖추어 ( )에게 등록하여야 한다.

① 시장

② 각 지역 국립대학교 총장

③ 군수

④ 구청장

해설

육묘업의 등록 등(종자산업법 제37조의2 제1항)

육묘업을 하려는 자는 대통령령으로 정하는 시설을 갖추어 시장·군수·구청장에게 등록하여야 한다.

066

육묘업 등록을 한 날부터 1년 이내에 사업을 시작하지 아니하거나 정당한 사유 없이 1년 이상 계속하여 휴업한 경우 육묘업 등록이 취소되거나 얼마 이내의 영업의 전부 또는 일부의 정지를 받는가?

① 1개월 이내

② 3개월 이내

③ 6개월 이내

④ 12개월 이내

해설

육묘업 등록의 취소 등(종자산업법 제39조의2 제1항)

시장·군수·구청장은 육묘업자가 다음의 어느 하나에 해당하는 경우에는 육묘업 등록을 취소하거나 6개월 이내의 기간을 정하여 영업의 전부 또는 일부의 정지를 명할 수 있다. 다만, 제1호에 해당하는 경우에는 그 등록을 취소하여야 한다.

1. 거짓이나 그 밖의 부정한 방법으로 육묘업 등록을 한 경우
2. 육묘업 등록을 한 날부터 1년 이내에 사업을 시작하지 아니하거나 정당한 사유 없이 1년 이상 계속하여 휴업한 경우
3. 육묘업자가 육묘업 등록을 한 후 법에 따른 시설기준에 미치지 못하게 된 경우
4. 품질표시를 하지 아니하거나 거짓으로 표시한 묘를 판매하거나 보급한 경우
5. 묘 등의 조사나 묘의 수거를 거부·방해 또는 기피한 경우
6. 생산이나 판매가 중지된 묘를 생산하거나 판매한 경우

067

종자업 또는 육묘업 등록을 한 날부터 1년 이내에 사업을 시작하지 않거나 정당한 사유없이 1년 이상 계속하여 휴업한 경우 1회 위반 시 행정처분기준은?

① 영업정지 7일　　　② 영업정지 15일

③ 영업정지 30일　　　④ 등록취소

종자업자 및 육묘업자에 대한 행정처분의 세부 기준(종자산업법 시행규칙 [별표 4])

위반행위	위반횟수별 행정처분기준		
	1회 위반	2회 위반	3회 이상 위반
나. 종자업 또는 육묘업 등록을 한 날부터 1년 이내에 사업을 시작하지 않거나 정당한 사유 없이 1년 이상 계속하여 휴업한 경우	등록취소	–	–

068

종자관련법상 종자의 수출·수입에 관한 내용이다. (　　) 안에 알맞은 내용은?

> (　　)은 국내 생태계 보호 및 자원 보존에 심각한 지장을 줄 우려가 있다고 인정하는 경우에는 대통령령으로 정하는 바에 따라 종자의 수출·수입을 제한하거나 수입된 종자의 국내 유통을 제한할 수 있다.

① 농림축산식품부장관

② 농촌진흥청장

③ 국립종자원장

④ 환경부장관

종자의 수출·수입 및 유통 제한(종자산업법 제40조)

농림축산식품부장관은 국내 생태계 보호 및 자원 보존에 심각한 지장을 줄 우려가 있다고 인정하는 경우에는 대통령령으로 정하는 바에 따라 종자의 수출·수입을 제한하거나 수입된 종자의 국내 유통을 제한할 수 있다.

069

종자의 수출·수입을 제한하거나 수입된 종자의 국내 유통을 제한할 수 있는 경우로 옳은 것은?

① 국내 유전자원 보존에 심각한 지장을 초래할 우려가 있는 경우

② 국내에서 육성된 품종의 종자가 수출되어 복제될 우려가 크다고 판단될 경우

③ 지나친 수입으로 구내 종자산업 발전에 막대한 지장을 초래 할 우려가 있는 경우

④ 지나친 수출로 해당 작물의 생산이 크게 부족하여 해당 농산물의 자급률이 크게 악화 될 우려가 있는 경우

수출입 종자의 국내유통 제한(종자산업법 시행령 제16조 제1항)

종자의 수출·수입을 제한하거나 수입된 종자의 국내 유통을 제한할 수 있는 경우는 다음과 같다.

1. 수입된 종자에 유해한 잡초종자가 농림축산식품부장관이 정하여 고시하는 기준 이상으로 포함되어 있는 경우
2. 수입된 종자의 증식이나 교잡에 의한 유전자 변형 등으로 인하여 농작물 생태계 등 기존의 국내 생태계를 심각하게 파괴할 우려가 있는 경우
3. 수입된 종자의 재배로 인하여 특정 병해충이 확산될 우려가 있는 경우
4. 수입된 종자로부터 생산된 농산물의 특수성분으로 인하여 국민건강에 나쁜 영향을 미칠 우려가 있는 경우
5. 재래종 종자 또는 국내의 희소한 기본종자의 무분별한 수출 등으로 인하여 국내 유전자원(遺傳資源) 보존에 심각한 지장을 초래할 우려가 있는 경우

070

다음 중 유통종자의 품질표시 사항으로 맞는 것은?

① 종자의 포장당 무게 또는 낱알 개수
② 농림축산식품부장관이 정하는 병충해의 유무
③ 자체순도 검정확인 표시
④ 수입종자인 경우에는 수입적응성시험 확인대장 등 재번호

해설

유통종자 및 묘의 품질표시(종자산업법 제43조 제1항)
국가보증 대상이 아닌 종자나 자체보증을 받지 아니한 종자 또는 무병화인증을 받지 아니한 종자를 판매하거나 보급하려는 자는 종자의 용기나 포장에 다음의 사항이 모두 포함된 품질표시를 하여야 한다.
1. 종자(묘목은 제외)의 생산 연도 또는 포장 연월
2. 종자의 발아(發芽) 보증시한(발아율을 표시할 수 없는 종자는 제외)
3. 등록 및 신고에 관한 사항 등 그 밖에 농림축산식품부령으로 정하는 사항

유통종자 및 묘의 품질표시(종자산업법 시행규칙 제34조 제1항 제1호)
가. 품종의 명칭
나. 종자의 발아율[버섯종균의 경우에는 종균 접종일(接種日)]
다. 종자의 포장당 무게 또는 낱알 개수
라. 수입 연월 및 수입자명[수입종자의 경우로 한정하며, 국내에서 육성된 품종의 종자를 해외에서 채종(採種)하여 수입하는 경우는 제외]
마. 재배 시 특히 주의할 사항
바. 종자업 등록번호(종자업자의 경우로 한정)
사. 품종보호 출원공개번호(식물신품종보호법에 따라 출원공개된 품종의 경우로 한정) 또는 품종보호 등록번호(식물신품종보호법에 따른 보호품종으로서 품종보호권의 존속기간이 남아 있는 경우로 한정)
아. 품종 생산·수입 판매 신고번호(법에 따른 생산·수입 판매 신고 품종의 경우로 한정)
자. 유전자변형종자 표시(유전자변형종자의 경우로 한정, 표시방법은 유전자변형생물체의 국가간 이동 등에 관한 법률 시행령에 따른다)

071

종자관련법상 유통종자의 품질표시 사항으로 틀린 것은?

① 품종의 명칭
② 종자의 포장당 무게 또는 낱알 개수
③ 수입 연월 및 수입자명(수입종자의 경우에 해당하며, 국내에서 육성된 품종의 종자를 해외에서 채종하여 수입하는 경우도 포함한다)
④ 종자의 발아율(버섯종균의 경우에는 종균 접종일)

해설

③ 수입 연월 및 수입자명[수입종자의 경우로 한정하며, 국내에서 육성된 품종의 종자를 해외에서 채종(採種)하여 수입하는 경우는 제외](종자산업법 시행규칙 제34조 제1항 제1호 라목)

072

(   )에 알맞은 내용은?

> (   )은 품종목록에 등재된 품종의 종자는 일정량의 시료를 보관·관리하여야 한다. 이 경우 종자시료가 영양체인 경우에는 그 제출 시기·방법 등은 농림축산식품부령으로 정한다.

① 농림축산식품부장관
② 농촌진흥청장
③ 국립종자원장
④ 농업기술센터장

해설

종자시료의 보관(종자산업법 제46조 제1항)
농림축산식품부장관은 품종목록에 등재된 품종의 종자는 일정량의 시료를 보관·관리하여야 한다. 이 경우 종자시료가 영양체인 경우에는 그 제출 시기·방법 등은 농림축산식품부령으로 정한다.

073

종자관련법상 보상 청구의 내용이다. (　) 안에 알맞은 내용은?

> 종자업자는 보상 청구를 받은 날부터 (　) 이내에 그 보상 청구에 대한 보상 여부를 결정하여야 한다.

① 5일　　　　　　　② 15일
③ 25일　　　　　　④ 30일

해설

보상 청구 등(종자산업법 시행규칙 제40조 제2항)
보상 청구를 받은 종자업자 또는 육묘업자는 보상 청구를 받은 날부터 15일 이내에 그 보상 청구에 대한 보상 여부를 결정하여야 한다.

074

종자산업법상 종자업 등록하지 아니하고 종자업을 한 자는 어떤 벌칙은 받는가?

① 6개월 이하의 징역 또는 3백만원 이하의 벌금
② 6개월 이하의 징역 또는 5백만원 이하의 벌금
③ 1년 이하의 징역 또는 5백만원 이하의 벌금
④ 2년 이하의 징역 또는 2천만원 이하의 벌금

해설

벌칙(종자산업법 제54조 제2항)
다음의 자는 2년 이하의 징역 또는 2천만원 이하의 벌금에 처한다.
1. 식물신품종보호법에 따른 보호품종 외의 품종에 대하여 등재되거나 신고된 품종명칭을 도용하여 종자를 판매·보급·수출하거나 수입한 자
2. 고유한 품종명칭 외의 다른 명칭을 사용하거나 등재 또는 신고되지 아니한 품종명칭을 사용하여 종자를 판매·보급·수출하거나 수입한 자
3. 등록하지 아니하고 종자업을 한 자
4. 신고하지 아니하고 종자를 생산하거나 수입하여 판매한 자 또는 거짓으로 신고한 자
5. 고유한 품종명칭 외의 다른 명칭을 사용하여 품종의 생산·수입 판매 신고를 한 자

075

과태료 처분대상에 해당하지 않는 것은?

① 종자업 등록을 하지 아니하고 종자업을 한 자
② 종자의 보증과 관련된 검사서류를 보관하지 아니한 자
③ 종자의 판매 이력을 기록·보관하지 아니하거나 거짓으로 기록한 종자업자
④ 유통중인 종자에 대한 관계공무원의 조사 또는 수거를 거부·방해 또는 기피한 자

해설

① 2년 이하의 징역 또는 2천만원 이하의 벌금(종자산업법 제54조 제2항 제3호)

076

대통령령으로 자격기준을 갖춘 사람으로서 종자관리사가 되려는 사람은 농림축산식품부령으로 정하는 바에 따라 농림축산식품부장관에게 등록하여야 하는데, 등록을 하지 아니하고 종자관리사 업무를 수행한 자의 벌칙은?

① 6개월 이하의 징역 또는 3백만원 이하의 벌금에 처한다.
② 6개월 이하의 징역 또는 5백만원 이하의 벌금에 처한다.
③ 1년 이하의 징역 또는 5백만원 이하의 벌금에 처한다.
④ 1년 이하의 징역 또는 1천만원 이하의 벌금에 처한다.

해설

1년 이하의 징역 또는 1천만원 이하의 벌금(종자산업법 제54조 제3항 제2호)

077

종자산업법상에서 위반한 행위 중 벌칙이 1년 이하의 징역 또는 1천만원 이하의 벌금에 해당하지 않는 것은?

① 보증서를 거짓으로 발급한 종자관리사
② 생산 또는 판매 중지를 명한 종자 또는 묘를 생산하거나 판매한 자
③ 수입적응성시험을 받지 아니하고 종자를 수입한 자
④ 종자의 보증과 관련된 검사서류를 보관하지 아니한 자

해설
④ 1천만원 이하의 과태료(종자산업법 제56조 제1항 제2호)

078

종자산업법상 출입, 조사·검사 또는 수거를 거부·방해 또는 기피한 자의 과태료는?

① 5백만원 이하의 과태료
② 1천만원 이하의 과태료
③ 2천만원 이하의 과태료
④ 5천만원 이하의 과태료

해설
과태료(종자산업법 제56조 제1항)
다음의 자에게는 1천만원 이하의 과태료를 부과한다.
1. 종자의 보증과 관련된 검사서류를 보관하지 아니한 자
2. 정당한 사유 없이 보고·자료제출·점검 또는 조사를 거부·방해하거나 기피한 자
3. 종자의 생산 이력을 기록·보관하지 아니하거나 거짓으로 기록한 자
4. 종자의 판매 이력을 기록·보관하지 아니하거나 거짓으로 기록한 종자업자
5. 정당한 사유 없이 자료제출을 거부하거나 방해한 자
6. 유통종자 또는 묘의 품질표시를 하지 아니하거나 거짓으로 표시하여 종자 또는 묘를 판매하거나 보급한 자
7. 출입, 조사·검사 또는 수거를 거부·방해 또는 기피한 자
8. 구입한 종자에 대한 정보와 투입된 자재의 사용 명세, 자재구입 증명자료 등을 보관하지 아니한 자

079

유통종자 또는 묘의 품질표시를 하지 아니하거나 거짓으로 표시하여 종자 또는 묘를 판매하거나 보급한 자의 과태료는?

① 1백만원 이하의 과태료
② 3백만원 이하의 과태료
③ 5백만원 이하의 과태료
④ 1천만원 이하의 과태료

해설
과태료(종자산업법 제56조 제1항 제3호)

080

종자산업법상의 규정에 의한 발아보증시한이 경과된 종자를 진열·보관한 자에 대한 벌칙으로 1회 위반 시 과태료는?

① 1만원
② 10만원
③ 100만원
④ 1,000만원

해설
과태료 부과기준 – 개별기준(종자산업법 시행령 [별표 6])

위반행위	과태료(단위 : 만원)				
	1회 위반	2회 위반	3회 위반	4회 위반	5회 이상 위반
법 제44조를 위반하여 같은 조 각 호의 종자 또는 묘를 진열·보관한 경우	10	30	50	70	100

081

'품종'의 정의로 가장 잘 설명한 것은?

① 식물학에서 통용되는 최저분류 단위의 식물군으로서 유전적으로 발현되는 특성 중 한 가지 이상의 특성이 다른 식물군과 구별되고 변함없이 증식될 수 있는 것

② 식물학에서 통용되는 하위 단위의 식물군으로 유전적으로 발현되는 특성 중 두가지 이상의 특성이 다른 식물군과 구별되고 변함없이 증식될 수 있는 것

③ 식물학에서 통용되는 최저분류 단위의 식물군으로 유전적으로 발현되는 특성 중 두가지 이상의 특성이 다른 식물군과 구별되고 변함없이 증식될 수 있는 것

④ 식물학에서 통되는 상위 단위의 식물군으로 유전적으로 발현되는 특성 중 한 가지 이상의 특성이 다른 식물군과 구별되고 변함없이 증식될 수 있는 것

해설

정의(식물신품종보호법 제2조 제2호)

082

식물신품종보호법상 육성자의 정의로 옳은 것은?

① 품종을 육성한 자나 이를 발견하여 개발한 자를 말한다.

② 품종을 발견하여 정부기관에 신고한 자를 말한다.

③ 품종을 대여 또는 수출한 자를 말한다.

④ 품종보호를 받을 수 있는 권리를 가진 자를 말한다.

해설

'육성자'란 품종을 육성한 자나 이를 발견하여 개발한 자를 말한다(식물신품종보호법 제2조 제3호).

083

식물신품종보호법상 '품종보호권'에 대한 내용으로 옳은 것은?

① 품종보호 요건을 갖추어 품종보호권이 주어진 품종을 말한다.

② 품종을 육성한 자나 이를 발견하여 개발한 자를 말한다.

③ 품종보호를 받을 수 있는 권리를 가진 자에게 주는 권리를 말한다.

④ 보호품종의 종자를 증식 · 생산 · 조제(調製) · 양도 · 대여 · 수출 또는 수입하거나 양도 또는 대여의 청약을 하는 행위를 말한다.

해설

'품종보호권'이란 이 법에 따라 품종보호를 받을 수 있는 권리를 가진 자에게 주는 권리를 말한다(식물신품종보호법 제2조 제4호).

084

다음 중 ( )에 알맞은 내용은?

( )(이)란 보호품종의 종자를 증식 · 생산 · 조제 · 양도 · 대여 · 수출 또는 수입하거나 양도 또는 대여의 청약(양도 또는 대여를 위한 전시를 포함한다. 이하 같다)을 하는 행위를 말한다.

① 실시   ② 보호품종
③ 육성자   ④ 품종보호권자

해설

② 보호품종 : 품종보호 요건을 갖추어 품종보호권이 주어진 품종을 말한다(식물신품종보호법 제2조 제6호).

③ 육성자 : 품종을 육성한 자나 이를 발견하여 개발한 자를 말한다(식물신품종보호법 제2조 제3호).

④ 품종보호권자 : 품종보호권을 가진 자를 말한다(식물신품종보호법 제2조 제5호).

085

직무육성품종과 관련된 설명으로 옳은 것은?

① 농민이 육성하거나 발견하여 개발한 품종으로서 미래농업의 직무에 속한 것

② 농민이 육성하거나 발견하여 개발한 품종으로서 품종보호권이 주어진 품종일 것

③ 공무원이 육성하거나 발견하여 개발한 품종으로서 미래농업의 직무에 속한 것

④ 공무원이 육성하거나 발견하여 개발한 품종으로서 그 성질상 국가 또는 지방자치단체의 업무범위에 속한 것

해설

'직무육성품종'이란 공무원이 육성하거나 발견하여 개발(이하 '육성') 한 품종으로서 그 성질상 국가 또는 지방자치단체의 업무범위에 속하고, 그 품종을 육성하게 된 행위가 공무원의 현재 또는 과거의 직무에 속하는 것을 말한다(식물신품종보호법 시행령 제2조 제1호).

086

국유품종보호권의 정의로 옳은 것은?

① 국가가 구입한 품종보호권

② 국가 간에 거래되는 품종보호권

③ 국가 명의로 등록된 품종보호권

④ 국가가 생산·공급하는 종자의 품종보호권

해설

'국유품종보호권'이란 식물신품종 보호법에 따라 국가 명의로 등록된 품종보호권을 말한다(식물신품종보호법 시행령 제2조 제2호).

087

품종보호 출원서는 누구에게 제출하는가?

① 농림축산식품부장관　　② 대통령

③ 도지사　　④ 한국종자협회장

해설

품종보호의 출원(식물신품종보호법 제30조 제1항)

품종보호 출원인은 공동부령으로 정하는 품종보호 출원서에 다음의 사항을 적어 농림축산식품부장관 또는 해양수산부장관에게 제출하여야 한다.

088

품종보호출원을 한 직무육성품종에 대하여 품종보호권의 설정등록을 했을 때 품종보호권자는?

① 대한민국　　② 국립종자원장

③ 해양수산부장관　　④ 농림축산식품부장관

해설

품종보호권의 설정등록(식물신품종보호법 시행령 제9조)

농림축산식품부장관 또는 해양수산부장관은 품종보호출원을 한 직무육성품종이 품종보호결정이 되었을 때에는 그 직무육성품종에 대하여 지체 없이 다음과 같이 국가 명의로 품종보호권의 설정등록을 하여야 한다.

1. 품종보호권자 : 대한민국
2. 관리청 : 농림축산식품부장관 또는 해양수산부장관
3. 승계청 : 농림축산식품부장관 또는 해양수산부장관

089

국유품종보호권에 대한 전용실시권을 설정하거나 통상실시권을 허락하는 경우 그 실시 기간은 해당 전용실시권의 설정 또는 통상실시권의 허락에 관한 계약일로부터 몇 년 이내로 하는가?

① 5년　　② 7년

③ 9년　　④ 12년

해설

국유품종보호권에 대한 전용실시권을 설정하거나 통상실시권을 허락하는 경우 그 실시기간은 해당 전용실시권의 설정 또는 통상실시권의 허락에 관한 계약일부터 7년 이내로 한다.

090

( )에 옳지 않은 내용은?

> 식물신품종보호법상( )은 품종보호에 관한 절차 중 납부해야 할 수수료를 납부하지 아니한 경우에는 기간을 정하여 보정을 명할 수 있다.

① 농림축산식품부장관
② 농촌진흥청장
③ 해양수산부장관
④ 심판위원회 위원장

해설

절차의 보정(식물신품종보호법 제9조)
농림축산식품부장관, 해양수산부장관 또는 심판위원회 위원장은 품종보호에 관한 절차가 다음의 어느 하나에 해당하는 경우에는 기간을 정하여 보정을 명할 수 있다.
1. 제5조를 위반하거나 제15조에 따라 준용되는 특허법을 위반한 경우
2. 이 법 또는 이 법에 따른 명령에서 정하는 방식을 위반한 경우
3. 납부해야 할 수수료를 납부하지 아니한 경우

091

식물신품종보호법상 절차의 보정에 대한 내용이다. ( )에 적절하지 않은 내용은?

> ( )은 품종보호에 관한 절차가 식물신품종보호법에 따른 명령에서 정하는 방식을 위반한 경우에는 기간을 정하여 보정을 명할 수 있다.

① 농림축산식품부장관
② 해양수산부장관
③ 농업기술센터장
④ 심판위원회 위원장

해설

절차의 보정(식물신품종보호법 제9조)

092

식물신품종보호법상 절차의 무효에 대한 내용이다. ( )에 알맞은 내용은?

> 심판위원회 위원장은 '보정명령을 받은 자가 지정된 기간까지 보정을 하지 아니한 경우에는 그 품종보호에 관한 절차를 무효로 할 수 있다'에 따라 그 절차가 무효로 된 경우로서 지정된 기간을 지키지 못한 것이 보정명령을 받은 자가 천재지변이나 그 밖의 불가피한 사유에 의한 것으로 인정될 때에는 그 사유가 소멸한 날부터 ( ) 이내에 또는 그 기간이 끝난 후 1년 이내에 보정명령을 받은 자의 청구에 따라 그 무효처분을 취소할 수 있다.

① 3일   ② 7일
③ 10일   ④ 14일

해설

절차의 무효(식물신품종보호법 제10조 제2항)
농림축산식품부장관, 해양수산부장관 또는 심판위원회 위원장은 그 절차가 무효로 된 경우로서 지정된 기간을 지키지 못한 것이 보정명령을 받은 자가 천재지변이나 그 밖의 불가피한 사유에 의한 것으로 인정될 때에는 그 사유가 소멸한 날부터 14일 이내에 또는 그 기간이 끝난 후 1년 이내에 보정명령을 받은 자의 청구에 따라 그 무효처분을 취소할 수 있다.

093

식물신품종보호법상 품종의 보호 요건으로만 묶인 것은?

① 구별성, 균일성, 안전성
② 상업성, 구별성, 안정성
③ 신규성, 상업성, 안전성
④ 안정성, 균일성, 신규성

해설

품종보호 요건(식물신품종보호법 제16조)
다음의 요건을 갖춘 품종은 이 법에 따른 품종보호를 받을 수 있다.
1. 신규성
2. 구별성
3. 균일성
4. 안정성
5. 제106조 제1항에 따른 품종명칭

094

식물신품종보호법상 품종보호 요건에 해당하지 않는 것은?

① 신규성　　　　　　② 우수성
③ 구별성　　　　　　④ 균일성

품종보호 요건(식물신품종보호법 제16조)

095

식물신품종보호법상 신규성에 대한 내용이다. (   )에 알 맞은 내용은?(단, 과수 및 임목인 경우에는 제외한다)

> 품종보호 출원일 이전에 대한민국에서는 (   ) 이상, 그 밖의 국가에서는 4년 이상 해당 종자나 그 수확물이 이용을 목적으로 양도되지 아니한 경우에는 그 품종은 신규성을 갖춘 것으로 본다.

① 6개월　　　　　　② 1년
③ 2년　　　　　　　④ 3년

신규성(식물신품종보호법 제17조 제1항)
품종보호 출원일 이전에 대한민국에서는 1년 이상, 그 밖의 국가에서는 4년[과수(果樹) 및 임목(林木)인 경우에는 6년] 이상 해당 종자나 그 수확물이 이용을 목적으로 양도되지 아니한 경우에는 그 품종은 신규성을 갖춘 것으로 본다.

096

식물신품종보호법상 신규성에 대한 내용이다. (   )에 알 맞은 내용은?

> 품종보호 출원일 이전에 대한민국에서는 1년 이상, 그 밖의 국가에서는 4년[과수(果樹) 및 임목(林木)인 경우에는 (   )] 이상 해당 종자나 그 수확물이 이용을 목적으로 양도되지 아니한 경우에는 그 품종은 신규성을 갖춘 것으로 본다.

① 6년　　　　　　　② 3년
③ 2년　　　　　　　④ 1년

신규성(식물신품종보호법 제17조 제1항)

097

일반인에게 알려져 있는 품종에 해당하지 않는 것은?

> 관련 법령에 따른 품종보호 출원일 이전(우선권을 주장하는 경우에는 최초의 품종보호 출원일 이전)까지 일반인에게 알려져 있는 품종과 명확하게 구별되는 품종은 구별성을 갖춘 것으로 본다.

① 품종보호를 받고 있는 품종
② 품종목록에 등재되어 있는 품종
③ 농민이 채종하여 사용하는 품종
④ 유통되고 있는 품종

구별성(식물신품종보호법 제18조 제2항)
일반인에게 알려져 있는 품종이란 다음의 어느 하나에 해당하는 품종을 말한다. 다만, 품종보호를 받을 수 있는 권리를 가진 자의 의사에 반하여 일반인에게 알려져 있는 품종은 제외한다.
1. 유통되고 있는 품종
2. 보호품종
3. 품종목록에 등재되어 있는 품종
4. 공동부령으로 정하는 종자산업과 관련된 협회에 등록되어 있는 품종

098

식물신품종보호법상 '품종의 본질적 특성이 반복적으로 증식된 후에도 그 품종의 본질적 특성이 변하지 아니하는 경우'에 해당하는 것은?

① 안정성   ② 균일성
③ 구별성   ④ 신규성

안정성(식물신품종보호법 제20조)
품종의 본질적 특성이 반복적으로 증식된 후(1대잡종 등과 같이 특정한 증식주기를 가지고 있는 경우에는 매 증식주기 종료 후)에도 그 품종의 본질적 특성이 변하지 아니하는 경우에는 그 품종은 제16조 제4호의 안정성을 갖춘 것으로 본다.

099

품종보호를 받을 수 있는 권리자에 관한 설명으로 틀린 것은?

① 신품종을 육성한 자는 품종보호를 받을 수 있는 권리를 가진다.
② 품종보호를 받을 수 있는 권리를 승계한 자는 품종보호를 받을 수 있는 권리를 가진다.
③ 2인 이상 신품종을 공동으로 육성한 자는 권리를 공유한다.
④ 대리인은 품종보호를 받을 수 있는 권리를 가진다.

①·② 육성자나 그 승계인은 이 법에서 정하는 바에 따라 품종보호를 받을 수 있는 권리를 가진다(식물신품종보호법 제21조 제1항).
③ 2인 이상의 육성자가 공동으로 품종을 육성하였을 때에는 품종보호를 받을 수 있는 권리는 공유(共有)로 한다(식물신품종보호법 제21조 제2항).

100

품종보호출원에 관한 설명으로 옳지 않은 것은?

① 품종보호를 받을 수 있는 자는 육성자 또는 그 승계인이다.
② 국내에 주소를 두지 않은 외국인이 국내에 출원할 때는 품종보호관리인을 두어야 하다.
③ 국제식물신품종보호동맹(UPOV)에 가입하지 않은 국가의 국민은 우리나라에 출원할 수 없다.
④ 같은 품종에 대하여 다른 날에 둘 이상의 품종보호출원이 있을 때에는 먼저 품종보호를 출원한 자만이 그 품종에 대하여 품종보호를 받을 수 있다.

외국인의 권리능력(식물신품종보호법 제22조)
재외자 중 외국인은 다음의 어느 하나에 해당하는 경우에만 품종보호권이나 품종보호를 받을 수 있는 권리를 가질 수 있다.
1. 해당 외국인이 속하는 국가에서 대한민국 국민에 대하여 그 국민과 같은 조건으로 품종보호권 또는 품종보호를 받을 수 있는 권리를 인정하는 경우
2. 대한민국이 해당 외국인에게 품종보호권 또는 품종보호를 받을 수 있는 권리를 인정하는 경우에는 그 외국인이 속하는 국가에서 대한민국 국민에 대하여 그 국민과 같은 조건으로 품종보호권 또는 품종보호를 받을 수 있는 권리를 인정하는 경우
3. 조약 및 이에 준하는 것에 따라 품종보호권이나 품종보호를 받을 수 있는 권리를 인정하는 경우

101

품종보호에 관한 설명으로 옳은 것은?

① 품종보호를 받을 수 있는 권리는 이를 이전 할 수 없다.

② 품종보호를 받을 수 있는 권리는 질권의 목적으로 할 수 없다.

③ 품종보호를 받을 수 있는 권리는 공유자의 동의 없이 양도 할 수 있다.

④ 품종보호를 받을 수 있는 권리를 상속할 경우 자치단체장에게 신고하여야 한다.

해설

① 품종보호를 받을 수 있는 권리는 이를 이전할 수 있다(식물신품종보호법 제26조 제1항).

③ 품종보호출원 후에 품종보호를 받을 수 있는 권리의 승계는 상속이나 그 밖의 일반승계의 경우를 제외하고는 품종보호 출원인이 명의변경신고를 하지 아니하면 그 효력이 발생하지 아니한다(식물신품종보호법 제27조 제3항).

④ 품종보호를 받을 수 있는 권리의 상속이나 그 밖의 일반승계를 한 경우에는 승계인은 지체 없이 그 취지를 공동부령으로 정하는 바에 따라 농림축산식품부장관 또는 해양수산부장관에게 신고하여야 한다(식물신품종보호법 제27조 제4항).

102

품종보호를 받을 수 있는 권리의 승계에 대한 내용으로 틀린 것은?

① 동일인으로부터 승계한 동일한 품종보호를 받을 수 있는 권리에 대하여 같은 날에 둘 이상의 품종보호 출원이 있는 경우에는 품종보호 출원인 간에 협의하여 정한 자에게만 그 효력이 발생한다.

② 품종보호출원 전에 해당 품종에 대하여 품종보호를 받을 수 있는 권리를 승계한 자는 그 품종보호의 출원을 하지 아니하는 경우에도 제3자에게 대항할 수 있다.

③ 품종보호출원 후에 품종보호를 받을 수 있는 권리의 승계는 상속이나 그 밖의 일반승계의 경우를 제외하고는 품종보호 출원인이 명의변경 신고를 하지 아니하면 그 효력이 발생하지 아니한다.

④ 품종보호를 받을 수 있는 권리의 상속이나 그 밖의 일반승계를 한 경우에는 승계인은 지체 없이 그 취지를 공동부령으로 정하는 바에 따라 농림축산식품부장관 또는 해양수산부장관에게 신고하여야 한다.

해설

② 품종보호출원 전에 해당 품종에 대하여 품종보호를 받을 수 있는 권리를 승계한 자는 그 품종보호의 출원을 하지 아니하는 경우에는 제3자에게 대항할 수 없다(식물신품종보호법 제27조 제1항).

① 식물신품종보호법 제27조 제2항

③ 식물신품종보호법 제27조 제3항

④ 식물신품종보호법 제27조 제4항

103

식물신품종보호 관련법상 품종보호를 위해 출원 시 첨부하지 않아도 되는 것은?

① 품종보호출원 수수료 납부증명서
② 종자시료
③ 품종 육성지역의 토양 상태
④ 품종의 사진

해설

품종보호 출원서(식물신품종보호법 시행규칙 제40조)
품종보호를 받으려는 자는 품종보호 출원서에 다음의 서류 및 종자시료를 첨부하여 산림청장·국립종자원장 또는 국립수산과학원장에게 제출하여야 한다.
1. 품종의 사진
2. 종자시료. 다만, 종자시료가 묘목, 영양체 또는 수산식물인 경우에는 재배시험 적기 등을 고려하여 산림청장·국립종자원장 또는 국립수산과학원장이 따로 제출을 요청한 시기에 제출을 요청한 장소로 제출하여야 한다.
3. 품종보호출원 수수료 납부증명서 1부
4. 우선권 주장 수수료 납부증명서 1부(우선권을 주장하는 경우만 해당)
5. 권리에 관한 지분을 증명하는 서류 1부(지분이 약정되어 있는 경우만 해당다)
6. 대리권을 증명하는 서류 1부(대리인을 통하여 제출하는 경우만 해당)
7. 유전자변형생물체의 국가간 이동 등에 관한 법률에 따른 위해성 심사서 1부(유전자 변형품종인 경우에만 해당)

104

식물신품종보호법상 우선권을 주장하려는 자는 최초의 품종보호 출원일 다음날부터 얼마 이내에 품종보호출원을 하지 아니하면 우선권을 주장할 수 없는가?

① 6개월
② 1년
③ 2년
④ 3년

해설

우선권의 주장(식물신품종보호법 제31조 제2항)
우선권을 주장하려는 자는 최초의 품종보호 출원일 다음 날부터 1년 이내에 품종보호출원을 하지 아니하면 우선권을 주장할 수 없다.

105

품종보호출원된 품종의 내용에 대해 품종보호 공보에 출원 공개할 때 게재하여야 할 내용이 아닌 것은?

① 출원품종이 속하는 작물의 학명 및 일반명
② 출원품종의 육성 과정
③ 담당 심사관
④ 출원품종의 특성

해설

출원공개(식물신품종보호법 시행규칙 제45조)
출원공개를 할 때에는 다음의 사항을 공보에 게재하여야 한다.
1. 제43조 제1호부터 제4호까지의 사항
2. 육성자의 성명 및 주소
3. 출원품종이 속하는 작물의 학명 및 일반명
4. 우선권 주장의 여부
5. 출원품종의 특성
6. 담당 심사관
7. 출원공개번호 및 출원공개 연월일

106

품종보호결정에 관한 설명으로 맞는 것은?

① 품종보호결정은 서면으로 하여야 한다.
② 품종보호결정은 이유를 첨부할 필요는 없다.
③ 품종보호결정은 공보에 게재할 필요가 없다.
④ 품종보호결정은 관한 공보게재 사항은 대통령령으로 정한다.

해설

①·② 품종보호결정은 서면으로 하여야 하며 그 이유를 밝혀야 한다(식물신품종보호법 제43조 제2항).
③ 농림축산식품부장관 또는 해양수산부장관은 품종보호결정이 있는 경우에는 그 품종보호결정의 등본을 품종보호 출원인에게 송달하고 그 품종보호결정에 관하여 공보에 게재하여야 한다(식물신품종보호법 제43조 제3항).
④ 품종보호결정에 관하여 공보에 게재할 사항은 공동부령으로 정한다(식물신품종보호법 제43조 제4항).

107

(   )에 알맞은 내용은?

> 품종보호권자는 그 품종보호권의 존속기간 중에는 농림축산식품부장관에게 품종보호료를 (   ) 납부하여야 한다.

① 매년
② 2년에 1번
③ 3년에 1번
④ 5년에 1번

해설

품종보호료(식물신품종보호법 제46조 제2항)
품종보호권자는 그 품종보호권의 존속기간 중에는 농림축산식품부장관 또는 해양수산부장관에게 품종보호료를 매년 납부하여야 한다.

108

품종보호권자는 그 품종보호권의 존속기간 중에는 농림축산식품부장관 또는 해양수산부장관에게 품종보호료를 얼마 주기로 납부하여야 하는가?

① 6개월마다
② 매년
③ 2년마다
④ 3년마다

해설

품종보호료의 납부기간(식물신품종 보호법 제46조 제2항)

109

식물신품종보호법상 품종보호권의 설정등록을 받으려는 자나 품종보호권자는 품종보호료 납부기간이 지난 후에도 몇 개월 이내에 품종보호료를 납부할 수 있는가?

① 3개월
② 6개월
③ 12개월
④ 24개월

해설

납부기간이 지난 후의 품종보호료 납부(식물신품종보호법 제47조 제1항)
품종보호권의 설정등록을 받으려는 자나 품종보호권자는 품종보호료 납부기간이 지난 후에도 6개월 이내에는 품종보호료를 납부할 수 있다.

110

납부기간 경과 후의 품종보호료 납부에서 품종보호권의 설정등록을 받으려는 자나 품종보호권자는 품종보호료 납부기간이 경과한 후에도 몇 개월 이내에 품종보호료를 납부할 수 있는가?

① 1개월
② 3개월
③ 5개월
④ 6개월

해설

납부기간이 지난 후의 품종보호료 납부(식물신품종보호법 제47조 제1항)

111

품종보호료 및 품종보호 등록 등에 대한 내용이다. (   )에 가장 적절한 내용은?

> 품종보호권의 설정등록을 받으려는 자 또는 품종보호권자가 책임질 수 없는 사유로 추가납부기간 이내에 품종보호료를 납부하지 아니하였거나 보전기간 이내에 보전하지 아니한 경우에는 그 사유가 종료한 날부터 (   )이내에 그 품종보호료를 납부하거나 보전할 수 있다. 다만, 추가납부기간의 만료일 또는 보전기간의 만료일 중 늦은 날부터 6개월이 지났을 때에는 그러하지 아니하다.

① 5일
② 7일
③ 14일
④ 21일

해설

품종보호료의 추가납부 또는 보전에 의한 품종보호출원과 품종보호권의 회복 등(식물신품종보호법 제49조 제1항)
품종보호권의 설정등록을 받으려는 자 또는 품종보호권자가 책임질 수 없는 사유로 추가납부기간 이내에 품종보호료를 납부하지 아니하였거나 보전기간 이내에 보전하지 아니한 경우에는 그 사유가 종료한 날부터 14일 이내에 그 품종보호료를 납부하거나 보전할 수 있다. 다만, 추가납부기간의 만료일 또는 보전기간의 만료일 중 늦은 날부터 6개월이 지났을 때에는 그러하지 아니하다.

112

품종보호료의 추가납부 또는 보전에 의한 품종보호출원과 품종보호권의 회복 등에 관한 내용이다. (   )에 알맞은 내용은?

> 추가납부기간 이내에 품종보호료를 납부하지 아니하였거나 보전기간 이내에 보전하지 아니하여 실시 중인 보호품종의 품종보호권이 소멸한 경우 그 품종보호권자는 추가납부기간 또는 보전기간 만료일부터 (   ) 이내에 품종보호료의 3배를 납부하고 그 소멸한 권리의 회복을 신청할 수 있다. 이 경우 그 품종보호권은 품종보호료 납부기간이 지난 때에 소급하여 존속하고 있었던 것으로 본다.

① 1개월   ② 2개월
③ 3개월   ④ 5개월

해설

품종보호료의 추가납부 또는 보전에 의한 품종보호출원과 품종보호권의 회복 등(식물신품종보호법 제49조 제3항)
추가납부기간 이내에 품종보호료를 납부하지 아니하였거나 보전기간 이내에 보전하지 아니하여 실시 중인 보호품종의 품종보호권이 소멸한 경우 그 품종보호권자는 추가납부기간 또는 보전기간 만료일부터 3개월 이내에 품종보호료의 3배를 납부하고 그 소멸한 권리의 회복을 신청할 수 있다. 이 경우 그 품종보호권은 품종보호료 납부기간이 지난 때에 소급하여 존속하고 있었던 것으로 본다.

113

품종보호권 설정등록부터의 연수가 제6년부터 제10년까지의 경우 연간 품종보호료에 해당하는 것은?

① 1만원   ② 3만원
③ 5만5천원   ④ 7만5천원

해설

품종보호료(식물신품종 보호법에 따른 품종보호료 및 수수료 징수규칙 제2조)
식물신품종 보호법에 따른 품종보호료는 품종보호권 설정등록일부터의 연수(年數)별로 다음의 구분에 따른다.
1. 제1년부터 제5년까지 : 매년 3만원
2. 제6년부터 제10년까지 : 매년 7만5천원
3. 제11년부터 제15년까지 : 매년 22만5천원
4. 제16년부터 제20년까지 : 매년 50만원
5. 제21년부터 제25년까지 : 매년 1백만원

114

다음 중 품종보호료 면제사유에 해당하지 않는 것은?

① 국가가 품종보호권의 설정등록을 받기 위하여 품종보호료를 납부하여야 하는 경우
② 지방자치단체가 품종보호권의 설정등록을 받기 위하여 품종보호료를 납부하여야 하는 경우
③ 국가가 품종보호권의 존속기간이 끝난 후 품종보호료를 납부하여야 하는 경우
④ 국민기초생활보장법에 따른 수급권자가 품종보호권의 설정등록을 받기 위하여 품종보호료를 납부하여야 하는 경우

해설

품종보호료의 면제(식물신품종보호법 제50조)
다음의 어느 하나에 해당하는 경우에는 품종보호료를 면제한다.
1. 국가나 지방자치단체가 품종보호권의 설정등록을 받기 위하여 품종보호료를 납부하여야 하는 경우
2. 국가나 지방자치단체가 품종보호권의 존속기간 중에 품종보호료를 납부하여야 하는 경우
3. 국민기초생활 보장법에 따른 수급권자가 품종보호권의 설정등록을 받기 위하여 품종보호료를 납부하여야 하는 경우
4. 그 밖에 공동부령으로 정하는 경우

115

품종보호료 및 품종보호 등록 등에 대한 내용 중 (   )에 가장 적절한 내용은?

> 농림축산식품부장관 또는 해양수산부장관은 (   ) 품종보호 공보를 발행하여야 한다.

① 3개월 마다　　　　② 6개월 마다
③ 1년 마다　　　　　④ 매월

해설

품종보호 공보(식물신품종보호법 제53조)
농림축산식품부장관 또는 해양수산부장관은 매월 품종보호 공보를 발행하여야 한다.

116

식물신품종보호법상 품종보호권의 존속기간에서 품종보호권의 존속기간은 품종보호권이 설정등록된 날부터 몇 년으로 하는가?(단, 과수와 임목의 경우는 제외한다)

① 15년　　　　　　② 20년
③ 25년　　　　　　④ 30년

해설

품종보호권의 존속기간(식물신품종보호법 제55조)
품종보호권의 존속기간은 품종보호권이 설정등록된 날부터 20년으로 한다. 다만, 과수와 임목의 경우에는 25년으로 한다.

117

과수와 임목의 경우 품종보호권의 존속기간은 품종보호권이 설정등록된 날부터 몇 년으로 하는가?

① 15년　　　　　　② 25년
③ 30년　　　　　　④ 35년

118

식물신품종보호법상 품종보호권의 효력이 적용되는 것은?

① 영리 외의 목적으로 자가소비(自家消費)를 하기 위한 품종
② 실험이나 연구를 하기 위한 품종
③ 다른 품종을 육성하기 위한 품종
④ 보호품종을 반복하여 사용하여야 종자생산이 가능한 품종

해설

품종보호권의 효력(식물신품종보호법 제56조 제3항)
품종보호권의 효력은 다음의 어느 하나에 해당하는 품종에도 적용된다.
1. 보호품종(기본적으로 다른 품종에서 유래된 품종이 아닌 보호품종만 해당)으로부터 기본적으로 유래된 품종
2. 보호품종과 제18조에 따라 명확하게 구별되지 아니하는 품종
3. 보호품종을 반복하여 사용하여야 종자생산이 가능한 품종

119

식물신품종보호법상 품종보호권의 효력이 미치지 아니하는 범위가 아닌 것은?

① 자가소비를 하기 위한 보호품종 실시
② 다른 품종을 육성하기 위한 보호품종 실시
③ 실험 또는 연구를 하기 위한 보호품종 실시
④ 농업인 대상으로 판매를 하기 위한 보호품종 실시

해설

품종보호권의 효력이 미치지 아니하는 범위(식물신품종보호법 제57조 제1항)
다음의 어느 하나에 해당하는 경우에는 품종보호권의 효력이 미치지 아니한다.
1. 영리 외의 목적으로 자가소비(自家消費)를 하기 위한 보호품종의 실시
2. 실험이나 연구를 하기 위한 보호품종의 실시
3. 다른 품종을 육성하기 위한 보호품종의 실시

120

다음 중 (   )에 알맞은 내용은?

> 식물신품종보호관련법상 품종보호권이 공유인 경우 각 공유자는 계약으로 특별히 정한 경우를 제외하고는 다른 공유자의 동의를 받지 아니하고 (   )할 수 있다.

① 공유지분을 양도
② 공유지분을 목적으로 하는 질권을 설정
③ 해당 품종보호권에 대한 전용실시권을 설정
④ 해당 보호품종을 자신이 실시

해설

품종보호권의 이전 등(식물신품종보호법 제60조 제3항)
품종보호권이 공유인 경우 각 공유자는 계약으로 특별히 정한 경우를 제외하고는 다른 공유자의 동의를 받지 아니하고 해당 보호품종을 자신이 실시할 수 있다.

121

품종보호출원 시 심판청구수수료로 옳은 것은?

① 품종당 5만원
② 품종당 7만원
③ 품종당 10만원
④ 품종당 15만원

해설

품종보호출원 등에 관한 수수료(식물신품종 보호법에 따른 품종보호료 및 수수료 징수규칙 제8조)
1. 품종보호 관리인의 선임등록 또는 변경등록 수수료 : 품종당 5천5백원
2. 품종보호출원수수료 : 품종당 3만8천원
3. 품종보호 심사수수료
   가. 서류심사 : 품종당 5만원
   나. 재배심사 : 재배시험 때마다 품종당 50만원
4. 우선권주장 신청수수료 : 품종당 1만8천원
5. 통상실시권 설정에 관한 재정신청수수료 : 품종당 10만원
6. 심판청구수수료 : 품종당 10만원
7. 재심청구수수료 : 품종당 15만원
8. 보정료(補正料) : 다음 각 목의 구분에 따른 금액. 다만, 보정의 기준 및 보정료의 납부대상에 관한 구체적인 사항은 농림축산식품부장관 또는 해양수산부장관이 정하여 고시한다.
   가. 보정서를 전자문서로 제출하는 경우 : 건당 3천원
   나. 보정서를 서면으로 제출하는 경우 : 건당 1만3천원

122

품종보호권에 대한 내용이다. (   )에 가장 적절한 내용은?(단, '재정의 청구는 해당 보호품종의 품종보호권자 또는 전용실시권자와 통상실시권 허락에 관한 협의를 할 수 없거나 협의 결과합의가 이루어지지 아니한 경우에만 할 수 있다' 포함한다)

> 보호품종을 실시하려는 자는 보호품종이 정당한 사유 없이 계속하여 (   ) 이상 국내에서 상당한 영업적 규모로 실시되지 아니하거나 적당한 정도와 조건으로 국내수요를 충족시키지 못한 경우 농림축산식품부장관 또는 해양수산부장관에게 통상실시권 설정에 관한 재정(裁定)을 청구할 수 있다.

① 6개월
② 1년
③ 2년
④ 3년

해설

통상실시권 설정의 재정(식물신품종보호법 제67조 제1항)
보호품종을 실시하려는 자는 보호품종이 다음의 어느 하나에 해당하는 경우에는 농림축산식품부장관 또는 해양수산부장관에게 통상실시권 설정에 관한 재정(裁定)(이하 '재정')을 청구할 수 있다. 다만, 제1호와 제2호에 따른 재정의 청구는 해당 보호품종의 품종보호권자 또는 전용실시권자와 통상실시권 허락에 관한 협의를 할 수 없거나 협의 결과 합의가 이루어지지 아니한 경우에만 할 수 있다.
1. 보호품종이 천재지변이나 그 밖의 불가항력 또는 대통령령으로 정하는 정당한 사유 없이 계속하여 3년 이상 국내에서 실시되고 있지 아니한 경우
2. 보호품종이 정당한 사유 없이 계속하여 3년 이상 국내에서 상당한 영업적 규모로 실시되지 아니하거나 적당한 정도와 조건으로 국내수요를 충족시키지 못한 경우

123

식물신품종보호법상 포기의 효력에 대한 내용이다. (   )
에 알맞은 내용은?

품종보호권·전용실시권 또는 통상실시권을 포기하였을
때에는 품종보호권·전용실시권 또는 통상실시권은 (   )
부터 소멸한다.

① 14일 후   ② 7일 후
③ 3일 후   ④ 그 때

해설

포기의 효력(식물신품종보호법 제76조)
품종보호권·전용실시권 또는 통상실시권을 포기하였을 때에는 품종
보호권·전용실시권 또는 통상실시권은 그 때부터 소멸한다.

124

품종보호권을 침해한 자에 대하여 품종보호권자 또는 전용
실시권자가 취할 수 있는 법적 수단으로 옳지 않은 것은?

① 침해금지 청구
② 무효심판 청구
③ 손해배상 청구
④ 신용회복 청구

해설

① 품종보호권자나 전용실시권자는 자기의 권리를 침해하였거나 침
  해할 우려가 있는 자에 대하여 그 침해의 금지 또는 예방을 청구할
  수 있다(식물신품종보호법 제83조 제1항).
③ 품종보호권자나 전용실시권자는 고의나 과실에 의하여 자기의 권
  리를 침해한 자에게 손해배상을 청구할 수 있다(식물신품종보호법
  제85조 제1항).
④ 법원은 고의나 과실에 의하여 타인의 품종보호권이나 전용실시권
  을 침해함으로써 품종보호권자나 전용실시권자의 업무상 신용을
  떨어뜨린 자에게는 품종보호권자나 전용실시권자의 청구에 의하
  여 손해배상을 갈음하거나 손해배상과 함께 품종보호권자나 전용
  실시권자의 업무상 신용회복을 위하여 필요한 조치를 명할 수 있다
  (식물신품종보호법 제87조).

125

심판위원회의 기능에 대한 설명 중 틀린 것은?

① 심판위원회는 심사관의 거절결정에 대해 심판이 청
  구되는 경우 재심을 실시한다.
② 심판위원회는 위원장 1명을 포함한 8명 이내의 품종
  보호심판위원으로 구성하되, 위원장이 아닌 심판위
  원 중 1명은 상임으로 한다.
③ 품종보호된 후 그 품종보호권자가 품종보호권을 가
  질 수 없는 자가 되거나 그 품종보호가 조약 등을
  위반한 경우 무효심판을 청구할 수 있다.
④ 심판위원회에서 무효심판에 대해 품종보호권을 무
  효로 한다는 심결이 확정되면 그 품종보호권은 처음
  부터 없었던 것으로 본다.

해설

① 심판위원회 위원장은 제93조 제1항에 따른 심판청구를 받았을 때
  에는 심판위원에게 심판하게 한다(식물신품종보호법 제94조 제1
  항).

126

(   )에 알맞은 내용은?

─ 심판 ─
① 품종보호에 관한 심판과 재심을 관장하기 위하여 농림
  축산식품부에 품종보호심판위원회를 둔다.
② 심판위원회는 위원장 1명을 포함한 (   ) 이내의 품종보
  호심판위원으로 구성하되, 위원장이 아닌 심판위원 중
  1명은 상임(常任)으로 한다.

① 5명   ② 8명
③ 12명   ④ 15명

해설

품종보호심판위원회(식물신품종보호법 제90조 제2항)
심판위원회는 위원장 1명을 포함한 8명 이내의 품종보호심판위원으
로 구성하되, 위원장이 아닌 심판위원 중 1명은 상임(常任)으로 한다.

127

식물신품종보호법상 품종보호에 대해 취소결정을 받은 자가 이에 불복하는 경우에는 그 등본을 송달받은 날부터 며칠 이내에 심판을 청구할 수 있는가?

① 15일　　　　　　　② 30일
③ 40일　　　　　　　④ 100일

해설

거절결정 또는 취소결정에 대한 심판(식물신품종보호법 제91조)
거절결정 또는 취소결정을 받은 자가 이에 불복하는 경우에는 그 등본을 송달받은 날부터 30일 이내에 심판을 청구할 수 있다.

129

식물신품종보호법상 재심 및 소송에서 '심결에 대한 소와 심판청구서 또는 재심청구서의 보정각하결정에 대한 소는 특허법원의 전속관할로 한다'에 따른 소는 심결이나 결정의 등본을 송달받은 날부터 며칠 이내에 제기하여야 하는가?

① 14일　　　　　　　② 21일
③ 30일　　　　　　　④ 60일

해설

심결 등에 대한 소(식물신품종보호법 제103조 제3항)
제1항에 따른 소는 심결이나 결정의 등본을 송달받은 날부터 30일 이내에 제기하여야 한다.

128

식물신품종관련법상 심판의 합의체에 대한 내용이다. (　)에 알맞은 내용은?

> 심판은 (　)의 심판위원으로 구성되는 합의체에서 한다.

① 3명　　　　　　　② 5명
③ 7명　　　　　　　④ 9명

해설

심판의 합의체(식물신품종보호법 제96조 제1항)
심판은 3명의 심판위원으로 구성되는 합의체에서 한다.

130

식물신품종보호법상 품종명칭에서 품종보호를 받기 위하여 출원하는 품종은 몇 개의 고유한 품종명칭을 가져야 하는가?

① 1개　　　　　　　② 2개
③ 3개　　　　　　　④ 5개

해설

품종명칭(식물신품종보호법 제106조 제1항)
품종보호를 받기 위하여 출원하는 품종은 1개의 고유한 품종명칭을 가져야 한다.

131

품종명칭으로 등록 가능한 것은?

① 숫자로만 표시

② 기호로만 표시

③ 해당 품종의 수확량만을 표시

④ 해당 품종의 육성자 이름을 표시

해설

품종명칭 등록의 요건(식물신품종보호법 제107조)

다음의 어느 하나에 해당하는 품종명칭은 품종명칭의 등록을 받을 수 없다.

1. 숫자로만 표시하거나 기호를 포함하는 품종명칭

2. 해당 품종 또는 해당 품종 수확물의 품질·수확량·생산시기·생산방법·사용방법 또는 사용시기로만 표시한 품종명칭

3. 해당 품종이 속한 식물의 속 또는 종의 다른 품종의 품종명칭과 같거나 유사하여 오인하거나 혼동할 염려가 있는 품종명칭

4. 해당 품종이 사실과 달리 다른 품종에서 파생되었거나 다른 품종과 관련이 있는 것으로 오인하거나 혼동할 염려가 있는 품종명칭

5. 식물의 명칭, 속 또는 종의 명칭을 사용하였거나 식물의 명칭, 속 또는 종의 명칭으로 오인하거나 혼동할 염려가 있는 품종명칭

6. 국가, 인종, 민족, 성별, 장애인, 공공단체, 종교 또는 고인과의 관계를 거짓으로 표시하거나, 비방하거나 모욕할 염려가 있는 품종명칭

7. 저명한 타인의 성명, 명칭 또는 이들의 약칭을 포함하는 품종명칭. 다만, 그 타인의 승낙을 받은 경우는 제외한다.

8. 해당 품종의 원산지를 오인하거나 혼동할 염려가 있는 품종명칭 또는 지리적 표시를 포함하는 품종명칭

9. 품종명칭의 등록출원일보다 먼저 상표법에 따른 등록출원 중에 있거나 등록된 상표와 같거나 유사하여 오인하거나 혼동할 염려가 있는 품종명칭

10. 품종명칭 자체 또는 그 의미 등이 일반인의 통상적인 도덕관념이나 선량한 풍속 또는 공공의 질서를 해칠 우려가 있는 품종명칭

132

식물신품종보호법상 품종명칭 등록 이의신청 이유 등의 보정에서 품종명칭등록 이의신청을 한 자는 품종명칭등록 이의신청기간이 지난 후 얼마 이내에 품종명칭등록 이의신청서에 적은 이유 또는 증거를 보정할 수 있는가?

① 7일　　　　② 15일

③ 30일　　　　④ 45일

해설

품종명칭 등록 이의신청 이유 등의 보정(식물신품종보호법 제111조)

품종명칭등록 이의신청을 한 자는 품종명칭등록 이의신청기간이 지난 후 30일 이내에 품종명칭등록 이의신청서에 적은 이유 또는 증거를 보정할 수 있다.

133

식물신품종보호법상 종자위원회는 위원장 1명과 심판위원회 상임심판위원 1명을 포함한 몇 명 이상 몇 명 이하의 위원으로 구성하여야 하는가?

① 5명 이상 10명 이하

② 10명 이상 15명 이하

③ 15명 이상 20명 이하

④ 20명 이상 25명 이하

해설

종자위원회(식물신품종보호법 제118조 제2항)

종자위원회는 위원장 1명과 심판위원회 상임심판위원 1명을 포함한 10명 이상 15명 이하의 위원으로 구성한다.

134

식물신품종보호법상 보칙에서 '종자위원회는 필요한 경우 당사자나 그 대리인 또는 이해관계인에게 출석을 요구하거나 관계 서류의 제출을 요구할 수 있다'에 따라 당사자나 그 대리인 또는 이해관계인의 출석을 요구하거나 필요한 관계 서류를 요구하는 경우에는 회의 개최일 며칠 전까지 서면으로 하여야 하는가?

① 3일   ② 5일
③ 7일   ④ 14일

해설

출석의 요구(식물신품종보호법 제122조 제2항)
당사자나 그 대리인 또는 이해관계인의 출석을 요구하거나 필요한 관계 서류를 요구하는 경우에는 회의 개최일 7일 전까지 서면으로 하여야 한다.

135

서류의 보관 등에서 농림축산식품부장관 또는 해양수산부장관은 품종보호출원의 포기, 무효, 취하 또는 거절 결정이 있거나 품종보호권이 소멸한 날부터 몇 년간 해당 품종보호출원 또는 품종보호권에 관에 서류를 보관하여야 하는가?

① 1년   ② 2년
③ 3년   ④ 5년

해설

서류의 보관 등(식물신품종보호법 제128조 제1항)
농림축산식품부장관 또는 해양수산부장관은 품종보호출원의 포기, 무효, 취하 또는 거절결정이 있거나 품종보호권이 소멸한 날부터 5년간 해당 품종보호출원 또는 품종보호권에 관한 서류를 보관하여야 한다.

136

식물신품종보호법상 침해죄 등에서 전용실시권을 침해한 자의 벌칙은?

① 3년 이하의 징역 또는 5백만원 이하의 벌금에 처한다.
② 5년 이하의 징역 또는 1천만원 이하의 벌금에 처한다.
③ 5년 이하의 징역 또는 1억원 이하의 벌금에 처한다.
④ 7년 이하의 징역 또는 1억원 이하의 벌금에 처한다.

해설

침해죄 등(식물신품종보호법 제131조 제1항)
다음의 어느 하나에 해당하는 자는 7년 이하의 징역 또는 1억원 이하의 벌금에 처한다.
1. 품종보호권 또는 전용실시권을 침해한 자
2. 임시보호의 권리에 따른 권리를 침해한 자. 다만, 해당 품종보호권의 설정등록이 되어 있는 경우만 해당한다.
3. 거짓이나 그 밖의 부정한 방법으로 품종보호결정 또는 심결을 받은 자

137

거짓이나 그 밖의 부정한 방법으로 품종보호결정 또는 심결을 받은 자는 몇 년 이하의 징역에 처하는가?

① 3년   ② 5년
③ 7년   ④ 10년

138

품종보호권 또는 전용실시권을 침해한 자는 얼마 이하의 벌금에 처하는가?

① 1억원   ② 1천만원
③ 5백만원   ④ 1백만원

139

선서한 증인, 감정인 또는 통역인이 심판위원회에 대하여 거짓으로 진술, 감정 또는 통역을 한 때의 벌칙은?

① 5년 이하의 징역이나 3천만원 이하의 벌금
② 5년 이하의 징역이나 5천만원 이하의 벌금
③ 3년 이하의 징역이나 1천만원 이하의 벌금
④ 1년 이하의 징역이나 1천만원 이하의 벌금

해설

위증죄(식물신품종보호법 제132조 제1항)
제98조에 따라 준용되는 특허법에 따라 선서한 증인, 감정인 또는 통역인이 심판위원회에 대하여 거짓으로 진술, 감정 또는 통역을 하였을 때에는 5년 이하의 징역 또는 5천만원 이하의 벌금에 처한다.

141

식물신품종보호법상 거짓표시의 죄에 대한 내용이다. ( )에 알맞은 내용은?

> '품종보호를 받지 아니하거나 품종보호출원 중이 아닌 품종의 종자를 용기나 포장에 품종보호를 받았다는 표시 또는 품종보호출원 중이라는 표시를 하거나 이와 혼동되기 쉬운 표시를 하는 행위를 하여서는 안된다'를 위반한 자는 ( ) 처한다.

① 6개월 이하의 징역 또는 1백만원 이하의 벌금
② 1년 이하의 징역 또는 6백만원 이하의 벌금
③ 2년 이하의 징역 또는 1천만원 이하의 벌금
④ 3년 이하의 징역 또는 3천만원 이하의 벌금

해설

거짓표시의 죄(법 제133조)
제89조(거짓표시의 금지)를 위반한 자는 3년 이하의 징역 또는 3천만원 이하의 벌금에 처한다

140

식물신품종보호법상 죄를 범한 자가 자수를 한 때에 그 형을 경감 또는 면제받을 수 있는 죄로 맞는 것은?

① 위증죄
② 침해죄
③ 비밀 누설죄
④ 허위 표시의 죄

해설

위증죄(식물신품종보호법 제132조 제2항)
위증죄를 지은 사람이 그 사건의 결정 또는 심결 확정 전에 자수하였을 때에는 그 형을 감경하거나 면제할 수 있다.

142

품종보호출원 중인 품종에 대하여 관련 농림축산식품부 직원이 그 직무상 알게 된 비밀을 누설하였을 경우 처벌규정으로 옳은 것은?

① 5년 이하의 징역 또는 5천만원 이하의 벌금
② 3년 이하의 징역 또는 5천만원 이하의 벌금
③ 2년 이하의 징역 또는 1천만원 이하의 벌금
④ 1년 이하의 징역 또는 5백만원 이하의 벌금

해설

비밀누설죄 등(식물신품종보호법 제134조)
농림축산식품부 · 해양수산부 직원(권한이 위임된 경우에는 그 위임받은 기관의 직원을 포함), 심판위원회 직원 또는 그 직위에 있었던 사람이 직무상 알게 된 품종보호출원 중인 품종에 관하여 비밀을 누설하거나 도용하였을 때에는 5년 이하의 징역 또는 5천만원 이하의 벌금에 처한다.

143

식물신품종보호법에서 정하는 양벌규정이 적용되는 위반행위에 해당하지 않는 것은?

① 위증죄
② 거짓표시의 죄
③ 전용실시권 침해의 죄
④ 품종보호권 침해의 죄

양벌규정(식물신품종보호법 제135조)

법인의 대표자나 법인 또는 개인의 대리인, 사용인, 그 밖의 종업원이 그 법인 또는 개인의 업무에 관하여 제131조제1항(침해죄) 또는 제133조(거짓표시의 죄)의 위반행위를 하면 그 행위자를 벌하는 외에 그 법인 또는 개인에게도 해당 조문의 벌금형을 과(科)한다. 다만, 법인 또는 개인이 그 위반행위를 방지하기 위하여 해당 업무에 관하여 상당한 주의와 감독을 게을리하지 아니한 경우에는 그러하지 아니하다.

144

품종보호권·전용실시권 또는 질권의 상속이나 그 밖의 일반승계의 취지를 신고하지 아니한 자에게 부과되는 과태료는 얼마인가?

① 10만원 이하
② 30만원 이하
③ 50만원 이하
④ 100만원 이하

과태료(식물신품종보호법 제137조 제1항)

다음의 어느 하나에 해당하는 자에게는 50만원 이하의 과태료를 부과한다.

1. 품종보호권·전용실시권 또는 질권의 상속이나 그 밖의 일반승계의 취지를 신고하지 아니한 자
2. 실시 보고 명령에 따르지 아니한 자
3. 민사소송법에 따라 선서한 증인, 감정인 및 통역인이 아닌 사람으로서 심판위원회에 대하여 거짓 진술을 한 사람
4. 특허법에 따라 심판위원회로부터 증거조사나 증거보전에 관하여 서류나 그 밖의 물건의 제출 또는 제시 명령을 받은 사람으로서 정당한 사유 없이 그 명령에 따르지 아니한 사람
5. 특허법에 따라 심판위원회로부터 증인, 감정인 또는 통역인으로 소환된 사람으로서 정당한 사유 없이 소환을 따르지 아니하거나 선서, 진술, 증언, 감정 또는 통역을 거부한 사람

145

종자관리요강상 사진의 제출규격에서 사진의 크기는?

① 2″×6″의 크기
② 3″×3″의 크기
③ 4″×5″의 크기
④ 5″×9″의 크기

사진의 제출규격 – 사진의 크기(종자관리요강 [별표 2])

4″×5″의 크기여야 하며, 실물을 식별할 수 있어야 한다.

146

종자관리요강상 사진의 제출규격 촬영부위 및 방법에서 생산, 수입판매신고품종의 경우에 대한 설명이다. (   ) 안에 알맞은 내용은?

> 화훼작물 : (   ) 및 꽃의 측면과 상면이 나타나야 한다.

① 화훼종자의 표본
② 접목 시설장의 전경
③ 개화기의 포장전경
④ 유묘기의 포장전경

사진의 제출규격 – 촬영부위 및 방법(종자관리요강 [별표 2])

생산·수입판매신고품종의 경우

화훼작물 : 개화기의 포장전경 및 꽃의 측면과 상면이 나타나야 한다.

147

종자관리요강상 사진의 제출규격에 대한 내용이다. (   )에 알맞은 내용은?

제출방법 : 사진은 (   ) 용지에 붙이고 하단에 각각의 사진에 대해 품종명칭, 촬영부위, 축척과 촬영일시를 기록한다.

① A1
② A2
③ A4
④ A6

해설

사진의 제출규격 - 제출방법(종자관리요강 [별표 2])
사진은 A4 용지에 붙이고 하단에 각각의 사진에 대해 품종명칭, 촬영부위, 축척과 촬영일시를 기록한다.

148

종자관리요강상 재배심사의 판정기준에 대한 내용이다. (   )에 알맞은 내용은?

안정성은 1년차 시험의 균일성 판정결과와 (   )차 이상의 시험의 균일성 판정결과가 다르지 않으면 안정성이 있다고 판정한다.

① 1년
② 2년
③ 3년
④ 5년

해설

재배심사의 판정기준 - 안전성(종자관리요강 [별표 4])
안정성은 1년차 시험의 균일성 판정 결과와 2년차 이상의 시험의 균일성 판정 결과가 다르지 않으면 안정성이 있다고 판정한다.

149

재배심사의 판정기준에 대한 내용 중 (   ) 안에 알맞은 것은?

잎의 모양 및 색 등과 같은 질적 특성의 경우에는 관찰에 의하여 특성조사를 실시하고 그 결과를 계급으로 표현하여 출원품종과 대조품종의 계급이 한 등급 이상 차이가 나면 출원품종은 (   )이 있는 것으로 판정한다.

① 신규성
② 영속성
③ 구별성
② 우수성

해설

재배심사의 판정기준 - 구별성(종자관리요강 [별표 4])
잎의 모양 및 색 등과 같은 질적 특성의 경우에는 관찰에 의하여 특성조사를 실시하고 그 결과를 계급으로 표현하여 출원품종과 대조품종의 계급이 한 등급 이상 차이가 나면 출원품종은 구별성이 있는 것으로 판정한다.

150

종자관리요강에서 포장검사 및 종자검사의 검사기준 항목 중 백분율을 전체에 대한 개수 비율로 나타내는 항목으로만 짝지어진 것은?

① 정립, 수분
② 정립, 피해립
③ 발아율, 수분
④ 발아율, 병해립

해설

포장검사 및 종자검사의 검사기준(종자관리요강 [별표 6])
백분율(%) : 검사항목의 전체에 대한 중량비율을 말한다. 다만 발아율, 병해립과 포장검사항목에 있어서는 전체에 대한 개수비율을 말한다.

151

다음 중 정립이 아닌 것은?

① 발아립

② 소립

③ 이물

④ 목초나 화곡류의 영화가 배유를 가진 것

해설

포장검사 및 종자검사의 검사기준(종자관리요강 [별표 6])

정립 : 이종종자, 잡초종자 및 이물을 제외한 종자를 말하며 다음의 것을 포함한다.

1) 미숙립, 발아립, 주름진립, 소립

2) 원래 크기의 1/2 이상인 종자쇄립

3) 병해립(맥각병해립, 균핵병해립, 깜부기병해립 및 선충에 의한 충영립을 제외)

4) 목초나 화곡류의 영화가 배유를 가진 것

152

벼의 포장검사규격에 따른 검사대상 항목이 아닌 것은?

① 품종순도

② 이종 종자주

③ 찰벼 출현율

④ 병주의 특정병

해설

벼 – 포장검사의 검사규격(종자관리요강 [별표 6])

채종 단계	항목	최저 한도(%)		최고한도(%)					작황
		품종 순도	이종 종자주	잡초		병주			
				특정 해초	기타 해초	특정병	기타병		
원원종포		99.9	무	무	–	0.01	10.00		균일
원종포		99.9	무	0.00	–	0.01	15.00		균일
채종포	1세대	99.7	무	0.01	–	0.02	20.00		균일
	2세대	99.0							

153

포장검사 및 종자검사 규격에서 벼 포장격리에 대한 내용이다. (   )에 알맞은 내용은?(단, 각 포장과 이품종이 논둑 등으로 구획되어 있는 경우는 제외한다)

> 원원종포·원종포는 이품종으로부터 (   ) 이상 격리되어야 하고 채종포는 이품종으로부터 1m 이상 격리되어야 한다.

① 50cm

② 1m

③ 2m

④ 3m

해설

벼 – 포장검사의 포장격리(종자관리요강 [별표 6])

원원종포, 원종포는 이품종으로부터 3m 이상 격리되어야 하고 채종포는 이품종으로부터 1m 이상 격리되어야 한다. 다만, 각 포장과 이품종이 논둑 등으로 구획되어 있는 경우에는 그러하지 아니하다.

154

종자관리요강상 포장검사 및 종자검사의 검사기준에서 밀 포장검사 시 전작물 조건으로 옳은 것은?(단, 경종적 방법에 의하여 혼종의 우려가 없도록 담수처리·객토·비닐멀칭을 하였거나, 이전 재배품종이 당해 포장검사를 받는 품종과 동일한 경우의 사항은 제외한다)

① 품종의 순도유지를 위해 6개월 이상 윤작을 하여야 한다.

② 품종의 순도유지를 위해 1년 이상 윤작을 하여야 한다.

③ 품종의 순도유지를 위해 2년 이상 윤작을 하여야 한다.

④ 품종의 순도유지를 위해 3년 이상 윤작을 하여야 한다.

해설

밀 – 포장검사의 전작물 조건(종자관리요강 [별표 6])

품종의 순도유지를 위해 2년 이상 윤작을 하여야 한다. 다만, 경종적 방법에 의하여 혼종의 우려가 없도록 담수처리·객토·비닐멀칭을 하였거나, 이전 재배품종이 당해 포장검사를 받는 품종과 동일한 경우에는 그러하지 아니하다.

155

종자관리요강상 겉보리 포장검사 시기 및 횟수는 유숙기로부터 황숙기 사이에 몇 회 실시하는가?

① 7회   ② 5회
③ 3회   ④ 1회

겉보리, 쌀보리 및 맥주보리 – 포장검사의 검사시기 및 횟수(종자관리요강 [별표 6])
유숙기로부터 황숙기 사이에 1회 실시한다.

156

옥수수 교잡종 포장검사 시 포장격리에 대한 내용이다.
( )에 알맞은 내용은?(단, 건물 또는 산림 등의 보호물이 있을 때를 제외한다)

> 채종용 단교잡종은 ( ) 이상 격리되어야 한다.

① 500m   ② 400m
③ 300m   ④ 200m

옥수수 – 포장검사의 포장격리(종자관리요강 [별표 6])
원원종, 원종의 자식계통 및 채종용 단교잡종 : 원원종, 원종의 자식계통은 이품종으로부터 300m 이상, 채종용 단교잡종은 200m 이상 격리되어야 한다. 다만, 건물 또는 산림 등의 보호물이 있을 때는 200m로 단축할 수 있다.

157

종자관리요강상 감자의 포장격리에 대한 내용이다. ( )안에 알맞은 내용은?

> 원원종포 : 불합격포장, 비채종포장으로부터 ( ) 이상 격리되어야 한다.

① 20m   ② 30m
③ 40m   ④ 50m

감자 – 포장검사의 포장격리(종자관리요강 [별표 6])
(1) 원원종포 : 불합격포장, 비채종포장으로부터 50m 이상 격리되어야 한다.
(2) 원종포 : 불합격포장, 비채종포장으로부터 20m 이상 격리되어야 한다.
(3) 채종포 : 비채종포장으로부터 5m 이상 격리되어야 한다.
(4) 십자화과・가지과・장미과・복숭아나무・무궁화나무 기타 숙주로부터 10m 이상 격리되어야 한다.
(5) 다른 채종단계의 포장으로부터 1m이상 격리되어야 한다.
(6) 망실재배를 하는 원원종포・원종포 또는 채종포의 경우에는 격리거리를 1. 내지 5. 의 포장격리기준의 10분 1로 단축할 수 있다.

158

종자관리요강상 과수 포장검사에 대한 내용이다. (   )에 알맞은 내용은?

항목 생산 단계	최고한도(%)			
	이품종주	이종주	병주	
			특정병	기타 병
원원종포	무	무	무	( )

① 1.0　　　　　　　　② 2.0

③ 3.0　　　　　　　　④ 4.0

해설

과수 – 포장검사의 검사규격(종자관리요강 [별표 6])

항목 생산 단계	최고한도(%)			
	이품종주	이종주	병주	
			특정병	기타 병
원원종포	무	무	무	2.0
원종포	무	무	무	2.0
모수포	무	무	무	6.0
증식포	1.0	무	무	10.0

159

종자관리요강상 사후관리시험의 기준 및 방법에 대한 내용이다. (   )에 알맞은 내용은?

1. 검사항목 : 품종의 순도, 품종의 진위성, 종자전염병
2. 검사시기 : 성숙기
3. 검사횟수 : (   ) 이상

① 1회　　　　　　　　② 3회

③ 5회　　　　　　　　④ 7회

해설

사후관리시험의 기준 및 방법(종자관리요강 [별표 8])

1. 검사항목 : 품종의 순도, 품종의 진위성, 종자전염병
2. 검사시기 : 성숙기
3. 검사횟수 : 1회 이상
4. 검사방법
   가. 품종의 순도
      1) 포장검사 : 작물별 사후관리시험 방법에 따라 품종의 특성 조사를 바탕으로 이형주수를 조사하여 품종의 순도기준에 적합한지를 검사
      2) 실내검사 : 포장검사로 명확하게 판단할 수 없는 경우 유묘 검사 및 전기 영동을 통한 정밀검사로 품종의 순도를 검사
   나. 품종의 진위성 : 품종의 특성조사의 결과에 따라 품종고유의 특성이 발현되고 있는지를 확인
   다. 종자전염병 : 포장상태에서 식물체의 병해를 조사하여 종자에 의한 전염병 감염여부를 조사

160

종자관리요강상 사후관리시험의 기준 및 방법에서 검사 항목에 해당하지 않는 것은?

① 품종의 순도

② 품종의 진위성

③ 종자전염병

④ 토양 입경 분석

해설

사후관리시험의 기준 및 방법 – 검사항목(종자관리요강 [별표 8])
품종의 순도, 품종의 진위성, 종자전염병

161

국내에 처음으로 수입되는 품종의 종자를 판매하기 위해 수입하고자 하는 자가 신청하는 수입적응성시험을 실시하는 기관으로 맞는 것은?

① 농업기술센터
② 한국종자협회
③ 국립종자원
④ 국립농산물품질관리원

수입적응성시험의 대상작물 및 실시기관(종자관리요강 [별표 11])

구분	대상작물	실시기관
식량작물 (13)	벼, 보리, 콩, 옥수수, 감자, 밀, 호밀, 조, 수수, 메밀, 팥, 녹두, 고구마	한국종자협회
채소(18)	무, 배추, 양배추, 고추, 토마토, 오이, 참외, 수박, 호박, 파, 양파, 당근, 상추, 시금치, 딸기, 마늘, 생강, 브로콜리	한국종자협회
버섯(11)	양송이, 느타리, 영지, 팽이, 잎새, 버들송이, 만가닥버섯, 상황버섯	한국종균 생산협회
	표고, 목이, 복령	국립산림 품종관리센터
약용작물 (22)	곽향, 당귀, 맥문동, 반하, 방풍, 산약, 작약, 지황, 택사, 향부자, 황금, 황기, 전칠, 파극, 우슬	한국생약협회
	백출, 사삼, 시호, 오가피, 창출, 천궁, 하수오	국립산림 품종관리센터
목초 · 사료 및 녹비작물 (29)	오처드그라스, 톨페스큐, 티머시, 페레니얼라이그래스, 켄터키블루그래스, 레드톱, 리드카나리그래스, 알팔파, 화이트클로버, 레드클로버, 버즈풋트레포일, 메도우페스큐, 브롬그래스, 사료용 벼, 사료용 보리, 사료용 콩, 사료용 감자, 사료용 옥수수, 수수 · 수단그라스 교잡종(Sorghum ×Sudangrass Hybrid), 수수 교잡종(Sorghum × Sorghum Hybrid), 호밀, 귀리, 사료용 유채, 이탈리안라이그래스, 헤어리베치, 콤먼베치, 자운영, 크림슨클로버, 수단그라스 교잡종(Sudangrass × Sudangrass Hybrid),	농업협동조합 중앙회
인삼(1)	인삼	한국생약협회

162

수입적응성시험을 실시하는 기관으로 옳지 않은 것은?

① 한국생약협회
② 농업협동조합중앙회
③ 전국버섯생산자협회
④ 한국종자협회

163

종자관리요강상 수입적응성시험의 대상작물 및 실시기관에서 한국종자협회에 해당하지 않는 대상작물은?

① 옥수수   ② 감자
③ 밀   ④ 오처드그라스

④ 오처드그라스 : 농업협동조합중앙회

164

종자관리요강상 수입적응성시험의 대상작물 및 실시기관에서 국립산림품종관리센터의 대상작물로만 나열된 것은?

① 곽향, 당귀   ② 백출, 사삼
③ 작약, 지황   ④ 느타리, 영지

① · ③ 곽향, 당귀, 작약, 지황 : 한국생약협회
④ 느타리, 영지 : 한국종균생산협회

165

종자관리요강상 수입적응성시험의 대상작물 및 실시기관에서 '인삼'의 실시기관은?

① 한국종균생산협회
② 한국종자협회
③ 한국생약협회
④ 농업협동조합중앙회

166

수입적응성시험의 심사기준에 대한 내용이다. (가)에 알맞은 내용은?

> 재배시험지역은 최소한 2개 지역 이상(시설 내 재배시험인 경우에는 (가)개 지역 이상)으로 하되, 품종의 주 재배지역은 반드시 포함되어야 하며 작물의 생태형 또는 용도에 따라 지역 및 지대를 결정한다. 다만, 작물 및 품종의 특성에 따라 지역수를 가감할 수 있다.

① 1   ② 2
③ 3   ④ 4

해설

수입적응성시험의 심사기준 – 재배시험지역(종자관리요강 [별표 12])

167

수입적응성시험의 심사기준으로 옳지 않은 것은?

① 표준품종은 국내 품종 중 널리 재배되고 있는 품종 1개 이상으로 한다.
② 목적형질의 발현, 기후적응성, 내병충성에 대해 평가하여 국내적응성 여부를 판단한다.
③ 재배시험기간은 2작기 이상으로 하되 실시기관의 장이 필요하다고 인정하는 경우에는 재배시험기간을 단축 또는 연장할 수 있다.
④ 평가대상 형질은 작물별로 품종의 목표형질을 필수형질과 추가형질을 정하여 평가하며, 신청서에 기재된 추가사항이 있는 경우에는 이를 포함한다.

해설

① 표준품종은 국내외 품종 중 널리 재배되고 있는 품종 1개 이상으로 한다(종자관리요강 [별표 12]).

168

종자관리요강상 규격묘의 규격기준에서 과수묘목 중 배 묘목의 길이(cm)로 가장 옳은 것은?(단, 묘목의 길이는 지제부에서 묘목선단까지의 길이이다)

① 50cm 이상
② 70cm 이상
③ 100cm 이상
④ 120cm 이상

해설

규격묘의 규격기준 – 과수묘목(종자관리요강 [별표 14])

작물	묘목의 길이(cm)	묘목의 직경(mm)	주요 병해충 최고한도
사과			
이중접목묘	120 이상	12 이상	근두암종병
왜성대목자근접목묘	140 이상	12 이상	(뿌리혹병) : 무
배	120 이상	12 이상	근두암종병 (뿌리혹병) : 무
복숭아	100 이상	10 이상	근두암종병 (뿌리혹병) : 무
포도			
접목묘	50 이상	6 이상	근두암종병
삽목묘	25 이상	6 이상	(뿌리혹병) : 무
감	100 이상	12 이상	근두암종병 (뿌리혹병) : 무
감귤류	80 이상	7 이상	궤양병 : 무
자두	80 이상	7 이상	
매실	80 이상	7 이상	
참다래	80 이상	7 이상	역병 : 무

1) 묘목의 길이 : 지제부에서 묘목선단까지의 길이
2) 묘목의 직경 : 접목부위 상위 10cm 부위 접수의 줄기 직경. 단, 포도 접목묘는 접목부위 상하위 10cm 부위 접수 및 대목 각각의 줄기 직경, 포도 삽목묘 및 참다래는 신초분기점 상위 10cm 부위의 줄기직경
3) 대목의 길이 : 사과 자근대목 40cm 이상, 포도 대목 25cm 이상, 기타 과종 30cm 이상
4) 사과 왜성대목자근접목대묘측지수 : 지제부 60cm 이상에서 발생한 15cm 길이의 곁가지 5개 이상
5) 배 잎눈 개수 : 접목부위에서 상단 30cm 사이에 잎눈 5개 이상
6) 주요 병해충 판정기준 : 증상이 육안으로 나타난 주

166 ① 167 ① 168 ④ **정답**

169

종자관리요강상 규격묘의 규격기준에 대한 내용에서 감 묘목의 길이(cm)는?(단, 묘목의 길이 : 지제부에서 묘목 선단까지의 길이로 한다)

① 100 이상

② 80 이상

③ 60 이상

④ 40 이상

해설

규격묘의 규격기준 – 과수묘목(종자관리요강 [별표 14])

작물	묘목의 길이(cm)	묘목의 직경(mm)
복숭아	100 이상	10 이상

170

종자관리요강상 규격묘의 규격기준에서 배잎눈 개수는?

① 접목부위에서 상단 30cm 사이에 잎눈 3개 이상

② 접목부위에서 상단 30cm 사이에 잎눈 5개 이상

③ 접목부위에서 상단 10cm 사이에 잎눈 3개 이상

④ 접목부위에서 상단 10cm 사이에 잎눈 10개 이상

해설

규격묘의 규격기준 – 과수묘목(종자관리요강 [별표 14])
배 잎눈 개수 : 접목부위에서 상단 30cm 사이에 잎눈 5개 이상

171

종자관리요강상 규격묘의 규격기준에서 뽕나무 접목묘 묘목의 길이는?

① 10~20cm

② 20~30cm

③ 30~40cm

④ 50cm 이상

해설

규격묘의 규격기준 – 뽕나무 묘목(종자관리요강 [별표 14])

묘목의 종류	묘목의 길이(cm)	묘목의 직경(mm)
접목묘	50 이상	7
삽목묘	50 이상	7
휘묻이묘	50 이상	7

1) 묘목의 길이 : 지제부에서 묘목선단까지의 길이

2) 묘목의 직경 : 접목부위 상위 3cm 부위 접수의 줄기 직경(단, 삽목 묘 및 휘묻이묘는 지제부에서 3cm 위의 직경)

172

다음 중 (　) 안에 알맞은 내용은?

종자관리요강에 뽕나무 포장격리에 대한 내용으로 무병 묘목인지 확인되지 않은 뽕밭과 최소 (　)m 이상 격리되어 근계의 접촉이 없어야 한다.

① 1　　　　　　　　② 3

③ 5　　　　　　　　④ 10

해설

뽕나무 – 포장검사의 포장격리(종자관리요강 [별표 6])

(1) 무병 묘목인지 확인되지 않은 뽕밭과 최소 5m 이상 격리되어 근계 의 접촉이 없어야 한다.

(2) 다른 품종들과 섞이는 것을 방지하기 위해 한 열에는 한 품종만 재식한다.

173

종자산업진흥센터 시설기준에서 분자표지분석실의 장비 구비조건에 해당하지 않는 것은?

① DNA추출장비
② 질량분석장비
③ 유전자증폭장비
④ 유전자판독장비

해설

종자산업진흥센터 시설기준(종자관리요강 [별표 17])

시설 구분		규모 (m²)	장비 구비조건
분자표지 분석실	필수	60 이상	• 시료분쇄장비 • DNA추출장비 • 유전자증폭장비 • 유전자판독장비
성분 분석실	선택	60 이상	• 시료분쇄장비 • 성분추출장비 • 성분분석장비 • 질량분석장비
병리 검정실	선택	60 이상	• 균주배양장비 • 병원균접종장비 • 병원균감염확인장비 • 병리검정온실(33m² 이상, 도설치 가능)

※ 선택시설(성분분석실, 병리검정실) 중 1개 이상의 시설을 갖출 것

174

종자관리요강상 종자산업진흥센터 시설기준에서 성분분석실의 장비 구비조건으로 옳은 것은?

① 시료분쇄장비
② 균주배양장비
③ 병원균접종장비
④ 유전자판독장비

175

최아율(발아세)에 관한 설명 중 (   )에 알맞은 내용은?

> 전 처리 후 30℃ 항온의 물에 침종하여 3, 4, 5일째 유아 또는 유근의 길이가 (   ) 이상인 낟알 수의 비율 또는 표준발아검정 시 중간발아 조사일(5일째)까지의 발아율

① 1mm
② 3mm
③ 5mm
④ 7mm

해설

최아율(발아세) : 전처리 후 30℃ 항온의 물에 침종하여 3, 4, 5일째 유아 또는 유근의 길이가 1mm 이상인 낟알수의 비율 또는 표준발아검정 시 중간발아 조사일(5일째)까지의 발아율(종자검사요령 제2조 제4호)

176

종자검사요령상 포장검사 병주 판정기준에서 벼의 특정병에 해당하는 것은?

① 이삭도열병
② 키다리병
③ 깨씨무늬병
④ 이삭누룩병

해설

포장검사 병주 판정기준 – 벼(종자검사요령 [별표 1])
• 특정병 : 키다리병, 벼잎선충병
• 기타병 : 이삭도열병, 잎도열병, 기타도열병, 깨씨무늬병, 이삭누룩병, 잎집무늬마름병, 흰잎마름병, 오갈병, 줄무늬잎마름병, 세균벼알마름병

177

포장검사 병주 판정기준에서 맥류의 특정병에 해당하는 것은?

① 줄기녹병
② 좀녹병
③ 위축병
④ 겉깜부기병

해설

포장검사 병주 판정기준 – 맥류(종자검사요령 [별표 1])
• 특정병 : 겉깜부기병, 속깜부기병, 비린깜부기병, 줄무늬병
• 기타병 : 흰가루병, 줄기녹병, 좀녹병, 붉은곰팡이병, 위축병, 잎마름병, 바이러스병

178

포장검사 병주 판정기준에서 감자의 특정병에 해당하는 것은?

① 둘레썩음병
② 검은무늬썩음병
③ 시들음병
④ 역병

해설

포장검사 병주 판정기준 – 감자(종자검사요령 [별표 1])
• 특정병 : 바이러스병, 둘레썩음병, 갈쭉병, 풋마름병
• 기타병 : 검은무늬썩음병, 시들음병, 역병, 겹둥근무늬병, 기타병

179

종자검사요령상 포장검사 병주 판정기준에서 팥, 녹두의 특정병은?

① 불마름병
② 갈색점무늬병
③ 콩세균병
④ 흰가루병

해설

포장검사 병주 판정기준 – 팥, 녹두(종자검사요령 [별표 1])
• 특정병 : 콩세균병, 바이러스병(위축병, 황색모자이크병)
• 기타병 : 불마름병, 갈색점무늬병 및 탄저병, 흰가루병, 녹두모틀바이러스병

180

종자검사요령상 종자검사 순위도에서 종자검사 시 가장 우선 실시하는 것은?

① 발아세 검사
② 농약검사
③ 발아율 검사
④ 수분검사

해설

종자검사 순위도(종자검사요령 [붙임 1])
종자검사 시 수분검사를 가장 우선 실시한다.

181

종자검사신청에 대한 설명 중 (가), (나)에 알맞은 내용은?

가. 검사대상은 포장검사에 합격한 포장에서 생산한 종자로 한다.
나. 검사신청서는 종자산업법 시행규칙 별지 제14호(종자검사신청서) 및 제15호(재검사신청서) 서식에 따라 제출하되 일괄 신청할 때는 품종별, 생산자별(생산계획량과 검사신청량 표시)로 명세표를 첨부하여야 한다.
다. 신청서는 검사희망일 (가)까지 관할 검사기관에 제출하여야 하며, 재검사신청서는 종자검사결과 통보를 받은 날로부터 (나) 이내에 통보서 사본을 첨부하여 신청한다.

① 가 : 5일 전, 나 : 30일
② 가 : 5일 전, 나 : 15일
③ 가 : 3일 전, 나 : 30일
④ 가 : 3일 전, 나 : 15일

해설

검사신청(종자검사요령 제12조 제3항)

182

종자검사요령상 시료 추출 방법으로 가장 적절하지 않은 것은?

① 유도관 색대를 사용한 시료 추출
② 노브 색대를 사용한 시료 추출
③ 테이프 접착면을 사용한 시료 추출
④ 손으로 시료 추출

해설

소집단 시료 추출의 기구와 방법(종자검사요령 [별표 2])
가. 막대 또는 유도관 색대를 이용한 추출
나. 노브 색대(nobbe trier)를 이용한 추출
다. 손으로 시료 추출

184

종자검사요령상 시료 추출에 대한 내용이다. (   )에 알맞은 내용은?

작물	시료의 최소중량		
	제출시료(g)	순도검사(g)	이종계수용(g)
벼	( )	70	700

① 300　　　　　② 500
③ 700　　　　　④ 100

해설

소집단과 시료의 중량 – 벼(종자검사요령 [별표 2])

소집단의 최대중량	시료의 최소중량			
	제출시료	순도검사	이종계수용	수분검정용
30톤	700g	70g	700g	100g

183

종자검사요령상 고추 제출시료의 시료의 최소중량은?

① 50g　　　　　② 100g
③ 150g　　　　　④ 200g

해설

소집단과 시료의 중량 – 고추(종자검사요령 [별표 2])

소집단의 최대중량	시료의 최소중량			
	제출시료	순도검사	이종계수용	수분검정용
10톤	150g	15g	150g	50g

185

종자검사요령상 시료 추출에서 호박의 순도검사를 위한 시료의 최소중량은?

① 180g　　　　　② 200g
③ 250g　　　　　④ 300g

해설

소집단과 시료의 중량 – 호박(종자검사요령 [별표 2])

소집단의 최대중량	시료의 최소중량			
	제출시료	순도검사	이종계수용	수분검정용
10톤	350g	180g	–	50g

182 ③　183 ③　184 ③　185 ① **정답**

186

종자검사요령상 항온건조기법을 통해 보리 종자의 수분 함량을 측정하였다. 수분 측정관과 덮개의 무게가 10g, 건조 전 총무게가 15g이고, 건조 후 총무게가 14g일 때 종자수분함량은 얼마인가?

① 10.0%
② 15.0%
③ 20.0%
④ 25.0%

해설

항온건조기법(종자검사요령 제17조 제7항 제1호)
수분함량은 다음 식으로 소수점 아래 1단위로 계산하며 중량비율로 한다.

$$\frac{M_2 - M_3}{M_2 - M_1} \times 100$$

여기서, M_1 = 수분 측정관과 덮개의 무게(g)
M_2 = 건조 전 총무게(g)
M_3 = 건조 후 총무게(g)

∴ 수분함량 = $\frac{15-14}{15-10} \times 100 = 20.0\%$

187

종자검사요령상 수분의 측정에서 저온 항온건조기법을 사용하게 되는 종에 해당하는 것은?

① 시금치
② 상추
③ 부추
④ 오이

해설

수분의 측정 – 저온 항온건조기법을 사용하게 되는 종(종자검사요령 [별표 3])
마늘, 파, 부추, 콩, 땅콩, 배추씨, 유채, 고추, 목화, 피마자, 참깨, 아마, 겨자, 무

188

종자검사요령상 고온 항온건조기법을 사용하게 되는 종은?

① 부추
② 시금치
③ 유채
④ 아마

해설

수분의 측정 – 고온 항온건조기법을 사용하게 되는 종(종자검사요령 [별표 3])
근대, 당근, 멜론, 버뮤다그래스, 벌노랑이, 상추, 시금치, 아스파라거스, 알팔파, 오이, 오처드그라스, 이탈리안라이그래스, 페레니얼라이그래스, 조, 참외, 치커리, 켄터키블루그래스, 클로버, 크리핑레드페스큐, 톨페스큐, 토마토, 티머시, 호박, 수박, 강낭콩, 완두, 잠두, 녹두, 팥(1시간), 기장, 벼, 귀리, 메밀, 보리, 호밀, 수수, 수단그라스(2시간), 옥수수(4시간)

189

종자검사요령상 수분의 측정에서 분석용 저울은 몇 단위까지 측정할 수 있어야 하는가?

① 0.001g
② 0.1g
③ 1g
④ 단위의 기준은 자유이다.

해설

수분의 측정 – 장비(종자검사요령 [별표 3])
분석용 저울 : 0.001g 단위까지 신속히 측정할 수 있어야 한다.

190

종자검사요령상 수분의 측정에 필요한 절단 기구에 대한 설명이다. ( )에 알맞은 내용은?

> 수목종자나 경실 수목 종자와 같은 대립종자는 절단을 위하여 외과용 메스 또는 날의 길이가 최소 ( ) 되는 전지가위 등을 사용해야 한다.

① 2cm   ② 3cm
③ 4cm   ④ 7cm

수분의 측정 – 장비(종자검사요령 [별표 3])
수목종자나 경실 수목 종자와 같은 대립종자는 절단을 위하여 외과용 메스 또는 날의 길이가 최소 4cm 되는 전지가위 등을 사용해야 한다.

191

종자검사요령상 이물에 해당하는 것은?

① 미숙립   ② 주름진립
③ 소립   ④ 진실종자가 아닌 종자

순도분석(종자검사요령 제18조 제2항 제3호)
이물은 정립과 이종종자(잡초종자 포함)로 구분되지 않은 종자구조를 가졌거나 모든 다른 물질로서 다음의 것을 포함한다.
가. 진실종자가 아닌 종자
나. 볏과 종자에서 내영 길이의 1/3 미만인 영과가 있는 소화(라이그라스, 페스큐, 개밀)
다. 임실소화에 붙은 불임소화는 다음 명시된 속을 제외하고는 떼어내어 이물로 처리한다.
    ※ 귀리, 오처드그라스, 페스큐, 브롬그래스, 수수, 수단그라스, 라이그래스
라. 원래크기의 절반 미만인 쇄립 또는 피해립
마. 부속물은 정립종자 정의에서 정립종자로 구분되지 않은 것. 정립종자 정의에서 언급되지 않은 부속물은 떼어내어 이물에 포함한다.
바. 종피가 완전히 벗겨진 콩과, 십자화과의 종자
사. 콩과에서 분리된 자엽
아. 회백색 또는 회갈색으로 변한 새삼과 종자
자. 배아가 없는 잡초종자
차. 떨어진 불임소화, 쭉정이, 줄기, 바깥껍질(外穎), 안 껍질(內穎), 포(苞), 줄기, 잎, 솔방울, 인편, 날개, 줄기껍질, 꽃, 선충충영과, 맥각, 공막, 깜부기 같은 균체, 흙, 모래, 돌 등 종자가 아닌 모든 물질

192

순도분석 시 사용하는 용어에 대한 설명으로 '사마귀 모양의 돌기'에 해당하는 용어는?

① 작은 가종피   ② 불임의
③ 웅화   ④ 경

② 불임의(不稔, sterile) : 기능을 가진 생식기관이 없는(목초류의 소화에는 영과가 없다).
③ 웅화(雄花, staminate) : 수꽃만을 가진 꽃
④ 경(莖, stalk) : 식물기관의 줄기(stem)

193

순도분석 시 선별에서 식별할 수 없는 종에 대한 내용이다. ( )에 알맞은 내용은?

> 〈식별할 수 없는 종〉
> 종간의 식별이 어려운 경우 다음의 한 절차를 따른다.
> (a) 속명만 분석서에 기록하고 그 속의 모든 종자를 정립종자로 분류하고 추가적인 사항을 '기타판정'에 기록한다.
> (b) 비슷한 종자들을 다른 구성 요소에서 분리 선별하여 무게를 단다. 이 혼합물로부터 최소한 ( ), 가능하면 1,000립 무작위로 취하고 최종분리 후 중량으로 각 종의 비율을 정한다. 전체 시료중의 종별 중량비를 계산한다. 이 절차를 준수하였다면 종자 숫자를 포함한 상세한 내용을 보고한다. 제출자가 레드톱, 유채, 라이그라스, 레드페스큐 중의 하나라고 기술하였을 때나 분석자의 재량에 의한 기타의 경우에 적용할 수 있다.

① 700립   ② 400립
③ 300립   ④ 100립

순도분석(종자검사요령 [별표 4])

194

종자검사요령상 '빽빽히 군집한 화서 또는 근대 속에서는 화서의 일부'에 해당하는 용어는?

① 화방   ② 영과

③ 씨혹   ④ 석과

해설

② 영과 : 외종피가 과피와 합쳐진 벼과 식물의 나출과

③ 씨혹 : 주공부분의 조그마한 돌기

④ 석과 : 단단한 내과피와 다육질의 외층을 가진 비열개성의 단립종자를 가진 과실

195

종자검사요령상 발아검정에서 사용하는 내용이다. 다음에 해당하는 용어는?

종자 자체에 병원체가 있고 활성을 가지는 것

① 1차 감염   ② 2차 감염

③ 3차 감염   ④ 4차 감염

해설

발아검정 – 정의(종자검사요령 [별표 5])

감염(感染, infection) : 살아 있는 것(예 묘의 기관)에 병원체가 침입, 전파하는 것으로 대개 병징과 부패가 일어난다.

• 1차 감염(primary infection) : 종자 자체에 병원체가 있고 활성을 가지는 것

• 2차 감염(secondary infection) : 병원체가 다른 종자나 묘에서 전파된 것

196

발아검정에 대한 내용이다. (　)에 알맞은 내용은?

작물	배지	온도(℃)		발아조사(일)		휴면타파 등
		변온	항온	시작	마감	권고사항
고추	TP, BP, S	20~30	–	7	14	(　)

① 예랭   ② 예열(30~35℃)

③ KNO₃   ④ GA₃

해설

발아검정 – 고추(종자검사요령 [별표 5])

배지	온도(℃)		발아조사(일)		휴면타파 등
	변온	항온	시작	마감	권고사항
TP, BP, S	20~30	–	7	14	KNO₃

197

종자검사요령상 종자 건전도 검정에서 벼 키다리병의 검사시료는?

① 100립   ② 200립

③ 300립   ④ 700립

해설

벼 키다리병 – 배지검정(종자검사요령 [별표 7])

검사시료 : 100립(10립×10반복)

198

강낭콩 탄저병 조사에 대한 내용이다. (가)에 알맞은 내용은?

> (가) 후 종피를 제거하고 자엽상에 테두리가 뚜렷한 검은 점이 있는가 관찰한다. 25배 입체현미경을 사용하고 검고 격막을 가진 강모가 있는 분생포자층(acervuli)을 가진 종자의 수를 기록한다.

① 3일
② 5일
③ 7일
④ 9일

해설

강낭콩 탄저병(炭疽病) – 조사(종자검사요령 [별표 7])

200

종자검사요령상 과수 바이러스·바이로이드 검정 방법에 대한 내용이다. (가), (나)에 알맞은 내용은?

> – 시료 채취 방법 –
> 시료 채취는 (가) 단위로 잎 등 필요한 검정부위를 나무 전체에서 고르게 (나)를 깨끗한 시료용(지퍼백 등 위생봉지)에 채취한다.

① (가) : 4주, (나) : 2개
② (가) : 3주, (나) : 8개
③ (가) : 2주, (나) : 3개
④ (가) : 1주, (나) : 5개

해설

과수 바이러스·바이로이드 검정 방법 – 시료 채취 방법(종자검사요령 [별표 11])

199

종자검사요령상 종자 건전도 검정에서 벼의 깨씨무늬병균의 배양 방법은?

① 암기 12시간, 명기 12시간씩 22℃에서 3일간 배양
② 암기 12시간, 명기 12시간씩 22℃에서 7일간 배양
③ 암기 12시간, 명기 12시간씩 22℃에서 15일간 배양
④ 암기 12시간, 명기 12시간씩 22℃에서 30일간 배양

해설

벼의 깨씨무늬병균(종자검사요령 [별표 7])
• 시험시료 : 400입
• 방법 : 샬레(페트리디시)당 25입씩 흡습시킨 흡습지 위에 치상
• 배양 : 암기 12시간, 명기 12시간씩 22℃에서 7일간 배양

종자기사 [필기]

PART

03

최근
기출 복원문제

종자기사 [필기]

www.sdedu.co.kr

제1과목 | 종자생산학

01

다음 중 여교배 조합이 가장 바르게 표시된 것은?

① [A×(A×B)]×C
② (A×B)×(A×B)
③ (A×B)×(A×C)
④ [A×(A×B)]×A

해설

여교배육종

우수한 특성을 지닌 비실용품종을 1회친으로 우수한 특성을 지니고 있지 않은 실용품종을 반복친으로 하여 교배한다.

02

춘화처리(vernalization)를 실시하는 이유는?

① 휴면타파
② 발아 촉진
③ 생장 억제
④ 화성유도

해설

춘화처리 : 작물의 출수·개화를 유도하기 위해서 생육의 일정한 시기에 일정한 온도(주로 저온)처리를 하는 것

03

양파의 일대교잡종 채종에 주로 이용되는 유전적 특성은?

① 자가불화합성
② 내혼약세
③ 감광성
④ 웅성불임성

해설

웅성불임성은 양파, 당근, 고추, 토마토, 옥수수 등의 1대잡종 채종에 널리 이용되고 있다.

04

저장된 건조종자는 저장고 내의 대기 중 상대습도가 높아지면 수분을 흡수할 수 있다. 종자의 구성물질 중 수분을 가장 쉽게 흡수하는 성분은?

① 전분
② 단백질
③ 지방질
④ 무기물

해설

단백질의 함량이 많은 종자는 전분이나 지방함량이 많은 종자보다 흡습성이 강하다. 즉, 옥수수 등 일부 화곡류의 종자는 아마, 해바라기와 같은 유료작물의 종자에 비하여 동일한 상대습도하에서 종자 내 수분 함량이 높아질 수 있다.

05

단자엽식물이나 발아 시 1개의 배자엽(胚子葉)이 나타나는 식물에서 화아분화 개시가 일어나는 부위는?

① 측아
② 정아
③ 액아
④ 원표피(原表皮)

해설

단자엽식물이나 발아 시 1개의 배자엽이 나타나는 식물에서 화아분화가 일어나는 부위는 나중에 표피가 되는 원표피이다.

06

광발아종자에서 발아를 촉진시키는 파장은?

① 700~760nm

② 400~440nm

③ 660~700nm

④ 500~560nm

• 적색광(600~700nm) : 발아 촉진
• 500nm 이하, 700nm 이상 : 발아 억제

08

유전적인 원인으로 생기는 품종의 퇴화로 볼 수 없는 것은?

① 아조변이

② 병리적 퇴화

③ 자연교잡

④ 역도태

품종퇴화의 원인
• 유전적 퇴화 : 종자증식에서 발생하는 돌연변이, 자연교잡, 이형유전자의 분리, 기회적 부동, 자식(근교)약세, 종자의 기계적 혼입 등
• 생리적 퇴화 : 재배환경(토양, 기상, 생물환경 등), 재배조건
• 병리적 퇴화 : 영양번식 작물의 바이러스 및 병원균의 감염 등

09

양성화에서 가장 늦게 발달하는 기관은?

① 꽃잎   ② 수술

③ 암술   ④ 악편

양성화는 부악편 → 악편 → 화판 → 수술 → 화탁 → 암술의 순으로 형성된다.

07

직접 발아시험을 하지 않고 배의 환원력으로 종자 발아력을 검사하는 방법은?

① X선검사법

② 전기전도도검사법

③ 테트라졸륨검사법

④ 수분함량측정법

테트라졸륨검사
배 조직의 호흡 효소가 테트라졸륨 용액과 반응하여 형성된 배 부위의 착색 형태와 정도로 발아력을 검정하는 검사 방법이다.

10

다음 발아와 관련된 용어 설명 중 옳은 것은?

① 발아시 : 총 발아수를 총 조사일수로 나눈 수치

② 발아율 : 종자의 대부분(약 80%)이 발아한 비율

③ 발아기 : 총 발아수를 총 조사일수로 나눈 값

④ 발아세 : 치상 후 중간조사일까지 발아한 종자의 비율

① 발아시(發芽始) : 최초의 1개체가 발아한 날
② 발아율(發芽率) : 파종수에 대한 발아한 종자수의 비율
③ 발아기(發芽期) : 전체 종자의 40%가 발아한 날

11

찰벼와 메벼를 교잡하여 얻은 교잡종자의 배유가 투명한 메벼의 성질을 나타내는 현상은?

① 크세니아(xenia)

② 메타크세니아(metaxenia)

③ 위잡종(false hybrid)

④ 단위결과(parthenocarpy)

해설

크세니아(xenia)

중복수정에 의하여 종자의 배유에 화분의 형질(유전정보)이 직접 발현하는 현상으로 벼, 옥수수 등에서 볼 수 있다.

12

경실종자의 휴면타파에 가장 많이 이용하는 방법은?

① 암소저장　　　　② 진공처리

③ 종피파상　　　　④ 밀폐처리

해설

경실종자(씨껍질이 단단한 종자)의 휴면은 종피의 불투수성과 불투기성이 원인이 되는 경우가 가장 많아 종피에 기계적 상처를 내는 종피파상법이 많이 이용된다.

13

배추의 자가불화합성 개체에서 자식 종자를 얻을 수 있는 가장 효과적인 방법은?

① 타가수분　　　　② 개화수분

③ 뇌수분　　　　　④ 말기수분

해설

뇌수분

십자화과 식물에서 꽃봉오리 시기의 주두가 아주 짧을 때, 같은 개체에서 다른 꽃의 꽃가루를 채취하여 수분시키는 것(자가불화합성인 채소의 원종을 유지하기 위해서)

14

다음 형질의 변이 중에서 유전하는 변이에 속하는 것은?

① 장소변이　　　　② 시간변이

③ 아조변이　　　　④ 환경변이

해설

③ 아조변이 : 유전적 변이

① · ② · ④ 장소변이, 시간변이, 환경변이 : 비유전적 변이

15

종자의 저장력이 높은 작물로만 나열된 것은?

① 벼, 콩, 땅콩

② 땅콩, 귀리, 양파

③ 양파, 콩, 수수

④ 수수, 귀리, 벼

해설

종자의 수명

• 단명종자 : 땅콩, 콩, 메밀, 기장, 해바라기, 양파, 파, 고추, 당근, 상추, 베고니아, 팬지 등

• 상명종자 : 벼, 밀, 보리, 귀리, 수수, 옥수수, 목화, 무, 배추, 양배추, 시금치, 카네이션, 페튜니아 등

• 장명종자 : 알팔파, 클로버, 사탕무, 베치, 수박, 오이, 무, 가지, 토마토, 나팔꽃, 데이지 등

16

종자에서 제2차 휴면을 일으키는 원인이 아닌 것은?

① 건조

② 암조건

③ 감마선

④ 종피의 기계적 저항

해설

2차 휴면

휴면하지 않고 있는 종자가 외부의 불리한 환경조건(고온, 저온, 다습, 산소부족 등)에 장기간 유지되면 휴면상태가 되는 현상

17

무한화서를 가진 토마토, 수박, 당근 등은 개화기간이 길기 때문에 같은 포기에서 수확한 종자도 착과 위치에 따라 종자의 품질이 다르다. 이런 농작물에서 우량한 품질의 종자생산을 위하여 실시할 수 있는 재배적 조치로만 나열된 것은?

① 환상박피, 경화, 적과

② 적과, 적심, 정지

③ 정지, 적심, 순화

④ 순화, 경화, 환상박피

해설

과수의 생육조절 방법은 정지·전정, 적심(순지르기), 적아(눈따기), 휘기 등이 있다.

18

상추 종자를 채종한 후 상온하에서 휴면타파를 위한 저장 방법은?

① 건조저장

② 다습저장

③ 고온저장

④ 저온저장

해설

건조저장 : 종자의 수분함량이 5~10%가 되도록 건조해서 저장하는 방법

19

다음 종자의 발육환경 중 일장에 의한 영향은 어떤 것인가?

① 수확 전 발아나 조기발아의 문제가 발생한다.

② 상추 종자는 광 휴면성이 둔감해 진다.

③ 질소의 용탈과 탈질현상이 일어난다.

④ 콩과 작물의 경우 경실성과 관련이 있다.

해설

콩과 작물은 장일조건에서 성숙한 종자의 꼬투리가 길어지고, 종피가 더 두꺼워지며, 불투수성이 증대된다.

20

순도검사에서 이물(異物)에 속하지 않는 것은?

① 대상 작물 이외의 다른 작물의 종자

② 작물의 종자 중 원형의 반 미만의 쇄립

③ 잡초의 종자 중 배가 없는 종자

④ 모래나 흙

해설

이물(inert matter)(종자검사요령 제18조 제2항 제3호)

이물은 정립과 이종종자(잡초종자 포함)로 구분되지 않은 종자구조를 가졌거나 모든 다른 물질로서 다음의 것을 포함한다.

• 진실종자가 아닌 종자

• 볏과 종자에서 내영 길이의 1/3 미만인 영과가 있는 소화(라이그래스, 페스큐, 개밀)

• 임실소화에 붙은 불임소화는 귀리, 오처드그라스, 페스큐, 브롬그래스, 수수, 수단그라스, 라이그래스 속을 제외하고는 떼어내어 이물로 처리한다.

• 원래크기의 절반 미만인 쇄립 또는 피해립

• 부속물은 정립종자 정의에서 정립종자로 구분되지 않은 것. 정립종자 정의에서 언급되지 않은 부속물은 떼어내어 이물에 포함한다.

• 종피가 완전히 벗겨진 콩과, 십자화과의 종자

• 콩과에서 분리된 자엽

• 회백색 또는 회갈색으로 변한 새삼과 종자

• 배아가 없는 잡초종자

• 떨어진 불임소화, 쭉정이, 줄기, 바깥껍질(外穎), 안 껍질(內穎), 포(苞), 줄기, 잎, 솔방울, 인편, 날개, 줄기껍질, 꽃, 선충충영과, 맥각, 공막, 깜부기 같은 균체, 흙, 모래, 돌 등 종자가 아닌 모든 물질

21
배수체 작성에 가장 많이 이용하는 방법은?

① 방사선 처리
② 교잡
③ 콜히친 처리
④ 에틸렌 처리

해설

동질배수체의 작성 방법
- 생물학적 : 접목잡종 <u>예</u> 토마토와 까마중
- 물리적 : 고온, 저온, 원심력, 자외선 등
- 화학적 : 클로로폼, 에테르, 각종 알칼로이드, 식물호르몬, 콜히친, 아세나프텐 등

22
잡종강세육종에서 일대잡종의 균일성을 중요시 할 때 쓰이는 교잡법은?

① 단교잡법
② 복교잡법
③ 3계교잡법
④ 톱교잡법

해설

단교잡법
관여하는 계통이 2개뿐이므로 우량조합의 선택이 쉽고 잡종강세의 발현도 현저할 뿐만 아니라 각 형질이 고르고 불량형질이 나타나는 경우도 적다.

23
농작물의 내냉성 또는 내동성에 대한 설명으로 옳은 것은?

① 내냉성은 0℃ 이하의 저온에 대한 월동작물의 저항성이다.
② 내동성은 -20℃ 이하의 혹한에 대한 1년생 여름작물의 저항성이다.
③ 내냉성은 0~15℃의 저온에 대한 여름작물의 저항성이다.
④ 내동성은 0℃ 이상의 저온에 대한 월동작물의 저항성이다.

해설

③ 내냉성은 0~15℃의 냉해에 대한 여름작물의 저항성이고, 내동성은 0℃ 이하의 저온에 대한 월동작물의 저항성이다.

24
세포질-유전자적 웅성불임성에 있어서 불임주의 유지친(B line)이 갖추어야 할 유전적 조건을 바르게 설명한 것은?

① 핵 내의 모든 유전자 조성이 웅성불임친과 동일해야 한다.
② 웅성불임친과 교배 시에 강한 잡종강세현상이 일어나야 한다.
③ 핵 내의 모든 유전자 조성이 웅성불임친과 동일하지 않아야 한다.
④ 웅성불임친에는 없는 내병성 유전인자를 가져야 한다.

해설

세포질-유전자적 웅성불임성(CGMS)
잡종강세를 이용하기 위해서는 웅성불임친과 웅성불임성을 유지해주는 불임유지친, 웅성불임친의 임성을 회복시켜 주는 임성회복친(회복인자친-반드시 부계)이 있어야 한다.

25

근교약세(近交弱勢)에 대한 설명으로 옳은 것은?

① 세대의 경과에 따라 직선적으로 세력이 약해진다.

② 형질의 특성 및 세대에 구별 없이 세력이 약해진다.

③ F_2 세대 이후는 형질의 특성과 무관하게 같은 경향으로 세력이 약해진다.

④ 관여하는 유전자 수가 적은 형질은 초기 세대에서 급격히 약해지고, 수량형질 같이 관여하는 유전자가 많은 것은 후기 세대에 가서 약해진다.

해설

자식약세(inbreeding depression, 근교약세)

타가수정을 하는 동식물에 있어 자가수분이나 근친교배를 수행하면, 다음 대 개체들의 생존력이 현저히 감퇴되는 현상이다.

26

잡종집단에서 선발효율을 높이고자 할 때 이용할 수 있는 분자표지는?

① 캘러스형성 여부

② 히스톤단백질함량

③ RFLP 표지

④ 폴리펩티드 신장

해설

1대잡종을 비롯한 종자의 순도를 검정하는 지표로서 RFLP, SSR, RAPD 등의 분자표지를 사용한다.

27

배우체형 자가불화합성에 대한 설명으로 옳은 것은?

① 암술대(화주)의 길이와 꽃밥의 높이(화사의 길이) 차이 때문에 발생하는 불화합성

② 화분(꽃가루)의 유전자와 암술대(화주)세포의 유전자형간 상호작용에 의하여 발생하는 불화합성

③ 화분(꽃가루)이 형성된 개체 또는 체세포의 유전자형(2n)에 의하여 발생하는 불화합성

④ 화분(꽃가루)의 유전자에 관계없이 암술대(화주) 세포의 세포질유전자에 의하여 발생하는 불화합성

해설

배우체형 자가불화합성에서는 꽃가루의 유전자형이 자방친의 유전자형과 같을 경우는 불화합이 되고, 다를 경우에는 화합이 된다.

28

수량성을 늘리기 위한 육종 방법(다수성 육종)에 대한 다음 설명 중 틀린 것은?

① 수량성은 주로 폴리진(polygene)이 관여하는 전형적인 양적형질이다.

② 환경의 영향을 많이 받기 때문에 유전력이 높은 편이다.

③ 다수성 육종에서는 계통육종법보다 집단육종법이 유리하다.

④ 수량성의 선발은 개체선발보다 계통선발에 중점을 둔다.

해설

② 환경의 영향을 많이 받기 때문에 유전력이 낮은 편이다.

29

형질의 측정 단위가 서로 다른 2개 집단의 변이 정도를 비교하는 데 쓰이는 통계치는?

① 분산   ② 변이계수
③ 표준편차   ④ 표준오차

해설

변이계수
편차의 정도를 평균값으로 나누어 백분율로 계산하여 양적형질을 직접 비교할 수 있는 방법으로 변이의 크기를 비교하고자 할 때 이용한다.

30

정부변이(正負變異)로 옳은 것은?

① 불연속변이   ② 대립변이
③ 아조변이   ④ 방황변이

해설

정부변이(正負變異)
유전자형이 같은 순계나 영양계들을 비슷한 환경에서 재배하였을 때 중앙치를 기준으로 (+), (−)의 양쪽방향의 형질이 나타는 변이로 유전되지 않는다.

31

일반조합능력의 검정법으로 가장 많이 사용하는 방법은?

① 단교잡 검정법
② 톱교잡 검정법
③ 복교잡 검정법
④ 다교잡 검정법

해설

잡종강세육종에서 조합능력 검정 방법
• 단교배 검정법 : 특정조합능력 검정
• 톱교배 검정법 : 일반조합능력 검정
• 다교배 검정법 : 영양번식의 일반조합능력 검정
• 이면교배 검정법 : 일반조합능력, 특정조합능력 동시 검정

32

Vavilov의 '유전자 중심지설'이란 무엇을 기준으로 원산지를 추정하는 방법인가?

① 식물의 염색체
② 교잡의 친화성
③ 식물의 변이성
④ 식물의 면역성

해설

바빌로프의 유전자중심설
• 발생 중심지에는 많은 변이가 축적되어 있으며 유전적으로 우성적인 형질을 가진 형이 많다.
• 열성의 형질은 발상지로부터 멀리 떨어진 곳에 위치한다.
• 2차적 중심지에는 열성형질을 가진 형이 많다.

33

잡종집단에서 선발차가 50이고, 유전획득량이 25일 때의 유전력(%)은?

① 0.2   ② 0.5
③ 20   ④ 50

해설

$$유전력 = \frac{유전획득량}{선발차} \times 100$$

$$= \frac{25}{50} \times 100 = 50\%$$

34

계통육종 방법으로 육성된 벼의 생산력검정에 대한 설명으로 가장 적합한 것은?

① 우리나라에서 계통육종에 의해 육성된 벼 품종들은 대부분 $F_2 \sim F_3$ 세대에서 고정계통을 선발한다.

② 생산력검정 예비시험은 시험구의 반복 없이 3년간 실시한다.

③ 생산력검정 본시험은 시험구의 반복을 두고 2~3년 간 실시한다.

④ 지역적응시험은 여러 지역에서 시험구의 반복 없이 1회 실시한다.

> **해설**
>
> **계통육종법**
>
>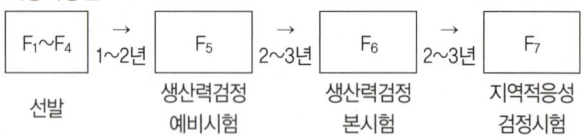
>
> | 선발 | | 생산력검정
예비시험 | | 생산력검정
본시험 | | 지역적응성
검정시험 |

35

유전자 전환에 의한 형질전환육종과정이 옳은 것은?

① 프로토플라스트 융합 – 유전자클로닝 – 벡터에 도입 – 식물체 재분화 – 형질전환품종 육성

② 프로토플라스트 융합 – 형질전환캘러스 선발 – 벡터에 도입 – 형질전환품종 육성

③ 유전자클로닝 – 벡터에 도입 – 형질전환캘러스 선발 – 식물체 재분화 – 형질전환품종 육성

④ 유전자클로닝 – 형질전환캘러스 선발 – 벡터에 도입 – 식물체 재분화 – 형질전환품종 육성

> **해설**
>
> **형질전환육종과정**
>
> 목표 형질을 가진 개체의 발견 → 원하는 유전자 분리 → 유전자클로닝 → 클로닝한 유전자를 벡터(유전자운반체)에 재조합하여 식물세포에 도입 → 식물세포를 증식하고 식물체로 재분화시켜 형질전환식물을 선발 → 신품종으로 육성 순으로 진행된다.

36

작물의 수확 후 관리에 대한 설명으로 옳은 것은?

① 가공용 감자의 저장을 위한 최적온도는 3~4℃이다.

② 고춧가루의 저장 적수분 함량은 10% 이하이다.

③ 고구마의 안전저장은 온도 13~15℃, RH 58~90% 이다.

④ 고품질 쌀을 위한 저장 적수분 함량은 15% 이하, 온도 10℃이다.

> **해설**
>
> ① 가공용 감자의 저장을 위한 최적온도는 7~10℃이다.
> ② 고춧가루의 저장 적수분 함량은 14% 이하이다.
> ④ 고품질 쌀을 위한 저장 적수분 함량은 15.5~16.5%, 온도 5~12℃ 이다.

37

두 가지 형질의 유전력을 계산한 결과 각각 0.2와 0.9가 나왔다. 이것의 육종적 의의를 바르게 나타낸 것은?

① 유전력 0.2의 형질은 0.9에 비하여 선발의 효과가 크다.

② 유전력 0.2의 형질은 질적형질이고, 0.9는 양적형질이다.

③ 유전력 0.2의 형질은 0.9에 비하여 환경의 영향을 크게 받는다.

④ 유전력 0.2의 형질은 유전자의 지배가가 상가적이고, 0.9는 유전자의 지배가가 상승적이다.

> **해설**
>
> **유전력**
>
> 표현형 분산에 대한 유전분산의 비로, 0~1의 값으로 계산된다. 유전력이 높을수록 자손이 가진 형질의 많은 부분을 양친으로부터 물려받았음을 의미하고, 유전력이 낮을수록 자손이 가진 특성은 출생 후에 겪는 환경의 영향을 크게 받는다는 의미이다.

38

유전자(gene)를 가장 바르게 표현한 것은?

① plasmagene
② 핵산과 단백질로 구성된 물질
③ 질소를 가진 염기 3개로 구성된 RNA 절편
④ 단백질 합성을 위한 완전한 염기코드를 가진 DNA 절편

해설

④ 유전자(gene)란 DNA의 부분 중 단백질을 만들 수 있는 정보를 가진 단위를 말한다.

39

벼 품종개량에서의 고정개체들을 얻을 수 있어 육종연한을 단축시킬 수 있는 것은?

① 계통육종
② 약배양
③ 세포융합
④ 집단육종

해설

약배양

잡종식물에서 반수체를 유도하여 염색체를 배가시키면 당대에 유전적으로 고정된 2배체(2n) 식물을 얻을 수 있고, 육종연한을 단축시킬 수 있다.

40

약배양(藥培養)에 의하여 새 품종을 육성하려면 다음 세대 중 어느 것으로부터 약을 채취하는 것이 바람직한가?

① 순계
② F_1
③ F_2
④ F_3

해설

F_1의 약을 채취하여 배양하면 교배 후 1년 만에 고정된 계통을 얻을 수 있어 육종연한을 크게 단축시킬 수 있다.

41

작물을 생육적온에 따라 분류했을 때 저온작물인 것은?

① 콩
② 고구마
③ 감자
④ 옥수수

해설

생육적온에 따른 분류

• 저온작물 : 비교적 저온에서 생육이 양호한 작물 예 맥류, 감자 등
• 고온작물 : 비교적 고온에서 생육이 양호한 작물 예 벼, 옥수수 등

42

생력기계화 재배를 위한 전제조건이 아닌 것은?

① 생장조절제 이용
② 경지정리
③ 제초제 이용
④ 공동재배

해설

생력화를 위한 조건

경지정리, 넓은 면적을 공동 관리에 의한 집단재배, 제초제 이용, 적응 재배 체계 확립(기계화에 맞고 제초제 피해가 적은 품종으로 교체)

43

다음 중 종자의 수명이 가장 짧은 작물은?

① 클로버 ② 알팔파
③ 메밀 ④ 토마토

해설

③ 메밀 : 단명종자
①·②·④ 클로버, 알팔파, 토마토 : 장명종자

44

( )에 알맞은 내용은?

> 감자 영양체를 20,000rad 정도의 ( )에 의한 γ선을 조사하면 맹아 억제 효과가 크므로 저장기간이 길어진다.

① ^{15}C ② ^{60}Co
③ ^{17}C ④ ^{40}K

해설

방사성 동위원소의 재배적 이용
• 작물의 생리연구 : ^{32}P, ^{42}K, ^{45}Ca
• 광합성의 연구 : ^{11}C, ^{14}C
• 농업분야 토목에 이용 : ^{24}Na
• 영양기관의 장기 저장 : ^{60}Co, ^{137}Cs에 의한 γ선

45

작물 수량 삼각형에서 수량 증대 극대화를 위한 요인으로 가장 거리가 먼 것은?

① 유전성 ② 재배기술
③ 환경조건 ④ 원산지

해설

작물 수량 삼각형에서 작물의 생산성을 극대화시킬 수 있는 3요소는 유전성, 재배기술, 재배환경이다.

46

냉해를 입었을 때 나타나는 현상이 아닌 것은?

① 엽록소 파괴 ② 위조
③ 증산 억제 ④ 양분흡수 저해

해설

작물의 냉해 생리
• 뿌리에서 수분흡수는 저해되고 증산은 과다해져 위조(萎凋)를 유발한다.
• 질소, 인산, 칼륨 등의 양분흡수가 저해된다.
• 동화물질의 체내 전류가 저해된다.
• 질소동화가 저해되어 암모니아의 축적이 많아진다.
• 호흡이 감퇴하여 모든 대사 기능이 마비된다.

47

하루 중의 기온변화, 즉 기온의 일변화(변온)와 식물의 동화물질 축적과의 관계를 바르게 설명한 것은?

① 낮의 기온이 높으면 광합성과 합성물질의 전류가 늦어진다.
② 기온의 일변화가 어느 정도 커지면 동화물질의 축적이 많아진다.
③ 낮과 밤의 기온이 함께 상승할 때 동화물질의 축적이 최대가 된다.
④ 낮과 밤의 기온차가 적을수록 합성물질의 전류는 촉진되고 호흡 소모는 적어진다.

해설

동화물질의 축적
• 낮의 기온이 높으면 광합성과 합성물질의 전류가 촉진된다.
• 밤의 기온은 비교적 낮은 것이 호흡 소모가 적다. 따라서 변온이 어느 정도 큰 것이 동화물질의 축적이 많아진다. 그러나 밤의 기온이 과도하게 내려가도 장해가 발생한다.

48

도복의 유발조건을 바르게 설명한 것은?

① 키가 큰 품종은 대가 실해도 도복이 심하다.
② 칼륨, 규산이 부족하면 도복이 유발된다.
③ 토양환경과 도복은 상관이 없다.
④ 밀식은 도복을 적게 한다.

도복의 유발조건
• 유전적 조건 : 키가 크고 대가 약한 품종, 무거운 이삭, 빈약한 근계발달
• 재배조건 : 밀식, 질소 과용, 칼륨 및 규산의 부족
• 환경조건 : 도복의 위험기에 강우·강풍, 병충해의 발생(잎집무늬마름병(紋枯病), 가을멸구, 맥류 줄기녹병)

49

과실의 성숙에 효과적으로 작용하는 것은?

① 지베렐린　　　　② 에스렐
③ IAA　　　　　　④ ABA

에스렐(ethrel, 에테폰 액제)
1965년 '에스렐(Ethrel)'이란 이름으로 개발된 에테폰(ethephon) 액제는 합성 식물생장조절제로 식물에 살포하면 식물생장호르몬인 에틸렌(ethylene) 가스를 생성한다. 주로 과실의 숙기 및 착색 촉진, 잎의 노화 등을 위해 사용한다.

50

식물체 내의 수분퍼텐셜에 대한 설명으로 틀린 것은?

① 식물체 내의 수분퍼텐셜은 토양의 수분퍼텐셜보다 높다.
② 수분퍼텐셜과 삼투퍼텐셜이 같으면 압력퍼텐셜이 0(zero)이 되므로 원형질 분리가 일어난다.
③ 압력퍼텐셜과 삼투퍼텐셜이 같으면 세포의 수분퍼텐셜이 0(zero)이 되므로 팽만상태가 된다.
④ 세포의 부피와 압력퍼텐셜이 변화함에 따라 삼투퍼텐셜과 수분퍼텐셜이 변화한다.

① 수분퍼텐셜은 토양에서 가장 높고 대기에서 가장 낮으며, 식물체 내에서는 중간의 값을 나타낸다.

51

혼파의 이점이 될 수 없는 것은?

① 화본과 목초와 콩과 목초가 섞이면 가축의 영양상 유리하다.
② 상번초와 하번초가 섞이면 공간을 효율적으로 이용할 수 있다.
③ 혼파에 의해서 토양의 비료성분을 더욱 효율적으로 이용할 수 있다.
④ 화본과 목초가 고정한 질소를 콩과 목초가 이용하므로 질소비료가 절약된다.

④ 콩과 목초가 고정한 질소를 화본과 목초가 이용하므로 질소비료가 절약된다.

52

식물의 상적발육에 관여하는 식물체의 색소는?

① 엽록소(chlorophyll)

② 파이토크롬(phytochrome)

③ 안토시아닌(anthocyanin)

④ 카로티노이드(carotenoid)

해설

파이토크롬(phytochrome)

식물체 내에서 빛을 흡수하는 색소단백질로 모든 식물에 들어있으며 조사되는 빛의 파장에 따라 식물의 생리학적 기능을 조절한다.

54

다음 화학식은 식물에서 어떤 생리작용을 나타낸 것인가?

$$m(CH_2O) + O_2 \rightarrow CO_2 + H_2O + 에너지$$

① 증산작용

② 동화작용

③ 호흡작용

④ 동화 및 호흡작용

해설

식물의 광합성과 호흡작용 비교

구분	광합성	호흡작용
일어나는 장소	녹색식물의 엽록체	살아있는 세포 속
일어나는 시간	햇빛이 비치는 낮	밤, 낮 언제나
공기의 출입	CO_2를 흡수, O_2 방출	O_2를 흡수, CO_2 방출
물질의 변화	무기물 → 유기물	유기물 → 무기물
에너지의 출입	에너지 저장	에너지 방출

53

식량과 사료를 균형있게 생산하는 유축농업에 해당하는 재배형식은?

① 식경(殖耕)　　② 원경(園耕)

③ 소경(疎耕)　　④ 포경(圃耕)

해설

① 식경 : 열대·아열대 지역에서 커피, 카카오, 차, 설탕, 담배, 목화, 고무 등을 재배하는 기업형태의 농업

② 원경 : 주로 채소, 과수 등의 원예작물을 집약적으로 재배하는 형태로 작은 면적에서 단위면적당 수확량을 많게 하는 농업

③ 소경 : 비료나 농약 등을 사용하지 않고 열대서류, 두류, 채소와 화곡류 등을 재배하는 원시적 형태의 농업

55

채소류 육묘 시 우량묘의 조건에 해당하지 않는 것은?

① 키가 너무 크지 않고, 마디 사이 간격, 잎의 크기 등이 적당하며, 벼 해충의 피해를 받지 않은 것을 물론 뿌리군이 잘 발달해야 함

② 잎은 가능하면 두껍고 동화능력이 큰 것이 좋으며, 지상부와 뿌리의 비율(T/R율)이 균형을 이루어야 함

③ 품종 고유의 특성을 갖추고, 균일도가 높아야 함

④ 고온이나 저온, 수분 스트레스 등을 일정 기간 이상 받아 이식에 대한 저항성이 높아야 함

해설

④ 고온이나 저온, 수분 등의 스트레스를 받지 않은 모종이 좋은 모종이다.

56

다음 중 토양의 입단구조를 파괴하는 요인으로서 가장 옳지 않은 것은?

① 경운
② 입단의 팽창과 수축의 반복
③ 나트륨 이온의 첨가
④ 토양의 피복

해설

④는 입단구조의 형성조건이다.

입단구조의 파괴
- 경운(토양입자의 부식 분해 촉진)
- 입단의 팽창과 수축의 반복
- Na^+의 작용(점토의 결합 분산)
- 비와 바람의 작용

57

땅속줄기로 번식하는 것으로만 나열된 것은?

① 감자, 토란
② 생강, 박하
③ 백합, 마늘
④ 다알리아, 글라디올러스

해설

① 감자, 토란 : 덩이줄기(괴경)
③ 백합, 마늘 : 비늘줄기(인경)
④ 다알리아 : 덩이뿌리(괴근), 글라디올러스 : 알줄기(구경)

58

대기오염 물질 중 빗물의 산도를 낮추지 않는 것은?

① 이산화질소
② 염화수소가스
③ 아황산가스
④ 수소가스

해설

일산화탄소, 아황산가스, 질소산화물, 암모니아, 염화수소 등 대기 오염물질 중 가스상 성분이 구름에 유입되면 화학반응에 의해 황산, 질산, 염산 등이 생성되고 빗물이 산성화되어 pH 5.6 미만인 산성비가 발생한다.

59

식물체의 흡수량이 적게 되면 내건성이 저하되는 원소는?

① 질소
② 인
③ 칼륨
④ 칼슘

해설

칼륨(K)의 흡수량이 줄어들면 세포의 삼투압과 당분농도가 저하되어 이상현상(생장점이 말라 죽음, 줄기가 연약해짐, 하엽의 탈락 등)이 발생되고 한해에 약해진다.

60

다음 중 가장 먼저 발견된 식물호르몬은?

① 시토키닌
② ABA
③ 지베렐린
④ 옥신

해설

옥신(auxin)

식물호르몬 중에서 가장 먼저 연구되었으며 식물의 굴광성(빛을 향해 구부러지는 현상)을 유발시키는 생장촉진물로 발견되어 IAA(Indol-3-acetic Acid)로 알려졌다.

61

작물 재배 시 잡초의 피해에 관한 설명 중 잘못된 것은?

① 경합의 해
② 상호대립억제작용
③ 병해충 매개
④ 침식 초래

해설

잡초의 피해
• 작물의 수량 감소
• 병·곤충의 서식처 역할
• 농작물의 품질 저하
• 농작업의 방해
• 관개수로 및 운하 등의 물 이용 저하
• 인축에 유해

62

곤충의 동색성(homochromy)은?

① 먹이에 따라 색이 변하는 것이다.
② 보는 각도에 따라 색이 변하는 것이다.
③ 암컷과 수컷이 같은 색을 띄는 것이다.
④ 주위 환경의 유력한 색과 같아지는 것이다.

해설

곤충의 동색성 : 자신의 체색을 주변의 색과 같게 하는 것

63

곤충의 소화관의 주체가 되는 기관으로 짝지어진 것은?

① 전장, 중장, 후장
② 전장, 중장, 말피기관
③ 전장, 말피기관, 직장
④ 직장, 식도, 항문

해설

곤충의 소화기관
• 전장 : 먹이의 여과와 저장
• 중장 : 소화와 흡수
• 후장 : 배설과 체내 무기염과 물의 농도 조절

64

잡초의 생물적 방제법 설명으로 틀린 것은?

① 상호대립억제작용(allelopathy)은 잡초 방제에 장애요소이다.
② 잡초 방제에 이용되는 천적은 식해성(食害性) 곤충이어야 한다.
③ 식물병원균은 특성상 수생잡초의 생물적 방제에 이용 가능하다.
④ 어패류의 이용은 초종선택성이 없어 방류제한성이 문제가 된다.

해설

상호대립억제작용
잡초의 여러 기관에서 작물의 발아나 생육을 억제하는 특정 물질을 분비하여 작물에 영향을 미치는 것으로 생물적 방제법에 속한다.
예 메밀짚, 호밀, 귀리

65

식물병에 대한 저항성에는 진정저항성과 포장저항성이 있다. 이 두 가지 저항성의 차이를 옳게 설명한 것은?

① 진정저항성이나 포장저항성은 병 감염율이 상대적으로 낮으나 병균을 접종하면 모두 병이 많이 발생한다.

② 진정저항성을 수평저항성이라고 하며, 포장저항성은 수직저항성이라고도 한다.

③ 진성저항성이나 포장저항성 모두 병 발생이 거의 없으나, 포장저항성은 포장에서 병 발생이 없다.

④ 진정저항성은 병이 거의 발생하지 않으나, 포장저항성은 여러 균계에 대하여 병 발생율이 상대적으로 낮다.

저항성에 관여하는 유전적 차이
• 진정저항성(수직저항성) : 소수의 주동유전자에 의해 발현되기 때문에 병이 거의 발생하지 않는다.
• 포장저항성(수평저항성) : 여러 레이스에 따라 저항성의 차이가 크지 않다.

66

오염된 물보다는 주로 깨끗한 물에서 서식하는 곤충은?

① 민날개강도래   ② 모기붙이
③ 꽃등에   ④ 나방파리

하천오염에 약한 수생 지표생물
• 1급수 : 옆새우, 강도래 유충, 멧모기 유충, 뿔알락하루살이 유충, 물날도래 유충, 송어
• 1~2급수 : 플라나리아, 꼬마하루살이 유충, 뱀잠자리 유충, 각날도래 유충, 줄날도래 유충, 개울등애 유충, 버들치

67

다음 해충 중에서 불완전변태하는 것은?

① 이화명나방
② 콩가루벌레
③ 갓노랑비단벌레
④ 완두굴파리

② 콩가루벌레(매미목) : 불완전변태
① · ③ · ④ 이화명나방(나비목), 갓노랑비단벌레(딱정벌레목), 완두굴파리(파리목) : 완전변태

68

곤충의 피부를 구성하는 부분이 아닌 것은?

① 융기   ② 큐티클
③ 기저막   ④ 표피세포

곤충의 체벽은 표피층(큐티클층) – 표피세포층 – 기저막으로 구성되어 있다.

69

벼 도열병균의 주요 전염 방법으로 옳은 것은?

① 토양   ② 잡초
③ 바람   ④ 관개수

도열병의 전염
병원균이 종자나 병든 잔재물에서 겨울을 지나 제1차 전염원이 되며 제2차 전염은 병반상에 형성된 분생포자가 바람에 날려 공기 전염한다.

70

다음 해충 중에서 식물병을 전파하는 매개충이 아닌 것은?

① 애멸구
② 복숭아혹진딧물
③ 끝동매미충
④ 벼총채벌레

① 애멸구 : 벼 줄기무늬잎마름병
② 복숭아혹진딧물 : 감자 잎말림병
③ 끝동매미충 : 오갈병

71

잡초와 작물과의 경합에서 잡초가 유리한 위치를 차지할 수 있는 특성으로 옳지 않은 것은?

① 잡초 종자는 일반적으로 크기가 작고 발아가 빠르다.
② 잡초는 작물에 비해 이유기가 빨리 와서 초기 생장 속도가 빠르다.
③ 대부분의 잡초는 C_3 식물로서 대부분이 C_4 식물인 작물에 비해 광합성 효율이 높다.
④ 대부분의 잡초는 생육 유연성을 갖고 있어 밀도 변화가 있더라도 생체량을 유연하게 변화시킨다.

③ 일반적으로 잡초 간의 광합성 효율이 높은 C_4 식물이 비능률적인 C_3 식물보다 경합에 유리하다.

72

암발아 잡초는?

① 바랭이
② 소리쟁이
③ 냉이
④ 쇠비름

광 조건에 따른 잡초의 분류
• 광발아 잡초 : 메귀리, 바랭이, 향부자, 개비름, 쇠비름, 소리쟁이, 참방동사니, 강피
• 암발아 잡초 : 별꽃, 냉이, 광대나물, 독말풀 등

73

감자 역병에 대한 설명으로 틀린 것은?

① 병원균은 자웅동형성이다.
② 무병 씨감자를 사용하여 방제할 수 있다.
③ 역사적으로 1845년경에 대발생했다.
④ 아일랜드 대기근의 원인이다.

① 감자 역병의 병원균은 자웅이주이다.

74

해충 방제법 중에서 재배적 방제법이 아닌 것은?

① 윤작과 혼작
② BT 살포
③ 재배 시기 조절
④ 경운

② BT(*Bacillus thuringiensis*)제 : 토양미생물을 이용한 생물학적 살충제
재배적 방제법 : 작물윤작, 육묘이식, 재식밀도, 재파종, 작물 품종·종자선정, 대파, 피복작물 이용 등

75

입제(granule)에 대한 설명으로 옳은 것은?

① 농약 값이 싸다.

② 사용이 간편하다.

③ 환경오염성이 높다.

④ 사용자에 대한 안정성이 낮다.

해설

입제(GR ; Granule)
- 사용이 간편하다.
- 입자가 크기 때문에 분제와 같이 표류·비산에 의한 근접 오염의 우려가 없다.
- 사용자에 대한 안전성이 다른 제형에 비하여 우수하다.
- 다른 제형에 비하여 원제의 투여량이 많아 방제 비용이 높다.
- 토양오염의 우려가 있다.

76

작물피해 원인 중 생물요소에 의한 내용은?

① 농약 혼용 잘못에 의한 피해

② 질소 과다에 의한 피해

③ 하우스 가스(gas)에 의한 피해

④ 잡초의 피해

해설

작물피해의 주요 원인
- 생물요소 : 잡초의 피해, 미생물에 의한 병해, 곤충에 의한 충해 및 그 밖의 동물들이 주는 피해 등
- 비생물요소 : 가뭄, 홍수, 고온·저온, 습도, 강풍 등으로 인한 기상재해, 작물양분 과부족에 의한 생리장해, 물속의 기체 및 화학물질 등

77

잡초와 주요 영양번식 기관의 연결이 틀린 것은?

① 벋음씀바귀 – 포복경

② 가래 – 뿌리줄기

③ 향부자 – 비늘줄기

④ 올방개 – 덩이줄기

해설

③ 향부자 : 뿌리줄기

78

다음 중에서 후대뇌(제3대뇌)에 연결되어 있는 것은?

① 큰턱 신경

② 작은턱 신경

③ 윗입술 신경

④ 아랫입술 신경

해설

곤충의 뇌
- 전대뇌 : 가장 크고 복잡하고 시감각과 연관되어 있으며 중추신경계의 중심이다.
- 중대뇌 : 더듬이로부터 감각 및 운동 촉색을 받고 있는 촉각엽을 가지고 있다.
- 후대뇌 : 이마 신경절을 통해 뇌와 위장 신경계를 연결시킨다. 윗입술에서 나온 신경을 받고 있다.

79

해충 등 생물분류군의 범주 및 차례로 옳은 것은?

① 문 - 강 - 목 - 속 - 종 - 과
② 문 - 강 - 목 - 과 - 속 - 종
③ 문 - 강 - 목 - 속 - 과 - 종
④ 문 - 목 - 강 - 종 - 속 - 과

> **해설**
> **생물학적 분류**
> 계 → 문 → 강 → 목 → 과 → 속 → 종

80

다음 중 종자병의 진단법으로 가장 거리가 먼 것은?

① 습실 처리법
② plantibody법
③ ELISA법
④ PCR법

> **해설**
> **plantibody**
> 식물감염하는 병원체를 주사한 쥐의 혈청생산유전자를 형질전환시킨 식물체에서 생산되는 항체이다.

81

식물신품종보호법상 품종보호에 대해 취소결정을 받은 자가 이에 불복하는 경우에는 그 등본을 송달받은 날부터 며칠 이내에 심판을 청구할 수 있는가?

① 15일   ② 30일
③ 40일   ④ 100일

> **해설**
> 거절결정 또는 취소결정에 대한 심판(식물신품종보호법 제91조)

82

다음 중 농림축산식품부장관이 품종목록 등재를 취소하는 사유에 해당하지 않은 것은?

① 부정한 방법으로 등재된 것이 발견되었을 때
② 해당 품종의 등록된 품종명칭이 취소되었을 때
③ 품종의 성능이 심사기준에 미달할 때
④ 품종이 신규성이 없을 때

> **해설**
> **품종목록 등재의 취소(종자산업법 제20조 제1항)**
> 농림축산식품부장관은 다음의 어느 하나에 해당하는 경우에는 해당 품종의 품종목록 등재를 취소할 수 있다. 다만, 제4호와 제5호의 경우에는 그 품종목록 등재를 취소하여야 한다.
> 1. 품종성능이 품종성능의 심사기준에 미치지 못하게 될 경우
> 2. 해당 품종의 재배로 인하여 환경에 위해(危害)가 발생하였거나 발생할 염려가 있을 경우
> 3. 식물신품종보호법의 어느 하나에 해당하여 등록된 품종명칭이 취소된 경우
> 4. 거짓이나 그 밖의 부정한 방법으로 품종목록 등재를 받은 경우
> 5. 같은 품종이 둘 이상의 품종명칭으로 중복하여 등재된 경우(가장 먼저 등재된 품종은 제외)

83

종자의 보증 중 농림축산식품부장관이 행하는 보증을 무엇이라 하는가?

① 자체보증
② 국가보증
③ 농림보증
④ 특허보증

해설

종자의 보증(종자산업법 제24조 제2항)
종자의 보증은 농림축산식품부장관이 하는 보증(이하 '국가보증')과 종자관리사가 하는 보증(이하 '자체보증')으로 구분한다.

84

다음 중 종자산업법상 종자의 정의에 해당되는 것은?

① 버섯의 종균은 종자에 해당하지 않는다.
② 증식용 및 번식용으로 이용되는 식물의 기관은 종자에 해당한다.
③ 종자는 씨앗으로 번식하는 것만을 말한다.
④ 영양체로 번식하는 것은 종자로 분류하지 않는다.

해설

'종자'란 증식용 또는 재배용으로 쓰이는 씨앗, 버섯종균(種菌), 묘목(苗木), 포자(胞子) 또는 영양체(營養體)인 잎 · 줄기 · 뿌리 등을 말한다(종자산업법 제2조 제1호).

85

품종보호출원의 공고일로 맞는 것은?

① 품종보호 공보가 발행된 날로부터 5일 후
② 품종보호출원이 공고된 취지를 게재한 품종보호공보가 발행된 날
③ 품종보호출원이 공식적으로 접수된 날
④ 품종보호 공보가 발행된 날로부터 10일 후

해설

품종보호출원의 공개일(식물신품종보호법 시행규칙 제44조)
품종보호출원의 공개일은 품종보호 공보에 해당 품종보호출원이 공개된 취지를 게재하여 발행한 날로 한다.

86

다음 중 A와 B가 품종보호권을 공유한 경우에 관한 설명으로 맞는 것은?

① A는 B의 동의 없이 그 지분을 양도할 수 있다.
② A는 B의 동의 없이 그 지분을 목적으로 하는 질권을 설정할 수 있다.
③ A는 B의 동의 없이 그 품종보호권에 대한 전용실시권을 설정할 수 있다.
④ A는 특정한 약정이 없으면 B의 동의 없이 그 품종보호를 실시할 수 있다.

해설

④ 품종보호권이 공유인 경우 각 공유자는 계약으로 특별히 정한 경우를 제외하고는 다른 공유자의 동의를 받지 아니하고 해당 보호품종을 자신이 실시할 수 있다(식물신품종보호법 제60조 제3항).
품종보호권의 이전 등(식물신품종보호법 제60조 제2항)
품종보호권이 공유인 경우 각 공유자는 다른 공유자의 동의를 받지 아니하면 다음의 행위를 할 수 없다.
1. 공유지분을 양도하거나 공유지분을 목적으로 하는 질권의 설정
2. 해당 품종보호권에 대한 전용실시권의 설정 또는 통상실시권의 허락

87

종자산업법에 의해 해당 품종의 진위성 및 해당 품종 종자의 품질이 보증된 채종 단계별 종자를 무엇이라 하는가?

① 보증종자
② 원원종
③ 진위종자
④ 보급종

해설

'보증종자'란 법에 따라 해당 품종의 진위성(眞僞性)과 해당 품종 종자의 품질이 보증된 채종(採種) 단계별 종자를 말한다(종자산업법 제2조 제6호).

88

수입적응성시험의 대상작물 및 실시기관에 대한 내용이다. 국립산림품종관리센터에서 실시하는 대상작물에 해당하는 것은?

① 당귀 ② 표고
③ 작약 ④ 황기

수입적응성시험의 대상작물 및 실시기관 – 버섯, 약용작물(종자관리요강 [별표 11])

대상작물	실시기관
표고, 목이, 복령	국립산림품종관리센터
곽향, 당귀, 맥문동, 반하, 방풍, 산약, 작약, 지황, 택사, 향부자, 황금, 황기, 전칠, 파극, 우슬	한국생약협회

89

품종보호출원 절차(무효, 서류제출 등)에 관한 설명 중 틀린 것은?

① 농림축산식품부장관은 보정명령을 받은 자가 지정된 기간까지 그 보정을 하지 아니한 경우에는 그 품종보호에 관한 절차를 무효로 할 수 있다.

② 우편물의 배달 지연, 분실 및 우편업무의 중단으로 인하여 문제가 발생한 서류제출에 관한 사항은 공동부령으로 정한다.

③ 우편으로 농림축산식품부장관에게 서류를 제출하는 경우에는 우편물이 도착한 다음날에 농림수산식품부 장관에게 제출한 것으로 본다.

④ 농림축산식품부장관에게 제출된 서류는 농림축산식품부 장관에게 도달된 날부터 그 효력이 발생한다.

서류제출의 효력발생 시기(식물신품종보호법 제11조 제2항)
출원서, 청구서와 그 밖의 서류를 우편으로 농림축산식품부장관, 해양수산부장관 또는 심판위원회 위원장에게 제출한 경우에는 우편법령에 따른 통신날짜도장에 표시된 날이 분명하면 그 표시된 날에, 그 표시된 날이 분명하지 아니하면 우체국에 제출한 날(우편물 수령증에 의하여 증명된 날)에 농림축산식품부장관, 해양수산부장관 또는 심판위원회 위원장에게 도달한 것으로 본다.

90

다음 중 종자보증의 유효기간으로 맞는 것은?

① 고구마 : 1년
② 무 : 2년
③ 버섯 : 1년
④ 감자 : 2년

보증의 유효기간(종자산업법 시행규칙 제21조)
1. 채소 : 2년
2. 버섯 : 1개월
3. 감자·고구마 : 2개월
4. 맥류·콩 : 6개월
5. 그 밖의 작물 : 1년

91

다음 중 품종보호료를 내야 하는 경우 면제 대상이 되지 않는 것은?

① 국가가 품종보호권의 설정등록을 받기 위하여 품종보호료를 내야 하는 경우

② 지방자치단체가 품종보호권의 존속기간 중에 품종보호료를 내야 하는 경우

③ 생산자단체가 품종보호권의 설정등록을 받기 위하여 품종보호료를 내야 하는 경우

④ 국민기초생활 보장법에 따른 수급권자가 품종보호권의 설정등록을 받기 위하여 품종보호료를 내야 하는 경우

품종보호료의 면제 대상(식물신품종보호법 제50조)
1. 국가나 지방자치단체가 품종보호권의 설정등록을 받기 위하여 품종보호료를 납부하여야 하는 경우
2. 국가나 지방자치단체가 품종보호권의 존속기간 중에 품종보호료를 납부하여야 하는 경우
3. 국민기초생활 보장법에 따른 수급권자가 품종보호권의 설정등록을 받기 위하여 품종보호료를 납부하여야 하는 경우
4. 그 밖에 공동부령으로 정하는 경우

92

품종보호권 또는 전용실시권을 침해한 자에 대한 벌칙기준으로 맞는 것은?

① 2년 이하의 징역 또는 500만원 이하의 벌금

② 3년 이하의 징역 또는 2천만원 이하의 벌금

③ 5년 이하의 징역 또는 1천만원 이하의 벌금

④ 7년 이하의 징역 또는 1억원 이하의 벌금

해설

침해죄 등(식물신품종보호법 제131조 제1항)

다음의 어느 하나에 해당하는 자는 7년 이하의 징역 또는 1억원 이하의 벌금에 처한다.

1. 품종보호권 또는 전용실시권을 침해한 자
2. 임시보호의 권리를 침해한 자. 다만, 해당 품종보호권의 설정등록이 되어 있는 경우만 해당한다.
3. 거짓이나 그 밖의 부정한 방법으로 품종보호결정 또는 심결을 받은 자

93

종자관리요강의 수입적응성시험 심사기준이 잘못된 것은?

① 재배시험기간은 2작기 이상이 원칙이다.

② 재배시험지역은 최소한 2개 지역이상으로 한다.

③ 표준품종은 국내외 품종 중 널리 재배되고 있는 품종 2개 이상으로 한다.

④ 목적형질의 발현, 기후적응성, 내병충성에 대해 평가하여 국내 적응성 여부를 판단한다.

해설

③ 표준품종은 국내외 품종 중 널리 재배되고 있는 품종 1개 이상으로 한다(종자관리요강 [별표 12]).

94

종자검사요령상 시료 추출에서 수수의 순도검사 최소중량은?

① 25g ② 50g

③ 90g ④ 120g

해설

소집단과 시료의 중량 – 수수(종자검사요령 [별표 2])

소집단의 최대중량	시료의 최소중량			
	제출시료	순도검사	이종계수용	수분검정용
30톤	900g	90g	900g	100g

95

다음 중 품종보호 출원서의 기재사항으로 맞는 것은?

① 출원인의 본적

② 육성자의 자격 소지 여부

③ 품종이 속하는 식물의 학명 및 일반명

④ 상품명

해설

품종보호출원(식물신품종보호법 제30조)

품종보호 출원인은 공동부령으로 정하는 품종보호 출원서에 다음 각 호의 사항을 적어 농림축산식품부장관 또는 해양수산부장관에게 제출하여야 한다

1. 품종보호 출원인의 성명과 주소(법인인 경우에는 그 명칭, 대표자 성명 및 영업소의 소재지)
2. 품종보호 출원인의 대리인이 있는 경우에는 그 대리인의 성명·주소 또는 영업소 소재지
3. 육성자의 성명과 주소
4. 품종이 속하는 식물의 학명 및 일반명
5. 품종의 명칭
6. 제출 연월일
7. 우선권을 주장하려는 자는 품종보호 출원서에 그 취지, 최초로 품종보호출원한 국명(國名)과 최초로 품종보호출원한 연월일을 적어야 한다(우선권을 주장할 경우에만 적는다).

96

다음 중 유통종자에 표시할 품질표시 내용에 해당하지 않는 것은?

① 품종의 명칭
② 종자업 등록번호
③ 종자의 생산지
④ 종자의 포장당 무게 또는 낱알 개수

유통종자 및 묘의 품질표시(종자산업법 제43조 제1항)
국가보증 대상이 아닌 종자나 자체보증을 받지 아니한 종자 또는 무병화인증을 받지 아니한 종자를 판매하거나 보급하려는 자는 종자의 용기나 포장에 다음의 사항이 모두 포함된 품질표시를 하여야 한다.
1. 종자(묘목은 제외)의 생산 연도 또는 포장 연월
2. 종자의 발아(發芽) 보증시한(발아율을 표시할 수 없는 종자는 제외한다)
3. 종자업 및 품종의 생산·수입 판매 신고에 따른 등록 및 신고에 관한 사항 등 그 밖에 농림축산식품부령으로 정하는 사항

97

민사소송법 제143조에 따라 선서한 증인, 감정인 및 통역인이 아닌 사람으로서 심판위원회에 대하여 거짓 진술을 한 자에 대한 과태료 처분은 얼마 이하인가?

① 50만원
② 100만원
③ 300만원
④ 500만원

과태료(식물신품종보호법 제137조 제1항 제3호)
다음의 어느 하나에 해당하는 자에게는 50만원 이하의 과태료를 부과한다.
3. 제98조에 따라 준용되는 민사소송법에 따라 선서한 증인, 감정인 및 통역인이 아닌 사람으로서 심판위원회에 대하여 거짓 진술을 한 사람

98

종자관리요강상 사진의 제출규격 촬영부위 및 방법에서 생산, 수입판매신고품종의 경우에 대한 설명이다. (   ) 안에 알맞은 내용은?

> 화훼작물 : (   ) 및 꽃의 측면과 상면이 나타나야 한다.

① 화훼종자의 표본
② 접목 시설장의 전경
③ 개화기의 포장전경
④ 유묘기의 포장전경

사진의 제출규격(종자관리요강 [별표 2])

99

포장검사 병주 판정기준에서 감자의 특정병에 해당하는 것은?

① 둘레썩음병
② 흑지병
③ 후사리움위조병
④ 역병

포장검사 병주 판정기준 – 감자(종자검사요령 [별표 1])
• 특정병 : 바이러스병, 둘레썩음병, 갈쭉병, 풋마름병
• 기타병 : 검은무늬썩음병, 시들음병, 역병, 겹둥근무늬병, 기타병

100

종자검사요령상 종자검사신청에 대한 내용이다. (   ) 안에 알맞은 내용은?

> 신청서는 검사희망일 3일 전까지 관할 검사기관에 제출하여야 하며, 재검사 신청서는 종자검사결과 통보를 받은 날로부터 (   ) 이내에 통보서 사본을 첨부하여 신청한다.

① 3일
② 7일
③ 10일
④ 15일

검사신청(종자검사요령 제12조 제3항)

제1과목 | 종자생산학

01

종자의 형태에서 형상이 능각형에 해당하는 것으로만 나열된 것은?

① 보리, 작약

② 메밀, 삼

③ 모시풀, 참나무

④ 배추, 양귀비

해설

종자의 외형

타원형	벼, 밀, 팥, 콩	접시형	굴참나무
방추형	보리, 모시풀	난형	고추, 무, 레드클로버
구형	배추, 양배추	도란형	목화
방패형	파, 양파, 부추	난원형	은행나무
능각형	메밀, 삼	신장형	양귀비, 닭풀

02

작물이 영양생장에서 생식생장으로 전환되는 시점은?

① 종자발아기

② 화아분화기

③ 유묘기

④ 결실기

해설

화아분화

식물의 생장점 또는 엽맥에 꽃으로 발달할 원기가 생겨나는 현상으로 영양생장에서 생식생장으로 전환을 의미한다.

03

다음 중 유한화서이면서, 단정화서에 해당하는 것은?

① 붉은오리나무

② 사람주나무

③ 목련

④ 쥐똥나무

해설

① 유이화서, ② 수상화서, ④ 원추화서

04

종자의 발아를 억제시키는 물질로 가장 옳은 것은?

① auxin

② gibberellin

③ cytokinin

④ abscisic acid(ABA)

해설

① 옥신(auxin) : 생장호르몬

② 지베렐린(gibberellin) : 도장호르몬

③ 시토키닌(cytokinin) : 세포분열호르몬

05

다음 중 오이의 암꽃 발달에 가장 유리한 조건은?

① 13℃ 정도의 야간저온과 8시간 정도의 단일조건

② 18℃ 정도의 야간저온과 10시간 정도의 단일조건

③ 27℃ 정도의 주간온도와 14시간 정도의 장일조건

④ 32℃ 정도의 주간온도와 15시간 정도의 장일조건

해설

오이는 13℃ 정도의 야간저온과 7~8시간의 단일조건에서 암꽃 분화가 촉진된다.

정답 1 ② 2 ② 3 ③ 4 ④ 5 ①

06

다음 중 자연적으로 씨 없는 과실이 형성되는 작물로 가장 거리가 먼 것은?

① 수박　　　　　　② 감귤류
③ 바나나　　　　　④ 포도

수박은 3배체나 상호전좌를 이용하여 씨 없는 수박을 만든다.

07

단일성 식물끼리 짝지어진 것은?

① 보리, 밀　　　　② 양파, 당근
③ 담배, 들깨　　　④ 상추, 유채

식물의 일장형
• 단일성 식물 : 벼, 옥수수, 콩, 고구마, 담배, 들깨, 딸기, 목화, 코스모
　스, 국화, 나팔꽃 등
• 중일성 식물 : 토마토, 고추, 사탕수수, 가지, 오이, 호박, 장미, 팬지,
　제라늄, 튤립 등
• 장일성 식물 : 보리, 밀, 귀리, 완두, 시금치, 상추, 사탕무, 무, 당근,
　양파, 감자, 티머시, 아마, 유채, 양귀비, 무궁화, 클로버 등

08

종자프라이밍의 주목적으로 옳은 것은?

① 종피에 함유된 발아억제물질의 제거
② 종자전염 병원균 및 바이러스 방제
③ 유묘의 양분흡수 촉진
④ 종자발아에 필요한 생리적인 준비를 통한 발아 속도
　와 균일성 촉진

종자프라이밍(priming)
종자발아 시 수분을 가하여 발아에 필요한 생리적인 조건을 갖추게
함으로써 발아의 속도를 빠르게 하고 균일성을 높이려는 기술이다.

09

식물의 종자를 구성하고 있는 기관으로 가장 적절한 것은?

① 전분, 단백질, 배유
② 종피, 배유, 배
③ 전분, 배, 초엽
④ 종피, 단백질, 초엽

종자는 일반적으로 배, 배유, 종피 세 부분으로 나누어진다.

10

종자생산지대로서 가장 적합한 곳은?

① 강우가 많은 지역
② 동일작물 재배 단지
③ 교잡의 우려가 적은 지역
④ 바람이 항상 있는 지역

• 일사량이 충분하며 너무 춥거나 덥지 않은 곳
• 강우량이 적당하고 태풍 등 기상재해가 심하지 않은 지역
• 교잡의 우려가 적은 지역
• 병해충이 발생하지 않은 청정 지역

11

다음 중 타식성 작물에 해당하는 것은?

① 마늘　　　　　　② 담배

③ 토마토　　　　　④ 가지

해설

자식성 작물과 타식성 작물

• 자식성 작물 : 벼, 밀, 보리, 콩, 완두, 담배, 토마토, 가지, 참깨, 복숭아나무

• 타식성 작물 : 옥수수, 호밀, 메밀, 딸기, 양파, 마늘, 시금치, 오이, 수박, 무

12

안전저장을 위한 시금치 종자의 최대수분함량의 한계로 가장 적합한 것은?

① 4.0%　　　　　② 6.5%

③ 8.0%　　　　　④ 12.3%

해설

채종한 종자는 잘 말려 수분함량을 낮춰서 저장해야 하는데 수분함량을 7~10% 이하로 낮추는 것이 좋고 12%를 넘지 않아야 한다.

13

자연상태에서 상대적으로 저장력이 가장 약한 종자는?

① 벼　　　　　　② 수박

③ 밀　　　　　　④ 땅콩

해설

④ 땅콩 : 단명종자

① · ③ 벼, 밀 : 상명종자

② 수박 : 장명종자

14

다음 중 종피의 특수기관인 제(臍)가 종자 뒷면에 있는 것으로 옳은 것은?

① 상추　　　　　② 배추

③ 콩　　　　　　④ 쑥갓

해설

① · ④ 상추, 쑥갓 : 종자 기부

② 배추 : 종자 끝

15

종자가 퇴화할 때 나타나는 증상이 아닌 것은?

① 효소의 활성이 감소한다.

② 발아율이 감소한다.

③ 비정상묘가 증가한다.

④ 종자에서 나오는 침출물이 감소한다.

해설

종자퇴화증상

• 저항성 감소

• 효소활성 감소

• 호흡의 감소

• 종자침출물 증가

• 유리지방산 증가

• 성장 및 발육의 저하

• 발아율 저하

• 비정상묘 증가

16

종자의 유전적 퇴화 방지법이 아닌 것은?

① 자연교잡의 억제
② 생육기의 조절
③ 이종종자의 혼입 방지
④ 이형주의 철저한 도태

해설

유전적 퇴화 방지법
• 자연교잡 방지 : 격리재배
• 이형종자 혼입 방지 : 낙수(落穗)의 제거, 채종포 변경, 종자 수확과 조제 시 주의, 완숙퇴비사용, 이형주의 철저한 도태

17

100kg의 종자를 수분함량 20%에서 12%로 건조하였을 때 중량은 약 얼마인가?

① 91kg
② 80kg
③ 85kg
④ 95kg

해설

$$100kg \times \frac{100-20}{100-12} = 90.9kg = 약 \ 91kg$$

18

벼 돌연변이육종에서 종자에 돌연변이 물질을 처리하였을 때, 이 처리 당대를 무엇이라 하는가?

① P_0
② G_3
③ Q_2
④ M_1

해설

M_1은 돌연변이 유발원을 처리한 당대이다.

19

감자의 원원종 생산 방법에 대한 설명으로 틀린 것은?

① 순도와 품질 유지를 위해 괴경단위 재식을 한다.
② 조직배양에서 유래한 기본식물을 종서로 사용한다.
③ 이병주 제거와 바이러스 감염 방지를 위한 약제 살포를 철저히 한다.
④ 10a당 재식주수는 망실재배 35,000주, 포장재배 38,000주로 한다.

해설

④ 10a당 재식주수는 망실재배 3,500주로 한다.

20

병충해의 물리적 방제법에 속하는 것은?

① 저항성 품종의 선택
② 약제 살포
③ 담수
④ 천적 이용

해설

물리적 방제법
포살, 등화유살, 온도 · 습도 · 광선, 기타 물리적 수단(예 봉지씌우기 등)을 이용한 방제법

21

식물에 있어서 타가수정율을 높이는 것이 아닌 것은?

① 폐화수정　　　　② 자웅이주

③ 자가불화합성　　④ 웅예선숙

해설

자가수정식물은 폐화수정을 하거나, 암술머리가 수술을 통과해 자가화분을 덮어쓰고 나오게 되어 있다.

22

농작물별 생식 방법과 1대잡종(F_1)의 보급종자생산 체계를 옳게 표시한 것은?

① 고추 : 완전자가수정, 자가불화합성 이용

② 당근 : 타가수정, 웅성불임성 이용

③ 수박 : 타가수정, 웅성불임성 이용

④ 양파 : 자가수정, 인공교배

해설

① 고추 : 반타가수정, 웅성불임 이용

③ 수박 : 타가수정, 인공교배 이용

④ 양파 : 타가수정, 웅성불임

23

다음 중 정역교배 조합을 바르게 나타낸 것은?

① (A×B)×C

② (A×B)×(C×D)

③ (A×B)×A, (A×B)×B

④ A×B, B×A

해설

정역교배

A×B, B×A와 같이 자방친과 화분친을 바꾸어서 동시에 교배하는 단교배를 정역교배라 하며, 세포질유전 여부를 알 수 있다.

24

형질전환체 식별법 중 유전자운반 플라스미드가 삽입되었는지를 배지(media)에서 확인할 수 있는 방법은?

① 항생제저항성 검정

② Southern blot 검정

③ Northern blot 검정

④ 항원항체반응 검정

해설

항생제저항성 검정

항생제저항성 유전자를 표지로 사용하고 있는 유전자운반 플라스미드가 삽입된 형질전환체는 항생제가 함유되어 있는 배지에서 저항성을 보이므로 쉽게 식별되고 형질전환 되지 않은 개체는 죽게 된다.

25

다음 중 반수체를 이용한 육종법의 가장 큰 장점은?

① 배수체를 만들기가 가장 쉽다.

② 새로운 유전자의 창성이 가능하다.

③ 단기간에 호모(homo) 개체를 얻을 수 있다.

④ 종자생산이 유리하다.

해설

염색체 배가에 의하여 바로 호모가 되기 때문에 육종기간을 단축할 수 있다.

26

2개 형질 간에 보이는 상관현상과 관계가 없는 것은?

① 유전력
② 유전자 간의 연관
③ 유전자의 다면적 발현
④ 동시 선발

해설

유전상관은 유전자의 연관, 다면발현, 상위성, 생리적 필연성, 선발효과 등에 의하여 결정된다.

27

다음 중 트리티케일(triticale)의 기원은?

① 밀×호밀
② 밀×보리
③ 호밀×보리
④ 보리×귀리

해설

트리티케일은 농촌진흥청이 밀(AABBDD)과 호밀(RR)을 교잡시켜 육성한 사료작물이다.

28

다음 중 복교잡법(複交雜法)은?

① A×B
② (A×B)×A×B
③ (A×B)×(C×D)
④ (A×B)×C

해설

복교잡은 AB와 CD를 교잡하여 복교잡종을 만든다.

29

종자증식단계에서 원원종포의 채종량 기준으로 가장 적합한 것은?

① 육종기관에서 생산하는 기본식물의 생산량 대비 50%가 되도록 계획한다.
② 육종기관에서 생산하는 기본식물의 생산량 대비 80%가 되도록 계획한다.
③ 농가에서 실시하는 보통재배의 생산량 대비 30%가 되도록 계획한다.
④ 농가에서 실시하는 보통재배의 생산량 대비 50%가 되도록 계획한다.

해설

채종

체계적인 채종재배에서는 각 채종단계(원원종, 원종, 보급종)별 채종량을 고려한다.
• 원원종포 : 보통재배의 50% 채종
• 원종포 : 보통재배의 80% 채종
• 채종포 : 보통재배의 경우와 같은 100% 채종

30

신품종의 특성을 유지하기 위해서 실시하는 사항 중 옳지 않은 것은?

① 격리재배를 한다.
② 주변 농가에서 먼 곳에 심는다.
③ 유사 품종의 기계적 혼입을 막는다.
④ 그 작물의 주산지에 다른 품종과 인접하여 심는다.

해설

신품종 특성 유지 방법 : 영양번식, 격리재배, 원원종 재배로 종자갱신, 종자 저온저장

31

벼 유전자원의 수집, 보존, 기록, 평가, 정보 관리 등의 업무를 수행하는 국제기구는?

① CIMMYT ② IITA
③ IRRI   ④ ILRI

해설

IRRI(국제미작연구소)
필리핀의 마닐라에 있는 국제농업연구협의단 산하의 농업연구기관으로 국제쌀연구소라고도 불리는 아시아에서 가장 큰 국제농업연구소이다.

32

잡종강세육종의 설명으로 옳은 것은?

① 복교잡종은 단교잡종에 비하여 형질이 고르다.
② 3계교잡종은 단교잡종에 비하여 채종량이 적다.
③ 다계교잡종은 복교잡보다 생산력이 높다.
④ 합성품종은 우수한 몇 개의 근교계를 방임수분시켜서 얻는다.

해설

① 단교잡종은 복교잡종에 비하여 형질이 고르다.
② 3계교잡종은 단교잡종에 비하여 채종량이 많다.
③ 다계교잡종은 복교잡보다 생산력이 떨어진다.

33

형질의 변이는 유전변이와 환경변이로 나뉘는데 이들을 구별할 수 있는 방법으로 가장 적당한 것은?

① 순도검정 ② 후대검정
③ 개체선발 ④ 집단선발

해설

후대검정 : 검정개체를 자식하여 양적형질의 유전적 변이 감별에 이용한다.

34

찰벼(wxwx)의 암술에 메벼(WxWx)의 화분을 수분했을 때 배유의 유전자형과 찰·메성을 옳게 나타낸 것은?

① wxwx, 찰성
② Wxwx, 메성
③ wxwxwx, 찰성
④ wxwxWx, 메성

해설

찰벼의 암술(wx)에 메벼의 화분(Wx)의 수분 시 F_1 종자
• 배의 유전자형은 Wxwx이다(∵ 배(2n) = 1난세포 × 1정핵).
• 배유의 유전자형은 wxwxWx이다(∵ 배유(3n) = 2극핵 × 1정핵).
• 배유의 크세니아 현상을 볼 수 있다.
• 찰성유전자(wx)는 열성이므로 화분친의 우성유전자(Wx)가 직접 발현하여 현미는 메벼가 된다.

35

재배식물과 기원지를 연결한 것 중 틀린 것은?

① 벼 – 중국남부 및 아샘지방 연결지역

② 콩 – 북아메리카

③ 옥수수 – 중앙아메리카 및 멕시코 남부

④ 감자 – 남미 페루지역

해설

② 콩 : 중국

37

다음 세대에 유전분리가 안되어 이형접합상태의 우량유전자형을 유지·증식하는 방법으로 적당한 것은?

① 아포믹시스(apomixis)

② 돌연변이(mutation)

③ 세포융합(cell fusion)

④ 유전자재조합(recombination)

해설

아포믹시스(무수정생식)

수정 과정을 거치지 않고 배가 만들어져 종자를 형성하는 현상으로 아포믹시스에 의하여 생긴 유전자형은 다음 세대에서 유전분리가 되지 않는다.

36

세포질-유전자적 웅성불임성을 이용하여 옥수수 1대잡종 종자를 대량으로 채종하기 위해서 육종가 또는 육종기관은 어떤 종류의 계통을 세트로 유지하고 있어야 하는가?

① 웅성불임계통, 내충성계통, 근동질유전자계통

② 근동질유전자계통, 웅성불임유지계통, 다수성계통

③ 내충성계통, 다수성계통, 임성회복유전자계통

④ 임성회복유전자계통, 웅성불임유지계통, 웅성불임계통

해설

세포질-유전자적 웅성불임을 이용하여 F₁ 종자를 채종하는 경우에는 웅성불임계통, 웅성불임유지계통, 임성회복유전자계통(회복친)을 모두 갖추어야 한다.

38

변이 생성 방법으로 적절하지 않은 것은?

① 원형질 융합

② 형질전환

③ 영양번식

④ 방사선처리

해설

인위적인 변이 유발 방법

• 교배육종 : 재래종, 수집종 간 인위교배로 변이 창출

• 돌연변이 : 아조변이, X선, 화학물질

• 배수체 육종 : 콜히친 처리

• 유전공학 이용 : 세포융합, DNA재조합

39

재배식물에 발생하는 병에 대한 저항성은 여러 가지 기준에 의하여 분류된다. 다음 중 비슷한 의미를 가진 저항성끼리 모여 있는 것은?

① 특이적 저항성, 수직저항성, 양적저항성
② 수평저항성, 비특이적 저항성, 양적저항성
③ 특이적 저항성, 수평저항성, 질적저항성
④ 수직저항성, 비특이적 저항성, 질적저항성

해설

양적저항성과 질적저항성
• 양적저항성
　- 여러 레이스에 대해 저항성을 가지므로 비특이적 저항성이라 한다.
　- 포장저항성, 수평저항성, 미동유전자 저항성
• 질적저항성
　- 특정한 레이스에 대해서만 저항성을 나타내는 경우로, 질적저항성 품종은 특이적 저항성을 가졌다고 말한다.
　- 진정저항성, 수직저항성, 주동유전자 저항성

40

유전자의 기본적인 활동으로 가장 적합한 것은?

① 형질발현, 상호전좌
② 자기복제, 형질발현
③ 키아스마 형성, 자기복제
④ 구성작용, 플라스마진

해설

유전자의 기본적인 활동
• 자기복제를 통하여 다음 세대에 전달
• 생물체 개체의 유전형질을 발현시키는 역할

41

노포크식 윤작법의 작물 조합으로 옳은 것은?

① 고구마 → 벼 → 보리 → 순무
② 옥수수 → 귀리 → 클로버
③ 조 → 밀 → 콩
④ 밀 → 순무 → 보리 → 클로버

해설

노포크식 윤작법
포장을 4등분하여 경지의 1/4은 식량작물(밀 또는 귀리), 또 다른 1/4은 사료작물(보리)을 심고, 그사이에 사료 겸 중경식물(순무)과 사료 겸 녹비식물(클로버)을 심는다.

42

비료의 엽면흡수에 영향을 미치는 요인 중 맞는 것은?

① 잎의 이면보다 표피에서 더 잘 흡수된다.
② 잎의 호흡작용이 왕성할 때에 잘 흡수된다.
③ 살포액의 pH는 알칼리인 것이 흡수가 잘된다.
④ 엽면시비는 낮보다는 밤에 실시하는 것이 좋다.

해설

① 잎의 표면보다 얇은 이면에서 더 잘 흡수된다.
③ 살포액의 pH는 미산성인 것이 흡수가 잘된다.
④ 밤보다는 낮에 실시하는 것이 흡수가 잘 된다.

43

다음 비료 중 질소함량이 가장 많은 것은?

① 황산암모니아   ② 질산암모니아

③ 요소   ④ 석회질소

해설

③ 요소 : 46%

① 황산암모니아 : 21%

② 질산암모니아 : 41%

④ 석회질소 : 20%

44

침수에 가장 강한 벼 품종을 나열한 것으로 옳은 것은?

① 낙동벼, 삼강벼, 동진벼

② 삼강벼, 태백벼, 가야벼

③ 태백벼, 가야벼, 추청벼

④ 낙동벼, 동진벼, 추청벼

해설

• 침수에 강한 품종 : 삼강벼, 가야벼, 태백벼

• 침수에 약한 품종 : 낙동벼, 동진벼, 추청벼

45

다음 중 장과류에 속하는 것은?

① 딸기   ② 감

③ 사과   ④ 복숭아

해설

② 감 : 준인과류

③ 사과 : 인과류

④ 복숭아 : 핵과류

46

다음의 종자 품질을 결정하는 여러 가지 조건 중에서 내적 조건에 해당하는 것은?

① 종자의 순도

② 종자의 수분함량

③ 종자의 색택과 냄새

④ 종자의 발아력

해설

종자 품질의 조건

• 외적 조건 : 순도, 종자의 크기와 중량, 색택 및 냄새, 수분함량과 건전도

• 내적 조건 : 유전성과 발아력, 병충해

47

방사성 동위원소가 방출하는 방사선 중에서 가장 현저한 생물적 효과를 가지는 것은?

① γ선   ② β선

③ ^{59}Fe선   ④ RH선

해설

γ선은 에너지가 커서 생물적 효과를 일으켜 돌연변이를 발생시킬 가능성이 높다.

48

다음 중 내염성이 강한 작물로 가장 옳은 것은?

① 사과   ② 감자

③ 완두   ④ 목화

해설

내염성 정도가 강한 작물 : 사탕무, 유채, 목화, 양배추 등

49

대기 중 이산화탄소의 함량비는?

① 약 78% ② 약 0.035%
③ 약 0.35% ④ 약 3.5%

해설

대기의 조성

질소 79%, 산소 21%, 이산화탄소 0.03%

50

벼의 수량구성요소로 가장 옳은 것은?

① 단위면적당 수수 × 1수영화수 × 등숙비율 × 1립중
② 식물체 수 × 입모율 × 등숙비율 × 1립중
③ 감수분열기 기간 × 1수영화수 × 식물체 수 × 1립중
④ 1수영화수 × 등숙비율 × 식물체 수

해설

벼의 수량구성요소
= 단위면적당 수수(이삭수) × 1수영화수 × 등숙비율 × 1립중

51

일반 토양의 3상에 대하여 올바르게 기술한 것은?

① 기상의 분포 비율이 가장 크다.
② 고상의 분포는 50% 정도이다.
③ 액상은 가장 낮은 비중을 차지한다.
④ 고상은 액체와 기체로 구성된다.

해설

토양의 3상과 비율

고상 50%(무기물 45% + 유기물 5%), 액상 25%, 기상 25%

52

답전윤환의 효과가 아닌 것은?

① 지력보강
② 공간의 효율적 이용
③ 잡초의 감소
④ 기지의 회피

해설

답전윤환의 효과

지력의 유지 증진, 잡초 발생 억제, 기지의 회피, 수량 증가, 노력의 절감

53

작물체 내에서 생리적 또는 형태적인 균형이나 비율이 작물생육의 지표로 사용되는 것과 거리가 가장 먼 것은?

① C/N율 ② T/R률
③ G-D 균형 ④ 광합성-호흡

해설

작물생육의 지표 : C/N율, T/R률, G-D 균형

54

다음 중 굴광현상에 가장 유효한 광은?

① 청색광　　　　　　② 녹색광

③ 황색광　　　　　　④ 적색광

굴광현상은 청색광(440~480nm)이 가장 유효하다.

55

리비히가 주장하였으며 생산량은 가장 소량으로 존재하는 무기성분에 의해 지배받는다는 이론은 무엇인가?

① 최소양분율

② 유전자중심설

③ C/N율

④ 하디-바인베르크법칙

리비히(J. V. Liebig)의 최소양분율
작물의 생장은 가장 소량으로 존재하는 무기성분, 즉 임계원소의 양에 의해 지배된다는 이론이다.

56

벼의 생육 중 냉해에 의한 출수가 가장 지연되는 생육단계는?

① 유효분얼기　　　　② 유수형성기

③ 유숙기　　　　　　④ 황숙기

장해형 냉해
유수형성기부터 출수개화기까지, 특히 생식세포의 감수분열기에 냉온의 영향을 받아 화분, 배낭 등 생식기관이 정상적으로 형성되지 못하거나 화분방출, 수정장해 등의 불임현상이 초래되는 유형의 냉해를 말한다.

57

다음 중 접목 부위로 옳게 나열된 것은?

① 대목의 목질부, 접수의 목질부

② 대목의 목질부, 접수의 형성층

③ 대목의 형성층, 접수의 목질부

④ 대목의 형성층, 접수의 형성층

접목
번식시키려는 식물 대목의 형성층과 접수의 형성층이 서로 맞물리도록 접합하여 밀착시킨 후 유합조직이 형성되어 양분과 수분이 이동할 수 있도록 한다.

58

다음 중 연작에 의해서 나타나는 기지현상의 원인으로 옳지 않은 것은?

① 토양 비료분의 소모

② 염류의 감소

③ 토양선충의 번성

④ 잡초의 번성

기지현상의 원인 : 토양비료분의 소모, 염류의 집적, 토양물리성의 악화, 토양전염병의 해, 토양선충의 번성, 유독물질의 축적, 잡초의 번성 등

59

작물의 기원지가 이란인 것은?

① 배추 ② 자운영
③ 시금치 ④ 매화

코카서스 · 중동지역(메소포타미아) : 2조보리, 보통밀, 호밀, 유채, 아마, 마늘, 시금치, 사과, 서양배, 포도

60

토양수분이 부족할 때 한발저항성을 유도하는 식물호르몬으로 가장 옳은 것은?

① 시토키닌
② 에틸렌
③ 옥신
④ 아브시스산

아브시스산(ABA ; abscissic acid)
건조 스트레스를 받으면 ABA 함량이 증가하여 기공이 닫히고 증산량이 감소하여 한발저항성(내건성)이 커진다.

제4과목 | 식물보호학

61

다음 중 종자소독제가 아닌 것은?

① 테부코나졸 유제
② 프로클로라즈 유제
③ 디노테퓨란 수화제
④ 베노밀 · 티람 수화제

③ 디노테퓨란 수화제는 살충제이다.

62

토양훈증제를 이용한 토양소독 방법에 대한 설명으로 옳지 않은 것은?

① 화학적 방제의 일종이다.
② 비용이 많이 든다.
③ 효과가 크다.
④ 식물병에 선택적으로 작용한다.

토양 내의 병원균만을 선택적, 효과적으로 방제할 수 있는 농약의 개발이 가장 바람직하다. 그러나 아직 개발되어 있지 못하므로 현재까지는 비선택성 토양훈증제에 의한 토양훈증이 가장 확실한 토양병 방제수단으로 사용되고 있다.

63

주로 과실을 가해하는 해충이 아닌 것은?

① 복숭아순나방 ② 복숭아명나방
③ 복숭아심식나방 ④ 복숭아유리나방

④ 복숭아유리나방은 줄기와 가지에 구멍을 뚫어 형성층 부위에 피해를 준다.

64

다음 설명에 해당하는 식물병은?

> • 벼 수량에 간접적으로 영향을 준다.
> • 병원균은 균핵의 형태로 월동한 후 초여름부터 발생한다.
> • 발병최성기는 고온다습한 8월 상순부터 9월 상순경이다.

① 벼 잎집얼룩병
② 벼 흰잎마름병
③ 벼 줄무늬잎마름병
④ 벼 검은줄무늬오갈병

해설
벼 잎집얼룩병은 벼에 발생하는 병 중에서 일반적으로 온도가 높고 통기가 불량할 때 많이 발생한다.

65

번데기가 위용(圍蛹)인 곤충은?

① 파리목
② 나비목
③ 벌목
④ 딱정벌레목

해설
① 파리목의 번데기는 겉이 단단하고 움직이지 못하는 위용이다.

66

다음 중 고추, 토마토, 담배에 큰 피해를 가져오는 담배모 자이크 바이러스병의 전염 방법은?

① 애멸구전염
② 토양전염
③ 화분전염
④ 수매전염

해설
담배 모자이크바이러스(TMV ; Tobacco Mosaic Virus)
감염된 식물의 즙이나 접촉을 통해서 전염되고, 그 밖에 종자나 토양을 통해서도 전염이 가능하나 진딧물 등에 의한 전염은 없다. 감염된 즙은 1개월까지 전염성을 가지나 건조시키면 수십년 후에도 병을 일으킬 수 있다.

67

해충종합관리(IPM)의 설명으로 가장 옳은 것은?

① 한 지역에서 동시에 방제하는 것을 뜻한다.
② 농약의 항공방제를 말한다.
③ 여러 방제법을 조합하여 적용한다.
④ 한 방법으로 방제한다.

해설
해충종합관리(IPM)
농약의 무분별한 사용을 줄여 해충 방제의 부작용을 최소한으로 하고 경종적·물리적·화학적·생물적 방제를 조화롭게 활용하여 해충밀도를 경제적 피해허용수준 이하로 유지하는 것을 목표로 한다.

68

알-약충-성충의 3시기로 변화하는 곤충 중에 약충과 성충의 모양이 완전히 다른 변태는?

① 완전변태
② 반변태
③ 점변태
④ 무변태

해설
불완전변태 : 알 → 유충 → 성충
• 반변태
  – 유충과 성충의 모양이 다름
  – 잠자리목, 하루살이목
• 점변태
  – 유충과 성충의 모양이 유사함
  – 메뚜기목, 총채벌레목
• 증절변태 : 낫발이목
• 무변태
  – 탈피만하고 전체의 변화가 거의 없음
  – 톡토기목, 좀목

69

다음 중 곤충가슴의 형태와 부속기관에 대한 설명으로 틀린 것은?

① 곤충의 가슴은 앞가슴, 가운데가슴, 뒷가슴의 3마디로 구분된다.
② 부속기관으로서 날개와 다리가 있다.
③ 날개는 대개 2쌍이다.
④ 다리는 3쌍으로서 앞가슴에 1쌍, 뒷가슴에 2쌍이 있다.

해설

④ 각 가슴(앞가슴, 가운데가슴, 뒷가슴)에는 1쌍씩 6개의 다리가 있으며, 가운데가슴과 뒷가슴에는 각각 1쌍의 날개가 있다.

70

저장 중에 있는 종자를 가해하는 해충은?

① 쌀바구미 ② 박쥐나방
③ 물바구미 ④ 애멸구

해설

쌀바구미는 저장된 쌀, 보리, 밀, 수수, 옥수수 등의 종자를 가해한다.

71

벼 흰잎마름병과 관련이 없는 것은?

① 병원균은 잡초에서 월동한다.
② 풍매전반한다.
③ 주로 잎 가장자리나 수공을 통해 침입한다.
④ 병원균은 세균이다.

해설

수매전염 : 벼의 잎집무늬마름병, 흰잎마름병

72

성충의 몸이 전체 흰색을 나타내며, 침 모양의 주둥이를 이용하여 기주를 흡즙하여 가해하는 해충은?

① 무잎벌
② 온실가루이
③ 고자리파리
④ 복숭아혹진딧물

해설

온실가루이
시설원예의 대표적인 해충으로 성충의 체 표면이 전체 흰색을 나타내며, 침 모양의 주둥이를 이용하여 흡즙하는 해충이다.

73

1ppm 용액에 대한 설명으로 옳은 것은?

① 용액 1L 중에 용질이 10g 녹아 있는 용액
② 용액 1L 중에 용질이 100g 녹아 있는 용액
③ 용액 1,000mL 중에 용질이 1g 녹아 있는 용액
④ 용액 1,000mL 중에 용질이 1mg 녹아 있는 용액

해설

1ppm = 1mg/L($\because$ 1L = 1,000mL)
$\therefore$ 1ppm은 물 1L(1,000mL) 중에 어떤 물질이 1mg 들어있는 것과 같다.

74

농약의 보조제(adjuvant)로 사용되지 않는 것은?

① 전착제   ② 용제
③ 주제   ④ 협력제

해설

보조제 : 전착제, 증량제, 용제, 유화제, 협력제

75

다음 중 세포벽이 없으며, 항생제에 감수성인 병원체는?

① 바이러스
② 곰팡이
③ 파이토플라스마
④ 세균

해설

파이토플라스마는 세포벽이 없는 원핵생물이다.

76

종자가 바람에 의해 전파되기 쉬운 잡초로만 나열된 것은?

① 쇠비름, 방동사니
② 망초, 방가지똥
③ 어저귀, 명아주
④ 박주가리, 환삼덩굴

해설

민들레, 박주가리, 엉겅퀴속, 망초, 방가지똥 등은 종자가 작고 가벼워 바람에 의해 전파되기 쉽다.

77

식물이 병원균에 감염되었으나 실질적인 수량에는 큰 영향이 없는 것과 가장 밀접한 관련이 있는 성질은?

① 면역성   ② 내병성
③ 회피성   ④ 감수성

해설

② 내병성 : 감염되어도 실질적으로 피해를 적게 받는 성질
① 면역성 : 식물이 어떤 병에 걸리지 않는 성질
③ 회피성 : 적극적, 소극적 병원체의 활동기를 피하여 병에 걸리지 않는 성질
④ 감수성 : 식물이 병에 걸리기 쉬운 성질

78

살충제의 교차저항성에 대한 설명으로 옳은 것은?

① 한 가지 약제를 사용 후 그 약제에만 저항성이 생기는 것
② 한 가지 약제를 사용 후 모든 다른 약제에 저항성이 생기는 것
③ 한 가지 약제를 사용 후 동일 계통의 다른 약제에는 저항성이 약해지는 것
④ 한 가지 약제를 사용 후 약리작용이 비슷한 다른 약제에 저항성이 생기는 것

해설

교차저항성
어떤 약제에 의해 저항성이 생긴 해충이 작용기가 비슷한 다른 약제에 저항성을 보이는 것

79

다음 중 옳게 짝지어진 것은?

① 광엽잡초 – 돌피
② 광엽잡초 – 명아주
③ 화본과 잡초 – 여뀌
④ 광엽잡초 – 바랭이

해설
①·④ 화본과 잡초 : 돌피, 바랭이
③ 광엽잡초 : 여뀌

80

잡초 방제를 위한 예취 최적기는?

① 발아직후
② 결실기 이후
③ 생육 주기
④ 최대전엽기와 개화시기 사이

해설
잡초의 예취적기 : 최대전엽기와 개화시기 사이

제5과목 | 종자 관련 법규

81

종자산업법상 국가보증의 대상에 대한 내용이다. ( )에 옳지 않은 내용은?

> ( )가/이 품목록 등재 대상작물의 종자를 생산하거나 수출하기 위하여 국가보증을 받으려는 경우 국가보증을 받으려는 경우 국가보증의 대상으로 한다.

① 군수
② 시장
③ 도지사
④ 각 지역 국립대학교 연구원

해설
국가보증의 대상(종자산업법 제25조 제1항)
다음의 어느 하나에 해당하는 경우에는 국가보증의 대상으로 한다.
1. 농림축산식품부장관이 종자를 생산하거나 법에 따라 그 업무를 대행하게 한 경우
2. 시·도지사, 시장·군수·구청장, 농업단체등 또는 종자업자가 품종목록 등재 대상작물의 종자를 생산하거나 수출하기 위하여 국가보증을 받으려는 경우

82

( )에 알맞은 내용은?

> 식물신품종보호법상 품종보호를 받을 수 있는 권리를 가진 자에서 2인 이상의 육성자가 공동으로 품종을 육성하였을 때에는 품종보호를 받을 수 있는 권리는 ( )

① 공유(共有)로 한다.
② 1인으로 제한한다.
③ 순번을 정하여 격년제로 실시한다.
④ 순번을 정하여 3년마다 변경하여 실시한다.

해설
품종보호를 받을 수 있는 권리를 가진 자(식물신품종보호법 제21조 제2항)

83

종자산업법상 지방자치단체의 종자산업 사업수행에 대한 내용이다. (　)에 알맞은 내용은?

> (　)은 종자산업의 안정적인 정착에 필요한 기술보급을 위하여 지방자치단체의 장에게 지역특화 농산물 품목 육성을 위한 품종개발 사업을 수행하게 할 수 있다.

① 농림축산식품부장관
② 환경부장관
③ 농업기술실용화재단장
④ 농촌진흥청장

해설

지방자치단체의 종자산업 사업수행(종자산업법 제9조 제1항)

84

식물신품종보호법상 포기의 효력에 대한 내용이다. (　)에 알맞은 내용은?

> 품종보호권·전용실시권 또는 통상실시권을 포기하였을 때에는 품종보호권·전용실시권 또는 통상실시권은 (　)부터 소멸한다.

① 14일 후
② 7일 후
③ 3일 후
④ 그 때

해설

포기의 효력(식물신품종보호법 제76조)

85

종자의 결함으로 종자업자가 3월 10일 보상 청구를 받았다. 종자업자는 며칠까지 당해 보상 청구에 의한 보상 여부를 결정하여야 하는가?

① 3월 20일
② 3월 25일
③ 3월 30일
④ 4월 30일

해설

보상 청구 등(종자산업법 시행규칙 제40조 제2항)
보상 청구를 받은 종자업자 또는 육묘업자는 보상 청구를 받은 날부터 15일 이내에 그 보상 청구에 대한 보상 여부를 결정하여야 한다.

86

종자산업법상 종자업 등록의 취소 등에서 구청장은 종자업자가 종자업 등록을 한 날부터 1년 이내에 사업을 시작하지 아니하거나 정당한 사유 없이 1년 이상 계속하여 휴업한 경우에는 종자업 등록을 취소하거나 얼마 이내의 기간을 정하여 영업의 전부 또는 일부의 정지를 명할 수 있는가?

① 1개월
② 3개월
③ 6개월
④ 9개월

해설

종자업 등록의 취소 등(종자산업법 제39조 제1항 제2호)
시장·군수·구청장은 종자업자가 다음의 어느 하나에 해당하는 경우에는 종자업 등록을 취소하거나 6개월 이내의 기간을 정하여 영업의 전부 또는 일부의 정지를 명할 수 있다. 다만, 제1호에 해당하는 경우에는 그 등록을 취소하여야 한다.
2. 종자업 등록을 한 날부터 1년 이내에 사업을 시작하지 아니하거나 정당한 사유 없이 1년 이상 계속하여 휴업한 경우

87

납부기간 경과 후의 품종보호료 납부에서 품종보호권의 설정등록을 받으려는 자나 품종보호권자는 품종보호료 납부기간이 경과한 후에도 몇 개월 이내에 품종보호료를 납부할 수 있는가?

① 1개월　　　　　　　② 3개월
③ 5개월　　　　　　　④ 6개월

해설

납부기간이 지난 후의 품종보호료 납부(식물신품종보호법 제47조 제1항)
품종보호권의 설정등록을 받으려는 자나 품종보호권자는 품종보호료 납부기간이 지난 후에도 6개월 이내에는 품종보호료를 납부할 수 있다.

88

품종보호출원의 공고일로 가장 알맞은 것은?

① 품종보호공보가 발행된 날로부터 5일 후
② 품종보호출원이 공고된 취지를 게재한 품종보호공보가 발행된 날
③ 품종보호출원이 공식적으로 접수된 날
④ 품종보호공보가 발행된 날로부터 10일 후

해설

품종명칭 등록출원 공고(식물신품종보호법 시행규칙 제83조 제2항)
품종명칭 등록출원의 공고일은 공보가 발행된 날로 한다.

89

종자검사요령상 시료추출에서 귀리 순도검사 시 시료의 최소중량은?

① 80g　　　　　　　② 120g
③ 200g　　　　　　　④ 400g

해설

소집단과 시료의 중량 – 귀리(종자검사요령 [별표 2])

소집단의 최대중량	시료의 최소중량			
	제출시료	순도검사	이종계수용	수분검정용
30톤	1,000g	120g	1,000g	100g

90

종자관리요강의 수입적응성시험 심사기준 중 틀린 것은?

① 재배시험기간 : 재배시험기간은 2작기 이상으로 하되 실시기관의 장이 필요하다고 인정하는 경우에는 재배시험기간을 단축 또는 연장할 수 있다.
② 재배시험지역 : 노지의 재배시험지역은 최소한 1개 지역이상으로 하되, 품종의 주 재배지역은 반드시 포함되어야 하며 작물의 생태형 또는 용도에 따라 지역 및 지대를 결정한다.
③ 표준품종 : 표준품종은 국내외 품종 중 널리 재배되고 있는 품종 1개 이상으로 한다.
④ 평가형질 : 평가대상 형질은 작물별로 품종의 목표 형질을 필수형질과 추가형질을 정하여 평가하며, 신청서에 기재된 추가 사항이 있는 경우에는 이를 포함한다.

해설

수입적응성시험의 심사기준 – 재배시험지역(종자관리요강 [별표 12])
최소한 2개 지역 이상(시설 내 재배시험인 경우에는 1개 지역 이상)으로 하되, 품종의 주 재배지역은 반드시 포함되어야 하며 작물의 생태형 또는 용도에 따라 지역 및 지대를 결정한다. 다만, 실시기관의 장이 필요하다고 인정하는 경우에는 작물 및 품종의 특성에 따라 지역수를 가감할 수 있다.

91

식물신품종보호법상 품종보호권의 존속기간은 품종보호권이 설정등록된 날부터 몇 년으로 하는가?(단, 과수와 임목의 경우는 제외한다)

① 5년　　　　　　　② 10년
③ 15년　　　　　　　④ 20년

해설

품종보호권의 존속기간(식물신품종보호법 제55조)
품종보호권의 존속기간은 품종보호권이 설정등록된 날부터 20년으로 한다. 다만, 과수와 임목의 경우에는 25년으로 한다.

92

종자검사요령상 포장검사 병주 판정기준에서 유채의 특정병은?

① 흰녹가루병
② 뿌리썩음병
③ 균핵병
④ 공동병

해설

포장검사 병주 판정기준 – 유채(종자검사요령 [별표 1])
• 특정병 : 균핵병
• 기타병 : 흰녹가루병, 뿌리썩음병, 공동병을 말한다.

93

종자산업진흥센터 시설기준에서 분자표지분석실의 장비 구비조건에 해당하지 않는 것은?

① DNA추출장비
② 질량분석장비
③ 유전자증폭장비
④ 유전자판독장비

해설

종자산업진흥센터 시설기준 – 분자표지분석실(종자관리요강 [별표 17])

시설 구분	규모(m^2)	장비 구비조건
필수	60 이상	• 시료분쇄장비 • DNA추출장비 • 유전자증폭장비 • 유전자판독장비

94

종자관리사의 자격기준 등에 대한 내용이다. (   )에 알맞은 내용은?

> 종자관리사 등록이 취소된 사람은 등록이 취소된 날부터 (   )이 지나지 아니하면 종자관리사로 다시 등록할 수 없다.

① 3개월
② 9개월
③ 1년
④ 2년

해설

종자관리사의 자격기준 등(종자산업법 제27조 제5항)

95

다음 [보기]의 (   ) 안에 알맞은 것은?

보기

> 농림축산식품부장관 또는 산림청장은 천재지변, 그 밖에 종자의 수요·공급상 특히 필요하다고 인정할 때에는 관련 규정에도 불구하고 (   )의 범위에서 기간을 정하여 그 검사기준 및 방법을 다르게 정할 수 있다.

① 6개월
② 1년
③ 2년
④ 3년

해설

검사기준 및 방법(종자산업법 시행규칙 제17조 제3항)

96

보증서를 거짓으로 발급한 종자관리사의 벌칙은?

① 2년 이하의 징역 또는 3백만원 이하의 벌금에 처한다.
② 1년 이하의 징역 또는 3천만원 이하의 벌금에 처한다.
③ 1년 이하의 징역 또는 1천만원 이하의 벌금에 처한다.
④ 2년 이하의 징역 또는 5백만원 이하의 벌금에 처한다.

해설

벌칙(종자산업법 제54조 제3항 제3호).

97

작물의 품종을 국가품종목록에 등재하고자 하는 자는 신청서를 어디에 제출하여야 하는가?

① 국립종자원장
② 원예연구소장
③ 작물시험장장
④ 국립농산물품질관리원장

해설

국가품종목록의 등재 대상 및 신청(종자산업법 시행규칙 제5조)
국가품종목록에 등재 신청을 하려는 자는 품종목록 등재신청서에 관련 서류 및 물건을 첨부하여 산림청장 또는 국립종자원장에게 제출(전자문서에 의한 제출을 포함)하여야 한다.

99

품종보호권 또는 전용실시권을 침해한 자의 벌칙은?

① 7년 이하의 징역 또는 1억원 이하의 벌금
② 8년 이하의 징역 또는 1억원 이하의 벌금
③ 3년 이하의 징역 또는 2억원 이하의 벌금
④ 5년 이하의 징역 또는 3억원 이하의 벌금

해설

침해죄 등(식물신품종보호법 제131조 제1항)
다음의 어느 하나에 해당하는 자는 7년 이하의 징역 또는 1억원 이하의 벌금에 처한다.
1. 품종보호권 또는 전용실시권을 침해한 자
2. 임시보호의 권리에 따른 권리를 침해한 자. 다만, 해당 품종보호권의 설정등록이 되어 있는 경우만 해당한다.
3. 거짓이나 그 밖의 부정한 방법으로 품종보호결정 또는 심결을 받은 자

98

종자산업법의 목적에 대한 설명으로 틀린 것은?

① 종자산업의 발전 도모
② 종자산업의 육성 및 지원
③ 종자의 생산·보증 및 유통에 관한 사항 규정
④ 종자 관리의 2원화

해설

목적(종자산업법 제1조)
종자산업법은 종자와 묘의 생산·보증 및 유통, 종자산업의 육성 및 지원 등에 관한 사항을 규정함으로써 종자산업의 발전을 도모하고 농업 및 임업 생산의 안정에 이바지함을 목적으로 한다.

100

식물신품종보호법에서 규정하고 있는 품종의 보호요건이 아닌 것은?

① 진보성   ② 신규성
③ 균일성   ④ 구별성

해설

품종보호 요건(식물신품종보호법 제16조)
다음의 요건을 갖춘 품종은 이 법에 따른 품종보호를 받을 수 있다.
1. 신규성
2. 구별성
3. 균일성
4. 안정성
5. 제106조 제1항에 따른 품종명칭

제1과목 | 종자생산학

01

다음 중 일반적으로 작물의 화아분화 촉진에 가장 영향이 큰 것으로 나열된 것은?

① 온도, 일장
② 수분, 질소
③ 온도, 토양수분
④ 습도, 인산

해설

화아유도에 영향을 미치는 요인
- 내적 요인 : C/N율(식물의 영양상태), 식물호르몬(옥신, 지베렐린, 에틸렌 등)
- 외적 요인 : 온도(춘화처리), 일장(광조건)

02

일장효과의 이용에 대한 설명으로 틀린 것은?

① 단일성 작물에 한계일장 이상의 일장처리를 하면 개화가 지연된다.
② 단일성 작물에 한계일장 이하의 일장처리를 하면 개화가 촉진된다.
③ 장일성 작물에 한계일장 이하의 일장처리를 하면 개화가 촉진된다.
④ 장일성 작물에 한계일장 이상의 일장처리를 하면 개화가 촉진된다.

해설

일장에 따른 식물의 분류
- 단일성 식물 : 한계일장 이하의 일장에서 개화
- 장일성 식물 : 한계일장 이상의 일장에서 개화

03

넓은 뜻의 종자를 식물학적으로 구분 시 포자를 이용하는 것에 해당하는 것은?

① 벼
② 겉보리
③ 고사리
④ 귀리

해설

포자는 고사리 같은 양치류 식물, 이끼류 식물, 조류(藻類) 또는 버섯이나 곰팡이 같은 균류가 만들어 내는 생식세포를 말한다.

04

다음 중 무한화서에 속하는 것은?

① 총상화서
② 단정화서
③ 단집산화서
④ 복집산화서

해설

화서

유한화서	• 꽃이 줄기의 맨 끝에 착생하는 것 • 단정화서, 단집산화서, 복집산화서, 권산화서(전갈모양꽃차례)
무한화서	• 꽃이 측아에 착생되며 계속 신장되면서 성장하는 것 • 총상화서, 원추화서, 수상화서, 유이화서, 육수화서, 산방화서, 산형화서, 두상화서

05

배추 F₁의 원종 채종 시 뇌수분을 실시하는 주된 이유는?

① 개화 시에는 화분이 없기 때문에
② 개화 시는 주두의 기능이 정지되기 때문에
③ 개화시기에는 웅성불임성이 나타나기 때문에
④ 개화 시에 자가불화합성이 나타나기 때문에

해설

십자화과(무, 배추, 양배추, 갓, 순무) 채소에서는 뇌수분, 말기수분, 지연수분에 의하여 자식시킬 수 있으므로 자가불화합성의 계통을 유지할 수 있다.

06

양파 채종지의 환경조건으로 잘못된 것은?

① 생육전반기는 서늘해야 하고 후반기는 따뜻해야 한다.
② 최적 토양산도는 pH 7 내외이다.
③ 개화기의 월 강우량은 300mm가 알맞다.
④ 통풍이 잘 되어야 한다.

해설

③ 개화기의 월 강우량은 150mm 이하가 알맞다.

07

양파가 타가수분을 하게 되는 주된 원인은?

① 자성불임성
② 웅성불임성
③ 웅예선숙성
④ 자방선숙성

해설

양파는 웅예선숙이며 곤충에 의한 타가수분을 많이 한다.

08

다음 중 (   ) 안에 알맞은 내용은?

> 수분을 측정할 때 곱게 마쇄하여야 하는 종은 분쇄된 것이 0.50mm 그물체를 최소한 50% 통과하고 남는 것이 1.00mm 그물체 위에 (   )% 이하이어야 한다.

① 10
② 12
③ 14
④ 18

해설

분쇄
• 곱게 마쇄하여야 하는 종은 분쇄된 것이 0.50mm 그물체를 최소한 50% 통과하고 남는 것이 1.00mm 그물체 위에 10% 이하이어야 한다.
• 거칠게 마쇄하여야 하는 종은 4.00mm 그물체를 최소한 50%는 통과하고 2.00mm체 위에 55% 이상 남아야 한다.
• 필요한 크기의 가루를 얻기 위해 분쇄기를 조정하고 견본의 적은 양을 분쇄하고 그것을 쏟아내야 한다.
• 분쇄 시간이 2분을 초과해서는 안 된다.

09

충분히 건조된 종자의 저장용기로서 가장 좋은 재료는?

① 캔
② 종이
③ 면
④ 폴리에스터

해설

종자를 밀봉용기에 저장하는 경우, 캔과 같은 알루미늄 철제용기가 5%의 수분함량을 유지시키는 데 가장 효과적이다.

10

종자코팅의 목적과 거리가 먼 것은?

① 종자의 휴면타파를 위함이다.
② 기계파종 시 취급이 유리하다.
③ 종자소독이 가능하다.
④ 종자의 품위를 향상시킬 수 있다.

해설

종자코팅의 목적
• 종자를 성형, 정립시켜 파종을 용이하게 함
• 농약 등으로 생육을 촉진
• 효과적인 병충해 방지
• 기계파종 시 기계적 손실을 적게 하기 위함

11

채종포장 선정 시 격리 실시를 중요시하는 이유로 가장 옳은 것은?

① 병해충 방지
② 다른 화분의 혼입 방지
③ 잡초 유입 방지
④ 조수해(鳥獸害) 방지

해설

채종포에서는 자연교잡을 방지하기 위해서 격리가 필요하다.

12

후숙에 의한 휴면타파 시 휴면상태가 종피 휴면이고, 후숙 처리 방법이 고온에 해당하는 것은?

① 야생귀리   ② 상추
③ 자작나무   ④ 벼

해설

화곡류 종자는 30~40℃에 수 일간 건조상태로 두어 후숙처리한다.

13

다음 중 종자의 생리적 휴면에 해당하는 것은?

① 배휴면
② 종피휴면
③ 타발휴면
④ 후숙

해설

배휴면
배 자체의 생리적 원인에 의한 휴면으로 생리적 휴면이라고도 하며, 종자가 형태상으로 완전히 발달하였으나 발아에 적당한 외적 조건이 주어져도 발아하지 않는 경우이다.

14

다음 중 일반적으로 배휴면(胚休眠)을 하는 종자의 휴면 타파법으로 가장 널리 이용되고 있는 방법은?

① 과산화수소 처리
② 열처리
③ 저온층적처리
④ 적색광 처리

해설

층적처리
배휴면(胚休眠)을 하는 종자를 습한 모래 또는 이끼와 교대로 층상으로 쌓아 저온에 두어 휴면을 타파시키는 방법이다.

10 ① 11 ② 12 ④ 13 ① 14 ③ 정답

15

특정한 양친의 일정 수만을 심어 그들 간에 교배만 일어나도록 하는 것은?

① 혼성종
② 혼합종
③ 복합종
④ 합성종

16

후작용(after effect)에 의한 품종퇴화의 설명으로 옳은 것은?

① 콩을 동일장소에서 재배, 채종을 계속하면 자실(子實)이 소립(小粒)이 되고, 차대식물의 생육도 떨어진다.
② 가을 뿌림 양배추를 여름 뿌림으로 채종을 계속하여 나가면 조기 추대 종자로 변하기 쉽다.
③ 백합에서 목자(木子) 대신 실생으로 번식하면 생육이 좋아진다.
④ 타식성 작물에서 채종 개체수가 너무 적을 때는 차대의 유전자형에 편향이 생겨 품종퇴화를 초래할 수 있다.

17

종자소독법으로서 옳지 않은 것은?

① 저온처리
② 약제에 침지처리
③ 약제에 분의처리
④ 온탕처리

18

다음 설명에 해당하는 것은?

> 많은 꽃의 자방들이 모여서 하나의 덩어리를 이루고 있는 것으로 파인애플, 라즈베리가 해당한다.

① 복과
② 위과
③ 취과
④ 단과

19

종자의 순도분석에 관한 설명으로 옳지 않은 것은?

① 표준종자의 구성내용을 중량의 백분율로 구한다.
② 함유되어 있는 종자의 이물을 가려내는 검사다.
③ 발아능력은 검사하지 않는다.
④ 미숙립, 발아립, 주름진립은 정립이 아니다.

해설
④ 정립에는 미숙립, 병해립, 발아립, 주름진립, 소립, 원래 크기의 1/2 이상의 종자쇄립이 모두 포함된다.

20

종자검사 방법에 대한 설명으로 옳지 않은 것은?

① 발아검사 시 순도검사를 마친 정립종자를 무작위로 최소한 300립을 추출하여 100립씩 3반복으로 치상한다.
② 발아검사에서의 발아시험결과는 정상묘 숫자를 비율로 표시하며, 비율은 정수로 한다.
③ 수분검사용 제출시료의 최소량은 분쇄해야 하는 종자는 100g, 그 밖의 것은 50g이다.
④ 수분측정 시 반복 간의 수분함량의 차가 0.2%를 넘지 않으면 반복측정의 산술평균 결과로 하고, 넘으면 반복측정을 다시 한다.

해설
① 순도검사를 마친 정립종자를 무작위로 최소한 400립을 추출하여 100립씩 4반복으로 치상한다.

21

우리나라에서 배추의 F_1 품종의 종자생산이 남해안과 그 인근 도서지방에 집중되어 있는 이유를 설명한 것 중 옳지 않은 것은?

① 다른 품종과의 격리가 용이하기 때문에
② 춘화처리에 필요한 저온처리가 가능하기 때문에
③ 노지월동이 가능하기 때문에
④ 균핵병 등 토양전염병이 없기 때문에

해설
채소의 채종지가 남해안 및 도서지방에 집중되어 있는 이유
2년생 채소의 추대에 필요한 저온요구를 충족시켜 줄 수 있고, 겨울에 노지월동이 가능하며, 도서지방은 자연교잡의 위험이 적기 때문이다.

22

다음 중 돌연변이 유발원으로 가장 많이 쓰이는 방사선 원은?

① 중성자
② P^{32}
③ S^{25}
④ X선

해설
돌연변이 유발원으로 X선과 γ선을 주로 사용하는 이유는 균일하고 안정한 처리가 쉽고 잔류방사능이 없기 때문이다.

23

몇 개의 품종 또는 계통을 tester로 준비하여 검정하려는 계통 모두와 교잡하여 F_1을 만들어 검정하는 방법을 무엇이라 하는가?

① 톱교잡 검정법
② 3면교배 검정법
③ 단교잡 검정법
④ 다교잡 검정법

24

1대잡종을 품종으로 취급하는 이유로 옳지 않은 것은?

① 모든 개체가 동일한 유전자형이다.
② 광지역적응이고 채종량이 많으며, 각기 다른 표현형을 나타낸다.
③ 인공교배로 똑같은 유전자형을 재생산 할 수 있다.
④ 형질이 우수하고 균일하다.

25

배수체 작성을 위한 염색체 배가 방법이 아닌 것은?

① 콜히친 처리법
② 자외선 처리법
③ 근친교배법
④ 아세나프텐 처리법

26

다음 (   )에 공통으로 들어갈 내용은?

> • 같은 형질에 관여하는 여러 유전자들이 누적효과를 가질 때 (   )라 한다.
> • (   ) 경우는 여러 경로에서 생성하는 물질량이 상가적으로 증가한다.

① 복수유전자
② 우성상위
③ 보족유전자
④ 열성상위

27

유전적으로 이형접합인 F_1 품종의 균등성과 영속성을 유지하기 위한 방법으로 가장 적당한 것은?

① 양친 품종의 균등성과 영속성을 유지시킴
② F_2에서 F_1과 똑같은 특성을 가진 개체를 선발함
③ 방사선 조사에 의하여 돌연변이를 유발함
④ 염색체를 배가 시킴

28

지구상에서 유전자 자원이 침식(손실)되는 가장 보편적인 원인은?

① 돌연변이로 인한 진화에 의하여 유전자원이 침식한다.
② 우량품종이 육성·보급됨에 따라 유전적으로 다양한 재래종 집단이 손실된다.
③ 유전자원의 탐색에 의하여 유전자원을 수집·보존하기 때문이다.
④ 유전자원이 육종에 이용되기 때문이다.

해설

유전자원의 소멸 이유
• 육종학 발달로 우수품종 육성·보급에 따라 재래종 감소
• 재배기술 집약화·정밀화로 재래종, 야생종이 잡초와 더불어 소멸
• 식량증산을 위한 농경지와 초지 확장으로 자연상태의 야생종 소멸
• 도시확대, 도로·공장의 환경오염 유발로 자연생태계 변화, 야생종 소멸

29

피자식물에서 중복수정을 끝낸 후의 염색체수로 옳은 것은?

① 배 3n + 배유 3n
② 배 3n + 배유 2n
③ 배 2n + 배유 2n
④ 배 2n + 배유 3n

해설

속씨(피자)식물의 중복수정
• 1개의 정핵(n) + 1개의 난세포(n) → 배(2n)
• 1개의 정핵(n) + 2개의 극핵(n + n) → 배유(3n)

30

다음 중 변이의 감별 방법이 아닌 것은?

① 후대검정
② 변이의 상관
③ 특성검정
④ 조합능력검정

해설

변이의 감별
• 후대검정 : 검정개체를 자식하여 양적형질의 유전적 변이 감별에 이용한다.
• 특성검정 : 이상환경을 만들어 생리적 형질에 대한 변이의 정도를 비교하는 데 이용한다.
• 변이의 상관 : 환경상관과 유전상관을 비교한다.
  – 환경상관 : 환경조건에 기인하는 상관
  – 유전상관 : 환경조건의 변동을 없었을 때의 상관

31

다음 중 자가수분이 가장 용이하게 되는 경우는?

① 돌연변이 집단일 경우
② 이형예인 경우
③ 장벽수정인 경우
④ 폐화수정인 경우

해설

폐화수정은 꽃이 피지 않고도 내부에서 수분과 수정이 완료되는 것으로 자가수분의 가능성을 매우 높일 수 있는 기작이다.

32

양성잡종 AaBb를 자식하면 다음 세대에 나타나는 AaBb 유전자형의 빈도는 얼마인가?

① $\frac{8}{16}$

② $\frac{1}{16}$

③ $\frac{4}{16}$

④ $\frac{2}{16}$

해설

양성잡종 교배 실험

배우자	AB	Ab	aB	ab
AB	AABB	AABb	AaBB	AaBb
Ab	AABb	AAbb	AaBb	Aabb
aB	AaBB	AaBb	aaBB	aaBb
ab	AaBb	Aabb	aaBb	aabb

F_2의 표현형은 9 : 3 : 3 : 1로 16개이고 동형접합은 AABB, AAbb, aaBB, aabb로 4개이므로, $\frac{4}{16} \times 100 = 25\%$이다.

33

교잡육종의 이론적 근거가 되는 것은?

① 양친의 우량특성을 1개체에 새로 조합시킨다.

② 순계설에 이론적 근거를 둔다.

③ 계통 내 집단을 대상으로 선발한다.

④ 자식약세의 특성을 이용한다.

해설

교잡육종은 멘델의 유전법칙을 근거로 양친이 가지고 있는 장점들을 한 개체에 모을 수 있기 때문에 널리 적용되고 있다.

34

세계 최초의 상업용 GM 토마토인 플레이버 세이버(flavr savr) 육성의 가장 핵심적인 기술은?

① RFLP 기술

② 중합효소연쇄반응(PCR) 기술

③ 염색체 걷기 기술

④ 안티센스(antisense) RNA 기술

해설

1994년 최초의 상업적인 목적으로 만들어진 유전자 재조합 작물 플레이버 세이버(flavr savr)는 안티센스(antisense) RNA 기술에 의하여 세포벽 분해효소 유전자의 발현을 억제시켜 성숙 후에도 물러지지 않는다.

35

종속 간 교잡을 하면 수정이 되더라도 배가 완전 발육을 못하고 중도에서 정지되거나 또는 배유의 발육불량으로 종자가 발아하지 못한다. 이러한 경우 잡종을 얻을 수 있는 방법은?

① 경정배양

② 배배양

③ 자방배양

④ 배주배양

해설

배배양의 육종적 이용

• 수정 후 배의 분화, 발달 및 이와 관련된 물질의 연구에 중요한 수단으로 이용된다.

• 이종속 식물 간 교배한 잡종식물을 얻을 수 있다.

• 성숙종자의 후숙이나 휴면으로 발아가 지연되는 경우 배를 적출하여 배양하면 식물체의 성장을 앞당겨 육종연한을 단축시킬 수 있다.

• 난과 식물 및 기생식물의 비공생 발아가 가능하다.

• 배배양으로 반수체를 획득할 수 있다.

• 수정 후 어느 정도 자란 배를 배양함으로써 배발생 캘러스나 체세포배를 획득하여 대량증식 및 형질전환을 위한 배양재료 획득에도 중요한 수단이 된다.

36

환경분산량이 유전분산량의 3배일 때 유전력은 얼마인가?

① $h_B^2 = 0.00$

② $h_B^2 = 0.25$

③ $h_B^2 = 1.50$

④ $h_B^2 = 0.50$

해설

넓은 의미의 유전력(h_B^2)

$= \dfrac{유전분산}{유전분산 + 환경분산}$

$= \dfrac{유전분산}{유전분산 + (유전분산 \times 3)}$ ($\because$ 환경분산 = 유전분산 $\times$ 3)

$= \dfrac{1}{4} = 0.25$

37

내병성 육종 과정에 대한 설명으로 틀린 것은?

① 대상이 되는 병이 많이 발생하는 계절에 선발한다.

② 튼튼하게 키우기 위하여 농약 살포를 충분히 한다.

③ 대상되는 병에 대해 제일 약한 품종을 일정한 간격으로 심는다.

④ 병원균을 인위적으로 살포하여 준다.

해설

내병성 육종은 병원균에 대한 내성을 지니는 품종을 육종하는 것이다.

38

자가불화합성 식물에서 반수체육종이 유리한 점은?

① 반수체는 특성검정을 할 필요가 없다.

② 유전적 변이가 크다.

③ 돌연변이가 많이 나온다.

④ 유전적으로 고정이 된다.

해설

유전적으로 고정된 순계를 빨리 얻을 수 있어 육종 기간이 단축된다.

39

원연종 간의 유전질 조합 방법으로 체세포를 이용하는 것은?

① 복교잡

② 원형질체융합

③ 3계교잡

④ 배배양

해설

원형질체융합은 서로 다른 형질을 가지는 두 개 이상의 원형질세포를 융합시켜 각 세포가 갖고 있는 유용한 특성을 모두 가진 하나의 세포를 만드는 세포융합 기술의 하나이다.

40

변이의 창성과 관련이 없는 것은?

① 교차

② 콜히친

③ 형질전환

④ 하디-바인베르크 법칙

해설

하디-바인베르크 법칙

집단유전법칙의 하나로 한 종의 생물군이 세대를 거듭하더라도 원래의 유전자 구성 비율이 변하지 않는다는 법칙이다.

36 ② 37 ② 38 ④ 39 ② 40 ④ **정답**

41

맥류의 좌지현상을 볼 수 있는 경우는?

① 봄보리를 가을에 파종

② 봄보리를 봄에 파종

③ 가을보리를 봄에 파종

④ 가을보리를 가을에 파종

해설

좌지현상

가을 맥류를 봄에 파종하였을 때 영양생장만 계속되고 출수·개화하지 못하는 현상이 나타난다.

42

다음 중 복토깊이가 1.5~2cm에 해당하는 것은?

① 크로커스   ② 감자

③ 기장   ④ 토란

해설

①·②·④ 크로커스, 감자, 토란 : 5.0~9.0cm

43

다음 중 작물 재배 시 부족하면 수정·결실이 나빠지는 미량원소는?

① Ca   ② Mg

③ S   ④ B

해설

붕소(B)의 결핍

분열조직에 괴사가 일어나고 사과의 축과병과 같은 병해를 일으키며 수정·결실이 나빠진다.

44

다음 중 중일성 식물은?

① 코스모스   ② 토마토

③ 국화   ④ 나팔꽃

해설

①·③·④ 코스모스, 국화, 나팔꽃 : 단일성 식물

45

다음 중 장일식물의 화성을 촉진하는 효과가 가장 큰 물질은?

① gibberellin

② AMO-1618

③ CCC

④ MH

해설

② AMO-1618 : 포인세티아, 해바라기의 키를 작게 하고 잎이 더욱 녹색 띠게 한다.

③ CCC(cycocel) : 식물의 생장을 억제하고 개화를 촉진한다.

④ MH-30 : 마늘, 양파의 맹아를 억제한다.

46

포도의 착색에 관여하는 안토시안의 생성을 가장 조장하는 것은?

① 자외선   ② 황색광

③ 적색광   ④ 적외선

해설

안토시안(anthocyan, 화청소)은 사과, 포도, 딸기 등의 착색에 관여하며 비교적 저온에서 자외선이나 자색광에 의해 생성이 촉진된다.

47

작물의 내동성에 관한 설명이 바른 것은?

① 세포액의 삼투압이 높으면 내동성이 증대한다.
② 원형질의 친수성 콜로이드가 적으면 내동성이 커진다.
③ 전분함량이 많으면 내동성이 커진다.
④ 조직즙의 광에 대한 굴절률이 커지면 내동성이 저하된다.

해설
② 원형질 친수성 콜로이드가 많으면 내동성이 커진다.
③ 전분함량이 많으면 내동성은 저하한다.
④ 세포액의 농도가 높으면 조직즙의 광에 대한 굴절률이 커지므로 내동성이 증가한다.

48

다음 중 노후답의 재배대책으로 가장 거리가 먼 것은?

① 조식재배를 한다.
② 저항성 품종을 선택한다.
③ 무황산근 비료를 사용한다.
④ 덧거름 중점의 시비를 한다.

해설
노후답의 재배대책
• 저항성 품종 재배 : H_2S 저항성 품종, 조중생종>만생종
• 조기재배 : 수확이 빠르면 추락이 덜함
• 시비법 개선 : 무황산근 비료시비, 추비중점 시비, 엽면시비
• 재배법 개선 : 직파재배(관개시기를 늦출 수 있음), 휴립재배(심층시비 효과, 통기조장), 답전윤환(지력증진)

49

작물생육에 있어 철(Fe)의 생리작용에 대한 설명으로 틀린 것은?

① 호흡 효소의 구성성분이다.
② 엽록소의 형성에 관여하지 않는다.
③ 망간, 칼슘 등의 과잉은 철의 흡수를 방해한다.
④ 결핍되면 어린잎부터 황백화한다.

해설
② 철은 엽록소의 구성성분으로, 엽록소의 합성에 필수적이다. 철이 결핍되면 엽록소의 합성이 감소하여 잎이 황백화하게 된다.

50

벼의 신품종 종자증식을 위해 채종포에서 사용하는 종자는?

① 기본식물   ② 보급종
③ 원종   ④ 원원종

해설
채종체계

기본 식물포	→	원원종포	→	원종포	→	채종포
기본식물 (농업진흥청)		원원종 (농업기술원)		원종 (원종생산기관)		보급종 (종자공급소)

51

다음 중 요수량이 가장 큰 것은?

① 옥수수   ② 기장
③ 클로버   ④ 수수

해설
요수량의 크기(g)
클로버(799) > 옥수수(368) > 수수(322) > 기장(310)
※ 완두, 알팔파, 클로버, 오이, 호박 등은 크고 기장, 수수, 옥수수 등은 작다.

52

벼의 키다리병과 관계되는 식물호르몬은?

① 키네틴　　　　　② 옥신
③ 지베렐린　　　　④ 에틸렌

해설

지베렐린(gibberellin)은 벼의 키다리병 병원균에서 발견된 식물호르몬이다.

53

화곡류의 잎을 일어서게 하여 수광태세를 가장 좋게 하며 증산을 경감하여 한해를 더는 등의 효과를 가진 성분은?

① 규소　　　　　　② 망간
③ 니켈　　　　　　④ 붕소

해설

규소(Si)
• 작물의 필수원소에 포함되지 않는다.
• 화곡류 잎의 표피 조직에 침전되어 병에 대한 저항성을 증진시킨다.
• 벼가 많이 흡수하면 잎을 직립하게 하여 수광상태가 좋게 되어 동화량을 증대시키는 효과가 있다.

54

과수의 핵과류에 해당하지 않는 것은?

① 살구　　　　　　② 자두
③ 복숭아　　　　　④ 사과

해설

④ 사과 : 인과류

55

다음 설명에 알맞은 용어는?

파종된 종자의 약 40%가 발아한 날

① 발아시　　　　　② 발아기
③ 발아전　　　　　④ 발아세

해설

① 발아시 : 발아한 것이 처음 나타난 날
③ 발아전 : 대부분(80% 이상)이 발아한 날
④ 발아세 : 일정한 시일 내의 발아율

56

다음 중 작물의 주요 온도에서 최적온도가 가장 낮은 작물은?

① 보리　　　　　　② 완두
③ 옥수수　　　　　④ 벼

해설

① 보리 : 20℃
② 완두 : 30℃
③ · ④ 옥수수, 벼 : 30～32℃

57

맥류의 도복을 적게하는 방법으로 옳지 않은 것은?

① 단간성 품종의 선택
② 칼륨 비료의 사용
③ 파종량의 증대
④ 석회 사용

해설

③ 파종량을 늘릴 경우 밀도가 높아져 빛을 제대로 받지 못하므로 줄기가 가늘어져 도복을 유발한다.

58

다음 인과류로만 나열되어 있는 것은?

① 감, 밤

② 무화과, 딸기

③ 복숭아, 앵두

④ 사과, 배

① 감 : 준인과류, 밤 : 견과류
② 무화과, 딸기 : 장과류
③ 복숭아, 앵두 : 핵과류

59

식물체의 부위 중 내열성이 가장 약한 곳은?

① 완성엽(完成葉)

② 중심주(中心柱)

③ 유엽(幼葉)

④ 눈(芽)

해설

주피, 완피, 완성엽은 내열성이 가장 크고, 눈·어린잎은 비교적 강하며, 미성엽이나 중심주는 내열성이 가장 약하다.

60

질산환원효소의 구성성분으로 질소대사에 필요하고 콩과 작물 뿌리혹박테리아의 질소고정에 필요한 무기성분은?

① 마그네슘　　　　② 아연

③ 망간　　　　　　④ 몰리브덴

해설

몰리브덴(Mo)은 질산의 환원과 공중질소의 고정을 돕는 무기성분으로 질소대사에 중요한 역할을 하는 원소이다.

제4과목 | 식물보호학

61

작물의 발병에 영향을 미치는 환경조건이 될 수 없는 것은?

① 온도

② 수분

③ 지구의 공전주기

④ 빛

해설

환경조건 : 온도, 습도, 빛, 대기, 토양 등

62

원시적인 곤충으로서 날개가 없고 일반적으로 무변태인 곤충목은?

① 톡토기목

② 갈로와벌레목

③ 강도래목

④ 메뚜기목

해설

톡토기목

• 입은 저작구이며 머리의 내부에 함입되어 있다.
• 촉각은 짧고 5~6절이다.
• 겹눈은 홑눈 모양으로 배열되어 있다.
• 날개는 없으며 배는 6절 이내, 제4절에는 도약기가 1쌍 있다.
• 기관계(氣管系)와 말피기씨관은 없으며 무변태이다.

63

잡초와 주요 영양번식 기관의 연결이 틀린 것은?

① 올방개 – 덩이줄기
② 가래 – 뿌리줄기
③ 향부자 – 비늘줄기
④ 벋음씀바귀 – 포복경

③ 향부자 : 덩이줄기(괴경)

64

물옥잠, 물달개비, 미국외풀 및 올챙이고랭이의 저항성 잡초 출현의 원인이 되고 있는 제초제로서 타제초제와 교호살포를 해야하는 제초제는?

① sulfonylurea계 제초제
② uracil계 제초제
③ carbamate계 제초제
④ triazine계

해설

설포닐우레아(sulfonylurea)계 제초제
설포닐우레아계 제초제는 약효가 길고 선택성이 매우 좋으며 적은 약량으로도 적용 가능한 초종이 많고 동물에 대한 안전성이 높아 우리나라 논에서 선호도가 높아졌다. 그 결과 연용으로 인해 남부지방을 중심으로 물옥잠, 물달개비, 미국외풀, 올챙이고랭이, 알방동사니, 올미 등의 저항성 잡초가 발생하기 시작하였다.

65

일반적으로 세균병의 병징이라고 할 수 없는 증상은?

① 총생(rosette)
② 궤양(canker)
③ 반점(spot)
④ 천공(shot hole)

해설

세균병의 병징 : 점무늬(spot, 반점), 천공(shot hole), 시들음(wilt), 무름(rot), 궤양(canker), 암종(gall) 등
※ 총생(rosette) : 아연 부족 시 줄기 끝부분에 잎들이 촘촘히 발생하는 현상을 야기한다.

66

벼 오갈병의 병원균을 매개하는 곤충은?

① 벼멸구
② 흰등멸구
③ 애멸구
④ 끝동매미충

해설

바이러스병인 오갈병의 매개 : 끝동매미충, 번개매미충

67

다음은 어느 오염물질에 대한 설명인가?

- 자동차 배기가스에 의해 많이 생긴다.
- 침엽수에서는 주로 잎끝마름 증상을 나타낸다.
- 활엽수의 잎에는 잎맥 사이의 황화나 괴저를 일으킨다.
- 활엽수의 만성피해는 잎 크기가 작아지고 일찍 단풍이 든다.

① 아황산가스
② 에틸렌
③ 암모니아
④ 염소

해설

아황산가스(SO_2)
식물체에 가장 치명적인 대기 오염물질로 광화학적 산화에 의해 생성되지 않고 발생원으로부터 직접 배출되어 피해를 입힌다.

68

농약의 구비조건이 아닌 것은?

① 인축에 대한 독성이 낮을 것

② 병원균에 대한 독성이 낮을 것

③ 잔류성이 적거나 없을 것

④ 저항성 유발이 적거나 없을 것

해설

농약의 구비조건

• 적은 양으로 약효가 확실할 것

• 농작물에 대한 약해가 없을 것

• 인축에 대한 독성이 낮을 것

• 어류에 대한 독성이 낮을 것

• 다른 약제와의 혼용 범위가 넓을 것

• 천적 및 유해 곤충에 대하여 독성이 낮거나 선택적일 것

• 값이 쌀 것

• 사용 방법이 편리할 것

• 대량 생산이 가능할 것

• 농촌진흥청에 등록되어 있을 것

69

농약의 안전성평가기준에 해당되지 않는 것은?

① 잔류허용기준

② 열량

③ 1일 섭취허용량

④ 질적 위해성

해설

농약의 안전성평가기준

• 잔류허용기준(MRL)

• 1일 섭취허용량(ADI)

• 질적 위해성

70

곤충의 피부를 크게 3부분으로 나누는데, 그중에서 가장 바깥쪽 부분을 무엇이라 하는가?

① 기저막   ② 진피세포

③ 원표피   ④ 외표피

해설

곤충은 외골격이라는 단단한 피부로 싸여 있으며 가장 바깥쪽 부분부터 표피(외표피-원표피), 진피, 기저막으로 구성되어 있다.

71

배추·무 사마귀병균에 대한 설명으로 옳은 것은?

① 산성토양에서 많이 발생한다.

② 주로 건조한 토양에서 발생한다.

③ 전형적인 병징은 주로 꽃에서 발생한다.

④ 병원균을 인공배양하여 감염 여부를 알 수 있다.

해설

배추·무 사마귀병

• 토양전염성 병해로 근류균에 의해 발병한다.

• 연작, 토양의 산성화(pH 6.0 이하), 과습(80% 이상)에 의해 많이 발생한다.

• 뿌리의 세포가 비정상적으로 커지고 혹이 만들어진다.

72

다음 중 병징에 의해 이름지어진 병은?

① 빗자루병   ② 잎곰팡이병

③ 노균병   ④ 균핵병

해설

빗자루병의 병징은 많은 수의 가지가 모여 빗자루(witch's broom) 모양이 나타난다.

73

액상시용제의 물리적 성질에 해당하지 않는 것은?

① 유화성 ② 응집성
③ 수화성 ④ 습전성

해설

액상시용제의 물리적 성질
유화성, 습전성, 표면장력, 접촉각, 수화성, 현수성, 부착성과 고착성, 침투성

74

배추 · 무 사마귀병 방제 방법으로 옳지 않은 것은?

① 토양소독
② 양배추 윤작 재배
③ 토양산도 교정
④ 저항성 품종 재배

해설

② 배추과 이외의 화본과 작물이나 감자, 양파, 시금치 등을 돌려짓기 한다.

75

다음 중 해충의 천적으로서 기생성이 아닌 것은?

① 진디혹파리
② 온실가루이좀벌
③ 굴파리좀벌
④ 콜레마니진디벌

해설

① 진디혹파리는 파리목에 속하는 포식성 천적이다.

76

디페노코나졸 유제(10%)를 1,000배로 희석하여 10a당 8말(160L) 살포하려 할 때 디페노코나졸 유제(10%)의 소요약량은?

① 16mL ② 160mL
③ 140mL ④ 144mL

해설

$$소요약량 = \frac{단위면적당\ 사용량}{희석배수}$$

$$= \frac{160,000mL}{1,000배} = 160mL$$

77

농경지에서 잡초를 방제하지 않고 방임하면 엄청난 수량 손실이 발생하는 기간은?

① 제초제 내성기간
② 잡초경합 한계기간
③ 잡초경합 내성기간
④ 잡초경합허용 한계기간

해설

잡초경합 한계기간
작물이 잡초와의 경합에 의해 생육 및 수량이 가장 크게 영향을 받는 기간으로, 작물이 초관을 형성한 이후부터 생식생장으로 전환하기 이전의 시기이다. 대체로 작물의 전 생육기간의 첫 1/3~1/2 기간 혹은 첫 1/4~1/3 기간에 해당된다.

78

마늘의 뿌리를 가해하는 해충은?

① 고자리파리   ② 점박이응애

③ 왕귀뚜라미   ④ 아이노각다귀

해설

① 고자리파리 : 마늘, 파, 양파와 백합과 화훼류의 뿌리
② 점박이응애 : 채소, 과수, 화훼류의 잎
③ 왕귀뚜라미 : 식엽성
④ 아이노각다귀 : 마늘, 파, 양파의 어린 잎

79

진균에 대한 설명으로 옳은 것은?

① 발달된 균사를 가지고 있다.

② 그람양성균과 그람음성균이 있다.

③ 운동기관으로 편모를 가지고 있다.

④ 효소계가 없으며 생명체 안에서만 증식이 가능하다.

해설

진균(사상균, 곰팡이, fungi)
엽록소가 없어 타급영양을 하는 식물 중에서 가장 분화도가 높고 발달된 균사를 가진 식물균이다.

80

잡초의 생장형에 따른 분류에 있어 생장형과 잡초 종류가 올바르게 연결된 것은?

① 직립형 – 명아주, 뚝새풀

② 로제트형 – 민들레, 질경이

③ 분지형 – 광대나물, 가막사리

④ 포복형 – 메꽃, 환삼덩굴

해설

① 직립형 : 명아주, 가막사리, 쑥부쟁이
③ 분지형 : 광대나물, 애기땅빈대, 석류풀
④ 포복형 : 선피막이, 미나리, 병풀

81

종자검사요령상 포장검사 병주 판정기준에서 참깨의 기타병은?

① 잎마름병   ② 균핵병

③ 갈반병   ④ 풋마름병

해설

포장검사 병주 판정기준 – 참깨(종자검사요령 [별표 1])
• 특정병 : 역병, 시들음병
• 기타병 : 잎마름병

82

육묘업의 등록 등에 대한 내용이다. (   )에 적절하지 않은 내용은?

> 육묘업을 하려는 자는 대통령령으로 정하는 시설을 갖추어 (   )에게 등록하여야 한다.

① 각 지역 국립대학교 총장

② 시장

③ 군수

④ 구청장

해설

육묘업의 등록 등(종자산업법 제37조의2 제1항)
육묘업을 하려는 자는 대통령령으로 정하는 시설을 갖추어 시장·군수·구청장에게 등록하여야 한다.

83

식물신품종보호법상 품종명칭에서 품종보호를 받기 위하여 출원하는 품종은 몇 개의 고유한 품종명칭을 가져야 하는가?

① 5개　　　　　　② 1개
③ 2개　　　　　　④ 3개

해설

품종명칭(식물신품종보호법 제106조 제1항)
품종보호를 받기 위하여 출원하는 품종은 1개의 고유한 품종명칭을 가져야 한다.

85

종자관련법상 자체보증의 대상에 대한 내용이다. ( ) 안에 해당하지 않은 것은?

> ( )이/가 품종목록 등재 대상작물의 종자를 생산하는 경우 자체보증의 대상으로 한다.

① 종자업자
② 농업단체
③ 실험실 연구원
④ 시장

해설

자체보증의 대상(종자산업법 제26조)
다음의 어느 하나에 해당하는 경우에는 자체보증의 대상으로 한다.
1. 시·도지사, 시장·군수·구청장, 농업단체 등 또는 종자업자가 품종목록 등재 대상작물의 종자를 생산하는 경우
2. 시·도지사, 시장·군수·구청장, 농업단체 등 또는 종자업자가 품종목록 등재 대상작물 외의 작물의 종자를 생산·판매하기 위하여 자체보증을 받으려는 경우

84

종자검사요령상 수분의 측정에서 저온 항온건조기법을 사용하게 되는 종에 해당하는 것은?

① 시금치　　　　　② 상추
③ 부추　　　　　　④ 오이

해설

①·②·④ 시금치, 상추, 오이 : 고온 항온건조기법
수분의 측정 – 저온 항온건조기법을 사용하게 되는 종(종자검사요령 [별표 3])
마늘, 파, 부추, 콩, 땅콩, 배추씨, 유채, 고추, 목화, 피마자, 참깨, 아마, 겨자, 무

86

종자관리요강상 사진의 제출규격에서 사진의 크기에 대한 내용이다. ( )에 알맞은 내용은?

> 〈사진의 크기〉
> ( )의 크기이어야 하며, 실물을 식별할 수 있어야 한다.

① 6″×8″　　　　　② 4″×5″
③ 5″×8″　　　　　④ 3″×5″

해설

사진의 제출규격 – 사진의 크기(종자관리요강 [별표 2])
4″×5″의 크기이어야 하며, 실물을 식별할 수 있어야 한다.

87

( )에 가장 적절한 내용은?

> 농림축산식품부장관은 종자산업의 효율적인 육성 및 지원을 위하여 종자산업 관련 기관·단체 또는 법인 등 적절한 인력과 시설을 갖춘 기관을 ( )로 지정할 수 있다.

① 스마트농업센터
② 농업재단산업센터
③ 종자산업진흥센터
④ 기술보급종자센터

해설

종자산업진흥센터의 지정 등(종자산업법 제12조 제1항)

88

다음의 ( )에 알맞은 내용은?

> 농림축산식품부장관은 종자산업의 육성 및 지원을 위하여 ( )마다 농림종자산업의 육성 및 지원에 관한 종합계획을 수립·시행하여야 한다.

① 2년   ② 10년
③ 20년   ④ 5년

해설

종합계획 등(종자산업법 제3조 제1항)

89

종자산업법상 종자업의 등록 등에 대한 내용이다. ( )에 해당하지 않는 내용은?

> 종자업을 하려는 자는 대통령령으로 정하는 시설을 갖추어 ( )에게 등록하여야 한다.

① 국립생태원장   ② 시장
③ 군수   ④ 구청장

해설

종자업의 등록 등(종자산업법 제37조 제1항)
종자업을 하려는 자는 대통령령으로 정하는 시설을 갖추어 시장·군수·구청장에게 등록하여야 한다.

90

품종목록 등재의 유효기간은 등재한 날이 속한 해의 다음 해부터 얼마까지로 하는가?

① 3년   ② 5년
③ 7년   ④ 10년

해설

품종목록 등재의 유효기간(종자산업법 제19조 제1항)
등재한 날이 속한 해의 다음 해부터 10년까지로 한다.

91

종자관리요강상 사후관리시험의 기준 및 방법에서 검사항목에 해당하지 않는 것은?

① 품종의 순도
② 품종의 진위성
③ 종자전염병
④ 종자의 구성력

해설

사후관리시험 – 검사항목(종자관리요강 [별표 8])
품종의 순도, 품종의 진위성, 종자전염병

92

종자검사를 받은 보증종자를 판매하거나 보급하려는 자는 해당 보증종자에 대하여 보증표시를 하여야 한다. 이에 따라 보증종자를 판매하거나 보급하려는 자는 종자의 보증과 관련된 검사서류를 작성일로부터 얼마 동안 보관하여야 하는가?(단, 묘목에 관련된 검사서류는 제외한다)

① 1년　　　　　　② 2년

③ 3년　　　　　　④ 6개월

해설

보증표시 등(종자산업법 제31조 제2항)

보증종자를 판매하거나 보급하려는 자는 종자의 보증과 관련된 검사서류를 작성일부터 3년(묘목에 관련된 검사서류는 5년) 동안 보관하여야 한다.

93

종자관리요강상 수입적응성시험의 대상작물 및 실시기관에 대한 내용이다. ( )에 알맞은 내용은?

구분	대상작물	실시기관
식량작물	벼, 보리, 콩	( )

① 국립산림품종관리센터

② 한국종자협회

③ 한국종균생산협회

④ 농업기술실용화재단

해설

수입적응성시험의 대상작물 및 실시기관 – 식량작물(종자관리요강 [별표 11])

대상작물	실시기관
벼, 보리, 콩, 옥수수, 감자, 밀, 호밀, 조, 수수, 메밀, 팥, 녹두, 고구마	한국종자협회

94

종자관련법상 종자관리사의 자격기준 등의 내용이다. ( )에 알맞은 내용은?

> 농림축산식품부장관은 종자관리사 종자산업법에서 정하는 직무를 게을리하거나 중대한 과오(過誤)를 저질렀을 때에는 그 등록을 취소하거나 ( ) 이내의 기간을 정하여 그 업무를 정지시킬 수 있다.

① 3개월　　　　　　② 6개월

③ 9개월　　　　　　④ 1년

해설

종자관리사의 자격기준 등(종자산업법 제27조 제4항)

95

품종보호권에 대한 내용이다. ( )에 가장 적절한 내용은?(단, '재정의 청구는 해당 보호품종의 품종보호권자 또는 전용실시권자와 통상실시권 허락에 관한 협의를 할 수 없거나 협의 결과합의가 이루어지지 아니한 경우에만 할 수 있다' 포함한다)

> 보호품종을 실시하려는 자는 보호품종이 정당한 사유 없이 계속하여 ( ) 이상 국내에서 상당한 영업적 규모로 실시되지 아니하거나 적당한 정도와 조건으로 국내 수요를 충족시키지 못한 경우 농림축산식품부장관 또는 해양수산부장관에게 통상실시권 설정에 관한 재정(裁定)(이하 '재정'이라 한다)을 청구할 수 있다.

① 5년　　　　　　② 2년

③ 3년　　　　　　④ 6개월

해설

통상실시권 설정의 재정(식물신품종보호법 제67조 제1항 제1호)

96

다음 중 ( ) 안에 알맞은 내용은?

> 품종보호권자는 그 품종보호권의 존속기간 중에는 농림축산식품부장관에게 품종보호료를 ( ) 납부하여야 한다.

① 매 년
② 3년을 기준으로 1회
③ 2년을 기준으로 1회
④ 5년을 기준으로 1회

해설

품종보호료(식물신품종보호법 제46조 제2항)

97

보호품종의 종자를 증식, 생산, 조제, 양도, 대여, 수출 또는 수입하거나 양도 또는 대여의 청약을 하는 행위를 법적으로 무엇이라 하는가?

① 보호품종의 집행
② 보호품종의 실시
③ 보호품종의 실행
④ 보호품종의 사용

해설

정의(식물신품종보호법 제2조 제7호)

98

종자업의 등록에 관한 사항 중 대통령령으로 정하는 작물의 종자를 생산·판매하려는 자의 경우를 제외하고 종자업을 하려는 자는 종자관리사를 몇 명 이상 두어야 하는가?

① 1명
② 2명
③ 3명
④ 5명

해설

종자업의 등록(종자산업법 제37조 제2항)
종자업을 하려는 자는 종자관리사를 1명 이상 두어야 한다. 다만, 대통령령으로 정하는 작물의 종자를 생산·판매하려는 자의 경우에는 그러하지 아니하다.

99

종자관리요강상 겉보리, 쌀보리 및 맥주보리의 포장검사에 대한 내용이다. (가)에 가장 적절한 내용은?

> 전작물 조건 : 품종의 순도유지를 위하여 (가) 이상 윤작을 하여야 한다. 다만, 경종적 방법에 의하여 혼종의 우려가 없도록 담수처리, 객토, 비닐멀칭을 하였거나, 타 작물을 앞그루로 재배한 경우 및 이전 재배품종이 당해 포장검사를 받는 품종과 동일한 경우에는 그러하지 아니하다.

① 1년
② 2년
③ 3년
④ 5년

해설

겉보리, 쌀보리 및 맥주보리 – 포장검사의 전작물 조건(종자관리요강 [별표 6])

100

식물신품종보호법상 종자위원회는 위원장 1명과 심판위원회 상임심판위원 1명을 포함한 몇 명 이상 몇 명 이하의 위원으로 구성하여야 하는가?

① 5명 이상 10명 이하
② 10명 이상 15명 이하
③ 15명 이상 20명 이하
④ 20명 이상 25명 이하

해설

종자위원회(식물신품종보호법 제118조 제2항)

01

채종재배에서 수확의 최적기라고 볼 수 있는 것은?

① 최고의 건물중, 낮은 수분함량
② 최소의 건물중, 높은 수분함량
③ 최고의 건물중, 높은 수분함량
④ 최소의 건물중, 낮은 수분함량

해설

종자는 성숙하여 최고의 건물중을 보이거나 안전한 저장을 할 수 있을 정도의 낮은 수분함량에 도달했을 때 수확해야 한다.

02

종자의 표준 발아검사법에 대한 설명으로 틀린 것은?

① 순도검사가 끝난 종자를 이용한다.
② 무작위로 400립을 추출한다.
③ 일반적으로 100립씩 4반복으로 시험한다.
④ 결과는 소수점 이하 한자리까지의 %로 표시한다.

해설

발아검정(종자검사요령 제19조 제7항)

결과는 개수 비율로 나타낸다. 100립씩 4반복 시험은 [별표 8]의 최대 허용오차 이내이어야 하고, 평균 발아율을 종자검사부에 반올림한 정수로 기록한다.

03

감자 포장검사 시 검사기준으로 옳지 않은 것은?

① 걀쭉병 발생 포장은 2년간 감자를 재배하여서는 안된다.
② 연작피해 방지대책을 강구한 경우에는 연작할 수 있다.
③ 채종포는 비채종 포장으로부터 5m 이상 격리 되어야 한다.
④ 1차 검사는 유묘가 15cm 정도 자랐을 때 실시한다.

해설

① 걀쭉병 발생 포장은 5년간 감자 및 가지과 작물을 재배하여서는 안 된다.

04

채소작물의 포장검사 시 시금치의 포장 격리거리는?

① 700m   ② 1,000m
③ 100m   ④ 300m

해설

작물별 격리거리

- 무, 배추, 양파, 당근, 시금치, 파 등 : 1,000m
- 고추 : 500m
- 토마토 : 300m

05

죽은종자에 대한 설명으로 옳지 않은 것은?

① 휴면기간이 길다.
② 곰팡이의 피해로 부패되어 있다.
③ 손으로 누르면 으깨질 수 있다.
④ 유묘가 출현하지 않는다.

해설

발아검정 – 죽은종자(종자검사요령 [별표 5])
보통 물렁하고, 변색되어 있으며 흔히 곰팡이가 피어 있거나 전혀 발아의 징후가 보이지 않는 것을 말한다.

06

농약과 색소를 혼합하여 접착제(polymer)로 종자 표면에 코팅 처리를 하는 경우가 있는데, 이러한 코팅 처리를 무엇이라 하는가?

① 필름코팅
② 종자펠릿
③ 장환종자
④ 피막종자

해설

② 종자펠릿 : 크기와 모양이 불균일한 종자를 대상으로 종자의 모양과 크기를 불활성물질로 성형한 종자
③ 장환종자 : 아주 미세한 종자를 종자코팅 물질과 혼합하여 반죽을 만들고 이를 일정한 크기의 구멍으로 압축하여 원통형 일정크기로 잘라 건조처리한 종자
④ 피막종자 : 형태는 원형에 가깝게 유지하고 중량이 약간 변할 정도로 피막 속에 살충, 살균, 염료, 기타 첨가물을 포함시킨 종자

07

일반적인 중복수정에 대한 설명으로 틀린 것은?

① 속씨식물은 대개의 경우 중복수정을 한다.
② 소포자핵은 분열하여 화분관세포와 생식세포를 만든다.
③ 화분관이 신장하여 배낭 속으로 들어가면 화분관핵은 분해되고 1개의 웅핵이 중복수정을 한다.
④ 2개의 웅핵 중에서 한 개는 난핵과 결합하여 배($2n$)가 되고, 다른 한 개는 극핵과 결합하여 배유($3n$)가 된다.

해설

③ 2개의 웅핵(정핵)이 중복수정을 한다.

08

종자전염병균을 배양한 후에 검사하는 가장 간단하고 보편적인 방법은?

① 종자세척액검사
② 한천배지검사
③ 혈청반응검사
④ 유묘병징조사

해설

한천배지검정
검정하고자 하는 종자를 차아염소산나트륨(NaOCl) 1% 용액에 1분 동안 침지하여 표면을 소독한 후 한천배지에 치상하여 발생한 균의 수를 검정하는 방법이다.

09

식물이 생성하는 화아유도에 관련된 물질로서 광파장에 따라 그 성질이 변하는 것은?

① phytochrome
② polypeptide
③ chromosome
④ gibberellic acid

해설

파이토크롬(phytochrome)
식물의 상적발육에 관여하는 식물체의 색소로 적색광(660nm)이 반응하면 비활성형이 되어 장일식물의 화성이 촉진되고 적외선(730nm)이 반응하면 활성형이 되어 단일식물의 화성이 촉진된다.

10

종자의 휴면이 타파될 때 일어나는 종자 내의 생화학적 현상으로 옳지 않은 것은?

① 아미노산 함량 증가

② abscisic acid(ABA) 함량 증가

③ 당 함량 증가

④ 지질 함량 감소

해설

휴면타파 시 종자 내 생화학적 변화

휴면을 벗어난 종자는 배유와 자엽에 저장되어 있던 영양물질을 가수분해하여 아미노산, 당류 등을 만들어 배의 세포구성물질을 합성하고 세포분열을 개시한다.

11

다음 중 발아검사에 사용하는 종자로 가장 적합한 것은?

① 순도분석 후의 정립(순수종자)

② 소집단별로 채취한 1차 시료

③ 휴면 중인 종자를 포함한 혼합시료

④ 살균제 처리를 한 수확 직후의 종자

해설

우량한 유전형질이 확인된 발아력이 높고 다른 불순물이 없는 순정종자를 사용한다.

12

종자전염병 검정 방법 중 혈청학적 검정법에 속하지 않는 것은?

① 면역이중확산법

② PCR검사법

③ 효소결합항체법

④ 형광항체법

해설

종자전염병의 검정 방법

• 배양법 : 한천배지검정, 여과지배양검정

• 무배양검정 : 수세검정, 유묘병징조사, 독성검사, 생육검사, 생물학적 검정

• 박테리오파지에 의한 검정

• 혈청학적 검정 : 면역이중확산법, 형광항체법, 효소결합항체법

• 직접검사 : 식물주사검사, 지표식물접종법, 종자전염성선충검사

13

활력있는 종자가 발아하지 못하는 일반적인 원인으로 옳지 않은 것은?

① 양분　　　　② 산소

③ 수분　　　　④ 온도

해설

종자발아 조건의 3요소 : 온도, 수분, 산소

14

종자의 휴면타파에 효과가 인정되고 있는 화학물질을 나열한 것은?

① K_3PO_4, 지베렐린

② PEG(polyethylene glycol), K_3PO_4

③ HNO_3, PEG(polyethylene glycol)

④ 지베렐린, KNO_3

해설

종자의 휴면타파제

• KNO_3 0.2% 용액
• 티오우레아(thiourea) 0.2% 용액
• 지베렐린 100ppm 용액

15

다음 작물 중 단일처리에 의하여 성전환이 이루어지는 것은?

① 배추 ② 목화

③ 아마 ④ 대마

해설

대마(삼)는 자웅이주식물로 단일처리에 의하여 암수 성전환이 이루어진다.

16

꽃에서 발육하여 나중에 종자가 되는 부분은?

① 자방 ② 수술

③ 꽃받침 ④ 배주

해설

배주(胚珠, 밑씨)

배주가 수정하여 자란 것을 종자라 하고, 수정 후 자방(씨방)과 그 관련 기관이 비대한 것을 과실이라 한다.

17

종자 수분함량을 산출하는 방식으로 옳은 것은?(단, 식에서 M_1은 측정 시 사용한 용기의 중량, M_2는 건조 전의 용기와 내용물의 총중량, M_3는 건조 후의 용기와 내용물의 총중량을 나타낸다)

① $\{(M_2 - M_3)/(M_2 - M_1)\} \times 100\%$

② $\{(M_3 - M_2)/(M_2 - M_1)\} \times 100\%$

③ $\{(M_2 - M_3)/(M_3 - M_1)\} \times 100\%$

④ $\{(M_3 - M_2)/(M_3 - M_1)\} \times 100\%$

해설

수분함량의 측정(종자검사요령 제17조 제7항)

수분함량은 다음 식으로 소수점 아래 1단위로 계산하며 중량비율로 한다.

$$\frac{(M_2 - M_3)}{(M_2 - M_1)} \times 100$$

여기서, M_1 : 수분 측정관과 덮개의 무게(g)

M_2 : 건조 전 총무게(g)

M_3 : 건조 후 총무게(g)

18

종자생산에 있어서 웅성불임을 이용하는 이유는?

① 종사생산량이 증가한다.

② 품종의 내병성이 증가한다.

③ 종자의 순도유지가 쉽다.

④ 교잡이 간편하다.

해설

웅성불임이용의 장단점

장점	• 종자생산비를 대폭 낮출 수 있다. • 유전자적 웅성불임을 모계로 하여 채종할 경우와는 달리 세포질 유전자적 웅성불임은 모계 전체가 웅성불임을 나타내기 때문에 교배시키기 전 가임개체를 도태시키는 과정이 필요 없다.
단점	• 종자값이 상당히 비싸다. • 웅성불임유지계를 따로 증식시켜야 하는 번거로움이 따른다. • 부계로 사용하는 계통은 반드시 임성회복유전자를 가진 계통이어야 한다.

19

옥수수 종자의 수확 전 저온피해에 가장 크게 영향을 미치는 요인은?

① 포엽의 보호 정도
② 종자의 생리적 성숙기
③ 종자의 수분함량
④ 저온에 접한 기간

해설
옥수수 종자의 수확 전 저온피해에 대한 정도는 종자의 수분함량에 가장 큰 영향을 받으며 그 외에 품종, 온도, 저온에 접한 기간, 종자의 물리적 숙기, 포엽(苞葉)의 보호 정도 등에 따라 달라진다.

20

다음 중 경실종자의 휴면타파를 위하여 가장 많이 이용하는 방법은?

① 과산화수소 처리
② 종자소독
③ 종자의 건열처리
④ 종피에 기계적으로 상처내기

해설
경실종자(씨껍질이 단단한 종자)의 휴면은 종피의 불투수성과 불투기성이 원인이 되는 경우가 가장 많아 종피에 기계적 상처를 내는 종피파상법이 많이 이용된다.

21

triticale을 가장 잘 설명한 것은?

① 종간(種間) 잡종이다.
② 속간(屬間) 잡종이다.
③ 품종간 잡종이다.
④ 이종간 잡종이다.

해설
트리티케일은 농촌진흥청이 밀과 호밀을 교잡시켜 육성한 대표적인 속 간교잡종이다.

22

교배친이 각각 순계일 때 유전적 균일성이 가장 높은 세대는?

① F_{10} ② F_1
③ 교배친   ④ F_2

해설
F_1의 특성 : 다수성, 품질균일성, 강한 내병성, 강건성 등

23

인위적인 교잡에 의해서 양친이 가지고 있는 유전적인 장점만을 취하여 육종하는 것은?

① 조합육종   ② 도입육종
③ 초월육종   ④ 반수체육종

해설
조합육종 : 양친의 우수한 특성을 한 개체 속으로 조합시킨다는 의미이다.

24

포자체형 자가불화합성 식물에서 자가불화합성 관련유전자 조성이 S_1S_3인 식물을 자방친으로 하고 S_1S_2를 화분친으로 하여 교배했을 때 불화합이 되는 경우는?

① 유전자 S_1이 유전자 S_3에 대하여 우성이고, S_2가 S_1에 대하여 우성일 때

② 유전자 S_1이 유전자 S_3와 S_2에 대하여 각각 열성일 때

③ 유전자 S_1이 유전자 S_3와 S_2에 대하여 각각 우성일 때

④ 유전자 S_1이 유전자 S_3와 공우성(共優性)이고, S_1이 S_2에 대하여 열성일 때

해설

자가불화합성의 종류
- 배우체형 : 자방친과 화분친의 유전자형이 같은 조합에서는 완전히 불화합이고, 화분의 유전자 중 하나만 같은 조합에서는 형성된 화분의 반만 화합이고, 자방친과 화분친 모두 다른 유전자일 때는 완전한 화합이다.
- 포자체형 : 자방친과 화분친 중 하나만 같은 조합이라도 불화합이 되고, 자방친과 화분친 모두 다른 유전자일 때에만 완전한 화합이 된다.

25

상염색체상에 존재하는 유전자가 성호르몬의 영향으로 자성과 웅성에 따라 표현형을 달리하는 경우 이러한 유전현상은?

① 한성유전　　　　② 반성유전
③ 종성유전　　　　④ 연관유전

해설

종성유전(sex-conditioned inheritance)
형질발현이 성호르몬에 의해서 달라지는 유전 예 염소의 뿔

26

개화기를 앞당기기 위하여 단일처리를 할 때 효과가 가장 작은 식물은?

① 나팔꽃　　　　② 양귀비
③ 담배　　　　　④ 코스모스

해설

일장
- 단일식물 : 국화, 콩, 담배, 들깨, 도꼬마리, 코스모스, 목화, 벼, 나팔꽃
- 장일식물 : 맥류, 양귀비, 시금치, 양파, 상추, 아마, 티머시, 아주까리, 감자, 무

27

냉이의 씨 꼬투리는 세모꼴(AABB)과 방추형(aabb)이 있으며 이들을 교배하면 F_1은 세모꼴이다. 두 유전자가 중복유전자의 관계에 있을 때 F_2의 표현형의 분리비는?

① 세모꼴 : 방추형 = 3 : 1

② 세모꼴 : 방추형 = 1 : 1

③ 세모꼴 : 방추형 = 15 : 1

④ 세모꼴 : 방추형 = 9 : 7

해설

- 세모꼴 15(9 A_B_, 3 A_bb, 3 aaB_)
- 방추형 1(aabb)

28

배추에 피해를 주는 바이러스병에 대한 내병성 육종을 위한 분리세대의 재배포장 조건으로 가장 적합한 것은?

① 고랭지에서 자주 살충제를 살포해야 한다.

② 고랭지에서 살충제를 살포하지 않는다.

③ 병 발생 지역이나 계절에 재배하며, 자주 살충제를 살포한다.

④ 병 발생 지역이나 계절에 재배하며, 자주 살충제를 살포하지 않는다.

29

3염색체 식물의 염색체수를 표기하는 방법으로서 옳은 것은?

① 2n-1
② 3n+1
③ 2n+1
④ 3n

해설
- 2n-2 : 0염색체
- 2n-1 : 1염색체
- 2n+1 : 3염색체
- 2n+2 : 4염색체

30

다음 중 자식성 작물은?

① 토마토
② 배추
③ 무
④ 양배추

해설

자식성 작물 : 벼, 밀, 보리, 콩, 완두, 담배, 토마토, 가지, 참깨, 복숭아 나무 등

31

식물육종에서 추구하는 주요 목표라 할 수 없는 것은?

① 불량온도 등 환경스트레스에 대한 저항성 증진
② 비타민 등 영양분 개선에 의한 기계화 적응성 증진
③ 병해충 등 생물적 스트레스에 대한 저항성 증진
④ 영양성분 및 물리적 특성 개선에 대한 품질개량

해설

식물육종에서 추구하는 주요 목표
전통적으로 수량성·품질·재해저항성·환경적응성 등에 중점을 두어 왔으며, 재배와 관련된 특성, 상품화와 관련된 가공이나 유통 특성, 미래의 수요에 대비한 특성 등도 또 다른 목표가 된다.

32

변이의 특이성에 대한 설명으로 틀린 것은?

① 연속변이는 양적변이라고 한다.
② 교배변이는 유전하지 않는다.
③ 방황변이는 대체로 연속변이를 나타낸다.
④ 돌연변이는 유전한다.

해설

유전성의 유무에 따른 변이의 종류
- 유전변이(유전적 변이) : 돌연변이(동형접합, 아조변이), 교배변이, 불연속변이(질적, 대립), 일반변이
- 환경변이(비유전적 변이) : 방황변이(개체변이), 장소변이, 유도변이, 연속변이(양적)

33

체세포의 염색체수가 2n인 농작물의 부위별 염색체수를 옳게 나타낸 것은?(단, 순서는 왼쪽을 기준으로 배(胚), 배유(胚乳), 1핵기의 화분, 뿌리의 생장점 세포)

① 2n, 3n, 2n, n
② n, 2n, 2n, 3n
③ 2n, 3n, n, 2n
④ n, 2n, 3n, 2n

해설

체세포의 염색체수가 2n인 농작물
배 2n, 배유 3n, 1핵기의 화분 n, 뿌리의 생장점 2n

34

다음 중 계통분리법과 가장 관계가 없는 것은?

① 자식성 작물의 집단선발에 가장 많이 사용되는 방법이다.
② 주로 타가수분작물에 쓰여지는 방법이다.
③ 개체 또는 계통의 집단을 대상으로 선발을 거듭하는 방법이다.
④ 1수1렬법과 같이 옥수수의 계통분리에 사용된다.

해설

자가수정작물의 경우 분리되고 있는 기본집단에서 개체선발로 순계를 골라내는 데 반해, 타가수정작물의 경우 자식약세로 인해 순계가 되는 것이 불리하기 때문에 계통분리법을 사용한다.

36

우리나라에서 주요 식량작물의 종자증식체계의 단계로 옳은 것은?

① 원원종포 → 기본식물포 → 원종포 → 채종포
② 원원종포 → 원종포 → 기본식물포 → 채종포
③ 원원종포 → 원종포 → 채종포 → 기본식물포
④ 기본식물포 → 원원종포 → 원종포 → 채종포

해설

채종체계

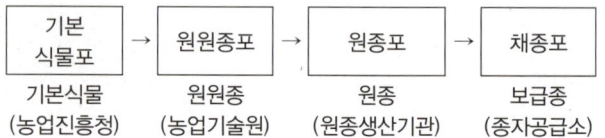

기본 식물포	→	원원종포	→	원종포	→	채종포
기본식물 (농업진흥청)		원원종 (농업기술원)		원종 (원종생산기관)		보급종 (종자공급소)

35

A, B, C를 각각 하나의 게놈이라고 할 때 BBCC와 같은 것을 무엇이라고 하는가?

① 동질배수체
② 복2배체
③ 양성잡종
④ 상동염색체

해설

복2배체 : 서로 다른 게놈을 2세트 가진 이질배수체(2배체와 같은 임성)

37

다음 중 반수체를 이용한 육종법의 가장 큰 장점은?

① 배수체를 만들기가 가장 쉽다.
② 새로운 유전자의 창성이 가능하다.
③ 단기간에 호모(homo) 개체를 얻을 수 있다.
④ 종자생산이 유리하다.

해설

반수체의 이용으로 당대에 유전적으로 고정된 동형(homo)인 개체(순계)를 획득하여 육종연한을 단축할 수 있다.

38

식물육종의 성과로서 부정적인 것은?

① 재배한계의 확대
② 작황의 안정적 증대
③ 품질의 개선
④ 재래종의 증가

해설

육종의 부정적 성과
• 재래종의 감소 및 소멸
• 품종의 획일화로 인한 유전적 취약성 초래
• 종자공급의 독과점 및 가격 불안정

39

***Agrobacterium*을 이용한 형질전환법에서 유전자 운반체의 역할을 하는 것은?**

① F-plasmid
② cosmid
③ Ti-plasmid
④ bacteriophage

해설

형질전환이란 특정 세포에서 분리해 낸 유전자를 삽입하여 형질을 바꾸는 방법으로 Ti-plasmid나 매개체를 이용해 숙주 원형질체에 삽입한다.

40

식물에 있어서 타가수정률을 높이는 기작이 아닌 것은?

① 웅예선숙
② 자웅이주
③ 자기불화합성
④ 폐화수정

해설

폐화수정은 꽃이 피지 않고도 내부에서 수분과 수정이 완료되는 것으로 자가수분(암술과 수술의 접근 가능성이 높음)의 가능성을 매우 높일 수 있는 기작이다.

41

순3포식 농법에 대한 설명으로 옳은 것은?

① 미국의 옥수수지대에서 실시하는 윤작방식으로 옥수수, 콩, 귀리, 클로버를 조합하여 경작하는 방법이다.
② 식량과 가축의 사료를 생산하면서 지력을 유지하고 중경효과까지 얻기 위하여 적합한 작물을 조합하는 방법이다.
③ 포장을 3등분하여 2/3는 곡물을 재배하고 나머지 지역에는 콩과 녹비작물을 재배하는 방법이다.
④ 포장을 3등분하여 경지의 2/3는 춘파곡물이나 추파곡물을 재식하고 나머지 1/3은 휴한하는 방법이다.

해설

순3포식 농법
경작지 전체를 3등분하여 2/3에는 추파 또는 춘파곡류를 심고 1/3은 휴한(休閑)하는 농법으로 전포장이 3년에 한 번 휴한하게 된다.

42

눈이 트려고 할 때 필요하지 않은 눈을 손끝으로 따주는 것은?

① 적아
② 제얼
③ 적심
④ 절상

해설

② 제얼 : 가지나 어린 박을 제거하는 일, 줄기 수가 적어지면 불필요한 양분의 소모를 방지하여 수량을 증대시킬 수 있다.
③ 적심 : 순지르기
④ 절상 : 눈이나 가지의 바로 위에 가로로 깊은 칼금을 넣어 그 눈이나 가지의 발육을 조장하는 것

43

( )에 알맞은 내용은?

> • 작물이 햇빛을 받으면 온도가 (가)하여 증산이 촉진된다.
> • 광합성으로 동화물질이 축적되면 공변세포의 삼투압이 (나)져서 수분흡수가 활발해짐과 아울러 기공이 열려 증산이 촉진된다.

① 가 : 하강, 나 : 높아
② 가 : 상승, 나 : 높아
③ 가 : 하강, 나 : 낮아
④ 가 : 상승, 나 : 낮아

해설

햇빛을 받는 양이 증가하면 식물체의 온도가 상승하고, 광합성으로 공변세포 내의 삼투압이 높아진다.

44

천연 생장조절제로만 짝지어진 것은?

① BA, CCC
② 제아틴, IPA
③ NAA, 키네틴
④ IBA, PAA

해설

천연 생장조절제
• 옥신류 : IAA, IAN, PAA
• 지베렐린류 : GA_2, GA_3, GA_{4+7}, GA_{55}
• 시토키닌류 : IPA, 제아틴(zeatin)
• 에틸렌 : C_2H_4
• 생장억제제 : ABA, 페놀

45

혼파의 장점이 아닌 것은?

① 영양상의 이점
② 파종작업의 편리
③ 공간의 효율적 이용
④ 비료성분의 효율적 이용

해설

혼파의 장점
• 가축영양상 유리
• 공간의 효율적 이용
• 비료성분의 효율적 이용
• 질소질 비료의 절약
• 잡초의 경감
• 재해 위험성 감소
• 산초량의 평준화
• 건초 제조 용이

46

내습성이 가장 약한 작물로만 나열된 것은?

① 벼, 택사, 미나리
② 밭벼, 옥수수, 율무
③ 감자, 고추, 메밀
④ 당근, 양파, 파

해설

작물의 내습성
골풀, 미나리, 벼 > 밭벼, 옥수수, 율무 > 토란 > 유채, 고구마 > 보리, 밀 > 감자, 고추 > 토마토, 메밀 > 파, 양파, 당근, 자운영

47

줄기 선단에 있는 분열조직에서 합성되어 아래로 이동하여 측아의 발달을 억제하는 정아우세 현상과 관련된 식물 생장조절물질은?

① 지베렐린 　　　 ② 옥신
③ 에틸렌 　　　　 ④ 시토키닌

해설

옥신(auxin, 생장호르몬)
• 가장 먼저 발견된 식물호르몬이다.
• 세포벽의 가소성을 증대시켜 세포의 신장을 촉진한다.
• 줄기의 선단이나 어린잎에서 생합성된다.
• 접목 시 활착 촉진, 발근 촉진, 가지의 굴곡 유도, 과실의 비대와 성숙의 촉진, 적화 및 적과, 개화 촉진, 단위결과 유도, 증수효과, 제초제(2,4-D), 낙과 방지 등

48

작물이 주로 이용하는 토양수분의 형태는?

① 흡습수 　　　 ② 모관수
③ 중력수 　　　 ④ 지하수

해설

② 모관수(pF 2.7~4.5) : 작물이 주로 이용하는 수분으로 표면장력에 의하여 토양공극 내에 유지된다.
① 흡습수(pF 4.5~7.0) : 분자 간 인력에 의해서 토양입자 표면에 피막상으로 응축한 수분으로 작물이 이용하지 못한다.
③ 중력수(pF 0~2.7) : 중력에 의해서 비모관공극에 스며 흘러내리는 수분으로 작물이 이용하지 못한다.
④ 지하수 : 지하에 정체하여 모관수의 근원이 되는 물이다.

49

종자의 퇴화를 방지하기 위하여 품종 간 격리재배를 하는 이유는?

① 자연교잡을 방지하기 위하여
② 병 발생을 억제하기 위하여
③ 유전적 교섭을 증진시키기 위하여
④ 환경변이를 줄이기 위하여

해설

옥수수, 배추과, 박과, 산형화과 채소 및 1~2년생 화초 대부분의 타가 수정을 하는 작물에 있어서는 채종재배 시 철저한 격리가 필요하다.

50

벼 품종의 특성을 가장 바르게 설명한 것은?

① 묘대일수감응도가 높은 것이 만식적응성이 크다.
② 조기재배의 경우에는 만생종이 알맞다.
③ 개량품종은 수확지수가 작다.
④ 우리나라 만생종은 감광성이 크다.

해설

④ 벼의 만생종은 감광성이 뚜렷하다.

51

화곡류에서 규질화를 이루어 병에 대한 저항성을 높이고, 잎을 꼿꼿하게 세워 수광태세를 좋게 하는 것은?

① 니켈 　　　 ② 철
③ 칼륨 　　　 ④ 규산

해설

규산은 화곡류 잎의 표피조직에 침전되어 병에 대한 저항성을 증진시키고 잎을 곧게 지지하는 역할을 한다.

52

종자의 수명이 5년 이상인 장명종자로만 나열된 것은?

① 메밀, 고추

② 가지, 수박

③ 상추, 목화

④ 해바라기, 옥수수

종자의 수명
- 단명종자 : 땅콩, 콩, 메밀, 기장, 해바라기, 양파, 파, 고추, 당근, 상추, 베고니아, 팬지 등
- 상명종자 : 벼, 밀, 보리, 귀리, 수수, 옥수수, 목화, 무, 배추, 양배추, 시금치, 카네이션, 페튜니아 등
- 장명종자 : 알팔파, 클로버, 사탕무, 베치, 수박, 오이, 무, 가지, 토마토, 나팔꽃, 데이지 등

53

작물체 내에서 전류이동이 잘 이루어져 결핍될 경우 결핍 증상이 오래된 잎에 먼저 나타나는 다량원소는?

① 아연   ② 철

③ 붕소   ④ 질소

작물체 내 이동성이 높은 질소(N), 인(P), 칼륨(K), 마그네슘(Mg)은 오래된 잎부터 결핍증상이 나타나고, 이동성이 낮은 황(S), 칼슘(Ca), 망간(Mn), 아연(Zn), 구리(Cu), 붕소(B)는 어린잎부터 나타난다.

54

다음 중 종자 파종 시 복토를 가장 얕게 해야 하는 작물은?

① 파   ② 나리

③ 잠두   ④ 호밀

② 나리 : 10cm 이상
③ 잠두 : 3.5~4.0cm
④ 호밀 : 2.5~3.0cm
종자가 보이지 않을 정도만 : 소립목초종자, 파, 양파, 상추, 당근, 담배, 유채

55

답전윤환의 효과로 가장 거리가 먼 것은?

① 지력증강

② 공간의 효율적 이용

③ 잡초의 감소

④ 기지의 회피

답전윤환의 효과
지력의 유지증진, 잡초발생 억제, 기지의 회피, 수량증가, 노력의 절감

56

벼의 침관수 피해가 가장 크게 나타나는 조건은?

① 저수온, 정체수, 탁수

② 고수온, 유수, 청수

③ 고수온, 정체수, 탁수

④ 저수온, 유수, 청수

벼가 수온이 높은 정체탁수에 침관수되면 푸른색으로 변하면서 급속히 죽는 청고현상이 나타난다.

57

수확 전 낙과 방지법으로 가장 적절하지 않은 것은?

① 방풍시설 설치

② 칼슘이온 처리

③ ABA 처리

④ 과습 방지

해설

③ ABA(아브시스산)는 식물의 이층 형성을 촉진하여 낙엽을 형성하고 낙과를 유발한다.

58

저장 중 종자가 발아력을 상실하는 원인으로 거리가 먼 것은?

① 원형질단백의 응고

② 효소의 활력 저하

③ 저장양분의 소모

④ 수분함량의 감소

해설

저장 중에 종자가 발아력을 상실하는 주된 요인은 원형질단백의 응고, 효소의 활력 저하, 저장양분의 소모 등이다.

59

작물의 광합성에 가장 효과적인 광은?

① 황색광　　　　　② 주황색광

③ 적색광　　　　　④ 녹색광

해설

광합성에 이용되는 광 : 적색광(675nm), 청색광(450nm)

60

다음 중 작물별 N : P : K의 흡수 비율에서 N의 흡수 비율이 가장 많은 것은?

① 감자　　　　　　② 벼

③ 고구마　　　　　④ 옥수수

해설

작물별 N, P, K의 흡수 비율(N : P : K)

- 벼 : 5 : 2 : 4
- 맥류 : 5 : 2 : 3
- 옥수수 : 4 : 2 : 3
- 콩 : 5 : 1 : 1.5
- 고구마 : 4 : 1.5 : 5
- 감자 : 3 : 1 : 4

61

뿌리 및 줄기의 물관부가 침해되어 물이 올라가지 못하므로 잎이나 줄기가 마르는 *Fusarium*에 의한 병은?

① 점무늬병
② 오갈병
③ 빗자루병
④ 시들음병

해설

시들음병

침입한 세균이 물관에서 증식하여 수분의 상승을 저해한다. 1차 병징으로 뿌리의 갈변 증상이 나타나고 2차 병징으로 잎이나 줄기가 마르는 시들음 증상이 나타난다.

62

작물보호의 뜻을 가장 잘 정의한 것은?

① 이상환경에 대하여 작물을 보호한다.
② 기상환경에 잘 적응하도록 작물을 육성하는 것이다.
③ 작물의 수량을 증대하기 위하여 집약적으로 작물을 재배한다.
④ 여러 재해로부터 작물을 보호하는 수단이다.

해설

작물보호 : 작물 재배 중 발생하는 병원균, 해충, 잡초, 기상 조건 등으로부터 작물을 합리적으로 보호하는 수단을 말한다.

63

무성포자에 해당하는 것은?

① 자낭포자
② 분생포자
③ 접합포자
④ 담자포자

해설

포자

• 유성포자 : 난포자, 접합포자, 자낭포자, 담자포자
• 무성포자 : 포자낭포자, 분생포자, 분절포자, 출아포자, 후막포자

64

다음 중 완전변태를 하는 목(目)은?

① 총채벌레목
② 메뚜기목
③ 나비목
④ 노린재목

해설

완전변태를 하는 목(目)

벌목, 딱정벌레목, 부채벌레목, 뱀잠자리목, 풀잠자리목, 약대벌레목, 밑들이목, 벼룩목, 파리목, 날도래목, 나비목, 벼룩목

65

최근 직파재배 때문에 방제가 쉽지 않은 1년생 잡초이다. 잎의 앞뒤에 털이 없으며, 엽설도 없다. 줄기는 직립하고 총생하며, 이삭길이는 5mm 정도이고 출수기가 8월 말부터 9월 상순이 최성기인 잡초는?

① 물달개비
② 방동사니
③ 피
④ 여뀌

해설

피

• 논·밭 등에서 발생하는 1년생 잡초로 종자에 의해 번식한다.
• 벼의 잎과 비슷하지만 엽설, 엽이가 없다.
• 벼 수량에 영향을 미치는 잡초로 강피, 물피, 돌피 등 변종이 있다.

66

다음 중 화본과 잡초는?

① 올방개　　　　　② 너도방동사니
③ 나도겨풀　　　　④ 밭뚝외풀

①・② 올방개, 너도방동사니 : 다년생 방동사니과
④ 밭뚝외풀 : 1년생 광엽초

67

생육기간이 100일인 작물과 잡초의 최대경합기는?

① 파종 직후부터 5일 이내
② 파종 후 20~30일 사이
③ 파종 후 50~60일 사이
④ 파종 후 70일 이후

생육기간의 첫 1/3~1/2 기간 또는 첫 1/4~1/3이 되는 기간에 최대의 경합기간을 맞게 된다.

68

담배나방을 방제하기가 힘든 이유는?

① 약제에 대한 저항성이 강하기 때문
② 발생시기가 불규칙하고 알에서 부화된 유충이 바로 고추 속으로 들어가기 때문
③ 부화된 유충이 피목의 목질부를 가해하여 그 속으로 들어가 먹어들어가기 때문
④ 유충이 낮에는 주로 땅속에 숨어있고 밤에만 활동하기 때문

담배나방
주로 고추 열매를 가해하는 해충으로 월동처는 땅속이고 월동태는 번데기이다. 발생시기가 불규칙하여 방제적기 예측이 어렵고 알에서 부화된 유충이 바로 고추 속으로 들어가 약제 방제효율이 저조하기 때문에 방제가 어렵다.

69

주로 씹는 입틀을 가진 해충을 방제할 때 사용하는 약제는?

① 소독제　　　　　② 소화중독제
③ 접촉제　　　　　④ 유인제

소화중독제
해충이 약제를 먹으면 중독을 일으켜 죽이는 약제로, 저작구형(씹어먹는 입)을 가진 나비류 유충, 딱정벌레류, 메뚜기류에 적당하다.

70

농약 제제화의 장점이 아닌 것은?

① 주성분의 경시적 변화 방지
② 식물체로의 침투 촉진
③ 대상 병해충의 저항성 감소
④ 살포 시 안정분산

농약 제제의 장점
• 편리한 사용성
• 유효성분의 효력을 증강
• 주성분의 경시적 변화 방지
• 식물체로의 침투 촉진
• 토양 중 이동조절
• 살포 중의 비산방지 및 안정분산
• 속효성의 부여
• 입제의 붕괴속도와 잔효성 유지
• 물리적 선택성의 부여

71

끈끈이 점착판이나 띠를 이용하여 해충을 잡거나 이동을 막아 방제하는 방제법은?

① 물리적 방제
② 화학적 방제
③ 경종적 방제
④ 생태적 방제

해설

물리적(기계적) 방제 : 기계나 기구 또는 인력으로 해충을 방제하는 방법

72

다음 설명에 해당하는 것은?

> 병원체가 식물과 만나 기생자가 되어 침입력과 발병력에 의하여 식물을 침해하는 힘을 발휘하는 성질

① 감수체
② 감염
③ 회복
④ 병원성

해설

병원성 : 병원체가 기주식물에 병을 일으킬 수 있는 능력으로 이는 기주식물의 몇 가지 필수적인 기능을 방해함으로써 병을 일으키는 기생체의 능력

73

잡초의 생물적 방제에 대한 설명으로 옳은 것은?

① 영속성 효과가 없다.
② 방제에 효과적인 천적을 이용하는 것이다.
③ 잡초의 완전 근절을 목표로 한다.
④ 화학적 방제에 비해 효과가 빠르다.

해설

생물적 방제 : 기생성, 식해성 및 병원성을 지닌 생물을 이용하여 잡초의 밀도를 감소시키는 방법

74

여러 가지 측면에서 가장 바람직한 해충 방제수단이라고 할 수 있는 것은?

① 해충종합관리
② 재배적 방제
③ 화학적 방제
④ 생물적 방제

해설

해충종합관리(IPM)

농약의 무분별한 사용을 줄여 해충 방제의 부작용을 최소한으로 하고 경종적·물리적·화학적·생물적 방제를 조화롭게 활용하여 해충밀도를 경제적 피해허용수준 이하로 유지하는 것을 목표로 한다.

75

우리나라 논에서 다년생 잡초의 증가 요인으로 가장 거리가 먼 것은?

① 동일 제초제 연용
② 동일 벼 품종 재배
③ 재배시기 변동
④ 시비량 증가

해설

잡초 군락의 천이에 관여하는 요인

• 재배작물 및 작부체계의 변화 : 조숙품종의 도입, 재배 시기의 변동, 조기이식 및 답리작의 감소 등
• 경종 조건의 변화 : 경운, 정지법의 변화에 따른 추경 및 춘경의 감소 등
• 제초 방법의 변화 : 손 제초 및 기계적 잡초 방제의 감소, 선택성 제초제의 사용 증가, 제초 방법 개선 등

76

농약의 특수성 중 유제의 특징이 아닌 것은?

① 현수성
② 습전성
③ 침투성
④ 부착성

① 현수성 : 수화제 농약을 물에 희석하였을 때 고체상의 입자가 용액 중에 균일하게 분산되는 성질
② 습전성 : 살포한 약액이 식물이나 해충의 표면을 잘 적시고 퍼지는 성질
③ 침투성 : 살포한 약액이 식물체나 해충체 내에 스며드는 성질
④ 부착성 : 부착한 약제가 이슬이나 빗물에 씻겨 내려가지 않고 식물이나 해충의 표면에 붙어 있는 성질

77

6%의 유효성분을 가진 제초제를 10a당 유효성분량으로 300mg 살포하고자 할 때 1ha당 필요한 제품량은?

① 1,000g
② 500g
③ 50g
④ 5g

• 1ha당 필요한 유효성분량 $= 300mg \times 10 (\because 1ha = 100a)$
$= 3,000mg = 3g (\because 1g = 1,000mg)$
• 1ha당 필요한 제품량 $= \dfrac{1ha당 \ 필요한 \ 유효성분량}{유효성분율}$

$= \dfrac{3g}{0.06} = 50g$

78

식물바이러스병과 이를 매개하는 곤충이 잘못 연결된 것은?

① 벼 오갈병 – 끝동매미충
② 감자 잎말림병 – 복숭아혹진딧물
③ 오이 모자이크병 – 번개매미충
④ 벼 줄무늬잎마름병 – 애멸구

③ 오이 모자이크병 : 진딧물

79

잡초경합 한계기는?

① 초관형성기까지
② 작물 전생육기간의 첫 1/3~1/2 기간
③ 생식생장기부터 수확기까지
④ 수확기 전후

잡초와 작물의 경합에서 잡초경합 한계기간은 작물 전생육기간의 첫 1/3~1/2이다.

80

곤충의 특징으로 옳지 않은 것은?

① 노린재목은 불완전변태류이다.
② 잠자리목은 고시류이다.
③ 벌목은 불완전변태류이다.
④ 파리목은 완전변태류이다.

③ 벌목은 완전변태류이다.
변태의 종류
• 완전변태 : 나비목, 딱정벌레목, 파리목, 벌목 등
• 불완전변태
  – 반변태 : 고시류(잠자리목, 하루살이목)
  – 점변태 : 메뚜기목, 총채벌레목
  – 증절변태 : 낫발이목
  – 무변태 : 톡토기목, 좀목
• 과변태 : 딱정벌레목의 가뢰과

81

종자관리요강상 규격묘의 규격기준에서 과수묘목 중 배 묘목의 길이(cm)로 가장 옳은 것은?

① 70cm 이상
② 50cm 이상
③ 100cm 이상
④ 120cm 이상

해설

규격묘의 규격기준 – 배(종자관리요강 [별표 14])

묘목의 길이(cm)	묘목의 직경(mm)
120 이상	12 이상

82

식물신품종보호법상 거절결정 또는 취소결정의 심판에 대한 내용이다. (   )에 알맞은 내용은?

> 심사관은 무권리자가 출원한 경우에는 그 품종보호출원에 대하여 거절결정을 하여야 한다. 이에 따른 거절결정을 받은 자가 이에 불복하는 경우에는 그 등본을 송달받은 날부터 (   ) 이내에 심판을 청구할 수 있다.

① 30일
② 90일
③ 50일
④ 10일

해설

거절결정 또는 취소결정에 대한 심판(식물신품종보호법 제91조)

83

종자관련법상 농림축산식품부장관은 종자산업의 육성 및 지원을 위하여 농림종자산업의 육성 및 지원에 관한 종합계획을 몇 년마다 수립·시행하여야 하는가?

① 7년
② 1년
③ 5년
④ 10년

해설

종합계획 등(종자산업법 제3조 제1항)

84

유통종자 또는 묘의 품질표시를 하지 아니하거나 거짓으로 표시하여 종자 또는 묘를 판매하거나 보급한 자의 과태료는?

① 700만원 이하의 과태료
② 1천만원 이하의 과태료
③ 2천만원 이하의 과태료
④ 200만원 이하의 과태료

해설

과태료(종자산업법 제56조 제1항 제3호)
다음의 자에게는 1천만원 이하의 과태료를 부과한다.
3. 유통종자 또는 묘의 품질표시를 하지 아니하거나 거짓으로 표시하여 종자 또는 묘를 판매하거나 보급한 자

85

종자관리요강상 과수 포장검사에 대한 내용이다. (   )에 알맞은 내용은?

항목 생산 단계	최고한도(%)			
	이품종주	이종주	병주	
			특정병	기타 병
원원종포	무	무	무	( )

① 8.0
② 15.0
③ 7.0
④ 2.0

해설

과수 – 포장검사의 검사규격(종자관리요강 [별표 6])

항목 생산 단계	최고한도(%)			
	이품종주	이종주	병주	
			특정병	기타 병
원원종포	무	무	무	2.0
원종포	무	무	무	2.0
모수포	무	무	무	6.0
증식포	1.0	무	무	10.0

81 ④ 82 ① 83 ③ 84 ② 85 ④ **정답**

86

종자관리요강상 사후관리시험의 기준 및 방법에서 검사 항목에 해당하지 않은 것은?

① 종자전염병
② 품종의 진위성
③ 품종의 순도
④ 품종의 기원

해설

사후관리시험의 기준 및 방법(종자관리요강 [별표 8])
• 검사항목 : 품종의 순도, 품종의 진위성, 종자전염병
• 검사시기 : 성숙기
• 검사횟수 : 1회 이상

87

종자검사요령상 과수 바이러스 · 바이로이드 검정 방법에서 시료 채취 방법은?

① 과수 포장에 종자관리사가 임의로 1주를 선정하여 병이 발생한 잎을 3개 채취
② 1주 단위로 잎 등 필요한 검정부위를 나무 전체에서 고르게 1개를 깨끗한 시료용기에 채취
③ 1주 단위로 잎 등 필요한 검정부위를 나무 전체에서 고르게 3개를 깨끗한 시료용기에 채취
④ 1주 단위로 잎 등 필요한 검정부위를 나무 전체에서 고르게 5개를 깨끗한 시료용기에 채취

해설

과수 바이러스 · 바이로이드 검정 방법 – 시료 채취 방법(종자검사요령 [별표 11])
시료 채취는 1주 단위로 잎 등 필요한 검정부위를 나무 전체에서 고르게 5개를 깨끗한 시료용기(지퍼백 등 위생봉지)에 채취한다.

88

식물신품종보호법상 보칙에서 '종자위원회는 필요한 경우 당사자나 그 대리인 또는 이해관계인에게 출석을 요구하거나 관계 서류의 제출을 요구할수 있다'에 따라 당사자나 그 대리인 또는 이해관계인의 출석을 요구하거나 필요한 관계 서류를 요구하는 경우에는 회의 개최일 며칠 전까지 서면으로 하여야 하는가?

① 1일   ② 7일
③ 10일   ④ 4일

해설

출석의 요구(식물신품종보호법 제122조 제2항)

89

종자검사요령상 수분의 측정의 분석용 저울에 대한 내용이다. (　　)에 알맞은 내용은?

> 분석용 저울은 (　　) 단위까지 신속히 측정할 수 있어야 한다.

① 1g   ② 0.1g
③ 0.01g   ④ 0.001g

해설

수분의 측정 – 장비(종자검사요령 [별표 3])

90

수분의 측정에서 저온 항온건조기법을 사용하게 되는 종은?

① 수박   ② 피마자
③ 토마토   ④ 호밀

해설

수분의 측정 – 저온 항온건조기법을 사용하게 되는 종(종자검사요령 [별표 3])
마늘, 파, 부추, 콩, 땅콩, 배추씨, 유채, 고추, 목화, 피마자, 참깨, 아마, 겨자, 무

91

재배심사의 판정기준에서 안정성은 1년차 시험의 균일성 판정결과와 몇 년차 이상의 시험의 균일성 판정결과가 다르지 않으면 안정성이 있다고 판정하는가?

① 4년차 ② 3년차
③ 5년차 ④ 2년차

재배심사의 판정기준(종자관리요강 [별표 4])

92

종자관리요강상 수입적응성시험의 심사기준에 대한 내용이다. (   )에 알맞은 내용은?(단, 시설 내 재배시험인 경우는 제외한다)

재배시험지역은 최소한 (   )지역 이상으로 하되, 품종의 주 재배지역은 반드시 포함되어야 하며 작물의 생태형 또는 용도에 따라 지역 및 지대를 결정한다. 다만, 실시기관의 장이 필요하다고 인정하는 경우에는 작물 및 품종의 특성에 따라 지역수를 가감할 수 있다.

① 4개 ② 2개
③ 7개 ④ 5개

수입적응성시험의 심사기준 – 재배시험지역(종자관리요강 [별표 12])

93

종자산업법상 농림축산식품부장관은 진흥센터가 진흥센터 지정기준에 적합하지 아니하게 된 경우에는 그 지정을 취소하거나 몇 개월 이내의 기간을 정하여 업무의 정지를 명할 수 있는가?

① 7개월 ② 3개월
③ 12개월 ④ 6개월

종자산업진흥센터의 지정 등(종자산업법 제12조 제4항)
농림축산식품부장관은 진흥센터가 다음 각 호의 어느 하나에 해당하는 경우에는 대통령령으로 정하는 바에 따라 그 지정을 취소하거나 3개월 이내의 기간을 정하여 업무의 정지를 명할 수 있다. 다만, 제1호에 해당하는 경우에는 그 지정을 취소하여야 한다.
1. 거짓이나 그 밖의 부정한 방법으로 지정받은 경우
2. 진흥센터지정기준에 적합하지 아니하게 된 경우
3. 정당한 사유 없이 제2항에 따른 업무를 거부하거나 지연한 경우
4. 정당한 사유 없이 1년 이상 계속하여 제2항에 따른 업무를 하지 아니한 경우

94

(   )에 알맞은 내용은?

품종명칭등록 이의신청을 한 자는 품종명칭등록 이의신청 기간이 경과한 후 (   ) 이내에 품종명칭등록 이의신청서에 적은 이유 또는 증거를 보정할 수 있다.

① 30일 ② 50일
③ 15일 ④ 40일

품종명칭등록 이의신청 이유 등의 보정(식물신품종보호법 제111조)

95

종자검사요령상 포장검사 병주 판정기준에서 벼 깨씨무늬병의 병주 판정기준은?

① 위로부터 7엽의 중앙부 3cm 길이 내에 5개 이상 병반이 있는 주

② 위로부터 10엽의 중앙부 3cm 길이 내에 3개 이상 병반이 있는 주

③ 위로부터 3엽의 중앙부 5cm 길이 내에 50개 이상 병반이 있는 주

④ 위로부터 5엽의 중앙부 5cm 길이 내에 30개 이상 병반이 있는 주

해설

포장검사 병주 판정기준 - 벼의 기타 병(종자검사요령 [별표 1])

병명	병주 판정기준
이삭도열병	이삭의 1/3 이상이 불임 고사된 주
잎도열병	위로부터 3엽에 각 15개 이상 병반이 있거나, 엽면적 30% 이상 이병된 주
기타 도열병	이삭이 불임 고사된 주
깨씨무늬병	위로부터 3엽의 중앙부 5cm 길이 내에 50개 이상 병반이 있는 주
이삭누룩병	이병된 영화수 비율이 50% 이상인 주
잎집무늬마름병	이삭이 불임 고사된 주
흰잎마름병	지엽에서 제3엽까지 잎가장자리가 희게 변색된 주
오갈병, 줄무늬잎마름병	증상이 나타난 주
세균성벼알마름병	이삭립수의 5.0% 이상 이병된 주

96

식물신품종보호법상 거짓표시의 죄에 대한 내용이다. ( )에 알맞은 내용은?

'품종보호를 받지 아니하거나 품종보호출원 중이 아닌 품종의 종자를 용기나 포장에 품종보호를 받았다는 표시 또는 품종보호출원 중이라는 표시를 하거나 이와 혼동되기 쉬운 표시를 하는 행위를 하여서는 안된다'를 위한반 자는 ( ) 처한다.

① 3년 이하의 징역 또는 3천만원 이하의 벌금

② 1년 이하의 징역 또는 6백만원 이하의 벌금

③ 6개월 이하의 징역 또는 1백만원 이하의 벌금

④ 2년 이하의 징역 또는 1천만원 이하의 벌금

해설

거짓표시의 죄(식물신품종보호법 제133조)

제89조를 위반한 자는 3년 이하의 징역 또는 3천만원 이하의 벌금에 처한다.

거짓표시의 금지(식물신품종보호법 제89조)

누구든지 다음의 어느 하나에 해당하는 행위를 하여서는 아니 된다.

1. 품종보호를 받지 아니하거나 품종보호출원 중이 아닌 품종의 종자의 용기나 포장에 품종보호를 받았다는 표시 또는 품종보호출원 중이라는 표시를 하거나 이와 혼동되기 쉬운 표시를 하는 행위

2. 품종보호를 받지 아니하거나 품종보호출원 중이 아닌 품종을 보호품종 또는 품종보호출원 중인 품종인 것처럼 영업용 광고, 표지판, 거래서류 등에 표시하는 행위

97

종자산업법상 품종등록 등재의 유효기간은 등재 날이 속한 해의 다음 해부터 몇 년까지로 하는가?

① 5년　　　　　　② 10년
③ 15년　　　　　　④ 3년

해설

품종목록 등재의 유효기간(종자산업법 제19조제1항)

99

식물신품종보호법상 품종보호권의 설정등록을 받으려는 자나 품종보호권자는 품종보호료 납부기간이 지난 후에도 몇 개월 이내에 품종보호료를 납부할 수 있는가?

① 5개월　　　　　　② 6개월
③ 4개월　　　　　　④ 2개월

해설

납부기간이 지난 후의 품종보호료 납부(식물신품종보호법 제47조제1항)

100

육성자의 권리보호에서 절차의 무효에 대한 내용이다. (　　)에 알맞은 내용은?

> 농림축산식품부장관, 해양수산부장관 또는 심판위원회위원장은 '보정명령을 받은 자가 지정된 기간까지 보정을 하지 아니한 경우에는 그 품종보호에 관한 절차를 무효로 할 수 있다'에 따라 그 절차가 무효로 된 경우로서 지정된 기간을 지키지 못한 것이 보정명령을 받은 자가 천재지변이나 그 밖의 불가피한 사유에 의한 것으로 인정될 때에는 그 사유가 소멸한 날부터 (　　) 이내에 또는 그 기간이 끝난 후 1년 이내에 보정명령을 받은 자의 청구에 따라 그 무효처분을 취소할 수 있다.

① 5일　　　　　　② 14일
③ 42일　　　　　　④ 25일

해설

절차의 무효(식물신품종보호법 제10조 제2항)

98

종자검사요령상 배추 순도검사를 위한 시료의 최소중량(g)은?

① 7　　　　　　② 1
③ 56　　　　　　④ 82

해설

소집단과 시료의 중량 – 배추(종자검사요령 [별표 2])

소집단의 최대중량	시료의 최소중량			
	제출시료	순도검사	이종계수용	수분검정용
10톤	70g	7g	70g	50g

제1과목 | 종자생산학

01

씨고구마의 순도유지에 대한 설명으로 옳지 않은 것은?

① 불량형질의 돌연변이가 발생하지 않도록 관리한다.
② 육성 당시의 우수한 수량성을 유지할 수 있도록 관리한다.
③ 유전적으로 우수한 씨고구마는 재배과정에서 퇴화를 일으키지 않는다.
④ 열성돌연변이나 병해충의 피해가 없는 것을 보급한다.

해설

고구마는 주로 영양번식으로 재배되며, 반복적인 재배 과정에서 바이러스 축적 등으로 인해 생산성 저하 등 퇴화가 발생할 수 있다.

02

여름철 재배되는 시금치 품종의 채종적지로 알맞은 곳은?

① 해발이 높은 고랭지대
② 강우가 적은 건조지대
③ 장일조건이 되는 고위도지대
④ 고온조건인 적도에 가까운 지대

해설

시금치는 저온장일에 의해 화아분화가 되고 분화 후에는 고온장일에 의해 추대되는 전형적인 장일성 식물이다.

03

1개의 화분모세포에서 몇 개의 화분세포(소포자)가 형성되는가?

① 4개
② 8개
③ 2개
④ 1개

해설

감수분열 : 1개의 화분모세포는 2회 분열하여 4개의 화분립을 형성한다.

04

종이나 그 밖의 분해되는 재료로 만든 폭이 좁은 대상(帶狀)의 물질에 종자를 불규칙적 또는 규칙적으로 붙여서 배열한 것은?

① 장환종자
② 피막처리종자
③ 테이프종자
④ 펠릿종자

해설

① 장환종자 : 아주 작은 크기의 종자를 종자코팅물질과 혼합해 반죽을 만들고 이를 일정한 크기의 구멍으로 압출하여 원통형으로 만든 후 이를 일정크기로 잘라 건조한 종자
② 피막처리종자 : 종자의 크기와 형태를 거의 그대로 유지하면서 중량의 변화가 크기 않게 코팅한 종자
④ 펠릿종자 : 크기가 작거나 모양이 불균일한 종자를 불활성물질로 코팅하여 인위적으로 크고 균일하게 만든 종자

05

다음 중 (   ) 안에 알맞은 내용은?

> 자가수정은 꽃이 피지 않고도 내부에서 수분과 수정이 완료되는 (   )이 많이 일어난다.

① 폐화수정
② 자예선숙
③ 이형예현상
④ 웅예선숙

해설

폐화수정은 꽃이 피지 않고도 내부에서 수분과 수정이 완료되는 것으로 자가수분의 가능성을 높일 수 있다.

06

밀 종자의 테트라졸륨(tetrazolium)검사에서 발아능이 가장 좋은 종자의 상태는?

① 배가 착색되지 않은 종자
② 배가 엷은 분홍색으로 착색된 종자
③ 배가 청색으로 착색된 종자
④ 배가 붉은색으로 착색된 종자

해설

④ 배의 붉은색 착색 정도가 진할수록 발아능이 좋다.

07

다음 중 테트라졸륨(TTC) 검정에 대한 설명으로 잘못된 것은?

① 종자의 발아능을 빨리 판별한다.
② 발아 불량의 원인을 추정할 수 있다.
③ 산화효소(peroxidase)의 활성을 추정한다.
④ 착색 형태와 착색 정도에 따라 평가한다.

해설

테트라졸륨검사(TTC 검사)

배 조직 탈수효소(dehydrogenase)가 테트라졸륨 용액과 반응하여 형성된 배 부위의 착색 형태와 정도로 종자발아력을 검정하는 방법이다.

08

다음 중 경실종자의 휴면타파를 위하여 가장 많이 이용하는 물리적 방법은?

① 과산화수소 처리
② 종자소독
③ 종자의 건열처리
④ 종피에 기계적으로 상처내기

해설

경실종자(씨껍질이 단단한 종자)의 휴면은 종피의 불투수성과 불투기성이 원인이 되는 경우가 가장 많아 종피에 기계적 상처를 내는 종피파상법이 많이 이용된다.

09

포장검사에서 품종순도를 산출할 때에 직접 조사하지 않는 것은?

① 이품종 ② 이병주
③ 이형주 ④ 이종종자주

해설

품종순도 : 재배작물 중 이형주(변형주), 이품종주, 이종종자주를 제외한 해당품종 고유의 특성을 나타내고 있는 개체의 비율을 말한다.

10

배유에 대한 설명으로 틀린 것은?

① 속씨식물 배유의 염색체 조성은 3n이다.
② 단자엽식물의 경우 종자의 대부분을 차지한다.
③ 종자가 발아하는 동안 배에 양분을 공급하게 된다.
④ 난초과 식물은 웅핵과 극핵의 결합이 이루어지지 않으므로 배유가 형성되지 않는다.

해설

④ 난초과 식물은 웅핵(정핵)과 극핵의 결합은 이루어지지만 예외적으로 수정 후 배유가 형성되지 않는다.

11

다음 중 잡종강세의 원인을 설명하는 학설이 아닌 것은?

① 복대립유전자설
② 초우성설
③ 이반인자설
④ 우성유전자 연쇄설

해설

잡종강세의 원인 : 초우성설, 복대립유전자설, 우성유전자 연관설(연쇄설), 유전자 간의 상승적 작용, 세포질설 등

12

종자의 저장에 대한 설명으로 틀린 것은?

① 잘 성숙한 종자를 수확해야 저장력이 높다.
② 장마철에 수확한 종자의 저장력은 떨어진다.
③ 종자의 수분함량은 저장의 성패를 크게 좌우한다.
④ 수분함량을 5~6%로 낮추어 수확·탈곡하는 것이 저장에 유리하다.

해설

수확한 직후의 벼 종자의 수분함량은 대체로 20% 정도인데, 저장하기 위해서는 수분함량을 14% 이하로 한다.

13

다음 중 암발아성 종자에 해당하는 것으로만 나열된 것은?

① 차조기, 우엉
② 양파, 오이
③ 베고니아, 갓
④ 명아주, 담배

해설

암발아성 종자 : 파, 양파, 토마토, 가지, 호박, 무, 오이, 대부분의 백합과 식물 등

14

옥수수 단교잡종의 파종량을 25kg/10a로 하였을 때 10a에서 기대되는 채종량은?

① 500kg ② 1,000kg
③ 1,400kg ④ 1,900kg

해설

옥수수 단교잡종의 증식률은 약 76배이므로, 25 × 76 = 1,900kg이다.

※ 증식률
- 옥수수 단교잡종 : 약 76배
- 옥수수 3계교잡종 : 약 168배
- 벼 : 약 100배
- 보리 : 약 25배
- 콩 : 약 20배

15

종자의 유전적 퇴화 방지법이 아닌 것은?

① 자연교잡의 억제
② 생육기의 조절
③ 이종종자의 혼입 방지
④ 이형주의 철저한 도태

해설

유전적 퇴화 방지법
- 자연교잡 방지 : 격리재배
- 이형종자 혼입 방지 : 낙수(落穗)의 제거, 채종포 변경, 종자 수확과 조제 시 주의, 완숙퇴비 사용, 이형주의 철저한 도태

16

다음 중 채종종자의 안전건조온도가 가장 낮은 것은?

① 벼 ② 콩
③ 옥수수 ④ 양파

해설

종자의 수분함량이 많을수록 낮은 온도로 건조해야 한다.

18

종자퇴화의 직접적인 원인으로 가장 거리가 먼 것은?

① 저장양분의 고갈
② 저장단백질의 과다
③ 유해물질의 축적
④ 지질의 자동산화

해설

종자의 퇴화 원인

원형질단백의 응고, 효소의 활력저하, 저장양분의 소모, 유해물질의 축적, 발아 유도기구의 분해, 리보솜 분리의 저해, 효소의 분해와 불활성, 지질의 자동산화, 가수분해효소의 형성과 활성, 균의 침입, 기능상 구조변화 등

17

채소종자의 저장조직에 들어있는 지방이 호흡의 기질로 될 때 호흡계수는?

① 1보다 작다.
② 1~1.5 사이이다.
③ 1.5보다 크다.
④ 1이다.

해설

호흡계수(RQ)

이산화탄소의 방출량과 산소 소비량의 비율이다. 지방의 RQ는 약 0.7 정도로 1보다 작고, 단백질은 지방과 유사하게 산소 함량이 낮아 약 0.8 정도이다. 탄수화물은 산소와 탄소의 비율이 동일하여 RQ가 1이다.

19

다음 웅성불임에 대한 설명 중 옳은 것은?

① 웅성불임은 미토콘드리아의 DNA와 핵 내의 유전자에 의하여 지배된다.
② 세포질적 웅성불임은 화분친의 유전자 구성에 따라 임성이 결정된다.
③ 세포질 유전자적 웅성불임은 핵 내에 임성회복 유전자가 있어도 불임이다.
④ 유전자적 웅성불임은 화분친의 유전자 구성에 따라 비멘델식 유전을 한다.

해설

② 세포질적 웅성불임성은 불임요인이 세포질에 있기 때문에 자방친이 불임이면 화분친의 유전자 구성에 관계없이 불임이다.
③ 임성회복유전자가 핵 내에 있는 경우는 세포질-유전자적 웅성불임(CGMS)으로, 임성이 회복될 수 있다.
④ 유전자적 웅성불임(GMS)은 핵 내 유전자에 의해서 발생하는 불임으로 멘델식 유전을 따른다.

20

발아검사 시 재시험을 하여야 하는 경우가 아닌 것은?

① 경실종자가 많아 휴면으로 여겨질 때
② 독물질이나 진균, 세균의 번식으로 시험결과에 신빙성이 없을 때
③ 발아율이 낮을 때
④ 반복 간의 차이가 규정된 최대허용오차 범위를 초과할 때

해설

발아시험 시 재시험을 해야 할 경우
• 휴면으로 여겨질 때(신선종자)
• 시험결과가 독물질이나 진균, 세균의 번식으로 신빙성이 없을 때
• 상당수의 묘에 대해 정확한 평가를 하기 어려울 때
• 시험조건, 묘평가, 계산에 확실한 잘못이 있을 때
• 100립씩 반복 간의 차이가 규정된 최대허용오차를 넘을 때

21

유전적으로 동형접합(homo)인 개체가 자가수정하여 형성한 자손에 대한 총칭은 무엇인가?

① 순계 ② 품종
③ 종 ④ 영양계

해설

순계(pure line)
자가수정을 하는 동형접합체의 1개체로부터 불어난 자손을 순계라고 하며, 순계 내에서의 선발은 효과가 없다.

22

2개의 형질 X와 Y의 공분산을 X의 표준편차와 Y의 표준편차로 곱해서 나눈 것에 대한 용어는?

① 경로계수 ② 회귀계수
③ 상관계수 ④ 선발지수

해설

상관계수(correlation coefficient)
두 확률변수 X와 Y 간의 선형관계 정도를 나타내는 값으로, X와 Y의 공분산을 X의 표준편차와 Y의 표준편차의 곱으로 나누어 구한다.

23

내병성 육종과정을 설명한 것 중 틀린 것은?

① 대상되는 병이 많이 발생하는 계절에 선발한다.

② 튼튼하게 키우기 위하여 농약살포를 충분히 한다.

③ 대상되는 병에 대해 제일 약한 품종을 일정한 간격으로 심는다.

④ 병원균을 인위적으로 살포하여 준다.

> **해설**
> 내병성 육종은 병원균에 대한 내성을 지니는 품종을 육종하는 것이다.

24

신품종의 구비조건이 아닌 것은?

① 유전적으로 균일해야 한다.

② 환경영향을 받지 않아야 한다.

③ 기존품종과 명확하게 구별되어야 한다.

④ 세대가 진전됨에 따라 품종특성에 변화가 없어야한다.

> **해설**
> **신품종의 구비조건(DUS)**
> • 구별성(distinctness)은 신품종의 한 가지 이상의 특성이 기존의 알려진 품종과 뚜렷이 구별되는 것이다.
> • 균일성(uniformity)은 신품종의 특성이 재배·이용상 지장이 없도록 균일한 것을 말한다.
> • 안정성(stability)은 세대를 반복해서 재배하여도 신품종의 특성이 변하지 않는 것이다.

25

다음 중 유전자은행 작성과정을 순서대로 바르게 나열한 것은?

> ① mRNA 제거
> ② 식물조직에서 mRNA 추출
> ③ 역전사효소에 의한 cDNA 합성
> ④ 플라스미드에 재조합
> ⑤ 박테리아에 형질전환
> ⑥ DNA 중합효소에 의한 두 가닥 cDNA 합성

① ② → ③ → ① → ⑥ → ④ → ⑤

② ② → ⑥ → ① → ③ → ④ → ⑤

③ ② → ⑥ → ③ → ① → ⑤ → ④

④ ② → ① → ③ → ⑥ → ④ → ⑤

> **해설**
> **유전자은행 작성과정**
> • 식물조직에서 mRNA 추출
> • 역전사효소에 의한 cDNA 합성
> • mRNA 제거
> • DNA 중합효소에 의한 두 가닥 cDNA 합성
> • 플라스미드에 재조합
> • 박테리아에 형질전환

26

다음 중 선발의 효과가 가장 크게 기대되는 경우는?

① 유전변이가 작고, 환경변이가 클 때

② 유전변이가 크고, 환경변이가 작을 때

③ 유전변이가 크고, 환경변이가 클 때

④ 유전변이가 작고, 환경변이도 작을 때

> **해설**
> 선발효과는 환경변이의 증가량보다 유전변이의 증가량을 더 크게 해주면 유전력은 어느 정도 증가하게 되어 선발효과가 크게 된다.

27

다음 중 여교배 세대에 따라 반복친을 나타낼 때 BC_4F_1에 해당하는 반복친은 약 몇 %인가?

① 75.0
② 87.5
③ 93.8
④ 96.9

해설

여교잡 세대에 따른 반복친의 유전자 비율

세대	반복친(%)	세대	반복친(%)
F_1	50	BC_3F_1	93.75
BC_1F_1	75	BC_4F_1	96.875
BC_2F_1	87.5	BC_5F_1	98.4375

29

배우자에 의한 불화합성에서 $S_1S_1(♀) \times S_1S_2(♂)$를 교배하여 얻을 수 있는 개체의 유전자형은?

① $S_1S_2 \times S_2S_3$
② $S_1S_1 \times S_1S_3$
③ S_1S_3
④ S_1S_2

해설

배우체형 자가불화합성
• 화분(S_1S_2)의 유전자가 화합·불화합을 결정하고, 불화합성이 화주 내에서 발현된다.
• 암술의 유전자형은 S_1S_1이고, 화분의 유전자형은 S_1S_2이다.
• 화분에서 나오는 두 가지 유형의 화분(S_1S_2) 중에서 S_1 화분은 암술의 S 대립유전자(S_1)와 동일하므로 불화합성이 발현되어 수정이 차단된다.
• 수정 후 생성되는 개체는 암술에서 제공된 S_1과 화분에서 제공된 S_2를 받아 S_1S_2가 된다.

28

F_3 이후의 계통선발에 대한 설명으로 가장 옳은 것은?

① 유전력이 큰 질적형질은 $F_7 \sim F_8$ 세대에 개체선발을 시작한다.
② 유전력이 작은 양적형질은 $F_3 \sim F_4$ 세대에 고정계통을 선발한다.
③ 계통을 선발한 다음 계통군을 선발한다.
④ 계통군을 선발한 다음 계통을 선발한다.

해설

F_3 세대부터는 계통군선발 → 계통선발 → 개체선발 순으로 진행한다.

30

생식세포 돌연변이와 체세포 돌연변이의 예로 가장 옳은 것은?

① 생식세포 돌연변이 : 염색체의 상호전좌
   체세포 돌연변이 : 아조변이
② 생식세포 돌연변이 : 아조변이
   체세포 돌연변이 : 열성돌연변이
③ 생식세포 돌연변이 : 열성돌연변이
   체세포 돌연변이 : 우성돌연변이
④ 생식세포 돌연변이 : 우성돌연변이
   체세포 돌연변이 : 염색체의 상호전좌

해설

생식세포 돌연변이는 유전하기 때문에 다음 세대에는 식물전체에서 볼 수 있으나, 체세포 돌연변이는 대부분 키메라의 형태로 돌연변이 부위에서만 볼 수 있다.

31

다음 변이 중에서 비유전적 변이에 속하는 것은?

① 돌연변이

② 교배변이

③ 아조변이

④ 장소변이

해설

④ 장소변이 : 비유전적 변이

①·②·③ 돌연변이, 교배변이, 아조변이 : 유전적 변이

32

웅성불임성을 이용하여 F_1 종자 채종을 하는 작물로만 나열한 것은?

① 시금치, 호박, 완두

② 배추, 상추, 오이

③ 양파, 고추, 당근

④ 토마토, 강낭콩, 참외

해설

F_1 종자생산체계

• 자가불화합성 이용 : 무, 배추, 양배추 등

• 웅성불임성 이용 : 양파, 고추, 당근, 상추, 옥수수, 벼, 밀 등

• 인공교배 이용 : 수박, 오이, 호박, 참외, 토마토, 가지, 보리 등

33

4배체인 AAAA×aaaa의 교잡에서 A가 완전우성이라 할 때 F_2에서 우성형질과 열성형질의 분리비는?

① 15 : 1

② 3 : 1

③ 9 : 1

④ 35 : 1

해설

동질 4배체를 교잡한 AAAA×aaaa의 F_2에서 분리비는 35 : 1이 된다.

34

벼 유전자원을 수집하는 국제기관은?

① CIMMYT

② CIP

③ ILRI

④ IRRI

해설

IRRI(국제미작연구소)

필리핀의 마닐라에 있는 국제농업연구협의단 산하의 농업연구기관으로 국제쌀연구소라고도 불리우는 아시아에서 가장 큰 국제농업연구소이다.

35

반수체 육성과 관계가 없는 것은?

① 다배종자

② 아세나프텐

③ 처녀생식

④ 종속 간 교잡

해설

반수체의 육성 방법

• 다배종자

• 처녀생식(단위생식)

• 종속 간 교잡

• 물리적·화학적 처리[방사선(X선), 콜히친 등]

36

다음 중 식물병에 대한 진정저항성과 동일한 뜻을 가진 저항성은?

① 질적저항성

② 양적저항성

③ 포장저항성

④ 수평저항성

질적저항성

• 특정한 레이스에 대해서만 저항성을 나타내는 경우로, 질적저항성 품종은 특이적 저항성을 가졌다고 말한다.

• 진정저항성, 수직저항성, 주동유전자 저항성

37

아조변이(芽條變異)에 관한 설명으로 옳은 것은?

① 과수에서만 국한되어 나타나는 특성이다.

② 대체로 가지 전체의 세포에 돌연변이가 급격히 전염된 현상이다.

③ 접목을 하여도 변이의 실용상 주요형질은 크게 변화하지 않는다.

④ 잎의 형태나 꽃의 색깔 등에 영향을 미치고 과실에는 영향이 없는 것이 특징이다.

아조변이 : 체세포에서 일어나는 돌연변이로 유전적 변이

38

생물이 개체의 생존을 유지하기 위해 환경에 순응하여 변이를 나타내는 성질은?

① 복원성   ② 안전성

③ 가소성   ④ 경합성

가소성(plasticity)

생물이 환경변화에 적응하기 위해 표현형을 조절하여 형태나 생리적 특징을 바꾸는 능력을 말한다.

39

AaBbCcDd를 자식(自植)하였을 때 얻을 수 있는 순계(純系)의 종류 수는?(단, 대립유전자 간에는 완전독립임)

① 64   ② 16

③ 128   ④ 8

유전자형이 AaBbCcDd인 개체의 생식세포의 종류는 2^4, 즉 16종류가 된다.

40

다음 중 자식성 작물은?

① 수박   ② 메밀

③ 콩   ④ 옥수수

자식성 작물과 타식성 작물

• 자식성 작물 : 벼, 밀, 보리, 콩, 완두, 담배, 토마토, 가지, 참깨, 복숭아나무

• 타식성 작물 : 옥수수, 호밀, 메밀, 딸기, 양파, 마늘, 시금치, 오이, 수박, 무

41

대기 중 이산화탄소의 농도는?

① 약 3.5%

② 약 0.035%

③ 약 0.35%

④ 약 0.0035%

해설

대기의 조성

질소 79%, 산소 21%, 이산화탄소 0.03%

42

찰벼에 메벼의 화분을 수분하면 그 F_1 종자의 배유가 메벼의 형질을 보이는 현상은?

① pseudogamy

② apogamy

③ xenia

④ chimera

해설

③ xenia(크세니아) : 모계의 일부분인 배유에 아비의 영향이 직접 당대에 나타나는 것

① pseudogamy(위수정) : 이종 화분의 자극으로 처녀생식이 이루어지는 것

② apogamy(무배생식) : 난세포 이외의 조세포나 반족세포의 핵이 분열하여 종자로 발달하는 경우

④ chimera(키메라) : 영양번식작물의 체세포돌연변이는 조직의 일부 세포에 생기므로, 정상조직과 변이조직이 함께 있게 되는 상태

43

식물체에서 기관의 탈락을 촉진하는 식물생장조절제는?

① 시토키닌

② 지베렐린

③ ABA

④ 옥신

해설

ABA(abseisic acid)

• 잎의 노화와 낙엽을 촉진하고 휴면을 유도한다.

• 종자의 휴면을 연장하여 발아를 억제한다. 예 감자, 장미, 양상추

• 단일식물에서 장일하의 화성을 유도하는 효과가 있다.
  예 나팔꽃, 딸기

• 기공이 닫혀서 위조저항성이 커진다.
  예 토마토

44

일장효과에 영향을 끼치는 조건에 대한 설명으로 가장 옳지 않은 것은?

① 청색광이 가장 효과가 크다.

② 명기가 약광이라도 일장효과는 발생한다.

③ 본엽이 나온 뒤 어느 정도 발육한 후에 감응한다.

④ 장일식물은 상대적으로 명기가 암기보다 길면 장일효과가 나타난다.

해설

① 적색광이 가장 효과가 크다.

45

다음 중 장과류에 해당하는 것으로만 나열된 것은?

① 딸기, 무화과

② 복숭아, 앵두

③ 감, 귤

④ 배, 사과

해설

② 복숭아, 앵두 : 핵과류

③ 감, 귤 : 준인과류

④ 배, 사과 : 인과류

46

작물품종의 잡종강세에 대한 설명으로 옳은 것은?

① 양친식물보다 자식식물의 생육이 약하다.

② 양친식물보다 자식식물의 생육이 왕성하다.

③ 양친식물과 자식식물의 생육이 같다.

④ 벼와 같은 작물에서 많이 발생한다.

해설

양친식물보다 자식식물의 생육이 좋고 경제적 가치가 높아 F_1 종자가 주로 이용된다.

47

다음 중 작물의 복토 깊이가 가장 깊은 것은?

① 오이　　　　　　② 당근

③ 생강　　　　　　④ 파

해설

③ 생강 : 5.0~9.0cm

①·②·④ 당근, 파 : 종자가 보이지 않을 정도

종자가 보이지 않을 정도 : 소립목초종자, 파, 양파, 상추, 당근, 담배, 유채

48

다음 중 단명종자로만 나열된 것은?

① 수박, 나팔꽃　　　② 사탕무, 베치

③ 토마토, 가지　　　④ 메밀, 기장

해설

종자의 수명

• 단명종자 : 땅콩, 콩, 메밀, 기장, 해바라기, 양파, 파, 고추, 당근, 상추, 베고니아, 팬지 등

• 상명종자 : 벼, 밀, 보리, 귀리, 수수, 옥수수, 목화, 무, 배추, 양배추, 시금치, 카네이션, 피튜니아 등

• 장명종자 : 알팔파, 클로버, 사탕무, 베치, 수박, 오이, 무, 가지, 토마토, 나팔꽃, 데이지 등

49

다음 중 포도의 무핵과 생산에 가장 효과적으로 이용하고 있는 화학물질은?

① CCC　　　　　　② IBA

③ gibberellin　　　④ NAA

해설

포도(델라웨어)의 무핵과를 만들기 위해 지베렐린을 이용한다.

50

다음 중 생육기간의 적산온도가 가장 높은 작물은?

① 보리　　　　　　② 담배

③ 메밀　　　　　　④ 벼

해설

④ 벼 : 3,500~4,500℃

① 보리(봄) : 1,600~1,900℃

② 담배 : 3,200~3,600℃

③ 메밀 : 1,000~1,200℃

51

작물의 내동성에 관한 설명으로 옳은 것은?

① 세포액의 삼투압이 높으면 내동성이 증대한다.
② 조직즙의 광에 대한 굴절률이 커지면 내동성이 저하
   된다.
③ 원형질의 친수성 콜로이드가 적으면 내동성이 커
   진다.
④ 전분함량이 많으면 내동성이 커진다.

해설
② 조직즙의 광에 대한 굴절률이 커지면 내동성이 증가한다.
③ 원형질 친수성 콜로이드가 많으면 내동성이 커진다.
④ 전분함량이 많으면 내동성은 저하한다.

52

다음 중 연작의 피해가 가장 적은 작물로만 나열된 것은?

① 벼, 담배, 옥수수
② 고구마, 완두, 토마토
③ 수수, 감자, 가지
④ 고추, 강낭콩, 수박

해설
② 완두・토마토 5~7년 휴작 필요
③ 감자 2~3년, 가지 5~7년 휴작 필요
④ 강낭콩 3~4년, 고추・수박 5~7년 휴작 필요
※ 연작의 해가 적은 작물 : 벼, 맥류, 조, 수수, 옥수수, 고구마, 담배,
   무, 당근, 양파

53

다음 중 작물 생육 필수원소에서 다량으로 소요되는 원소
가 아닌 것은?

① 칼륨   ② 니켈
③ 질소   ④ 칼슘

해설
필수원소
• 다량원소 : 탄소(C), 수소(H), 산소(O), 질소(N), 황(S), 칼륨(K), 인
  (P), 칼슘(Ca), 마그네슘(Mg)
• 미량원소 : 철(Fe), 망간(Mn), 아연(Zn), 구리(Cu), 몰리브덴(Mo),
  붕소(B), 염소(Cl)

54

영양기관의 분류에서 땅속줄기에 해당하는 것은?

① 박하   ② 감자
③ 토란   ④ 나리

해설
②・③ 감자, 토란 : 덩이줄기
④ 나리 : 비늘줄기

55

다음 중 요수량이 가장 적은 것은?

① 옥수수   ② 호박
③ 클로버   ④ 완두

해설
요수량의 크기(g)
호박(834) > 클로버(799) > 완두(788) > 옥수수(368)
※ 완두, 알팔파, 클로버, 오이, 호박 등은 크고 기장, 수수, 옥수수
   등은 작다.

56

다음 중 자가불화합성을 이용하여 채종하는 작물로만 나열된 것은?

① 가지, 상추
② 배추, 무
③ 벼, 고추
④ 밀, 옥수수

F_1 종자생산체계
• 자가불화합성 이용 : 무, 배추, 양배추 등
• 웅성불임성 이용 : 양파, 고추, 당근, 상추, 옥수수, 벼, 밀 등
• 인공교배 이용 : 수박, 오이, 호박, 참외, 토마토, 가지, 보리 등

57

식물체 내의 수분퍼텐셜에 대한 설명으로 틀린 것은?

① 식물체 내의 수분퍼텐셜은 토양의 수분퍼텐셜보다 높다.
② 수분퍼텐셜과 삼투퍼텐셜이 같으면 압력퍼텐셜이 0(zero)이 되므로 원형질 분리가 일어난다.
③ 압력퍼텐셜과 삼투퍼텐셜이 같으면 세포의 수분퍼텐셜이 0(zero)이 되므로 팽만상태가 된다.
④ 세포의 부피와 압력퍼텐셜이 변화함에 따라 삼투퍼텐셜과 수분퍼텐셜이 변화한다.

① 수분퍼텐셜은 토양에서 가장 높고 대기에서 가장 낮으며, 식물체 내에서는 중간의 값을 나타낸다.

58

작물의 생육과정에서 화성을 유발하는 요인으로 가장 옳지 않은 것은?

① C/N율
② N-Al율
③ 일장효과
④ 식물호르몬

화성유도의 주요 요인
• 내적 요인 : C/N율(식물의 영양상태), 식물호르몬(옥신, 지베렐린, 에틸렌 등)
• 외적 요인 : 온도(춘화처리), 일장(광조건)

59

다음 중 붕소의 생리작용에 대한 설명으로 가장 옳지 않은 것은?

① 체내 이동성이 용이하다.
② 결핍증은 저장기관에 나타나기 쉽다.
③ 결핍 시 수정, 결실이 나빠진다.
④ 촉매 또는 반응 조정물질로 작용한다.

붕소(B)는 식물체 내 이동성이 낮은 원소로 결핍증상이 어린잎에서 먼저 나타난다.

60

다음 중 식물체 내에서 이동이 가장 용이한 원소는?

① Mg
② S
④ Mn
④ Ca

작물체 내 이동성이 낮은 황(S), 칼슘(Ca), 망간(Mn), 아연(Zn), 구리(Cu), 붕소(B)는 어린잎부터 결핍증상이 나타나고, 이동성이 높은 질소(N), 인(P), 칼륨(K), 마그네슘(Mg)은 오래된 잎부터 나타난다.

61

논 10a에 마세트 6% 입제를 성분량으로 150g 뿌리고자 할 때 제품량은?

① 2.0kg
② 3.0kg
③ 3.5kg
④ 2.5kg

해설

• 제품의 유효성분량 = 150g

• 유효성분율 = 6%

• 필요한 제품량 $= \dfrac{\text{필요한 유효성분량}}{\text{유효성분율}}$

$$= \dfrac{150\text{g}}{0.06} = 2{,}500\text{g} = 2.5\text{kg}$$

62

토양훈증제를 이용한 토양소독 방법에 대한 설명으로 옳지 않은 것은?

① 효과가 크다.
② 비용이 많이 든다.
③ 화학적 방제의 일종이다.
④ 식물병에 선택적으로 작용한다.

해설

토양 내의 병원균만을 선택적·효과적으로 방제할 수 있는 농약의 개발이 가장 바람직하다. 그러나 아직 개발되어 있지 못하므로 현재까지는 비선택성 토양훈증제에 의한 토양훈증이 가장 확실한 방제수단으로 사용되고 있다.

63

애멸구가 매개하는 벼의 병은?

① 검은줄오갈병, 줄무늬잎마름병
② 도열병, 흰잎마름병
③ 빗자루병, 줄무늬잎마름병
④ 도열병, 검은줄오갈병

해설

애멸구는 국내에서 벼에 줄무늬잎마름병, 검은줄오갈병, 옥수수에 검은줄오갈병, 보리에 북지모자이크병을 매개한다.

64

곤충의 소화계에서 주된 기관은?

① 직장, 식도, 항문
② 전장, 중장, 말피기관
③ 전장, 말피기관, 직장
④ 전장, 중장, 후장

해설

곤충의 소화기관은 전장, 중장, 후장으로 이루어졌다.

65

다음 중 식물병의 전염원이 아닌 것은?

① 직사광선
② 병든 종자
③ 병원체가 섞여있는 토양
④ 흡즙성 해충

해설

식물병의 1차 전염원 : 병든 식물의 잔재물, 종자, 토양, 잡초 및 곤충(매개충)

66

다음 설명에 해당하는 식물병은?

- 벼 수량에 간접적으로 영향을 준다.
- 병원균은 균핵의 형태로 월동한 후 초여름부터 발생한다.
- 발병최성기는 고온다습한 8월 상순부터 9월 상순경이다.

① 벼 잎집얼룩병
② 벼 흰잎마름병
③ 벼 줄무늬잎마름병
④ 벼 검은줄무늬오갈병

해설
벼 잎집얼룩병은 벼에 발생하는 병 중에서 일반적으로 온도가 높고, 통기가 불량할 때 많이 발생한다.

67

해충의 종합적 방제에 가장 가까운 것은?

① 해충 발생 시 농약만을 사용하여 방제한다.
② 생물학적 방제를 주로 한다.
③ 생물학적 방제 + 화학적 방제만을 한다.
④ 재배적 방제 + 물리적 방제 + 생물학적 방제 + 화학적 방제 등 모두 이용한다.

해설
종합적 방제 : 다양한 방제법을 유기적으로 조화시키며 환경도 보호하는 방법

68

벼 줄기 속을 가해하여 새로 나온 잎이나 이삭이 말라 죽도록 가해하는 해충은?

① 혹명나방
② 땅강아지
③ 이화명나방
④ 끝동매미충

해설
이화명나방
- 벼를 가해하는 해충으로 연 2회 발생한다.
- 주로 볏짚 속에서 애벌레 상태로 월동한다.
- 부화한 유충이 벼의 잎집을 파고 들어간다.
- 제2회 발생기에 피해를 받은 벼는 백수현상이 나타난다.

69

잡초 방제를 위한 예취 최적기는?

① 최대전엽기와 개화시기 사이
② 결실기 이후
③ 생육 주기
④ 발아직후

해설
잡초의 예취적기 : 최대전엽기와 개화시기 사이

70

잡초의 생활형에 따른 분류는?

① 여름형, 겨울형

② 수생, 습생, 건생

③ 일년생, 월년생, 다년생

④ 화본과, 방동사니과, 광엽류

해설

생활형에 따른 잡초의 분류

• 1년생 : 1년 이내에 한 세대의 생활사를 끝마치는 식물

• 월년생 : 1년 이상 생존하지만 2년 이상 생존하지 못함

• 다년생 : 2년 이상 또는 무한정 생존 가능한 식물

71

발생 심도가 매우 깊어 출아 시 15~60일 정도로 출아폭이 길고 불균일하기 때문에 방제가 어려운 잡초는?

① 올미

② 벗풀

③ 너도방동사니

④ 올방개

해설

벗풀은 괴경으로 번식하는 다년생 광엽잡초로, 땅속 깊이까지 줄기가 뻗어 있어 방제가 매우 어렵다.

72

종자 또는 지하경으로 번식하는 잡초는?

① 너도방동사니

② 개여뀌

③ 광대나물

④ 들깨풀

해설

① 너도방동사니 : 괴경

②·④ 개여뀌, 들깨풀 : 종자

73

5%의 유효성분을 가진 제초제 5kg을 10a의 논에 처리하였다. 물의 깊이가 5cm이면 논물에 함유된 제초제의 농도(ppm)는?

① 10

② 3

③ 2

④ 5

해설

• 유효성분의 무게 = 5kg × 0.05 = 0.25kg = 250g

• 논물의 부피

= 10a × 5cm

= 1,000m² × 5cm($\because$ 10a = 1,000m², 1m³ = 1,000,000cm³)

= 50m³

• 제초제의 농도 = $\dfrac{\text{유효성분의 무게}}{\text{논물의 부피}}$

$= \dfrac{250\text{g}}{50,000,000\text{cm}^3}$

= 0.000005g/cm³

= 5ppm($\because$ ppm = 1/1,000,000)

74

밭에서 발생하는 주요 화본과 잡초가 아닌 것은?

① 바랭이

② 돌피

③ 강아지풀

④ 참방동사니

해설

④ 참방동사니 : 방동사니과

75

유효성분의 효력을 증진시킬 목적으로 사용되는 약제는?

① 용제　　　　　　　② 유화제
③ 협력제　　　　　　④ 증량제

③ 협력제 : 제초제 주제(유효성분)의 효과를 높이는 데 이용되는 것
① 용제 : 유제나 액제와 같이 액상의 농약을 제조할 때 원제를 녹이기 위하여 사용하는 용매
② 유화제 : 유제의 유화성을 높이기 위한 약제
④ 증량제 : 분제에 있어서 주성분의 농도를 낮추기 위하여 쓰이는 보조제

76

자낭균이 형성하는 자낭각이 공과 같이 막혀 있어 부서지면서 자낭포자를 방출하는 형태의 것은?

① 자낭자좌　　　　　② 자낭각
③ 자낭구　　　　　　④ 자낭반

③ 자낭구 : 자낭각의 각이 공과 같이 완전히 막혀 있는 것을 말한다.
① 자낭자좌 : 자낭균류 중에서 소방자낭균강의 자낭과(果)로, 자좌상 조직의 중부에 소실을 만들며 그 속에서 자낭이 형성되는 조직을 말한다.
② 자낭각 : 자낭이 구형의 기관 가운데 형성될 때 그 용기를 자낭각이라 하고 그 정부에 구멍이 있으면 이것을 각공(ostiole)이라 한다.
④ 자낭반 : 자낭각과 비슷하나 그 모양이 접시 같을 때 자낭반이라 한다.

77

토마토 잎곰팡이병 방제 방법으로 옳지 않은 것은?

① 밀식하여 도복 방지
② 종자소독 철저
③ 저항성 품종 선택
④ 적용약제 살포

토마토 잎곰팡이병의 방제
• 저항성 품종을 선택하고 종자를 소독한다.
• 과도한 관수나 밀식을 피한다.
• 시설 내의 습도가 높지 않도록 관리한다.
• 발병 초기 방제약제를 2~3회 살포한다.

78

우리나라 논잡초의 군락형성에 있어서 다년생 잡초가 증가되는 가장 직접적인 요인은?

① 시비량의 증가 등에 의한 재배법의 변천
② 조기이식 및 답리작의 감소, 조숙품종의 도입 등 재배 시기의 변동
③ 경운이나 정지법의 변화에 따른 추경 및 춘경의 감소
④ 동일 제초제의 연용 처리에 의한 논잡초의 초종변화

1년생 제초제를 연용하면 다년생 잡초가 우점하는 경향이 있다.

79

사과하늘소의 연 발생횟수는?

① 1년에 1회 발생한다.

② 4년에 1회 발생한다.

③ 2년에 1회 발생한다.

④ 1년에 2회 발생한다.

해설

사과하늘소(*Oberea inclusa*)는 2년에 1회 발생하며, 성충은 5~8월에 걸쳐 나타난다.

80

많은 잡초 종자의 발아에는 빛이 필요하다. 그러나 빛이 없는 장소에서 발아를 할 수 있는 종자는?

① 개비름   ② 냉이

③ 쇠비름   ④ 왕바랭이

해설

광 조건에 따른 잡초의 분류

• 광발아 잡초 : 메귀리, 바랭이, 향부자, 개비름, 쇠비름, 소리쟁이, 참방동사니

• 암발아 잡초 : 별꽃, 냉이, 광대나물, 독말풀 등

81

종자관리요강상 수입적응성시험의 대상작물 및 실시기관에서 국립산림품종관리센터의 대상작물로만 나열된 것은?

① 곽향, 당귀   ② 작약, 지황

③ 느타리, 영지   ④ 백출, 사삼

해설

① · ② 곽향, 당귀, 작약, 지황 : 한국생약협회

③ 느타리, 영지 : 한국종균생산협회

82

종자관리법상 품종목록 등재의 유효기간은 등재한 날이 속한 해의 다음 해부터 얼마까지로 하는가?

① 10년   ② 1년

③ 2년   ④ 5년

해설

품종목록 등재의 유효기간(종자산업법 제19조 제1항)

등재한 날이 속한 해의 다음 해부터 10년까지로 한다.

83

종자관련법상 농림축산식품부장관은 종자산업의 육성 및 지원을 위하여 농림종자산업의 육성 및 지원에 관한 종합계획을 몇 년마다 수립·시행하여야 하는가?

① 1년   ② 6개월

③ 5년   ④ 3년

해설

종합계획 등(종자산업법 제3조)

79 ③ 80 ② 81 ④ 82 ① 83 ③ **정답**

84

종자산업법상 국가보증의 대상에 대한 내용이다. ( )에 옳지 않은 내용은?

> ( )가/이 품종목록 등재 대상작물의 종자를 생산하거나 수출하기 위하여 국가보증을 받으려는 경우 국가보증을 받으려는 경우 국가보증의 대상으로 한다.

① 군수
② 각 지역 국립대학교 연구원
③ 도지사
④ 시장

해설

국가보증의 대상(종자산업법 제25조 제1항)
다음의 어느 하나에 해당하는 경우에는 국가보증의 대상으로 한다.
1. 농림축산식품부장관이 종자를 생산하거나 법에 따라 그 업무를 대행하게 한 경우
2. 시·도지사, 시장·군수·구청장, 농업단체 등 또는 종자업자가 품종목록 등재 대상작물의 종자를 생산하거나 수출하기 위하여 국가보증을 받으려는 경우

85

종자산업법상 종자업 등록의 취소 등에서 종자업자가 종자업 등록을 한 날부터 1년 이내에 사업을 시작하지 아니하거나 정당한 사유 없이 1년 이상 계속하여 휴업한 경우 구청장은 종자업 등록을 취소하거나 얼마 이내의 기간을 정하여 영업의 전부 또는 일부의 정지를 명할 수 있는가?

① 4개월 이내
② 12개월 이내
③ 6개월 이내
④ 2개월 이내

해설

종자업 등록의 취소 등(종자산업법 제39조 제1항 제2호)
시장·군수·구청장은 종자업자가 다음의 어느 하나에 해당하는 경우에는 종자업 등록을 취소하거나 6개월 이내의 기간을 정하여 영업의 전부 또는 일부의 정지를 명할 수 있다. 다만, 제1호에 해당하는 경우에는 그 등록을 취소하여야 한다.
2. 종자업 등록을 한 날부터 1년 이내에 사업을 시작하지 아니하거나 정당한 사유 없이 1년 이상 계속하여 휴업한 경우

86

국가품종목록 등재 대상작물이 아닌 것은?

① 보리
② 사료용 감자
③ 옥수수
④ 콩

해설

국가품종목록의 등재 대상(종자산업법 제15조 제2항)
품종목록에 등재할 수 있는 대상작물은 벼, 보리, 콩, 옥수수, 감자와 그 밖에 대통령령으로 정하는 작물로 한다. 다만, 사료용은 제외한다.

87

종자관리요강상 규격묘의 규격기준에서 배 잎눈 개수로 옳은 것은?

① 접목부위에서 상단 30cm 사이에 잎눈 5개 이상
② 접목부위에서 상단 30cm 사이에 잎눈 3개 이상
③ 접목부위에서 상단 10cm 사이에 잎눈 3개 이상
④ 접목부위에서 상단 10cm 사이에 잎눈 10개 이상

해설

규격묘의 규격기준 – 과수묘목(종자관리요강 [별표 14])
배 잎눈 개수 : 접목부위에서 상단 30cm 사이에 잎눈 5개 이상

88

식물신품종보호법상 품종보호권의 설정등록을 받으려는 자나 품종보호권자는 품종보호료 납부기간이 지난 후에도 몇 개월 이내에 품종보호료를 납부할 수 있는가?

① 3개월
② 6개월
③ 12개월
④ 24개월

해설

납부기간이 지난 후의 품종보호료 납부(식물신품종보호법 제47조 제1항)
품종보호권의 설정등록을 받으려는 자나 품종보호권자는 품종보호료 납부기간이 지난 후에도 6개월 이내에는 품종보호료를 납부할 수 있다.

89

종자검사요령상 포장검사 병주 판정기준에서 벼의 특정병은?

① 깨씨무늬병
② 잎도열병
③ 키다리병
④ 줄무늬잎마름병

해설

포장검사 병주 판정기준 – 벼(종자검사요령 [별표 1])
• 특정병 : 키다리병, 벼잎선충병
• 기타병 : 이삭도열병, 잎도열병, 기타도열병, 깨씨무늬병, 이삭누룩병, 잎집무늬마름병, 흰잎마름병, 오갈병, 줄무늬잎마름병, 세균벼알마름병

90

종자산업법상 지방자치단체의 종자산업 사업수행에 대한 내용이다. (   )에 알맞은 내용은?

> (   )은/는 종자산업의 안정적인 정착에 필요한 기술보급을 위하여 지방자치단체의 장에게 지역특화 농산물 품목 육성을 위한 품종개발사업을 수행하게 할 수 있다.

① 농림축산식품부장관
② 환경부장관
③ 농업기술실용화재단장
④ 농촌진흥청장

해설

지방자치단체의 종자산업 사업수행(종자산업법 제9조 제1항)

91

다음의 (   )에 옳지 않은 내용은?

> 식물신품종보호법상 (   )은/는 품종보호에 관한 절차 중 납부해야 할 수수료를 납부하지 아니한 경우에는 기간을 정하여 보정을 명할 수 있다.

① 농림축산식품부장관
② 농촌진흥청장
③ 해양수산부장관
④ 심판위원회 위원장

해설

절차의 보정(식물신품종보호법 제9조)
농림축산식품부장관, 해양수산부장관 또는 심판위원회 위원장은 품종보호에 관한 절차가 다음의 어느 하나에 해당하는 경우에는 기간을 정하여 보정을 명할 수 있다.
1. 제5조를 위반하거나 제5조에 따라 준용되는 특허법을 위반한 경우
2. 이 법 또는 이 법에 따른 명령에서 정하는 방식을 위반한 경우
3. 납부해야 할 수수료를 납부하지 아니한 경우

92

(   )에 알맞은 내용은?

> 식물신품종보호법상 품종보호를 받을 수 있는 권리를 가진 자에서 2인 이상의 육성자가 공동으로 품종을 육성하였을 때에는 품종보호를 받을 수 있는 권리는 (   )

① 1인으로 제한한다.
② 공유(共有)로 한다.
③ 순번을 정하여 5년마다 변경하여 실시한다.
④ 순번을 정하여 격년제로 실시한다.

해설

품종보호를 받을 수 있는 권리를 가진 자(식물신품종보호법 제21조 제2항)

93

품종보호권 또는 전용실시권을 침해한 자의 벌칙은?

① 3년 이하의 징역 또는 3억원 이하의 벌금

② 7년 이하의 징역 또는 1억원 이하의 벌금

③ 1년 이하의 징역 또는 2억원 이하의 벌금

④ 12년 이하의 징역 또는 1억원 이하의 벌금

해설

침해죄 등(식물신품종보호법 제131조 제1항)

다음의 어느 하나에 해당하는 자는 7년 이하의 징역 또는 1억원 이하의 벌금에 처한다.

1. 품종보호권 또는 전용실시권을 침해한 자
2. 임시보호의 권리에 따른 권리를 침해한 자. 다만, 해당 품종보호권의 설정등록이 되어 있는 경우만 해당한다.
3. 거짓이나 그 밖의 부정한 방법으로 품종보호결정 또는 심결을 받은 자

94

종자검사요령상 포장검사 병주 판정기준에서 유채의 특정병은?

① 흰녹가루병　　　　② 뿌리썩음병

③ 균핵병　　　　　　④ 공동병

해설

포장검사 병주 판정기준 – 유채(종자검사요령 [별표 1])

• 특정병 : 균핵병

• 기타병 : 흰녹가루병, 뿌리썩음병, 공동병

95

식물신품종보호법 시행규칙상 출원공개를 할 때 공보에 공고할 사항이 아닌 것은?

① 육성자의 성명 및 주소

② 출원품종의 특성

③ 출원공개번호 및 출원공개 연월일

④ 출원품종의 육성 과정

해설

출원공개(식물신품종보호법 시행규칙 제45조)

출원공개를 할 때에는 다음의 사항을 공보에 게재하여야 한다.

1. 제43조 제1호부터 제4호까지의 사항
2. 육성자의 성명 및 주소
3. 출원품종이 속하는 작물의 학명 및 일반명
4. 우선권 주장의 여부
5. 출원품종의 특성
6. 담당 심사관
7. 출원공개번호 및 출원공개 연월일

96

종자검사요령상 시료 추출에서 참외 순도검사를 위한 시료의 최소중량은?

① 30g　　　　　　　② 50g

③ 70g　　　　　　　④ 100g

해설

소집단과 시료의 중량 – 참외(종자검사요령 [별표 2])

소집단의	시료의 최소중량			
최대중량	제출시료	순도검사	이종계수용	수분검정용
10톤	150g	70g	–	50g

97

종자관련법상 보상 청구의 내용이다. (   ) 안에 알맞은 내용은?

> 종자업자는 보상 청구를 받은 날부터 (   ) 이내에 그 보상 청구에 대한 보상 여부를 결정하여야 한다.

① 5일 ② 25일
③ 30일 ④ 15일

보상 청구 등(종자산업법 시행규칙 제40조 제2항)
보상 청구를 받은 종자업자 또는 육묘업자는 보상 청구를 받은 날부터 15일 이내에 그 보상 청구에 대한 보상 여부를 결정하여야 한다.

98

종자관리요강상 포장검사 및 종자검사의 검사기준에서 밀 포장검사의 검사시기는?

① 이앙기로부터 중간배수기 사이
② 유묘기로부터 무효분얼기 사이
③ 이앙기로부터 유효분얼기 사이
④ 유숙기로부터 황숙기 사이

밀 포장검사 – 검사시기 및 횟수(종자관리요강 [별표 6])
유숙기로부터 황숙기 사이에 1회 실시한다.

99

식물신품종보호법상 포기의 효력에 대한 내용이다. (   )에 알맞은 내용은?

> 품종보호권·전용실시권 또는 통상실시권을 포기하였을 때에는 품종보호권·전용실시권 또는 통상실시권은 (   ) 부터 소멸한다.

① 그 때 ② 15일 후
③ 5일 후 ④ 7일 후

포기의 효력(식물신품종보호법 제76조)

100

육성자의 권리보호에서 절차의 무효에 대한 내용이다. (   )에 알맞은 내용은?

> 농림축산식품부장관, 해양수산부장관 또는 심판위원회위원장이 '보정명령을 받은 자가 지정된 기간까지 보정을 하지 아니한 경우에는 그 품종보호에 관한 절차를 무효로 할 수 있다'에 따라 그 절차가 무효로 된 경우로서 지정된 기간을 지키지 못한 것이 보정명령을 받은 자가 천재지변이나 그 밖의 불가피한 사유에 의한 것으로 인정될 때에는 그 사유가 소멸한 날부터 (   ) 이내에 또는 그 기간이 끝난 후 1년 이내에 보정명령을 받은 자의 청구에 따라 그 무효처분을 취소할 수 있다.

① 3일 ② 1일
③ 14일 ④ 7일

절차의 무효(식물신품종보호법 제10조 제2항)

제1과목 | 종자생산학

01

고추, 무, 레드클로버 종자의 형상은?

① 난형
② 도란형
③ 방추형
④ 구형

② 도란형 : 목화
③ 방추형 : 보리, 모시풀
④ 구형 : 배추, 양배추

02

오이 종자의 성숙일수는 교배 후 40일 내외이다. 완숙하여 수확한 오이의 종과는 며칠 정도 후숙시키는 것이 적절한가?

① 1~4일
② 4~7일
③ 7~10일
④ 10~3일

완숙하여 수확한 종과는 실내나 그늘진 곳에서 7~10일 동안 후숙시킨다.

03

종자프라이밍(priming)에 많이 이용되고 있는 화학물질은?

① KNO_3
② H_2O_2
③ $MgNO_3$
④ GA_3

종자프라이밍의 삼투용액

폴리에틸렌글리콜(PEG), 만니톨, 솔비톨, 글리세롤 및 무기염류($NaCl$, KCl, KNO_3, K_3PO_4, KH 등) 용액을 이용하며, PEG가 불활성이고 물에 잘 용해되므로 가장 많이 사용한다.

04

다음 중 (가)에 알맞은 내용은?

> 〈종자검사요령상 손으로 시료 추출 시〉
> • 어떤 종 특히 부석부석한 잘 떨어지지 않는 종은 손으로 시료를 추출하는 것이 때로는 가장 알맞은 방법이 된다.
> • 이 방법으로는 약 (가)mm 이상 깊은 곳의 시료 추출은 어렵다.
> • 이는 포대나 빈(산물)에서 하층의 시료를 추출하는 것이 불가능하다는 의미이다.
> • 이 경우 추출자는 시료의 채취를 용이하게 하기 위하여 몇 개의 자루 또는 빈을 비우게 하거나 부분적으로 비웠다가 다시 채우게 하는 등의 특별한 사전 조치를 취하게 할 수 있다.

① 100
② 200
③ 300
④ 400

어떤 종 특히 부석부석한 잘 떨어지지 않는 종은 손으로 시료를 추출하는 것이 때로는 가장 알맞은 방법이 된다. 이 방법으로는 약 400mm 이상 깊은 곳의 시료 추출은 어렵다(종자검사요령 [별표 2]).

05

다음 중 암꽃의 수정능력 보유기간이 가장 긴 작물은?

① 호박　　　　　　② 수박
③ 양배추　　　　　④ 가지

해설

③ 양배추 : 5일 이상
①·② 호박·수박 : 개화 익일
④ 가지 : 개화 후 3일까지

06

배의 발생과 발달에 관하여 Soueges와 Johansen은 4가지 법칙을 주장하였는데, '필요 이상의 세포는 만들어지지 않는다'에 해당하는 것은?

① 기원의 법칙
② 절약의 법칙
③ 목적지불변의 법칙
④ 수의 법칙

해설

① 기원의 법칙 : 배(胚) 세포의 형성에서 어떤 세포의 기원은 이전의 세포에 의하여 결정된다.
③ 목적지불변의 법칙 : 배(胚)의 정상적인 발달과정에서 세포들은 미리 정해진 방향에 따라 분열하고 기능에 따라 일정한 위치를 점한다.
④ 수의 법칙 : 배(胚)의 발생에서 세포의 수는 식물의 종에 따라 다르며 동일한 세대에 있는 세포들에 있어서도 세포분열 속도에 따라 다르다.

07

찰벼와 메벼를 교잡하여 얻은 교잡종자의 배유가 투명한 메벼의 성질을 나타내는 현상으로 가장 옳은 것은?

① 크세니아　　　　② 메타크세니아
③ 위잡종　　　　　④ 단위결과

해설

크세니아(xenia)
중복수정에 의하여 종자의 배유에 화분의 형질(유전정보)이 직접 발현하는 현상으로 벼, 옥수수 등에서 볼 수 있다.

08

자연교잡률이 5~25% 정도인 식물은?

① 자가수정식물
② 타가수정식물
③ 부분타식성 식물
④ 내혼계 식물

해설

부분타식성 식물 : 타식과 자식을 겸하는 작물로 타식률이 4% 이상인 수수, 목화, 알팔파 등을 들 수 있다.

09

발아세의 정의로 옳은 것은?

① 파종된 총종자 개체수에 대한 발아종자 개체수의 비율
② 종자의 대부분이 발아한 날
③ 치상 후 일정한 시일 내의 발아율
④ 파종기부터 발아기까지의 일수

해설

① 발아율, ② 발아전, ④ 발아일수

10

우리나라 주요 농작물의 종자증식을 위한 기본체계는?

① 기본식물 → 원원종 → 원종 → 보급종

② 기본식물 → 원종 → 원원종 → 보급종

③ 보급종 → 기본식물 → 원원종 → 원종

④ 보급종 → 기본식물 → 원종 → 원원종

종자생산체계

11

종자의 저장력이 높은 작물로만 나열된 것은?

① 벼, 콩, 땅콩

② 땅콩, 귀리, 양파

③ 양파, 콩, 수수

④ 수수, 귀리, 벼

종자의 수명
- 단명종자 : 땅콩, 콩, 메밀, 기장, 해바라기, 양파, 파, 고추, 당근, 상추, 베고니아, 팬지 등
- 상명종자 : 벼, 밀, 보리, 귀리, 수수, 옥수수, 목화, 무, 배추, 양배추, 시금치, 카네이션, 페튜니아 등
- 장명종자 : 알팔파, 클로버, 사탕무, 베치, 수박, 오이, 무, 가지, 토마토, 나팔꽃, 데이지 등

12

곡류 종자전염병의 수확 전 일반적인 방제 방법으로 옳지 않은 것은?

① 저항성 품종 선택

② 종자소독

③ 이병성 품종 이용

④ 퇴화하지 않은 종자의 파종

종자전염병의 수확 전 방제 방법
- 저항성 품종 선택
- 무병종자와 퇴화되지 않은 종자의 파종
- 이병주 또는 감염원의 제거
- 종자소독 및 토양소독
- 개화기 방제약제 살포
- 윤작 실시 및 철저한 포장검사
- 매개곤충의 화학적 생물적 방제
- 종자 수확 및 저장 시 감염 최소화

13

옥수수 1대잡종(F_1) 종자생산에는 세포질-유전자적 웅성불임성을 주로 이용한다. 양파에서 세포질적 웅성불임성을 이용하는 경우와 다른 점은?

① 웅성불임유지친이 옥수수에서는 필요하지만 양파에서는 필요하지 않다.

② 옥수수나 양파 모두 화분친이 임성회복유전자를 가지고 있어야 한다.

③ 옥수수의 화분친은 임성회복유전자를 필요로 하지만 양파는 임성회복유전자가 없어도 된다.

④ 옥수수는 웅성불임유지친이 없어도 되지만 양파는 웅성불임유지친이 필요하다.

임성회복유전자의 유무에 따른 웅성불임성의 구분
- 세포질적 웅성불임성 : 임성회복유전자가 핵 내에 없는 경우
  예 옥수수, 수수 등
- 세포질-유전자적 웅성불임성 : 임성회복유전자가 핵 내에 있는 경우
  예 파, 양파, 사탕무, 무, 고추 등

14

다음 종자 중 물속에서 발아가 가장 잘되는 것은?

① 가지   ② 상추

③ 멜론   ④ 담배

해설

수중에서 발아를 잘하는 종자 : 상추, 당근, 셀러리, 티머시, 벼 등

15

개화기 조절 방법으로 옳지 않은 것은?

① 저온처리   ② 일장처리

③ CO_2 처리   ④ 파종기 조절

해설

개화기 조절 방법

저온처리(5℃ 이하), 춘화처리, 일장처리, 적심, 파종 시기 조절, 생장
조절제 처리, 환상박피, 분주, 접목 등

16

벼 돌연변이육종에서 종자에 돌연변이 물질을 처리하였
을 때, 이 처리 당대를 무엇이라 하는가?

① P_0 ② G_3

③ Q_2 ④ M_1

해설

M_1은 돌연변이 유발원을 처리한 당대이다.

17

종자의 건열처리(乾熱處理)에 대한 설명으로 옳지 않은
것은?

① 진균류를 구제할 수 있다.

② 처리된 종자의 저장력이 저하된다.

③ 처리 시 종자수분함량이 높아야 한다.

④ 바이러스(CGMMV 등)를 불활성화시킬 수 있다.

해설

③ 건열처리 시 완전히 건조된 종자를 사용하지 않으면 발아력이 현
저히 떨어진다.

18

다음 중 감자의 휴면타파법으로 가장 적절한 것은?

① GA 처리   ② MH 처리

③ α선 처리   ④ 저온저장(0~6℃)

해설

감자의 휴면타파 방법

• 화학적 방법 : 지베렐린 처리, 에틸렌-클로로하이드린 처리 등

• 물리적 방법 : 박피절단, 저온 및 열 처리 등

19

다음 중 피자식물의 중복수정에서 배유의 염색체수로 가
장 옳은 것은?

① 2n   ② 3n

③ 4n   ④ 5n

해설

속씨식물의 중복수정

속씨식물은 두 번 수정하여 종자를 형성한다.

• 1개의 정핵(n) + 1개의 난세포(n) → 배(2n)

• 1개의 정핵(n) + 2개의 극핵(n + n) → 배유(3n)

20

종자증식 시 포장검사를 실시하기에 가장 알맞은 시기는?

① 발아기　　　　　② 생육초기
③ 개화기　　　　　④ 수확기

해설

포장검사 시기는 작물의 품종별 고유 특성이 가장 잘 나타나는 개화기를 중심으로 실시한다.

23

다음 중 트리티케일(triticale)의 기원은?

① 밀×호밀　　　　② 밀×보리
③ 호밀×보리　　　④ 보리×귀리

해설

트리티케일은 농촌진흥청이 밀(AABBDD)과 호밀(RR)을 교잡시켜 육성한 사료작물이다.

제2과목 | 식물육종학

21

염색체 배가에 가장 효과적인 방법은?

① 콜히친 처리　　　② NAA 처리
③ 저온처리　　　　④ 고온처리

해설

염색체 배가 방법 : 콜히친 처리법, 아세나프텐 처리법, 절단법, 온도처리법

24

세포질-유전자적 웅성불임성에 있어서 불임주의 유지친이 갖추어야 할 유전적 조건으로 옳은 것은?

① 핵 내의 불임유전자 조성이 웅성불임친과 동일해야 한다.
② 웅성불임친과 교배 시에 강한 잡종강세현상이 일어나야 한다.
③ 핵 내의 모든 유전자 조성이 웅성불임친과 동일하지 않아야 한다.
④ 웅성불임친에는 없는 내병성 유전인자를 가져야 한다.

해설

세포질-유전자적 웅성불임을 이용하여 F₁ 종자를 채종하는 경우에는 웅성불임계통, 웅성불임유지계통, 임성회복유전자계통(회복친)을 모두 갖추어야 한다.

22

후대로 유전하지 않는 변이는?

① 돌연변이　　　　② 유전자변이
③ 방황변이　　　　④ 교잡변이

해설

방황변이(彷徨變異, gluctuation)

같은 종류의 생물 개체들 사이에서 외부조건(환경, 연령 등)의 차이에 의해 발생하는 변이로 개체변이라고도 한다. 유전자 구성에 의한 것이 아니기 때문에 다음 세대로 유전되지 않으며, 한 세대에서만 나타난다.

25

표현형 분산(V_P) 100, 유전자의 상가적 효과에 의한 분산(V_A) 50, 유전자의 우성효과에 의한 분산(V_H) 10, 환경변이에 의한 분산(V_B) 40인 경우 넓은 뜻의 유전력은?

① 30% 　　　　　　② 40%

③ 50% 　　　　　　④ 60%

유전력

• 표현형 분산 = 유전분산 + 환경분산

• 좁은 의미의 유전력 = $\dfrac{상가적 유전분산}{전체분산(표현형 분산)}$

• 넓은 의미의 유전력 = $\dfrac{상가적 유전분산 + 우성분산 + 상위성분산}{전체분산(표현형 분산)}$

$$= \dfrac{50 + 10}{100} \times 100 = 60\%$$

26

체세포의 염색체 구성이 2n+1일 때 이를 무엇이라 하는가?

① 일염색체(monosomic)

② 삼염색체(trisomic)

③ 이질배수체

④ 동질배수체

이수체

• 2n − 2 : 0염색체

• 2n − 1 : 1염색체

• 2n + 1 : 3염색체

• 2n + 2 : 4염색체

• 2n + 1 + 1 : 중복 3염색체

• 2n + 1 − 1 : 중복 1염색체

27

기본적인 육종과정이 가장 바르게 나열된 것은?

① 재료집단수집 → 선발 및 고정 → 지역적응시험 → 생산력 검정 → 품종등록 → 증식 및 보급

② 재료집단수집 → 생산력 검정 → 선발 및 고정 → 지역적응시험 → 품종등록 → 증식 및 보급

③ 재료집단수집 → 지역적응시험 → 선발 및 고정 → 생산력 검정 → 품종등록 → 증식 및 보급

④ 재료집단수집 → 선발 및 고정 → 생산력 검정 → 지역적응시험 → 품종등록 → 증식 및 보급

작물의 육종과정

육종목표 설정 → 육종재료 및 육종 방법 결정 → 변이작성 → 우량계통 육성 → 생산성 검정 → 지역적응성 검정 → 신품종 결정 및 등록 → 종자증식 → 신품종 보급

28

F₁의 유전자 구성이 AaBbCcDd인 잡종인 자식 후대에서 고정된 유전자형의 종류는 몇 가지인가?(단, 모든 유전자는 독립유전한다)

① 4 　　　　　　② 12

③ 16 　　　　　④ 30

유전자형이 AaBbCcDd인 개체의 생식세포의 종류는 2^4, 즉 16종류가 된다.

29

형질의 유전력은 선발효과와 깊은 관계가 있다. 선발효과가 가장 확실한 경우는?(h_B^2는 넓은 의미의 유전력임)

① $h_B^2 = 0.34$ ② $h_B^2 = 0.13$

③ $h_B^2 = 0.92$ ④ $h_B^2 = 0.50$

해설

유전력이 낮다는 것은 환경의 영향을 많이 받았다는 것이고, 유전력이 높다는 것은 선발의 효율이 그만큼 크다는 뜻이다.

30

다음에서 설명하는 것은?

> • 배낭을 만들지 않고 포자체의 조직세포가 직접 배를 형성한다.
> • 밀감의 주심배가 대표적이다.

① 무포자생색   ② 복상포자생식

③ 부정배형성   ④ 위수정생식

해설

아포믹시스(apomixis) 종류

• 부정배형성(adventitious embryony) : 배낭을 만들지 않고 포자체의 조직세포가 직접 배를 형성하며, 밀감의 주심배가 대표적이다.
• 웅성단위생식(male parthenogenesis) : 정세포 단독으로 분열하여 배를 만들며 달맞이꽃, 진달래 등에서 발견되었다.
• 무포자생식(apospory) : 배낭을 만들지만 배낭의 조직세포가 배를 형성하며, 부추, 파 등에서 발견되었다.
• 위수정생식(pseudogamy) : 수분의 자극을 받아 난세포가 배로 발달하는 것으로, 담배, 목화, 벼, 밀, 보리 등에서 나타난다.
• 복상포자생식(diplospory) : 배낭모세포가 감수분열을 못하거나 비정상적인 분열을 하여 배를 만들며, 볏과, 국화과에서 나타난다.

31

게놈이 다른 타종, 타속의 우량한 형질을 재배종에 도입하고자 할 때 효과적으로 사용할 수 있는 육종법은?

① 1수1렬법
② 돌연변이육종법
③ 여교잡육종법
④ 근계교배법

해설

여교잡육종법

내병성품종의 육성, 우량형질을 가진 품종을 다른 품종에 도입하려 할 때 2품종에 나누어진 형질을 종합하여 새로운 품종을 만들려 할 때 사용한다.

32

작물육종에 있어서 새로운 유용 유전자를 탐색 수집하여 활용하고자 할 때 가장 관계되는 학설은?

① 순계설   ② 게놈설
③ 유전자중심설   ④ 돌연변이설

해설

바빌로프(Vavilov)의 유전자중심설

• 발생 중심지에는 많은 변이가 축적되어 있으며, 유전적으로 우성형질을 가진 형이 많다.
• 열성형질은 발상지로부터 멀리 떨어진 곳에 위치한다.
• 2차 중심지에는 열성형질을 가진 형이 많다.
• 작물의 재배기원 중심지를 8개 지역으로 나눈다.
※ 바빌로프의 재배기원 중심지(8개 지역) : 중국지구, 인도·동남아지구, 중앙아시아지구, 근동지구, 지중해 연안지구, 에티오피아지구, 중앙 아메리카지구, 남아메리카지구

33

감자 등과 같은 영양번식성 작물이 바이러스병에 의해 퇴화하는 것을 방지하는 방법은?

① 추파성 소거　　　　② 고랭지 채종
③ 조기재배　　　　　④ 기계적 혼입 방지

해설

감자를 평야지대에서 재배하면 바이러스 감염이 쉬우므로 고랭지에서 씨감자를 재배한다.

34

인위적으로 반수체 식물을 만들기 위해 주로 사용하는 조직배양 방법은?

① 배배양　　　　　　② 약배양
③ 생장점배양　　　　④ 원형질체배양

해설

약배양

잡종식물에서 반수체를 유도하여 염색체를 배가시키면 당대에 유전적으로 고정된 2배체(2n) 식물을 얻을 수 있고, 육종연한을 단축시킬 수 있다.

35

교배친(P_1, P_2), F_1 및 F_2의 분산값이 다음과 같을 때 넓은 의미의 유전력은 얼마인가?(단, 분산은 $P_1 = 28$, $P_2 = 27$, $F_1 = 38$, $F_2 = 62$이다)

① 20%　　　　　　　② 50%
③ 60%　　　　　　　④ 15%

해설

• 환경분산 $= \dfrac{1}{3}(28 + 27 + 38) = 31$

• 넓은 의미의 유전력 $= \dfrac{\text{전체분산} - \text{환경분산}}{\text{전체분산}}$

$$= \dfrac{62 - 31}{62} = 0.5$$

36

품종의 생리적 퇴화의 원인이 되는 것은?

① 돌연변이
② 자연교잡
③ 토양적인 퇴화
④ 이형유전자형의 분리

해설

품종퇴화의 원인

• 유전적 퇴화 : 종자증식에서 발생하는 돌연변이, 자연교잡, 새로운 유전자의 분리, 기회적 부동, 자식(근교)약세, 종자의 기계적 혼입 등
• 생리적 퇴화 : 재배환경(토양, 기상, 생물환경 등), 재배·저장조건의 불량 등
• 병리적 퇴화 : 영양번식 작물의 바이러스 및 병원균의 감염 등
※ 병리적 퇴화 방지 대책 : 무병지 채종, 종자소독, 병해의 발생 방제, 약제살포, 이병주도태, 씨감자검정 등

37

녹색혁명(green revolution)에 관한 설명 중 옳지 않은 것은?

① 작물 중 밀과 벼에서 최초로 시작되었다.
② 작물의 다수성 품종을 보급하여 획기적으로 생산성이 증대된 것이다.
③ 과거 품종보다 키가 커지면서 수량이 증가하게 되었다.
④ 다수성 품종들은 높은 생산성을 올리기 위해서 과거 품종보다 더 많은 화학제를 필요로 하게 되었다.

해설

녹색혁명

1953년 노만 보라우(Norman Borlaugh)에 의한 창의적인 혁신의 결과로서, 여러 가지의 밀과 쌀의 고수확을 말한다. 그때까지의 비료, 농약의 사용과 또 다른 중요한 농업적 기법은 보통 더 많은 곡물을 수확하기보다는 식물을 더 크게 자라게 하는 것이었다. 바람과 비로 이 식물들은 쓰러졌고 생산성이 감소되었다. 보라우는 병충해에 강한 식물로 키가 작은 유전인자를 키웠다. 키를 크게 자라게 하는 대신에, 비료를 주었을 때 식물이 더 큰 곡물알갱이로 성장하여 100%나 수확이 증대되었다.

38

생리생육성(生理生育性) 형질에 속하는 것은?

① 발아 및 휴면성   ② 종피색
③ 식미   ④ 함유성분

해설

생육성 형질 : 발아 및 휴면성, 출수 및 개화성, 성숙 및 조만성

39

작물의 진화과정에서 새로운 유전질의 변이가 생성되는 기적이 아닌 것은?

① 교배   ② 배수체
③ 돌연변이   ④ 환경변이

해설

변이는 환경에 의한 변이(환경변이)와 유전적 변이(교배, 배수체, 돌연변이)가 있다.

40

다음 중 염색체의 부분적 이상이 아닌 것은?

① 결실   ② 중복
③ 전좌   ④ 배수

해설

염색체 이상
• 염색체수 이상 : 배수성, 이수성
• 구조적 이상 : 결실, 중복, 전좌, 역위

41

다음 중 무배유종자는?

① 보리   ② 상추
③ 밀   ④ 피마자

해설

배유의 유무에 따라
• 배유종자 : 벼, 보리, 옥수수(화곡류) 등
• 무배유종자 : 콩과, 상추, 오이 등

42

다음 중 내염성이 가장 강한 작물은?

① 가지   ② 양배추
③ 셀러리   ④ 완두

해설

내염성 정도가 강한 작물 : 사탕무, 유채, 목화, 양배추 등

43

다음 중 협채류에 속하는 작물은?

① 동부   ② 토란
③ 우엉   ④ 미나리

해설

협채류 : 완두, 강낭콩, 동부 등

44

다음에서 설명하는 것은?

> 등고선에 따라 수로를 내고, 임의의 장소로부터 월류하도록 하는 방법이다.

① 보더관개　　　　　② 수반관개
③ 일류관개　　　　　④ 고랑관개

해설
① 보더관개 : 완경사의 포장을 알맞게 구획하고, 상단의 수로로부터 전체 표면에 물을 흘려 펼쳐서 대는 방법
② 수반관개 : 밭의 둘레에 두둑을 만들고 그 안에 물을 가두어 두는 저류법
④ 고랑관개 : 포장에 이랑을 세우고 고랑에 물을 흘려서 대는 방법

45

기지가 문제되지 않는 과수로만 나열된 것은?

① 복숭아나무, 배나무
② 사과나무, 포도나무
③ 앵두나무, 뽕나무
④ 무화과나무, 망고나무

해설
과수의 기지 정도
• 기지가 문제시되는 과수 : 복숭아, 무화과, 감귤, 앵두 등
• 기지가 나타나는 정도의 과수 : 감나무 등

46

벼의 추락현상이 발생할 때 벼뿌리를 상하게 하는 주된 물질은?

① 불화수소　　　　　② 탄산가스
③ 황화수소　　　　　④ 메탄가스

해설
여름철 환원층에서는 황산염이 환원되어 황화수소(H_2S)가 생성되고 벼의 뿌리를 상하게 한다.

47

주로 영양번식하는 식물은?

① 호프　　　　　　　② 아스파라거스
③ 마늘　　　　　　　④ 시금치

해설
영양번식의 이용
• 종자번식이 어려울 때 (예) 고구마, 마늘
• 우량한 상태의 유전질을 쉽게 영속적으로 유지 (예) 감자
• 암수의 한쪽 그루만을 재배할 때 (예) 호프

48

국화의 주년재배와 가장 관계가 있는 것은?

① 온도처리　　　　　② 광처리
③ 수분처리　　　　　④ 영양처리

해설
국화의 재배에서 조생국(早生菊)은 단일처리로 촉성재배하고, 추국(秋菊)은 장일처리로 억제재배하여 연중개화가 가능하게 하는 것을 주년재배라 한다.

49

눈이나 가지의 바로 위에 가로로 깊은 칼금을 넣어 그 눈이나 가지의 발육을 조장하는 것은?

① 적아　　　　　　　② 적엽
③ 환상박피　　　　　④ 절상

해설
절상 : 눈이나 가지의 바로 위에 가로로 깊은 칼금을 넣어 그 눈이나 가지의 발육을 조장하는 것

50

종자의 파종량에 대한 설명으로 가장 옳은 것은?

① 감자는 산간지에서 파종량을 늘린다.
② 파종시기가 늦어질수록 파종량을 늘린다.
③ 맥류는 산파보다 조파 시 파종량을 늘린다.
④ 콩은 맥후작보다 단작에서 파종량을 늘린다.

해설
② 파종시기가 늦어질수록 발아율이 감소할 수 있어 파종량을 늘린다.

51

다음 중 내습성이 가장 강한 과수류는?

① 무화과　　　　　　② 복숭아
③ 밀감　　　　　　　④ 포도

해설
과수의 내습성 : 올리브 > 포도 > 밀감 > 감, 배 > 밤, 복숭아, 무화과

52

다음 중 질소질 비료가 아닌 것은?

① 요소　　　　　　　② 유안
③ 질산암모늄　　　　④ 용성인비

해설
④ 용성인비는 인산질 비료이다.

53

서로 도움이 되는 특성을 지닌 두 가지 작물을 같이 재배할 경우 이 두 작물을 일컫는 가장 적절한 용어는?

① 대파작물　　　　　② 앞작물
③ 동반작물　　　　　④ 구황작물

해설
동반작물 : 서로 도움이 되는 특성을 지닌 두 가지 작물

54

다음 중 휴작의 필요 기간이 가장 긴 작물은?

① 벼　　　　　　　　② 고구마
③ 토란　　　　　　　④ 수수

해설
③ 토란 : 3년
①·②·④ 벼, 수수, 고구마 : 연작의 해가 적음

55

다음 중 자연교잡률이 가장 낮은 것은?

① 수수   ② 밀

③ 아마   ④ 보리

해설

보리의 자연교잡률 : 0.15% 이하

56

광합성 양식에 있어서 C_4 식물에 대한 설명으로 가장 거리가 먼 것은?

① 광호흡을 하지 않거나 극히 적게 한다.
② 유관속초세포가 발달되어 있다.
③ CO_2보상점은 낮으나 포화점이 높다.
④ 벼, 콩 및 보리가 C_4 식물에 해당된다.

해설

④ 벼, 콩 및 보리는 C_3 식물에 해당된다.

57

다음 중 괴경으로 번식하는 것으로만 나열된 것은?

① 감자, 토란
② 다알리아, 고구마
③ 백합, 마늘
④ 생강, 박하

해설

② 다알리아, 고구마 : 괴근
③ 백합, 마늘 : 인경
④ 생강, 박하 : 지하경

58

다음 중 직근류에 해당하는 것으로만 나열된 것은?

① 감자, 고구마   ② 당근, 우엉
③ 토란, 마   ④ 생강, 베치

해설

직근류 : 무, 당근, 우엉, 토란, 연근 등

59

벼의 수량구성요소 중 연차변이계수가 가장 작은 요소는?

① 등숙비율
② 단위면적당 이삭수
③ 천립중
④ 1수 영화수

해설

벼의 수량구성요소 중 연차변이계수는 단위면적당 수수(이삭수)가 가장 크고, 1수 영화수, 등숙비율, 천립중의 순으로 작아진다.

60

식물생장조절제 에틸렌(ethylene)의 농업적 이용이 아닌 것은?

① 옥수수, 당근, 양파 등 작물생육 억제 효과가 있다.
② 오이, 호박 등에서 암꽃의 착생수를 증대시킨다.
③ 사과, 자두 등의 과수에서 적과의 효과가 있다.
④ 양상추, 땅콩 종자의 휴면을 연장하여 발아를 억제한다.

해설

에틸렌의 재배적 이용

발아 촉진, 정아우세 타파, 성 표현·발현 조절(박과 채소의 암꽃 착생수 증대), 작물 생육억제효과, 적과의 효과, 과실의 성숙과 착색 촉진, 잎의 노화를 촉진시켜 조기 수확을 유도

61

프루텔고치벌이 기생하는 기주곤충은?

① 담배거세미나방　　② 담배나방
③ 배추좀나방　　　　④ 파밤나방

해설

프루텔고치벌(*Cotesia plutellae*)은 배추좀나방의 유충을 주요 기주로 하는 내부기생성 고치벌이다.

62

식물병원체의 변이 기작이 아닌 것은?

① 이핵현상　　　　② 일액현상
③ 준유성생식　　　④ 이수체 형성

해설

병원체 변이 발생기작

• 일반적인 유전적 기작 : 돌연변이, 재조합, 유전자 확산, 생식
• 특수 기작 : 이핵, 준유성 생식, 균사융합, 이수성, 접합, 형질전환, 형질도입

63

다음 중 완전변태류가 아닌 것은?

① 메뚜기목　　　　② 벌목
③ 딱정벌레목　　　④ 나비목

해설

완전변태를 하는 목(目)

벌목, 딱정벌레목, 부채벌레목, 뱀잠자리목, 풀잠자리목, 약대벌레목, 밑들이목, 벼룩목, 파리목, 날도래목, 나비목, 벼룩목

64

오이 노균병에 대한 설명으로 틀린 것은?

① 병무늬의 가장자리가 잎맥으로 포위되는 다각형의 담갈색 무늬를 나타낸다.
② 잎과 줄기에 발생한다.
③ 습기가 많으면 병무늬 뒷면에 가루모양의 회색 곰팡이가 생긴다.
④ 발병이 심하면 병환부가 말라죽고 잘 찢어진다.

해설

오이 노균병

• 잎에만 발생하는 병해로 처음에는 수침상의 점무늬가 생긴다.
• 병무늬 가장자리가 잎맥으로 포위되어 있는 부정형 다각형의 담갈색 무늬로 발전하며 심하면 잎이 위쪽으로 말린다.
• 습기가 많으면 병무늬 뒷면에 서리 같은 곰팡이가 생긴다.

65

복숭아혹진딧물에 대한 설명으로 옳지 않은 것은?

① 유충으로 월동한다.
② 무시충과 유시충이 있다.
③ 식물 바이러스병을 매개한다.
④ 천적으로는 꽃등에류, 풀잠자리류, 기생벌류 등이 있다.

해설

복숭아혹진딧물

• 흡즙성 해충으로 무시충과 유시충이 있다.
• 알로 월동하며 식물 바이러스를 매개한다.
• 가을철에는 양성생식으로 수정란을 낳고, 여름과 봄에는 단위생식을 한다.
• 천적으로는 꽃등에류, 풀잠자리류, 기생벌류 등이 있다.

66

무성포자에 해당하는 것은?

① 자낭포자　　　　② 분생포자
③ 담자포자　　　　④ 접합포자

해설

포자
• 유성포자 : 난포자, 접합포자, 자낭포자, 담자포자
• 무성포자 : 포자낭포자, 분생포자, 분절포자, 출아포자, 후막포자

67

파필라(papilla) 돌기물이 나타나 병원균 침입에 저항하는 형태는?

① 화학적 방어반응　　② 형태적 방어반응
③ 물리적 방어반응　　④ 유전적 방어반응

해설

형태적 방어반응
각피를 침입하는 병원균이 침입을 개시하면 기주의 침입을 방지하기 위하여 세포벽의 내측에 유두(乳頭) 모양의 파필라(papilla)가 생성되어 세포벽의 두께를 증가시키고 견고하게 하여 병원균의 침입을 저지하는 기주의 저항성 반응이 나타난다.

68

병원체가 기주 식물체 내로 들어가는 침입장소 중 자연개구부가 아닌 것은?

① 수공　　　　② 피목
③ 밀선　　　　④ 각피

해설

병원체의 침입
• 직접 침입 : 각피
• 자연개구부를 통한 침입 : 기공, 수공, 피목, 밀선
• 상처를 통한 침입

69

해충종합관리에 대한 설명으로 옳지 않은 것은?

① 이용할 수 있는 모든 방제 수단을 조화롭게 활용한다.
② 작물 재배지 내의 모든 해충을 박멸한다.
③ 해충밀도를 경제적 피해허용수준 이하로 유지한다.
④ 해충 방제의 부작용을 최소한으로 줄인다.

해설

해충종합관리(IPM)
농약의 무분별한 사용을 줄여 해충 방제의 부작용을 최소한으로 하고 경종적·물리적·화학적·생물적 방제를 조화롭게 활용하여 해충밀도를 경제적 피해허용수준 이하로 유지하는 것을 목표로 한다.

70

잡초의 종자가 바람에 의하여 먼 거리까지 이동이 가능한 것은?

① 등대풀　　　　② 바랭이
③ 민들레　　　　④ 까마중

해설

잡초의 산포
• 바람 : 민들레, 망초, 엉겅퀴, 박주가리
• 물 : 소리쟁이, 벗풀
• 동물
　– 털에 부착 : 가막사리, 도깨비바늘, 도꼬마리, 진득찰
　– 배설물이나 퇴구비의 이동 : 비름, 명아주
• 사람 : 농기계, 농작업이나 농산물 유통(무역)

71

식물병원 바이러스에 대한 설명으로 옳지 않은 것은?

① 인공배지에 배양할 수 없다.
② 핵산은 DNA로만 구성되어 있다.
③ 주로 핵산과 단백질로 되어 있다.
④ 식물에 병을 일으키는 능력을 가진다.

② 식물병원 바이러스의 핵산은 DNA 또는 RNA로 구성되어 있다.

72

잡초에 대한 설명으로 옳지 않은 것은?

① 번식력이 강하며 종자생산량이 많다.
② 생태학적 천이 과정이 극상에 이른 지역에서 많이 발생한다.
③ 생태계의 구성원으로서 각자 고유한 생태적 지위를 가지고 있다.
④ 한 지역에 발생하는 종의 수가 많아 다양한 유전적 특성을 지니고 있다.

시간에 따른 군집 변화를 생태적 천이라 하며 극상은 이러한 생물상의 변화가 종극에서는 더이상 변화되지 않는 상태를 의미한다.

73

다년생 논잡초가 우점하는 군락형으로 천이가 일어나는 원인으로 가장 거리가 먼 것은?

① 손 제초 감소
② 잡초의 휴면성
③ 재배 시기 변동
④ 잡초 방제 방법 변화

잡초 군락의 천이에 관여하는 요인
• 재배작물 및 작부체계의 변화 : 조숙품종의 도입, 재배 시기의 변동, 조기이식 및 답리작의 감소 등
• 경종 조건의 변화 : 경운, 정지법의 변화에 따른 추경 및 춘경의 감소 등
• 제초 방법의 변화 : 손 제초 및 기계적 잡초 방제의 감소, 선택성 제초제의 사용 증가, 제초 방법 개선 등

74

1ppm 용액에 대한 설명으로 옳은 것은?

① 용액 1L 중에 용질이 10g 녹아 있는 용액
② 용액 1L 중에 용질이 100g 녹아 있는 용액
③ 용액 1,000mL 중에 용질이 1g 녹아 있는 용액
④ 용액 1,000mL 중에 용질이 1mg 녹아 있는 용액

1ppm = 1mg/L(∵ 1L = 1,000mL)
∴ 1ppm은 물 1L(1,000mL) 중에 어떤 물질이 1mg 들어있는 것과 같다.

75

농약의 구비조건이 아닌 것은?

① 인축에 대한 독성이 낮아야 한다.
② 작물에 대한 약해가 없어야 한다.
③ 토양에 오래 잔류하여야 한다.
④ 다른 약제와 혼용이 가능해야 한다.

해설

농약의 구비조건
• 적은 양으로 약효가 확실할 것
• 농작물에 대한 약해가 없을 것
• 인축에 대한 독성이 낮을 것
• 어류에 대한 독성이 낮을 것
• 다른 약제와의 혼용 범위가 넓을 것
• 천적 및 유해 곤충에 대하여 독성이 낮거나 선택적일 것
• 값이 쌀 것
• 사용 방법이 편리할 것
• 대량 생산이 가능할 것
• 농촌진흥청에 등록되어 있을 것

76

벼 흰잎마름병과 관련이 없는 것은?

① 병원균은 잡초에서 월동한다.
② 풍매 전반한다.
③ 주로 잎 가장자리나 수공을 통해 침입한다.
④ 병원균은 세균이다.

해설

수매(水媒) 전염 : 벼의 잎집무늬마름병, 흰잎마름병

77

작물피해의 주요 원인 중 생물요소인 것은?

① 파이토플라스마
② 대기오염
③ 토양습도
④ 토양온도

해설

작물피해의 주요 원인
• 생물요소 : 잡초의 피해, 미생물에 의한 병해, 곤충에 의한 충해 및 그 밖의 동물들이 주는 피해 등
• 비생물요소 : 가뭄, 홍수, 고온·저온, 습도, 강풍에 의한 기상재해, 작물양분 과부족에 의한 생리장애, 물속의 기체 및 화학물질 등

78

다음 중 광발아 잡초로만 나열된 것은?

① 메귀리, 광대나물
② 냉이, 소리쟁이
③ 별꽃, 참방동사니
④ 강피, 바랭이

해설

광 조건에 따른 잡초의 분류
• 광발아 잡초 : 메귀리, 바랭이, 향부자, 개비름, 쇠비름, 소리쟁이, 참방동사니, 강피
• 암발아 잡초 : 별꽃, 냉이, 광대나물, 독말풀 등

79

제초제의 약해 유발 원인으로 틀린 것은?

① 고압분무기로 살포 시 주변 작물로 제초제가 비산되는 경우
② 비닐하우스 내에서나 피복 재배지에서의 부주의한 처리
③ 전착제 농도를 권장량보다 낮게 처리하는 경우
④ 제초제의 정확한 특성을 무시하고 적용 범위를 확대하는 경우

해설

③ 전착제는 약제를 식물에 잘 전착하기 위한 보조제로 권장량보다 낮게 처리한다고 하여 약해를 유발하지는 않는다.

80

잡초에 대한 작물의 경합력을 높이는 방법은?

① 이식재배를 한다.
② 만생종을 재배한다.
③ 직파재배를 한다.
④ 재식밀도를 낮춘다.

해설

잡초에 대한 작물의 경합력을 높이는 재배방법
작물이 잡초와 경합하는 능력은 일반적으로
• 직파재배보다 이식재배가 좋다.
• 소식재배보다 밀식재배가 좋다.
• 박파재배보다 밀파재배가 좋다.
• 어린묘 이앙보다 기계이앙이 좋다.

제5과목 | 종자 관련 법규

81

종자검사요령상 포장검사 병주 판정기준에서 고구마의 특정병은?

① 덩굴쪼김병　　　　② 선충병
③ 빗자루병　　　　　④ 갈색무늬병

해설

포장검사 병주 판정기준 – 고구마(종자검사요령 [별표 1])
• 특정병 : 검은무늬병, 빗자루병
• 기타병 : 덩굴쪼김병, 선충병

82

종자관리요강상 사후관리시험의 기준 및 방법에 대한 내용이다. (　)에 알맞은 내용은?

> 1. 검사항목 : 품종의 순도, 품종의 진위성, 종자전염병
> 2. 검사시기 : 성숙기
> 3. 검사횟수 : (　) 이상

① 1회　　　　　　　② 3회
③ 5회　　　　　　　④ 7회

해설

사후관리시험의 기준 및 방법(종자관리요강 [별표 8])
1. 검사항목 : 품종의 순도, 품종의 진위성, 종자전염병
2. 검사시기 : 성숙기
3. 검사횟수 : 1회 이상
4. 검사방법
　가. 품종의 순도
　　1) 포장검사 : 작물별 사후관리시험 방법에 따라 품종의 특성 조사를 바탕으로 이형주수를 조사하여 품종의 순도기준에 적합한지를 검사
　　2) 실내검사 : 포장검사로 명확하게 판단할 수 없는 경우 유묘 검사 및 전기 영동을 통한 정밀검사로 품종의 순도를 검사
　나. 품종의 진위성 : 품종의 특성조사의 결과에 따라 품종고유의 특성이 발현되고 있는지를 확인
　다. 종자전염병 : 포장상태에서 식물체의 병해를 조사하여 종자에 의한 전염병 감염여부를 조사

83

종자검사요령상 배추 순도검사를 위한 시료의 최소중량 (g)은?

① 7
② 100
③ 30
④ 120

해설

소집단과 시료의 중량 – 배추(종자검사요령 [별표 2])

소집단의 최대중량	시료의 최소중량			
	제출시료	순도검사	이종계수용	수분검정용
10톤	70g	7g	70g	50g

84

과수와 임목의 경우 품종보호권의 존속기간은 품종보호권이 설정등록된 날부터 몇 년으로 하는가?

① 5년
② 40년
③ 35년
④ 25년

해설

품종보호권의 존속기간(식물신품종보호법 제55조)
품종보호권의 존속기간은 품종보호권이 설정등록된 날부터 20년으로 한다. 다만, 과수와 임목의 경우에는 25년으로 한다.

85

종자검사요령상 포장검사 병주 판정기준에서 참깨의 기타병은?

① 잎마름병
② 균핵병
③ 갈색무늬병
④ 풋마름병

해설

포장검사 병주 판정기준 – 참깨(종자검사요령 [별표 1])
• 특정병 : 역병, 시들음병
• 기타병 : 잎마름병

86

다음 중 종자관리사의 자격기준으로 틀린 것은?

① 종자기능사 자격을 취득한 사람으로서 자격 취득 전후의 기간을 포함하여 종자업무 또는 이와 유사한 업무에 5년 이상 종사한 사람
② 종자기술사 자격을 취득한 사람
③ 종자기사 자격을 취득한 사람으로서 자격 취득 전후의 기간을 포함하여 종자업무 또는 이와 유사한 업무에 1년 이상 종사한 사람
④ 종자산업기사 자격을 취득한 사람으로서 자격 취득 전후의 기간을 포함하여 종자업무 또는 이와 유사한 업무에 2년 이상 종사한 사람

해설

① 종자기능사 자격을 취득한 사람으로서 자격 취득 전후의 기간을 포함하여 종자업무 또는 이와 유사한 업무에 3년 이상 종사한 사람 (종자산업법 시행령 제12조 제4항)

87

유통종자 또는 묘의 품질표시를 하지 아니하거나 거짓으로 표시하여 종자 또는 묘를 판매하거나 보급한 자의 과태료는?

① 1천만원 이하의 과태료
② 2천만원 이하의 과태료
③ 600만원 이하의 과태료
④ 300만원 이하의 과태료

해설

과태료(종자산업법 제56조 제1항 제3호)
다음의 자에게는 1천만원 이하의 과태료를 부과한다.
3. 유통종자 또는 묘의 품질표시를 하지 아니하거나 거짓으로 표시하여 종자 또는 묘를 판매하거나 보급한 자

88

신고된 품종명칭을 도용하여 종자를 판매·보급·수출하거나 수입한 자의 벌칙은?

① 3년 이하의 징역 또는 3천만원 이하의 벌금
② 2년 이하의 징역 또는 2천만원 이하의 벌금
③ 2년 이하의 징역 또는 1천만원 이하의 벌금
④ 1년 이하의 징역 또는 1천만원 이하의 벌금

해설

벌칙(종자산업법 제54조 제2항 제1호)
다음의 자는 2년 이하의 징역 또는 2천만원 이하의 벌금에 처한다.
1. 식물신품종 보호법에 따른 보호품종 외의 품종에 대하여 등재되거나 신고된 품종명칭을 도용하여 종자를 판매·보급·수출하거나 수입한 자

89

벼의 포장검사규격에 따른 검사대상 항목이 아닌 것은?

① 품종순도
② 이종 종자주
③ 찰벼 출현율
④ 병주의 특정병

해설

벼 – 포장검사의 검사규격(종자관리요강 [별표 6])

채종 단계	항목	최저한도(%)	최고한도(%)					작황
		품종순도	이종종자주	잡초		병주		
				특정해초	기타해초	특정병	기타병	
원원종포		99.9	무	무	–	0.01	10.00	균일
원종포		99.9	무	0.00	–	0.01	15.00	균일
채종포	1세대	99.7	무	0.01	–	0.02	20.00	균일
	2세대	99.0						

90

농림축산식품부장관은 종자관리사가 종자산업법에서 정하는 직무를 게을리하거나 중대한 과오(過誤)를 저질렀을 때에는 그 등록을 취소하거나 몇 년 이내의 기간을 정하여 그 업무를 정지시킬 수 있는가?

① 1년   ② 2년
③ 3년   ④ 4년

해설

종자관리사의 자격기준 등(종자산업법 제27조 제4항)
농림축산식품부장관은 종자관리사가 종자산업법에서 정하는 직무를 게을리하거나 중대한 과오(過誤)를 저질렀을 때에는 그 등록을 취소하거나 1년 이내의 기간을 정하여 그 업무를 정지시킬 수 있다.

91

식물신품종보호법상 '품종보호권'에 대한 내용으로 옳은 것은?

① 품종보호 요건을 갖추어 품종보호권이 주어진 품종을 말한다.
② 품종을 육성한 자나 이를 발견하여 개발한 자를 말한다.
③ 품종보호를 받을 수 있는 권리를 가진 자에게 주는 권리를 말한다.
④ 보호품종의 종자를 증식·생산·조제(調製)·양도·대여·수출 또는 수입하거나 양도 또는 대여의 청약을 하는 행위를 말한다.

해설

'품종보호권'이란 이 법에 따라 품종보호를 받을 수 있는 권리를 가진 자에게 주는 권리를 말한다(식물신품종보호법 제2조 제4호).

92

종자검사요령상 종자검사 순위도에서 종자검사 시 가장 우선 실시하는 것은?

① 발아세 검사 ② 농약검사
③ 발아율 검사 ④ 수분검사

해설

종자검사 순위도(종자검사요령 [붙임 1])
종자검사 시 수분검사를 가장 우선 실시한다.

93

과태료 처분대상에 해당하지 않는 것은?

① 종자업 등록을 하지 아니하고 종자업을 한 자
② 종자의 보증과 관련된 검사서류를 보관하지 아니한 자
③ 종자의 판매 이력을 기록·보관하지 아니하거나 거짓으로 기록한 종자업자
④ 유통중인 종자에 대한 관계공무원의 조사 또는 수거를 거부·방해 또는 기피한 자

해설

① 2년 이하의 징역 또는 2천만원 이하의 벌금(종자산업법 제54조 제2항 제3호)

94

종자검사요령상 수분의 측정에서 저온 항온건조기법을 사용하게 되는 종에 해당하는 것은?

① 시금치 ② 상추
③ 부추 ④ 오이

해설

수분의 측정 – 저온 항온건조기법을 사용하게 되는 종(종자검사요령 [별표 3])
마늘, 파, 부추, 콩, 땅콩, 배추씨, 유채, 고추, 목화, 피마자, 참깨, 아마, 겨자, 무

95

식물신품종보호법상 품종명칭에서 품종보호를 받기 위하여 출원하는 품종은 몇 개의 고유한 품종명칭을 가져야 하는가?

① 1개 ② 2개
③ 3개 ④ 5개

해설

품종명칭(식물신품종보호법 제106조 제1항)
품종보호를 받기 위하여 출원하는 품종은 1개의 고유한 품종명칭을 가져야 한다.

96

종자관리요강상 규격묘의 규격기준에서 뽕나무 접목묘 묘목의 길이는?

① 10~20cm ② 20~30cm
③ 30~40cm ④ 50cm 이상

해설

규격묘의 규격기준 – 뽕나무 묘목(종자관리요강 [별표 14])

묘목의 종류	묘목의 길이(cm)	묘목의 직경(mm)
접목묘	50 이상	7
삽목묘	50 이상	7
휘묻이묘	50 이상	7

1) 묘목의 길이 : 지제부에서 묘목선단까지의 길이
2) 묘목의 직경 : 접목부위 상위 3cm 부위 접수의 줄기 직경(단, 삽목묘 및 휘묻이묘는 지제부에서 3cm 위의 직경)

97

서류의 보관 등에서 농림축산식품부장관 또는 해양수산부장관은 품종보호출원의 포기, 무효, 취하 또는 거절 결정이 있거나 품종보호권이 소멸한 날부터 몇 년간 해당 품종보호출원 또는 품종보호권에 관한 서류를 보관하여야 하는가?

① 1년　　　　　　② 2년
③ 3년　　　　　　④ 5년

해설

서류의 보관 등(식물신품종보호법 제128조 제1항)
농림축산식품부장관 또는 해양수산부장관은 품종보호출원의 포기, 무효, 취하 또는 거절결정이 있거나 품종보호권이 소멸한 날부터 5년간 해당 품종보호출원 또는 품종보호권에 관한 서류를 보관하여야 한다.

99

종자의 보증에서 자체보증의 대상에 해당하지 않은 것은?

① 도지사가 품종목록 등재 대상작물의 종자를 생산하는 경우
② 군수가 품종목록 등재 대상작물의 종자를 생산하는 경우
③ 구청장이 품종목록 등재 대상작물의 종자를 생산하는 경우
④ 국립대학교 연구원이 품종목록 등재 대상작물의 종자를 생산하는 경우

해설

자체보증의 대상(종자산업법 제26조)
다음의 어느 하나에 해당하는 경우에는 자체보증의 대상으로 한다.
1. 시·도지사, 시장·군수·구청장, 농업단체 등 또는 종자업자가 품종목록 등재 대상작물의 종자를 생산하는 경우
2. 시·도지사, 시장·군수·구청장, 농업단체 등 또는 종자업자가 품종목록 등재 대상작물 외의 작물의 종자를 생산·판매하기 위하여 자체보증을 받으려는 경우

98

종자의 유통 관리에서 종자업의 등록에 대한 내용이다. (　　) 안에 해당하지 않는 것은?

> 종자업을 하려는 자는 대통령령으로 정하는 시설을 갖추어 (　　)에게 등록하여야 한다.

① 농업기술센터장　　　② 시장
③ 군수　　　　　　　　④ 구청장

해설

종자업의 등록 등(종자산업법 제37조 제1항)
종자업을 하려는 자는 대통령령으로 정하는 시설을 갖추어 시장·군수·구청장에게 등록하여야 한다. 이 경우 종자의 생산 이력을 기록·보관하여야 하는 자의 등록 사항에는 종자의 생산장소가 포함되어야 한다.

100

종자의 보증과 관련하여 대통령령이 정하는 국제종자검정기관은?

① ISTA의 회원기관
② UPOV
③ APEC
④ ASEAN

해설

국제종자검정기관(종자산업법 시행령 제11조)
대통령령으로 정하는 국제종자검정기관이란 다음의 기관을 말한다.
1. 국제종자검정협회(ISTA)의 회원기관
2. 국제종자검정가협회(AOSA)의 회원기관
3. 그 밖에 농림축산식품부장관이 정하여 고시하는 외국의 종자검정기관

교육은 우리 자신의 무지를 점차 발견해 가는 과정이다.

– 월 듀란트 –

교육이란 사람이 학교에서 배운 것을 잊어버린 후에 남은 것을 말한다.

– 알버트 아인슈타인 –

참 / 고 / 문 / 헌

- 고희종 외. 식물육종학. 향문사. 2010

- 교육부. NCS 학습모듈(수도작재배). 한국직업능력개발원. 2018

- 교육부. NCS 학습모듈(전작재배). 한국직업능력개발원. 2018

- 교육부. NCS 학습모듈(종자생산). 한국직업능력개발원. 2018

- 박순직. 삼고 재배학원론. 향문사. 2006

- 박정호. 시대에듀 식물보호기사 · 산업기사 필기 한권으로 끝내기. 시대고시기획. 2024

- 이종일. Win-Q 시대에듀 종자기사 · 산업기사 필기 단기합격. 시대고시기획. 2024

참 / 고 / 사 / 이 / 트

- 국립농업과학원 http://www.naas.go.kr

- 국립종자원 http://www.seed.go.kr

- 농촌진흥청 http://www.rda.go.kr

- 농촌진흥청 농업기술포털 농사로 https://www.nongsaro.go.kr

기출이 답이다 종자기사 필기

개정1판1쇄 발행	2026년 01월 05일 (인쇄 2025년 08월 29일)	
초 판 발 행	2025년 01월 10일 (인쇄 2024년 09월 25일)	
발 행 인	박영일	
책 임 편 집	이해욱	
편 저	최광희	
편 집 진 행	윤진영 · 장윤경	
표지디자인	권은경 · 길전홍선	
편집디자인	정경일 · 조준영	
발 행 처	(주)시대고시기획	
출 판 등 록	제10-1521호	
주 소	서울시 마포구 큰우물로 75 [도화동 538 성지 B/D] 9F	
전 화	1600-3600	
팩 스	02-701-8823	
홈 페 이 지	www.sdedu.co.kr	

I S B N	979-11-383-9788-9(13520)
정 가	28,000원

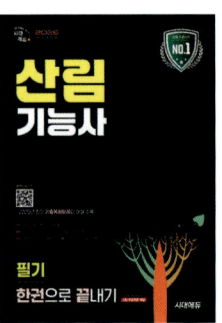

전문 저자진과 **시대에듀**가 제시하는
합격전략 코디네이트

조경기능사 필기 한권으로 끝내기
최근 기출복원문제 및 해설 수록
- 빨리보는 간단한 키워드 : 시험 전 필수 핵심 키워드
- 필수 핵심이론 + 출제 가능성 높은 적중예상문제 수록
- 각 문제별 상세한 해설을 통한 고득점 전략 제시
- 조경의 이해를 돕는 사진과 이미지 수록
- 4×6배판 / 828p / 29,000원

유튜브 무료 특강이 있는
조경기사 · 산업기사 필기 한권으로 합격하기
최근 기출복원문제 및 해설 수록
- 중요 핵심이론 + 적중예상문제 수록
- '기출 Point', '시험에 이렇게 나왔다'로 전략적 학습방향 제시
- 저자 유튜브 채널(홍선생 학교가자) 무료 특강 제공
- 4×6배판 / 1,304p / 42,000원

조경기사 · 산업기사 실기 한권으로 끝내기
도면작업 + 필답형 대비
- 사진과 그림, 예제를 통한 쉬운 설명
- 각종 표현기법과 설계에 필요한 테크닉 수록
- 최근 기출복원도면 + 필답형 기출복원문제 수록
- 저자가 직접 작도한 도면 다수 포함
- 국배판 / 1,020p / 41,000원

※ 도서의 구성 및 가격은 변동될 수 있습니다.